速度之美

佳能 EOS **7D** Mark **II**
完全自学教程

宏道研究室
赵云志 编著

北京大学出版社
PEKING UNIVERSITY PRESS

图书在版编目(CIP)数据

佳能EOS 7D MARKII完全自学教程/宏道研究室,赵云志编著.—北京:北京大学出版社,2016.3
ISBN 978-7-301-26995-4

Ⅰ.①佳… Ⅱ.①宏… ②赵… Ⅲ.①数字照相机—单镜头反光照相机—摄影技术—教材
Ⅳ.①TB86 ②J41

中国版本图书馆CIP数据核字(2016)第045050号

内容提要

什么是最好的相机？每个人心中都会有不同的答案。但是对于摄影师而言,答案往往只有一个,那就是:
"你最熟悉的相机就是最好的。"与"心中有剑手中无剑"的"侠客境界"类似,当操作熟练程度很高时,
相机就会成为你手臂的延伸。只要发现精彩瞬间,就会手随心动,在不经意间就能快速完成机身的准确设置,
进行毫无障碍的高效拍摄,真正实现人机一体。而要达到这样的境界,就需要一步一步地认真研究相机上的
每项功能,这个过程需要大量的学习和实践,而本书就是理想的学习工具。

本书详细讲解了佳能 EOS 7D MARK Ⅱ 相机的全部菜单功能和机身按钮的使用方法,并配有大量图片案
例、教学示意图及详尽细致的文字说明。在讲解相机功能的同时,还引申出重要的摄影原理,结合相机操作
来学习这些原理会更加轻松、高效,使读者不仅知其然,而且知其所以然。摄影创作所涉及的器材也并非只
有相机本身,书中还介绍了原厂和副厂共 44 款镜头以及 14 类配件,以帮助读者进阶为全能的器材专家。

本书适合对数码摄影感兴趣,特别是想完全掌控佳能 EOS 7D MARK Ⅱ 相机的读者阅读。

书　　　名	佳能EOS 7D MARK Ⅱ 完全自学教程	
	JIANENG EOS 7D MARK Ⅱ WANQUAN ZIXUE JIAOCHENG	
著作责任者	宏道研究室　赵云志 编著	
责 任 编 辑	尹　毅	
标 准 书 号	ISBN 978-7-301-26995-4	
出 版 发 行	北京大学出版社	
地　　　址	北京市海淀区成府路205 号　100871	
网　　　址	http://www.pup.cn　　新浪微博:@ 北京大学出版社	
电 子 信 箱	pup7@ pup.cn	
电　　　话	邮购部62752015　发行部62750672　编辑部62580653	
印 刷 者	北京中科印刷有限公司	
经 销 者	新华书店	
	787毫米×1092毫米　16开本　38.75印张　947千字	
	2016年3月第1版　2016年3月第1次印刷	
定　　　价	128.00 元	

拍摄参数： ◎ 光圈：f/2　◎ 快门：1/1250s　▧ 感光度：ISO1000　⚖ 摄影师：王文光

➥ 技术掌握：**使用 AF-ON 按钮才能更加游刃有余地拍摄运动题材**

➥ 讲解位置：**第 3 章 自动对焦的三大基础设置**

拍摄参数： ◎ 光圈：f/8　　　◎ 快门：1/500s
　　　　　　▧ 感光度：ISO250　⚖ 摄影师：林东

➥ 技术掌握：**自动对焦区域模式决定了你动用对焦点数量的多少，对于拍摄运动主体意义重大**

➥ 讲解位置：**第 3 章 自动对焦的三大基础设置**

拍摄参数： ◎ 光圈：f/5.6　　◎ 快门：1/800s
　　　　　　▧ 感光度：ISO100　⚖ 摄影师：曹丰英

➥ 技术掌握：**AI SERVO 人工智能伺服自动对焦模式并非一成不变，通过对 Case1 ～ Case6 的选择和微调，可以让你的相机更适合某一类型的运动拍摄**

➥ 讲解位置：**第 5 章 高效自动对焦之道**

拍摄参数： ◎ 光圈：f/16　◎ 快门：1/500s　▣ 感光度：ISO200

➡ 技术掌握：学习胶片时代的超焦距手法，将让拍摄过程更加轻松

➡ 讲解位置：第 6 章 对焦技术的更高层级

拍摄参数： ◎ 光圈：f/8　◎ 快门：1/1250s　▣ 感光度：ISO400

➡ 技术掌握：对焦锁定让你的构图具有更大的自由度

➡ 讲解位置：第 6 章 对焦技术的更高层级

拍摄参数：⊙ 光圈：f/8　⊚ 快门：1/1250s　⊛ 感光度：ISO400

➥ 技术掌握：**运用全时手动对焦可以将自动对焦的快速和手动对焦的精准合二为一**

➥ 讲解位置：**第 6 章 对焦技术的更高层级**

拍摄参数：⊙ 光圈：f/5　⊚ 快门：1/20s　⊛ 感光度：ISO400　摄影师：王文光

➥ 技术掌握：**摇拍（追随拍摄）是运动题材中表现动感的最佳手法**

➥ 讲解位置：**第 7 章 曝光铁三角**

拍摄参数: ◎ 光圈: f/2.8　◎ 快门: 1/320s
　　　　　 ◎ 感光度: ISO800

➥ 技术掌握: **点测光虽然是最难掌握的测光模式，但它却也是最精确的测光模式，它几乎可以应对一切题材**

➥ 讲解位置: **第 8 章 测光模式与拍摄模式**

拍摄参数: ◎ 光圈: f/8　◎ 快门: 1/500s　◎ 感光度: ISO100　摄影师: 林东

➥ 技术掌握: **高光加两挡是应对高反差场景的最佳测光手法**

➥ 讲解位置: **第 8 章 测光模式与拍摄模式**

拍摄参数：

◎ 光圈：f/8

◎ 快门：1/500s

▣ 感光度：ISO100

➥ 技术掌握：曝光锁定是主动控制曝光必须掌握的技术

➥ 讲解位置：第 9 章 高手曝光之道

拍摄参数：◎ 光圈：f/8　◎ 快门：1/640s
　　　　　▣ 感光度：ISO400

➥ 技术掌握：宁欠勿过与向右曝光看似矛盾，但却也统一

➥ 讲解位置：第 9 章 高手曝光之道

拍摄参数：◎ 光圈：f/8　◎ 快门：1/640s
　　　　　▣ 感光度：ISO400

➥ 技术掌握：仅理解开尔文是不够的，只有理解了迈尔德才能够通过白平衡漂移工具实现精确的色温控制

➥ 讲解位置：第 11 章 白平衡与照片风格

拍摄参数：◎ 第一次曝光光圈：f/5.6　◎ 快门：1/1250s
▣ 感光度：ISO400　◎ 第二次曝光光圈：f/5.6
◎ 快门：1/160s　　▣ 感光度：ISO400

➥ 技术掌握：多重曝光是我们打破常规，拍出新意的最大法宝

➥ 讲解位置：第 12 章 高手拍摄之道

前　言

　　"照相机是一个教具，教给人们在没有相机时如何看世界。"美国纪实摄影大师多萝西娅·兰格（Dorothea Lange）如是说。与很多艺术门类不同的是，摄影不仅早已成为殿堂里曲高和寡的艺术，还是人们追求美的载体，融入到了我们的日常生活中。从拿到相机只会按快门按钮，到拍出人人称赞的好照片，不仅需要掌握摄影技术，充分了解拍摄题材，更需要对器材本身完全掌控。工欲善其事，必先利其器。对于摄影爱好者来说，想要在摄影方面有所提高，除了拥有合适的相机和镜头外，一本通俗易懂、图文并茂的摄影参考教材也是必不可少的。

　　本书写作过程历经两年。在此期间，为了把佳能 EOS 7D MARK II 相机的每一项功能和技术讲清楚，把每个功能的作用及其深层次的原理讲透彻，在写作过程中除了不断深入学习和总结数码相机使用经验外，还与众多摄影师和资深发烧友交流，收集他们实拍历程中的感悟和心得，才最终形成了本书。本书将理论与实践巧妙地结合，以学习使用相机为主线，用通俗易懂的语言，深入浅出地讲解摄影爱好者必须掌握的各种摄影知识，帮助读者在较短的时间内全面掌握佳能 EOS 7D MARK II 数码单反相机的设置及实战技巧，并将这些技术和技巧广泛地应用到摄影实践中。如果说本书是一本"内功心法"，那么书中设计的精彩栏目则是"套路与招式"。二者内外兼修，则可以成为不折不扣的高手。

本书内容概要

　　在拍摄之前，构思是最为重要的。同样，在深入学习相机功能前，首先要从细节中跳出来，从宏观上认识一下手中相机具有什么样的"个性"，哪些是它的特长，又有哪些短板（第 1 章）。"速度之美"虽然是佳能 EOS 7D MARK II 的最大特点，但我们依然可以在速度和画质之间进行选择。使用 RAW 格式采集更多光影信息还是使用 JPEG 格式进行更持久的连拍，这要由你自己选择（第 2 章）。照片是时间的切片，掌握了自动对焦三大模式可以让你在这些切片中自由穿梭。在这里你会很快掌握看了说明书都难以理解的自动对焦区域模式。不得不提的还有 AF-ON 按钮，它几乎成为高手的标志，如果闲置了此按钮，那么运动题材将难以拍好（第 3 章）。Case1 ~ Case6 并不神秘，它是提高自动对焦效率的关键。更是可以为不同运动题材量身定做的专属模式（第 5 章）。摄影师总是告诫我们，画面表达不要过于直接，要委婉、曲折。而相机设置中，想要实现委婉则要掌握"两个锁定"，那就是对焦锁定和曝光锁定。这也是初学者的难点之一，这些内容在书中都会有详细讲解（第 6、9 章）。摄影有时需要换个思路，打破常规。相机操作中"向右曝光"同样能体现这一点。拒绝人云亦云，大胆改变，将曝光推向最右侧，才能获得无比精细的画面（第 9 章）。包围曝光的运用是一个影友是否有胶片拍摄经历的明显标志，它不仅是一种技术更是一种严谨的拍摄态度（第9章）。关于镜头的介绍你可以在任何一个摄影网站看到，而这里你会看到不一样的镜头知识，透镜、经典光学结构、像差及其校正帮助你深入理解器材，对拍摄必然大有益处（第10章）。白平衡的设置非常简单，但理解色温概念以及白平衡漂移中的迈尔德才是关键。全流程的摄影离不开输出打印，色彩管理是高品质输出不可或缺的一环（第11章）。如何让自己的作品与众不同，用好多重曝光、HDR等创意拍摄手法是关键。对于希望学习视频拍摄和闪光灯使用的影友来说，这里有一学就会的基本概念（第12章）。大部分人都会用相机，而真正会高效用相机的人却很少，掌握了自定义按钮、自定义拍摄模式（C1-C3）以及我的菜单后，你才会实现操作效率的飞跃（第13章）。人人都不希望相机出现故障，但人人都需要学习故障出现后的应对策略（第14章）。俗话说"原汤化原食"，消化佳能CR2

格式的最佳工具当然是原厂DPP软件。数码镜头优化功能的背后是只有佳能才掌握的调整数据。虽然这是后期处理，但它也是相机功能的延伸（第15章）。

画面往往需要以小见大，器材中一枚小小的存储卡同样会影响到拍摄的成败。本书在初稿完成时曾经交给一位影友试读。他原本认为"摄影兵器库：存储卡"部分篇幅过多，但认真阅读后才发现原来背后还有那么多的知识。通过25个"摄影兵器库"栏目，你会更加清楚需要什么装备、如何选择装备。

如果你认为掌握了上面的内容便已经成为相机高级玩家，那么就错了。我们手中的相机并非冷冰冰的机器，它是无数人类智慧的结晶，更浓缩了摄影器材发展的历史。从书中也可以了解到佳能的经营理念，佳能是如何走在技术发展潮流最前端的，以及在技术变革来临时为什么总能做到高瞻远瞩。（附录1）。

赠送的照片风格使用说明

照片风格可以让JPEG直出获得更好的效果，本书赠送7个极具特色的照片风格文件，将它们安装在相机内可以为你的拍摄提供更多选择。安装方法请查阅第11章白平衡与照片风格。资源下载方式请加入QQ群了解，见"后续服务"部分。

照片风格名称	作用
狗头变牛头	画面反差增加、锐度增加，照片所表现出的光学素质明显提升
柔和皮肤	对亚洲人皮肤的色彩进行了饱和度降低、明度提升和色相的负向调整，使皮肤更加白皙柔和
强化蓝天	增加了蓝色的饱和度，降低了明度，使得蓝天更加突出，适合拍摄风格更加强烈的风光题材
日出日落	降低了蓝色的饱和度，强化了暖调氛围，让日出日落照片更加出色
秋色	降低了红色、蓝色和绿色的饱和度，强化了多种不同类型黄色的渐变和层次，使照片秋意更浓，更加通透
强化反差	可以让平淡的场景更加具有视觉冲击力
保留细节	降低反差以保留亮部和暗部细节，获得更大的动态范围

后续服务：QQ 群（198738623）答疑＋赠送资源下载

1. QQ 群加入方法

方法 1：通过扫描二维码添加 QQ 群

如果手机上装有 QQ，则登录你的手机 QQ 账号，点击头像右侧的"＋"号，在弹出的下拉列表框中选择【扫一扫】选项，如图 1 所示，进入扫描二维码界面。将扫描框置于图 2 所示二维码位置进行扫描，就会弹出入群申请对话框，点击下方的【申请加群】即可。

图 1

图 2

> **提示** ⚡
>
> 如果你的 QQ 没有扫一扫功能，请更新 QQ 为最新版本。如果手机上装有微信，利用微信的"扫一扫"功能，也可以加入 QQ 群。

方法 2：通过搜索 QQ 群号（198738623）添加 QQ 群

（1）手机 QQ 用户。登录 QQ 账号，点击头像右侧的"＋"号，在弹出的下拉列表框中选择【加好友】选项，如图 3 所示。进入【添加】界面，选择【找群】选项卡，点击下方的文本框，输入群号"198738623"，点击【搜索】，弹出群信息界面，申请加群即可，如图 4 所示。

图 3

图 4

（2）PC 端 QQ 用户。使用计算机登录 QQ 账号，单击界面下方的【查找】按钮，弹出【查找】窗口，选择【找群】选项卡，在下方的文本框中输入群号"198738623"单击右侧的搜索按钮，下方会显示群信息，单击右下角的【加群】按钮，申请入群，如图 5 所示。

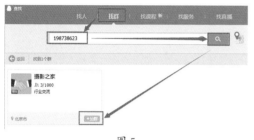

图 5

> **提示** ⚡
>
> 申请加入 QQ 群会提示"请输入验证信息"，输入本书书名或书号，单击【发送】即可，管理员会在第一时间处理。

答疑规则：加入 QQ 群后，在群成员中双击本书作者（群主（Read Home））的头像，即可进行一对一交流。为了保证交流效率并提高信息有效性，将禁止成员在群聊天中发言，只能与群主单独交谈。读者可以随时向群主提出书中的疑问（提问时，请注明书名、书号、作者等相关信息），群主将不定期上线解答问题。对于有代表性的问题，您还可以从群共享文件中进行查看。

2. 资源下载方法

步骤 1，加入 QQ 群后，进入【群应用】中的【文件】栏目中，打开"资源下载地址列表"表格文件。从表格中找到你所购买的图书，就能够查到该图书附赠的资源下载地址，如图 6 所示。

步骤 2，单击表格中的下载地址链接打开百度云页面，输入提取密码（提取密码印刷在您所购买的图书中，密码所在的位置从表格中可以看到），然后单击【提取文件】进入资源下载界面下载即可。如图 7 所示。

图 6

图 7

致谢

本书吸纳了大量优秀的摄影作品——无论是充满张力的运动照片，还是气势磅礴的风光照片，都堪称佳作。当然，这都离不开多位摄影家和资深摄影师的大力支持，其中包括著名摄影家王文光、在众多摄影比赛中屡获殊荣的资深摄影师曹丰英、旅居新西兰的摄影师林东、新锐摄影师夏义等，在此表示致敬和感谢。本书主要由宏道研究室赵云志编写，此外参与编写的还有王汝娴、尹炳信、赵景荣、赵霞、鲍天成等。本书内容经过反复推敲修改、力求严谨，但仍可能存在不足之处，恳请读者批评指正。

编　者

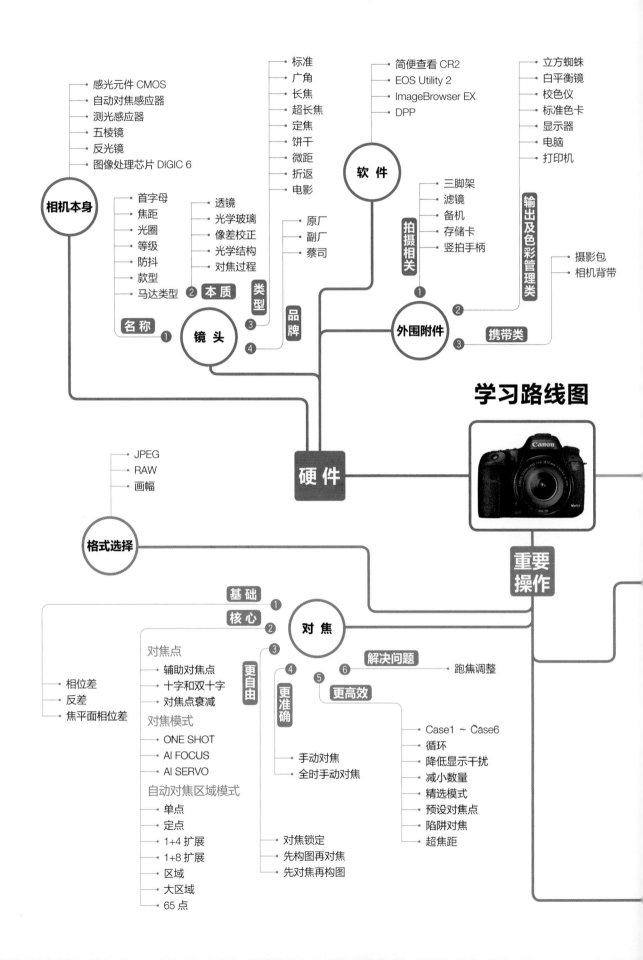

学习路线图

硬件

相机本身
- 感光元件 CMOS
- 自动对焦感应器
- 测光感应器
- 五棱镜
- 反光镜
- 图像处理芯片 DIGIC 6

名 称 ❶
- 首字母
- 焦距
- 光圈
- 等级
- 防抖
- 款型
- 马达类型

本 质 ❷
- 透镜
- 光学玻璃
- 像差校正
- 光学结构
- 对焦过程

类型 ❸
- 标准
- 广角
- 长焦
- 超长焦
- 定焦
- 饼干
- 微距
- 折返
- 电影

镜 头

品牌 ❹
- 原厂
- 副厂
- 蔡司

软 件
- 简便查看 CR2
- EOS Utility 2
- ImageBrowser EX
- DPP

外围附件

拍摄相关 ❶
- 三脚架
- 滤镜
- 备机
- 存储卡
- 竖拍手柄

输出及色彩管理类 ❷
- 立方蜘蛛
- 白平衡镜
- 校色仪
- 标准色卡
- 显示器
- 电脑
- 打印机

携带类 ❸
- 摄影包
- 相机背带

格式选择
- JPEG
- RAW
- 画幅

重要操作

对 焦

基础 ①

核心 ②
- 相位差
- 反差
- 焦平面相位差

更自由 ③

对焦点
- 辅助对焦点
- 十字和双十字
- 对焦点衰减

对焦模式
- ONE SHOT
- AI FOCUS
- AI SERVO

自动对焦区域模式
- 单点
- 定点
- 1+4 扩展
- 1+8 扩展
- 区域
- 大区域
- 65 点

更准确 ④
- 手动对焦
- 全时手动对焦
- 对焦锁定
- 先构图再对焦
- 先对焦再构图

更高效 ⑤

解决问题 ⑥
- 跑焦调整
- Case1 ~ Case6
- 循环
- 降低显示干扰
- 减小数量
- 精选模式
- 预设对焦点
- 陷阱对焦
- 超焦距

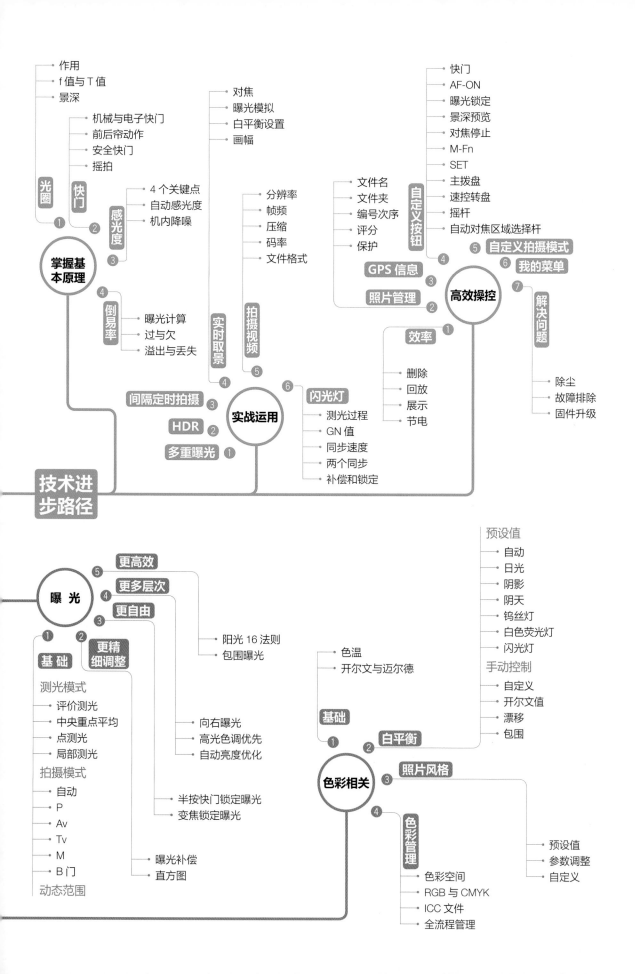

佳能 EOS 7D MARK II 名家访谈

摄影师：王文光　　采访：尹毅

关于佳能 EOS 7D MARK II 相机的特点

——佳能 EOS 7D MARK II 的自动对焦系统给我们留下了深刻印象，您认为在实战中其核心价值在哪里？

王文光：很多影友都认为佳能 EOS 7D MARK II 的优势来自于自动对焦点的数量多，但实际上对焦点数量只是一个方面，更重要的优势在于自动对焦点覆盖的区域大，几乎占据了整个画面的 80%。尤其在左右两侧对焦点几乎抵达了取景框边缘。拍摄运动项目时，凭借这一优势

可以更加自由地安排主体位置，这样拍到的画面无须裁切就能直接出片。例如，我经常使用单点自动对焦模式将对焦点位置放在黄金分割线的 4 个交叉点之一，拍摄时将主体直接放在该处即可。而全画幅和 APS-H 画幅顶级速度型机身都无法做到这点。

——虽然佳能 EOS 7D MARK II 性能优异，但很多影友都认为采用较小的 APS-C 画幅是这台相机的短板，您是如何看待这个问题的？

拍摄参数：◎ 光圈：f/4　⊙ 快门：1/800s　▣ 感光度：ISO1600　◎ 摄影师：王文光

王文光：佳能 EOS 7D MARK II 采用 APS-C 画幅使其天生具备了无损画质的 1.6 倍增距镜效果。在拍摄体育项目或打鸟时，镜头焦距长一分就会获得一分的优势。如果按照传统方式使用增距镜，不仅会造成镜头最大光圈的下降、对焦点数量的缩水，更重要的是会给画面带来 20% ~ 30% 的画质损失。而 EOS 7D MARK II 的高速度与 APS-C 画幅配合在一起，就能够让长焦镜头拍摄的等效焦距更长，这在实战中价值很大。

——您的拍摄作品中有很多是运动题材和舞台领域，佳能 EOS 7D MARK II 在实战中的对焦表现如何？

王文光：在实际拍摄中，举起相机针对主体进行对焦的速度和自动对焦系统持续运行保持跟焦拍摄并不是一个概念。长期以来，佳能相机在对焦速度方面已经出类拔萃，但是自 EOS 1DX 和 EOS 7D MARK II 开始，不仅跟焦拍摄过程中的合焦准确性得到提升，而且自动对焦系统根据主体运动方向和速度的变化进行调整的能力也有了大幅度的提升。这使得摄影师提前预判、提前开始连拍的工作效率进一步提高，持续跟焦拍摄过程中出片率大大提高。

——佳能 EOS 7D MARK II 的连拍速度较上一代有了提升，这在实战中能否给摄影师带来更大的帮助？

王文光：上一代 EOS 7D 可以实现最快 8 张 /s 的连拍速度，而 EOS 7D MARK II 将这一参数提升到 10 张 /s。不要小看这 2 张的提高，在拍摄跨栏等高速田径项目时，摄影师最想要的往往就是运动员跨栏时迈腿腾空在栏架上的那一瞬间，相机提升后的高速连拍能力让捕获到理想画面的成功率大幅度提高。当然，要想拍到这样的画面不能仅仅凭借机身的性能，摄影师对于场景的预判、连拍起始点的选择也都非常重要。

——舞台摄影是最近热门的拍摄题材，佳能 EOS 7D MARK II 在这个领域的表现如何？

王文光：对于舞台摄影来说，轻巧的快门声音非常重要。在非常安静的环境中，普通相机的快门声音会对其他观众造成干扰。而佳能 EOS 7D MARK II 的快门和反光镜结构与以往不同，有专门的马达负责减缓反光镜下落的冲击力。这样即使采用普通的单拍驱动模式，也能够明显感觉到快门声音更加轻柔，如果使用静音单拍或连拍模式，那么快门声音更低。这使得 EOS 7D MARK II 在舞台摄影方面的适用性超过了顶级的 EOS 1DX。

——与上一代相机对比，佳能 EOS 7D MARK II 是否能够帮助摄影师拍摄一些原本拍不到或拍不好的题材？

王文光：体操场地以及戏曲排练等场地都是光线不足的室内，还有拍摄鸟类时经常要隐藏在浓密的树冠下，在这种相对弱光的环境下拍摄运动主体不仅要求镜头的光圈更大而且机身的高感表现至关重要。上一代 EOS 7D 在高感表现上并不出色，基本上最高可用感光度为 ISO 640，一旦提升至 ISO800 后画面中的噪点就会较多。而佳能 EOS 7D MARK II 在高感表现上有了不俗的跨越，最高可用感光度提升到了 ISO3200，提高了 2 挡以上。这使得在相对弱光环境下用高速快门定格运动主体更加容易。当然，由于感光元件的面积所限，它的高感表现与全画幅相机还是存在 1 挡的差距。

——佳能 EOS 7D MARK II 还有哪些功能给您留下了深刻印象？

王文光：在拍摄体育项目时，我一般都会采用独脚架或者手持拍摄，为了保证构图中地面的水平就需要一个方便而快速的参考。佳能 EOS 7D MARK II 的光学取景器内具有电子水平仪显示，这样在拍摄的同时即可获得机身角度的信息提示，能够对构图准确性提供很大帮助。

舞台摄影中摄影师会面对各种各样的人工光源。在拍摄传统京剧时，大部分剧院都采用色温在 2800 ~ 3400K 的白炽灯作为光源，拍摄中的色温控制相对容易。但很多现代舞演出中会使用不同类型的光源和不同色调的特殊灯光效果，在这种不断改变的混合色温环境下，自定义白平衡等其他手段都无法使用，只有自动白平衡能够应对。这种环境也是对自动白平衡准确性的最大的考验。佳能 EOS 7D MARK II 的测光感应器具有红外线识别能力，可以在光源复杂的情况下，让自动白平衡实现惊人的准确性。

另外，它还具有防闪烁拍摄能力，通过测光感应器识别出荧光灯发光的闪烁频率，并自动调整快门释放时间，错过光源发光的波谷阶段，避免连拍过程中画面上出现黑色条带或色彩改变的问题。

关于佳能 EOS 7D MARK II 的使用技巧

——佳能 EOS 7D MARK II 具有 7 种自动对焦区域模式，您平时拍摄最常用的是哪个模式？

王文光：为了精确对焦我更多使用单点自动对焦模式，这样不仅可以更好地掌控构图，安排主体在画面中的位置，而且合焦准确性非常高。如果机位与主体之间没有障碍物，我还会使用自动对焦点扩展（5 点）模式。相比之下区域和大区域模式更容易针对最近的主体对焦，那样有可能造成合焦位置出现偏差。

——您是如何掌控快门速度的？

王文光：我一般会使用两端的快门速度，在需要清晰定格主体瞬间动作时使用 1/1250s 或更快的速度，另外在需要追随拍摄让画面动静结合时使用慢速快门，例如 1/5s 至 1/80s。我很少使用中间速度的快门，例如 1/200s 或 1/300s，这样的速度无法清晰定格主体，同时也不能让追随拍摄展现出动态模糊的动感效果。

——您一般采用哪种照片格式？

王文光：RAW 格式是我的首选，它的数据量更大、画面表现更好，在后期过程中能够提供更大的调整空间。对于很多重要比赛，拍摄 RAW 格式照片也可以留存珍贵的"底片"资料。另外，使用 RAW 格式后，相机内很多为 JPEG 格式准备的机内后期功能都可以省掉。虽然文件体积较大，在高速连拍过程中机身缓存能够容纳的拍摄数量少于 JPEG 格式，但是如果你对所拍摄的运动项目了解充分，能够做到较为准确的预判，拿捏好连拍的起始点，那么 RAW 格式会是更好的选择。

拍摄参数：◎ 光圈：f/22　◎ 快门：1/40s　◎ 感光度：ISO100　◎ 摄影师：王文光

——您日常拍摄中经常用哪支镜头与 EOS 7D MARK II 配合？

王文光： 现在我更多使用 EF 200-400mm f/4L IS USM EXTENDER 1.4X 镜头与 EOS 7D MARK II 配合，这支镜头不仅画质出色，而且内置的 1.4 增距镜可以让拍摄灵活性大大提高。当开启内置增距镜后，镜头长焦端变为 560mm，再加上机身的焦距转换系数就能够获得 896mm 的等效焦距，这样即使拍摄足球或马球这种场地非常大的项目也能够游刃有余。通常我还会再带一台 EOS 1DX 并使用 EF 70-200mm f/2.8L IS II USM，这样即使运动员突然靠近机位也能够迅速拍摄。

目 录

CONTENTS

CHAPTER 第**1**章 熟悉相机的"个性与脾气" 1

拍摄参数： ◎ 光圈：f/7.1 ◎ 快门：1/60s

感光度：ISO640 摄影师：王文光

重点 ★　难点 难　新功能 新

CHAPTER
第**2**章 照片格式与速度 22

CHAPTER
第 **3** 章 自动对焦的三大基础设置 48

CHAPTER
第 **4** 章 驱动模式——点射还是扫射 76

CHAPTER
第 **5** 章 高效自动对焦之道 96

CHAPTER
第**6**章 对焦技术的更高层级 122

CHAPTER
第**7**章 曝光铁三角 158

CHAPTER 第**8**章 测光模式与拍摄模式 210

CHAPTER 第 9 章　高手曝光之道 238

CHAPTER
第 **10** 章 镜头——摄影器材的灵魂..................288

CHAPTER 第 11 章 白平衡与照片风格 328

CHAPTER 第12章 高手拍摄之道

CHAPTER 第13章 高效操控相机之道 442

CHAPTER 第 **14** 章 故障排除与固件升级 500

CHAPTER 第**15**章 原厂后期处理软件——佳能 DPP 538

第 **1** 章 熟悉相机的"个性与脾气"

- 你知道手中这台相机最擅长什么题材？又在哪些场景下会显得"力不从心"吗？

- 你知道佳能相机操作的核心是什么吗？哪些设置能够一键完成，哪些必须使用双键组合，而哪些一定要进入菜单才能调整吗？

- 你知道 EOS 7D MARK II 所具备的哪些功能是第一次出现在佳能数码单反相机上吗？这些新功能又会对我们的拍摄起到什么样的帮助呢？

如果你得到了一匹千里马，那么需要做的第一件事肯定不是跨上马去纵横驰骋，而是先对这匹马的脾气秉性有所熟悉和了解。相机与千里马有点类似，每一款相机都有自己的特点，用拟人化的方式来说就是有自己的个性与脾气。职业摄影师经常说的一句话就是什么样的机器干什么样的活。用好相机的关键在于摸透机器的"脾气"，了解相机的特长在哪里，短板在哪里，在什么样的操作方式下能更加高效，这样就可以在拍摄中扬长避短，让器材更好地为拍摄服务。同时我们还要熟练掌握相机各项功能的操作和菜单设置，这样在面对多种多样的拍摄题材时才能应对自如。在深入学习佳能 EOS 7D MARK II 的具体功能前，先让我们从宏观上了解一下这台相机的"个性与脾气"，肯定会对后面的学习有所帮助。

1.1 佳能 EOS 7D MARK II 的特长与短板

在胶片时代，摄影器材消费的主体是新闻记者和职业摄影师。进入数码时代后，广大爱好者成了器材消费的绝对主力。而爱好者所拍摄的题材更加广泛，从静态的风光到动态的人物，因此当今畅销的数码单反相机大部分是"多面手"和"万金油"。例如，佳能 EOS 5D MARK III 就是这样的机器。它各方面性能均衡，可以应对几乎所有拍摄题材。但从另外一个方面看，这类相机同样缺乏特长，没有鲜明的个性。

客观来说，在现在的市场上，个性鲜明特点突出的数码单反相机越来越少。而您慧眼选中的佳能 EOS 7D MARK II 就是这样一台个性极为鲜明的相机。从产品定位上说，它是佳能 APS-C（非全画幅）画幅单反相机的顶级款，同时它更是一台以速度见长的"小跑车"，拍摄运动题材是它的专长。由于多项新技术被运用到 EOS 7D MARK II 当中，在某些方面它甚至超越了速度领域的"老大哥"EOS 1DX。

特长 1：对运动主体的抓拍能力突出

很多影友都认为佳能 EOS 7D MARK II 的速度特长源自于 10 张 /s 的高速连拍能力，但实际上这个指标仅仅是个表象，更深层次的原因在于 EOS 7D MARK II 从设计之初就采用了减小源数据量和增加数据处理能力的设计思路。任何一台以速度为主要特征的相机都会面临数据处理的瓶颈，当开始高速连拍时，源源不断的庞大数据流随机产生，当这些数据涌向机内的图像处理芯片时会产生巨大的工作负荷，

拍摄参数： ◎ 光圈：f/2.8 ⏺ 快门：1/2000s ⚙ 感光度：ISO1600
👤 摄影师：王文光

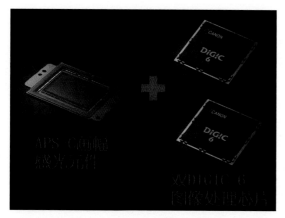

那些"万金油"相机很快就会被数据塞满而停止运转。为了实现高速优势，佳能 EOS 7D MARK II 首先采用了面积较小的 APS-C 画幅感光元件，将像素控制在 2020 万的水平上，从而有效减少了高速连拍时产生的数据总量，同时还能够保证具有足够好的画质。而在处理能力上，更是采用了两枚 DIGIC 6 图像处理芯片同时处理这些数据。这就好像使用了更粗的水管，一下子让每秒钟通过的水量大幅度增加。在整个佳能产品线中，除了 EOS 7D MARK II 外，只有顶级的 EOS 1DX 和达到 5000 万像素的 EOS 5DS/5DSR 采用了双处理器这种奢侈的配置。如果你为佳能 EOS 7D MARK II 配备一块具有高速写入能力的存储卡，那么从数据产生、数据处理到数据存储 3 个环节上都将是围绕速度这个核心而展开的，必将获得一流的运动主体抓拍能力。

10 张 /s 的高速连拍能力只能说明相机的冲刺能力，就好像博尔特的 100m 跑速度惊人。而围绕速度这个核心而设计的佳能 EOS 7D MARK II，可以在这个速度下具有相当持久的高速连拍耐力。当采用 JPEG 格式时，几乎可以保持 10 张 /s 的速度一直到存储卡被全部写满。这就相当于用博尔特的百米速度跑下一个完整的马拉松。而很多其他品牌的相机，虽然也有近似的连拍速度，但其耐力往往只有数秒而已。

超强的数据处理能力保证了 EOS 7D MARK II 随时具有针对运动主体的持续抓拍能力，而为了获得更加精彩的瞬间这台相机还具有一系列的"配套设施"，包括覆盖面积更大更加密集的全 65 点十字形自动对焦；能够应对各种运动形态的 7 种自动对焦区域模式；可识别更多场景信息提高自动对焦精度的 15 万像素 RGB+IR 红外测光感应器；可以抑制人工光源下连拍曝光拨动的防闪烁拍摄能力等。所有这些设计加在一起共同形成了 EOS 7D MARK II 无与伦比的运动题材拍摄能力。

特长 2：让你看得更远拍得更好

在体育和野生动物拍摄中，摄影师遇到的最大问题就是无法靠近拍摄对象，此时镜头焦距长一分就能够获得多一分的优势。为了实现这个目标，增距镜往往成为摄影师的选择。但是增距镜在延长了焦距的同时也带来了最大光圈和可用自动对焦点数量的下降。在使用 EF 2X III 增距镜时，镜头最大光圈会缩小两挡。如果这一光圈数值缩小至 f/8，那么佳能 EOS 5D MARK III 上原本的 61 个自动对焦点将只剩中间 5 个可用。这两项损失会为拍摄带来不小的困难。而佳能 EOS 7D MARK II 的感光元件面积稍

※ 在 1.6 倍的焦距转换系数作用下，400mm 焦距将变为 640mm 焦距（从外框的视角变为红框所示的视角），从而更加轻松地拍摄到远距离飞鸟的特写。

小，具有 1.6 倍的焦距转换系数，这样对于打鸟爱好者而言，仅仅用入门级的 400mm 焦距镜头就能够获得理想的 640mm 焦距效果。并且不会损失镜头最大光圈和对焦点。这样主体所在位置即使亮度较低或者主体运动幅度更大，也能够轻松应对。很多影友也称这种特点为"原生增距镜"，它可以帮助我们看得更远，拍得更好。

特长 3：具有顶级机身的做工和耐用度

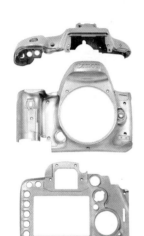

※ 顶部、正面和背面机身壳全部采用了镁合金材料。

非全画幅相机一直是入门级的代名词，机身做工水平和用料往往难以同更加专业的全画幅相机相比。而佳能 EOS 7D MARK II 则不同，虽然它是一台非全画幅相机，但是具有一流的做工和用料。它的顶部、正面和背面机身壳全部采用了镁合金材料，具备更好的刚性，同时具备重量轻的特点。另外，镁合金的运用能够有效避免外接电磁干扰的进入，降低了机身发生故障的概率。在高速连拍中产生的热量也能够及时传递出去，从一个方面保证了出色的连拍耐力。

从胶片时代起，佳能顶级机身就以坚固耐用著称。为了在严酷的自然环境下顺利完成拍摄任务，佳能 EOS 7D MARK II 几乎采用了与 EOS 1DX 一个级别的密封处理。首先，比较容易进水的机顶、背带环、镜头卡口均做了防水密封处理。另外，机身最外层的工程塑料部件与内层的镁合金机身壳的连接边缘也加入了防水防尘橡胶条。机身右侧的众多设备接口也是重点加固区域，除了橡胶垫以外更是在内部增加了金属板保护。只要使用过单反相机的影友都会对容易进灰尘的光学取景器印象深刻，这仿佛成了机身的一个顽疾，在众多品牌的相机上都不断出现此类问题。而 EOS 7D MARK II 的光学取景器采用了双重密封处理，除了机身背面有一层防护外，机身正面也有一层。

佳能 EOS 7D MARK II 不但在接缝处进行了密封处理，机身内部但凡可以拆卸的部件上也都加入了密封橡胶。整个机身从大型部件的底盖、顶盖到十分微小的螺丝、屈光调节旋钮和三脚架孔等，全部进行了密封处理。相比上一代的 EOS 7D，新机型的防尘防水滴性能提高了 4 倍。可以说，没有任何一台非全幅相机达到了如此的专业防尘防水滴等级。

对于高速相机来说，最需要经得起磨损的部件是快门组件。佳能 EOS 7D MARK II 的快门组件中马达、齿轮、轴承等多个部件都经过了重新设计，动能传递效率与耐久性获得了大幅度提升。快门寿命达到 20 万次。

特长 4：在非全画幅相机中拥有最好的操控

自动对焦区域模式选择杆

由于大部分非全画幅数码单反相机面对的是普通家庭用户，因此在操控性能上并不符合专业摄影师的高效控制要求。而佳能 EOS 7D MARK II 机身上的按钮布局几乎与 EOS 5D MARK III 如出一辙。能够让我们在两台相机之间进行无缝衔接，保持一致的操作习惯。

除了沿袭以外，佳能 EOS 7D MARK II 在操控上也有发展，其中最重要的一项革新就是自动对焦区域模式选择杆。这一拨杆被设计在多功能控制摇杆的外圈，在操作相机时右手大拇指能够非常容易地触碰到。只需要用指尖轻轻下压这一拨杆，就可以实现在 7 种自动对焦区域模式之间快速切换。根据 EOS 7D MARK II 的设计人员透露，这一拨杆的位置最初也考虑过放在卡口附近，但最后为了不影响其他操作并且不容易出现误操作而放到了多功能控制摇杆外圈。同时在拨杆的外形设计上也与机身风格融为一体。另外，自动对焦区域模式选择杆还可以作为自定义按钮，可以实现自动对焦点位置的快速切换、感光度和曝光补偿的快速调整以及进行曝光锁定操作。这也使得该拨杆的作用更大，地位进一步提升。可以说，在佳能 EOS 7D MARK II 机身上，它已经加入到核心操作阵容中，与传统的主拨盘、速控转盘和多功能控制摇杆一起成为相机的控制中枢。该拨杆更是用户高效使用 EOS 7D MARK II 相机一定要掌握的要点之一。预计，在今后发布的 EOS 1DX MARK II 中将会延续使用这一优秀设计。

特长 5：视频拍摄中自动对焦性能有突破

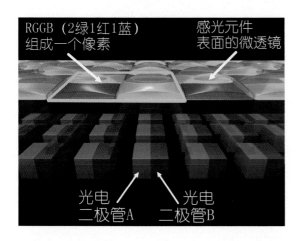

RGGB（2绿1红1蓝）组成一个像素

感光元件表面的微透镜

光电二极管A　　光电二极管B

视频拍摄功能是未来数码单反相机发展的重要方向，但长久以来，在视频拍摄过程中的自动对焦问题成为发展的瓶颈。单反相机传统的相位差对焦方式虽然快速准确，但对于视频拍摄无法提供帮助。佳能 EOS 7D MARK II 是继 EOS 70D 之后第二款使用了焦平面相位差自动对焦系统的相机，这一技术将感光元件上每个像素分为左右两个光电二极管，起到了自动对焦感应器左右两个小窗口的作用，从而通过感光元件就可以实现相位差对焦。无论在实时取景模式下还是视频拍摄过程中，这一技术发挥了重要作用，它使自动对焦速度更快更流畅。从此，单反相机拍摄视频的便捷性大幅度提升。随着焦平面相位差技术的进一步发展，未来佳能数码单反相机会具有更广阔的前景。

短板 1：动态范围有待提升

前面介绍了佳能 EOS 7D MARK II 的众多特长，但是任何一台相机都有不足或短板，世界上没有真正完美的相机。首先，EOS 7D MARK II 的第一个短板来自于其所使用的感光元件。感光元件是数码相机的核心，它决定了照片的动态范围、色深度、高感光度表现等多个重要方面。动态范围代表了相机能够记录下的最暗到最亮区域之间的变化范围。感光元件的动态范围越大就能够让照片在影调（即明暗表现）上获得越丰富的层次，越多的细节，记录下越多的光影信息。这是感光元件最重要的指标之一。

虽然佳能在感光元件设计和生产技术方面起步很早，并长期处于领先地位。更是在 2000 年突破性地使用 CMOS 感光元件（放弃了 CCD），从而引领了全球相机制造厂商的发展

方向。但不得不承认，近年来在感光元件技术创新上做得更好的是索尼。其生产的感光元件动态范围达到了 14.8EV（尼康 D810 所采用的感光元件评测数值）。根据法国权威评测机构 DxO MARK 给出的传感器评测结果，佳能 EOS 7D MARK II 的动态范围是 11.8EV，这一数值与 EOS 1DX 相同，并且略高于 EOS 5D MARK III。当然，也有部分专家质疑 DxO MARK 评测的准确性，但目前该机构的评测依然被业界广泛接受。

了解 EOS 7D MARK II 的动态范围数值后，我们在拍摄中如果遇到高反差场景就可以更多地使用 HDR 功能来应对，或者使用 RAW 格式进行包围曝光再通过后期软件保留高光和暗部的细节。

短板 2：对于细节的刻画能力并不突出

如果说佳能 EOS 7D MARK II 超强的连拍速度和耐力在一定程度上得益于它拥有的 APS-C 画幅感光元件的话，那么在画质上，尤其是细节刻画能力上略显欠缺的问题也要归咎于此。在摄影器材中感光元件面积越大在画质上的优势就越明显。这是从胶片时代就一直不变的规律，当年的大画幅相机使用 8 英寸 × 10 英寸（其胶片的面积是 135 全画幅感光元件面积的近 60 倍）的胶片拍摄，能够展现出惊人的细节刻画

能力。

当然，我们不可能要求 EOS 7D MARK II 面面俱到，充分发挥其特长，使用它拍摄擅长的题材才是正道。只有专业分工才能把照片拍得更好。虽然在充满众多细节的大场景风光、建筑、花卉微距、人像特写等领域不是 EOS 7D MARK II 的特长，但如果从摄影爱好角度出发，其画质已经足够优秀。所以，EOS 7D MARK II 的用户也不必纠结于此。

短板 3：高感光度表现与最优秀存在距离

感光元件面部不大的另一个问题在于限制了相机的高感光度表现。在拍摄节奏越来越快的今天，即使很多风光摄影师也甩掉了沉重的三脚架，而更多依靠高感光度来实现快速拍摄。众多全画幅相机即使在较高的高光度下也依然拥有较为纯净的画质，噪点几乎难以分辨。这

不仅得意于越来越先进的机内算法，而且更得益于单个像素的面积较大。可以说这是全画幅相机的天生优势。佳能 EOS 5D MARK III 在全画幅感光元件上仅有 2230 万像素，单个像素得到了较大面积，可以更多地收集外界光线。在感光度达到 ISO6400 时都能获得可接受的画质。

而感光元件面积更小，但像素依然为 2000 万级的 EOS 7D MARK II 则注定不会有那么出色的高感光度表现。经过实际使用，它的最高可用感光度为 ISO3200 左右。当然，这一成绩已经比前代 EOS 7D 提高了 2 挡以上，实现了较大的进步。

短板 4：广角选择上有局限

这一条短板依然来自于 APS-C 画幅感光元件带来的影响。虽然这个画幅可以让长焦镜头获得更长的等效焦距，但是同样的焦距转换系数作用在广角镜头上则是负面影响。在佳能 EOS 7D MARK II 机身上使用大三元广角镜头佳能 EF 16-35mm f/2.8L II USM 时，广角端会从 16mm 缩减到 25.6mm。这样原本的超广角就变为了普通广角效果，使得视角变窄，照片视觉冲击力下降。这样在广角镜头的选择上就会受到局限，而只有使用佳能新款的 EF 11-24mm f/4L USM 时，广角端才能够达到 17.6mm，实现超广的效果。但这又是一支价格不菲的镜头，这样的组合并不划算。

很多影友都采用同时携带两台相机的方式解决这一问题。将长焦镜头与 EOS 7D MARK II 匹配，而广角镜头与另外一台全画幅相机匹配。这样不仅广角端不受影响，也能够"赚"到长焦，同时在快节奏的拍摄中还不必频繁更换镜头，避免错过精彩瞬间。在风沙较大的户外拍摄，还能够有效避免灰尘进入机身在照片上出现难看的脏点。

1.2 机身操作四大区域

1.2.1 核心区域 2+2——主拨盘、速控转盘与摇杆组合

佳能数码单反相机在操作上的最大特点在于拨盘加转盘的设计。在拍摄过程中，最核心的按钮是快门，它由右手食指负责按下，具有最重要的地位。而佳能相机的重要参数调整则围绕着快门后方的主拨盘和机身背面面积硕大的速控转盘而展开。主拨盘同样由右手食指负责。由于它距离快门较近，可以让手指移动很短的距离，快速完成操作。而速控转盘由右手大拇指负责。由于速控转盘面积大且边缘带有凹凸的锯齿，在"盲操作"过程中很容易识别，因此同样具有很快的操作速度。

在 Av 光圈优先模式下，主拨盘负责调整光圈；在 Tv 快门优先模式下，主拨盘负责调整快门速度。可见其拥有更高的重要性。此时，速控转盘负责调整曝光补偿，这是摄影师对曝光进行微调的核心，也是非常重要的操作部件。只有在 M 挡全手动模式下，它们二者才会进行区分。这时主拨盘负责调整快门速度，速控转盘负责调整光圈。

另外，在感光度、白平衡、驱动模式、测光模式等重要参数的调整上也需要先按下相关调整按钮，然后再由主拨盘或速控转盘进行调整。可见它们二者是相机操作的第一核心。

对焦点位置切换是另一个常用操作，几乎每一次按下快门前我们都需要进行这一操作。在佳能相机上，为了在二维的平面上实现对焦点的多方向快速调整，特别设计了多功能控制摇杆。它的位置就在速控转盘上方。这一摇杆突出程度更高，在"盲操作"过程中右手大拇指也可以很容易的识别出来。除了可以在平面

❶ 主拨盘

❷ 速控转盘

❹ 自动对焦区域模式选择杆

❸ 多功能控制摇杆

※ 佳能 EOS 7D MARK II 相机操作的第一核心区域就是主拨盘与速控转盘。

※ 第二核心区域是多功能控制摇杆与新增的自动对焦区域模式选择杆。

的8个方向上移动外，该摇杆还能够垂直按下，让对焦点快速回到中央位置。

　　套在多功能控制摇杆外圈的就是自动对焦区域模式选择杆，通过它可以快速在7种自动对焦区域模式之间切换。但这一选择杆只能向右下方拨动，而不能反向推动。因此，在选择

7种自动对焦区域模式时，选择方向也只能从左至右移动光标。

　　显然多功能控制摇杆和自动对焦区域模式选择杆是一对搭档，在快节奏的运动主体拍摄中起到关键作用。它们二者共同组成了佳能EOS 7D MARK II相机操作的第二核心。

1.2.2 次核心区域——5个重要按钮

　　我们知道尼康相机的操作方式是前后双拨轮，在机身背面右上角的是主指令拨盘，在快门优先模式下它负责调整快门速度，另外使用组合键完成参数调整时，它也起到重要作用。由于该位置很容易通过右手大拇指触碰，因此在相机操作中具有重要地位。但佳能相机在该区域并没有拨盘，而是设计了3个按钮。从右到左分别是自动对焦点选择按钮、自动曝光锁定按钮和AF-ON按钮。其中，最右侧的两个按钮处于同一平面中，并且在下方还设计了曲面让拇指的按下动作更加舒适。

　　在关键位置上出现的这3个按钮对于相机

操控有着重要意义。首先，自动对焦点选择按钮的设计出发点是个防止误操作的装置。在调整自动对焦点位置或者更改自动对焦区域模式的时候，都要先按此按钮，才能够激活选择功能，然后再通过左边的多功能控制摇杆和自动对焦区域选择杆来调整。这就防止了误操作的发生，即使你背着相机，较为突出的摇杆与身体发生碰撞，也不会改变当前对焦点的位置。由于这两项操作使用率极高，所以自动对焦点选择按钮被设计在右上角，即使不用眼睛看也能够凭感觉第一时间找到。但实际上，多按下一次自动对焦点选择按钮再进行调整的方式会降

曝光锁定
按钮

AF-ON
按钮

自动对焦点
选择按钮

※ 机身背面右上角的三个重要按钮。

M-Fn按钮

景深预览按钮

低操作效率，在某些题材下容易错失精彩瞬间。因此，佳能 EOS 7D MARK Ⅱ 允许你通过自定义功能菜单第 3 页（C.Fn3）最后一项【自定义控制按钮】对其进行修改，省略掉这一步骤。

　　曝光锁定是摄影师自己掌控曝光的重要工具，通过它可以将你认为重要的区域准确曝光，而避免了周围过亮或过暗环境对自动测光系统的干扰。在你积累了一定的曝光控制经验后，

曝光锁定按钮的使用频率会越来越高。相机高效操控的一个重要原则就是按钮分工，而相机上集中了最多功能的按钮就是快门，在拍摄运动主体时，只有将部分功能从快门中分离出来，才能获得更好的控制。其中，AF-ON 按钮就分离了自动对焦启动功能，它将成为发挥佳能 EOS 7D MARK Ⅱ 速度优势的关键。

　　在次核心区域当中，另外两个按钮分别是快门左后方的 M-Fn 按钮和机身正面卡口左下方的景深预览按钮。它们各自承担的本职工作并不很重要，但它们都是重要的自定义按钮，如果你希望提高操作效率就离不开它们。

1.2.3 调整与查看区域——机顶双肩

　　第三个相机操作的重要区域就是机顶双肩的位置。机顶左肩是模式转盘，决定了我们对于曝光参数的控制方法，更深层次地决定了我们对于画面效果的控制。为了避免误操作，只有按下模式转盘中央的按钮后才能够转动。而机顶右肩则更加重要，这里最醒目的一块单色液晶屏是我们读取参数的重要窗口。几乎所有与拍摄相关的参数都可以从这里获得。参数的读取和调整是分不开的，在这块液晶屏上方分布了 4 个按钮，其中左侧的 3 个是参数调整按钮，每一个都负责了两类参数调整任务。可以调整的参数分别是：白平衡 / 测光模式、驱动模式 / 自动对焦模式、闪光曝光补偿 / 感光度，共 6 项。这 6 项参数的重要性仅次于光圈和快门速度，是任何题材都离不开的设置。当按下该按钮后，

转动主拨盘将调整按钮下方右侧的参数，转动速控转盘将调整按钮下方左侧的参数。最右侧的按钮负责在弱光环境下点亮这块液晶屏的背光，以便更好地看清上面的信息。

　　在以前，机顶液晶屏是高等级相机才会配备的，也是摄影师快速读取信息的最重要途径。但是，摄影师必须将眼睛从光学取景器中移开才行。这也会导致错过拍摄机会。因此，佳能 EOS 7D MARK Ⅱ 使用了一款新型的光学取景器，它可以显示更多的重要参数。这样摄影师眼睛不用移动就可以获取这些信息，从而更加高效。这也使得机顶液晶屏的作用被降低。

解除锁定按钮

模式转盘

※ 机顶左肩的模式转盘和解除锁定按钮。

参数调整按钮

信息读取区域

※ 机顶右肩的信息读取和参数调整区域。

1.2.4 照片回放与菜单操作区域

在相机的操作方面，按照紧迫性可以分为两大类：一类是与拍摄过程密切相关的参数调整，需要采用高效快捷的操作方式；而另

一类就是与照片回放、删除和菜单调整相关的操作，其紧迫性没有那么高。后者的操作区域就在机身背面，主要集中在主液晶屏左侧。在拍摄间歇，我们可以使用左手从容地进行设置。但在使用长焦镜头时，左手需要托住沉重的镜头，无法操作主液晶屏左侧的按钮。这时就可以通过自定义功能菜单第3页（C.Fn3）最后一项【自定义控制按钮】，将右侧速控转盘中央的SET按钮设置成回放照片或进入主菜单等功能，这样就可以实现右手操作了。

1.3 操作快捷程度分四级

很多拍摄题材中精彩的画面转瞬即逝，这就要求摄影师不仅要全神贯注还应合理设置相机操作提高效率。在所有相机操作中，能够通过机身按钮完成的肯定比进入菜单调整更加高

效。按照快捷程度不同，可以将相机操作分为一键完成、组合键完成、自定义键和进入菜单完成共4个优先级别。

1.3.1 最高级—— 一键完成

一键完成的操作对于拍摄具有重要价值。在那些主体移动飞快，精彩画面转瞬即逝的场景中，

任何拖沓的操作都会贻误战机。此时，只有一键完成参数设置才能够满足最高要求。但是，相机上按钮数量有限，不可能将所有操作都以这种方式完成。因此，高效率的相机操控某种意义上说就是将你最需要最常用的功能设置成一键完成。

当然，有一些通用的重要功能在相机出厂时就已经被设置成可以一键完成，它们包括：光圈调整、快门速度调整、曝光补偿、曝光锁定、自动对焦启动、自动对焦与手动对焦的切换（通过镜头上的对焦模式拨杆）等，当然开机和拍摄也是一键完成，但是快门按钮实际上在一半的行程中（半按快门）包含了启动自动对焦、启动自动测光系统两大功能。

除了上述这些一键完成的功能外，我们还可以通过机身上的多个自定义按钮将符合自己拍摄习惯和题材要求的功能设置为一键完成。例如，将景深预览按钮的功能设置为从 ONE SHOT 单次自动对焦模式切换至 AI SERVO 人工智能伺服自动对焦模式，这样我们就能够快速实现静态主体拍摄向运动主体拍摄的改变。另外，为了快速完成对焦点位置的调整，还可以将景深预览按钮设置成一键切换自动对焦点位置。

1.3.2 第二级——组合键完成

在拍摄过程中，很多参数都需要根据场景的明暗程度、反差、光源类型和主体特征来调整。在一段时间内，这些环境因素保持相对稳定，因此对于参数调整的节奏不会有特别严格的要求。此时，利用组合键来完成参数设置是可以接受的。例如，机顶液晶屏周围的 3 个按钮所担负的 6 项参数调整就是采用组合键来完成的。

佳能的组合键操作方式与尼康的并不相同，你无须按住功能按钮不放同时转动主拨盘或速控转盘，而是按下后可以抬起手指，在 5s 内进行调整操作即可，相对比较从容。此时，其他参数选项也会从机顶液晶屏中消失，只保留当前可进行调整的两项，非常直观。

1.3.3 第三级——可从菜单提升至机身按钮

前面介绍的常用操作所有摄影师都会用到，但是有些相机功能则是针对部分摄影师或者部分拍摄题材而设计的，并不会经常用到。因此，当你在某一段时间内需要频繁使用这一个功能时，就需要将其从菜单中调出来，提升其操作的便捷性，这样就不必每次都深入多层菜单内部是更改设置了。例如，调整照片格式的功能就典型的代表。一般情况下，针对运动主体，我们都会采用体积更小的 JPEG 格式拍摄，以保证足够长的连拍耐力。但如果突然发现了值得用精细画质记录的静态场景，那么深入菜单中将照片格式切换为 RAW 显然效率较低。此时，将照片格式切换功能赋予 M-Fn 按钮就可以将原本的菜单功能变为通过机身按钮可以实现的功能。

1.3.4 第四级——菜单也有优先级

当然，我们不可能将所有的设置都放在机身按钮上，对于那些不经常使用的功能选项，进入菜单更改也不会过多降低效率。而在这些不经常使用的功能选项中，我们还可以将其中较为重要的选出来，通过"我的菜单"功能，将它们单独拿出来组合在一起，成为具有个性化的常用菜单功能，这样就不必在庞杂的菜单结构中苦苦寻找，从而大幅度提高操作效率了。

1.4 六大板块组成的菜单

对于一名初学者来说，拿起相机，将曝光模式放在 P 挡程序自动曝光处，然后按下快门就可以拍摄照片了，但是如果你想真正掌握手中的相机，以便在今后的摄影创作中充满信心地熟练使用，佳能 EOS 7D MARK II 的菜单结构是必须要了解的。但是，这部接近顶级的数码单反相机功能众多，菜单内的选项和功能极为丰富，在深入学习每一项功能和设置的使用

方法之前，我们需要先看看"地图"，以便对它的整体有个了解。

佳能 EOS 7D MARK II 的菜单分为六大板块，当你按下机身上的 MENU 菜单按钮就会看到主液晶屏上方以图标形式显示的各板块图标，它们以横向方式排列，这也是佳能相机的一个特色。通过多功能控制摇杆或速控转盘即可在各板块中切换，被加亮显示的即为当前可以对其进行操作的板块。六大版块呈左右的横向式排列，每个板块内的功能选项由多个页面组成。每个页面最多包括 7 个功能选项，不会有向下翻页的情况，只会左右翻页。所以在菜单操作中，为了找到某一功能选项，横向操作会较多，一旦找到该功能选项所在的页面，使用纵向操作就非常容易抵达了。一旦你对这个菜单系统有了深入了解，会发现其操作便捷性还是非常高的。

1.4.1 ◙拍摄菜单——决定核心拍摄功能

菜单中的第一大板块就是拍摄菜单。相机的核心功能就是拍摄，所以拍摄菜单是我们经常光顾的地方，它能够让我们设置与拍摄相关的重要参数，例如，拍摄过程中需要不断修改的感光度和白平衡等。它也可以给我们提供众多新颖的拍摄功能，来获得不一样的照片特效。例如，多重曝光、HDR、间隔定时拍摄等。有些功能还可以让拍摄效果得到提升，例如，照片风格、自动亮度优化、高光色调优先、镜头

像差校正，等等。还有一些非常基础的设置也需要在拍摄菜单内完成。例如，色彩空间、图像确认时间等。

另外，拍摄菜单所包含的页面总数量还会出现变化。在将光学取景器右侧的开关拨至实时显示拍摄模式时，拍摄菜单会有 6 个页面。而当该开关拨至视频拍摄模式时，拍摄菜单会有 5 个页面。总之，当你熟悉了拍摄菜单后，整个拍摄过程就会非常顺畅。

1.4.2 ᴬꜰ自动对焦菜单——发挥 7DM2 特长的关键

佳能 EOS 7D MARK II 是以抓拍运动题材为最大特点的机型，而在拍摄运动主体时，需要有

更加完善的自动对焦控制。这就是由第二大板块自动对焦菜单来负责的。该板块包含 5 个页面，对于自动对焦如何更高效运行的方面提供了规划。在这里我们可以根据运动主体的不同特点，定制和调整 AI SERVO 人工智能伺服自动对焦模式。还可以在拍到和拍清楚这对矛盾体之间进行选择。该板块中很多功能选项都与效率有关，通过这些选项可以进一步简化操作，提升对焦效率。总之，要想将 EOS 7D MARK II 的特长充分施展，你必须吃透自动对焦菜单。

1.4.3 ▶回放菜单——决定展示照片的方式

回放菜单决定了相机展示照片的方式。例如，它能够让我们选择在拍摄之后是否立即通过主液晶屏查看照片，能够让我们选择在按下▶回放照片按钮后，是否加亮显示过曝区域和直方图等。回放菜单里的评分选项可以帮助我们提升照片管理效率。你只需要记住，任何与照片显示相关的问题，都可以进入这个菜单来解决。

1.4.4 🔧设置菜单——决定最底层的运作模式

如果相机是一个人，那么他的本性由设置菜单决定。设置菜单与后边的自定义功能菜单都决定了相机的运作方式，只不过设置菜单里的功能选项更加底层，而不具备个性化的可能，不会因为摄影师的操作习惯不同而更改。例如，日期 / 时间 / 区域、语言、文件名、文件编号等。这样的基础设置就位于设置菜单当中。大部分设置菜单内的功能选项都不需要经常更改，有的甚至一次设置好后能够一劳永逸。

1.4.5 📷自定义功能菜单——决定长期的工作方式

如果说前面的拍摄菜单是需要根据拍摄题材和场景来不断进行调整的话，那么自定义功能菜单的作用则是决定相机长期的工作方式，而且这种工作方式是可以根据摄影师的习惯来改变的。也就是说，自定义功能菜单所决定的比拍摄菜单更加底层，并且不会轻易改变。例如，当环境光线强弱改变时，我们需要及时调整拍摄菜单中的【ISO 感光度设置】来获得足够的快门速度。而自定义功能菜单同样有与 ISO 感光度相关的选项，其中【ISO 感光度设置增量】决定了在调整感光度时每次转动主拨盘后，感光度发生改变的增量，也就是每次感光度改变的跨度大小。很明显这是一个更加底层的功能，基本不会因为环境的变化而改变，它的作用是为了让相机的工作模式适合摄影师的个人操作习惯。所以，自定义功能菜单并不会经常光顾，但每次的设置都会产生长期影响。

1.4.6 ⭐我的菜单——提高菜单访问效率

与前面的五大板块相比，我的菜单实际上是为了提高菜单访问效率而设定的，它几乎没有自己的功能选项，而是将前面五大板块内的功能选项汇集于此，便于我们查找。通过我的菜单就能够轻松找到我们常用的功能选项，而不必进入复杂的菜单系统去苦苦寻找。对于那

些非急迫但又常用的功能选项，将其放入我的菜单是最佳选择。另外，通过设置还可以实现

按下 MENU 按钮的同时直接进入我的菜单，使这种优势得到强化。

1.4.7 菜单操作方式

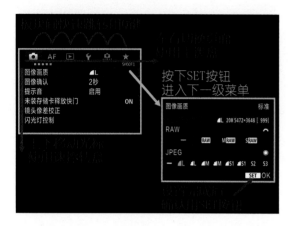

初学者刚拿到相机时，普遍觉得菜单过于复杂难懂，操作上更是不熟悉。在此我们将佳能 EOS 7D MARK II 菜单的通用操作方式进行介绍，以便读者能够快速掌握菜单操作。

首先，由于整个菜单系统包含六大板块，如果按照页面逐一横向翻动效率较低。例如，如果希望从拍摄菜单第一页切换到回放菜单最

后一页，那么需要多次转动主拨盘或多功能控制摇杆。有一种快捷方式可以实现板块间的快速调整，这就是机身背面速控转盘左上方的 Q 速控按钮。按下该按钮就可以快速地在六大板块第一页之间切换。

在某一板块下的页面之间横向切换时，可以使用主拨盘。而当你进入了某一页面后，上下移动光标可以通过速控转盘来实现。当然，多功能控制摇杆可以同时实现水平和垂直两类操作。如果希望进入某一功能选项，需要通过速控转盘中间的 SET 按钮。无论在菜单的任何子目录下，只要按下 MENU 按钮就能够立即返回主菜单界面。

在实际操作中，你可能还会遇到光标跳转问题、通过 INFO 按钮进入更深一级菜单的问题等，我们都会在后面的章节中逐一介绍。

1.5 换个角度看菜单

上面菜单结构是佳能官方对相机各功能选项进行的划分和归类，虽然这种分类有一定的合理性，但对于初次使用佳能相机的影友来说并不容易将这一菜单结构看得十分清晰。为了

能够让后边的学习过程更加顺畅，我们按照一种全新的分类方式，将 EOS 7D MARK II 的菜单结构进行分类。

1.5.1 增强 JPEG 直出效果类

在使用单反相机拍摄时，最基础的设置就是照片格式。对于 RAW 和 JPEG 两种格式的选择会影响到后续一系列的相机设置。其中，使用 RAW 格式拍摄时，很多提升照片视觉效果的工作会转移到电脑后期阶段完成。而

采用 JPEG 格式拍摄时，更多依靠相机内的功能实现直接出片。因此，相机内很多的功能选项都是为了让 JPEG 格式的直接出片效果得到提升。

JPEG 格式阵营		
功能选项名称	位置	作用
照片风格	拍摄菜单第 3 页	让直出效果得到综合提升
镜头像差校正	拍摄菜单第 1 页	减小暗角和畸变
自动亮度优化	拍摄菜单第 2 页	优化曝光效果
长时间曝光降噪功能	拍摄菜单第 3 页	减少长时间曝光带来的噪点
高 ISO 感光度降噪功能	拍摄菜单第 3 页	减少高感光度带来的噪点
高光色调优先	拍摄菜单第 3 页	保留亮部细节
HDR 模式	拍摄菜单第 3 页	提升画面动态范围
色彩空间（sRGB）	拍摄菜单第 2 页	让直出照片的色彩更亮丽

可见，为了机内直出 JPEG 格式照片获得更好的效果，要使用多个功能选项。而采用 RAW 格式时则需要关闭这些选项，将处理任务交给佳能 DPP 软件在电脑上进行。

1.5.2 与色彩相关类

照片的色彩受到多种因素的影响，对于 JPEG 格式照片来说，照片风格中的相关设置会影响其色彩表现。而更加深刻的决定照片色彩范围的是色彩空间选项，其中 Adobe RGB 拥有更大的色彩范围，可以通过后期处理获得更好的色彩效果。另外，不同的光源具有不同的色温，只有选择了正确的白平衡设置，照片色彩才能够被准确还原。白平衡不仅可以通过机身组合键来设置，还可以通过拍摄菜单第 2 页的 3 个相关功能选项来控制。

与色彩相关类		
功能选项名称	位置	作用
白平衡	拍摄菜单第 2 页	根据光源类型调整白平衡，使得照片具有准确的色彩还原
自定义白平衡	拍摄菜单第 2 页	在复杂光源下，通过拍摄灰卡获得最精确的白平衡
白平衡偏移 / 包围	拍摄菜单第 2 页	对当前白平衡进行微调或包围拍摄
色彩空间	拍摄菜单第 2 页	决定照片能够达到的色彩范围

1.5.3 简化操作类

提升拍摄效率的关键在于简化操作，减少花费在调整参数上的时间，才能够将更多的精力投入到观察、判断和对拍摄时机的把握上。因此，佳能 EOS 7D MARK II 有相当多的功能选项都是为了简化操作而设计。

简化操作提升效率		
功能选项名称	**位置**	**作用**
可选择的自动对焦点	自动对焦菜单第 4 页	减小自动对焦点数量，提高移动效率
选择自动对焦区域选择模式	自动对焦菜单第 4 页	减小自动对焦区域模式数量，提高切换效率
与方向链接的自动对焦点	自动对焦菜单第 4 页	实现旋转相机，对焦点自动切换的功能
手动选择自动对焦点的方式	自动对焦菜单第 5 页	实现可循环的对焦点移动
取景器显示	设置菜单第 2 页	通过光学取景器即可查看相关参数
快门速度范围设置	自定义功能菜单第 1 页	减小快门速度变化范围，提高选择效率
光圈范围设置	自定义功能菜单第 1 页	减小光圈变化范围，提高选择效率

1.5.4 减少失误类

对于摄影师来说，既要提高拍摄效率又要避免失误的发生，这样才能够完成客户交给的任务。相机中的部分功能选项就是为了避免某些操作失误而设计的。

减少操作失误类		
功能选项名称	**位置**	**作用**
未装存储卡释放快门	拍摄菜单第 1 页	无存储卡时按不下快门
保护图像	回放菜单第 1 页	避免误操作删除有价值照片
安全偏移	自定义功能菜单第 1 页	避免参数设置导致的曝光偏差
对新光圈维持相同曝光	自定义功能菜单第 1 页	避免 M 挡时由于镜头最大光圈变化而造成曝光偏差
取景器内警告	自定义功能菜单第 2 页	在某些特殊设置时给予提醒，避免造成失误
多功能锁	自定义功能菜单第 2 页	避免 4 个按钮发生误操作

1.5.5 应对故障类

虽然数码单反相机是科技含量极高的精密光学电子仪器，在正常使用的情况下，发生故障的概率非常低，但仍然避免不了出现一些问题。当故障没有严重到需要维修的程度时，相机内的几个功能选项就可以解决。具体内容如下表所示。

应对故障类		
功能选项名称	**位置**	**作用**
除尘数据	拍摄菜单第 3 页	通过后期方法解决顽固脏点问题
自动对焦微调	自动对焦菜单第 5 页	解决镜头跑焦问题
清洁感应器	设置菜单第 3 页	解决灰尘附着问题

1.5.6 辅助构图类

在拍摄风光和建筑题材时，横平竖直是最基本的构图要求，相机提供了构图的参考工具，以便我们能够获得更好的画面效果，具体内容如下表所示。

构图相关类		
功能选项名称	位置	作用
显示网格线	拍摄菜单第 5 页（实时取景状态）	在实时取景拍摄中启用构图参照线
长宽比	拍摄菜单第 5 页（实时取景状态）	在实时取景拍摄中获得不同的照片长宽比
显示网格线	拍摄菜单第 4 页（视频拍摄状态）	在视频拍摄中启用构图参照线
回放网格线	回放菜单第 3 页	在照片回放时辅助检查构图
实时显示拍摄区域显示	自定义功能菜单第 2 页	在实时取景拍摄中更改长宽比后，决定拍摄区域外的显示方式
添加裁切信息	自定义功能菜单第 3 页	虽然以原有尺寸拍摄，但会在照片中添加裁切信息
使用 INFO 按钮显示的内容	设置菜单第 3 页	在主液晶屏上调用电子水平仪
取景器显示	设置菜单第 2 页	在光学取景器中调用电子水平仪

1.5.7 特效拍摄类

我们处于一个视觉信息极大丰富的年代，为了在海量的照片中脱颖而出，大家总会想尽办法，创造出各种奇异的特效画面。相机中就包含了多种特效拍摄功能，具体内容如下表所示。

功能选项名称	位置	作用
多重曝光	拍摄菜单第 3 页	将多个场景曝光在一幅画面中
HDR 模式	拍摄菜单第 3 页	提升画面动态范围的特效
间隔定时器	拍摄菜单第 4 页	拍摄星轨
B 门定时器	拍摄菜单第 4 页	超长时间曝光

1.5.8 照片管理类

对于拍摄数量庞大的发烧友来说，合理而高效的照片管理能够让作品被储存得井井有条，需要时可以快速找到。而高效的照片管理需要从拍摄时就开始进行。与照片管理相关的选项如下表所示。

照片管理类		
功能选项名称	位置	作用
评分	回放菜单第 2 页	为优秀照片划分等级
记录功能＋存储卡／文件夹选择	设置菜单第 1 页	建立文件夹分别存储照片
文件编号	设置菜单第 1 页	管理文件名中的数字
文件名	设置菜单第 1 页	修改文件名
RATE 按钮功能	设置菜单第 3 页	让 RATE 按钮具有评分功能

1.5.9 提升菜单设置效率类

有些拍摄场景转瞬即逝，这就需要相机能够在很短的时间内完成整套的设置更改，迅速将一套适合拍摄静物的设置改为适合拍摄飞鸟的模式。能够提升参数或菜单设置效率的功能选项如下表所示。

提升菜单设定效率类		
功能选项名称	位置	作用
自定义拍摄模式（C1-C3）	设置菜单第 4 页	将不同参数组合打包便于调用
我的菜单	我的菜单	快捷访问常用功能选项

1.6 佳能 EOS 7D MARK Ⅱ 六大亮点

通过上面的介绍，我们对佳能 EOS 7D MARK Ⅱ 的特长与短板、操作方式和菜单结构都有了宏观上的了解，为我们深入掌握相机功能打下了基础。另外，机身还具有哪些新功能，可以为我们的拍摄带来帮助呢?

1.6.1 佳能相机史上最多的自动对焦点

佳能 EOS 7D MARK Ⅱ 的最大亮点在于拥有 65 个自动对焦点，这在所有佳能 EOS 数码单反相机中是最多的。在数量增加的同时，所有对焦点都是性能更加出色的十字形对焦点，它不容易受到主体的形状或颜色等影响，能够实现更加准确和快速的合焦。同时这一自动对焦系统在画面中所覆盖的面积更大，边缘区域更小。在捕捉快速无规则移动的主体时成功率更高。关于全 65 点十字形自动对焦系统的详细介绍参见第 3 章。

1.6.2 像素最高且能收集红外信息的测光感应器

15万像素 RGB+IR红外
测光感应器

如果说对焦点数量的提升是显而易见的进步，那么相机内部的这块 15 万像素 RGB+IR 红外测光感应器则是更加深层次的升级。测光感应器是相机中的核心部件之一，相当于相机的大脑。它不仅负责测光，还负责识别人脸特征；对场景的亮度和色彩识别以便为自动对焦系统提供帮助；识别场景中光源的类型和闪烁频率为自动白平衡提供帮助等。在胶片时代，测光系统都是"色盲"只能看到场景的明暗差别，而在佳能 EOS 7D MARK II 首次采用的这款先进测光感应器，不仅可以看到明暗、色彩还可以检测到场景中的红外线信息，从而对场景中景物的识别能力进一步提高。关于这款 15 万像素 RGB+IR 红外测光感应器的详细介绍参见第8 章。

1.6.3 多达 7 种自动对焦区域模式

静态主体是最容易进行自动对焦的类型，而当主体运动起来并且速度和方向还会不断改变，那么就到了考验自动对焦系统功能效能的时候了。面对这种情况，除了让自动对焦系统持续不断地工作外（即 AI SERVO 人工智能伺服自动对焦模式），我们还需要根据实际情况，使用较多的对焦点来覆盖住运动主体，使得它跑不出去由自动对焦点编织成的大网。这就是自动对焦区域模式的价值所在。佳能 EOS 7D MARK II 的自动对焦区域模式多达 7 种，同样成 为 佳 能 EOS 数 码单反相机中最多的。这样在拍摄运动主体时就有了更多的

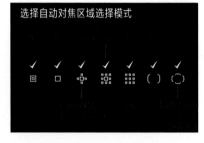

选择，可以应对更多类型的主体。关于自动对焦区域模式的详细介绍参见第 3 章。

1.6.4 无所不能的光学取景器

长久以来，机顶液晶屏都是摄影师完成拍摄信息快速读取和调整的核心区域。然而佳能 EOS 7D MARK II 上"智能信息显示光学取景器 II"（II 代表二代）的出现，改变了这种格局，让拍摄信息的显示核心区域从机顶液晶屏转移到了光学取景器内部，从而大幅度地提高了信息读取速度。这样摄影师的眼睛不必离开光学取景器就可以获得丰富的信息提示，随时掌握各类参数状况，甚至能够看到电子水平仪。这样就能够有效应对快节奏的运动题材拍摄。关于自动对焦区域模式的详细介绍参见第 13 章。

光学取景器
信息显示区域

机顶液晶屏
信息显示与
调整区域

1.6.5 可感知人工光源的闪烁

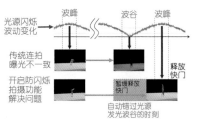

如果环境光源是荧光灯，那么灯光会随着电流的频率出现闪烁现象（国内交流电的频率是 50Hz），也就是说荧光灯是在发光与变暗这两种状态下交替出现的。只不过闪烁频率很快（每秒钟 100 次），我们人眼无法察觉。如果你采用单拍或速度较慢的连拍，很难在画面中发现这种闪烁现象。

但是当你采用 10 张 /s 的速度进行高速连拍时，由于光源的明暗不断变化，很容易让某一张照片的曝光瞬间处于光源发光的最弱瞬间，从而在一系列连拍的照片中出现曝光的波动。以前的相机是无法解决这一问题的，而佳能 EOS 7D MARK II 凭借 15 万像素 RGB+IR 红外测光感应器可以识别出光源的闪烁频率，自动将连拍时释放快门的时机重新进行调整，错开光源发光最弱瞬间，从而实现了防闪烁拍摄。关于防闪烁拍摄的详细介绍参见第 4 章。

1.6.6 单反的速度、卡片的易用

如果说前面的 5 项功能都是第一次出现在佳能 EOS 数码单反相机上，那么焦平面相位差自动对焦系统实际上是第二次出现。在 EOS 70D 的身上我们就见到了它的身影。但是这一

技术对于单反相机的发展有着更本质的影响。它改变了以往在实时取景和视频拍摄时只能够依靠较慢的反差式自动对焦的缺陷，让感光元件在单幅对焦工作时能够采用相位差方式对焦，从而提升对焦速度。初学者在获得单反相机高速对焦的同时，还能够以卡片机一样的易用方式来拍摄。这一技术还为视频拍摄带来革命性的变化。佳能 EOS 7D MARK II 使用了经过改进的平面相位差自动对焦系统，不仅在对焦速度上得到提升，而且在低反差场景中的合焦效率也得到改进。关于相位差式对焦、反差式对焦和焦平面相位差自动对焦的详细介绍参见第 3 章。

扩展阅读

法国 DxO 实验室相机评测数据

这章前面的所有内容都可以帮助你对佳能 EOS 7D MARK II 有一个整体了解，为了更加准确地用数据衡量这台相机的性能，我们还需要了解一家评测机构——DxO。DxO 是一家法国公司，每一款相机和镜头都将经过 DxO MARK 实验室的测试。目前，该机构的评测是被关注度最高的。DxO 会对照片的色彩、对比度、细节、锐度、

噪点、色差和畸变进行客观数据分析。另外，还会对曝光、对比度、色彩还原和白平衡等项目进行主观分析。主观分析由 DxO MARK 的专家在现实环境中通过大量拍摄得来。你可以从 www.dxomark.com 网站上获得这些器材评测数据。

另外，DxO 还是一家优秀的图像处理软件公司，

虽然它的软件知名度比Photoshop差很多，但其表现却不俗。它推出的DxO Optics Pro是最优秀的RAW格式处理软件，在降噪等方面具有极为出色的效果。很多专业摄影师甚至将它作为使用Photoshop前最重要的后期处理流程。你可能会奇怪，器材测评与后期软件之间怎么会发生联系呢？实际上，与Photoshop等后期处理软件不同，DxO的软件完全基于它们

❋ DxO 的实验室环境。

对相机和镜头的研究数据，可以说是从源头上获得了第一手资料，然后通过此数据再对照片进行畸变校正、降噪等调整，就可以做到更有针对性。因此，效果也与一般软件不同。

❋DxO Optics Pro 成为后期软件中知名度上升最迅速的一款软件。

相机感光元件测试

虽然数码相机的操作性能不同，设计特色不同，无法用一根标尺来衡量，然而数码单反相机最核心的部件——感光元件却是可以放在同一水平线上进行评测的。这一核心部件也集中体现了相机的原始画质表现能力。在DxO MARK的评测体系中，相机感光元件的测试是重要一环。该实验室以4个参数来评价一款相机的感光元件，内容如下。

➤ 色深度（Color Depth）：这一指标代表了感光元件采集色彩信息的能力。色深度越高代表感光元件能够采集越丰富的色彩，在照片中实现更加细腻的色彩过渡。而色深度较低时，色彩之间的渐变和层次就会缺乏，成为明显的阶梯状变化而非渐变。根据DxO MARK的测试结果，佳能EOS 7D MARK II的色深度是22.4 bits，而上一代的EOS 7D色深度为22bits。

➤ 动态范围（Dynamic Range）：它表示了感光元件能够记录下来的从最暗区域到最亮区域之间的跨越幅度。感光元件的动态范围越大就能够让照片在明暗影调方面获得越丰富的层次，记录下更多的光影信息。如果动态范围较低则容易丢失亮部或暗部细节。该指标以EV值来衡量。根据DxO MARK的测试结果，佳能EOS 7D MARK II的动态范围为11.8EVs，而EOS 7D动态范围为11.7EVs。

➤ 低光照ISO（Low-light ISO）：该指标是以实验室方法测量并评价相机的高感光度画质表现，得分越高画质越出色。佳能EOS 7D MARK II的该项指标为1082 ISO，而EOS 5D MARK III该项指标为854 ISO。

➤ 总分：综合以上数据，DxO MARK会给出该款感光元件的总分，以评价其综合性能，满分为100分。佳能EOS 7D MARK II总分为70，而EOS 7D的总分为66。

通过以上数据我们发现，佳能EOS 7D MARK II在感光元件的各项指标上均有一定进步，尤其是在高感光度表现上进步明显。对于爱好拍摄运动题材的影友来说，它是一台非常理想的创作工具。但如果将其数据与EOS 5D MARK III（色深度：24bits、动态范围：11.7EVs、低光照ISO：2293 ISO、总分：81）对比，则仅从感光元件评测结果上看，仍有不小差距。当然这也从一个侧面反映了本章开篇对于EOS 7D MARK II特点的描述——这是一台个性十足并且极为擅长拍摄运动题材的相机。其强大的性能更多依赖机身的其他特点，而不是单纯依靠感光元件。

CHAPTER

第 2 章 照片格式与速度

- 你知道吗？有一种照片格式让你按下一次快门后，就有了获得无数种照片效果的可能性！这种照片格式是什么呢？

- 在 RAW 格式被越来越多影友所采用的今天，JPEG 格式还有生存空间吗？

- 速度与质量的天平上，我们应该倾向于哪一端呢？

拍摄参数：⊙ 光圈：f/9 ⊙ 快门：1/160s ⊙ 感光度：ISO400 ⊙ 摄影师：王文光

如果说摄影美学的基础是构图，摄影器材的核心是镜头，那么相机操作和设置的基础就是照片格式的选择。单反相机的核心优势在于高画质与便携性的统一，它比手机和卡片机画质更好，同时比中画幅和大画幅相机更轻巧。单反相机是众多先进部件组成的精密光学电子仪器。其画质的优劣与感光元件的技术水准和镜头光学素质密切相关，但画质最终都是在照片文件的基础上才得以展现，因此照片格式在一定程度上也能够影响到画质。除了画质以外，速度是相机的另外一个重要指标。不同的照片格式具有不同的文件体积，从而带来数据存储量的重大差别，因此，不同的照片格式也会影响到拍摄速度。为了让佳能 EOS 7D MARK II 充分发挥速度和画质的优势，我们就需要掌握不同照片格式的区别和设置方法。

当相机将数码照片存储到记忆卡中时，相机会根据我们选择的照片格式来完成存储操作。佳能 EOS 7D MARK II 共有两种照片存储格式，分别是 JPEG 格式和 RAW 格式。这不是一个简单的二选一，它会关系到画质的优劣、连拍速度的高低、曝光方式的差异，并且这个选择所产生的影响会贯穿整个前后期流程。甚至它们每一种格式都有自己的"亲友团"，在后面要讲到的很多相机功能都分别属于 JPEG 格式阵营或 RAW 格式阵营。所以，不要小看这个照片格式选择，它是一切的基础。

2.1 快速方便的 JPEG 格式

拍摄参数： ◎ 光圈：f/2.8　　⊙ 快门：1/1000s
　　　　　　 ◉ 感光度：ISO1600　⊠ 图片格式：JPEG

※拍摄运动主体时，采用高速连拍虽然可以定格精彩瞬间，但持续的拍摄会带来巨大的数据量，让相机难以应付，出现写入速度慢的现象，难以持续拍摄。此时，采用较小的 JPEG 格式能够带来更顺畅的拍摄。

JPEG 格式是电脑和网络中常见的图片文件格式，为了节省电脑的储存空间并方便快速地进行网络传输，这一格式是对相机最初采集到的原始图像数据经过有损压缩后形成的，通常压缩率在 10:1 到 40:1 之间。假设相机完成

拍摄后，捕捉到的场景信息会形成一个 50MB 的原始文件，该文件经过机内处理器压缩后形成 JPEG 文件，其大小会被压缩至 5MB。在这个压缩过程中，相机会丢弃原始文件中的大部分数据。其中损失最多的是色彩信息，它被优先压缩以减小文件体积，而照片从最亮到最暗的明暗影调数据则被优先保留。除了丢弃原始数据外，在压缩过程中相机还会对剩余数据进行"加工"，这样做的目的是为了让 JPEG 格式照片具有更好的色彩、锐度和反差，总之使得照片看上去更美。注意！只是看上去美，与画质优秀并不一样。而如何"加工"这些数据，就由你在相机中设置的照片风格来决定。所以，照片风格绝对是 JPEG 格式"亲友团"中最重要的角色。

不要以为丢弃了大部分数据就一定全是负面作用，JPEG 格式也有其存在的价值。在拍摄速度高于一切的领域，JPEG 格式是最佳选择，即使是职业摄影师也会这么做。例如，在拍摄体育、新闻和纪实类题材时，由于经常采用高速连拍来抓取快速移动主体的瞬间姿态，

因此相机会在很短的时间内产生大量数据，由于存储卡写入速度和相机内部缓存容量的限制，只有使用文件体积较小的 JPEG 格式才可以让相机的图像处理芯片尽快完成处理并实现存储，从而让连续拍摄更加流畅和持久。实际拍摄中，如果使用 JPEG 格式和写入速度达到 150MB/s 的 CF 卡，那么佳能 EOS 7D MARK II 可以保持最高连拍速度直到存储卡被写满，这期间完全不会出现连拍速度下降的现象。这样的长时间高速连拍会让你拍到精彩瞬间的机会大增。在所有品牌的数码单反相机中，能够达到这样能力的机型屈指可数。

另外，JPEG 格式还具有兼容性强的优势，几乎所有图像处理软件都可以打开。可见，JPEG 格式的最大特点是用最少的存储空间获得较好的图像质量。节约空间以便将传输共享放在首位，而画质放在第二位。

同时，运用 JPEG 格式时，你也要做好心理准备，此时不要以画质水平作为照片首要评判标准，而应该更多关注于照片所表现的内容和瞬间。当然，在存储卡剩余空间不足，拍摄的场景又难以再现时，JPEG 格式也是一种无奈的选择，画质差些总比拍不到强。

2.1.1 JPEG 格式照片品质——精细为佳

拍摄参数： ◎ 光圈：f/11 ◎ 快门：1/30s ⊛ 感光度：ISO400 ⊛ 图片格式：JPEG 精细 ◎ 摄影师：林东

※ 采用精细品质拍摄可以让场景中的影调过渡、色彩和细节得到最佳的再现。

同样是在 JPEG 格式范畴中，我们也可以在画质和文件体积中进行选择。前者能够带来更好的影调层次过渡、色彩和锐度，而后者可以带来更快的存储速度。佳能 EOS 7D MARK II 提供了两种不同精度的 JPEG 格式，分别是：◢精细和◢普通。两者的压缩率是倍数关系，

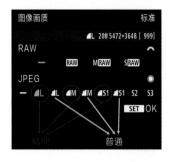

后者的压缩率更高，因此文件体积可以更小。即 JPEG 精细为 6MB 时，同场景拍摄的相同尺寸的 JPEG 普通只有 3MB。相应地，JPEG 格式照片文件体积越小，画面的色彩、层次和清晰度会下降得越多。所以，在存储卡容量允许的情况下，应该尽可能选择精细。

提示

即使最佳品质的 JPEG 格式照片也无法与 RAW 格式所蕴藏的丰富数据量相比。

2.1.2 JPEG 格式照片尺寸——不要把布料买小了

拍摄参数：◎ 光圈：f/8　◎ 快门：1/640s
　　　　　 ◎ 感光度：ISO200　◎ 图片格式：JPEG（▲L）

※ 当镜头焦距不足时，可以先采用最大尺寸的照片格式拍摄，然后通过后期二次构图获得理想的画面。此时，裁切后的照片可以保留足够高的像素。从而展现出较好的细节，不仅为后期输出打印提供了空间，而且单就构图来讲，经过裁切

后画面更加符合三分法原则，渔民的位置更加合理。裁切也是很多摄影家经常用到的技术，此时原片拥有足够的分辨率至关重要。

佳能 EOS 7D MARK II 提供了 3 种照片尺寸，分别是最大尺寸 L、中等尺寸 M 和小尺寸 S，其中小尺寸又分为 S1、S2 和 S3 三个类型。当采用最大尺寸 L 拍摄时，相机会采用感光元件上全部的 2020 万像素进行拍摄。拍出的照片分辨率将会是 5472 × 3648 像素。为了实现

JPEG 格式的最佳效果，可以选择最大尺寸 L 与照片品质精细的组合，即 ▲L。当采用中等尺寸 M 拍摄时，相机只会采用感光元件

不到一半的像素（大约 890 万）进行拍摄，拍出的照片将会是 3468×2432 像素。在选择精细品质的情况下，单张 JPEG 格式照片尺寸约为 3.6MB。当采用小尺寸 S1 拍摄时，相机会采用感光元件上 1/4 的像素（大约 500 万）进行拍摄。拍出的照片将会是 2736×1824 像素。在选择精细品质的情况下，单张 JPEG 格式照片尺寸约为 2MB。

如果采用常见的 32GB 存储卡（CF 卡或 SD 卡）拍摄，即使选用最大尺寸的精细画质的 JPEG 格式也可以存储高达 4500 张左右。所以，从存储卡容量的角度考虑，几乎不用选择其他的尺寸与品质组合。因为只有"最大尺寸的精细画质▲L"才能使用相机全部像素进行拍摄并

提示

如果采用了较大尺寸的 JPEG 格式拍摄，为了实现快速传输，需要将照片进一步缩小时，可以使用回放菜单第 2 页第 1 项的【调整尺寸】选项，选择更低等级的尺寸，并另存为一个新的文件。

获得细腻的图像，这样格式的图像可以输出长边超过半米的大幅照片，挂在居家墙壁上成为美丽的装饰品。使用最大尺寸拍摄的另外一个好处是，在镜头长焦不足或拍摄后对画面构图不满意时，可以在电脑上使用多种软件对照片进行裁剪，最大尺寸的图像可以让裁剪出来的文件有更大的尺寸，达到可用的级别。

[实战经验]

М 中等和 S 较小尺寸的 JPEG 格式则没有使用全部 2020 万像素拍摄，没有发挥出感光元件的全部价值，但也有它们各自的用途。例如，在光线微弱的环境下拍摄，如果全尺寸格式噪点过多无法接受时，降低 JPEG 照片的尺寸可以提高感光元件上可用像素的间距，从而减少噪点数量，提高照片的画面质量，当然这是以牺牲照片大小为代价的。另外，当时间有限无法进行后期处理，需要直接从存储卡中将照片快速发送电子邮件进行传输时，可以根据需要采用这些小尺寸文件进行拍摄。

2.2 RAW 格式——一定要留的"数码底片"

拍摄参数： ◎ 光圈：f/11　◎ 快门：1/400s　◎ 感光度：ISO800　◎ 图片格式：RAW

※ 采用 RAW 格式拍摄不仅方便后期修改照片的白平衡、曝光等参数，而且会在画面明暗层次过渡、景物细节上具有更好的表现，在大多数情况下，RAW 格式是采用数码单反相机拍摄的首选格式。由于 RAW 可以记录下更多的光影信息，具有更大的动态范围，因此可以让照片中不同明暗的区域都呈现出惊人的细节来。这幅作品中，由于采用 RAW 格式拍摄，草原上轻微突起留下的明暗变化得到了极好的还原。

RAW 图像格式是感光元件将捕获的光信号转化为数字信号后的原始数据。RAW 同时还记录了我们在使用单反相机拍摄时所使用的设置，包括光圈大小、快门速度、白平衡设置、ISO设置等。RAW 是几乎未经处理、也未经压缩的图像，被形象地称为"数字底片"。可见，RAW 图像格式的首要任务是保留照片信息和数据，以最优的画质为核心，文件大小并不是重点考虑的范畴。严格来说，RAW 并不能算是一种照片格式，它甚至不是照片，而是一种照片的半成品。如果你需要将它变成一张优秀的作品，就需要动手去加工。一种有意思的说法是，即使是一个 RAW 格式文件，也代表了无数张效果不同的照片的可能性。

同样像素的情况下，RAW 格式文件是精细 JPEG 文件大小的近 4 倍，其中保存了大量的画面细节和色彩等方面的数据，可以为后期处理留出更多空间。目前公认的获得最佳画质的方式就是采用 RAW 格式拍摄，通过后期软件对 RAW 格式进行关键项目调整后输出成为TIFF 格式。通过这样的方式可以获得你这台相机能够达到的最佳锐度和最丰富的色彩过渡，其效果会远远超出 JPEG 格式。另外，采用RAW 格式拍摄后，在后期处理时可以修改白平衡、曝光补偿等众多参数，在进行调整时产生的画面损失也远小于 JPEG 格式。如果希望发挥数码单反相机的全部优势，获得最理想的画质就要使用 RAW 格式拍摄，并且进行相应的后期处理。

RAW格式的缺点是兼容性差，由于它是"半成品"，因此不受国际标准的制约，各家厂商可以采用不同的编码方式来定义自己的 RAW照片。所以，不同品牌的数码单反相机拍摄出的 RAW 格式文件的扩展名会有所区别。佳能数码单反相机拍出的 RAW 格式文件扩展名是

.CR2，尼康数码单反相机拍出的 RAW 格式文件扩展名是 .NEF。各主要相机厂商的 RAW 格式文件扩展名如下。

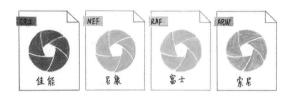

RAW 格式兼容性差还表现在必须通过专用软件才能够打开。例如，使用佳能的官方 DPP软件可以打开 CR2 格式文件，但无法打开其他厂商的 RAW 格式文件。使用尼康的官方软件捕影工匠和 Capture NX2 可以打开 NEF 格式文件，同样无法打开其他厂商的 RAW 格式文件。好消息是，Photoshop、Lightroom 等第三方软件是可以打开所有厂商的 RAW 格式文件的，但前提是必须升级插件到最新版本，才能打开那些新款相机所拍摄的 RAW 格式照片。

其实，很多影友并非不愿意用画质更好的RAW 格式拍摄，而是苦于打开照片和处理照片的过程烦琐。但是，在你购买佳能 EOS 7DMARK II 时，包装盒中所附赠的光盘里就包含了 DPP 软件，它不仅可以打开 CR2 格式文件，还能够进行照片基础调整，并且经过简单的操作就可以让照片的视觉效果提升一个层次。另外，使用 CR2 的预览插件后，即使在操作系统的文件夹下也可以预览到 CR2 格式文件的缩略图，这样就会与 JPEG 格式一样方便。

知识链接

如果你急于了解这部分内容，可以翻到本书第 15章后期处理一章中去阅读。

2.2.1 RAW 格式的核心优势

无论使用电脑显示数码照片还是通过数码相机拍摄照片，照片中的色彩都是以 RGB 即红

绿蓝的方式显示。也就是说，每个像素都包括红、绿、蓝 3 个分量，该像素的色彩由它们三

者以不同比例进行混合而成。位数就是每个分量在系统中占用的空间，位数越多可以出现的变化就越多。JPEG 格式照片为 8bit，即 8 位，每个分量包含 2 的 8 次方即 256 个级别，3 个分量组合在一起（256×256×256）就能够显示 1600 万种色彩。而 RAW 格式是 14 位的，即 2 的 14 次方，每个分量是 16384 个级别。一共可以表示 4.39 万亿种不同的颜色。单从数据上看，14 位 RAW 显然占据优势。

感光元件微观结构

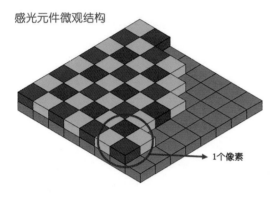

1 个像素

※ 感光元件上每一个像素都由两个 G（绿），一个 R（红）和一个 B（蓝）组成。正是这三原色的不同组合形成了照片中千变万化的颜色。

8 位 JPEG 格式影调过渡生硬　14 位 RAW 格式影调过渡细腻

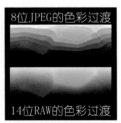

8 位 JPEG 的色彩过渡

14 位 RAW 的色彩过渡

※ 从示意图中可以看出，动态范围与色深度不同，画面中所记录的明暗影调和色彩之间的过渡也不同，14 位 RAW 比 8 位 JPEG 照片的过渡更加自然细腻。

RAW 格式具有更大的动态范围。它可以记录下场景中更加宽广的明暗差异。在不同亮度区域的过渡上，RAW 格式可以展现出更加细腻和丰富的层次与细节。而同样场景下，8 位 JPEG 格式可能无法同时记录下最亮和最暗的区域，变成一片死白或死黑，毫无细节可言。另外，RAW 格式具有更出色的色深度。如果

我们拍摄一个开满各色花朵的花园，显然使用 RAW 格式拍出的照片可以表现出更丰富的颜色和颜色间的色彩过渡。例如，一片花瓣从中心到边缘的色彩都存在差别和过渡，在照片中这些变化都可以被细腻地记录下来。而 8 位的 JPEG 只能将某些近似但仍有区别的颜色都归为一类来记录。这样看上去这个花瓣只是一片红色，而缺乏过渡。然而当你认为 RAW 格式优势如此明显，8 位 JPEG 几乎无法生存时，一个事实将这种判断打破。那就是实际情况中存在一个明显的颜色瓶颈，即显示器。大部分普通显示器与 JPEG 格式同样是 8 位的，因此只能显示出 1600 万种颜色。有些低端显示器甚至只有 6 位，只能显示 200 万种颜色。这样我们即使用相机采集到了丰富的颜色和明暗过渡信息，仍然是无法通过显示器看到的。在将 14 位的 RAW 文件转换为 8 位的 JPEG 的时候，颜色数量会减少，也就是说在 RAW 格式照片中每 26 万个颜色就会被 JPEG 中的 1 个颜色来替代。

但即便如此，14 位 RAW 格式所记录下的丰富色彩和影调仍能够为后期处理提供充足的数据，尽管很多颜色无法通过显示器展现出来，但在照片数据中它们是真实存在的。当我们使用后期处理软件将 14 位的颜色和影调转换成 8 位时，相当于从极为丰富的色彩和影调库中选取最合适的部分转换成 JPEG 格式照片。这也是为什么 RAW 格式照片具有更大后期处理空间的原因。在我们改变白平衡或曝光时，相当于将那些原本看不到的信息显示了出来。因此，如果希望充分挖掘相机在画质方面的潜力，RAW 格式是最佳选择。

知识链接

照片的色彩表现还受到色彩空间的影响，具体内容参见第 11 章 "白平衡与照片风格"。

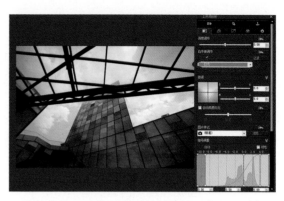

✱ 这是一幅白平衡设置错误的 RAW 格式照片，由于在户外环境错误地使用了钨丝灯白平衡，所以整个画面严重偏蓝。

✱ 使用佳能 DPP 软件打开该照片后，在工具调色板的基本图像调整栏目中将白平衡选项修改为日光就可以轻松修正不当的设置，获得准确的色彩还原。

2.2.2 快速简便修正白平衡

前面我们提到 RAW 格式除了记录下了照片的原始数据外，还记录下了拍摄时使用的各种设置。这样做的好处并非仅仅用于后期查询这些参数，而更大的便利来自于在 RAW 格式中，部分相机设置并未对原始数据做深入修改，而只是给它"戴上了一顶帽子"，如果你想改变，那么随时可以。其中，白平衡选项是最能体现 RAW 格式优势的。

相机的白平衡设置可以让我们在不同的光源环境下拍摄出色彩还原正常的照片。但是，即便是职业摄影师在改变拍摄场景时也容易忘

记修改白平衡设置，从而造成照片的色调出现问题。如果此时你用的是 JPEG 格式，那么后期将很难修正偏色。而如果你使用的是 RAW 格式拍摄，那么就无须担心这个问题，因为能够轻松解决。

提示 ⚡

使用 JPEG 格式拍摄，如果在前期没有设置为正确的白平衡，很容易在后期校正色彩的过程中产生更多的噪点。并且在某些极端的人工光源环境下，偏色甚至是无法修复的。

2.2.3 修正曝光画质损失小

✱ 而使用 RAW 格式的好处之一是可以通过后期较为轻松地修改曝光。通过增加曝光，降低反差，将暗部提亮就可以还原暗部原本保留的细节，而且不会带来过多的噪点。

✱ 在前期拍摄时，由于曝光控制不到位，画面中除了日出位置的高光区域外，其他暗部几乎失去细节。

RAW 格式所记录下的场景信息量更大，这对于后期处理来说具有很大优势。由于后期处理往往是对照片画质有损害的，而原料越充足这种损害所带来的后果就越小。在前期拍摄时，曝光是很重要的技术，但如果场景光线变化莫

测、反差较大，很容易造成一定程度的曝光失误。当使用 JPEG 格式拍摄时，后期对于照片曝光的调整很容易带来画面噪点的增加，而使用RAW格式时，这种对画质的损害就会小得多。

2.2.4 RAW 与 JPEG 孰优孰劣

如果抛开相机的特点和主要用途不谈，单独将 RAW 与 JPEG 两种照片格式进行对比，可以进行一个形象的比喻。相机生成的原始数据就好比一袋面粉，RAW 格式几乎保持了面粉的原样。当你拿到它时，可以添加酵母，发酵成发面团，然后做成馒头、花卷或豆包。也可以不添加酵母，不经发酵，做成烙饼或面条。具体做成什么样，全凭你的想法或喜好。当然，为了不浪费掉这些面粉，你必须有好的手艺（手艺相当于后期处理技术）。

而 JPEG 格式相当于已经做出来的馒头，这个馒头的制作过程全部是由相机完成的。如果你对馒头的质量不满意，那么对不起，你只能将就。而如果你想换个花样，做点烙饼，那么更对不起，面已经发了，只能做馒头。所以，RAW 格式为你提供了自由度，给你更多的选择，只要你有技术、有时间和耐心，就能获得理想的照片。而 JPEG 格式是快餐，当你不愿意下厨房时，可以偶尔吃一两次，但真正的厨艺大师怎么会拿汉堡招待客人呢？

此外，也无须将两者总放在对立面来考虑这个问题，还可以使用 RAW+JPEG 的方式进行拍摄，此时按下一次快门将获得同一画面但格式不同的两张照片。我们可以将 RAW 格式与多种尺寸和精度的 JPEG 格式组合起来使用。如果希望既保存无损压缩的高画质又可以第一时间在电脑上方便地快速浏览和检索照片就可以采用这一方式。RAW 格式作为底片，目的是进行后期精心调整，JPEG 格式则作为索引方便查看。

然而，如果将相机的特点和拍摄题材考虑进来的话，RAW 格式对于 JPEG 的压倒性优势

而且，由于 RAW 格式能够记录下场景中更宽广的明暗变化（动态范围更大），所以即使采用同样的曝光值，也会在画面中记录下更多的亮部和暗部细节。

就不一定成立了。佳能 EOS 7D MARK II 并不是一台普通的相机，更不是那种"万金油"的类型，它具有鲜明的个性和特点。在我们使用这台以速度见长的相机时，JPEG 格式并非是无奈的"第二选择"，在拍摄运动题材时，JPEG 甚至是当仁不让的主力军。它可以让连拍耐力更加持久，有效提高捕捉到精彩瞬间的概率。

实战经验

在实际使用佳能 EOS 7D MARK II 时，如果拍摄风光、景物等主体静止的题材，可以使用单独的 RAW 格式。如果拍摄旅行等通用题材时，可以采用 RAW 最大尺寸 RAW 格式 + S1 较小尺寸的普通画质 JPEG 的组合，这样可以既保留"底片"又方便检索。当拍摄运动题材时，尤其是运动主体速度较快时，单独使用 L 最大尺寸的精细画质的 JPEG 格式则是最佳选择。

提示 ⚡ 机内 RAW 转 JPEG 的方式

RAW 格式有众多优势，但如果你只选择了这一种照片格式进行拍摄时，为了快速实现照片的网上发布，我们应该对 RAW 格式进行必要的调整，并生成 JPEG 格式的副本。佳能原厂软件 DPP 和 Phtoshop 下的插件 Camera RAW 是完成这一任务的最佳选择，它们具有丰富的调整功能，可以实现更好的输出效果。但是，如果你手边没有电脑，那么佳能 EOS 7D MARK II 相机内部也具有 RAW 转 JPEG 的功能，它位于回放菜单第 1 页最后 1 项【RAW 图像处理】。在这里你可以重置 RAW 格式照片的曝光、白平衡、照片风格、自动亮度优化等级、高 ISO 感光度降噪等级、色彩空间和各类像差校正，并最终获得满意的 JPEG 格式照片。如果你从来没有使用过 RAW 格式拍摄，那么立即拍摄一张，然后在这个选项中就能够体会到 RAW 格式的魅力。

2.2.5 RAW 格式照片尺寸

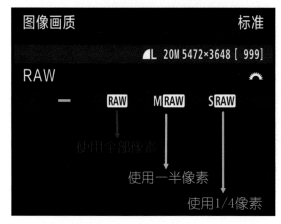

操作指南：调整照片格式

在很多品牌的相机上，RAW 格式只有最大尺寸这一种选择。而佳能 EOS 7D MARK II 有 3 种 RAW 格式的尺寸可供选择，分别是最大、中等和较小尺寸。最大尺寸的 RAW 格式文件使用了全部的 2020 万像素，中等尺寸 RAW 格式使用了一半像素，而较小尺寸的 RAW 格式使用了 1/4 像素。

虽然 RAW 格式代表了追求一流画质的选择，似乎小尺寸的 RAW 格式没有必要。但是随着时代的发展，快速拍摄快速传输不仅是体育和新闻这些专业领域的需求，广大影友为了快速分享照片也开始有此需求。而 JPEG 格式虽然可以实现较高的拍摄速度和传输速度，但在画质水平和后期处理的便捷程度上远不及 RAW。于是，中等和较小尺寸 RAW 格式具有了实用价值。同样，中等和较小尺寸的 RAW 不仅可以快速传输和发布，便于后期处理，而且在高感光度时会有更低的噪点水平。

照片格式调整需要首先按下机身上的 MENU 按钮进入主菜单，通过拍摄菜单第 1 页第 1 项的【图像画质】进行设置。第一行为 3 种尺寸的 RAW 格式，通过快门旁边的主拨盘进行调整。第二行为 8 种不同尺寸和精度的 JPEG 格式，通过机身背面的速控转盘进行调整。两行中最左侧的短横线代表不选择该格式。右上角会显示当前选择照片格式的长宽尺寸和剩余拍摄张数，以便你结合存储卡中剩余的空间进行选择。你可以单独选择某一种格式，也可以在上下两行中各选一个格式，组合在一起使用。如果是一时疏忽，两种格式都选择成了短横线，那么相机自动会将默认拍摄格式设置为 ▲L 最大尺寸精细 JPEG。

上述照片格式调整方式需要进入菜单进行调整，只适合于那些拍摄主体相对静止，拍摄节奏较慢的题材。如果在快节奏的拍摄过程中需要更改照片格式，这样的操作方式显然效率太低，这时最高效的方法是通过快捷键来实现照片格式的调整。佳能 EOS 7D MARK II 可以通过 M-Fn 按钮和景深预览按钮来实现这一照片格式的快速切换，具体设置方法见第 13 章高效操控相机之道。

摄影兵器库：你的电脑是否该升级了

很多影友都非常重视相机与镜头的等级和配备，却容易忽视电脑的配置。过低的电脑配置会造成图片打开速度、后期处理过程以及存储速度缓慢，尤其是在处理 RAW 格式时更加明显。当处理速度慢到你无法忍受时，就是需要升级电脑配置的时候了。那么，什么样的配置才能够满足日常需求，实现比较流畅的处理速度呢？电脑硬件中哪些是需要提升的关键因素呢？

如果你一直使用 PC 系统，在升级时有三

※ 英特尔四核八线程的酷睿 i7 处理器是高效率的保障。

※ 内存同样至关重要，两条总共 16GB 的容量可以让电脑在处理照片过程中更加流畅。

※ Sandisk 是摄影爱好者熟悉的存储卡品牌，电脑中使用了 SSD 固态硬盘不仅启动时更加快速，而且 Photoshop 和佳能 DPP4 等软件处理照片的速度也会提高。

※ 硬盘箱是解决照片存储问题的良好解决方案。

项指标是最为关键的。第一是 CPU 的处理速度。CPU 是电脑运算和控制的核心部件，较高速度的 CPU 可以让照片处理过程更为顺畅。将 CPU 升级到英特尔（Intel）第四代酷睿 i5 处理器是比较稳妥的选择，双核四线程具有较快的运算速度。当然，如果使用顶级的酷睿 i7，具备四核八线程的水平，将带来更为流畅的速度体验。第二是内存。相机内的缓存大小决定了连拍的持久性。而电脑在处理大尺寸照片时，系统会将其调入内存当中，再加上你运用的 Photoshop 等大型软件，内存的压力会很大，较小的内存会严重拖慢运行速度。所以至少需要 8GB 工作频率更高的 DDR3 内存才能获得满意的效果。目前内存价格较低，8GB 内存 400 元左右，所以还可以增加至 16GB 或 32GB 内存，以提高电脑的处理速度。第三就是硬盘容量。当采用 RAW 格式拍摄，经过佳能 DPP4 处理后导出为最高 TIFF 格式时，1 张照片会超过 120MB。对于影友来说，RAW 原片相当于底片，必须保存，而 TIFF 是导入 Photoshop 进行下一步精细处理的必备条件。两者都不能少。按照每月外出拍摄 4 次，一次拍 400 张照片计算，即使只处理其中一半的作品，半年时间将会装满一个 1TB 的硬盘（1TB 相当于 1024GB）。所以 2TB 容量的硬盘是起步水平，最好能够达到 4TB 的水平。如果拍摄的数量极

多，还可以采用 USB 接口的 5 盘位磁盘阵列盒硬盘箱，这样容量可以达到 20TB。另外，目前流行的固态硬盘也是提高电脑运行速度的好帮手。固态硬盘读取速度快，没有机械部件不易损坏，无噪音且发热量小。现在被用来作为系统盘，能够实现 10s 左右的开机速度。在运行后期处理软件时，速度也会明显提升。开启 Photoshop 能够达到 2s，比普通硬盘快 4 倍。

在其他配置方面，包括主板、显卡、电源等虽然会对电脑整体性能有影响，但对于大尺寸照片浏览和处理影响不大，选择时可以适当放宽标准，只要不成为整个系统速度的瓶颈即可。在软件方面目前的基本配置需要达到 Windows7 操作系统，并且采用 64 位才能够支持更高容量的内存。当然这些介绍只是电脑机箱内负责运算和存储的部件，更重要的显示功

※ 苹果 iMac 带有 27 寸 5K 高精度视网膜屏的一体式电脑，可以让照片显示更加精细。

※ 处理速度更快的 Macbook Pro 是长途外出拍摄随时处理照片的优秀平台。

能由显示器来实现，我们会做单独的介绍。

除了 PC 系统外，苹果电脑在后期处理方面具有自己的优势。苹果操作系统更加稳定高效，硬件与软件兼容性更好，在对图形图像处理时速度快，产生的垃圾文件少，显示屏色彩还原更加准确到位。从未接触过苹果系统的影友可能一开始难以改变操作习惯，但真正深入后会发现其优势和魅力所在。在苹果电脑的选择上，iMac 台式一体机可以作为家中使用的图形工作站。iMac 不仅具有漂亮的外观，而且配置很高能够应对高分辨率照片。其最高配置为27 寸 5K 高精度视网膜屏的一体式电脑，可以充分展现照片细节。CPU 为英特尔（Intel）四核酷睿 i5 处理器，主频达到 3.4GHz。内存高达 8GB。当然 1TB 的硬盘略显不足，需要添加外部存储设备。如果经常长途外出拍摄或者爱好旅行摄影，则可以考虑苹果笔记本，其中Macbook pro 比 Macbookair 的配置更高，图形处理能力更强。顶级配置的 Macbook pro 笔记本具有英特尔（Intel）酷睿 i7 处理器，16GB 内存，8 小时待机时间和显示效果更加优秀的Retina 显示屏。适合外出携带，随时进行照片的处理和发布。

【**实战经验**】 将照片导入电脑

USB 3.0高速
数据传输接口

对于大部分影友来说，都是在拍摄后将存储卡从相机中取出，用读卡器将照片导入电脑。在以前这几乎是唯一的选择，因为用 USB 线将相机与电脑连接后的传输速度相对较慢。但是，佳能 EOS 7DMARK II 配备了具有高速数据传输能力的 USB 3.0 接口，这样就能够实现 60M/s 的传输效率。如果你仍然采用 USB 2.0 的读卡器，那么速度仅有这种方式的1/3。

使用随机赠送的USB数据线将相机与电脑相连，相机电源开启，电脑上则需要运行 EOS Utility 软件（随机附赠的光盘中有该软件的安装程序）。进入回放菜单第 2 页第 4 项【图像传输】，既可以采用单张照片的方式传输，也能以文件夹为单位传输或者传输存储卡上的全部照片。

2.3 感光元件画幅——尺有所短寸有所长

佳能 EOS 7D MARK II 属于 APS-C 画幅相机，在单反相机这个领域中，通常也被称为非全画幅或截幅相机。它的感光元件尺寸为 22.4mm×15mm，而全画幅相机具有与传统 35mm 胶片同样大小的感光元件，其尺寸为 36mm×24mm。所以，单单从面积上看，APS-C 画幅的面积仅为全画幅面积的 40%左右。

在摄影器材领域，一直有"大底优势"（即感光元件面积较大）的观点。这种观点认为，在两台相机进行比较时，感光元件面积较大的可以获得更好的画质，表现为画面中主体锐度更好、细节更加丰富、高感光度下噪点更少等。国内的摄影爱好者也普遍追求感光元件尺寸更大的全画幅相机。

然而，从客观的角度来分析这个问题，我们会发现 APS-C 画幅绝对有其自身的优点。因为，摄影的题材极为广泛，但万变不离其宗一个原则是：拍到比拍好重要。也就是说，即使一台相机具有最佳的画质，但是使用它无法拍到某个题材中的精彩画面时，那么所有画质优势都无从谈起。对于职业摄影师来说，这

全画幅感光元件

APS-C画幅感光元件

EOS 1Dx
EOS 5D MARK III
EOS 5Ds/5DsR
EOS 6D

EOS 7D MARK II
EOS 70D
EOS 760D/750D
EOS 700D
EOS 100D
EOS 1200D

※ 佳能数码单反相机根据感光元件的面部不同可以划分为全画幅和APS-C画幅两大类，从图中我们可以看出两种感光元件的面积差异。EOS 7D MARK II 是 APS-C 画幅的顶级机型。

个原则也叫作"什么机器干什么活"。某些特定的题材就是要用到特定的相机才可以完成拍摄任务。对于同样像素密度的感光元件来说，面积较小的 APS-C 画幅总像素更少，所产生的照片文件体积也就更小，在高速连拍下产生的数据量也会相对较小。这样相机内的图像处理芯片就可以更快地完成数据处理任务，让连拍更加流畅。这就是 APS-C 画幅的核心优势。

也正是因为这个原因，我们才能够用不到1万元的价格买到如此高速度的 EOS 7D MARK II，而如果感光元件变为全画幅，相机依然保持这样的高速拍摄能力，售价就会接近4万元（佳能 EOS 1Dx）。

APS-C 画幅的另一项优势反而是在画质上。我们都知道镜头对于成像质量有着决定性作用，而任何一款镜头的光学设计都不是完美的，在整个成像区域中都表现为中心区域画质优良，而边缘画质下降的情况。边缘区域不仅锐度下降，还会出现更严重的畸变和暗角现象。而 APS-C 画幅相当于截取了画面中央成像质量最优秀的部分，因此，佳能 EOS 7D MARK II 可以获得更好的边缘画质。

你也许想到了，APS-C 画幅的这一"裁切"不仅获得了中央的优秀画质区域，而且还改变

了视角。裁切的结果相当于只取出了原有画面中间的部分。因此，视角会显得更窄，能够将远处的景物在画面中表现得更大，展示出类似长焦镜头的效果。在 APS-C 画幅下使用 50mm 镜头拍摄的效果与全画幅下 80mm 镜头拍摄的画面视角一致。因此，我们就可以用焦距转换系数来表示画幅的不同。佳能 APS-C 画幅下的焦距转换系数为 1.6 倍。

APS-C 画幅是速度型相机天生的绝配，还有一个重要原因，那就是较小的画幅使得自动对焦点覆盖面积更大，在拍摄运动主体时，相当于我们使用更大的网对其进行捕捉，成功率自然比小网来得高了。很多摄影师在使用全画幅相机时，为了提高对焦点覆盖率，宁愿采用截幅模式，将全画幅降低到 APS-C 画幅来使用。

扩展阅读

APS-C 与 APS-H 画幅

※ 佳能上一代顶级速度型相机 EOS 1D MARK III 使用的感光元件为 APS-H 画幅。

虽然，各厂商都有 APS-C 画幅相机，但其感光元件面积还不尽相同。佳能的 APS-C 画幅相机感光元件面积比尼康稍小，所以其焦距转换系数为1.6倍，而尼康的 APS-C 画幅相机焦距转换系数为1.5倍。焦距转换系数越大代表着相机的感光元件面积越小。佳能的便携式卡片机 IXUS 系列的感光元件面积为 1/2.3 英寸，焦距转换系数达到了 5.6。

长期以来，佳能在顶级的速度型相机中一直使用 APS-H 画幅的感光元件，例如，2007 年年初发布的 EOS 1D MARK III，它就具备了 10 张/s 的高速连拍能力。APS-H 画幅的面积介于全画幅与 APS-C 之间，因此也能够凭借较少的数据生成量而获得速度优势，让相机的连拍能力得到提升。

硬件技术看板　从 CCD 到 CMOS，佳能引领的技术革新

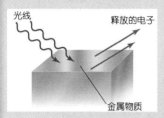

※ 光电效应是数码单反相机运作的基础理论。

虽然数码单反相机由众多的部件组成，但是如果将这些部件按照重要性进行排序，排名第一的肯定就要算感光元件了。从某种意义上说我们买相机就是买的感光元件，它是数码相机中最核心的部件。在胶片时代，人们依靠能够对光线产生反应的银盐颗粒来记录影像。而现在，感光元件才是我们捕捉光线的必备工具。它的诞生还要感谢爱因斯坦，别看这位伟大的物理学家一生有着众多贡献，但他唯一一次获得诺贝尔奖却不是因为相对论，而是因为成功解释了光电效应，而光电效应就是感光元件的理论基础。早在1887年德国物理学家赫兹就发现，在特定频率的电磁波照射下，某些物质内部的电子会被激发出来形成电流，这一光产生电的过程是数码相机运作的基础。爱因斯坦发现被光线照射后，这种物质释放的电子取决于光的波长而与光线强度无关，这无法用光的波动性来解释。经过深入研究，他提出了波粒二象性理论。这是我们在高中学过的内容，它是指光线同时具备波的特质和粒子的特质。

※ CCD 感光元件的工作方式以像素间相互关联协作为基础。

1969年，美国贝尔实验室发明了感光元件，实现了利用光电效应通过数码方式拍摄并存储图像。最早发明的感光元件被称为CCD，即电荷耦合元件。不要被其名称吓倒，其实CCD的运作方式可以被简单地概括为像素之间协同工作，这也是耦合的本意。在接收到外部光线后，CCD上排列整齐的像素会将光信号转换成电信号，并将形成的电信号转移给它临近的像素。CCD在工作时以行为单位，当这一整行的像素都完成信号采集后，就会将其收集起来传送走。最后所有行的信号收集齐后会统一进入后面的工序，包括信号放大以及模拟信号转换为数字信号等过程，这样一幅数码照片就产生了。CCD虽然是最先诞生的感光元件，但它却有很多优点，例如，对光线的灵敏度高、画面色彩和锐度出色。另外，CCD在快门打开后，所有像素点

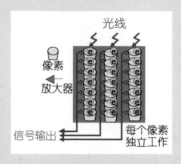

※ CMOS 感光元件的每个像素拥有自己的放大器，可进行独立工作，具有更高集成度。它已经成为今天数码单反相机的主流。

会同时曝光，同步性更好。因此，在2000年以前，大部分数码相机都采用CCD感光元件。当时只有价格低廉的摄像头才会用到CMOS感光元件。

但CCD也有一些弱点，例如功耗比较高，耗电量较大；由于每行像素需要联动工作，在生产时一旦出现一个坏点，那么整行都会报废。这就好像多米诺骨牌一样，中间一个骨牌不倒，整个信号就无法传递下去。这样在制作面积更大的感光元件时，CCD的弊端也就表现得更加明显。而另一种感光元件就是我们今天非常熟悉的CMOS，它的名称是互补金属氧化物半导体。与CCD相比，CMOS上虽然也是由排列整齐的像素所组成，但这里的每个像素都是一个无所不能的"特种兵"，它不仅能够将光信号转换为电信号，还拥有自己的电路可以将信号进行放大。也就是说，每个像素独立工作，不需要跟旁边的像素进行协同。这样即使生产过程中有一些坏点，也可以用软件的方式将其屏蔽，采用相邻像素的数据进行填补。这样就不会造成更多损害，从而在制造面积更大的感光元件时成品率更高，生产成本得以控制。无疑CMOS是一种集成度更高的结构，在今天苹果的数码产品正是这种高度集成化的典型范例。苹果电脑的所有部件都被集成在一个小巧的机身内，所以苹果Macbook Air笔记本电脑可以做到13mm的纤薄。而在20世纪90年代末，高度集成化的趋势还不明显，但佳能又一次体现出了极强的创新能力，2000年推出的EOS D30数码单反相机上，首次采用了自己开发的CMOS作为感光元件，震惊了整个业界。虽然当时有很多质疑的声音，但到了现在，数码单反相机领域几乎都被CMOS统治，只有高端的中画幅数码后背还在采用CCD（近年来随着CMOS的技术完善，数码后背也大有更换为CMOS的趋势）。你会发现佳能在十多年前的远见卓识。

当然，CMOS能够取得今天的统治地位，也与其生产技术不断进化、性能得到不断完善有关。在生产初期，由于CMOS的结构更复杂，感光面积利用率不高，但在今天由于其微观结构的不断改进，光线利用率越来越高，很多原来的短板早已不复存在。但唯一挥之不

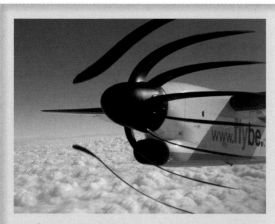

去的弱点就在于果冻效应。前面我们提到,当快门打开后,CCD 会被统一加电,同时曝光,有着很好的同步性。但 CMOS 在工作时会采用从上至下逐行加电的工作方式,这就造成了 CMOS 上方的像素先工作,下面的像素后工作的现象。虽然这个过程很短,在拍摄静态照片时即使主体移动也不会出现问题,但当你使用单反相机拍摄视频时,如果拍摄对象是高速移动或者像飞机的螺旋桨飞速旋转,那么 CMOS 上半部分记录的画面就会与下半部分记录的画面出现时差,而此时主体已经发生移动。这样同一帧内主体发生位移时,形状就出现了扭曲,类似慢门拍摄时的拉伸效果,这就是果冻效应。

※ 在这幅视频截图中可以看到果冻效应造成飞机螺旋桨的变形。

摄影兵器库:摄影始于标准镜头

※ 1961 年为佳能经典旁轴相机 Canon 7 推出的 50mm f/0.95 镜头是佳能历史上光圈最大的标准镜头,这是一支真正的"大眼睛"镜头,比人眼要明亮 4 倍,被称为"梦幻之眼"。它不仅是佳能标准镜头中的一座里程碑,而且在世界上也享有很高的声誉。

如果说相机设置的基础是照片格式,那么在镜头的选择和使用上,最为基础的就是标准镜头了。不同焦段的镜头总会让初学者眼花缭乱,然而在众多焦段中有一个是最为特别的,那就是 50mm。在胶片时代,与相机搭配出售的套机镜头大部分是 50mm 定焦镜头,由于该焦段与 135 相机感光元件对角线的距离 43mm

接近,有着与人眼观察外界近似的视角,能够产生最亲切平和的画面,因此被称为"标准镜头"。在数码摄影时代,变焦镜头成为主流,我们也将以 50mm 为中心向广角和长焦端扩展的镜头称为标准变焦镜头。例如, EF 24-70mm f/2.8L Ⅱ USM 和 EF 24-105mm f/4L IS USM 这样的镜头。

有一种非常流行的观点认为学习摄影始于标准镜头,这种观点认为一个初学者从标准镜头的视角开始学习摄影有利于夯实基础,在构图、观察等方面训练出扎实的基本功。同时,还有一种观点认为摄影止于标准镜头,意思是在使用了各种焦段、各具特色的镜头后,在摄影的最高境界,还是回归到了最初的标准镜头。真正的优秀作品是依靠内容表达而不靠器材或

> **提示** ⚡
>
> 在感光元件面积为 6cm×6cm 的中画幅相机上,由于感光元件面积更大,其标准镜头焦距为 80mm。在感光材料面积为 9cm×12cm 的大画幅相机上,其标准镜头的焦距更是长达 150mm。

镜头焦段的特殊而取胜。因此，影友们如果希望自己的摄影水平达到一个比较高的层次，一定要重视标准镜头的使用。

展现最自然平实的视角

与广角的广阔感和长焦的局部感不同，标准镜头的视角更加自然平和。如果拍摄者一只眼睛通过相机的取景器观察 50mm 标准镜头的视角，另一只眼睛同时观看拍摄场景就会发现，两者的差异非常小。画面中的透视关系也与人眼所视效果近似，不会夸大主体与背景之间的距离，也不会使二者更加贴近。因此，采用 50mm 标准镜头拍摄的照片能够给观者带来亲切自然的感受。但同时也说明，标准镜头缺乏广角的张力和长焦的压缩感，画面较为平淡。对于初学者来说，用好标准镜头具有一定的难度。

画质出色性价比高

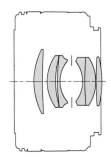

※ 佳能新款入门标头 EF 50mm f/1.8 STM 售价低廉，镜头光学结构非常简单，为 5 组 6 片。任何一支变焦镜头的光学结构都会比它复杂很多。

与广角和长焦镜头相比，标准镜头的光学结构更加简单，内部所用镜片数量不多，即使不采用高档的光学镜片也能够轻松实现 f/1.8 或 f/1.4 的大光圈和较小的体积。在画质方面，标准镜头也相当出色，由于不需要过多考虑广角

拍摄参数：◎ 光圈：f/8　◎ 快门：1/500s
　　　　　 ▩ 感光度：ISO100

※ 在标准镜头下，画面的视角自然平和，既不会像广角镜头那样夸大前后景之间的距离，也不会像长焦镜头一样要缩前后景之间的距离，能够展现出最自然平和的画面，如同你的双眼所见。

畸变校正的问题，能够轻松实现较高的画质。同时，标准定焦镜头的价格也比较便宜，佳能新款入门标准定焦镜头 EF 50mm f/1.8 STM 的价格只有 750 元左右，是性价比非常高的选择。

用好标准镜头需要一颗平常心

很多人说标准镜头很难出彩。实际上，50mm 标准镜头同时具备小广角和中长焦镜头的特点，如果运用得当可以成为一支适合拍摄多种题材的镜头。例如，在展现较大场景时，可以使用 50mm 标准镜头从远距离利用高视点或低视点以小光圈拍摄，能够实现近似小广角镜头的效果并且不出现畸变。在拍摄特写时，

拍摄参数: ◎ 光圈: f/11　　◎ 快门: 1/320s
　　　　　　 ▣ 感光度: ISO400

拍摄参数: ◎ 光圈: f/1.4　　◎ 快门: 1/2500s
　　　　　　 ▣ 感光度: ISO200

❋ 使用 50mm 标准镜头通过较高视点和较远的拍摄距离可以在画面中展现出较大的空间感,略带广角效果。

❋ 使用 50mm 标准镜头,采用较大光圈靠近主体进行拍摄,可以虚化背景,获得中长焦镜头的特写效果。

可以使用大光圈并靠近拍摄对象,能够得到近似中长焦镜头背景虚化的效果,可谓是一头多用。除了这些技巧外,在使用标准镜头时更需要一颗平常心,潜心研究构图、用光和色彩,以内容取胜。而且在初学摄影阶段,多使用

50mm 定焦可以帮助培养镜头感,夯实构图的基本功。它会让你的脚步更加灵活,主动去尝试更多的拍摄角度,而不是像使用变焦镜头那样站在原地。在打下坚实的基础后再使用广角和长焦镜头都会更快上手,容易找到规律。

超高性价比的新一代"小痰盂"——EF 50mm f/1.8 STM

❋ 升级后的"小痰盂"具备了 STM 马达,使得性价比更加突出。

各厂家的标准定焦镜头都不止一款,光圈为 f/1.4 的标准镜头属于常规版本,而光圈为 f/1.8 的标准镜头则属于高性价比版本。佳能 EF 镜头中售价在 1000 元以下的镜头屈指可数,而在影友中名气颇大的"小痰盂"EF 50mm f/1.8 就是其中一支。它的售价虽然还不到 600 元,但却拥有 f/1.8 的大光圈,使其成为预算有限的影友或新手练习使用定焦的第一选择。在 1987 年,EOS 系列诞生之初这款镜头就一同发布。1980 年,EF 50mm f/1.8 II 上市直到今天,"小痰盂 2 代"拥有长达 25 年超长销售周期,纵观当今整个镜头群,也没有几支镜头如此"长寿"。

然而,"小痰盂 2 代"也被影友所诟病,

拍摄参数: ◎ 光圈: f/5.6　　◎ 快门: 1/320s
　　　　　　 ▣ 感光度: ISO400

❋ EF 50mm f/1.8 STM 的画质得到了较大幅度的提升,更可以减轻你手持拍摄的负担。

其中两大问题最为突出。第一是对焦时容易出现犹豫不决的拉风箱现象，对焦声音较大。自动对焦过程中，手动对焦环会不停旋转，很容易打到操作者的手指。第二就是全塑料镜身加廉价的塑料卡口，耐用度较差。在遇到外力冲击时，非常容易损坏。

2015年，佳能终于更新了这款镜头中的"常青树"，推出了 EF 50mm f/1.8 STM 镜头。新款镜头最明显的一个变化就是使用了 STM 步进式马达，使得对焦速度更快、对焦声音更小。它使用了与 EF 40mm F2.8 STM 相同的"STM+齿轮型"驱动装置，使得镜头体积更加小巧。新镜头虽然采用塑料镜身，但是通过磨砂工艺处理，无论外观还是握持手感都上了一个台阶。镜头给人的整体感觉也更加接近高等级镜头，丢掉了"廉价"外观帽子。最重要的是金属卡口的使用让新镜头具有更好的耐用度，当然这也会带来整体重量的小幅度上升。虽然新镜头在光学结构上没有变化，但是通过佳能常规的 SSC 超级光谱镀膜的加入使得其抗眩光和鬼影的能力得到很大提高。在分辨率表现上，虽然全开光圈时焦内区域较肉，但是收缩光圈至 f/2.8 时锐度迅速提升，并且能够持续保持到 f/16 的小光圈都有不错的表现。除此以外，镜头的光圈叶片数也从 5 片提升至 7 片，一改以往焦外点光源棱角分明的弊端，可以形成更加圆润的焦外光斑。同时，在收缩光圈拍摄时，星芒效果也更加突出。

EF 50mm f/1.8 STM 售价仅为 750 元左右，仍然保持了很高的性价比。如果你希望拥有一支定焦镜头作为日常练习拍摄使用，那么它将是一个理想的选择。

标头的中坚力量——EF 50mm f/1.4 USM

※ 作为一支朴素的标准镜头，EF 50mm f/1.4 USM 具有沉稳内敛的气质。

拍摄参数：◎ 光圈：f/2.8　◎ 快门：1/800s
◎ 感光度：ISO400

※ EF 50mm f/1.4 USM 不仅轻巧便携，而且可以轻松制造浅景深效果，并表现出良好的细节。

佳能标准定焦镜头中，EF 50mm f/1.4 USM 属于承上启下的中坚力量。它拥有比"小痰盂"更好的用料和做工，拥有比 EF 50mm f/1.2L USM 更实惠的价格。这些特性让这支 1993 年发布的镜头在今天依然发挥着重要作用。EF 50mm f/1.4 USM 承袭了胶片时代标准镜头低调内敛的特性。镜头小巧轻便，适合作为日常挂机镜头。它采用了经典的双高斯光学结构，无任何特殊光学镜片。微型 USM 马达使得其具有比 STM 马达更加快速的对焦能力，其对焦速度甚至快于更高等级的 EF 50mm f/1.2L USM。但对焦系统中仍然会有齿轮结构，所以对焦声音比环形 USM 稍大。佳能常规的 SSC 超级光谱镀膜使得该镜头具有极佳的色彩还原能力，但抗眩光和鬼影的能力明显逊于其他厂商数码时代的新款标准镜头。虽然全开光圈锐度欠佳，但收缩至 f/2.8 后能够展现出较好的水准。

目前，EF 50mm f/1.4 USM 的价格为

2000 元左右，具有较高的性价比。如果你的器材选择风格是低调内敛型，同时具有很强的原厂情结，那么它是比较好的选择。但是随着适马 50mm f/1.4 DG HSM Art 镜头的上市，无论佳能还是尼康的 f/1.4 标准镜头都受到了严峻的挑战。

笑傲江湖的标头——EF 50mm f/1.2L USM

※ EF 50mm f/1.2L USM 在标头领域树立了佳能顶尖的江湖地位。

标准镜头是各光学厂商的标杆性产品，在胶片时代大部分机身的套头都是 50mm 定焦镜头。这一镜头的设计和制作水准代表了一个光学厂商的基本能力。佳能从旁轴时代就非常注重以大光圈标准镜头来赢得专业人士的赞许，形成更好的口碑。在 1961 年为佳能经典旁轴相机 Canon 7 推出的 50mm f/0.95 镜头震惊了全世界。至今该镜头仍然是收藏市场上备受追捧的对象。而在 1980 年，佳能推出 New FD 卡口后，使用了非球面镜、超级光谱镀膜和浮动对焦等当时领先的技术打造了 New FD 50mm f/1.2L 镜头，再次为标准镜头的制作树立了典范。进入自动对焦时代后，凭借 EF 卡口直径大的优势，佳能推出了 EF 50mm f/1.0L USM 镜头，时至今日该镜头仍然保持着自动对焦镜头光圈最大的世界纪录。可以说 EF 50mm f/1.2L USM 正是这一系列传奇标头的正宗传人，它是当今这个时代佳能标准定焦镜头中的领军人物。

EF 50mm f/1.2L USM 依然采用经典的双高斯结构，其中最后一枚镜片使用了大口径的非球面镜，对提高画质起到了关键作用。这支镜头的一大特色是采用了所有镜片组整体移动的方式进行自动对焦，而没有采用相对复杂的浮动对焦机构。这样可以有效简化镜头结构，减小由于对焦距离变化引起的各种像差。可以说这是在当今非常少见的一种设计方案。当然，这一设计也有弊端，虽然佳能使用了扭力更强的环形 USM 马达，但是由于对焦镜片组重量极大，造成该镜头的自动对焦速度稍显缓慢。EF 50mm f/1.2L USM 虽然全开光圈锐度一般，但稍微收缩光圈后分辨率大幅度提升。凭借大

拍摄参数：◎ 光圈：f/2.2　◎ 快门：1/400s
　　　　　⑱ 感光度：ISO3200

※ 在弱光环境下，将大光圈与高感光度结合在一起，可以定格下舞动的瞬间。

光圈和高等级光学镜片的优势，它的焦外水平堪称一流，没有任何标准镜头能够与它相比。与同为大光圈的姊妹镜头 EF 85mm f/1.2L II USM 相比，EF 50mm f/1.2L USM 虽然焦内锐度稍微落下风，但是距离主体稍远时能够带上更多环境信息，表达出不同的视觉效果。

目前这支镜头的价格在 9000 元左右，比起上市初期价格低了不少。这样我们能以更实惠的价格领略到这支顶级标头的魅力。

实惠的入门之选——EF 24-105mm f/3.5-5.6 IS STM

❋ EF 24-105mm f/3.5-5.6 IS STM 价格不高但画质优秀，非常适合作为影友的第一支标准变焦镜头。

拍摄参数： ◎ 光圈：f/5.6　　◉ 快门：1/125s
　　　　　　　 ▣ 感光度：ISO800

❋ EF 24-105mm f/3.5-5.6 IS STM 在旅行摄影中能够拍摄多种题材，而不必频繁更换镜头。

如果说 50mm 标准定焦镜头是上一个时代的套机镜头，那么同样带有"标准"二字的标准变焦镜头则是数码时代的套机镜头。这是因为标准变焦镜头围绕 50mm 这个中心，向广角端可以扩展到 24mm，向长焦端可以覆盖到 70mm 甚至 105mm。这使得其适应面大大提升，对于影友日常拍摄的风光、人像、旅行、静物特写、小品等题材都可以应对自如。可以说是镜头中的"万金油"，也是保有量最大的一个类别。

对于入门级的 APS-C 画幅相机而言，佳能有不少 EF-S 镜头可以作为标准变焦镜头使用。例如，佳能 EOS 760D/750D 的套机镜头 EF-S 18-55mm f/3.5-5.6 IS STM，可以实现 29mm ~ 88mm 的等效焦距。而佳能 EOS 7D MARK II 的套机镜头 EF-S 18-135mm f/3.5-5.6 IS STM，更是可以实现 29mm ~ 216mm 的等效焦距。然而在全画幅机身方面，长久以来影友的选择只有小三元的 EF 24-105mm f/4L IS USM。当然，全画幅机身代表了专业和较高的价格。但是随着 EOS 6D 的推出，低价格的入门全画幅机身开始普及。影友迫切需要一支价格实惠、重量轻巧、画质出色的全新标准变焦镜头。于是在 2014 年，EF 24-105mm f/3.5-5.6 IS STM 诞生了。它的一个鲜明特点是使用了 STM 步进式马达。这是 STM 马达第一次被用于全画幅镜头上。从 STM 技术发布时起，它就被认为由于扭力小，无法推动全画幅镜头中的对焦镜片组。而 EF 24-105mm f/3.5-5.6 IS STM 的出现也证明了 STM 马达技术的不断进步。在这支镜头上，佳能使用了"STM+ 导螺杆型"驱动方式，对焦镜片组可以沿着光轴方向，在导向杆上前后移动，从而完成快速准确的对焦。这一驱动方式也是更高等级的 STM 马达驱动结构。

虽然这支镜头的售价仅有 3000 元左右，但是其用料一点也不含糊。镜头内包含了 2 枚玻璃铸模非球面镜和 1 枚 UD 镜片，滤镜口径达到了 77mm。防抖功能可以实现相当于 4 级快门

速度的效果，使得其在弱光环境下手持拍摄出片率大幅度提高。另外，该镜头的防抖系统更加智能，可以识别出手持拍摄中的一般性晃动和摇拍时人为的故意移动，并自动进行不同的防抖修正。从而省去了切换防抖模式的步骤。

如果你认为在学习摄影的初级阶段只需要一支性价比高的、使用方便、能够覆盖所有日常拍摄题材的镜头，那么 EF 24-105mm f/3.5-5.6 IS STM 是非常好的选择。

标准变焦常青树——EF 24-105mm f/4L IS USM

※ 从经典的 EOS 5D 相机开始，EF 24-105mm f/4L IS USM 就是佳能全画幅单反的主力套机镜头。

EF 24-105mm f/4L IS USM 是佳能变焦镜头中的"常青树"，从 2005 年以经典全画幅机身 EOS 5D 的套机镜头出现至今已经有了 10 个年头。如果从销量上讲，它几乎是 EF 变焦镜头中的销量冠军，在影友群体中普及率非常高。这不仅因为其具有小三元中坚力量的地位，

拍摄参数：◎ 光圈：f/8　◎ 快门：1/2000s　▧ 感光度：ISO400

※ EF 24-105mm f/4L IS USM 的平衡设计使得它在拥有便携性的同时还具有 L 镜头的优秀画质。

或因为它具有红圈标志，又或是因为它有覆盖范围广的使用焦段、拥有实用的防抖功能，最重要的原因是它体现了一种易用至上、画质与轻巧方便完美平衡的镜头设计理念。在很多人的思想中，镜头的画质代表了一切。然而过于追求画质会导致镜头体积过大、重量过沉、便携性能下降。同时，一味追求画质也无法实现更大的变焦比，难以用一支镜头适应多种拍摄题材。另外，过于追求轻巧便携和超大变焦比，画质必然会下降，从而也难以保证易用好用的优势。被很多初学者追捧的"一镜走天下"的旅游头就是这一类失衡镜头的代表。而 EF 24-105mm f/4L IS USM 是一支将画质和方便性同时集于一身的镜头。

这支镜头中采用了 1 枚超级 UD 镜片，有效地控制了色散，提升了画质。由于 1 枚超级 UD 镜片可以起到 2 枚 UD 镜片的效果，所以也简化了镜片数量，缩小了体积和重量。另外，还采用了多达 3 枚非球面镜，使其获得了非常出色的分辨率。即使全开光圈也超过了普通变焦镜头最佳光圈的水平。在部分焦段上，画质甚至能够与顶级的 EF 24-70mm f/2.8L II USM 相抗衡。虽然恒定光圈 f/4，但防抖功能的加入使得其弱光拍摄能力超过了没有防抖的 EF 24-70mm f/2.8L II USM。相比之下，长焦端多出的 35mm 焦距可以有效减小更换镜头的频率，可以适用于更多的场景和题材中。

EF 24-105mm f/4L IS USM 不仅被影友所喜爱，还是很多知名摄影家最常用的挂机镜头。这也充分说明了其平衡设计的出色。在售价方面，拆机版（非单独包装）价格还不到 4000 元，具有很高的性价比。

具有微距功能的标准变焦——EF 24-70mm f/4L IS USM

❋ EF 24-70mm f/4L IS USM 所具有的 0.7 倍放大倍率微距功能继承自胶片时代的标准变焦镜头，使其在小三元中成为独具特色的一员。

通过 EF 24-105mm f/4L IS USM 这支镜头我们发现，采用平衡策略设计的标准变焦镜头能够为我们的拍摄带来很大的方便。如果你希望拥有一款等级更高、新技术和材料使用更多的平衡镜头，那么 EF 24-70mm f/4L IS USM 就能够满足你的要求。

其实，从胶片时代起，各光学厂商就已经为标准变焦镜头注入更多的功能。佳能于 1973 年发布的 FD 35-70mm f/2.8-3.5 SSC 镜头，除了有常用焦段和加大光圈外，还拥有 0.3 倍放大倍率，获得一定的微距拍摄能力。为了突出易用性，EF 24-70mm f/4L IS USM 借鉴了这种复合功能，将微距能力加入进来。当然，凭借新时代的技术，它实现了 0.7 倍放大倍率的惊人能力。你几乎不必购买更不必携带微距镜头，有了 EF 24-70mm f/4L IS USM 就能够实

拍摄参数： ◎ 光圈：f/4   ◎ 快门：1/125s
◎ 感光度：ISO400

❋ EF 24-70mm f/4L IS USM 的微距功能可以在不增加器材负重的情况下，让旅行照片增加更多的细节表现力。

现非常不错的微距效果。同时，被用于佳能"百微"EF 100mm f/2.8L IS USM MACRO 镜头上的双重防抖系统被加入进来，在微距拍摄模式下，双重防抖功能可以实现相当于 2.5 级快门速度的防抖效果，而且它除了能够校正手持拍摄时以相机为原点产生的上、下、左、右等多个方向的倾斜抖动外，还能够校正相机与镜头整体平行移动所产生的画面模糊，从而让手持拍摄的微距照片清晰度更加出色。如果在非微距模式下，更是可以提供相当于 4 级快门的防抖效果，增加了该镜头在弱光环境下的拍摄能力。

为了获得更好的画质，EF 24-70mm f/4L IS USM 的材料中使用了两枚非球面镜，玻璃模铸和复合式各 1 枚。另外还具有两枚 UD（超低色散）镜片，能够起到 1 片顶级萤石材料的效果。其画质水平明显比 EF 24-105mm f/4L IS USM 上了一层台阶。镜头整体的做工和用料完全满足于 L 级镜头的苛刻要求。为了提高户外严酷拍摄环境下的适应能力，该镜头的第一组和最后一组镜片上还采用了新的氟镀膜技术，能够有效防止污渍附着在镜头表面。这样你甚至不需要使用 UV 镜，即使镜片表面有些尘土或污渍，用气吹或镜头笔就能够轻松去除。

按照 EF 24-70mm f/4L IS USM 出色的平衡设计和丰富的功能，完全可以成为 EF 24-105mm f/4L IS USM 后另一个传奇，但是其售价达到 8000 元以上，这成为影响其普及的重要因素。

当之无愧的"镜皇"——EF 24-70mm f/2.8L II USM

* EF 24-70mm f/2.8L II USM 性能均衡，在各类题材中都能够有出色的表现。

EF 24-70mm f/2.8L II USM 是 EF 镜头中标准变焦镜头的王者，被称为"镜皇"。它不仅是佳能大三元的中坚力量，而且与 EF 50mm f/1.2L USM 一样肩负着品牌标杆的重任。

虽然 EF 24-70mm f/2.8L II USM 处于标准焦段范围，但在光学设计上难度并不小。既要考虑到广角端 24mm 的像差校正，还需要考虑到中长焦段 70mm 的像差校正，因此设计出一支性能优异，在两端同时表现均衡的镜头并不容易。为了解决这些光学问题，新一代"镜皇"采用了 13 组 18 片的复杂光学结构，包含了 1 枚顶级镜头上才会使用的精密研磨非球面镜，另外还有 2 枚玻璃模铸非球面镜，从而有效降低了广角端非常容易产生的畸变等像差。

同时还采用了 1 枚超级 UD 镜片和 2 枚 UD 镜片，材料使用上非常豪华。这也保证了"镜皇"在画质上拥有了最高的地位，在多个焦段上它几乎都能够与高等级的定焦镜头相媲美。EF 24-70mm f/2.8L II USM 的口径达到了惊人的 82mm，这能够让更多的光线进入镜头，解决了镜片数量多造成的光线通过率下降的问题。另外，"镜皇"也并非只考虑画质表现，而不顾及易用性。与上一代"镜皇"相比，不仅镜头长度缩短 10mm，而且重量也轻了 145g，让携带更加轻松。同时，第一枚镜片和最后一枚镜片的外侧采用了氟镀膜，可以有效防止灰尘和手上皮脂等污垢的附着。

会有不少影友产生这样的疑问，为什么不在顶级的标准变焦镜头上增加防抖功能呢？实际上，对于光圈恒定于 f/4 的小三元来说，防抖功能的确价值很大。可以提升弱光拍摄能力，弥补了全开光圈不够大的问题。但防抖功能也是一把双刃剑，它在增强镜头易用性的同时，浮动结构也会对画质造成一定的负面影

拍摄参数： ◎ 光圈：f/11　◎ 快门：1/200s　▣ 感光度：ISO400

※ 在需要细致刻画的风光题材中，EF 24-70mm f/2.8L II USM 能够体现出变焦镜头中最佳的画质。

响。例如，当把相机固定在三脚架上时，都需要关闭防抖功能。否则防抖系统的浮动镜片移动反而会对画质造成损害。对于顶级镜头来说，目标群体往往是职业摄影师，对于严谨的风光摄影师来说，三脚架是必不可少的，因此防抖的必要性也有所降低。而对于拍摄节奏很快的摄影师来说，防抖功能的启动和停止都需要 1 ~ 2s 的时间，这也会拖慢他们的速度。所以，各大品牌中顶级的标准变焦镜头都没有使用防抖功能。

相比另外两支大三元镜头，EF 24-70mm f/2.8L II USM 的视角相对平淡，缺乏冲击力与特色。如果你同时携带这三支镜头外出拍摄，总会有一种将"镜皇"深藏摄影包里，而使用其他两支镜头的想法。但如果你只带一支镜头外出拍摄，那么非 EF 24-70mm f/2.8L II USM 莫属了，它具有无与伦比的均衡力和广泛的题

材适应性，带上它可以从容不迫的应对一切场景。从广阔场景的风光到紧凑的人像特写，从人文纪实到美食景物，几乎可以胜任一切题材。

EF 24-70mm f/2.8L II USM 虽然是内对焦设计，但是在变焦时镜筒会发生伸缩现象，即不是内变焦设计。在 24mm 的广角端镜桶不会伸出，在 70mm 端镜桶伸出幅度最大。这非常符合我们拍摄时的习惯思维。而上一代 EF 24-70mm f/2.8L USM 在变焦时镜筒伸出方式刚好相反。它在广角端伸出最长，在长焦端镜筒却不会伸出。

大部分低等级的变焦镜头，如果采用了这种外变焦设计，那么当你将相机挂在脖子上时，镜头处于下垂姿态，很容易出现镜桶下坠现象。虽然 EF 24-70mm f/2.8L II USM 的变焦阻尼设计十分优异，能够避免这种情况。但为了长期

使用，这支镜头还是增加了变焦环锁定杆。当镜头焦距在 24mm 时，将变焦环锁定杆推至 LOCK 的位置，即可防止镜筒下坠。

EF 24-70mm f/2.8L II USM 是数码时代优秀镜头的典型代表，整体用料和做工出色，三防性能可靠。画质达到一流水准，合焦区域锐利，焦外虚化到位，畸变控制严谨。各项性能均衡稳定，没有明显的短板和缺陷。在刚上市之初，这支"镜皇"的价格高达 1.8 万元，但现在价格已经大幅度回落，尤其近来价格下降幅度不小。目前已经稳定在 1.1 万元左右的水平上，这一价格让其具有了更高的性价比。如果你需要一支均衡稳定的高品质"万能"镜头，那么 EF 24-70mm f/2.8L II USM 是最佳的选择。

CHAPTER

第 **3** 章 自动对焦的三大基础设置

- 其实相机里也有"军事装备",自动对焦系统工作原理就与"二战"时坦克上的光学测距仪相同,只不过体积更小巧。

- 你知道吗?面对手机和微单相机的凌厉攻势,单反相机的生存根本竟然是它的对焦方式。

- 你知道吗?几乎所有的数码单反相机在使用主液晶屏进行实时取景时,对焦的速度都会大幅度地降低。但是佳能 EOS 7D MARK II 却是个例外,这是为什么呢?

- 密集的对焦点也分三六九等,哪些是能够应对苛刻环境的"高级对焦点"呢?

- 相机上有一个按钮几乎成了区分摄影高手和普通玩家的分水岭,高手离不开它,普通玩家从来不用它,这个按钮是什么呢?

- 拍摄运动主体有时就像是在"捕鱼",你的网越大捉到鱼的可能性就越高,那么相机中的什么功能相当于"渔网"呢?

无论用什么相机拍摄什么题材的照片，清晰的画面都是一张成功照片最基本的要求。人们在观看照片的时候也会首先被画面中清晰的部分所吸引，在微距作品中我们会为其中清晰的细节再现所惊叹。这一切的基础就是在拍摄环节中完成精确的对焦。对焦这一技术环节是必须在前期拍摄时准确到位的，一张合焦不实的照片无法通过后期技术来挽救。而白平衡和曝光等技术环节却可以在一定程度上通过后期方式进行弥补。所以，掌握精确对焦的方法和技巧是摄影的第一项重要基本功。而对焦技术的基础就是理解自动对焦点、自动对焦模式和自动对焦区域模式这三大基础参数的设置。

3.1 自动对焦是一场革命

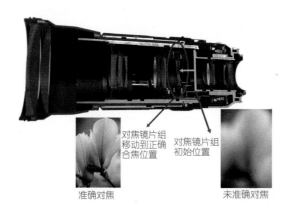

对焦镜片组移动到正确合焦位置　对焦镜片组初始位置

准确对焦　　　　　　　　　未准确对焦

※ 当相机内的自动对焦感应器测出准确的对焦距离后，便向镜头发出指令，镜头中负责对焦的镜片组根据指令完成前后移动，这样就使得呈现在感光元件上的画面从模糊变得清晰。

我们都知道数码取代胶片是摄影发展史上的一次重要革命，而在这一变革发生之前也发生过若干次有类似重要意义的变革，自动对焦就是其中一次。早期的胶片单反相机全部为手动对焦，摄影师通过转动镜头上的对焦环改变镜头内部负责对焦的一组光学镜片在光轴方向进行前后移动，从而调整进入镜头的光路，让它们能够准确汇聚在胶片上，这样就能获得清晰的影像。直到 1986 年美能达推出的 α7000 相机时才实现了自动对焦。两年后，佳能彻底放弃了在手动对焦相机上采用的 FD 卡口，转而采用没有任何机械传动装置的全电子化 EF 卡口。这被称为"断臂之举"的惊人策略，也使得佳能在自动对焦和数码摄影时代获得了巨大的技术领先优势。可见，当一项新技术让整个行业发生巨大变革时，机遇就会出现，而佳能显然是善于把握机遇的厂商。

硬件技术看板　对焦马达的位置

为了实现自动对焦，有两大技术问题是必须解决的。第一是要计算出准确的对焦距离数据，第二是能够移动镜头内部镜片组的驱动马达。在第二项关键技术中很多传统光学厂商都将驱动马达放入了机身当中，通过一个类似"螺丝刀"状的传递装置将动力从机身传递给镜头，从而移动对焦镜片组。尼康与美能达都是采用这样的策略。这对于体积较小的广角或标准镜头还能应付，但使用在长焦镜头时，传输过去的动力就不足以快速驱动沉重的对焦镜片组，这就减缓了自动对焦速度。

而佳能更加高瞻远瞩，早在 1987 年就研发出了体积小巧的超声波马达，并将其置于镜头内部，这样对焦的动力源头不必从机身传递过来，因此可以在长焦镜头上完成更快的自动对焦动作。实践证明佳能的方式更加有效，佳能长焦镜

※ 尼康 F 卡口上的"螺丝刀"用于传递自动对焦的动力，而佳能 EF 卡口上则无此装置。

头的对焦速度也从此领先其他厂商。这样从 20 世纪 90 年代初开始，在大型体育赛事当中，场边的体育摄影记者手中的"白炮"成了主导。在经过了一段时期后，其他厂商才开始将驱动马达装入镜头，但佳能已经确立了在对焦方面的优势地位。

相对于驱动马达，自动对焦领域的另一个重要部分是对焦距离的计算，它是由自动对焦感应器负责完成的，这就是我们下面要介绍的相位差与反差式自动对焦。

＊ 佳能长焦镜头所具备的出色自动对焦性能，使其成为体育摄影师的首选。

3.2 相位差对焦——单反的核心优势

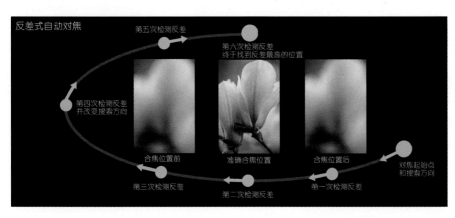

＊ 卡片机中使用的是反差式自动对焦，这种对焦方式不需要单独的自动对焦感应器，仅仅依靠感光元件本身即可完成，但最大的缺点是对焦速度较慢。

目前主流的数码相机使用两类自动对焦系统，反差式自动对焦和相位差自动对焦。在手机和小型数码相机中，例如，佳能 IXUS 系列的卡片机主要采用反差式自动对焦系统。它属于二维对焦方式，其原理是根据镜头在对焦过程中成像画面所展现出的对比度变化来寻找成像最清晰的准确合焦位置。反差式自动对焦的最大特点是不需要专用硬件设备，通过感光元件就可以完成。反差式自动对焦以成像结果为检测对象，因此具有较高的准确性，但是其最大的弊端在于速度较慢。在对焦过程中，它主要采用不断搜索的方式进行，不能在一开始就准确判断方向，边搜索边对比，即使找到了最终合焦位置也不会停下来，只有错过该位置后才能真正发现并判断出正确的对焦距离，所以整个过程需要进行多次检测和对比，对焦速度较慢。

除了速度慢，反差式对焦还需要拍摄场景中的主体本身具有明显的反差，当反差较低时

往往难以对焦。另外，在拍摄运动主体时，其连续对焦能力较差，难以在主体与相机距离持续变化时持续合焦。

提示 ⚡

反差式对焦方式也是大部分数码单反相机采用实时取景拍摄时的对焦方式（佳能 EOS 7D MARK II 和 EOS 70D 除外），所以你会感觉到对焦速度明显较慢。

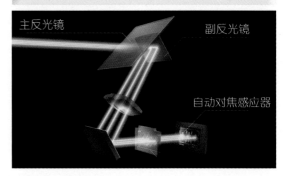

主反光镜　　　　副反光镜

自动对焦感应器

＊ 佳能 EOS 7D MARK II 自动对焦感应器所接收到的光线同样来自于镜头。

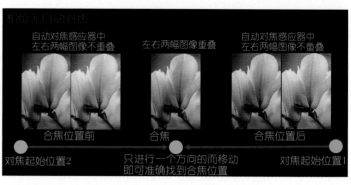

※ 老式军用测距仪。

※ 相位差自动对焦示虽然依赖自动对焦感应器，但却可以实现更快速的合焦。

我们使用光学取景器拍摄时使用的是相位差自动对焦方式。从某种意义上说，正是它让单反相机具有了速度的优势，而速度正是卡片机和微单相机的短板。因此，我们有必要了解一下相位差自动对焦是如何运作的。当光线从镜头进入机身后，会被反光镜反射到上方的五棱镜，以便我们进行取景和测光。而反光镜是经过部分镀银处理的，虽然你看到它仿佛是一面镜子，但并不是所有光线都会被反射到上方，而是有一小部分光线（大约30%）通过反光镜继续向前，然后被其后方的副反光镜反射到机身下方，这里就是安装测光感应器的地方。这束光线也是专门为它而准备的。光线进入测光感应器之前，就会被分离透镜分成左右两束，测光感应器从左右两个方向分别接收光线，并使其成像后进行对比。由于左右两侧的距离是已知的，那么根据三角定位方法就可以计算出目标主体的距离。实际上自动对焦感应器就是一个小型的光学测距仪，它与安装在"二战"时期军舰和坦克上的测距仪原理相同，只不过体积更小。测光感应器实际上是一块小型的CCD感光元件，它同样可以成像，只不过用途与相机中核心的感光元件不同而已。在8.1"测光模式"一节中我们还会了解到，相机中还有第三块感光元件，那就是测光感应器，它同样发挥着重要作用。

相位差对焦的本质是在三维空间内对焦，它的最大优点就是从一开始就能够判断当前的焦点位置靠前还是靠后，这样就可以准确地将对焦镜片组向正确的方向移动。在准确抵达该位置后不需要再重复来回移动对焦镜片组，所以在对焦速度上会比反差式对焦快很多。另外，相位差对焦掌握的信息更加充分，它可以获得镜头内对焦镜片组位置信息、主体速度和位置信息等，因此在连续对焦时可以快速调整镜头内对焦镜片组进行工作。

但相位差对焦同样存在缺点，那就是对焦模块结构相对复杂，这套独立的对焦系统在安装时需要较高的精度。在顶级单反上，自动对焦模块的安装偏差会被严格限制在 20μm 以内，而入门级相机，这个误差的允许范围略大，可以是 40μm。如果超过这一个数值，自动对焦模块就会导致跑焦问题。

3.3 焦平面相位差对焦——佳能相机的发展方向

不得不承认，佳能是一家技术创新能力极强的厂商，而且技术创新与时代潮流能够很好地保持一致性。当今的摄影爱好者更加注重相机的易用性和便利性，而实时取景是最便捷的拍摄方式。为了解决实时取景下反差式对焦速度慢的问题，佳能开发了焦平面相位差自动对焦系统。EOS 70D 成为第一个使用这一技术的相机，而 EOS 7D MARK II 也沿袭下来。所谓焦平面相位差自动对焦系统就是将感光元件上每个像素分为左右两个光电二极管，起到了自动对焦感应器左右两个小窗口的作用，从而通过感光元件就可以实现相位差对焦。这一新技术使得采用实时取景拍摄时的对焦速度得到大幅度提高。不仅如此，视频拍摄已经成为数码单反相机的重要功能，有了焦平面相位差自动对焦系统，在拍摄视频时就可以实现更加快速的自动对焦。而在以往，拍摄视频的过程中自动对焦难以完成任务，所以大部分情况下都需要采用手动对焦方式。这也造就了电影拍摄中的一个职位——跟焦员（专门负责手动对焦的

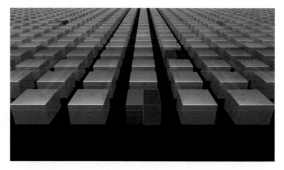

※ 佳能 EOS 7D MARK II 的焦平面相位差自动对焦系统，将相位差的特点与感光元件结合在了一起。

拍摄人员）。可以预见，佳能凭借焦平面相位差自动对焦技术可以在未来 10 年的时间里获得稳固的技术领先地位。目前还只是这一技术的发展阶段，相信今后会有更多的佳能相机，尤其是全画幅相机采用这一技术。

3.4 自动对焦点——并不是所有对焦点都一样

佳能 EOS 7D MARK II 作为专业级的高速相机，其最大特色就在于拥有强大的对焦系统，而强大的基础就是具有多达 65 个自动对焦点。对焦点数量甚至超过了佳能顶级的 EOS 1DX（61 点），这一数量也创造了数码单反相机的纪录。对焦点数量越多，对于抓拍高速移动的物体就越有帮助，并且在构图时的自由度更大。通过光学取景器观察时你会发现 65 个对焦点几乎覆盖了整个画面，相邻十分紧密。但是，EOS 7D MARK II 的真正强大之处不仅仅是对焦点数量多，而是对焦点的等级高。

我们知道，相机自动对焦点并非全部一样，它们分为辅助对焦点、十字对焦点和双十字对焦点三大类。

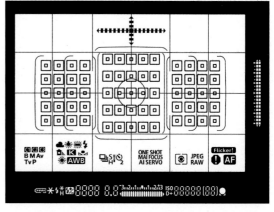

※ 从相机的光学取景器中观察外界，我们看到的是这样的 65 个自动对焦点，但实际上它是依靠下面的自动对焦感应器才可以实现高速和精确对焦的。

3.4.1 辅助对焦点——合焦效率有待提高

辅助对焦点只有单方向的对焦感应器，感应器不是垂直方向就是水平方向。在某些拍摄

场景中当垂直方向的辅助对焦点遇到具有垂直方向纹理的物体时，这种平行的影像会造成难

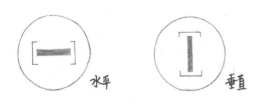

※ 辅助对焦点的结构示意图。

以合焦或合焦速度慢的现象。只有遇到水平方向纹理的物体时，垂直方向的辅助对焦点才能发挥作用。另外，在低反差、弱光和逆光等极端场景下，辅助对焦点的合焦速度和成功率也会下降。只有在光线良好、场景中线条多样、景物边界明显的场景中才能有较好的发挥。

　　在佳能的其他型号单反相机中，都会使用辅助对焦点。即使顶级的 EOS 1DX 当中，61个对焦点里也有 20 个为辅助对焦点。而 EOS

※ 画面中的立柱边缘全部为垂直线条，使用垂直辅助对焦点难以完成对焦，镜头会出现来回"拉风箱"的情况。此时，可以发挥作用的是水平辅助对焦点。如果画面中场景线条为水平则刚好相反。

7D MARK II 的全部 65 个对焦点均是对焦性能更加出色的十字对焦点。这也从侧面说明了 EOS 7D MARK II 的等级和地位。

3.4.2 十字对焦点——带来更准确的合焦

※ 十字对焦点的结构示意图。　※ 佳能 EOS 7D MARK II 的 65 个对焦点全部是十字对焦点。

　　十字形对焦点具有垂直和水平两个方向的对角感应器，无论物体是何种形态，都不会发生平行现象，因此能够迅速而准确地完成自动对焦。在低反差、弱光和逆光等极端场景下，十字形对焦点的表现也更加出色。入门级的佳能 EOS 100D 上，全部 9 个对焦点中只有中间一个为十字对焦点，而佳能 EOS 7D MARK II

拍摄参数：　◎ 光圈：f/2.8　　◎ 快门：1/40s
　　　　　　◎ 感光度：ISO3200

※ 在光线微弱拍摄场景中，十字对焦点能够发挥出更高的效率，快速而准确的完成合焦。

的 65 个对焦点全部是十字对焦点，这也是其强大对焦性能的最重要来源。

3.4.3 双十字对焦点——速度与精度的巅峰

　　佳能的数码单反相机上还具备了双十字对焦点。在拍摄快速移动的主体时，会更加考验相

※ 双十字对焦点
结构示意图。

※ 佳能 EOS 7D MARK II 中
位于中央的一个对焦点是双
十字对焦点。

拍摄参数： ◎ 光圈：f/2.8　◎ 快门：1/1600s
　　　　　　　 ◎ 感光度：ISO1600　◎ 摄影师：林东

※ 使用中央的双十字对焦点可以对运动主体进行更
准确的捕捉。

机的自动对焦能力。而双十字形对焦点就是为
了应对这种情况而设计的。双十字形对焦点由
正十字和对角线十字两个十字形对焦感应器组
成，这 8 个方向的分布使得自动对焦精度和速
度达到一流水平，对移动主体的追踪能力也更
加突出。例如，面向专业体育摄影记者的佳能
顶级数码单反 EOS 1DX 就具备 5 个双十字对
焦点。

　　佳能 EOS 7D MARK II 的对焦点当中，位
于中央的一个就是双十字对焦点，它是在十字
形的基础上，在斜向位置上增加了另一个十字

3.4.4 "打鸟"才是真正的考验

　　不要认为在任何时候相机上的所有自动对
焦点都可用，它们能否发挥作用会受到一个因
素的限制——镜头的最大光圈。当使用光圈恒

形感应器，从而形成双十字形结构。因此，位
于中央的这一点在对焦速度和对焦精度上具备
更出色的表现。

操作指南： 切换对焦点

　　切换对焦点是我们在拍摄时最常用的操作。切
换对焦点前，首先需要半按快门来激活测光系统，
然后通过光学取景器观察当前的单个对焦点的位置，
再按下机身背面最右上方的 ⊞ 自动对焦选择按钮，
然后通过 ✳ 多功能控制摇杆就可以让对焦点跟着你
的操作在 8 个方向上快速移动了。如果你只是在水
平方向移动对焦点，使用快门后方的 ◿ 主拨盘来进
行操作会更快捷，这样不会造成对焦点在垂直方向
上的移动。而如果你只在垂直方向上移动对焦点，
使用机身背面尺寸最大的 ◎ 速控转盘进行调整会更
快捷。

提示 ⚡

　　十字与双十字对焦点并不是非此即彼的关系，在
某些条件下该对焦点是双十字形态，而在另外一些条
件下，该对焦点则变为十字。这都取决于你所使用镜
头的最大光圈。

定为 f/2.8 的大三元镜头或大光圈定焦镜头（最
大光圈一般为 f/1.2、f/1.4 和 f/1.8）时，所有
65 个对焦点都可以发挥作用，同时中央对焦点

※ 镜头最大光圈大于或等于 f/2.8 时，中央对焦点为双十字，并且所有 65 个对焦点都能够发挥作用。

※ 镜头最大光圈介于 f/2.8–f/5.6 之间时，中央对焦点会"退化"为十字对焦点，此时全部 65 个对焦点都能够发挥作用。

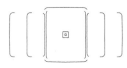

※ 镜头最大光圈为 f/5.6–f/8 之间时，只有中央的一个对焦点能够发挥作用。

硬件技术看板

为什么对焦点与镜头的最大光圈有关

当今的数码相机在对焦时都是全开光圈对焦的。从镜头进入机身的光线中一部分通过反光镜的折射进入光学取景器，以便我们观察外界进行取景。另一部分会透过反光镜进入其下方的自动对焦感应器中。全开光圈的目的就是为了让更多的光线进入以便于对焦能够快速完成。而只有在拍摄瞬间，光圈才会收缩至摄影师所选的挡位上。

※ 佳能新一代"大绿" EF 400mm f/4 DO IS II USM 镜头后使用 EF 2X III，即 2.0 倍增距镜后可以让焦距增加至原来的 2 倍，但最大光圈会缩小 2 挡。

还可以发挥双十字对焦点的作用。但是当使用光圈恒定为 f/4 的小三元镜头时，虽然 65 个对焦点都可以发挥作用，但中央对焦点会"退化"为十字对焦点。对于运动主体的快速抓拍就会稍逊一筹。如果你在光圈恒定为 f/4 的小三元镜头后加装了 EF 2X III 增距镜，那么镜头最大光圈会缩小两挡至 f/8，那么此时只有中央一个对焦点能够实现自动对焦，其他对焦点将不再工作（严格来说，在自动对焦点扩展 5 点的区域模式下，中央对焦点上下左右临近的 4 个对焦点可以起到辅助对焦点的作用，但无法手动选择）。

镜头的最大光圈决定了对焦时获得的光线强弱，也就会对自动对焦点的性能发挥有影响。上边的描述是针对镜头类型，最大光圈为镜头的固有属性，与拍摄时你具体使用的光圈大小无关。只要所用的镜头最大光圈大于 f/5.6，无论拍摄时采用哪挡光圈，65 个自动对焦点都可以发挥作用。但要发挥中央的双十字对焦点的

作用，则需要使用大于或等于 f/2.8 光圈的镜头。

体育摄影或者拍摄鸟类的生态摄影领域，摄影师为了拍摄远距离的主体，经常采用增距镜以增加焦距。此时，由于从镜头进入的光线变少，最大光圈也会随之下降。例如，佳能新"大绿" EF 400mm f/4 DO IS II USM 镜头后使用 EF 2X III 即 2.0 倍增距镜后，焦距会增加 1 倍变为 800mm（对于 EOS 7D MARK II 来说，等效焦距更是达到了 1280mm），但此时镜头的最大光圈将由于增距镜的存在而缩小两挡变为 f/8。在这种情况下，EOS 7D MARK II 的可用对焦点数量就会变为 1 个。因此，当 2.0 倍增距镜与超长焦镜头组合拍摄体育题材或野生鸟类时也能实现自动对焦，但自动对焦点数量会大幅度减少。

3.4.5 对焦点数量多的优势

爱好者在选购相机时都会看到厂家的宣传，相机卖点中总缺不了的一条就是对焦点数量，

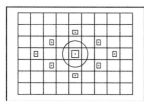

※ 入门单反上的对焦点数量较少，之间距离较远，相对来说更难以拍到运动主体的清晰照片。

拍摄参数： ◎ 光圈：f/5.6 　 ◎ 快门：1/1000s
　　　　　　 ◎ 感光度：ISO400 　 ◎ 摄影师：林东

※ 采用大区域自动对焦模式拍摄，密集的对焦点有利于抓拍到运动主体。

从入门机型的 9 个对焦点到顶级机型的 61 点甚至 65 点差异很大，而刚入门的爱好者总会产生疑问对焦点多的好处在哪里呢？很多摄影发烧友更是说：再多的对焦点常用的也只有其中的几个，不是越多越好。到底这种说法对不对呢？

　　其实，从相机本身来看，对焦点数量多的产品其对焦模块更加先进，制作成本也会更高，往往更高级别的相机具有的对焦点数量较多，而且具有更多的可精密对焦的十字对焦点。而持有"多对焦点无用论"的发烧友其实是自身拍摄的题材有限，他们一般只拍摄静态主体，很少拍摄快速移动的主体。在拍摄运动题材时，相机的对焦点数量越少，每个对焦点之间的距离就越远，在跟踪主体时就越困难。当主体移动到两

个对焦点之间时，相机就无法针对它进行对焦。而对焦点数量多的机型在拍摄快速移动主体时，更加密集的对焦区域可以更轻松地实现无间隙地捕捉主体，从而获得清晰影像，占据明显优势。而如果只拍摄静态主体或低速移动的主体，9 点甚至 11 个对焦点也确实够用。

3.4.6 对焦区域覆盖面——网越大收获越多

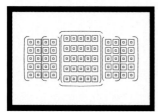

※ 佳能 EOS 7D MARK II 的对焦点覆盖范围很大。

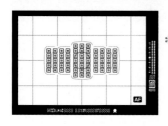

※ 全画幅的佳能 EOS-1D X 和 EOS 5D MARK III 的对焦点覆盖范围则要小一些。

　　通过数码单反相机的光学取景器可以看到自动对焦点的范围并不能够覆盖整个区域，在拍摄静态主体时，这不会有太大问题。我们可

以采用对焦锁定的方式，将主体放在画面边缘的位置，从而丰富构图的形式。但是，在拍摄运动题材时，对焦点无法覆盖的区域将成为明显的"漏洞"。

　　APS-C 画幅单反相机在对焦点覆盖范围上具有明显的优势，从佳能 EOS 7D MARK II 就可以看出，65 个对焦点几乎覆盖了 70% ～ 80% 的面积。这就让拍摄运动主体更加得心应手。当然，采用液晶屏进行实时取景，对焦区域可以占到整个液晶屏的 90% 以上。但此时，又要以牺牲对焦速度为代价。

　　对焦区域宽广首先是对抓拍移动主体有利，对焦点越多、覆盖范围越大就好比撒出的网越大，很容易捕捉瞬间动作。如果对焦区域覆盖面小，当主体进入边缘时就没有对焦点能

够发挥作用。其次，对焦区域宽广的优势在拍摄静止物体时也可以显现，它可以让摄影师先找到理想的构图再选取画面中与拍摄主体重叠的对焦点进行单点对焦。如果对焦区域的面积小，就不得不先对主体对焦，再移动相机进行构图。而后一种操作方式更容易出现对焦不实的情况。

佳能 EOS-1D X 和 EOS 5D MARK III 这样的全画幅相机，虽然也拥有 61 个自动对焦点，但其覆盖的区域明显较小。在横构图时，如果希望将人物头部上方空间留得较少，让画面更加紧凑时，人物眼睛就会超出对焦区域的覆盖范围。

3.5 自动对焦模式——一动一静之间

前面提到自动对焦点数量多的相机可以更轻松地抓拍到运动主体清晰的瞬间姿态。而真正想实现这一目标的话，还不能仅仅依靠对焦点的数量，还要让对焦点能够自己持续不断地针对运动主体对焦才可以。这就要用到自动对焦模式这一选项。其实，整个自动对焦系统的设计都是按照两个领域来进行的，一类就是针对拍摄静止物体，此时主体与相机的距离保持不变，我们只需要使用较少的对焦点、在合焦后整个对焦系统即可不再运转；另一类就是针对运动主体，它们与相机之间的距离总是在不断地变化，我们不仅需要更多的自动对焦点提高捕捉到的概率，还需要对焦系统持续不断的工作，以适应对焦距离不断改变的现状，从而保证在按下快门瞬间能够清晰合焦。你可以看出，拍摄运动主体要更加困难，而且更考验相机对焦系统的性能。

佳能 EOS 7D MARK II 具有 3 种自动对焦模式：ONE SHOT 单次自动对焦、AI FOCUS 人工智能自动对焦和 AI SERVO 人工智能伺服自动对焦。实际上真正的模式只有两种，一种是针对静止主体的 ONE SHOT 单次自动对焦模式，另一种是针对快速移动主体的 AI SERVO 人工智能伺服自动对焦。而 AI FOCUS 人工智能自动对焦则是这两者的混合体，主要应对忽停忽动的主体。

拍摄参数： ◎ 光圈：f/5.6　◎ 快门：1/1250s
◎ 感光度：ISO400

※ ONE SHOT 单次自动对焦模式，单一对焦点放在建筑物上。在拍摄静止的主体时，单次自动对焦模式可以让我们从容地对焦与构图，相机的对焦动作完全根据我们半按快门所发出的指令进行。

3.5.1 ONE SHOT 单次自动对焦—— 一切尽在掌控

佳能的 ONE SHOT 单次自动对焦模式是普通摄影爱好者最常用到的一种对焦模式，它适合拍摄静止或移动速度较慢的对象。例如，日常拍摄的风光、人像、静物等题材都可以采用这种对焦方式。对于初学者来说，这也是最基础的对焦方式，需要多加练习并熟练掌握才能为进入更高的拍摄阶段打下基础。

采用单次自动对焦时，当我们半按快门后，相机会开始进行自动对焦，在完成对焦后，相机会通过三种方式提醒摄影师对焦工作完成：

> 第一种是发出合焦提示音，这样即使你全神贯注于拍摄场景，无暇观察取景器内的信息，也能够通过耳朵得到合焦完成的提示。但是，在剧院和博物馆等公共场所，需要安静地完成拍摄时则应该进入拍摄菜单第 1 页第 3 项【提示音】选项中关闭这一功能。需要注意的是，关闭提示音后，在使用自拍驱动模式时，倒计时提示音也会一同被取消。

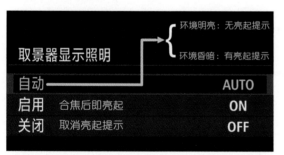

※ 你可以在自动对焦菜单第 5 页（AF5）第 3 项【取景器显示照明】中选择【启用】按钮，无论环境光线如何，合焦位置的对焦点都会亮起，给出醒目的提示。但有些摄影师会觉得前两个提示已经足够，第三项提示会出现在取景器的画面中，如果对焦点亮起会分散注意力，干扰对主体的判断。那么可以选择【关闭】按钮。但在噪音大且光线弱的环境中，你就会又听不到合焦提示音又看不到对焦点亮起，对于合焦判断不利。因此，更方便的选择是【自动】，当环境光线充足时，合焦位置的对焦点将不会亮起，只有在环境光线较暗时才亮起给出合焦提示。

> 第二种是在光学取景器下方的最右侧，合焦确认指示灯的圆点会亮起，以提示完成合焦。

> 第三种是合焦位置的对焦点出现红光亮起的提示。

得到这些提示后，表示相机完成了对焦工作，同时结束整个对焦过程。此时就可以按下快门了。如果在相机完成对焦后，继续保持半按快门不放的状态移动相机，重新取景构图时，虽然取景器中的画面发生了变化，但此时相机仍然会认为对焦工作已经完成，不再重新对焦。只有当抬起手指结束半按状态，然后再次半按快门时，相机才会开始进行下一次的自动对焦过程。可见，ONE SHOT 单次自动对焦模式下，相机完全根据摄影师发出的指令进行对焦，虽然对焦过程是自动的，但摄影师在其中占据主导地位。

［实战经验］ 按下快门的技巧

快门人人都会按，但并不是所有人都知道其操作要领。那就是需要先半按并稍微停留片刻，此时相机即可完成对焦、测光功能。在保持半按状态的基础上，继续完全按下快门后，相机内部的反光镜会自动升起完成拍摄。如果忽略半按快门这个过程，很容易造成对焦不实的情况。另外，相机处于休眠状态时也可以通过半按快门唤醒相机，如果取景器中没有显示光圈、快门速度数值，需要先半按快门然后才能进行光圈或快门速度的调整。

相机在拍摄瞬间的抖动是获得清晰照片的大敌，除了了解两段式快门的操作要领外，我们还需要养成在半按快门时就屏住呼吸的习惯，直到快门完全释放为止。

提示 ⚡

如果说 ONE SHOT 单次自动对焦模式的优势在于可控性，那么它的劣势就在于，当我们半按快门完成对焦后，如果主体与相机之间的距离发生改变，那么在最终的照片中就会出现对焦不实的问题，因为相机认为对焦工作已经完成，不会再次对这一结果进行检查。

[菜单解析] 自动对焦菜单第 3 页第 3 项【单次自动对焦释放优先】

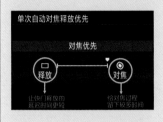

在相机默认状态中，在 ONE SHOT 单次自动对焦模式下，相机会花费更多时间等待自动对焦完成，然后再释放快门完成拍摄。这样的设计保证了在拍摄静止主体时，先完成清晰的对焦然后再实现拍摄，有利于提高照片的成功率。如果相机遇到困难，例如，场景反差过小或严重逆光等情况下，在正常时间内无法立即完成自动对焦时，即

使你完全按下快门，拍摄也会被延迟片刻，让自动对焦有足够的工作时间。但这一延迟时间也非常短暂，你甚至不容易察觉出来。如果经过延迟后，自动对焦系统依然无法合焦，那么快门仍然会释放。这就是自动对焦菜单第 3 页第 3 项【单次自动对焦释放优先】选项中的默认设置【对焦】背后的意义。

如果希望改变这一默认设置，选择【释放】，就会留给自动对焦系统更短的工作时间。这样设置的优点在于，当场景转瞬即逝而且不容易复制时，可以实现快速抓拍。虽然会有一定比例的照片不清晰，但通过快拍、多拍以及小光圈带来的大景深，也能够提高照片的成功率。

3.5.2 AI SERVO 人工智能伺服自动对焦——不错过任何一个瞬间

拍摄参数：◎ 光圈：f/4　　◎ 快门：1/3200s
　　　　　◎ 感光度：ISO1600

※ 采用 AI SERVO 人工智能伺服自动对焦模式拍摄，从而保证相机能够持续不断地针对打篮球的孩子们对焦，调整主体与相机之间不断改变的距离，这样就能够保证在按下快门瞬间主体清晰锐利。

我们先跳过第二个 AI FOCUS 人工智能自动对焦模式，直接进入第三项 AI SERVO 人工智能伺服自动对焦模式。佳能的 AI SERVO 人工智能伺服自动对焦模式是针对拍摄快速运动的主体而设计的，这类拍摄对象的特征是持续不断地移动，相机与主体之间的距离随时会出现变化。在这个对焦模式下，相机在连续不断地持续对焦。虽然我们拍摄到的照片是二维空间，但真实的拍摄场景是三维空间，拍摄对象

有可能在画面的上、下、左、右 4 个方向运动，也有可能沿着镜头的轴向做前后移动。在此对焦模式下，摄影师需要先对焦到主体上，然后一直保持半按快门的状态，并通过移动相机时刻保证处于运动之中的拍摄对象在取景器的方框中不丢失，这时相机就会对拍摄对象持续不断地对焦。直到我们看到运动的主体具有了让人满意的瞬间姿态或处于理想的构图时，快门完全按下才会结束对焦过程。因此，对于 AI SERVO 人工智能伺服自动对焦模式来说，对焦工作是个过程，只有结束而没有完成一说。因此，相机不会再发出合焦提示音，也不会在光学取景器右下角显示合焦提示的圆点。

那么如何才能够判断此时自动对焦系统是否在工作呢？我们可以通过光学取景器视野范围之内右下角出现的 AF 字样来获得提示。但是，该标记并非在黑色的参数显示区域，它会与场景重叠。所以，很多摄影

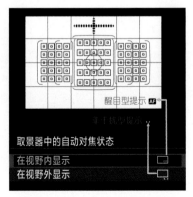

【实战经验】

取景器显示照明		
自动	AUTO	✓
启用	ON	
关闭	OFF	

人工智能伺服AF期间的AF点

人工智能伺服AF期间的AF点	ON	→	不点亮	OFF
			点亮	ON

◎ 人工智能伺服AF期间的AF点

按下Q键
进入下一级菜单

如果你希望在 AI SERVO 人工智能伺服自动对焦模式下自动对焦点能够在合焦时亮起进行提示，那么可以进入自动对焦菜单第 5 页（AF5）第 3 项【取景器显示照明】

选项中，在确保选择了【自动】或【启用】的前提下，按下 Q 速控按钮就可以进入下一级菜单，选择【点亮】。

这样当你使用 AI SERVO 人工智能伺服自动对焦模式拍摄时，眼睛不离开光学取景器，半按快门或者按下 AF-ON 按钮，就可以激活对焦点亮起的功能。由于此时自动对焦在持续不断地进行，所以合焦位置的对焦点会出现持续不断地闪烁。当你认为闪烁对拍摄有干扰时，可以进入上面的菜单，取消点亮提示功能即可。

师认为它会干扰自己对场景的观察和对主体的判断。此时，你可以进入自动对焦菜单第 5 页（AF5）第 4 项【取景器中的自动对焦状态】，选择【在视野外显示】后，AF 字样就不会再显示了。取而代之的是在黑色的参数显示区域最右侧，出现两个小三角形，以提示自动对焦正在持续进行。

AI SERVO 人工智能伺服自动对焦模式与ONE SHOT 单次自动对焦最大的不同是无法锁定一个固定的对焦距离。对焦系统计算出的对焦距离时刻都在根据拍摄对象的改变而改变。

AI SERVO 人工智能伺服自动对焦模式的成功率会低于单次自动对焦，其成功率与机身和镜头的等级成正比。因为，这一功能是特别适合体育和野生动物摄影领域的，虽然在入门单反上也有此功能，但不要希望其工作效率能和体育场周边的专业摄影记者手中的器材一样。

提示 ⚡

应该注意，在 AI SERVO 人工智能伺服自动对焦模式下拍摄高速移动的主体时，应该保证有足够快的快门速度，来清晰的定格瞬间状态下主体的动作。

3.5.3 AI FOCUS——游走在动静之间

拍摄参数：◎ 光圈：f/8　　◎ 快门：1/250s
　　　　　◎ 感光度：ISO100

※ 采用 AI FOCUS 人工智能自动对焦模式拍摄，这样就可以让相机自动切换对焦模式以应对时而静止时而跑动的主体。

世界是多变的，除了一直静止或者一直移动以外，更多场景中的主体总是处于静止和运动两个状态不断变换之中。例如，顽皮的孩子、某些体育项目的运动员、好动的宠物等。这时前两种自动对焦模式都有力不从心的一面。ONE SHOT 单次自动对焦无法应对突然开始移动的主体，而 AI SERVO 人工智能伺服自动对焦在拍摄静止下来的主体时，无法实现锁定对焦，扩展构图自由度的目的。因此，处于它们二者之间的 AI FOCUS 人工智能自动对焦就起到了衔接两端、扩展适应面的任务。

使用 AI FOCUS 人工智能自动对焦模式时，相机将以 ONE SHOT 单次自动对焦的方式开始

实战经验

由于相机在判断主体是静止还是移动的过程同样需要花费时间，而对于大部分职业摄影师来说，他们相信相机做出的判断永远没有人做出的判断准确快速。因此，他们更倾向于自己根据场景变化，通过手动在前两种自动对焦模式之间进行切换。所以，AI FOCUS人工智能自动对焦模式并不是一个经常被采用的模式。

工作，此时只要主体保持静止，我们就可以实现锁定对焦的操作。而如果主体突然开始移动，相机就会自动切换至 AI SERVO 人工智能伺服自动对焦状态，自动对焦系统会持续不断地工作，以保证主体的清晰。此时，我们将无法锁定对焦。而当主体再次静止后，相机又会再次切换回 ONE SHOT 单次自动对焦状态。可以说 AI FOCUS 人工智能自动对焦模式是应对忽静忽动主体的有效武器。

操作指南：调整自动对焦模式

ONE SHOT单次自动对焦
AI FOCUS人工智能自动对焦
AI SERVO人工智能伺服自动对焦

自动对焦模式调整前，需要首先确认镜头上的对焦模式拨杆已经至于 AF（自动对焦）的位置。然后，按下机顶液晶屏前方的【DRIVE·AF】按钮，旋转主拨盘即可在 3 种自动对焦模式之间切换，当前所选择的模式会出现在机顶液晶屏右下方的方框内。

菜单解析 自动对焦菜单第 2 页（AF2）【人工智能伺服第一张图像优先】和【人工智能伺服第二张图像优先】

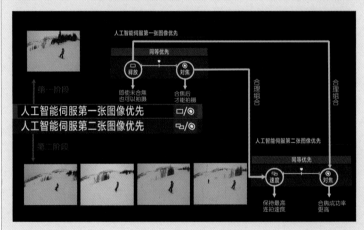

在拍摄运动题材时，速度与对焦的精确性总是一对矛盾体。如果你希望不错过运动主体的每一个瞬间，就需要保持最高的连拍速度，而此时留给自动对焦系统的工作时间就会较少，合焦的准确性也会打折扣。而如果你希望照片中的主体具有最佳的清晰度，那么就要留给自动对焦系统足够的工作时间来完成合焦工作，此时连拍速度会因此下降，捕捉到的主体瞬间姿态会减少。无疑这

是一个两难但又必须由摄影师做出的决定。

在实际拍摄中，如果拍摄场景难以复制，是不能错过拍摄机会的，例如，婚礼和重要体育赛事，那么拍到总要比没有照片强。即使主体没有完全合焦，我们还可以用较小的光圈带来的较大景深来弥补。如果拍摄节奏并非很快，我们有时间准备充分而不必仓促出手，或者拍摄场景可以重复再来，我们就可以给自动对焦系统留出更多的工作时间，以保证连拍出的照片具有更高的合焦成功率。这是一个要根据实际情况做出的选择。

另外，在 AI SERVO 人工智能伺服自动对焦模式下的拍摄可以分为两个阶段，即连拍过程中拍摄的第一张照片，以及从第二张往后连拍的照片。虽然它们全部属于一个连拍过程中产生的，但是却有着重要的差别。中国人说万事开头难，连拍中的第一张照片代表了把握时机的能力，一个好的开始等于成功的一半。而从第二张开始后续的照片相当于守江山，如果第一张打下了好的基础，后续

照片如何能够好上加好？如果第一张照片不够理想，后续照片如何能够逐渐弥补不足？

根据上面的描述和实际拍摄需要，佳能在自动对焦菜单第 2 页（AF2）当中让我们能够分别对两个拍摄阶段的 AI SERVO 人工智能伺服自动对焦工作模式给出自己的选择。第一个阶段即【人工智能伺服第一张图像优先】选项，当我们需要快速完成拍摄获得照片，不能因为对焦过程花费的时间长而延误了最佳拍摄机会时，就可以选择【释放】。此时留给自动对焦系统的工作时间较短，完全按下快门后可以无延迟地完成拍摄。如果拍摄节奏较为从容，希望提高合焦成功率时，就可以选择【对焦】。这样留给自动对焦系统的时间充裕，当对焦困难时，完全按下快门到释放之间会有片刻延迟。当然，如果延迟过后依然没有合焦，快门也会释放。而中间的【同等优先】则是一个折中的选项，此时相机会留给自动对焦系统一些工作时间，以提高合焦成功率，但这个时间又不会太长，以保证能够快速按下快门完成拍摄。

第二个阶段即【人工智能伺服第二张图像优先】选项，实际上它的范畴不仅包含连拍的第二张照片还包括了连拍过程中后面的所有照片。由于这时候快门已经释放，完成了一次拍摄，所以在第二个阶段中就不存在释

放问题，而需要考虑让连拍速度优先还是对焦准确性优先的问题了。如果希望相机保持最高连拍速度，获得尽可能多的瞬间画面，则可以选择【速度】。如果希望每张照片都合焦更加准确，则可以选择【对焦】。并且同样有一个折中的选择——【同等优先】。

但值得注意的是，第二个阶段并非单独存在，而是与第一阶段的设置紧密相连的。如果第一阶段已选择了【对焦】，那么第一张照片中的主体就会获得准确的合焦，如果主体的运动轨迹正好处于焦平面上（与相机感光元件平行的平面），那么焦距变化很小。此时在第二阶段中选择【速度】就可以节约对焦时间，获得更高的连拍速度。同时照片的合焦效果也不会降低。但如果第一阶段选择的是【释放】，那么极有可能第一张照片中的主体就合焦不准确，如果第二阶段中还选择【速度】优选，就可能出现整个连拍序列中所有照片都对焦不实的情况。此时，在第二阶段更为理性的选择是【对焦】。当移动主体所在的环境光线弱或反差低，自动对焦系统不容易合焦时，相机首先允许不合焦就拍摄，然后逐渐适当降低拍摄速度，留给对焦系统更多时间完成任务，从而提高清晰照片的成功率。这样就能够首先保证拍到然后争取拍清楚。

3.6 高手都用 AF-ON 按钮

※ 佳能 EOS 7D MARK II 上的 AF-ON 按钮是抓拍运动主体的重要工具。

分工使得人类社会得以进步和发展，在相机按钮的功能分配上，分工具有同样的作用。快门是机身上我们用得最多的一个按钮，也是机身上肩负了众多重要功能的按钮，它具备了启动对焦、启动测光和完成曝光三大功能。一个按钮所具备的功能越多，它就越难以专业地去完成某一项任务。其实，快门按钮的启动对焦功能是可以分离出去的，AF-ON 按钮就可以替代快门完成这一任务。

佳能 EOS 7D MARK II 上就具有 AF-ON 按钮，这是中高级数码单反相机才会有的配备，

也是相机是否能够高效率抓拍运动主体的重要标志。它的作用与半按快门一样可以启动自动对焦系统，让对焦工作开始进行。AF-ON 按钮位于主机身背面，右手大拇指能够轻松按到的位置。拍摄移动主体时，在 AI SERVO 人工智能伺服自动对焦模式下，可以使用右手大拇指

拍摄参数： ◎ 光圈：f/4　　◎ 快门：1/1000s
◎ 感光度：ISO1600　◎ 摄影师：林东

※ 为了更好地捕捉到精彩瞬间，一定要按下 AF-ON 按钮不放，保持持续不断的对焦。

按下 AF-ON 按钮不放，这时自动对焦系统就能够一直持续工作，保证不断地针对主体对焦。这样做的目的，就是让右手食指解放出来，不必随时保持半按状态，只需要负责彻底按下快门抓住决定性瞬间。这也是很多新闻摄影师和体育摄影师的抓拍秘诀。

半按快门的方式从操作角度可以被称为食指对焦，因为我们都是通过右手食指来控制快门的。而使用 AF-ON 按钮来负责对焦则被称为拇指对焦，虽然这样的操作对于很多初学者来说并不习惯，但它具有很多优势，很多职业摄影师都采用这一操作方法。

拇指对焦可以在拍摄移动主体时获得更加便捷的操作，在追焦时右手拇指一直按着 AF-ON 按钮不断移动相机锁定移动中的主体，待时机成熟时再用食指按下快门，这样对焦和按下快门拍摄由两个手指各司其职，互不干扰。

另外，佳能相机上没有专门的自动对焦锁定按钮，这一功能也是通过 AF-ON 按钮来实现的。我们将在后面进行详细介绍。

菜单解析 自定义功能菜单第 3 页（C.Fn3）的最后 1 项【自定义功能按钮】

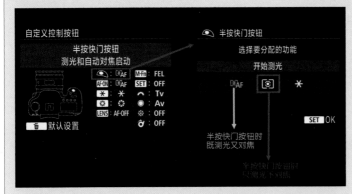

动对焦。为了实现这一目标，我们需要首先对相机进行设置，进入自定义功能菜单第 3 页（C.Fn3）的最后 1 项【自定义功能按钮】，这里可以对佳能 EOS 7D MARK II 上的 10 个按钮进行自定义设置。当方块状光标位于第一个快门按钮上时，按下【SET】键，将半按快门这一动作的功能进行更改。默认值中半按快门既可以启动自动测光又可以启动自动对焦，而使用拇指对焦时，我们只需要它来完成启动自动测光的功能，因此选择第二项，按下【SET】键保存并退出。这样设置后，半按快门将不能启动自动对焦，而只有 AF-ON 按钮可以启动。

如果希望使用拇指对焦的方式拍摄，就需要将对焦启动功能从快门中分离出去，仅通过 AF-ON 按钮来启动自

3.7 自动对焦区域模式——点对焦与面对焦

前面提到，自动对焦系统需要应对两大类题材的拍摄——静止与运动。一般情况下，拍摄静止主体使用一个对焦点即可很好地完成任务，而运动主体则复杂得多，我们需要考虑运动主体在画面中占据的大小比例、运动速度和方向，主体是否会突然变速和变向，主体前后是否有其他运动物体进入画面等。此时，不仅需要更多对焦点共同参与才可以捕捉到主体，而且要根据主体的这些运动特性选择更好的工具拍摄才能提高效率，这个工具就是自动对焦区域模式。有些影友看到这里就会说：我只拍摄静止主体，是不是就不必学习这个复杂的功能了？其实，购买了佳能 EOS 7D MARK II 这样专业的相机，你一定不会只拿它拍摄留念照，必定希望拍出更好的摄影作品。为了拍出更好的摄影作品就需要掌握摄影的语言，用它才能描述出更精彩的画面，而对运动瞬间的把握是摄影语言中一项重要的工具。因此，我们一定要掌握它。

佳能 EOS 7D MARK II 具备多达 7 种自动对焦区域模式，数量之多甚至超越了等级更高的佳能 EOS 1DX 和 5D MARK III。这 7 种自动

对焦模式是：单点自动对焦模式、定点自动对焦模式、自动对焦点扩展（1+4 点）模式、自动对焦点扩展（1+8 点）模式、区域自动对焦模式、大区域自动对焦模式和 65 点自动选择自动对焦模式。丰富的选择为拍摄各种不同的题材带来了方便。

3.7.1 单点自动对焦模式——精确的控制

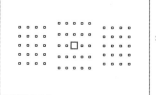

※ 单点对焦模式下，单个对焦点可以是 65 个对焦点中的任何一个。

我们先从最基础的单点对焦模式讲起。运用单反相机进行拍摄是一个创作的过程，在这一过程中除了要把拍摄对象清晰体现出来，还应讲究在照片中加入前景和背景元素，以烘托主题的表达。也就是说让你的画面更加委婉而不是过于直白。当对焦点的位置和数量由相机负责时（即 65 点自动选择自动对焦模式），由于相机自身无法判断应该把焦点放在前景、主体还是背景上，经常会出现错误对焦的现象。因此，根据拍摄构思和表达意图，选择单个对焦点完成对焦是我们在拍摄中最常用到的一种模式。

在单点自动对焦模式下，我们可以从佳能 EOS 7D MARK II 的全部 65 个自动对焦点中任意选择 1 个用来进行对焦。一般拍摄人像作品时，我们会把这单个焦点对准人物的眼睛，这样拍出来的人物眼睛和面部会非常清晰锐利。而在拍摄风光作品时，会把焦点放在我们希望集中展现的兴趣中心上。拍摄静物和微距作品时，我们

会将焦点放在最美丽的色彩和细节最丰富的纹理上。如果主体处于慢速的移动中，如正在散步的人，使用单点自动对焦也可以较好地完成任务。

在自动对焦方面，有一条规律总是在发挥作用，那就是对焦范围越大精度越低。实际上，与下面的定点自动对焦模式相比，单点自动对焦时单个对焦点所覆盖的区域面积更大。所谓对焦点其实并非真的是一个点，而是一个区域。单点自动对焦的对焦区域会大于你从光学取景器中看到的小方框，如果对焦区域落在主体身上存在前后纵深时，那么合焦清晰的位置可能就会与你想象的有所差别。这就造成了对焦精度的下降。但凡事都有两面性，单点自动对焦模式之所以能够拍摄低速移动的主体，也正是依靠其具有一定的对焦区域。

拍摄参数： ◎ 光圈：f/11　⊙ 快门：1/250s　感光度：ISO200　摄影师：林东

※ 在拍摄静止主体时，我们可以利用单个对焦点精确控制对焦位置。在这幅作品中，湖中的半岛是整个画面的兴趣中心，因此也是对焦的区域。

3.7.2 定点自动对焦模式——最高的精度

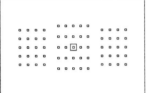

※ 定点对焦模式下，单个对焦点可以是 65 个对焦点中的任何一个。

　　很多年龄较大的资深发烧友会有这样一种观点，那就是手动对焦的精度远高于自动对焦。光学巨人德国卡尔·蔡司的设计师也是这样认

为的。在他们眼中，即使自动对焦完成了对焦任务，在将照片焦点放大到 100% 的情况下，合焦位置的清晰度也无法与手动对焦的效果相比。所以，大部分蔡司镜头依然是手动对焦镜头。虽然这是一部分人的观点，但是也从侧面说明了自动对焦的精度并不是完美的。

　　但有一种自动对焦模式能够更加接近完美，它就是定点自动对焦模式。定点自动对焦

拍摄参数： ◎ 光圈：f/5.6　◎ 快门：1/800s　▣ 感光度：ISO800

※ 为了表现出郁金香花朵底部色彩的变化和细节，避免前景中大面积的遮挡，最适合采用面积更小的定点自动对焦模式。

模式属于单点自动对焦模式的延伸，它与单点自动对焦基本相同，都是采用一个点来完成对焦，区别是定点自动对焦的对焦区域面积更小，它会小于你从光学取景器中看到的小方框。在拍摄人物肖像特写时，单点对焦可以对在人物眼睛，而定点对焦可以对在人物瞳孔上，在照片中实现分毫毕现的惊人效果。

定点自动对焦具有更高的精度，如果希望拍摄的画面以焦点处的锐度为最大特色，形成强劲的视觉冲击力，就可以采用这种模式。如果希望画面柔和优美，以整体环境气氛为主题核心就可以采用普通的单点自动对焦。另外，如果主体前方有细碎的遮挡物时，可以采用定点自动对焦模式，将对焦范围缩小，从而更精确地捕捉主体。但定点自动对焦也有一些弊端，例如，在手持拍摄或光线不足的情况下，焦点容易模糊。一旦拍摄对象发生移动，拍摄成功率将会大幅度下降。另外，它也不适合同AI SERVO 人工智能伺服自动对焦模式组合在一起拍摄运动主体。

3.7.3 自动对焦点扩展（1+4 点）——针对有规律的运动主体

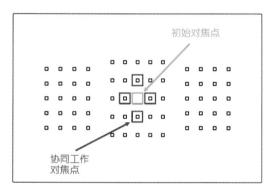

初始对焦点

协同工作
对焦点

※ 其中初始对焦点可以在任意位置，只不过在三块对焦区域的边缘时，协同工作的对焦点数量会下降。

拍摄参数： ◎ 光圈：f/4　　◎ 快门：1/320s
　　　　　　 感光度：ISO1600　 摄影师：林东

※ 使用自动对焦点扩展（5 点）模式，将初始对焦点与游泳的孩子面部保持一致，开始对焦并进行连拍，同时移动相机让初始对焦点与主体同步移动，就可以在他仰泳的过程中拍摄到一系列合焦准确的照片。

※ 如果机身的移动速度与主体没有保持一致，初始对焦点与主体就不会保持重叠，那么此时还有周围的 4 个协同对焦点可以补救。如果全部 5 点都错过了主体，那么合焦位置就可能是运动员后面的泳道线或者前面的水花了。

前面我们介绍过，使用单点自动对焦结合AI SERVO 人工智能伺服自动对焦模式也可以完成运动主体的抓拍，但是有一个重要的前提条件，那就是运动主体或对焦区域的移动幅度不是很大，否则单一的对焦点很难覆盖住你需要对焦的位置。一旦对焦点与主体分离，在 AI SERVO 人工智能伺服自动对焦模式的作用下，对焦位置就会失控，不是对到背景上就是对焦在其他位置上。这样照片会失败，而且通过后期方式也无法挽救。

于是,我们就需要一种有更多对焦点参与的模式,即使单个对焦点跟丢了主体,其他协同工作的对焦点也能够进行补救,这就是自动对焦点扩展模式。它是佳能相机抓拍运动主体的最主要模式,并且根据参与工作的对焦点数量不同而分为 5 点和 9 点两种。将自动对焦点扩展模式与 AI SERVO 人工智能伺服自动对焦模式结合在一起使用,能够有效提高拍摄移动主体的成功率。

在自动对焦点扩展(1+4 点)模式下,手动选择一个自动对焦点后,该点及周边上、下、左、右的 4 个对焦点会在拍摄时协同工作,相当于一点对焦其他点进行补充。手动选择的对焦点可以是 65 点中的任何一个,当然,如果你选择位于中央区域的对焦点,那么周围会有 4 个对焦点作为协同,而当你所选的对焦点位于三大对焦区域的边缘时,协同工作的对焦点就会降低到 3 个甚至 2 个,此时协同工作的能力会有所下降。

有了周边对焦点的协同和帮助,即使主体运动速度更快,运动轨迹突然出现一些出人意料的改变,也不容易出现使用单点时常发生的主体脱离焦点的现象。除此以外,自动对焦点扩展模式更重要的价值还在构图上。我们知道,一张照片传递给人的美观度在很大程度上由构图决定。所以,众多的摄影师才会潜心研究知名画家的名作,希望从中探究出让画面更加传神的构图形式。构图的一个重要基础就是主体的位置。主体被至于画面中央时被称为"公牛眼",会给人呆板的感觉。而将主

提示　注意边界区域

由于佳能 EOS 7D MARK II 的自动对焦区域被分成左、中、右 3 个部分,不仅对焦区域的整体存在边界,即使左与中、右与中之间也存在边界。因此,当我们把对焦点至于边界上时,协同工作的对焦点数量都会减少。

体至于黄金分割线上,则会让画面生动而有活力。在使用自动对焦点扩展模式时,由于初始对焦点的位置由我们自己决定,这就相当于将构图的控制权交到了摄影师手中,我们可以按照自己的想法,事先选择主体在画面中的位置,然后移动相机将所选对焦点与主体重合并开始拍摄。主体移动越快,相机移动越快,必须保证其在取景器中与我们所选的对焦点基本重合。所谓基本重合就是说即使相机移动与主体移动稍有不同步,周边的 4 个对焦点也会发挥作用,弥补这一偏差,将主体清晰定格。这样拍出的照片在构图上就会更加优美。

自动对焦点扩展(1+4 点)是一种相对精确的模式,用于应对那些运动方向有规律可循、运动速度较快容易偏离所选对焦点、同时主体在画面中比例不大的题材。

3.7.4 自动对焦点扩展(1+8 点)模式——针对移动更快的主体

在自动对焦点扩展(1+8 点)模式下,手动选择一个自动对焦点后,该点及周边的 8 个对焦点会在拍摄时协同工作。此时有更多协同工作对焦点参与进来,因此协同工作的范围被

小幅度的扩大,从而能更好地捕捉移动的物体。手动选择的对焦点可以是 65 点中的任何一个,当然,如果你选择的是位于中央区域的对焦点,那么周围会有 8 个对焦点作为协同,

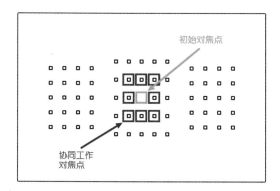

※ 其中初始对焦点可以在任意位置，只不过在边缘
时，协同工作的对焦点数量会下降。

而当你所选的对焦点位于对焦区域边缘时，协
同工作的对焦点就会降低到 5 个甚至 3 个，此
时协同工作的能力就会有所下降。

　　自动对焦点扩展（1+8 点）模式同样适合
拍摄那些主体移动有规律可循，容易判断其下
一步的运动方向和速度的场景。但相比之下，
当主体的运动速度更快，有可能在周边 8 个方
向上超出初始对焦点范围，同时主体在画面中
的占比也稍大，或者拍摄的是运动主体的一个
局部，那么 9 点会比 5 点能够更好地完成任务。
自动对焦点扩展（1+8 点）模式同样有利于摄
影师对构图的掌控。

拍摄参数：◎ 光圈：f/4　　◎ 快门：1/2500s
　　　　　◎ 感光度：ISO400

※ 使用自动对焦点扩展（1+8 点）模式，可以有更
多协同工作的对焦点参与对焦，这样就可以拍摄
移动速度更快的主体了。

3.7.5 区域自动对焦模式——面对焦的开始

　　有些运动主体的速度更快，方向更加多变，
且没有规律可循。例如，足球运动员经常急停
急转，做出各种闪躲过人的动作。作为摄影师
很难预先判断出主体下一步的位置。如果还使
用自动对焦点扩展（1+8 点）模式去拍摄，那
么对焦范围就会过小，经常出现跟丢的情况，
这样照片中的主体就会模糊不清。这就好比从
池塘中捞鱼，肯定网越大成功率越高。那么这
个更大的网就是区域自动对焦模式。

　　区域自动对焦模式已经不再是初始对焦点
加协同工作对焦点的运作模式，而是以区域为

单位，区域中的所有对焦点全部处于同样的地
位，不分主次共同参与对焦工作。区域自动对
焦模式与自动对焦点扩展模式最大的区别在于，
后者由摄影师判断什么是主体，并选择初始对
焦点与主体重合后进行对焦拍摄，也就是说，
自动对焦点扩展模式属于精确追踪。而区域自
动对焦模式当中，什么是主体已经不由摄影师
说了算，而是由相机自动识别。此时相机只管
撒大网，而不管这个区域里是鱼还是虾，一并
捉回。从某种角度上说，摄影师对于合焦位置
的控制能力在下降，对构图的最终决定权在减

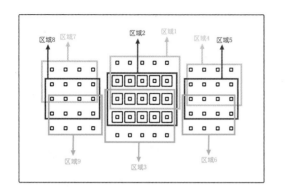

※ 区域自动对焦模式左、中、右 3 个部分中，各有 3 个区域可以供选择。中间部分的区域中自动对焦点有 15 个，而两侧部分的区域中对焦点有 12 个。

拍摄参数：光圈：f/2.8　快门：1/400s
感光度：ISO1600　摄影师：林东

※ 根据构图需要选择中间位置偏上的区域进行对焦。

小。在拍摄前，我们只能够对构图有个大致的安排，根据自己的构思选择不同的区域来实现构图意愿。

佳能 EOS 7D MARK II 的全部对焦区域可以被分为左、中、右三大部分，其中每个部分都有 3 个区域可供选择，当然这 3 个区域之间是存在相互交叉的。中间部分的 3 个区域面积稍大，每个区域包括的自动对焦点为 15 个（3×5），而两侧部分的 6 个区域面积稍小，每个区域包括的对焦点降低为 12 个（3×4）。

[实战经验]

区域自动对焦与自动对焦点扩展（9 点）两者之间的差别不仅是调用的对焦点数量多与少的差别，更是模糊与精确的差别。虽然自动对焦点扩展 5 点和 9 点模式中，参与的对焦点数量较少，但是摄影师却能够掌控对焦的位置。而从对焦点更多的区域自动对焦模式开始，虽然我们撒下的网越来越大，但是弊端也在逐步显现。那就是对焦的位置越来越不受控制。如果在区域当中存在前景干扰物，那么很有可能由于对焦点数量多导致对焦区域覆盖到了前景上，从而最终将合焦位置引向了错误的前景。

3.7.6 大区域自动对焦模式——更大面积更多收获

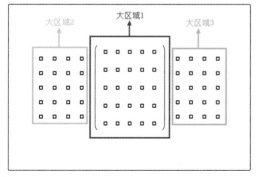

※ 佳能 EOS 7D MARK II 的全部 65 个自动对焦点可以被分为三大区域。

当主体运动速度更快，方向同样不规律时，是最难以捕捉的一种情况。例如，用长焦镜头拍摄飞翔的鸟儿，此时采用区域自动对焦模式都难以将主体框取在单个区域当中，因此我们就需要调动更多的对焦点来参与工作，扩大区域的范围。这就是大区域自动对焦模式，该模式中相机将全部 65 个对焦点分为了左、中、右三大区域，中间区域包含了 25 个（5×5）对焦点，两侧各包含了 20 个（4×5）对焦点，使得覆盖面积进一步扩大。

这时摄影师对于构图的把控能力进一步降低，我们在主体的安排上只能以左、中、右3种方式进行，而无法更加精细。另外，主体的选择同样由相机完成，因此如果区域内存在前景干扰物，那么很容易出现对焦位置错误的情况。使用大区域自动对焦模式时，背景也需要注意，如果背景中具有亮度高、颜色鲜艳或细节丰富的景物时，也会干扰到相机对主体的判断。

拍摄参数： ◎ 光圈：f/8　　◎ 快门：1/2000s
　　　　　　 ◎ 感光度：ISO200

※ 由于鸟儿飞行速度很快，很难将其框取在小范围内，所以采用大区域自动对焦模式更加有效。

3.7.7 65 点自动选择自动对焦模式——动用全部家底

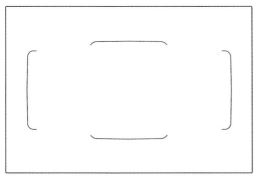

※ 65 点自动选择自动对焦模式下，对焦点数量会介于 1 ~ 65 个之间，无论对焦点的数量还是位置都由相机掌控。

65 点自动选择自动对焦模式不仅是一种全自动模式，而且它是一个复合模式。当它与ONE SHOT 单次自动对焦模式结合在一起使用时，非常近似于手机或小卡片相机上的全自动模式的对焦样式。此时，相机会自动利用全部自动对焦点进行对焦。相机首先自动判断拍摄对象的位置和运动状态，然后从 65 个自动对焦点中选出部分来使用。显示合焦时的对焦点数量可能是一个也可能是多个，甚至可能是全部对焦点。很多初学者由于不具备深入的摄影知识和相机操作方法，总喜欢选择这个模式。但实际上，这就等于放弃了对焦的控制权，更确切地说是放弃了向哪里对焦的控制权。

这时的弊端在于，我们无法控制对焦点位置，也就无法安排照片中哪里清晰哪里虚化。此模式下，相机更倾向于针对最近的景物对焦，如果在一个场景中我们想拍的人物站在花丛中，拍摄时就会发现相机选择的对焦点在前面的花朵和叶子上而主体人物则是模糊的。另外，相机还会选择画面中亮度高或者色彩鲜艳的区域对焦，但很多时候，这些位置并不是我们希望对焦的地方。因此，初学者尽量不要采用这个模式拍摄，要逐渐练习自己观察画面，主动选择和控制对焦点的能力。

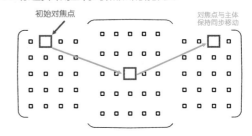

※ 在跟踪对焦中，自动对焦系统会识别出主体特征，然后根据主体运动轨迹在全部 65 个对焦点中调用与主体保持重叠的那个随时进行对焦工作。

而当 65 点自动选择自动对焦模式与 AI SERVO 人工智能伺服自动对焦模式结合在一起使用时，却有一定的价值，此时它能够发挥跟踪对焦的作用。当我们将自动对焦点扩展（5 点、

9 点）模式与 AI SERVO 人工智能伺服自动对焦配合使用时，可以有效捕捉移动主体。但是，需要摄影师聚精会神地一直移动相机保持初始对焦点与移动主体同步移动，这对于摄影师的要求较高。为了更轻松地拍摄移动主体，佳能相机还可以实现对焦点自动跟踪的模式。这一模式并没有被单独标出，当你使用 65 点自动选择自动对焦模式与 AI SERVO 人工智能伺服

拍摄参数： ◎ 光圈：f/5.6　◎ 快门：1/400s
　　　　　　 ◎ 感光度：ISO400

※ 当学习轮滑的孩子从右侧进入画面时开始使用跟踪对焦的方式拍摄，此时只需要轻微移动相机保持她不超出取景器范围即可轻松实现对焦。

自动对焦模式这对组合时，就相当于开启了自动跟踪模式。

此时，我们可以手动选择 1 个初始对焦点，移动相机将其与运动主体重合，按下 AF-ON 按钮启动自动对焦后，相机通过识别主体的形状与颜色特征记住我们要追踪拍摄的是哪个主体，然后这个焦点就会跟着主体的移动而变化，而不需要人为控制。对焦点移动范围是在取景器内的全部 65 个对焦点范围中。此时，我们只需要保证主体在取景器视野范围内即可，操作更加轻松。运动主体在画面中比例较小时，你甚至可以让相机保持完全不动，只需要在主体穿过画面的过程中持续按下快门进行连拍即可获得很好的画面。

但就像所有的自动模式一样，这一跟踪模式虽然可以轻松完成任务，但是合焦精确度和速度都比自动对焦点扩展（1+4 点、1+8 点）模式差不少。尤其是主体与背景反差较小时，失败率更高。另外，如果画面中有前景或有其他运动物体出现在前景中都会干扰拍摄过程，这类场景就不适合使用这一模式了。

[菜单解析] 自动对焦菜单第 4 页（AF4）第 6 项【初始 AF 点，[ ]人工智能伺服 AF 】

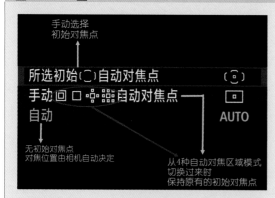

回 口 ·□· 器 自动对焦点】。在拍摄运动题材时，我们往往需要根据场上的变化、拍摄的需求和构图的改变而不停地切换自动对焦区域模式。如果从以下 4 种自动对焦区域模式切换到 65 点自动选择自动对焦模式时，跟踪对焦的初始对焦点将从你原来选择的对焦点开始。这 4 种自动对焦模式已经用符号在选项中标出，它们是定点自动对焦模式、单点自动对焦模式、自动对焦点扩展（1+4 点）模式、自动对焦点扩展（1+8 点）模式。此时，我们从手动控制能力更强的模式，进入更加轻松的跟踪对焦拍摄时，可以更顺畅地切换，减少了重新选择对焦点的步骤。当选择【自动】后，即使将 65 点自动选择自动对焦模式与 AI SERVO 人工智能伺服自动对焦模式结合在一起使用，也无法实现跟踪对焦的能力。因为摄影师无法自己选择初始对焦点，相机也就无从知道哪里是主体，也就无法实现跟踪对焦。此时相机自动判断哪里是主体，并进行持续对焦。只有当拍摄场景中，前景没有干扰物，背景又是简洁的单色区域时，运动主体出现在这种条件下，此设置才能发挥作用。否则相机很容易将对焦点选择在错误的位置上。

为了让 65 点自动选择自动对焦模式与 AI SERVO 人工智能伺服自动对焦模式结合在一起实现跟踪对焦的作用，我们还需要进入自动对焦菜单第 4 页（AF4）第 6 项【初始 AF 点，[ ]人工智能伺服 AF】中，选择【所选初始[ ]自动对焦点】，这样跟踪对焦时的初始对焦点将由我们自己手动选择。另外一种选择更加智能，那就是【手动

【实战经验】智能跟踪与识别对焦

拍摄参数： ◎ 光圈：f/4　◎ 快门：1/1000s　▣ 感光度：ISO800

※ 自动对焦区域模式：区域自动对焦。利用 EOS iTR AF 技术，通过相机对于主体的自动识别可以提高拍摄运动主体时的自动对焦成功率。

最难拍摄的一类运动题材是主体移动速度快、方向没有规律可循、经常会变速和变向。作为一名摄影师，我们会开动脑筋，想出自己的解决办法。那就是在 AI SERVO 人工智能伺服自动对焦模式下，使用更大的自动对焦区域来覆盖住主体，同时结合高速连拍来提高成功率。这是从摄影师角度能够做到的最佳解决方案。然而，还有一项更加先进的技术可以帮助我们更好地拍摄这类最难的运动题材，即佳能的 EOS iTR AF 技术，又被称为智能追踪识别自动对焦技术。

以往的自动对焦都是由相机反光镜下方的自动对焦感应器负责搜集数据并进行计算，将对焦信息传递给镜头中的驱动马达而实现的。自动对焦感应器虽然以相位差方式工作，但它也有天生的短板，那就是只能计算对焦距离而无法识别主体。为了实现更加智能的自动对焦，我们还需要测光感应器的帮助。测光感应器位于机顶五棱镜旁边，它相当于相机内的第二块感光元件。日本器材专家甚至提出：测光感应器是光学取景器内的第二台相机。测光感应器的作用也不仅限于测光，可以说它更像一个多面手。对于自动对焦的支持就是它众多功能当中的一个。佳能 EOS 7D MARK II 所配备的测光感应器是目前所有单反相机中等级最高的，它具有 15 万像素，能够识别场景的明暗、色彩颜色信息，还能够识别人脸特征以及 IR 红外线。在它的出手相助下，相机就能够在面对这类最难拍摄的运动题材时，凭借对面部和颜色的识别来增强自动对焦能力，做到更加精确的合焦。这是以往仅仅依靠自动对焦感应器无法做到的。

如果希望使用这一先进的功能，就需要进入自动对焦菜单第 4 页（AF4）的最后一项【自动对焦点自动选择：EOS iTR AF】中，选择开启这一功能。这样当你使用以下 3 种自动对焦区域模式时，EOS iTR AF 功能就会发挥作用。这 3 种自动对焦区域模式是区域自动对焦模式、大区域自动对焦模式和 65 点自动选择自动对焦模式。

使用这一功能时，相机会记录下初始对焦位置的颜色，如果该区域内有人物存在，它还可以识别出人脸的特征，然后自动切换对焦点对其保持跟踪对焦。即使再快的速度、再让人意料不到的急停急转都逃不过测光感应器的"眼睛"。长期让职业摄影师头疼的题材，拍摄起来也就更加轻松。当然，这种智能跟踪对焦也要花费一些时间，因此最高连拍速度可能会因此小幅度地下降，但是与其带来的合焦效率提升相比，速度的下降还是可以接受的。因此，建议大家在拍摄难度较高的运动题材时使用这一功能。

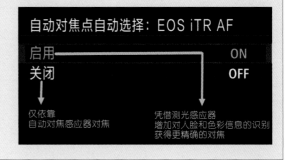

自动对焦点自动选择：EOS iTR AF

启用　ON
关闭　OFF

仅依靠自动对焦感应器对焦

凭借测光感应器增加对人脸和色彩信息的识别获得更精确的对焦

操作指南：调整自动对焦区域模式

在拍摄运动题材的时候，我们会根据主体的运动速度、运动轨迹的规律程度、主体在画面中的大小等多种因素来选择适合的自动对焦区域模式，因此更改自动对焦区域模式的操作会被频繁用到。在佳能 EOS 7D MARK II 上有 3 种操作方式可以调整自动对焦区域模式。

调整。按下机身背面右上角的⊞自动对焦选择按钮，然后转动主拨盘就可以在不同的自动对焦区域模式之间进行切换了。但原本在按下⊞自动对焦选择按钮后，主拨盘负责的水平移动对焦点的职能将会失去。你只能够通过⁕多功能控制摇杆进行对焦点的切换。

⁕最高效的调整方式。

⁕点击调整方式。

调整方式 1：按下机身背面右上角的⊞自动对焦选择按钮，然后向右下方拨动⚙自动对焦区域选择杆或者按下快门左后方的 M-Fn 按钮都可以调整自动对焦区域模式。自动对焦区域选择杆是佳能 EOS 7D MARK II 上新增的一项设计，它位于右手拇指容易触碰到的区域，通过它来改变自动对焦区域模式时，你的右手食完全不需要离开快门，这就保证了在瞬息万变的场景中随时做好拍摄准备。因此，建议大家采用这一方式来调整自动对焦区域模式。但需要注意的是，该拨杆只能向右下方向拨动，所以在 7 种自动对焦区域模式之间切换时也只能逐一向右切换，而不能向左。

调整方式 2：如果使用 M-Fn 按钮进行调整，则每次按下该按钮后，自动对焦区域模式都会切换一次，你可以通过光学取景器看到自动对焦区域模式的变化情况以便选择。在以前的佳能专业单反上都可以采用这样的操作进行调整，此时你的眼睛虽然可以不离开光学取景器，但是负责按下快门的右手食指必须离开快门按钮，去按下 M-Fn 按钮。这片刻的操作就可能错过精彩瞬间，因此这种调整方式效率会低于自动对焦区域选择杆。

调整方式 3：另外，我们还可以进入自动对焦菜单第 4 页（AF4）第 4 项【自动对焦区域选择方法】选项中，当选择【⊞→主拨盘】后，按下⊞自动对焦选择按钮后，既可以通过自动对焦区域选择杆调整也可以通过主拨盘

⁕拨轮调整方式。

| ⊞　▸M-Fn按钮 | ⚙/M-Fn 点击调整 |
| ⊞→主拨盘 | ⚙/◔ 拨轮调整 |

⁕自动对焦菜单第 4 页（AF4）第 4 项【自动对焦区域选择方法】选项。

小测试

在学习了自动对焦的三大基础设置后，看到相应场景就应该立即在脑海中反映出正确的对焦设置组合。我们不妨进行一个小测试，考考自己是否真的掌握了前面的内容。看到下面的片子你需要想想应该运用什么样的自动对焦模式和自动对焦区域模式呢？

◎ **摄影师：** 王文光

◎ **摄影师：** 夏 义

答案：

单点自动对焦 +AI SERVO 人工智能伺服自动对焦 + 高速连拍

由于上篮的选手与防守球员相互纠缠，如果用更多的对焦点参与进来，很可能就会对焦到前景或其他错误的位置，而不是持球选手上。

区域自动对焦 + AI SERVO 人工智能伺服自动对焦 + 高速连拍

由于网前的女选手距离相机很近，而且左右移动速度很快，变向变速非常突然，单个或较少的对焦点都无法与之很好的重合。使用"面对焦"中相对精确的区域自动对焦既可以做到准确捕捉又可以实现相对准确的构图控制。

CHAPTER

第**4**章 驱动模式——点射还是扫射

- 你相信吗？很多摄影家几乎只使用连拍，这是为什么呢？
- 相机也有"双卡双待"，它会对我们的拍摄产生哪些影响呢？
- 对于佳能 EOS 7D MARK II 来说，多大容量的存储卡够用？什么样的存储卡不会成为速度的瓶颈呢？
- 自拍模式就只是用来自拍的吗？

拍摄参数: 光圈: f/5.6　快门: 1/2000s　感光度: ISO1000　摄影师: 王文光

在上一章介绍自动对焦的三大基础设置时，我们经常会看到"高速连拍"这个词，这是因为在拍摄运动主体时，我们不仅需要持续不断地对焦，需要更多的自动对焦点参与工作而且还要通过不间断地拍摄获得更多主体的连续动作照片。因为在高速移动时，主体最佳的体态只保持极短的时间，好的拍摄机会转瞬即逝。为了抓住这样的拍摄机会，只能以量取胜，就是指通过单位时间内相机连续拍摄多张照片才可以完成。在拍摄结束后，从众多照片中找到姿态最为满意的一幅。这种不间断地连续拍就是驱动模式中的一种。另外，在拍摄静止主体时，我们每按下一次快门就拍摄一张照片也是一种最基础的驱动模式。我们可以看出相机需要具备不同的驱动模式来应对移动速度不同的主体。

4.1 单拍模式□——不浪费任何一颗子弹

拍摄参数： ◎光圈：f/11 ◎快门：1/400s ▣感光度：ISO100 ⑧摄影师：林东

※ 使用中央对焦点向山峰的顶端进行单点对焦，采用 ONE SHOT 单次自动对焦模式和单拍的方式就能够从容应对这种静止主体的拍摄。采用小光圈可以让前景中的树木也处于清晰的范围内。

在单拍模式下，完全按下快门相机将只拍摄一张照片。在机顶液晶屏上以□单个方块的图形表示。这种模式适合拍摄静止或移动速度较慢的主体。同时，拍摄的场景不是转瞬即逝和无法再现的，我们有充分的时间考虑构图和光线等要素，能够比较从容地拍摄完一张后

进行回放查看，然后换个角度再拍摄下一张。单拍模式适合我们日常拍摄的绝大部分题材，例如人像、风光、建筑和静物等。这也是最基础和最常用的一种驱动模式，一般会结合 ONE SHOT 单次自动对焦模式使用，并使用单个对焦点来完成拍摄。

4.2 低速连续拍摄🔲——拍的多收获多

拍摄参数： ◎ 光圈：f/4　　⊙ 快门：1/1000s
　　　　　　 感光度：ISO200　摄影师：林东

※ 使用低速连拍捕捉从面前跑过的学生时，更容易从多张照片中选出所有人奔跑姿势都处于最佳状态的瞬间。

在低速连续拍摄驱动模式下，当完全按下快门并保持不放时，相机将以每秒3张的速度进行连续拍摄。机顶液晶屏上会以图形🔲表示。

这种模式适合拍摄中低速度移动的主体。相对于高速连拍此模式更能节约电池电量。

低速连拍一般结合 AI SERVO 人工智能伺服自动对焦模式使用，并采用有较多对焦点参与工作的自动对焦区域模式，这样才能够有效提高拍摄成功率。由于低速连拍时每张照片之间的间隔更长，因此相机有较为充足的时间进行自动对焦和测光，所以一系列连拍照片中可用的比例也会更高。在拍摄纪实、人文、婚礼、会议、聚会等题材时，采用低速连拍能够提高成功率，避免事后发现照片严重失误又无法重拍的问题。

提示

在照片回放状态下，可以按下主液晶屏左侧的 RATE 按钮对连拍中的最佳瞬间进行保护，避免被误操作删除。

4.3 高速连续拍摄🔲ₕ——机关枪一样的扫射

如果希望定格高速运动主体的瞬间动作，那么单拍模式就会非常吃力，往往多次尝试也无法获得理想效果。而低速连拍在两张相邻照片之间的间隔会比较长，即使主体的动作保持循环往复的状态，使用低速连拍也会让拍摄的照片总是某些瞬间动作，而缺少更加连续和密集捕捉的效果，因此容易错过最好的瞬间。这时就需要高速连续拍摄模式登场了，在此模式下，完全按下快门并保持不放时，相机将以更

高的速度进行连续拍摄。高速连拍驱动模式在机顶液晶屏上以🔲ₕ图标表示。这种模式适合拍摄快速移动的主体，或者在转瞬即逝并无法再现的珍贵场景中要确保拍摄成功率时采用。高速连拍一般结合 AI SERVO 人工智能伺服自动对焦模式，并采用具有更多对焦点参与工作的自动对焦区域模式，这样才能够有效提高拍摄成功率。

使用高速连拍时，相机将把自身的各项能

力发挥至极限水平。包括要在每张照片间隔的极短时间内完成重新对焦、测光任务，还要快速地将产生的大量照片数据进行处理，并存入存储卡中。所以，高速连拍模式是最能考验一台相机性能的模式。

4.3.1 衡量连拍能力的关键参数
——每秒连拍张数

实际上，数码单反相机会按照速度被划分为两类，一类是适合拍摄运动主体的高速相机，这类相机往往具有更快的高速连拍能力，但像素数较低。它们以速度取胜，并非画质。而另一类相机像素数量更高、画质更加精细，但连拍速度相对较低，难以拍摄某些难度较高的运动题材。佳能 EOS 7D MARK II 就属于前者，其 10 张 /s 的高速连拍能力在所有数码单反相机中能够排名前 3（仅次于佳能顶级相机 EOS 1DX 和尼康的顶级相机 D4S），性能非常出色。如果将性能均衡且以高感光度表现优异著称的全画幅相机 EOS 5D MARK III 与 EOS 7D MARK II 比较，那么 5D MARK III 能拍的，7D MARK II 也都能拍（当然画质会稍有差距，但必须在放大到 100% 或进行大幅面输出打印时才能够看得出来）；而 7D MARK II 能拍的，5D MARK III 不一定都能拍。

佳能顶级的数码单反相机 EOS 1DX 是针对体育和野生动物等需要高速拍摄的领域而设

计的，其高速连拍能力达到了惊人的 14 张 /s，使用时快门发出的声音如同机关枪。这对于体育摄影师来说是非常

拍摄参数： ◎ 光圈：f/2.8　　◎ 快门：1/1250s
　　　　　　 ◎ 感光度：ISO100　　◎ 摄影师：林东

※ 在塘鹅振翅的瞬间，只有使用高速连拍并配合 AI SERVO 人工智能伺服自动对焦和自动对焦点扩展（1+4 点）模式才能捕捉到精彩瞬间。如果仅使用单拍模式，那么很难抓到中间那幅姿态最佳的时刻。

重要的性能，可以记录下百米冲刺中的运动员。如果你在体育场边看到正在使用白色长焦镜头拍摄的摄影师，那么大多数情况下在镜头后端接着的是这台相机。而入门级的数码单反每秒连拍往往只有 3 ~ 4 张，仅可以应对普通日常生活中处于动态的主体。

硬件技术看板 ◉

单反相机由于存在反光镜，每完成一张照片的拍摄反光镜都要往复移动一次，因此连拍速度很难突破 10 ~ 14 张的局限。而微单相机在结构上没有反光镜，没有机械运动的限制，轻易就能实现每秒 20 张的连拍速度。

4.3.2 机内缓存就好像蓄水池

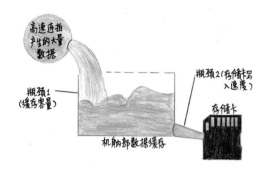

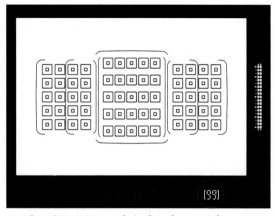

※ 机身内部缓存容量，以及存储卡写入速度是两大瓶颈。

※ 最大连拍张数显示在光学取景器下方参数显示区域的右侧。

数码单反相机内部都具备一定容量的缓存，其主要用途就是当摄影师采用高速连拍，瞬间产生了大量的数据，难以快速写入存储卡时，为数据提供了一个临时储存的场所。虽然佳能并没有公布 EOS 7D MARK II 的缓存容量，但相比其他机型它具有更大的缓存是确定无疑的（EOS 7D MARK II 的缓存容量大约是 EOS 70D 的两倍）。最能直观体现缓存容量的一个参数是最大连拍张数。当半按快门时，通过光学取景器下方参数显示区域的右侧，我们能够看到缓冲区可容纳的照片数量。但由于显示这一数字的位置只有两位数，因此，99 张是其上限。可见，如果这里显示 99 张，那么可能最大连拍张数是 99，而更多时候最大连拍张数会高于 99 张。

持续按下快门不放，使用高速连拍一段时间后，我们就能看到该区域的数字在逐渐减小。如果你抬起快门停止拍摄，随着机内缓存的逐步清空，该数字会回归到 99 张。如果相机连续进行大量连拍后，机内的缓存会用尽，此时该数字会显示为"buSY 字样"（即繁忙的意思）。相机的控制电路会自动启动"缓存清理"

功能，自动将缓存内的数据转移写入到存储卡里。在数据转写过程中数据处理指示灯会一直点亮或连续闪烁。相机在这种状况下无法继续拍摄，并且按下任何按钮都没有反应。所以，拍摄体育和野生动物的摄影师一般采用 5～8 张甚至 3～5 张短时间连拍，以避免出现数据拥堵的情况。

［实战经验］

由于佳能 EOS 7D MARK II 的高速连拍能够达到 10 张 /s，短时间内产生的数据量很大，如果存储卡的写入速度不够快，那么这一过程的执行时间会比较长，如果存储卡的质量比较低劣或者存储卡的插针与机内的插座接触不良，在连续写入时会耗费更长的时间，甚至出现无法写入或写入终止的情况。

提示 ⚡

在"缓存清理"过程中相机的其他操作功能将被暂时终止和禁用，直至清理过程完成，存储卡指示灯熄灭，此期间不能进行任何操作包括相机的电源开关，所以会给人一种类似电脑"死机"的错觉。为保证数据转移和传输的完整性，此时不能关闭电源或取出存储卡，更不能取出电池。

4.3.3 连拍持久性与照片格式

选择不同的照片格式对初始的连拍速度影响不大，但是由于不同照片格式会产生大小不等

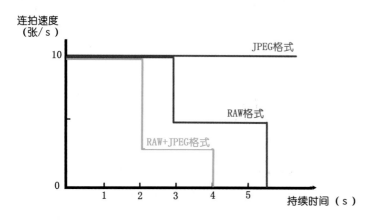

最高连拍可以持续拍摄接近 2 分钟。

如果选择 RAW 格式，单位拍摄时间内，相机将产生更多的数据。此时，高速连拍虽然仍可以达到 10 张 /s，但这一速度只能持续 3s，之后连拍速度就会出现下降。当选择 RAW+JPEG 时，数据量达到峰值。此时，初始连拍速度虽然可以达到 10 张 /s，但这一速度只能持续 2s 左右，然后连拍速度就会出现下降。值得一提的是，其他相机在出现连拍降速后，一般会很快进入文件存储状态，完全停止拍摄，表现近似于"死机"，存储结束后才会继续连拍。但佳能 EOS 7D MARK II 即使出现了连拍掉速，也可以保持一段很长的持续拍摄时间，让摄影师仍然可以进行抓拍，轻易不会出现存储文件堵塞导致的"死机"情况。这对于拍摄那些持续出现激烈比赛的场景会非常有价值，例如足球比赛中围攻球门，出现连续射门和扑救的情况。

的文件量，因此对于连拍速度的持久性和连拍总量会产生较大影响。选择最大尺寸的精细 JPEG 格式时，佳能 EOS 7D MARK II 的高速连拍速度可以达到 10 张 /s，并且几乎能够一直保持这个速度。当然，存储卡的写入速度对连拍性能会有比较大的影响，只有使用了高速存储卡后才会让连拍更加持久。根据佳能官方的数据，使用 UDMA7（CF 卡的一种超高速接口标准，写入速度可以达到 150MB/s）的 CF 卡时，最大尺寸的精细 JPEG 格式照片可以持续连拍达到 1090 张，也就是说

实战经验

对于很多相机来说，连拍速度都是一个重要的瓶颈，但佳能 EOS 7D MARK II 在这一方面的表现却非常出色。但其瓶颈却可能出现在电力续航能力上。由于持续高速连拍会快速消耗电池电量，一旦电量降低到较低水平，即使没有完全耗尽，最高连拍速度也会下降。因此，使用原厂竖拍手柄 BG-E16 并使用两块电池能够有效提高续航能力，避免在精彩画面出现时相机出现没电的情况。另外，由于佳能的 EF 镜头全部为电磁光圈结构，因此在使用长焦镜头进行高速连拍时，采用较大的光圈或全开光圈也有助于连拍速度保持在较高的水平上（知识链接：第 7 章中的电磁光圈）。

4.3.4 连拍速度的选择

如果说舞蹈演员的节奏感来自于音乐的旋律，那么摄影师在拍摄运动题材时节奏感则来自于连拍速度。对于一名经验丰富的摄影师来说，使用连拍功能的起始点非常重要。为了不错过最好的瞬间，他们总是要提前按下快门，启动连拍功能。从而让连拍过程覆盖最可能出现精彩瞬间的整个过程。当然，这个提前量也不会太早，否则动人心弦的时刻迟迟不开始，而大量数据的产生已经让连拍速度降低了。这个起始点就是一种节奏。同时，摄影师长期使

用某一连拍速度，也会习惯这种连拍的节奏，拍摄后能够大致了解有哪几个瞬间被捕捉到了。连拍就好比切开时间切片的刀，每秒钟挥出几刀，每刀都落在什么时候，摄影师能够通过长期拍摄积累下经验并养成习惯。

但是一旦更换相机，高速连拍速度就会改变。例如，用惯了上一代 EOS 7D 相机的摄影师肯定已经习惯了 8 张 /s 的速度，当升级到 EOS 7D MARK II 时，10 张 /s 的速度反而很不适应，使用中往往找不到原有的节奏。此时，就需要使用菜单内的连拍速度调整功能。

进入自定义功能菜单第 2 页（C.Fn2）第 3 项【连拍速度】选项中，可以分别针对高速连拍、低速连拍和静音连拍三种模式调整连拍速度。高速连拍的调整范围是 2 张 /s 至 10 张 /s。低速连拍的调整范围是 1 张 /s 至 9 张 /s。静音连拍更多用于舞台等安静的公共场合，其调整范围是 1 张 /s 至 4 张 /s。

除了拍摄习惯外，连拍速度还可以根据主体运动速度的快慢来设置。一般主体运动速度越快就需要使用越高的连拍速度。

4.3.5 不要吝惜快门——没有数量就没有质量

很多影友从胶片时代走过来，养成了珍惜胶片吝惜快门的习惯。其实在数码时代，不存在胶片的成本，大家更可以放手采用连拍模式进行拍摄，一定会对提高拍摄成功率有所帮助。这一方法也是很多职业摄影师的选择。美国《国家地理》的摄影师以拍摄数量多而著称，即使在胶片时代，为了一个专题往往会拍摄数万张照片，最终被杂志采用的只有 10 余幅。即使

在非体育和野生动物摄影领域，国内很多职业摄影师和摄影名家在拍摄时，也会将驱动模式长期放在低速或高速连拍模式下，从而以充足的拍摄数量覆盖掉一个题材的所有拍摄可能。通常一位职业的人文地理摄影师一年的拍摄数量会在 20 ～ 30 万张左右。换句话说，没有充足的拍摄数量就没有拍出好照片的基础保障。

实战经验 连拍模式在弱光下的作用

拍摄参数：光圈: f/2.8　快门: 1/10s
感光度: ISO1600

※采用连拍方式，快门速度即使降低到 1/10s 也能够在连拍的中段获得清晰的画面。

拍摄数量多可以带来更大的覆盖率，从而提高捕捉到最佳瞬间的可能性。在弱光环境下，连拍还可以让低速快门下运作的相机获得更清晰的画面。快门速度过慢是照片模糊的大敌，即使镜头具有防抖技术的今天，过低的快门速度和按下快门时带来的相机晃动都是无法避免的。即使是技术再过硬的摄影师也无法避免晃动的发生。此时，采用连拍方式可以在一定程度上消除这种晃动对照片的影响。也许在连拍开始时，晃动带来的模糊仍然存在，但是持续按下快门保持连拍不动时，我们的动作就会进入相对稳定期，相机会更加稳定。而此时连拍带来的画面则更加清晰。不少摄影师采用这种方式，在快门速度 1/2s 甚至是 1s 的情况下都可以获得较为清晰的照片。

4.3.6 防闪烁连拍

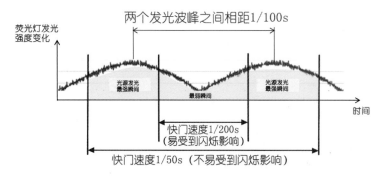

如果相机的高速连拍能力比较一般，例如每秒拍摄 3～6 张时，连拍除了会给机身带来更大的数据负荷外，并不会引发其他的问题。而当连拍速度提升到佳能 EOS 7D MARK II 的 10 张/s 时，如果将拍摄的照片连续播放，几乎能够成为连续的动态视频。标准电影的帧频是 24fps，一秒钟也就播放 24 张画面而已。由于连拍速度很快，于是一个重要问题出现了，那就是环境光源的闪烁可能干扰画面。

拍摄中我们所借助的光线可以分为两类，一类是自然光，另一类是人工光。自然光是连续光源，不存在闪烁问题。无论你使用多高的连拍速度，都不会有问题。但是，如果环境光源是荧光灯，那么灯光会随着电流的频率出现闪烁现象（国内交流电的频率是 50Hz），也就是说，荧光灯是在发光与变暗这两种状态下交替出现的。只不过闪烁频率很快（每秒钟 100 次），我们人眼无法察觉。如果你采用单拍或速度较慢的连拍，很难在画面中记录下这种闪烁。但是当你采用 10 张/s 的速度进行高速连拍时，由于光源的明暗不断变化，很容易让某一张照片的曝光处于光源发光的最弱瞬间。同时，由于高速连拍时快门速度普遍较高，因此也更容易受到闪烁的影响（相对来说，如果快门速度较慢，那么在曝光期间总会遇到光源发光的高峰期，也就不会出现画面过暗的情况）。

此时画面中会出现色彩与曝光的变化，有些照片曝光不足，甚至会在垂直方向上留下明暗不等的区域。这样就导致连拍成功率的下降，也许某张照片捕捉到了室内运动员的最佳瞬间动作，但却有可能因为光源闪烁而导致成为一张废片。

在以前，摄影师是无法通过经验和技巧解决这一问题的，往往只能够靠运气，期待闪烁不要出现在最关键的那张照片上。而现在佳能 EOS 7D MARK II 凭借先进的 15 万像素 RGB+IR 红外测光感应器可以实现对环境光源闪烁频率的检测，从而有效解决了这一问题。进入拍摄菜单第 4 页第 4 项【防闪烁拍摄】选

未使用防闪烁连拍功能

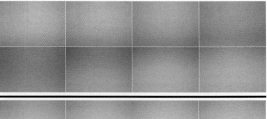

使用防闪烁连拍功能

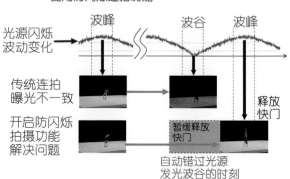

项中，开启这一功能后，在使用高速连拍时，相机就会自动识别出环境光源的闪烁频率，并自动调整连拍中快门释放的间隔，自动跳过光源发光最弱的波谷时段，从而保证连拍照片都是在光源发光时完成拍摄，获得均匀一致的曝光和正常的色彩表现。如果你仔细听一下快门声音就会发现，它不再像正常高速连拍时那么

有规律，而是在中间有片刻的间隔和等待，这就是相机自动调整连拍节奏的表现。

提示 ⚡

防闪烁拍摄时，测光感应器能够识别的闪烁频率包括 100Hz 和 120Hz。前者与中国和欧洲的交流电频率一致，而后者与美国的交流电频率一致。

摄影兵器库：存储卡

相机连拍速度、耐力以及照片回放的敏捷性很大程度上依靠存储卡，另外，我们照片的安全性也都依赖存储卡的质量。虽然存储卡体

积小，但在摄影兵器库中它是非常重要的一环。我们应该对其进行深入了解。

多大容量的存储卡够用

※ 对于佳能 EOS 7D MARK II 机身来说，无论 CF 卡还是 SD 卡，32GB 都是最佳选择。

在选购存储卡时遇到的第一个问题就是容量。从 8GB、16GB、32GB 到 64GB 甚至128GB 都有，我们应该选择哪个容量呢？首先，应该根据自己常用的照片格式来选择。如果平时只采用 JPEG 格式拍摄，那么 8GB 的存储卡就能够容纳 1000 张左右的最大尺寸精细 JPEG格式照片，基本够用。如果更多采用 RAW 格式拍摄，那么 8GB 的存储卡只能容纳 300 多

张照片，就显得比较少了。即使是一天的外拍也会显得捉襟见肘。此时，16GB 或 32GB 才是更好的选择。但选择 64GB 时应该更加谨慎，为了保证照片的安全性，防止存储卡损坏或丢失，最好选择购买两张 32GB 而不是一张 64GB。虽然前者的费用会稍高，但也是值得的。

其次，就是外出拍摄习惯，如果多是为期一天的拍摄，那么 16GB 或 32GB 基本够用。按照这个容量可以拍摄 600 至 1200 张 RAW 格式照片，如果不是持续采用高速连拍，只以风光或人物为主，还是可以应对。但如果是为期3 ～ 7 天的长途采风，则需要多准备一些 32GB卡，并且最好携带笔记本电脑。这样才能及时存储每天产生的大量照片。

不要让存储卡成为瓶颈

如果经常拍摄运动题材或高清视频，常采用高速连拍的方式，那么对于存储卡的速度就需要格外的关注。存储卡的速度又分为读取速

度和写入速度。其中，读取速度是指从存储卡中读取已保存的数据时每秒的流量。当采用照片回放或将照片导入电脑时，考验的就是存储

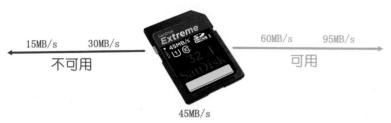

15MB/s　　30MB/s　　　　　　　　　60MB/s　　95MB/s

不可用　　　　　　　　　　　　　　可用

45MB/s

※ 45MB/s 是佳能 EOS 7D MARK II 相机保持流畅拍摄的最低速度要求。

卡的读取速度。而写入速度则是指相机拍摄照片后向存储卡内写入数据时的每秒流量。

在实际拍摄中，照片数据都是先写入机身缓存再写入存储卡的，正因为有缓存，所以无论高速卡还是低速卡都能够实现佳能官方给出的连拍耐力（JPEG 格式为 1090 张，RAW 格式为 31 张）指标。两种卡的区别在于清空机内缓存数据的能力，高速卡可以快速完成数据转移，让相机存储时间更短，让拍摄状态停滞的时间更短。而低速卡会令这一时间增加，此时相机的数据存储指示灯常亮不灭，即使按下照片回放键，主液晶屏也会显示"数据处理中请稍后"字样。包括

拍摄、回放和调整参数在内的众多操作都无法进行。这期间即使出现更精彩的场景，你也无法再继续连拍了。

一般情况下，存储卡的读取速度会高于写入速度，因此厂家也会将读取速度作为卖点标记出来。选购时我们更需要关注的是写入速度。目前，CF 卡的写入速度可以达到 150 ～ 120MB/s，SD 卡的写入速度可以达到 95MB/s。但速度高、容量大的存储卡价格较高。经过实际使用得知，当存储卡标称的读取速度为 30MB/s，佳能 EOS 7D MARK II 在进行一组连拍后，相机会在较长的时间内（十余秒）处于数据存储状态而无法继续拍摄。因此，45MB/s 是佳能 EOS 7D MARK II 相机对于存储卡速度要求的下限。当然，如果你经常拍摄运动题材，需要大量的连拍，尤其是 RAW 格式连拍，那么还是应该选择更高速度的存储卡。

当仁不让的主力——CF 卡

CF 卡在几年前曾经是包括小型数码相机在内的大部分数码产品的主流存储卡，其最大特点是可靠性高和存储速度快。在持续高速写入数据时存储卡会快速升温，而 CF 的散热能力较强，也保证了连拍时的稳定表现。随着数码产品体积越来越小巧，大尺寸的 CF 卡逐渐落伍，被体积更小的 SD 卡和 TF（也称 Micro SD）卡取代。然而，在高端数码单反相机领域并不是体积小巧优先的产品类型，在专业摄影领域可靠性和速度高于一切。因此，CF 卡仍然是高端数码单反领域的主力和首选。根据实际使用经验，即使在佳能 EOS 7D MARK II 中使用同样写入速度的 CF 卡和 SD 卡，在存储照片及回放时 CF 卡也会明显占据速度上的优势，让拍摄过程和回放更加顺畅。在进行持续连拍后，如果你将 SD 卡从机身内取出，会发现其升温很

明显，有时都会感觉烫手。但 CF 卡可以保持较好的散热能力，不会出现类似问题。这也从侧面说明了其可靠性。所以，大部分职业摄影师都会以 CF 卡作为主力存储卡。

UDMA 是 CF 卡的重要参数指标。它是一种直接存取技术，UDMA 等级越高其存储速度

读取速度160MB/s
写入速度150MB/s

超高速接口标准

VGP-65标准
以65M/s速度
存储视频

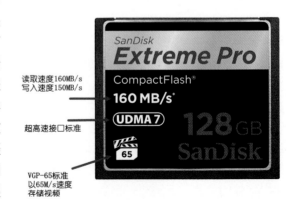

越快。目前新一代的 CF 卡采用 UDMA7 超高速接口标准，写入速度可以达到 150MB/s。另外，经常拍摄视频的爱好者在选择 CF 卡时还需要关注 VGP 视频性能保证标准。目前，最高等级的 CF 卡具备 VGP-65 标准，能够保证以 65MB/s 的速度记录 4K 高清视频。而中等级的 CF 卡一般只具备 VPG-20 标准，能够保证以 20MB/s 的速度记录普通高清视频。如果采用更低级别的 CF 卡拍摄视频，很容易出现丢帧和不连续现象。

CF 卡的未来——CFast 2.0 标准

※ 闪迪 SanDisk Extreme PRO CFast 2.0 标准 CF 卡。

CF 卡虽然已经被 SD 卡挤压到了高端数码单反相机这一块不大的市场中，但随着 UHS-II 标准的 SD 卡读取速度提升到 280MB/s 后，CF 卡也面临着被挤出最后这一块市场的危险。中国有句古话叫做置之死地而后生，就在这危急关头，CF 卡未来的标准 CFast 2.0 被制定出来，这无疑是一场新的革命。目前，闪迪 SanDisk 等厂商已经推出了第一批产品——Extreme PRO CFast 2.0 标准的 CF 卡，它包括 120GB、60GB 两种规格，读取速度最高均可达惊人的 450MB/s，写入速度达到 350MB/s，完全超越 UHS-II 标准的 SD 卡。

有一点确信无疑，那就是未来高端数码单反相机将拥有强大的视频拍摄功能，4K 视频是重要的一项。而高分辨率的 4K 视频将会在瞬间产生比 RAW 格式照片更大的数据存储量，CFast 2.0 的一个重要作用就是应对 4K 视频的存储。例如，要将 100GB 的视频文件，以传统的 90MB/s 速度存储需要近 20 分钟，而采用 CFast 2.0 后最快只要 4 分钟即可完成。另外，在 CFast 2.0 的帮助下，高端单反相机还能够更加轻松地实现 12 张 /s 的超高速连拍。

虽然，传统 CF 卡具有众多优势，但其采用的针式接口是最薄弱的一环。长期而高频率地插拔使用后，很容易出现机内或读卡器中针脚折断的现象。因此，CFast 2.0 采用了更不易损坏的、便于密封的滑槽式接口设计。这样新的 CFast 2.0 将与传统 CF 卡互不兼容。一旦支持 CFast 2.0 的数码单反相机推出，传统 CF 卡将逐渐被淘汰。

目前，市场上还没有支持 CFast 2.0 标准 CF 卡的单反相机，但尼康、佳能等厂商的工程师都已经参与了 CFast 标准的确定工作。预计在不久的将来，CFast 2.0 相机将进入我们的视线，将我们带上更快的"影像高速公路"。

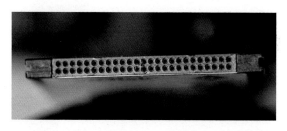

※ 传统 CF 卡的针式接口，很容易在长期的频繁插拔中让针脚折断。

※ CFast 2.0 标准的 CF 卡接口经过改进，可以有效提高耐用度和安全性。

不容忽视的后备力量——SD 卡

SDXC型
最大2T
(2048G)

SDHC型
最大32G

SD 卡是大部分便携式数码相机采用的存储卡类型，具有体积小、价格便宜等特点。SD 卡按照容量不同分为三种规格，分别是：普通 SD 卡，大容量的 SDHC 卡和超高容量的 SDXC 卡。普通 SD 卡最大支持 2GB 容量，基本已经被淘汰出市场。大容量 SDHC 最大支持 32GB 容量，是目前使用最广泛的类型。SDXC 最大支持 2TB （2048GB）容量，是今后的发展趋势。佳能 EOS 7D MARK II 支持全部三种规格的 SD 卡。SD 卡表面会对三种不同规格进行标注。如果经常使用 RAW 格式拍摄，需要使用 16GB 或 32GB 容量的 SD 卡才能满足短途出行时的拍摄要求。

另外，比起容量来说存储速度更加重要，尤其对于采用高速连拍和录制视频来说，具有高速写入功能的 SD 卡非常重要。否则，连拍持续能力将大幅度缩短，相机存储指示灯会一直亮起，无法进行任何操作。SD 卡的存储速度以 Class 等级来衡量，目前 Class6 或 Class10 级别的 SD 卡才能满足要求。Class 级别会在 SD 卡表面的圆圈内标注。如果大家觉得众多的指标过于复杂，那么现在很多品牌的 SD 卡上已经标注了速度，让我们可以更加直观进行判断。以闪迪（Sandisk）为例，可供选择的有最顶级的 95MB/s，高等级的 45MB/s，而更低速度的 30MB/s 就难以达到佳能 EOS 7D MARK II 的要求了。

期待神速的 UHS-II

SD 卡与速度相关的指标还有一个 UHS，它代表了一种高速传输总线标准。我们日常使用的 SD 卡都属于 UHS-I 型，这个类型的存储卡背面的金属触点只有一排，而新型的 UHS-II 型 SD 卡上金属触点是两排。之所以开发 UHS-II，就是为了应对数码单反相机这类写入数据量极大的数码产品。UHS-II 型 SD 卡的写入速度高达 240MB/s，远远超出了现在最快的 CF 卡。富士 2014 年年初推出的微单相机 X-T1 就率先支持 UHS-II 的 SD

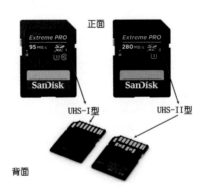

正面

UHS-I型   UHS-II型

背面

※ 第一款支持 UHS-II 型 SD 卡的微单相机——富士 X-T1。

卡。遗憾的是，佳能 EOS 7D MARK II 目前仅支持 UHS-1 的 SD 卡。选购时需要认准 SD 卡表面有"I"的标志。

双卡最好不要双待

佳能 EOS 7D MARK II 的双卡插槽设计可以让摄影师同时使用 CF 卡和 SD 卡，当分别插入

CF卡适合作为
主力存储卡

SD卡适合作为
后备力量

64GB 的 CF 和 32GB 的 SD 卡时，就拥有了高达 96GB 的容量，大约可以拍摄 1.4 万张最大尺寸的精细 JPEG 格式照片或者 4000 张 RAW 格式照片。但在实际使用中，双卡插槽的作用并非简单的提高存储容量。例如，在拍摄婚礼等重要的无法重复的场景时，可以将拍摄的照片同时保存在两个存储卡里，从而有效提高了数据的安全性。

设置菜单第 1 页第 1 项的【记录功能 + 存储卡 / 文件夹选择】肩负了重要职能，在这里我们不仅可以决定两个存储卡如何分工，还可以选择向哪个存储卡中记录照片，从哪个存储卡中回放照片。可以说这里是控制照片存储的中枢。

【记录功能 + 存储卡 / 文件夹选择】选项中第 1 行【记录功能】就决定了两个存储卡类型怎样的分工协作。这里共有四个选择。

➢ 标准：虽然这个选项名称为标准，实际上

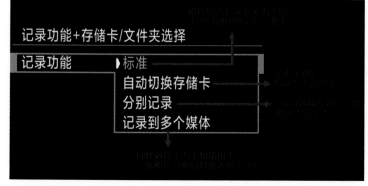

这是一个与众不同的存储方式。此时，照片只会存储到主力存储卡中（主力存储卡由后面介绍的【记录 / 播放】选项决定，一般使用 CF 卡作为主力），即使相机中插入了另一张存储卡，那么当主力存储卡被写满时，也不向另一张存储卡中继续存储，而是提示存储卡已满。表面上看这是一个不通情理的选项，为什么另一张存储卡有大量的剩余空间，却不使用呢？其实，这是一个真正对拍摄速度有要求的摄影师的选择。他们不希望在"不知不觉"间相机就自动切换至另一张存储卡（往往是速度较慢的 SD 卡），而是希望所有照片都存储至主力卡中。一旦主力存储卡慢，相机发出提示，他们就会更换一张新的主力卡。所以才会使用这一选项。当然，他们也会在存储卡插槽中放入另一张存储卡，但只有在某些情况下才会用手动方式将其激活，向其中存储照片。

➢ 自动切换存储卡：当主力存储卡写满时，相机自动切换至另一张存储卡，将照片保存在其中。如果你没有时间用上面的"标准"选项进行手动切换，而且拍摄题材对于存储速度的要求也不是很高，那么可以使用这一选项，让相机自动将照片存储至速度较慢的存储卡上。

➢ 分别记录：如果说"自动切换存储卡"相当于让两个存储卡进行接力比赛，那么分别记录则是为了照片存储拥有更高的安全性，而让二者一同出场。在此选项下，拍摄的照片会被分别保存在两张存储卡上，而且可以根据它们各自的特点进行不同的分工。对于存储速度较快、散热较好、稳定性更高的 CF 卡来说，可以向其写入 RAW 格式文件。而将同一场景的小 JPEG 格式副本写入速度稍慢的 SD 卡当中。

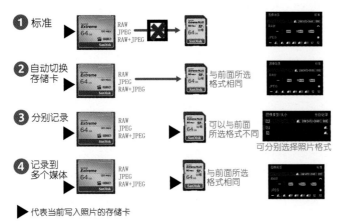

① 标准

② 自动切换存储卡 　与前面所选格式相同

③ 分别记录 　可以与前面所选格式不同　可分别选择照片格式

④ 记录到多个媒体 　与前面所选格式相同

▶ 代表当前写入照片的存储卡

RAW 格式文件作为后期处理使用，相当于留存了底片。而小尺寸的 JPEG 格式文件可以方便快速浏览和今后的照片管理。这也是很多职业摄影师使用的存储方式。这样不仅可以在拍摄同时得到数据备份，而且不会过多的拖慢存储速度，让连续的快速抓拍能够顺利进行。但是，如果使用包围曝光，那么存储速度还是会减慢。分别记录这个选项还有一点与众不同，其他三个选项都是 CF 卡和 SD 卡会写入相同的照片格式，因此传统的照片格式选择界面即可解决问题。而这里会出现向 CF 卡和 SD 卡写入不同照片格式的情况，因此照片格式选择会稍有变化，拍摄菜单第 1 页第 1 项的【图像画质】选项会出现 1 号 CF 卡和 2 号 SD 卡两个照片格式选择界面，以便分别选择相应的照片格式。

➤ 记录到多个媒体：如果你对于拍摄速度要求并不高，而对于数据安全性极为看重，那么就可以采用这一选项。此时，相机会使用你所选择的照片格式进行拍摄，并且同时向两个存储卡中记录相同的内容。例如，你使用 RAW 格式拍摄时，相机会在

CF 卡和 SD 卡中同时储存同样一张 RAW 格式图片。当然，对于 SD 卡来说，存储速度会比较慢，而且整个相机的拍摄速度也会因此下降。在使用包围曝光时这一现象会更加严重。

【记录功能 + 存储卡 / 文件夹选择】选项中第 2 行【记录 / 播放】是个非常重要的选项，它决定了哪个存储卡是主力卡，会影响到我们后续一系列的相机设置。但这个选项也具有复合功能，从名称上你就能够看出，它既可以决定照片存到哪个卡里，也可以决定从哪个卡内进行照片回放。

为了搞清楚这个选项的工作方式，我们还要回顾一下刚才【记录功能】中的四个选项。其中当你选择了前两种"标准"和"自动切换存储卡"中的任何一个时，相机只会向一个存储卡写入照片，也就是说此时存在主力卡的概念。具体来说，选择"标准"时，主力卡也是唯一的存储卡，因为另外一个存储卡并不参与工作。而"自动切换存储卡"时，才真正存在主力和备用之分。相机会优先向主力存储卡中记录照片，直到其被写满，之后向备用卡写入照片。在这两种情况下，在【记录 / 播放】选项中就可以选择主力卡是 CF 卡还是 SD 卡。一般情况下，由于 CF 的存储速度和可靠性方面的优势，我们都将主力卡设为 CF，备用卡设为 SD。此时的主力卡既担负着记录照片的任务，

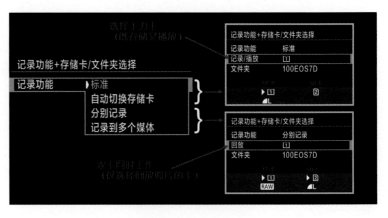

也担负着回放照片的任务。

而在"分别记录"和"记录到多个媒体"选项中，CF 卡和 SD 卡同时担负着记录任务，所以严格意义上说不存在主力卡和备用卡之分。因此，在【记录 / 播放】选项我们只能选择从

哪个卡进行照片回放。如果你在 CF 卡上记录 RAW 格式，那么设置为从 CF 卡上回放，其画面精度肯定要高于从记录小 JPEG 格式的 SD 卡回放更高。

实战经验

【分别记录】和【记录到多个媒体】的存储方式有其价值所在，但会带来更大的数据存储量，在实际拍摄时会带来连拍速度的下降。当连拍速度更为重要时，应该选则仅将照片存入更高速度的 CF 卡，一旦向较慢的 SD 卡中存储照片就可能造成连拍速度下降。

有一种方式既能够让照片得到安全备份，又不会影响到拍摄时的存储速度，这就是回放菜单第 1 页第 4 项【图像复制】选项。我们可以在拍摄结束后，使用这个选项将照片从主存储卡上备份至备用存储卡上。这样即使你的 SD 卡速度不够快也没关系，多带上几张就可以在拍摄间隔时段备份存储卡中的照片了。如此你就能够在长途拍摄的旅途中少带一台笔记本电脑作存储设备了。

复制图像的操作非常简单，首先要将用于记录备份的 SD 卡插入相机中，然后进入【图像复制】选项，如果你采用了文件夹管理的方式，就可以将整个文件夹进行备份，而不用逐一选择要备份的照片。当然也可以选择备份存储卡上的全部照片。然后在 SD 卡上建立一个新的文件夹用来存储备份文件。最后选择复制图像即可进行备份。

亮点产品——闪迪（Sandisk）

※ 顶级的至尊超极速 Extreme PRO 系列。

※ 性价比更高的至尊极速 Extreme 系列。

存储卡领域中品质优秀，知名度较高的品牌包括：闪迪（Sandisk）、雷克沙（Lexsa）和东芝等。闪迪（Sandisk）目前处于存储卡市场的领导地位，这个美国品牌除了存储卡外，还在固态硬盘、无线存储等领域有很多产品。闪迪的顶级存储卡是至尊超极速 Extreme PRO 系列，该系列产品同很多高等级滤镜产品一样，在存储卡上以黑色标签为醒目的外观特征。Extreme PRO 系列中既有 CF 卡又有 SD 卡。其中 CF 卡的写入速度达到 140MB/s，最高容量达到 256GB。而 SD 卡拥有 90MB/s 的写入速度，最高容量为 512GB。至尊超极速除了速度的优势外，最大的特点在于其可靠性极佳，平均无故障时间可达 200 万小时。甚至还具备一定的防水功能，有些影友将存储卡忘在衣服口袋中，经过洗衣机的洗涤后存储卡竟然还可

以使用，内部保存的照片依然可以读取。正是由于极高的安全性再加上其他各项指标综合表现极佳，闪迪至尊超极速系列成为很多职业摄影师的选择。闪迪至尊超极速 Extreme PRO 系列的 64GB 容量 CF 卡价格超过 700 元，更常用的 32GB 容量 CF 卡在 400 元左右。该系列的 64GB 容量 SD 卡价格在 350 元左右，32GB 不到 300 元。从价格上看，算是市场上比较高的级别了，但是考虑到其优秀的品质，投资也是非常值得的。

如果说至尊超极速 Extreme PRO 系列是职业摄影师的第一选择，那么闪迪产品线中第二梯队的至尊极速系列 Extreme 则是摄影爱好者更具性价比的选择。至尊极速系列的 CF 卡虽然在产品标签上注明的读取速度为 120MB/s，实际的写入速度是 85MB/s。这个系列的 SD 卡则包含了加强版和普通版两个级别。加强版的

SD 卡读取速度为 80MB/s，写入速度在 70～75MB/s 左右，这一速度也能满足佳能 EOS 7D MARK II 的需求。而普通版的读取速度只有 45 MB/s，写入速度更低，在进行高速连拍时就会显得吃力。这个系列的标志是明亮的黄色，更加夺目。至尊极速 Extreme 系列性价比更高，64GB 容量的 CF 卡在 350 元左右，32GB 的价格在 200 元出头。

闪迪不但是市场销量最大的第一品牌，也是很多国内山寨企业重点假冒的目标，因此购买时需要仔细鉴别存储卡的真伪。其中价格是很重要的鉴别指标，比官方指导价便宜很多的卡几乎可以断定是假冒。

声明： 由于存储卡销售渠道较多，以上提供的价格均来源于主流电商。另外存储卡价格变化较快，价格仅供参考。

亮点产品——东芝

R为读取速度　　W为写入速度

※ 东芝顶级的 CF 卡为 EXCERIA PRO，在存储卡表面会将读取速度（R）和存储速度（W）分开标出，更加清晰。

※ 东芝第二等级的 CF 卡 为 EXCERIA，具有更高的性价比，120MB/s 的写入速度同样可以满足佳能 EOS 7D MARK II 的要求。

东芝是为数不多可以自己生产闪存颗粒的厂家，闪存颗粒就是存储卡中负责记录数据的核心部件。大部分中小品牌的闪存颗粒都是采

购的，而真正拥有自己生产能力的品牌并不多。东芝的顶级存储卡系列是极致超速 EXCERIA Pro，以抢眼的金黄色作为系列标志颜色，其中的 SD 卡就是业界第一枚 UHS-II 型的 SD 卡。而这个系列中的 CF 卡上以 1066X 作为速度标志，写入速度可以达到 150MB/s。能够让佳能 EOS 7D MARK II 顺畅运行的还包括第二梯队的极致瞬速 EXCERIA 系列，CF 卡上会有 1000X 的速度标记，其写入速度为 120MB/s。而 SD 卡方面银色的极致瞬速 EXCERIA 系列可以达到 60MB/s 的写入速度，也能满足基本连拍需求。

※ 东芝的 EXCERIA 系列 SD 卡写入速度能够达到 60MB/s，也可以满足佳能 EOS 7D MARK II 的要求。

让相机具有无线功能——Eye-Fi 卡

如果为当今的摄影加上一个时髦的关键词，那肯定是"分享"。我们拍摄了精彩的照片很多时候并不是为了参赛获奖，而是与朋友进行分享。如今通过微博和微信等社交平台分享自己的照片已是流行，而高等级数码单反相机由于使用了更加坚固和防止电磁干扰的全镁金属机身，无法具备 Wi-Fi 功能，不能与移动设备进行快速照片传输。大部分时候我们只能回家将照片导入电脑，然后修片再上传到网络上。而后者的分享效率远比现场将照片通过无线方式传入手机慢许多。那么如何让不具备无线传输能力的佳能 EOS 7D MARK II 实现快速分享呢？解决方案就是 Eye-Fi 卡。

Eye-Fi 卡是一种内置了 Wi-Fi 无线传输功能的 SD 卡，可以让任何一台数码相机瞬间升级支持无线网络，将拍摄的照片直接发送到智能终端上。在其产品层级中，Eye-Fi Pro X2 是针对摄影发烧友和职业摄影师的顶级产品。与普通 Eye-Fi 卡相比，Eye-Fi Pro X2 不仅容量大存储速度快，而且支持 RAW 格式文件的上传，这样就不需要每次回家后都取出存储卡使用读卡器将照片导入电脑。Eye-Fi Pro X2 卡可以接入家中的 Wi-Fi 网络，采用无线传输方式完成照片导出，这样避免了频繁的插拔卡，有利于相机和存储卡寿命的延长。

佳能 EOS 7D MARK II 对 Eye-Fi 具有良好的支持，进入设置菜单第 1 页最后 1 项【Eye-Fi 设置】选项中可以开启上传功能，然后按下 Q 速控按钮，就可以通过相机主液晶屏看到 Eye-Fi 卡的上传状态提示，提示的符号类似手机中的信号强弱显示。在正常网速的 Wi-Fi 环境下，传输一张 RAW 格式照片大约需要 30s 左右。如果是在外拍过程中，Eye-Fi Pro X2 卡还能自己建立一个热点，并与手机或平板电脑进行无线传输。这样你就能够将自己的精彩作品第一时间发布到朋友圈了。但此时传输速度较慢，所以在拍摄时，如果选择 RAW+ 小 JPEG 格式那么后者将被派上用场。

Eye-Fi Pro X2 的意义还在于可以让摄影师实现即拍即看，这种看并非在狭小的相机液晶屏上，而是通过大屏幕的 iPad 或笔记本电脑查看。这样能够更容易地及时发现照片问题进行修改。另外，在照片上传后还可以通过设置，按照时间先后顺序将已经完成上传的照片删除，为后续拍摄清空存储空间。还有人说 Eye-Fi 卡是高品质微博图片的保证，这是由于手机拍摄的照片无论色彩还是锐度都无法与单反相比，而 Eye-Fi 卡让单反与手机之间建立了一座桥梁，使得快速分享高品质照片成为可能。当朋友惊叹于你高水平的微信照片时，Eye-Fi 就是其背后的秘密。

【实战经验】 不要在存储卡上省钱

在外拍活动中经常能看到影友在持续连拍后相机出现"死机"现象，无论按哪个按钮都没有反应，即使想回看照片都没有反应。很多时候这都是由于存储卡写入速度不够造成的。使用低速存储卡，很难及时准确地捕捉到精彩的瞬间。另外，国内市场充斥着大量山寨甚至假冒伪劣的存储卡，它们以低廉的价格吸引着摄影爱好者。但是，这样的存储卡可靠性极差，如果使用此类存储卡很容易导致我们在一趟精彩旅程后发现全部照片都已损坏，那将是一件多么令人失望的事啊。而且购买这样速度慢、可靠性差的产品，虽然看上去在存储卡上的花费节省了，但是它们根本无法发挥出价值近 1 万元相机的潜力，算下来更是一笔吃亏的买卖。

4.4 □S 静音单拍——单反的静音模式

静音单拍模式下，完全按下快门，相机同样只拍摄 1 张照片，但与普通单拍不同是快门声音小很多。静音单拍模式以图标 □S 表示。在单反相机中，快门的声音并非是由于快门帘的升降而产生的，更多的声音来自于反光镜下降时产生的撞击声。包括上一代 EOS 7D 在内的很多单反相机都采用弹簧来驱动反光镜，因此

※ 反光镜驱动马达替代弹簧可以更加精确控制其运动。

在其下降时会在弹簧直接施加的力量下出现直接撞击而产生较大的声音。为了实现更好的静音拍摄效果并精确控制反光镜的动作，佳能 EOS 7D MARK II 取消了弹簧，而采

拍摄参数：◎ 光圈：f/2.8 ⏱ 快门：1/500s
📷 感光度：ISO3200

※ 在安静的小剧场中，快门声音会干扰其他观众。此时，采用静音单拍模式可以有效降低快门噪音，是最佳的选择。

用了专门的马达来负责反光镜的升降，使其在发生撞击之前减速，减轻撞击的力度。同时主反光镜后面的副反光镜还配备了阻尼吸振器，在反光镜归位时，利用反作用力，使其反弹衰减。这样就能够有效降低快门发出的声音。静音单拍模式适合在剧场拍摄舞台演出或者观看台球等高雅运动时使用。这样既不会干扰演员或运动员的表演，也不会干扰到其他观众。

提示 ⚡

虽然在静音模式下，并不影响快门速度本身，但是会对快门反应的灵敏度有一定影响。从手指按下快门到完成曝光的时间间隔会略大于普通单拍模式，因此在拍摄纪实、新闻等题材并需要抓拍瞬间时最好还是采用非静音模式。

4.5 □S 静音连拍模式——安静地捕捉动态主体

在静音连续拍摄模式下，当完全按下快门并保持不放时，相机将以每秒 3 张左右的高速度进行连续拍摄，并且能够实现较低的快门声音。这种模式同样适合在演出等安静的环境下拍摄移动的主体。另外，在拍摄人文纪实题材，需要隐蔽拍摄移动主体时也被广泛采用。

提示 ⚡

为了实现静音效果，连拍速度也会有一定的牺牲，只能达到与低速连拍接近的速度。

拍摄参数： ◎ 光圈：f/2.8　　◎ 快门：1/1250s
　　　　　　◎ 感光度：ISO3200

※ 拍摄舞台上演员的连续动作时，既要保证较低的
　快门声音，还要具备一定的连拍速度。此时，静
　音连拍模式就显出了作用。

4.6 10s 自拍模式

　　在 10s 自拍模式下，完全按下快门后相机并不会立即拍摄，而是在 10s 的倒计时后释放快门。在机顶液晶屏上 10s 自拍模式以图形 🕐 表示。在使用 10s 自拍模式时，液晶显示屏上会有倒计时提示，自拍指示灯也会闪烁并发出提示音。在快门释放前 2s，自拍指示灯会持续闪烁，并且提示音也变得急促。此模式适合拍摄多人的合影。

　　为了从容拍摄合影，还可以使用佳能 RC-6 遥控器来控制快门的释放时间。只要保证遥控器距离机身 5 米以内，佳能 EOS 7D MARK II 手柄上的遥控感应器就会接收到控制信号，你就可以更加自由的控制快门了。

4.7 🕐₂ 2s 自拍模式——应对无三脚架的困境

拍摄参数： ◎ 光圈：f/24　　◎ 快门：1/4s
　　　　　　◎ 感光度：ISO200

※ 将相机放稳并采用 2s 自拍模式就能够在弱光环境
　下使用低感光度和低速快门进行拍摄。

　　2s 自拍的倒计时更短，不能应用于拍摄合影，但却有更大的用途。掌握好 2s 自拍的使用技巧能够获得一流的画质。例如，在拍摄静物时，如果希望获得最清晰的画面，可以将相机固定在三脚架上然后采用 2s 自拍方式，这样能够有效避免由于手指按动快门瞬间产生的振动，从而避免了哪怕是最轻微的画面模糊。拍摄夜景时即使没带三脚架也可以将相机在平台放稳后

采用 2s 自拍模式拍摄。这样虽然构图上会做出些牺牲和妥协，但是比起手持拍摄的方法能够获得更清晰的低噪点画面。但采用这种方式时，快门速度最慢为 30s，如果希望使用更长的曝光时间则需要采用 B 门，此时则必须使用快门线。

操作指南： 调整驱动模式

　□ 单拍
　⊒H 高速连拍
　⊒ 低速连拍
　⊒S 静音单拍
　⊒S 静音连拍
　🕐 10秒自拍
　🕐₂ 2秒自拍

　　调整驱动模式时，首先需要按下机顶液晶屏前方的【DRIVE·AF】按钮，旋转速控转盘即可在 7 种驱动模式之间切换，当前所选择的模式会出现在机顶液晶屏右下方的方框内。

高效自动对焦之道

■ 你知道吗？自动对焦系统也并非一成不变，它可以针对不同的运动类型量身定做出更加高效的模式。

■ 如果说拍摄静态题材时，画质高于一切，那么在拍摄运动题材时，效率高于一切。通过哪些方法可以提高自动对焦的效率呢？

■ 拍摄运动主体时，我们不仅需要"撒网"，有时还需要"挖坑"，这种拍摄手法是怎样的呢？

■ 你相信吗？被大家常用的"对焦在最远处"的方法其实是错误的，那么应该对焦在哪里才能获得从近景至远景都清晰的画面呢？

拍摄参数: ◎光圈: f/4.5　◎快门: 1/1600s　◎感光度: ISO100　◎摄影师: 曹丰英

在掌握了自动对焦三大基础设置以及驱动模式后，我们已经为深入掌握自动对焦技术打下了良好的基础。为了拍摄到更加精彩的运动题材照片，你不仅需要将这些技术和设置烂熟于胸，还要根据运动主体的特点来进一步优化 AI SERVO 人工智能伺服自动对焦模式，并且要掌握相机中为提高自动对焦效率而安排的各类功能选项。同时，我们更要向胶片时代的摄影师学习超焦距拍摄技术，它将大大简化对焦的过程，给拍摄带来更高的效率。

5.1 量身定做的自动对焦

如果说拍摄风光、人像等静态题材时，使用 ONE SHOT 单次自动对焦 + 单点对焦 + 单拍驱动模式就能够以不变应万变的话，那么在拍摄运动题材时，不仅要动用 AI SERVO 人工智能伺服自动对焦 + 高速连拍 + 自动对焦区域模式（这需要根据主体运动特点、拍摄目标和构图来决定），而且要根据主体运动特征，见招拆招，主动求变才可以。这是因为运动题材范围很广、种类繁多，运动主体的速度、移动方向等特点也千差万别，我们无法用一套设置去应对所有的运动类型，因此就需要相机内的自动对焦系统运作方式可以更改，以满足不同场景的拍摄需求。

这就是佳能独有的自动对焦配置工具，它位于自动对焦菜单第 1 页（AF1）当中。有了它我们就可以根据不同拍摄需要来调整 AI SERVO 人工智能伺服自动对焦的特性。前面已经介绍过，AI SERVO 人工智能伺服自动对焦模式是相机的连续对焦模式，拍摄运动题材离不开的工具。但这个模式并非简单而机械的让自动对焦系统持续不停地工作，其实它本身是由一系列复杂的算法组成的，这些算法决定了 AI SERVO 人工智能伺服自动对焦模式的运作特点。也就是说，AI SERVO 人工智能伺服自动对焦模式是可以通过我们的设置而发生改变的，能够变得更加适合拍摄某一运动项目。这就是自动对焦菜单第 1 页（AF1）的价值所在。

> **提示** ⚡
>
> 自动对焦菜单第 1 页（AF1）仅对 AI SERVO 人工智能伺服自动对焦模式发挥作用，在 ONE SHOT 单次自动对焦和 AI FOCUS 人工智能自动对焦模式下则无法得到帮助。

进入自动对焦菜单第 1 页（AF1）后，你会发现这个界面与其他菜单都不同，从界面左侧你可以看到 6 个图标，它们非常像奥运会比赛中用来代表不同赛事项目的符号。佳能正是采用这种方式，将经过个性化设置的 AI SERVO 人工智能伺服自动对焦模式打包，并形象地表示出该设置适合拍摄的运动项目。这样在拍摄中，你就很容易对号入座选出适合的个性化设置。自动对焦菜单第 1 页（AF1）中这 6 种个性化设置被命名为 Case1 至 Case6，Case 就是"案例"的意思。但我们需要注意的是，这些符号并不代表此 Case 只能用于拍摄这一运

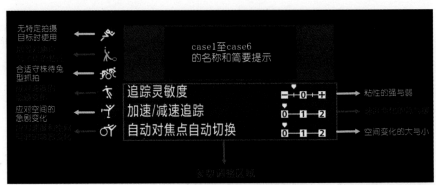

动项目，符号所代表的只是该 Case 的典型运用领域而已。另外，即使符号中标明的运动项目，也可以用其他的 Case 来拍摄，这完全取决于你的拍摄意图。当然，如果你拍摄的题材超出了这六大类的范畴，还可以自己对 Case 中的参数进行重新设置，以符合新的拍摄需求。

5.1.1 Case2——让自动对焦始终"粘"在主体上

拍摄参数： ◎ 光圈：f/2.8　　◎ 快门：1/800s
◎ 感光度：ISO3200

※ 使用 Case2 可以很好地应对蛙泳这种主体会间歇性消失的运动类型，这样即使运动员处于水下，对焦点也不会急于寻找新的对焦位置。这样当运动员再次浮出水面时就能够减小对焦时间，快速完成拍摄。

我们先从 Case2 开始介绍。在种类繁多的球类运动中，大致可以分为两种类型：一类是隔网对抗项目。运动员中间有球网将他们分开，比赛中球员之间没有身体接触和对抗。例如，羽毛球、网球、排球等。这类项目给人文明、优雅的感受。另一类是有身体接触的对抗项目，运动员之间可能发生激烈的身体对抗，力量对于比赛胜负的影响更加重要。例如，足球、篮球、橄榄球等。

在第一类隔网对抗的项目中，摄影师一般只能在场边以较低的角度拍摄，因此球网很可能成为相机与运动员之间的障碍。即使在拍摄开始阶段画面中只有运动员，但随着球员的跑动，球网很可能出现在前景当中。我们知道，密集的网子是自动对焦的"噩梦"，相机自动对焦系统很难穿越它，仍然对运动员保持对焦。

这样的结果令导致对焦到前景的球网，而运动员成了模糊的焦外。另外，网球运动员多为横向移动，急停急转非常多，这样即使采用对焦点较多的自动对焦区域模式，也很容易出现跟丢主体的情况。此时，对焦区域就会指向背景。如果 AI SERVO 人工智能伺服自动对焦模式没有经过个性化设置，那么很容易出现向背景对焦的问题，这样你的画面中，作为主体的运动员就会是模糊不清的，而场边的广告牌则是清晰可见的。这显然又是一张失败的作品。

另外一种更加极端的情况是游泳比赛，无论是蛙泳还是蝶泳项目，运动员在比赛过程中都会存在时而浮于水面，时而潜入水中的情况。这种间歇性的主体消失，很容易让相机的自动对焦系统跟丢主体。如果不采用合理的个性化设置，当运动员进入水下时，自动对焦系统就会寻找画面其他的对焦位置，耗费宝贵的时间。而当运动员再次回到水面上时，对焦系统还要再次计算距离重新对焦，即使此时能够完成对焦，但运动员已经完成换气，又会再次潜入水下，留给拍摄的时间就更加短暂。

以上这两种情况都是 Case2 的典型使用场景。它能够让 AI SERVO 人工智能伺服自动对焦模式对于主体的持续对焦具有更强的"黏性"，即使相机与主体之间突然出现干扰物（干扰物可能是其他物体进入造成的，也可能是我们移动相机在拍摄中改变构图而带入的），对焦位置也会依然吸附在原先确定的主体上，而不容易被干扰物带走。在主体突然急停急转，我们跟丢了目标时，对焦系统依然不会立即对错误的区域对焦，而是对主体"念念不忘"。这样只需要很短的时间，我们就可以移动相机重新捕捉丢失的运动员。对焦系统会继续忠于职守地完成工作。在主体出现间歇性的消失时，对焦系统也会适当地"耐心等待"，当主体再次出现时继续进行持续对焦。

我们可以将这种对焦特性理解为对主体的"黏性"强，也可以理解为对焦系统的"惰性"高。此时，它会非常"留恋"主体，而不太愿意接受新鲜事物。这个特性的由来是源自于 Case2 的参数中【追踪灵敏度】被设置得较低的缘故。相机默认值中 Case2 的【追踪灵敏度】为 -1，所以它不容易对背景和障碍物对焦。在拍摄间歇性消失的主体时，我们可以将这个参数设置成更低的 -2，以强化这一特性。当然，这里的前提条件是你首先针对主体进行了准确的对焦，

而后才可以利用追踪灵敏度这一工具来提升拍摄效率。如果你在一开始就对焦在错误的地方，如果还使用较低的追踪灵敏度，反而会让你难以摆脱错误的局面。如果真的出现这种情况，就应该立即中断当前拍摄，重新寻找主体对焦。

运用 Case2 的另一个前提条件是你所拍摄的主体非常明确，就是要拍摄某一个明星球员（当然也可以是学校操场上自己的孩子），然而在相机与主体之间经常会出现干扰物，就可以使用 Case2 来增强对焦"黏性"，使得拍摄的成功率提高。如果你要拍摄田径比赛中冲过终点的第一名，那么就要用下面的 Case3 来实现。

5.1.2 Case3——快速转移目标

拍摄参数： ◎ 光圈：f/4　　◎ 快门：1/1600s
　　　　　　　◎ 感光度：ISO100

※ 使用追踪灵敏度较高的 Case3 就可以在小运动员冲过终点线前逐个切换对焦位置，为每个人留下难忘瞬间。

在拍摄某些类型的运动题材时，在按下快门之前，摄影师并没有一个明确的拍摄主体。例如，我们的拍摄目标并不是场上的明星球员，而是冲过终点时的第一名，那么又该如何设置自动对焦的特性呢？

如果还用 Case2 拍摄冲刺瞬间的画面，我们一开始对焦的主体有可能不是第一名，而在

撞线瞬间，由于对焦"黏性"强，我们几乎无法及时地将合焦位置切换到获得第一名的运动员身上。如果停止连拍，重新选择主体进行对焦，再次开始新的拍摄序列显然是来不及的。此时，只有让对焦系统具有更低的"黏性"，也就是具有更高的灵敏度才可以拍摄到理想画面。这就是 Case3，它的参数中【追踪灵敏度】被设置得较高，默认值为 +1。此时为了拍摄到理想的撞线瞬间照片，我们可以提前对终点线这个区域构图，采用守株待兔的方式。当领先的运动员进入这个区域时，相机的自动对焦系统就会以很快的反应速度对冠军进行对焦。这样就能获得理想的照片了。

另外，在自行车比赛中，处于领先位置的运动员往往并不是一个人而是一个小集团，他们经常由一两个车队的选手组成，采用交替领先的方式控制比赛的进程。此时，我们可以将刚才的守株待兔的范围缩小至 1 个对焦点。即采用自动对焦点扩展（5 点或 9 点）模式，将初始对焦点与领先的第一名运动员重合并开始连拍。当第二名运动员接替了领骑位置时，我

们可以不间断拍摄，同时移动相机将初始对焦点放到第二名运动员头部，这样相机就会以很高的速度重新测量对焦距离，完成清晰的合焦。采用这种方式，我们可以将领骑集团的所有运动员全部拍摄完成。需要注意的是，此时你需要对主体有很强的掌控力，一旦对焦点被错误的放置于背景或前景上，照片就会失败。

更加极端的拍摄环境是类似跳台滑雪这样的题材，这一项目里最精彩的瞬间来自于运动员从高坡上滑下后腾空的瞬间。一名优秀的摄影师肯定会选择较低的拍摄位置，让画面中的运动员仿佛在空中滑翔一般。此时，需要对运

动员的飞行轨迹进行预判，然后提前构图进行守株待兔式的拍摄，但是由于腾空而起的运动员速度大大超过了跑步和骑车，因此需要将【追踪灵敏度】这一参数提高到 +2 才可以。

也就是说，在 Case3 中对焦系统对新闻入的物体反应更加敏锐，会立即根据新的物体测算焦距，以保证它能够合焦清晰。你也可以理解为对焦点很容易被拐跑，但之所以使用 Case3 就是因为我们希望对焦点立即被拐跑。因为这时对于摄影师和观众而言，谁能够拐跑对焦点谁就是最吸引人的主体。

5.1.3 Case4——应对速度的变化

拍摄参数： ◎ 光圈：f/2.8　　◎ 快门：1/500s
　　　　　　◎ 感光度：ISO2000

※ 在拍摄急停急转较多的运动项目时，Case4 可以让自动对焦的侦测频率增加，缩短间隙，从而提高对于运动速度和方向经常出现变化主体的适应性。

在非洲大草原上，羚羊要从高速奔跑的猎豹口中侥幸逃生时，它们就会采用不断改变方向的"之"字形路线逃跑，这是唯一的生存机会。在有身体对抗的球类项目中，带球进攻的运动员也经常采用快速奔跑加急停急转加再次快速奔跑的方式摆脱防守球员的阻截。无论是篮球、足球还是国人不太了解的橄榄球都是如此。然而，对于相机的自动对焦系统来说，这种运动方式比高速的匀速运动还有难度。在匀

速运动中，即使主体移动速度很快，AI SERVO 人工智能伺服自动对焦模式能够很容易地根据主体已经走过的路径判断出其即将到达的位置，因此对焦系统工作起来就比较轻松。而在急停急转过程中，下一步的运动方向和速度会毫无征兆的改变，就连防守球员都无从知道的位置，相机自动对焦系统就更难以判断了。如果不对自动对焦进行个性化设置，当主体紧急加速时，你连拍照片中的对焦点就会被甩在主体身后，而当主体急停时，你连拍照片中的对焦点又会惯性向前，同样无法做到对主体的精确合焦。

此时，Case4 就能够发挥其作用，应对经常出现急停急转的运动项目。Case4 的【加速/减速追踪】参数被设置得较高，为 +1。在这一设置下，AI SERVO 人工智能伺服自动对焦模式对于主体的变速运动更加敏感，可以采用更短的侦测时间探测到这种变化的发生，从而有效地捕捉。

更加极端的情况是拍摄赛车，机器的速度永远要超过人。F1 赛车在经过弯道时，能够在 1s 的时间内从时速 400 公里 / 小时降低到几十公里 / 小时的过弯速度，此时由碳纤维制成的

刹车片都会被加热到通红的状态。在过弯后的极短时间内，赛车又会迅速提升至 300 公里 / 小时继续行驶。这是足球运动员无法达到的急

停急转，因此在拍摄处于弯道的赛车时需要将【加速 / 减速追踪】参数设置为 +2。

5.1.4 Case5——应对空间的变化

拍摄参数： ◎ 光圈：f/5.6　　◎ 快门：1/620s
◎ 感光度：ISO200

※ 篮球运动中纵向跳跃非常多，这种空间上的急剧变化就需要 Case5 来应对。

急停急转是以速度变化为核心的改变，还有一些运动项目以运动员在空间上的大幅度改变为特点。例如，花样滑冰。无论单人还是双人花样滑冰都是非常优美的运动项目，运动员既是在比赛也是在表演。在整个节目过程中，快速地向前向后滑行与腾空转体相互结合，运动员在三维空间范围内的大幅度变化是该项目的重要特点。如果我们采用广角镜头进行全景

式拍摄，在画面中包含了整个场地甚至部分观众，那么运动员的动作幅度再大也能够被包括进来。然而，这样的照片只是场景描述性质的，真正的运动照片要构图紧凑，画面中只包含运动员和较少的背景。在这样的构图下，会进一步放大运动员的移动幅度，使得自动对焦系统捕捉到清晰主体更加困难。

这时，我们就需要另外一个选项，这就是 Case5，它的【自动对焦自动切换】参数被设置得较高，为 +1。所以，即使运动员在画面中出现大幅度的移位，AI SERVO 人工智能伺服自动对焦模式也可以快速切换自动对焦点，以捕捉到清晰的主体。正是因为 Case5 牵涉到对焦点的切换，所以单点自动对焦模式和定点自动对焦模式仅采用 1 个对焦点是无法使用 Case5 的。

使用 Case5 时，在自动对焦点扩展（5 点和 9 点）模式下，从初始对焦点切换到协同工作对焦点的速度会更快。如果采用了区域自动对焦模式、大区域自动对焦模式和 65 点自动选择自动对焦模式这类相机自动选择对焦点位置的模式时，以开始拍摄阶段相机判断出的自动对焦点为基础，随着主体大幅度的位置改变，对焦区域内的对焦点也会跟着进行更加快速的改变。

与运动员自己进行的跳远腾空相比，极限运动中在 U 形池里进行的轮滑项目则以腾空后

提示

Case5 并不适合采用广角镜头拍摄主体占比较小的画面，此时自动对焦系统难以将主体和背景严格地区分开来，往往会对焦在背景上。

展示优美姿态为目标。在 U 形池的帮助下，运动员会以更高的速度和更大的幅度腾空而起，这是普通跳跃所无法实现的。此时，我们就需要将【自动对焦自动切换】参数设置为 +2 以适应拍摄需求。

5.1.5 Case6——应对速度和空间的双重变化

拍摄参数: ◎ 光圈: f/5.6 ◎ 快门: 1/800s ◉ 感光度: ISO100

※ 蝴蝶在飞行中几乎没有规律可循，变向与变速时刻发生，因此 Case6 是最合适的模式。

　　足球运动员在急停急转带球过人时，并不会跳跃，也就是不会出现垂直方向上的大幅度改变。而花样滑冰选手虽然会有大幅度的腾空跳跃，但是很少急停急转。然而有一些运动项目会将这两个特点集于一身。例如，在自由体操和艺术体操比赛中，运动员会结合着音乐的旋律时而快速时而舒缓地做出优美动作。由于场地会限定在 12m 见方的区域内，在场地对角线方向进行的一系列快速动作结束后，运动员就会出现急停的情况。同时，在这一系列动作中，往往以腾空转体为核心。可以说，自由体操是将速度的改变和空间的改变集于一身。因此，也需要一种新的模式来应对此类运动题材，这就是 Case6。Case6 更像是 Case4 和 Case5 的结合体，在它的参数设置中，【加速 / 减速追踪】和【自动对焦自动切换】两项都被设置为 +1，因此可以同时应对速度和空间上的快速改变。同样，单点自动对焦模式和定点自动对焦模式无法使用 Case6。实际上篮球比赛中运动员经常出现急停跳投和冲抢篮板的动作，也很适合采用 Case6 来拍摄。另外，在日常生活中，如果在公园里开阔场地上拍摄自由奔跑嬉戏的儿童，使用 Case6 也能够带来不错的效果。

5.1.6 Case1——中庸的选择

　　掌握了 Case2 至 Case6 后，我们对各类运动题材的特点和三大参数的设置都有了比较深刻的认识。再返回头来看看 Case1，我们就会发现，这是一个"万金油"的选择。在 Case1 中，三项参数设置全部为零，因此这一中庸之道可以进行有效平衡。使得 AI SERVO 人工智能伺服自动对焦模式不会很极端，能够适应普通的运动题材拍摄。但是，你无法获得我们前面在 Case2 至 Case6 中提到的拍摄优势。也就是说，Case1 虽然是个多面手，但是在摄影师非常明确自己的拍摄目标时，Case1 是难以实现这种

拍摄参数: ◎ 光圈: f/5.6 ◎ 快门: 1/500s ◉ 感光度: ISO200

拍摄目标的。它更多是给初学者提供的一个解决方案，在你对拍摄没有太多预期和要求时，仅能够让你实现"拍到"的目的，而无法实现拍得更快和更好。

操作指南： 自动对焦特性的修改操作

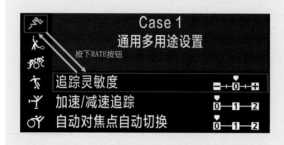

进入自动对焦菜单第 1 页（AF1）后，通过○速控转盘可以在左侧的 6 个 Case 之间进行切换。当你希望对某一个 Case 进行参数调整时，可以按下机身背面主液晶屏左侧的 RATE 按钮，来选择需要调整的参数。然后按下 set 键进入参数的修改状态。通过○速控转盘可以让参数中的光标左右移动来实现参数的更改。更改完成后按下 set 按钮就可以保存设置。而想要退回到 Case1 至 Case6 的选择界面时，按下 RATE 按钮才可以。

5.2 更高效的自动对焦

快速准确地完成对焦是每个影友都希望实现的目标，它可以帮助我们以更高的效率抓拍到清晰的画面，减少模糊照片的数量。为了实现这一目标，多项机内设置可以帮助我们提高对焦效率，另外还有陷阱对焦和超焦距等拍摄手法可以带来更好的效果。

5.2.1 选择具有高速对焦能力的镜头

※ 速度更快的环形超声波马达。

※ 微型超声波马达。

快速高效地完成自动对焦离不开硬件设备的支持，其中最重要的是镜头中的驱动马达。镜头的等级不同其对焦性能也有较大差异。在购买器材时，如果预算允许应该尽量购买那些具有良好对焦能力的镜头。影响镜头对焦能力的主要部件是自动对焦马达。大部分佳能 EF

镜头采用 USM 超声波马达，它是利用超声波振动能量变换成转动能量的原理来工作的。普通的电磁马达运转时会有噪音，而超声波马达的振动频率在人耳所能听到的范围之外，所以对焦时我们几乎感觉不到超声波马达的运转声音。USM 马达按照等级不同分为环形和微型两种，顶级的红圈镜头上大多采用环形 USM 马达，它拥有更大的直径，更强的扭力，即使对焦镜

提示 ⚡

在佳能 EF 镜头的名称中标有 USM 的就是拥有超声波马达的镜头，但是仅通过名称并不能看出是更高级的环形 USM 还是微型 USM，你需要通过佳能官网查看更加详细的镜头资料才能够了解。但红圈镜头基本都配备环形 USM。

片组尺寸大重量沉，也可以保证快速宁静地完成对焦任务。而微型超声波马达则主要被用于低端镜头中，它不仅在合焦速度上显得更慢，而且在无法合焦时容易出现来回拉锯寻找合焦位置的"拉风箱"现象。

5.2.2 将对焦点移动设置为循环

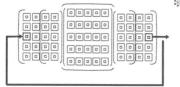

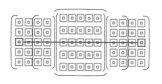

※ 当开启对焦点循环时，对焦点在最右侧时只需拨动一次多功能控制摇杆，即可将其切换至最左侧。

※ 当关闭对焦点循环时，对焦点在最右侧的情况下，需要拨动 10 次多功能控制摇杆，才能够将其切换至最左侧。

面对转瞬即逝的拍摄机会，快速完成构图并将对焦点移动到与主体重合的位置上是获得成功照片的关键，此时可以将对焦点循环功能开启，这样在对焦点位于最边缘时，我们无须反复地拨动※多功能控制摇杆来移动对焦点，只需要拨动一下，对焦点便会在另一端出现，从而大幅度地提高对焦点选择的效率。进入自动对焦菜单第 5 页（AF5）第 1 项【手动选择自动对焦点的方式】选项中，选择【连续】就可以开启循环方式。如果选择【在自动对焦的边缘区域停止】则对焦点就不会循环。

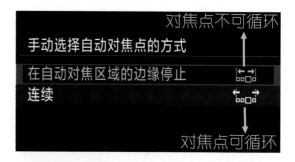

提示 ⚡

对焦点停止在边缘位置也有其用途，当你希望将相机举在面前时就已经将对焦点放在边缘位置或者自己希望的点上，那么不循环的设置则会带来方便。这完全取决于你的拍摄习惯。

5.2.3 不让对焦点自身的显示造成干扰

拍摄参数： ◎ 光圈：f/8　◎ 快门：1/500s
◎ 感光度：ISO100

※ 当主体人物面部在画面中比例较小，但又是对焦点所在位置时，为了看清拍摄瞬间人物的表情，可以进入自动对焦菜单第 5 页（AF5）第 2 项的【对焦时自动对焦点显示】选项，使用【选定（自动对焦前、合焦时）】设置，就能够在半按快门瞬间让对焦点的方框消失，从而更加清晰地观察该区域。

对焦点的操作几乎贯穿了我们的整个拍摄过程，在开始拍摄前，我们会通过光学取景器来观察有多少对焦点可用。进入拍摄阶段，我们会通过✲多功能控制摇杆来移动对焦点，此时我们需要看到对焦点最终到达的位置，以便符合心中理想的构图。在开始自动对焦前，我们还要持续观察当前对焦点的位置以便跟场景中的主体保持重合。在自动对焦完成后，我们需要得到提示，这样对于照片是否清晰才会心中有数。

可见，对焦点的显示贯穿了整个拍摄流程，可以为我们提供充足的信息，让我们掌控当前自动对焦的工作状态。但另一方面，对焦点的出现也会对拍摄和观察产生一定的干扰，过多的对焦点出现在光学取景器中，或者在不恰当的时候出现，都会干扰甚至遮挡住场景中的主体，影响我们的观察判断和对抓拍时机的把握。不同的摄影师或者在拍摄不同的题材时，对于对焦点出现和消失的习惯与要求是不同的。在佳能 EOS 7D MARK II 中就有一个功能选项可以让我们进行这方面的设置。它就是位于自动对焦菜单第 5 页（AF5）第 2 项的【对焦时自动对焦点显示】选项。

【菜单解析】自动对焦菜单第 5 页（AF5）第 2 项【对焦时自动对焦点显示】

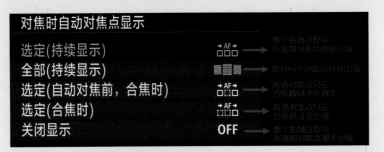

> 选定（持续显示）：在拍摄的所有阶段，包括选择对焦点时、拍摄准备就绪时、拍摄过程中和准确合焦时，始终都加亮显示我们所选择的自动对焦点。显然，这一选项的好处是能够时刻提醒摄影师自动对焦点的位置在何处，工作状态如何。如果你拍摄的主体在画面中比例较大并且非常明确，不会因为对焦点的持续出现而受到干扰即可以选择。

> 全部（持续显示）：在所有拍摄阶段始终显示所有 65 个自动对焦点。由于佳能 EOS 7D MARK II 的 65 个自动对焦点几乎覆盖了大部分取景器范围，所以这一选项很容易阻挡我们对于场景的观察，并不建议选择。

> 选定（自动对焦前、合焦时）：对焦点造成的最严重干扰一般是在摄影师聚精会神捕捉主体最佳瞬间的片刻，此时摄影师不希望任何物体出现在自己与主体之间，包括对焦点在内。使用本选项就可以在最关键时刻让对焦点自动消失，而在合焦后才进行加亮提示。当然，在之前的选择对焦点和拍摄准备就绪阶段，对焦点也会出现，从而提醒我们对焦点所在的准确位置。

> 选定（合焦时）：对于干扰更加敏感的摄影师可能会在拍摄准备就绪阶段就开始不停地仔细观察，如果想在此时隐去对焦点，则需要选择本选项。同样在合焦后，对焦点会进行加亮提示。

> 关闭显示：在这一选项下，只有选择对焦点位置时会有提示，然后在整个拍摄过程中，包括合焦后，对焦点都不会出现在光学取景器中，从而最大幅度地避免了干扰。但这也容易造成摄影师对于对焦点位置判断不够准确。

5.2.4 减少启用的对焦点数量

我们前面了解到，相机的对焦点数量越多，拍摄运动主体的能力越强。但是，如果你在拍摄静止主体，例如一个坐在椅子上的模特，此时我们反而不需要如此多的对焦点。因为，对焦点数量越多，在完成构图后，你把单个对焦点移动到与模特眼睛重合的位置上，就需要更长的时间和更多的点击按钮次数。此时，一个高效率的方式就是减少对焦点的数量。

拍摄运动主体能力强

对焦点选择效率高

盖的区域变小，使得构图受到较大的局限。除非你所拍摄的题材里，对焦区域就集中在这个范围内，否则尽量不要选择 9 点。

进入自动对焦菜单第 4 页（AF4）第 2 项【可选择的自动对焦点】选项，就可以将对焦点数量从 65 点调整为 21 点或 9 点。当选择21 个对焦点时，仍能覆盖较大的区域，只是对焦点彼此之间的距离增大了。这时我们不仅可以更高效率地移动对焦点，而且不必牺牲构图的自由度。因此，21 点是拍摄静态主体时推荐的选择。但当对焦点数量降低到 9 个时，其覆

5.2.5 精选常用的自动对焦区域模式

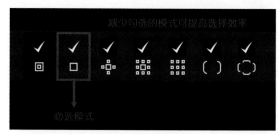

在拍摄激烈的运动场景时，我们往往需要根据场上的变化、拍摄的需求和构图的改变而不停地切换自动对焦区域模式。例如，拍摄某个足球运动员高速带球突入禁区时，我们需要使用自动对焦点扩展（5 点或 9 点）模式，而当这名球员进球后，站在场边高举双手庆祝时，我们需要切换至单点自动对焦模式拍摄人物特写。当需要抓拍被球员踢到空中的足球时，我们需要切换至区域或大区域自动对焦模式。在切换自动对焦模式时，为了节约时间，摄影师的眼睛甚至都不能离开光学取景器。通过右手拇指对❺自动对焦区域选择杆的拨动，结合光学取景器内的信息提示来完成。

然而，佳能 EOS 7D MARK II 具备多达 7 种自动对焦区域模式，虽然这给我们提供了多种选择，但也会降低自动对焦模式选择的效率。

在我们推荐的使用自动对焦区域选择杆的切换方式中，该拨杆只能向右下方拨动，自动对焦区域模式的选择也只能从左至右，而无法反向移动。为了提高自动对焦区域模式的选择效率，我们可以进入自动对焦菜单第 4 页（AF4）第 3 项【选择自动对焦区域选择模式】选项。该选项内将 7 种自动对焦区域模式并列放置，我们可以使用机身背面的速控转盘移动光标，并使用 SET 按钮在某个自动对焦区域模式上打钩或取消打钩。通过这一设置我们就能够将不常用的自动对焦区域模式排除在外，大幅度地提高选择效率。例如，在刚才的足球比赛案例中，我们就可以在拍摄前的准备工作中将定点自动对焦和 65 点自动选择自动对焦模式排除掉，这样就可以从 7 选 1 变为 5 选 1。

5.2.6 横竖构图改变时的对焦点高效移动

很多照片销售排在商业图片库前列的摄影师都有一条宝贵的拍摄经验，那就是面对一个场景时，横竖构图都要各拍一张。因为，在出版印刷方面，对竖构图照片的需求更多。对于爱好者来说，虽然不以图片销售为目标，但是横竖构图都拍摄可以锻炼自己的画面组织能力，在一个场景下能够得到两次训练。

从横构图变为竖构图拍摄的过程中，切换对焦点是最常用的操作，为了能够在这种情况下提高对焦点的切换效率，我们可以使用自动对焦菜单第 4 页（AF4）第 5 项【与方向链接的自动对焦点】选项。

选择【水平／垂直方向相同】后，我们使用单个对焦点拍摄，在横竖构图切换过程中，对焦点位置不会变化。为了在旋转相机后对焦点重新移动到主体上，我们只能按下❖多功能控制摇杆来移动对焦点。

而使用该选项中的第三个【不同的自动对焦点：仅限点】后，就可以预先注册机身◙逆时针 90° 竖构图、◙水平横构图、◙顺时针 90° 竖构图三种状态下的对焦点位置。一旦设定好以后，随着相机的转动，根据内置电子水平仪的数据，对焦点的位置就会自动跳转到之前选择好的位置上，大幅度地提高了效率。例如，在拍摄范例中的横构图照片时，可以将横

构图的对焦点预设位置放在对焦区域左侧靠上的位置；而竖构图时，为了不让人物所处的位置失衡，则可以将预设对焦点位置至于对焦中心区域靠上的地方。

而使用该选项中的第二个【不同的自动对焦点：区域 + 点】后，不仅可以预先设置机身在左转 90° 竖构图、水平横构图、右转 90° 竖构图三种状态下的对焦点位置，还可以设置

提示 ⚡ 竖构图拍摄姿势

在使用较为轻便的普通镜头进行竖构图拍摄时，可以将快门至于上方。

在使用普通镜头进行竖构图拍摄时，较为理想的拍摄姿势是将机身逆时针旋转相机 90°，让快门位于上方，使用左手在下方托住镜头，这样能够保持较好的稳定性。而使用沉重的超长焦镜头时，让相机顺时针旋转 90°，让快门位于下方可以让拍摄过程更加轻松。但最稳定的竖构图拍摄还是使用竖拍手柄（知识链接：第 13 章 "高效操控相机之道" 一章中的摄影兵器库：竖拍手柄），它能够让你采用与横构图一样的稳定动作进行竖构图拍摄。

※ 横构图时对焦点在对焦区域左侧靠上的位置。

※ 竖构图时对焦点自动切换至对对焦中心区域靠右上的地方，实现自动切换。

横竖构图切换时的对焦点位置变化

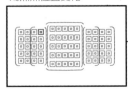

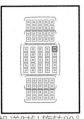

相机逆时针旋转90°

操作指南： 通过"神秘"组合键注册自动对焦点

佳能 EOS 7D MARK II 的对焦点数量众多，虽然这对于抓拍运动主体非常有利，但是却给对焦点切换带来麻烦。而注册自动对焦点是提升效率的重要方法，实际上注册自动对焦点就是在拍摄前告诉相机哪个对焦点是摄影师最经常并最喜欢使用的，然后在拍摄时就可以通过一个按钮让相机快速切换到这个点上。它不仅用于横竖构图改变时，还可以通过自定义按钮实现一键切换对焦点位置。但使用这一功能的基础是掌握注册自动对焦点的方法。

注册时首先要查看自动对焦区域模式，只有单点自动对焦、定点自动对焦、自动对焦点扩展（5点）、自动对焦点扩展（9点）和65点自动选择自动对焦这5种模式下才可以注册自动对焦点。而在区域和大区域自动对焦模式下，由于没有固定的单一对焦点所以无法注册。通过光学取景器将单个对焦点移动到你需要的位置上，然后在自动测光系统关闭之前，同时按下机身背面右上角的 ⊞ 自动对焦选择按钮和机顶液晶屏右方的 ☼ 液晶显示屏照明按钮，正是这对组合键可以告诉相机我们需要注册的自动对焦点位置在哪里。按下这对组合键后，机顶液晶屏会出现 "SEL HP"（即注册自动对焦点）的提示字样，并发出一声提示音代表完成注册。一般情况下，注册位置可以根据构图中的三分法原则，选择在

整个画面左侧三分之一位置或者右侧三分之一的位置，它们将会给画面带来更好的效果。

如果需要取消当前注册的自动对焦点，同样也需要组合键，它们是 ⊞ 自动对焦选择按钮和机顶液晶屏前方的 ☒·ISO 曝光补偿感光度按钮。这样在取消后你就可以重新注册一个更加常用的对焦点位置。

对于横竖构图变换时的注册对焦点位置，首先需要进入【与方向链接的自动对焦点】选项并选择后两个功能之一，然后将相机旋转到水平、手柄在上的垂直状态和手柄在下的垂直状态三个不同位置上，然后分别设置相应的注册自动对焦点，注册方法相同。

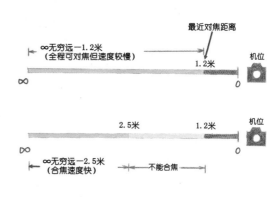

❶ 将单个对焦点移动到最常用的位置上

❷ 同时按下两个按钮即可完成注册

不同的自动对焦区域模式。一旦设定好以后，随着相机的转动，对焦点的位置和自动对焦区域模式都会改变。这样在拍摄好动的孩子时，我们可以采用横构图，使用自动对焦点扩展（5

点）模式 + 中央对焦点来拍摄运动中的孩子；当孩子停止奔跑时，我们就可以走上前去，逆时针旋转相机 90°，以单点自动对焦模式 + 最上方的对焦点来拍摄孩子的半身像。

5.2.7 对焦范围——提高长焦镜头的对焦速度

镜头的对焦范围是从最近对焦距离开始到 ∞ 无穷远都可以完成对焦的，因此严格意义上只有最近对焦距离是对我们的限制。但在部分长焦镜头上，我们能够见到用于设定对焦范围的开关。例如，在大三元中的"爱死小白兔" EF 70-200mm f/2.8L IS II USM 镜头上就有专门调整对焦范围的开关，它包含两个选项：一个是 1.2m 至 ∞ 无穷远，由于 1.2m 就是这支镜头的最近对焦距离，所以这个挡位也就相当于全程范围内可对焦。另一个是 2.5m 至 ∞ 无穷远，

最近对焦距离

∞无穷远—1.2米
（全程可对焦但速度较慢）

1.2米

机位

∞

0

2.5米　1.2米

机位

∞无穷远—2.5米
（合焦速度快）

不能合焦

0

※ 对焦范围的作用。

※ 根据需要将"爱死小白兔"EF 70-200mm f/2.8L IS II USM 上的对焦范围开关至于恰当位置,可以有效提高对焦速度。

这一开关的作用是用来限定镜头对焦的工作范围,主要目的是通过不同选项的设定来提高对焦速度和效率。

在拍摄中,如果拍摄对象距离相机的远近在 2.5m 以内,那么只能用 1.2m 至 ∞ 无穷远

的挡位,选择另外一个挡位时镜头无法完成自动对焦。如果对 2.5m 以外的主体对焦,虽然这两个选项都可以用,但是选择 2.5m 至 ∞ 无穷远这个挡位时,对焦速度要明显更快。对焦范围开关主要在长焦和超长焦镜头上出现,主要是因为此类镜头中用于对焦的镜片组体积大重量沉,并且在完成对焦工作中移动距离远大于其他类型的镜头,即使采用了大扭力的环形 USM 超声波马达驱动也会出现对焦速度较慢的现象,因此在镜头上增添对焦范围选项主要是为了提高这类镜头的对焦速度。

实战经验

在使用这类长焦变焦镜头时,由于大部分爱好者更多使用长焦端拍摄风光的局部场景或人像,因此平时可以放在 2.5m 至 ∞ 无穷远的挡位上,以保证快速对焦。一旦感觉拍摄位置非常靠近主体时就要切换回 1.2m 至 ∞ 无穷远的挡位。而如果距离主体比 1.2m 更近时,无论哪个挡位相机都无法完成自动对焦了。

5.2.8 陷阱对焦——守株待兔式的拍摄

拍摄参数: ◎ 光圈: f/11　　◎ 快门: 1/500s
　　　　　　◎ 感光度: ISO200

※ 为了拍到空中飞舞的蜂鸟,在它到达目标位置前就提前针对糖水容器进行对焦,并保证足够的快门速度和景深,当蜂鸟到达理想位置后进行连拍就能获得理想画面,而不需要匆忙地针对蜂鸟本身进行对焦。

拍摄运动主体的过程有时候与打猎有相似之处,有的猎人会一直追逐着猎物不放,但精明的猎人会在猎物必经之路上挖好陷阱,然后耐心等待收获的时刻。如果你所拍摄的运动主体移动飞快,那么再强大的对焦系统可能也无法应对。此时不如换个思路,借鉴一下精明猎人的方法,为你要拍的主体设置一个对焦陷阱,等待主体自己进入这个预先已经完成对焦的区域中,这样就能够轻松捕捉到清晰的影像。

与前面介绍的使用 AI SERVO 人工智能伺服自动对焦模式进行连续对焦的方式不同,陷阱式对焦并非持续追踪拍摄主体,而是事先设定好对焦位置等待主体。进行陷阱对焦时首先通过观察,预先判断出主体可能要经过的位置,并针对该位置进行对焦。然后在主体即将到达

时采用高速连拍覆盖其一整段连续动作，这样就能够捕捉到理想的画面。这也是我们采用佳能相机进行陷阱对焦的方式。其实严格来说这种拍摄手法应该叫作对焦预设。

实战：陷阱对焦

➢ 拍摄前设置。进入自定义功能菜单第 3 页（C.Fn3）的最后 1 项【自定义功能按钮】选项中，将自动对焦启动功能从半按快门中分离出去，这样只有 AF-ON 按钮可以启动自动对焦。将对焦模式设置为 ONE SHOT 单次自动对焦模式，将自动对焦区域模式设置为单点对焦模式，将驱动模式设置为高速连拍。

➢ 设置对焦陷阱。在运动主体必经之路上选择合适的背景，并找到与主体即将出现位置距离相同的物体，使用初始对焦点与其重叠。

➢ 事先对焦。按下 AF-ON 按钮启动自动对焦，在相机完成合焦后，抬起右手拇指不再继续按着 AF-ON 按钮。如果场景中没有与预设对焦位置距离相机一样的主体，那么还需要通过全时手动对焦方式进行对焦距离的微调。

扩展阅读

自动化的陷阱对焦

如果将陷阱对焦进行更加严格地定义，那么佳能相机所采用的方式还不能算真正的陷阱对焦。在宾得和尼康相机上，还有一种更加自动的陷阱对焦拍摄方式。那就是在预设了对焦位置后，可以完全按下快门，但此时对焦距离上没有处于合焦的物体，因此相机不会释放快门。当运动主体进入预设的对焦位置时，相机检测到合焦信号，于是自动释放快门完成拍摄。这实际上是一种对焦优先的拍摄方法，自动对焦模块一直处于信号检测状态，没有合焦信号就不释放快门。

➢ 拍摄。右手食指随时放在快门上，当运动主体即将到达预先对焦的区域时，按下快门保持几秒钟的连拍，直到主体完全移出对焦预设位置终止。

5.3 超焦距——让清晰区域最大化

对焦技术的核心目标是控制照片中清晰区域的范围。当我们需要展现出唯美画面，让观者的视线停留在照片的某一区域时，就需要让其他的区域虚化。当我们需要传递较多信息给观者，让他们充分了解这个场景时，就需要让照片中更多的区域清晰可见。当你将这两种表现手法运用自如的时候，你的摄影技术就上了一个台阶。

画面中的清晰区域有时候是一种稀缺资源，我们总希望它更多一些，从而让清晰景物更多更大。例如，在拍摄大场景风光照片时，我们总是希望获得从前景的野花和石头到远景山峰和天空都十分清晰的画面。为了实现这一目标很多初学者都会用小光圈并向画面的最远端对焦，但是这样做实际上恰恰会导致前景更多的区域虚化，无法实现拍摄目的。正确的做法是采用超焦距的方法进行拍摄。

超焦距是一种扩大景深的对焦技术，可以让清晰这种稀缺资源被利用得更加充分。当我们对焦至无穷远时，镜头上的焦距显示窗口会显示为 ∞ 的符号，此时画面中清晰范围并不是最大的，而将对焦位置移动，让其更加靠近相机时反而能够获得更大的清晰范围。

在后面我们会深入讲解景深（即画面当中

拍摄参数： ◎ 光圈：f/8　⊙ 快门：1/125s　◎ 感光度：ISO200　⑤ 焦距：35mm

※ 使用超焦距的拍摄方式可以轻松获得从前景到远景都清晰的画面。

清晰范围）的知识，在此处我们需要了解的是，对焦位置后面的景物清晰范围是对焦位置前面的一半。当对焦在无穷远时，后景深被浪费掉，完全没有发挥作用。当我们将对焦位置进行调整，使其更加靠近相机一侧时，后景深即最远

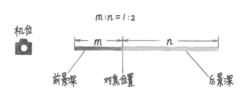

※ 前后景深比例关系。

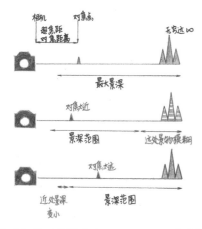

※ 采用超焦距拍摄手法，可以让画面中的景深得到最充分的利用。

实战经验

　　采用 24mm 广角镜头以光圈 f/11 拍摄时，如果对焦在无穷远处，那么画面的清晰范围是从距离相机 1.8m 远的地方开始至无穷远。而如果将对焦位置调整，更加靠近相机，达到 1.8m 时，画面中清晰的范围变成 0.88m 至无穷远。清晰范围扩大了 1m。只要主体在这个范围之内就一定是清晰的，而我们完全不必向主体对焦。这在快速抓拍时很有实用价值，当设定好 24mm 焦距和 f/11 的光圈后，完全可以采用手动对焦模式，将焦距设定在 1.8m 的超焦距位置，然后只要我们自己距离主体 0.88m 以外肯定能够将其清晰地呈现在画面中。我们只需将注意力放在观察场景和把握瞬间上即可。

的清晰区域仍可以覆盖到无穷远，而前景深（最近清晰点）则离镜头更近。从而扩大了画面中的清晰范围。这就是超焦距拍摄手法。

运用超焦距手法进行拍摄不仅可以在风光题材中获得更大的景深，在拍摄人文纪实题材时，使用广角镜头配合小光圈还能够省略掉对焦的过程，实现专注于构图和主体瞬间动作的目标。另外，在弱光和低反差等自动对焦难以发挥作用的场景中，使用超焦距便可不用自动对焦出场，更高效地完成拍摄。由于光圈越小景深越大，相比对焦至无穷远处的拍摄手法，

使用超焦距后，在获得同样景深时，光圈可以开得更大，从而提高了镜头的进光量，对于弱光环境下拍摄也很有帮助。

可见，超焦距不是一个固定的数值，它随着焦距的长短、所用光圈的大小而变化。其中一个原则是，当使用广角镜头和小光圈时，在超焦距的帮助下可以让画面获得更大的清晰范围。超焦距位置根据镜头焦距和光圈运用相关公式可以推算出准确数字。如果你觉得公式太麻烦，现在还有在线计算工具和手机上的超焦距计算 APP 可以帮忙。

常用超焦距对照表

	16mm	24mm	35mm
f/8	1.08m	2.42m	5.14m
f/11	0.77m	1.72m	3.64m
f/16	0.55m	1.22m	2.59m
f/22	0.39m	0.87m	1.84m

※ 镜头焦距越广，超焦距位置离相机越近；光圈越小，超焦距位置离相机也越近。针对这一距离对焦后，画面中最近清晰点到相机的距离是超焦距的一半。

硬件技术看板 🔘 **手动对焦镜头上的景深刻度标尺**

在手动对焦的蔡司镜头 Distagon T* 3.5/18（即 18mm f/3.5）镜头上，依然保留了景深标尺。并且刻度清晰精准，与精密的手动对焦环配合使用，颇有复古的感受。镜头上的景深标尺是我们使用超焦距拍摄最便利的参考。该镜头最上方为手动对焦环，最上方一行的橙

色数字位于手动对焦环上，代表了以英尺为单位的对焦距离。其下方白色数字代表了以米为单位的对焦距离。中间为景深标尺，该标尺最中间的白色粗竖线与上面的手动对焦环相对应，指示出当前的对焦距离。例如，现在的镜头状态是对焦在 ∞ 无穷远处。在白色粗竖线左

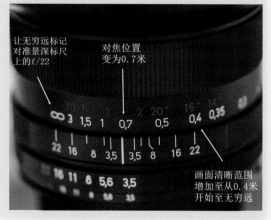

右两侧，不同的数字代表了光圈值，左右两个相同光圈值之间的距离，代表了景深。例如，现在的镜头状态表示如果使用 f/22 这样的小光圈拍摄，前景深是从 0.7m 处开始清晰，直到 ∞ 无穷远处依然清晰。但是我们发现从白色粗竖线的左侧开始到最左侧的 f/22 刻度为止，这之间的景深都被浪费了。我们需要进行一下对焦距离的调整，以便充分利用潜在的清晰范围。

将手动对焦环向左旋转，让 ∞ 无穷远标记与左侧的 f/22 白色细竖线位置重叠。此时，从中间位置看，白色粗竖线对准了 0.7m 的位置，代表了当前对焦位置从原来的 ∞ 无穷远变为距离相机 0.7m 处。而此时，右侧的 f/22 白色细竖线对应了 0.4m 的标记处。说明当前景深为 0.4m 至 ∞ 无穷远。比起上一张图中，直接对焦在 ∞ 无穷远时，景深扩大了 0.3m。也就是说前景中清晰的

范围扩大了。这就是我们通过超焦距方式"额外"获得的好处。并且这种判断可以直观快捷地从这种带有景深标尺的镜头中观察到。从而在拍摄时更加心中有数。

景深标尺

虽然佳能在大部分 EF 镜头上依然保留了景深刻度标尺，例如这支 EF 14mm f/2.8L II USM 镜头，但其刻度的美观和精度方面无法与蔡司相比。

在手动对焦时代，超焦距是摄影师的重要工具，可以减少烦琐的手动对焦操作，获得更高效的拍摄。对于新闻摄影和人文纪实题材来说，超焦距是使用率超高的工具。因此，手动时代的镜头上都有景深刻度标尺，方便摄影师参考。

实战：简便的超焦距设置方法

如果镜头的景深标尺使用不便，并且觉得在线计算工具和手机 APP 都过于麻烦，又希望运用超焦距获得更大的清晰范围，可以采用这样的方法。

➢ 首先把对焦模式调整至 MF 手动对焦上。

➢ 旋转对焦环至 ∞ 无穷远处。

➢ 眼睛通过光学取景器观察场景，同时向回转动手动对焦环，使前景深逐渐加大。直到无穷远处的景物刚刚开始变模糊时，停止转动对焦环。

这个位置基本上就是超焦距的位置了。使用它可以应对需要快速抓拍的题材，有效提高拍摄效率。

摄影兵器库：广角镜头

超焦距与广角镜头是一对完美的组合。很多影友一想到广角就会认为这是拍摄大场景风光的专用焦段，其实广角的作用不仅限于此。在拍摄人文纪实题材时，一个重要的拍摄技巧就是使用广角镜头靠近主体拍摄，这样既可以获得突出而醒目的主体，又能够交代更多的环境信息。另外，在狭小的空间中拍摄，广角镜头还是展现更多场景的必备器材。广角镜头最大的特点是能够扩大画面中前后景物之间的距离，使得近景更大，远景更小，展现出极具特色的视觉效果。

一般我们将焦距在 35mm ~ 50mm 之间的焦段称为小广角，它具有比标准镜头宽广的视角，但画面效果又不会过分夸张，视觉效果相对柔和。焦距在 24mm ~ 35mm 之间的焦段属于比较标准的广角范围，它能够涵盖更加广阔的视角，已经稍微具有夸张的视觉效果。而小于 24mm 的焦距则达到了广角的极致，可以

拍摄参数： ◎ 光圈：f/11　◎ 快门：1/100s　◎ 感光度：ISO400

❈ 采用广角镜头拍摄时会让画面更具张力，景物从画面的近处向远方延伸开来，具有很强的纵深感和立体感。

1mm 变化天差地别

在使用长焦镜头拍摄时，相差 1mm ~ 2mm 焦距从视角上是很难察觉的。例如，200mm 镜头在全画幅上的视角为 12° 20′，180mm 镜头在全画幅上的而视角为 13° 40′。平均 1mm 焦距视角差只有 4′。但在广角端这种情况完全不同，16mm 焦距在全画幅上的视角为 107°，而 18mm 焦距在全画幅上的视角为 100°。两者相比，每宽

展现出更为奇特的画面。

对于初学者来说，用好广角镜头有一定的难度。与长焦镜头不同，广角镜头由于焦距较短，景深较大，难以采用背景虚化的手法来突出主体视觉元素，陪体很容易对照片的核心思想表达造成分散和负面干扰。同时，由于视角宽广的原因，不经意间收入画面的元素就会增多，难以实现"摄影是减法"的原则，这就为突出主体带来了困难。另外，广角镜头的畸变更加严重，画面边缘处的景物容易出现变形。

更强透视更强冲击力

广角镜头虽然难以驾驭，但它具有其他焦段所不具备的特点，这也是很多摄影师钟爱广角镜头的重要原因。首先，广角镜头能够带来更强的画面透视效果，有效夸大前景与背景之间的距离感，增加近大远小的空间关系，对于提升画面的冲击力有很大帮助。其次，由于视角宽广，在拍摄环境人像时能够在画面中融入更多的辅助视觉元素，对主体人物的工作环境、生存状态、性格特征等进行充分交代，对于提高照片所传递的信息量有很大帮助。

广 1mm 焦距，视角会增加 3° 30′。因此，在选购广角镜头时，更短的焦距代表着成倍增加的广阔视角，焦距成为比光圈更加重要的考虑因素。

❈ 常见的 20mm、24mm、28mm 和 35mm 的视角对比。

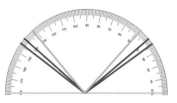

❈ 蓝色边框为 16mm 下的视角，角度为 107°。红色为 18mm 下的视角，角度为 100°。绿色为 24mm 下的视角，角度为 84°。而鱼眼镜头能够达到 180° 的视角。

时刻注意前景

使用广角镜头时应该发挥其透视关系上的优势，让前景与远景之间形成足够的距离，以强化画面的立体感。构图时可以在前景中有意安排布置一些有趣的景物，例如，拍摄大场景风光时，可以降低机位，在前景中放入一些树叶、野花或石头。这样还能够有效避免画面中出现大片的空白。

拍摄参数： ◎ 光圈：f/8　◎ 快门：1/640s　感光度：ISO200

※ 采用广角镜头拍摄时，在前景放入适当的元素可以有效扩大纵深的透视感，让照片更具立体感。

拍摄参数： ◎ 光圈：f/4　　　◎ 快门：1/800s
感光度：ISO100　摄影师：林佳贤

避免竖线汇聚

在使用广角镜头尤其是超广角镜头拍摄时，如果镜头没有指向正前方拍摄而是向上仰拍或向下俯拍，那么就容易让画面中的垂直线条发生"汇聚"现象，建筑物看起来即将发生倾倒。这是专业摄影师无法接受的，因此他们会使用移轴镜头解决这一问题，但对于普通爱好者来说，移轴镜头价格昂贵用途有限，所以，拍摄大型建筑物又离不开广角镜头时，为了避免竖线汇聚情况的发生，就应该尽量提升拍摄位置，确保镜头水平拍摄而不是仰拍。

越广角越靠近

很多爱好者都认为，拍摄人像应用85mm至135mm的焦段，只有拍摄背景虚化主体人物锐利的照片才是好的人像照片。但实际上，

※ 使用广角镜头拍摄环境人像的重要技巧就是靠近主体拍摄，这样不仅主体人物突出，而且能够包含更多环境要素，以烘托气氛并交代主体人物的身份特征以及生活环境。

那种照片只能算是唯美风格的人像作品，而要想给观者展示主体人物的更多信息，就需要使用广角镜头拍摄带有环境的人像才可以。广角镜头很适合用来讲故事，会给画面增加戏剧般的效果，使画面更具表现力。

使用广角镜头可以表现出主体人物与四周环境的关系。例如艺术家在他的工作室里创作的场景，或者家庭主妇在厨房中烹制晚餐的场景，使用广角镜头可以把较多的环境元素融入画面中。但在拍摄时一定要注意，相机要靠近主体人物，离主体越近，画面的戏剧效果就越强烈。把主体人物安排在画面的前景中，使他成为支配环境的核心要素，这时背景中的人或物好似被环境吞噬了一样，不会出现干扰主体的情况。

新一代"广角之王"——EF 11-24mm f/4L USM

※ 佳能 EF 镜头阵容中新一代"广角之王"EF 11-24mm f/4L USM 创造了单反相机超广角镜头（非鱼眼类型）新的纪录。

在胶片时代，由于技术的限制，广角变焦镜头几乎无法做到定焦镜头的广阔视角。佳能在 1991 年就推出了第一代 EF 14mm f/2.8L 广角镜头，而同时期的广角变焦镜头只能做到 20mm ~ 35mm。当然，在胶片时代摄影师也更加信任画质出色的定焦镜头。而进入 20 世纪 90 年代后，变焦镜头的技术得到了长足发展，随着画质不断提升，重量和体积不断减小，变焦镜头方便易用的特点被广泛接受。于是，广角变焦镜头成为热点。1996 年，就在人们期待着超声波马达装入顶级的广角变焦镜头 EF 20-35mm f/2.8L 时，佳能出人意料地推出了 EF 17-35mm f/2.8L USM，这支新的广角镜皇不仅增加了超声波马达，而且将广角端一下向前延伸了 3mm。这是一个划时代的进步，这一技术更是领先其他竞争对手数年，直到 1999 年尼康才推出"金

拍摄参数：◎ 光圈：f/4　◎ 快门：1/40s　▣ 感光度：ISO2500

※ 在有限的空间内，使用 EF 11-24mm f/4L USM 可以拍摄到视角极为宽广的画面，同时增加了近大远小的透视感，让画面别具一格。

广角"AF-S 17-35mm f/2.8D IF-ED。可见，佳能在广角变焦镜头上具有雄厚的研发实力。

当竞争对手逐步跟进时，佳能在2001年又推出了第一代 EF 16-35mm f/2.8 L USM，就是这 1mm 的扩展，奠定了我们今天主力广角镜头的类型。佳能广角变焦镜头中无论大小三元都采用这一焦段。但在 2007 年，尼康不再甘居人后，大三元"大灯泡"AF-S 14-24mm f/2.8G ED 广角端突破到了 14mm，达到了佳能广角定焦的水平。不少佳能用户甚至购买转接环，在佳能机身上转接使用这支尼克尔镜头。在竞争对手与市场的双重压力下，佳能于 2015年 2 月终于发布了划时代的 EF 11-24mm f/4L USM，将广角端再次向前推进了 3mm，创造了单反相机广角镜头（非鱼眼类型）新的纪录。之所以要扩展到 11mm 才能创造纪录，完全是因为一枚副厂镜头的原因，那就是适马 12-24mm F4.5-5.6 II DG HSM。

※ EF 11-24mm f/4L USM 的内部光学结构。

其实，在焦距的两个极端上，镜头的制作难度并不相等。长焦方面，即使镜头焦距再长，光学结构也不会因为焦距的增加而特别复杂，无须使用制作难度更高的镜片。唯一的限制来自于镜头的体积和重量，以及市场的接受程度。而在广角方面则不一样，当焦距广于 16mm 时，畸变会更加严重，为了修正这种畸变必须使用更特殊的光学镜片进行校正。为了

实现 11mm 广角，佳能制造了世界上最大的 87mm 直径的研磨非球面镜，它也是 EF 11-24mm f/4L USM 的第一组镜片，呈现出灯泡一样的凸出外观。在镜头一章中我们会介绍，精密研磨非球面镜是非球面镜中等级最高、制作难度最大的。它由一整块光学玻璃制成，需要经过长时间研磨才能够达到设计要求的形状，表面曲率的要求最为严格。从当年高级技师的手工研磨到今天的数控研磨，可以说它代表了光学镜片加工工艺的最高水平。另外，EF 11-24mm f/4L USM 中第二块玻璃铸模非球面镜的直径非常大，两者组合在一起能够有效控制整个焦段内的畸变。

但是，灯泡一样的前组也带来了一个问题，无法安装 UV 镜和风光摄影中常用的中灰镜、中灰渐变镜。虽然佳能在镜头尾部设计了滤镜插槽，但它更多是为了安装闪光灯滤色片而设计，对于风光摄影常用滤镜来说帮助不大。因此，使用 EF 11-24mm f/4L USM 拍摄大场景风光时，为了获得最佳的画面效果，一套质量上乘的方片滤镜系统则是必不可少的。同时，佳能将遮光罩与镜身做成了一体式结构，既可以减小倾斜入射光线产生的眩光，又可以有效保护这枚前组镜片。遮光罩内侧采用了螺纹结构来消除反光，比起传统的黑色绒面织物，具有更好的抗污渍能力。在野外艰苦条件下拍摄时，灰尘、水渍和手指上的油渍难以避免，所以前组镜片还具有氟涂层以增强其抗污能力，随时保证优秀的画质。另外，镜头最后一组镜片也配备了氟涂层，考虑得十分周到。为了配合这一前组镜片，镜头盖也变为帽式结构，直接安装在遮光罩上。为了应对户外环境，EF 11-24mm f/4L USM 还采用了防尘防水滴设计，在对焦模式拨杆等位置上强化了防护性能。

除了非球面镜以外，该镜头中还使用了超级 UD 和 UD 镜片，用来消除超广角镜头容易出现的色差。第一、二组镜片后表面使用了 SWC 亚波长结构镀膜，有效控制了眩光和鬼影。

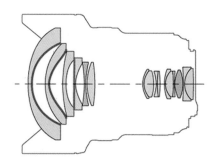

●非球面镜 ●超级UD镜片 ●UD镜片 — SWM亚波长 — ASC空气
　　　　　　　　　　　　　　结构镀膜　　球形镀膜

❈ EF 11-24mm f/4L USM 内部几乎使用了佳能全部的顶级材料和技术。

可以说，EF 11-24mm f/4L USM 几乎使用了全部佳能顶级的镜头制造技术和最高级的材料。在创造了这一广角世界纪录的同时，还为我们

带来全焦段下畸变极小的画面。如果你保持平行视角拍摄（非俯仰角度），那么画面中几乎无法察觉有桶形畸变。佳能在镜头设计上，着重考虑到了 11mm 端，其画质表现会比 24mm 端更加优秀。无论拍摄大场景风光还是在狭小空间内拍摄高大主体、无论是追求严谨的无畸变画面还是特意打造强烈透视关系的超现实风格，它都可以出色地完成拍摄任务。很多看似不起眼的场景，使用 11mm 拍摄出来更是张力十足。

这支镜头上市的价格在 1.9 万元，超过了所有大三元镜头，但考虑到其一流的用料和做功，以及无可替代的焦段，肯定会成为众多爱好者心目中新的"广角之王"。

广角新星——EF 16-35mm f/4L IS USM

❈ EF 16-35mm f/4L IS USM 采用了众多新技术，在光学素质上已经接近大三元广角的水平。

拥有出色画质和更加平易近人价格的小三元镜头一直是市场销售的主力军，多年以来小三元的排头兵一直是 EF 17-40mm f/4L USM。它以不到 4000 元的价格成为红圈镜头中性价比最高的一支。然而到了今天，这支 2003 年发布的镜头在各项指标上已经稍显落后，于是在 2014 年，佳能发布了全新的小三元广角镜头 EF 16-35mm f/4L IS USM。虽然 EF 17-40mm f/4L USM 并没有停产，但是全新的 EF 16-35mm f/4L IS USM 拥有更广的视角、更多高等级光学镜片、更好的画质和防抖功能，已经成为当仁不让的小三元新主打镜头。

EF 16-35mm f/4L IS USM 拥有 3 个方面的优势，第一就是防抖能力，两支广角镜皇虽然出色，但都不具备防抖功能。EF 16-35mm f/4L IS USM 凭借超广角和防抖功能可以让我们手持拍摄夜景，无须借助三脚架。经过实际测试，竟然以 1/4s 的低速快门都可以手持拍摄出清晰的照片，这使它的用途得到了极大的扩展。第二是它具有 77mm 的滤镜口径，这样

拍摄参数：◎ 光圈: f/8　　◎ 快门: 1/60s
　　　　　◎ 感光度: ISO200

❈ 凭借出色的防抖功能，即使在弱光环境下也可以拍摄出锐利的画面。

就不必采用费用较高的方片滤镜，不仅非常方便而且节约了一大笔滤镜的消费。第三是新技术的运用使得画质大幅度提升，EF 16-35mm f/4L IS USM 的第一组镜片使用了大口径玻璃铸模非球面镜，而且这枚镜片的正反两面均为非球面，加工难度更高。它可以较好地修正广角端的筒形畸变。第二组镜片同样为玻璃铸模双面非球面镜，可以让像场更加平直，大幅度提升了画面边缘区域的成像质量。新技术和高等级镜片的加入不仅使 EF 16-35mm f/4L IS USM 全面超越了老款的 EF 17-40mm f/4L USM，甚至对大三元 EF 16-35mm f/2.8L II USM 都构成了一定的威胁。目前，这支广角领域中的新星售价在 6000 元左右，具有很高的性价比。

大三元的排头兵——EF 16-35mm f/2.8L II USM

※ EF 16-35mm f/2.8L II USM 长久以来都是佳能 EF 镜头中广角变焦镜头的主力。

与前面两支新镜头相比，原本的"广角镜皇"EF 16-35mm f/2.8L II USM 反而有些黯淡无光。虽然这支 2007 年发布的镜头在今天稍显老迈，但多年来作为佳能大三元的排头兵，它一直是广角镜头的重要标杆。EF 16-35mm f/2.8L II USM 各方面素质出色且均衡，用料十足。其中综合运用了精密研磨、玻璃模铸和复合三种类型的非球面镜来校正畸变，运用了 2 枚 UD 镜片校正色差。另外，使用了双层光圈的设计，在光圈叶片后，增加了一组固定孔径的光阑。当镜头变焦时，光阑可以跟随变焦动作，在镜筒内部移动到恰当的位置，从而阻挡前面光学镜片产生的反射，起到降低眩光和鬼影的目的。

EF 16-35mm f/2.8L II USM 采用了 82mm 滤镜口径，这虽然会在购买滤镜时增加花费，但在 16mm 广角端视角最广时，足够大的口径可以减小镜头周边对光线的遮挡，从而减小暗角的发生。遮光罩宽大、霸气十足，内侧采用黑色织绒进行防反光处理。镜头具有防尘防水滴能力，坚固耐用，对于那些拍摄新闻和纪实类的摄影师来说，这点非常重要。与恒定光圈 f/4 的广角镜头相比，EF 16-35mm f/2.8L II USM 凭借 f/2.8 的光圈能

拍摄参数： ◎ 光圈：f/8　 ◎ 快门：1/30s　 ◎ 感光度：ISO100

※ EF 16-35mm f/2.8L II USM 用料十足，性能均衡而出色，随着价格的下降，性价比优势也逐渐显露。

够在环境人像题材中有更好的背景虚化能力，这也使其成为多面手，而不仅仅为了风光而存在。

总之，这是一支经典的顶级广角变焦镜头，虽然缺少了一些最新的技术，但是其优秀的光学素质绝对不会被时光所磨灭。同时，近期该镜头的价格已经降到了 9000 元以下，这也使得其性价比进一步提高，我们可以用更划算的价格购买到这支原本在万元以上的"广角镜皇"。

入门广角最佳选择——EF-S 10-18mm f/4.5-5.6 IS STM

※ 对于 EOS 7D MARK II 用户来说，广角镜头的选择上受到一定制约。而 EF-S 10-18mm f/4.5-5.6 IS STM 不失为一个性价比突出的入门之选。

拍摄参数： ◎ 光圈：f/11　　◎ 快门：1/400s
◎ 感光度：ISO100

※ 在外出旅行时，EF-S 10-18mm f/4.5-5.6 IS STM 极为轻巧便携，可以大幅度减小旅行负重，同时还能够获得不错的画质。

对于佳能 EOS 7D MARK II 这样的 APS-C 画幅相机来说，当我们轻松惬意地享受着"赚来"的长焦时，苦恼也同样产生。那就是广角端的缺失，由于 1.6 倍的焦距转换系数，使其面对大场景风光时广角的选择非常有限。EF 11-24mm f/4L USM 虽然在佳能 EOS 7D MARK II 上能够实现接近 17mm 的广角效果，但其价格几乎是机身的两倍。因此，更为经济实惠的 EF-S 镜头则是高性价比的选择。其中，2014 年新上市的 EF-S 10-18mm f/4.5-5.6 IS STM 镜头，使得 APS-C 画幅相机又多了一个新的广角选择。

该镜头等效焦距为 16mm ~ 29mm，完全可以满足 EOS 7D MARK II 用户的广角拍摄需要。它弥补了套机镜头 EF-S 18-55mm f/3.5-5.6 IS STM 广角不足的问题，同时 EF-S 55-250mm f/4-5.6 IS STM 组合在一起，成了入门三剑客，焦段可以覆盖 16mm 至 400mm 的广阔范围。EF-S 10-18mm f/4.5-5.6 IS STM 不仅具有较好的画质，而且轻巧便携，重量只有 240g，仅相当于 EF 16-35mm f/2.8L II USM 的三分之一左右。不要小看这支 EF-S 镜头，它采用了 11 组 14 片的光学结构，其中包含了 1 枚大口径高精度的玻璃铸模非球面镜，直径达到了 31.9mm。另外，还配备了 1 枚 UD 镜片校正色散，其用料和做工远胜于套机镜头 EF-S 18-55mm f/3.5-5.6 IS STM。

另外，EF-S 10-18mm f/4.5-5.6 IS STM 还采用了全新的设计，虽然在变焦过程中镜桶会伸长，但是在自动对焦过程中镜桶和前组镜片都不会发生变化。其最近对焦距离只有 0.22m，我们可以使用它在非常靠近主体的位置上拍摄，从而获得更具张力的画面。虽然与那些顶级广角镜头相比，在画质表现上有一定差距，但通过机身内部的校正或者佳能 DPP 软件的校正，可以在很大程度上纠正像差提升画质。这款镜头不到 2000 元的售价，绝对可以成为 APS-C 相机的第一支广角变焦镜头，堪称入门广角最佳选择。

CHAPTER 第6章 对焦技术的更高层级

- 你知道吗？在数码时代，手动对焦不仅没有"退休"，而且它还是自动对焦无法工作时的"问题解决专家"！

- 至今仍有一个品牌坚持生产手动对焦镜头，但它却是全世界的"光学泰斗"，这是哪个品牌呢？

- 你知道自单反相机诞生至今，最优秀的镜头是哪一支吗？

- 如何检查镜头是否跑焦，又如何应对跑焦问题呢？

拍摄参数： 光圈 f/8 快门 1/200s 感光度 ISO400 摄影师： 林东

对焦技术并不只是为了将主体拍清楚，在视觉表达上，我们总会采用虚实结合的方式让主体更加醒目，让其他视觉元素起到更好的衬托作用。观者的视线会被我们安排在画面中的清晰区域所吸引。因此，对焦技术也与照片的美观程度息息相关。

另外，自动对焦并不是万能的，在一些极端情况下它很可能无法完成任务。此时，就是考验你手动对焦技术这项基本功的时候了。真正的高手不会完全依靠相机的自动对焦功能，他们都有过硬的手动对焦功夫，在镜头出现跑焦时还知道如何解决应对。

6.1 焦平面控制——如何安排多个主体

拍摄参数： ◎ 光圈：f/2.8　◎ 快门：1/400s　▣ 感光度：ISO400

※ 采用低视点拍摄郁金香花丛可以让花朵显得更加茂密，各色花朵可以交融在一起。为了表达出这样的效果，必须使用长焦镜头来压缩前后景。此时在长焦距和大光圈共同的作用下，景深会非常浅。一定要仔细控制焦平面，让你希望突出的主体全部位于一个平面内。画面中间清晰的三朵花所在平面即为焦平面，焦平面上所有的景物都是清晰的。严格来讲，焦平面前后都是模糊的区域。

对焦，那么只有处于焦平面上的点才算合焦，这个面之前和之后的区域都不算。这样我们就能够理解，当画面中的景物连续并呈现纵向走势时，合焦位置只有对焦点处，前后纵深中的物体都会模糊。此时焦平面虽然存在，但在其上只有一个清晰的物体。如果我们需要将两个或两个以上的视觉元素在同一张照片中都清楚地表现时，就需要让它们处于同一个平面，保持与镜头 UV 镜平行。

很多爱好者在拍摄多人合影时会遇到问题，针对其中一个人采用单点对焦拍摄，回放时发现其他人并不清晰。这就是由于没有掌握焦平面这一重要概念。所谓焦平面就是在完成对焦后，画面中与合焦位置处于同一平面并且与相机的感光元件（也与镜头最前面的 UV 镜平行）相平行的平面。在完成对焦后，这个平面上所有的点都是清晰的，而不仅仅是合焦位置的那一个点。如果严格地从理论上规定准确

实战经验

感光元件所在平面的标记

在微距摄影中运用好焦平面显得更加重要，这是由于微距拍摄中景深更浅，焦平面前后的模糊程度更大。所以要尽量将你需要清晰表达的区域放在同一个平面内。

另外，机身右肩的机顶液晶屏左侧还有一个感光元件焦平面标记，它所对应的是相机内部感光元件所在平面的位置，在早期使用手动对焦方式拍摄微距的时代，人们为了精确对焦，会用卷尺测量这个标记到拍摄对象的距离。

硬件技术看板 **移轴镜头**

在众多类型的单反镜头中，只有移轴镜头能够对焦平面进行调整，实现与相机的感光元件不平行的效果。移轴镜头能够倾斜或偏移局部镜身来改变光线进入镜头后的前进方向，从而实现焦平面控制和调整拍摄范围的目标。它可以从较低位置拍摄出没有向后倾倒的高层建筑，获得垂直的成像效果。对于建筑摄影师来说它是必备的器材。

※ 佳能移轴镜头 TS-E 17mm f/4L。

※ 在这个具有纵深的场景中，使用自动区域模式拍摄时，即使有 A、B、C 三个对焦点同时显示合焦，也不代表这三个区域都处于焦平面内，真正清晰的只有其中一个位置。

　　网上很多人炒作"多重对焦"的概念，大意是相机的对焦点越多越好，使用全部对焦点

自动对焦就能让照片上所有的地方同时清晰。其实，这是违背摄影原理的错误观念。因为，自动对焦时，无论有多少个对焦点参与对焦，一旦合焦就只有一个焦平面，这个焦平面就是指与相机感光元件平面平行并包含合焦位置的平面。严格来说，所有在焦平面上的点才会在照片中呈现清晰的影像。焦平面前后的空间里所有的景物都模糊或不是真正的清晰。

提示 ⚡

　　多重对焦的错误概念来源于普通的小数码相机，由于这类相机感光元件面积小，拍摄出来的画面景深很大，所以会让人误以为自动对焦系统能够完成画面上所有位置的清晰对焦。然而，数码单反相机在相同焦距的情况下，景深更小，一旦使用这个错误的观念指导拍摄，将严重影响照片质量。

摄影兵器库：微距镜头——展现细小的微观世界

　　普通镜头一般在镜头焦距的 20 ~ 50 倍距离时拥有最好的成像质量。例如，50mm 的标准镜头，拍摄主体距离相机 1m ~ 5m 左右时成像质量较好。但在近距离拍摄中，则可能表现出主体有畸变或像场不平直（像场平直是指

光线通过镜头后在感光元件上形成平坦的成像面，如果像场不平直照片会出现中心区域清晰，而周边模糊的现象）等缺陷。大部分常规镜头在近距离拍摄时都会出现类似问题，所以佳能才使用浮动镜片结构来解决。然而，还有一类

拍摄参数： ◎ 光圈：f/11　◎ 快门：1/500s　◎ 感光度：ISO400

※ 微距镜头可以精细地刻画出细小的纹理，展现出肉眼难得一见的景观。它不仅具有极高锐度的焦内区域，而且焦外散景也同样完美，是高水准光学设计的体现。

距离也就越短。如果常用于拍摄静物、文字和绘画作品等题材，摄影师可以任意调整拍摄位置，充分接近主体，这种情况下，建议选择焦距较短的标准微距镜头，其最近对焦距离也较短。如果经常拍摄自然环境下的花卉或昆虫，可以采用中长焦微距镜头。因为拍摄这类题材时，摄影师如果非常靠近主体，很容易吓跑昆虫。同时，100mm 左右的焦距还可以兼顾人像拍摄。

特殊的镜头，它们天生的设计就是用来拍摄近距离主体的，这就是微距镜头。

微距镜头主要用于近距离拍摄花卉、昆虫、美食等细小物体或需要精细表现细节纹理的场景。大多数微距镜头是定焦镜头，且焦距基本都大于标准镜头的 50mm。与其他镜头不同，微距镜头的光学设计特别针对近距离拍摄而校正了像差，使得像场非常平直、分辨率高、畸变小、影像对比度高、色彩还原好。很多摄影媒体都会讲"微距无弱旅"指的就是所有的微距镜头都具备这些优点。同时，微距镜头对于常见的人像和风光等题材也有很好的通用性，因此，也有不少对照片锐度极为在意的爱好者将其选为挂机头用于日常拍摄。

按照焦距不同，常见的微距镜头分为三个类型：标准微距镜头、中长焦微距镜头和长焦微距镜头。佳能微距镜头依据焦距可以划分为：标准微距镜头 50mm 或 60mm；中长焦微距镜头 100mm；长焦微距镜头 180mm。这些微距镜头的共同特点是：镜头焦距越短，最近对焦

如果经常拍摄野外的生态类微距摄影题材，则应该选择长焦微距镜头，其特点是可以在较远距离拍摄到微小的主体，不容易干扰野生小动物或昆虫。

拥有 1:1 放大倍率才是真正的微距镜头

在微距镜头的参数中，最突出的一个就是放大倍率这个概念。所谓放大倍率是被拍摄的物体在相机感光元件上成像后的尺寸与原物体尺寸的比值。例如，镜头的放大倍率是 0.5 倍时，长度为 1cm 物体在感光元件上将以长度 0.5cm 进行成像。若放大倍率达到 1:1 时，其成像就可以达到长度 1cm。在实际的照片回看中，我们都会采用电脑显示屏对照片进行查看，而不会以感光元件的大小为标准进行查看，因此我们会觉得物体被放大了，肉眼难以看到的微小细节都会清晰展现。很多镜头都带有微距功能，但不是真正的微距镜头，它们的微距功能只是附加的。严格地说，只有达到或超过 1:1 放大倍率的镜头才是真正的微距镜头。

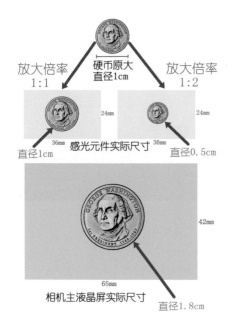

放大倍率 硬币原大 放大倍率
1:1 直径1cm 1:2

感光元件实际尺寸

直径1cm 直径0.5cm

24mm 24mm

36mm 36mm

42mm

65mm

相机主液晶屏实际尺寸

直径1.8cm

※ 使用 1:1 放大倍率拍摄后，感光元件上映射的硬币直径与硬币原大相同，使用相机主液晶屏查看时硬币直径变为 1.8cm，如果将照片导入电脑，使用 27 英寸的液晶显示屏进行全屏查看，那么显示的硬币直径将变为 16cm，相当于硬币被放大了 4 倍。我们就可以轻易看到硬币上凸凹的纹理和每一个细节。

※ 在电脑液晶屏上可以看到的硬币细节（示意图）。

※ 在接近 1:1 的放大倍率时，花朵的实际大小与映射到感光元件上的画面大小几乎一致。

※ 当我们在电脑上打开这幅照片时，即使采用缩略图查看，实际上也已经将其放大。如果将照片进行 100% 原大查看，就可以看到郁金香花瓣边缘清晰的纹理和细节。

非全幅实惠微距——EF-S 60mm f/2.8 USM

对于使用佳能 EOS 7D MARK II 的影友来说，微距镜头的选择多了一个 EF-S 60mm f/2.8 USM，该镜头是 APS-C 画幅专用微距镜头，等效焦距为 96mm。这样我们就能够用百微一半的价格买到几乎相同焦距的微距镜头，不失为一个高性价比选择。而且这支镜头的重量仅为 335g，是百微的一半。对于喜欢拍摄美食、工艺品、花草的摄影爱好者来说，它可以替代 50mm 标准镜头作为日常挂机头使用，拍摄这些小物品时具有更好的锐度表现。同时，它也是一个多面手，除了微距题材外也适合拍摄人像和风光，它能够将面部细节表现得更加

❀ EF-S 60mm f/2.8 USM 具有出色的光学素质以及很高的性价比,是 APS-C 画幅相机的理想选择。

到位,对于风光场景更是具有出色的解析度。由于成熟的光学设计,该镜头的锐度堪称一流,像场平坦程度极佳,后期完全不用对 RAW 照片进行镜头畸变校正,这是大三元镜头也无法做到的。

拍摄参数: ◎ 光圈: f/5.6　◎ 快门: 1/200s　📷 感光度: ISO400

❀ EF-S 60mm f/2.8 USM 的最近对焦距离只有 20cm,因此可以贴近主体进行拍摄。

当家微距——新百微 EF 100mm f/2.8L IS USM

在佳能原厂微距镜头中,EF 100mm f/2.8L IS USM 被称为"新百微",不仅由于这一焦段的微距镜头适用的题材广泛,而且它还包含了佳能的多项看家技术,所以绝对堪称当家微距镜头。该镜头于 2009 年与上一代 EOS 7D 同时发布,最大特色是具备了双重防抖功能。我们知道,微距镜头非常特殊,其中一点就是使用中由于景深很小,所以轻微的抖动就会造成画面模糊。使用微距镜头时,普通镜头的安全快门概念几乎不再适用。而严谨的摄影师都会采用三脚架来拍摄,以避免最轻微的抖动。然而,在很多场景下,三脚架会给拍摄带来不便,降低拍摄效率。尤其拍摄低矮的花朵和地面的昆虫时,即使中轴能够横置的三脚架也无

拍摄参数: ◎ 光圈: f/11　◎ 快门: 1/2500s　📷 感光度: ISO800

❀ 新百微的双重防抖功能使得手持拍摄微距题材成功率更高。

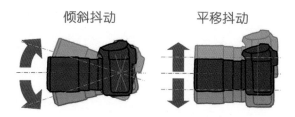

倾斜抖动　　　　平移抖动

* 在三类不同焦段的微距镜头中，新百微是当仁不让的主力和多面手。

* 两种抖动类型都会损害画面清晰程度。

法派上用场。此时，微距镜头的防抖能力就非常关键了。

在使用普通镜头拍摄时，最损害画面清晰度的抖动是以握持的相机为原点进行的上下左右等多个方向的倾斜抖动。这种抖动造成了入射光线与原有光轴出现了夹角。镜头焦距越长、重量越大这种晃动的幅度也就越大，对画质造成的损害也相应增加。镜头中普通的防抖装置都是以此为首要抵消目标进行设计的。另外一类抖动是平移抖动，即相机和镜头整体出现的上下或左右方向上的晃动。对于普通镜头来说，由于放大倍率较低，对画质的损害较小。例如，大部分普通镜头的放大倍率只有 0.25，而微距镜头的放大倍率为 1:1。因此，如果平移抖动出现 0.1mm，普通镜头几乎无法察觉，而对于微距镜头来说，画面的抖动也是 0.1mm，造成的危害是普通镜头的 4 倍。如果采用手持拍摄，那么平行抖动也需要考虑进来，防抖装置也要对其进行削减。这就是"新百微"的双重防抖技术。

如果将防抖效果量化，那么在远距离拍摄

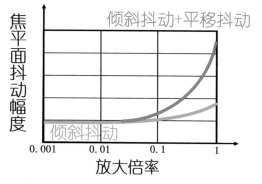

* 随着放大倍率的增加，平移抖动对画面清晰度的损害会不断增加。

时，"新百微"的防抖功能相当于 4 挡快门速度。而在近距离上，放大倍率为 0.5 或 1:1 时，防抖功能相当于 3 至 2 挡快门速度。也正是由于这一技术的加入，使得新百微红圈加身，成为第二支 L 级微距镜头，也成为原厂微距镜头的中坚力量。目前这支镜头的价格在 5000 元左右，比上市之初降低了 2000 元，具有了不错的性价比。

环境微距镜头——EF 180mm f/3.5L USM

* EF 180mm f/3.5L USM 具有出色的画质水平，他的 MTF 曲线在强手如林的 EF 镜头中也能名列前茅。

普通影友和发烧级生态微距爱好者器材上的最大区别就在于这支 EF 180mm f/3.5L USM

镜头。该镜头的最近拍摄距离为 0.48m，也就是说我们可以在半米开外的地方获得 1:1 的放大倍率。而新百微则需要靠近到 30cm 才能实现这一效果。最近对焦距离的差别决定了 180 微可以在更远的距离上拍摄微小的昆虫、蝴蝶等容易受到惊吓的主体。因此，很多影友将其称为"环境微距镜头"。

拍摄参数： ◎ 光圈：f/5.6　　◎ 快门：1/800s
　　　　　◎ 感光度：ISO800

※ EF 180mm f/3.5L USM 可以在较远的拍摄距离仍
　获得较高的放大倍率，因此不容易惊扰野外的蝴
　蝶和昆虫。

　　除了拍摄题材上的差别，180 微由于焦距
更长，所以前景和背景虚化效果更加出色，在

环境杂乱的场景中拍摄时，可以用更集中的视
角实现突出主体的目标，使得画面更加简洁。
如果你仔细观察，会发现 180 微拍出的片子味
道独特，是焦距较短的微距镜头所无法呈现的。

　　由于该镜头于 1996 年发布，所以没有防
抖功能。如果拍摄花卉静物，完全可以使用三
脚架并结合实时取景放大进行手动对焦。但在
野外拍摄昆虫，三脚架则不太实用，此时则需
要你有非常稳定的手持拍摄能力。另外，180
微的最大光圈比前两支微距镜头更小，只有
f/3.5，但对于景深很小的微距镜头来说，常用
光圈往往在 f/11、f/22 甚至更小。因此，这不
能算是一个缺点。即使到了今天，180 微的价
格也在 9000 元以上，几乎是新百微的两倍，
从售价上也能看出这支镜头的专业地位。

微距王者——MP-E 65mm f/2.8 1-5X

1:1放大倍率时外形小巧

5:1放大倍率时
镜筒长度达到228mm

※ 随着放大倍率的
　变化，镜筒伸出
　的长度也会出现
　巨大变化。

拍摄参数： ◎ 光圈：f/11　　◎ 快门：1/5s
　　　　　◎ 感光度：ISO1600

※ 在超高放大倍率下，一滴水珠都会在画面中变得
　硕大。

　　如果你觉得有一支百微就能步入专业微距
拍摄行列，那就错了！虽然百微知名度颇高，
但对于专业微距领域来说，只能算是入门级镜
头，即使 180 微也不能称作王者，而佳能原厂
微距镜头中真正的王者是一支看上去并不起眼
的镜头——MP-E 65mm f/2.8 1-5X。

　　前面提到过，能称得上是微距镜头的，必
须要有 1:1 的放大倍率，如果达不到这个指标
就只能算是有近摄能力，而不能称为微距。1:1
既是真正微距镜头的标志也是一个临界值，当

放大倍率超过 1:1 时，我们就能看到一个肉眼
更加无法看到的围观世界，在这样的放大倍率
下，即使最平常的物品或小昆虫也会给你带来
新奇的发现。而这正是 MP-E 65mm f/2.8 1-5X
所具备的能力，它跨越了等倍放大倍率，在感
光元件上拍到的画面可以是主体原大的 1 倍到
5 倍，也就是说放大倍率可以达到惊人的 5:1。

如果拍摄一只蚂蚁,百微只能展现出蚂蚁的头、触角和腿,而 MP-E 65mm f/2.8 1-5X 则可以清晰展现出蚂蚁腿上的每一根绒毛和倒刺。如此强大的微距性能,也使其成为真正微距摄影师的最爱。

然而,这样一支不同寻常的镜头必然有其独特之处。首先,外观就很罕见。乍一看上去它非常小巧,甚至仅比 60 微稍长一点。你会觉得,这样短小的镜头怎么还配了一个脚架环呢?然而这只是其 1:1 放大倍率时的样子,当使用 5:1 放大倍率时,其镜筒伸长后达到了惊人的 228mm,甚至超过了 180 微的长度。这时你就会发现脚架环是必不可少的。另外,你还见过第二支镜筒伸长幅度如此之大的定焦镜头吗?从这一特征你就可以看出,MP-E 65mm f/2.8 1-5X 实际上是将微距镜头和多个近摄接圈融合在了一起,当放大倍率增加时,它伸长镜筒以实现多个近摄接圈同时使用的效果。

其次,它只能采用手动对焦,没有内置

USM 超声波马达等自动对焦装置。但手动对焦行程长、精度高,对焦环阻尼适中,操作舒适稳定。另外,f/2.8 也只是其在 1:1 放大倍率时的有效光圈,随着放大倍率的增加,最大光圈也会不断减小。最为特殊的是它无法在无限远处对焦,可拍摄距离是从最近对焦距离 24cm 开始至 31cm 为止。这些独特的个性你无法在其他任何一支镜头上看到。

这些鲜明的个性也说明了 MP-E 65mm f/2.8 1-5X 的专业性,如果没有熟练的微距拍摄技术和一支极为稳固的三脚架,你也很难发挥出这支镜头在高放大倍率时的特性。但只要运用得当,就能用它拍摄出震撼的微距照片,画面不仅具有一流的锐度和质感表现,在极短的景深范围内,还能让主体刻画得分毫毕现,而背景却可以得到完美的虚化。虽然没有红圈加身,但这位"布衣"镜头绝对是当之无愧的微距之王。

多种微距附件

近摄镜

有一种价格便宜的小配件,可以让普通镜头瞬间具备微距拍摄能力,这就是近摄镜。从外表看起来,近摄镜就像镜片较厚的普通滤镜。用它观察外界时,效果类似一支放大镜。近摄镜的光学玻璃正面为凸起状可以将景物放大,背面呈现微微凹陷的形状,为的是减少像场弯曲。近摄镜同其他类型的滤镜一样都是通过螺纹拧在镜头前面的,因此它只与镜头口径有关,而与镜头的品牌无关。当你将其安装在镜头前面时,就可以把任何一支普通镜头变成具有一定微距功能的镜头。近摄镜不仅体积小巧、重量轻方便携

带而且价格便宜。即使像肯高和保古这样的知名品牌,1 套 3 片装的近摄镜也就在 500 元左右。如果是国产品牌甚至不到 100 元。

按照放大倍数,近摄镜被分为不同的型号,包括:+1、+2、+3,最高至 +8,但是随着放大倍数的增加,画质也会出现下降。尤其单片近摄镜缺少对像差的校正,画质下降更加严重。而厚度较高的双片结构近摄镜可以对像差进行一定程度的校正,因此画质损失较小。

近摄接圈

另一个价格便宜的微距配件是近摄接圈,它同样可以让一支普通的镜头变为微距镜头。乍一看上去近摄接圈非常像长焦镜头延长焦距时用的增距镜,但你仔细观察就会发现,近摄

接圈内并没有任何光学镜片，因此对画质不会造成损害。它实际上就是一根管子，接在镜头与机身卡口之间，通过延长后组镜片与感光元件之间的距离来获得微距效果。近摄接圈有不同的长度，一般分为 12mm、20mm 和 36mm 三种，长度越大，放大倍率越高，当然对光线的损失也会越大。为了发挥最大效果，也可以将 3 个近摄接圈重叠使用。它不仅可以让普通镜头变身为微距镜头，而且还可以接在微距镜头后，使其放大倍率进一步提高。因此，很多微距拍摄的高手也总把它带在身边。

现在较好的近摄接圈都拥有电子触点，可以保持机身与镜头之间的信息交换。如果没有电子触点，那么你就只能手动对焦并且手动曝光了。近摄接圈可以让镜头的最近对焦距离变短，因而增加放大倍率。用镜头的焦距除以近摄接圈的长度可以得到当前的放大倍率，例如采用 55mm 镜头后增加 20mm 和 36mm 两个近摄接圈就可以得到 1:1 的放大倍率。肯高具有电子触点的 1 套近摄接圈价格在 800 元左右。

近摄皮腔

近摄皮腔可以被认为是一种可以无级调节长度的近摄接圈，它貌似手风琴中间的结合部位，可以实现长度伸缩改变。将其连接在镜头与机身之间时，同样可以获得微距效果。使用近摄皮腔所获得的放大倍率也是上述几种方法中最高的，甚至可以达到 10:1 的放大倍率。此

时就已经超越了微距摄影范畴而进入了显微摄影领域。近摄皮腔伸缩的长度越长，放大倍率就越高，最近对焦距离就越短。此时，镜头就需要更加靠近主体来拍摄，景深也就更小。为了获得足够的景深，只能采用较小的光圈，因此进入机身的光线量就会大幅度减小，导致快门速度非常慢。所以近摄皮腔更适合在无风的室内使用，还需要闪光灯的配合才能获得较好效果。

反接镜头

近摄接圈和皮腔都是通过增加镜头与感光元件之间的距离来实现微距效果的，另外还有一种听起来很特殊的微距拍摄方式，那就是将镜头调转方向，即镜头尾端朝前，通过反接环将镜头前组与机身卡口连接。反接环的价格只有几十元，需要根据镜头滤镜口径和机身卡口

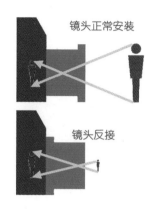

镜头正常安装

镜头反接

※ 镜头反接获得微距效果的原理示意图。

类型来选择。其实所有镜头都可以采用这一方式获得微距效果，但更多采用手动的标准镜头来进行反接。一方面

是这种超常规的方式容易让镜片受损，所以便宜的手动标头更加合适。另外，此时如果全开光圈景深会非常小，因此必须收缩光圈拍摄，这样具有手动光圈环的镜头就更加方便。另一方面就是镜头反接时的对焦方式比较特别，对焦环已经不起作用，只有通过前后移动相机才能够对焦。此时，一个稳定可靠的微距滑轨是准确对焦必不可少的配件。反接镜头时的放大倍率也与镜头焦距有关，焦距越短放大倍率越高。50mm 标准镜头可以达到 1:1 的放大倍率。

6.2 对焦锁定——扩展构图的自由度

在胶片单反时代，由于相机的对焦点数量少，而且最精确的只有位于中央的那一个，所以如果不采用手动对焦，中央对焦点几乎是唯一的选择。但是，我们不能什么题材的照片都将主体放在画面中央，那样的构图太过呆板。而获得构图自由度的方法就是使用中央对焦点

针对主体完成对焦后，使用对焦锁定功能，在保证对焦距离不变的情况下改变构图，这样就可以将主体放在画面的任意位置上了。需要注意的是，我们锁定的是当前的对焦距离，即相机自动对焦系统的测量结果，而不是锁定画面中的某个物体。

6.2.1 先构图再对焦——常规的严谨方式

一般情况下，在拍摄静止或慢速移动的主体时，我们普遍先构图再对焦，这是一种非常精确的拍摄方式。因为，将对焦放在了最后一步，从

※ 在这个场景中，首先需要进行构图，安排热气球下吊篮的位置，然后将对焦点从中央或其他位置移动到与吊篮重合的位置上。这是最典型的先构图再对焦的方式。

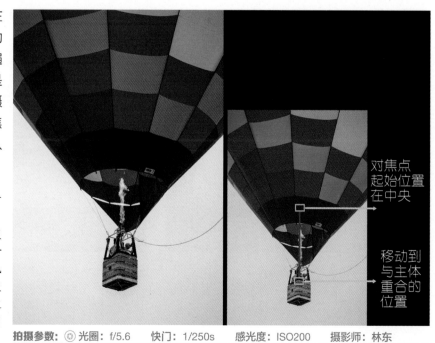

对焦点起始位置在中央

移动到与主体重合的位置

拍摄参数： ◎ 光圈：f/5.6　　快门：1/250s　　感光度：ISO200　　摄影师：林东

而保证了对焦后相机与主体之间的距离不变，在一定程度上确保了照片的清晰程度。此时，只要快门速度足够快，手持拍摄也能得到很清晰的画面。

实战经验 先构图再对焦

➤ **拍摄前设置。**将相机设置为 ONE SHOT 单次自动对焦模式，并且使用单点对焦。

➤ **组织画面（构图）。**通过光学取景器观察场景，将主体安排在合适的位置，并确定好周边环境比例。

➤ **激活自动测光系统。**半按快门激活自动测光系统。

➤ **选取恰当的对焦点。**从 65 个对焦点中找到与主体位置重合的那个对焦点，通过按下多功能控制摇杆将对焦点从起始位置移动到该处。

➤ **拍摄。**保持相机稳定，半按快门进行对焦，看到合焦提示后完全按下快门完成拍摄。

6.2.2 先对焦再构图——灵活的拍摄方式

有以下几种情况会让先构图再对焦的拍摄方式效率降低，使其操作花费很长时间。第一种是对焦点数量过多，移动到主体位置需要按下多次相机上的多向键才能到达目的地，如果是静止物体并且有充分的拍摄时间那么这种方式还可以接受，但如果拍摄时间很紧张，移动对焦点用时过长会错失拍摄良机。第二种是入门级相机对焦点数量有限，在理想构图的前提下，没有对焦点能够与主体的位置重叠。此时，如果还采用上述方法，就需要牺牲你已经计划好的构图了。第三种是由于场景中明暗反差过低或处于逆光等原因造成自动对焦困难，相机无法完成合焦。但场景中（可以不在画面中）存在与其他物体，这个物体到相机的距离与主体到相机的距离相等。我们完全可以对准这个"替代品"对焦，然后保持焦距不变，再恢复构图进行拍摄。对焦锁定就可以解决上述问题。它是重要的对焦技术，可以让我们实现先对焦再构图的拍摄方式。

拍摄参数： ◎ 光圈：f/8　　◎ 快门：1/320s
　　　　　　 ◙ 感光度：ISO400　　◙ 摄影师：林东

锁定对焦后
移动相机重新构图

※ 为了让尚未起飞的气球与天空中的气球形成更加均衡的构图，就需要将前者放在画面偏右的地方。而这个气球正向有大面积的单一色块，只有中心对焦点能够更加快速准确地完成自动对焦。因此需要用到先对焦再构图的拍摄方法。

- **拍摄前设置。** 将相机设置为 ONE SHOT 单次自动对焦模式，并且使用单点对焦。
- **构思画面。** 通过观察，在头脑中预想最终的构图效果。
- **对焦。** 移动相机并使用中央对焦点与主体重合，然后半按快门，当光学取景器中出现合焦提示后，保持半按快门不放的状态。
- **组织画面（构图）。** 让相机在与焦平面平行的位置

上移动进行构图。此时，特别需要注意的是，相机不能上仰或下垂的轴向移动，更不能做前后方向的移动。整个过程中仍然要保持半按快门不放的状态。
- **完成最终拍摄。** 由于采用了 ONE SHOT 单次自动对焦模式，所以在移动相机后，对焦系统也不会再次进行对焦，焦距处于被锁定的状态，即刚才对焦好的主体仍然是清晰的。然后在取得理想构图后，右手食指完全按下快门即可完成拍摄。

6.2.3 AF-ON 按钮——对焦锁定的专业选手

先对焦再构图的方式可以让你的构图自由度更大，可以将主体放置于画面的任何位置而不必受到对焦点覆盖范围、对焦点位置和数量的限制。而这种拍摄方法最关键的步骤就是锁定对焦环节了。在上面的步骤中我们使用半按快门的方式实现这一功能。除此以外，AF-ON

按钮能够更好地完成锁定对焦的任务。

另外，在 AI SERVO 人工智能伺服自动对焦模式下，随着主体的移动，相机会持续进行自动对焦。这时候是无法通过半按快门的方式锁定对焦的，只能采用 AF-ON 按钮。

实战：使用 AF-ON 按钮锁定对焦

※ 在 AI SERVO 人工智能伺服自动对焦模式下，利用拇指对焦操作，在抬起 AF-ON 按钮时就能够实现对焦锁定。这样就可以在运动员下车后，从中心对焦点针对其面部对焦状态下进行锁定，移动相机将头盔上方空间缩小，实现更好的构图。

拍摄参数： ◎ 光圈：f/4 ◎ 快门：1/2000s
◎ 感光度：ISO200

- **拍摄前设置。** 将相机设置为 AI SERVO 人工智能伺服自动对焦模式，并且使用单点

对焦。进入自定义功能 3 菜单（C.Fn3）【自定义功能按钮】中，将半按快门这一动作的功能更改为第二项仅测光，从而实现拇指对焦操作。

- **对焦并抓拍。** 眼睛通过取景器紧盯运动主体，使用中央对焦点作为初始对焦点，将其与运动主体重叠，按下 AF-ON 按钮保持不放，就可启动自动对焦系统，并让其持续工作，保证相机时刻处于对焦清晰的状态。当运动主体的瞬间动作优美，且背景比较理想，并不杂乱时，保持按下 AF-ON 按钮不放的状态，同时按下快门完成抓拍。
- **对焦锁定。** 当主体停止移动后，我们就获得了更多的构图自由度，此时松开 AF-ON 按钮，自动对焦系统就不会再继续工作，也就实现了对焦锁定的功能。我们可以移动相机，将主体放在任意想要的位置上。

➢ **完成最终拍摄。** 找到理想构图后，即可按下快门完成拍摄。此时半按快门按钮已经不能够启动自动对焦，相机依然会保持对焦锁定的状态。而如果采用食指对焦的操作，当移动相机进行重新构图时，对焦点就会跑掉，很可能对焦在了背景上。

6.2.4 一键放到原大检查合焦效果

采用先对焦再构图的方式虽然自由度可以得到扩展，但是也存在合焦位置模糊的风险。其中最主要原因就是没有在焦平面内移动相机。因此，很有必要养成检查合焦效果的好习惯。在拍摄完一张照片后首先应该做的就是检查是否合焦（前提条件是拍摄节奏较缓慢，场景可重复再现，否则不应立即查看），因为通过后期可以在一定程度上弥补曝光、白平衡等方面的前期拍摄不足，但是对焦失败、主体模糊的照片是完全无法挽救的。因此，为了避免错过难得的拍摄机会，养成立即回放检查焦点的习惯非常重要。

在检查时不要仅在相机的液晶屏上以单张铺满全屏的方式观看，很多对焦不实的照片在此状态下也会给人一种清晰的错觉，最稳妥的方式是将照片放大后进行查看。佳能 EOS 7D MARK Ⅱ 在拍摄最大尺寸的 JPEG 格式或 RAW 格式照片后，回放时从全屏查看照片状态开始可以拨动主拨盘多达 15 个移动单位进行照片放大，最大可以放大至原片的 10 倍。如果采用中等或小尺寸格式拍摄，相应的放大极限倍

数会缩小。

在电脑上浏览照片时，我们为了检查合焦情况或者是为了查看画质优劣，最常用的做法是将照片放大到 100% 即原大尺寸进行观看。而在相机液晶屏上将一张最大尺寸的照片放大到原大，需要主拨盘向右转动 14 个下才可以，此时 100% 原大的放大倍数相当于 8 倍。如果在此基础上再向右拨动一下主拨盘就会达到最高的 10 倍放大，此时画面的细节展现就会出现倒退，呈现出近似马赛克的锯齿边缘，对于查看合焦位置是否清晰就已经没有意义了。

> **提示** ⚡
>
> 对于刚刚拍摄的照片，焦点落在何处自己心里会非常清楚。而拍摄时间较早的照片，如果在回放时发现合焦位置不实，那么就会怀疑自己的对焦位置到底是不是在这里。此时，进入回放菜单第 3 页第 2 项【显示自动对焦点】选项中，开启这一功能，就可以在照片回放中看到对焦点位置的红色提示。当然，在正常回放中还是应该将这一功能关闭，才能避免对焦点显示的干扰。另外，采用对焦锁定方式拍摄时，对焦点显示位置与照片中真正的合焦位置会有较大差异。

> **[实战经验]** 一键进行合焦位置的原大查看
>
>
>
> 移动 14 下主拨盘将照片放到原大的操作过于烦琐，需要耗费较长时间，如果在外拍摄，那么也许在你放大查看照片的过程中又错过了精彩的
>
> 瞬间。所以，为了提高回放效率，可以将照片回放设置为一键放大到对焦位置的 100% 原大状态。方法是进入回放菜单第 3 页第 6 项【放大倍率】选项中，选择【实际大小（从选定点）】。这样在回放照片时，按下一次 🔍 放大按钮就会直接放大到 100% 原大，并自动显示对焦点合焦位置的画面。这就大幅度地提高了查看效率。如果你拍摄的是大景深的风光场景，需要检查画面中间纵深位置是否清晰时，可以选择从中央放大，这样向四周移动时移动距离最短。

6.3 考验对焦系统的极端环境

虽然数码单反相机拥有的先进自动对焦系统能够应付大部分日常拍摄题材和场景，但是在一些特殊环境下，自动对焦的精确度和效率会受到严峻的考验，我们必须采用一些技巧甚至采用手动对焦才能应对。

6.3.1 自动对焦侦测范围

拍摄参数： ◎ 光圈：f/2.2　◎ 快门：1/60s　◎ 感光度：ISO3200

※ 弱光环境是对自动对焦系统严峻的考验，同时也是考验高感光度画质和手持拍摄稳定性的时刻。

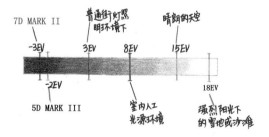

※ 自动对焦侦测范围。

才能发挥作用，这时自动对焦成功率也会大幅度下降。当环境光线暗到低于相机的自动对焦侦测范围时，自动对焦就完全无法工作了。所谓自动对焦侦测范围是相机能够完成自动对焦的亮度区间，过暗和过亮的环境下，相机都无法完成自动对焦。佳能的主力机型 EOS 5D MARK III 的自动对焦侦测范围是 -2EV 至 +18EV，而佳能 EOS 7D MARK II 的侦测下限更扩展至 -3EV 至 +18EV。其中 EV 值即曝光值，它将光圈值和快门速度这两项曝光参数组合成一个单一数字，从而可以简化手动曝光的设置。0EV 相当于采用光圈 f/1.0、快门 1s 和感光度 ISO100 的曝光组合。有一定经验的爱好者都清楚，如此大的光圈和较慢的快门，相当于一个较暗的环境下的曝光值。实际上，-3EV 相当于只有月光而没有路灯的夜晚户外亮度或者是较为昏暗的室内环境，即使在这样的低光照情况下，EOS 7D MARK II 都可以完成自动对焦，这是以前的相机无法做到的。而 +18EV 则是有强烈阳光和类似白雪或沙滩这种强烈反光物体的户外场景亮度。

在弱光环境中，景物的明暗反差很小，而相机的自动对焦系统要依赖光线的进入和反差

6.3.2 作用有限的自动对焦辅助光

而弱光环境下拍出的片子往往独具魅力，不能因为自动对焦系统难以完成对焦任务就放弃。有几种方法可以让相机在此环境下更好地工作。如果主体距离相机比较近，我们可以采

用机身上的自动对焦辅助光来帮助对焦。自动对焦辅助光来自于机顶的内置闪光灯。在相机默认设置下，辅助灯为开启状态。当拍摄环境光线较弱，只要你升起内置闪光灯，自动对焦辅助灯就会在对焦前开启，先发出光线照亮目标主体以提高合焦的成功率。

但辅助光也有很多局限性，例如，在剧院、体育场、博物馆等场合，辅助光会干扰演员或运动员，属于被禁止使用的范畴。另外，其作用距离也非常有限，只有在 0.5m ~ 3m 范围内才能发挥作用，拍摄主体过远时无法使用。此外，镜头焦距还必须介于 24mm ~ 200mm 之间，过长焦距的镜头和较大体积的镜头遮光罩还会阻挡辅助光线的传播，使其无法发挥作用。因此，建议日常拍摄时将其设定为关闭状态。

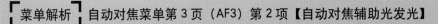

【菜单解析】 自动对焦菜单第 3 页（AF3）第 2 项【自动对焦辅助光发光】

启用	ON
关闭	OFF → 推荐选择
只发射外接闪光灯自动对焦辅助光	↗ 使用外接闪光灯时则选
只发射红外自动对焦辅助光	IR

无可见光不会产生干扰

为了关闭会产生干扰的自动对焦辅助灯，我们需要进入自动对焦菜单第 3 页（AF3）第 2 项【自动对焦辅助光发光】中选择【关闭】。但是，当我们在弱光环境下，

使用外接闪光灯时，它的对焦辅助闪光作用比机身上的自动对焦辅助灯强很多倍。这时我们就可以在【自动对焦辅助光发光】选项中选择【只发射外接闪光灯自动对焦辅助光】。但需要注意，如果拍摄人像这种选择是可行的，但如果是在剧院、体育场或博物馆里，闪光灯发出的可见光作为辅助对焦时，仍然会产生干扰。此时，如果你使用了佳能顶级的 SPEEDLITE 600EX-RT 闪光灯，就可以选择【只发射红外自动对焦辅助光】，这样闪光灯将发射一种近红外的辅助光，它属于可见光范围之外，不会对现场产生太大的干扰。

6.3.3 低反差下的对焦技巧

拍摄参数：◎ 光圈：f/8　　　⊙ 快门：1/500s
　　　　　▣ 感光度：ISO400　⊠ 摄影师：林东

※ 在浓雾弥漫的低反差环境下，如果你拍摄的画面没有地方能够让自动对焦系统合焦，那么可以从旁边等距离且有较好反差的位置上获得对焦距离数据，锁定对焦后再构图拍摄。

低反差场景是指场景中的拍摄主体和背景在色彩、亮度和纹理上非常接近的场景。最典型的例子就是一片雪地中的白色雪人或者浓雾天气里的雪景。低反差场景对于自动对焦系统来说就是噩梦，相机很难实现快速的自动对焦。即使采用手动对焦，也难以通过取景器清晰确认焦点的位置和清晰度。

为了拍摄这类场景，我们可以从周围场景中（不一定是完成构图的画面里）寻找一个有足够反差和细节的物体，通过目测方式观察，这个物体到自己的距离与想要拍摄的画面中主体到自己的距离一样。然后对这个物体对焦，保持半按快门不放锁住焦点，然后平移相机重新构图完成拍摄。由于这个过程不是最精确的对焦，因此尽量采用小光圈拍摄会有帮助。

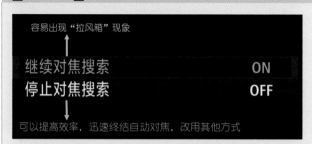

菜单解析 自动对焦菜单第 4 页（AF4）第 1 项【无法进行自动对焦时的镜头驱动】

容易出现"拉风箱"现象
↑
继续对焦搜索 　　　　ON
停止对焦搜索 　　　　OFF
↓
可以提高效率，迅速终结自动对焦，改用其他方式

当遇到低反差或其他原因导致的自动对焦无法合焦时，相机的相位差对焦系统此时根本无法判断出应该向哪个方向移动对焦镜片组以完成对焦，这样就只能够先朝着某一个方向移动镜片组并逐步搜索合焦位置，如果移动到该方向的尽头还不能够实现准确合焦，那么就会向相反

方向再次搜索。自动对焦系统如此循环往复地搜索就是我们常说的"拉风箱"现象。此时，对焦系统不停地工作，结果却往往是一无所获。不仅浪费了时间也没有取得任何成果。为了减小"拉风箱"现象的发生，我们可以进入相机自动对焦菜单第 4 页（AF4）第 1 项【无法进行自动对焦时的镜头驱动】中，选择【停止对焦搜索】。这样相机的自动对焦系统就会在自动对焦几乎不可能的场景下，只进行一次尝试，然后就停止无意义的工作。相对来说，如果不是大雾弥漫或者一片蓝天的场景，广角镜头总能够从广阔的场景中找到具有合适反差的物体进行对焦。而超长焦镜头则更容易出现自动对焦问题，并且无法通过多次尝试而解决。所以，使用 300mm 以上的超长焦镜头时，可以选择【停止对焦搜索】。

6.3.4 高反差场景下的对焦技巧

不仅弱光环境下自动对焦的效率会降低，在拍摄大逆光或画面中存在大面积反光时，也容易使相机无法自动对焦。例如在逆光环境下拍摄，针对主体对焦时镜头出现拉风箱而无法合焦的现象就是这种问题。这是由于强烈的光线直射入镜头，亮度过强，对焦模块无法正常工作。实际上，相机的自动对焦系统同样存在最大工作亮度，光线强度超过上限也无法完成对焦。为了拍摄这类场景，我们可以采用手动对焦方式，或者在有条件的情况下用反光板为主体正面补光，降低反差，这样就能有效提高自动对焦的效率。

6.4 手动对焦
——不容忽视的摄影基本功

前面我们提到了，很多自动对焦难以发挥作用的时候，都需要手动对焦出场来救火。大部分情况，当自动对焦无效，手动对焦是所有选择中最方便、快速和容易实现的。还有很多摄影师及资深发烧友坚持这样一种观点，那就是自动对

拍摄参数： ◎ 光圈：f/8 　 ◎ 快门：1/4000s
　　　　　 ◎ 感光度：ISO400

※ 在逆光角度拍摄时，大量的水面反光进入镜头，自动对焦系统合焦成功率非常低。此时采用手动对焦能够有效避免这种情况。

焦的核心是速度，而手动对焦才是精度的体现。这个观点可能颠覆了你的想象，在大多数人的脑海中，手动对焦代表了近似、大概接近和自动对焦的替补等角色。而在很多真正的玩家眼中，通过精确手动对焦拍出的照片锐度远超过自动对焦的照片。但是，很多影友都是从自动对焦相机开始接触摄影的，缺乏手动对焦经验，因此这里我们就对手动对焦进行一下介绍。

6.4.1 利用焦距显示窗口提高手动对焦效率

英尺

米

当前焦距指针

35mm

无穷远

※ EF 镜头上的焦距显示窗口可以帮助判断手动对焦的距离。

把镜头上的自动对焦拨杆推至MF的位置，就可以进行手动对焦了。虽然使用手动对焦能够解决很多极端场景下自动对焦难以完成的任务，但对于新手来说，手动对焦的操作并不轻松，不仅旋转对焦环的幅度不好掌握，而且方向还会经常搞混。如何才能提高手动对焦效率呢？一个有用的工具就是镜头的焦距显示窗口。窗口旁边会有 ft 和 m 的标识和数字。其中 ft 代表距离单位是英尺，m 代表距离单位是米（1ft ≈ 0.3m）。焦距显示窗口下方有一条白色的短线，它所对应的数字就是镜头当前的焦距。为了提高手动对焦效率，可以先采用目测的方式估算出到拍摄主体的距离，然后转动手动对焦环，让窗口中显示距离与估算距离接近。之后再通过光学取景器观察并继续精细修正手动对焦，这样可以减小转动对焦环的距离，从而提高对焦效率。

另外，我们还需要记住对焦环转动方向和焦距变化的对应关系。采用手持相机，通过光学取景器向前方观察时，逆时针旋转 EF 镜头的手动对焦环时，场景中的合焦位置会朝向远离相机的方向移动。顺时针旋转手动对焦环时，场景中的合焦位置会朝靠近相机的方向移动。

提示 ⚡

有些镜头会因为焦距显示窗口的设计和制作不合格，而导致画面上方出现漏光现象。购买镜头时应该试拍并仔细检查。

扩展阅读

手动对焦环的旋转方向上佳能 EF 镜头与尼康尼克尔镜头刚好相反，当你更换了相机品牌或借用朋友的相机时，肯定会首先感觉到操作上的不习惯。而尼康尼克尔镜头逆时针旋转时，合焦位置会朝着靠近相机一侧移动。焦距显示窗口上也能发现这种不同，佳能 EF 镜头焦距显示窗口最右侧是 ∞ 无穷远标记，而尼克尔镜头的焦距显示窗口最左端是 ∞ 无穷远标记。

6.4.2 如何找到合焦位置

手动对焦最难的地方就在于转动对焦环，寻找准确合焦位置的过程。这需要多加练习才能熟练掌握。在练习的起步阶段，先不要使用大光圈，应该用较小的光圈练习，小光圈可以使景深更大，获得更好的手动对焦成功率。同时，也要注意距离拍摄对象越远，景深越大，可以先从拍摄较远的主体开始练习。

在手动对焦中，转动对焦环时不要担心转过了合焦位置，应该在合焦位置附近，来回转动对焦环，注意取景器中景物的同时就会对每次经

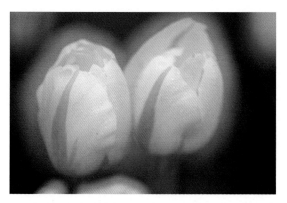

※ 这是一张多重曝光的照片，由两张照片构成。第一张照片中的郁金香花朵清晰合焦，第二张照片中的花朵则处于焦外。从画面中我们能够看出，即使拍摄距离固定不变，处于焦外的主体也会由于轮廓的模糊而体积更大。这就间接地说明了手动对焦时如何寻找主体最清晰的位置。

过的清晰区域有所判断。有时候主体比例较小，难以通过主体是否清晰来判断手动对焦的准确位置时，还可以通过主体的大小作为辅助判断的依据。当主体没有合焦时，由于它处于焦外区域，不仅主体的细节模糊不同，而且在取景器中观察时，它的轮廓也是模糊的，在视觉上主体就会显得更大。尤其我们将它与周围其他物体进行对比时，更容易发现这种变化。利用这一规律，在来回调焦的过程中，主体由大到小来回变化，

6.4.3 手动对焦合焦提示

手动对焦最考验人的地方除了耐心，还有就是眼睛的视力。目前，所有的数码单反相机，无论初级入门款还是顶级机型，通过其光学取景器来进行观察并进行手动对焦都是比较困难

[实战经验] 屈光度调节

手动对焦是最考验眼力的环节，而对于一些有轻度近视或远视问题的爱好者而言，通过不大的取景器窗口观看拍摄对象时视野就会有些模糊，如果不想佩戴眼镜又希望通过取景器看清景物，这时就可以用到屈光度调节功能。屈光度调节既可以适应近视眼，也可以适应远视眼（老花眼）。

调节屈光度时，首先打开相机电源，使用中央对焦点单点对焦，半按快门向近处某个线条对比强的物体完成对焦。此时眼睛不离开取景器，同时用右手旋转屈光度调节旋钮，直到中央对焦点对应的物体看上去清晰为止。取景器的屈光度调节功能就相当于为有视力问题的拍摄者配了眼镜。向屈光度旋钮的正向旋转相当于老花镜（远视），负向相当于近视眼镜。佳能 EOS 7D MARK II 的取景器屈光度调节范围是 -3 ～ +1。这里的数值是标准的，与日常佩戴的眼镜度数相对应。即 -1 相当于近视眼镜的 100 度，+0.5 相当于老花镜的 50 度。因此，最大屈光度调整范围是近视镜 300 度，老花镜 100 度。超过这一度数的爱好者需要佩戴眼镜或者使用屈光度校正镜，后者可以将屈光度调节范围增加。

只要通过仔细比较，抓住主体体积看上去最小的时候即可确定准确合焦位置了。

的。尤其对于那些视力不太好的摄影爱好者，手动对焦时拍摄主体是否清晰往往难以直接通过光学取景器做出判断。此时，相机上的合焦提示会有很大帮助。

[实战经验] 利用合焦提示辅助手动对焦

➤ **拍摄前设置。**将镜头的对焦模式拨杆至于 MF 位置，并且使用单点对焦模式。

➤ **组织画面（构图）。**找到理想构图后，将单个对焦点移动至与主体重合的位置上。

➤ **转动手动对焦环进行对焦。**从取景器中观察时，感觉主体基本清晰又难以判断是否是最佳清晰度时，

开始半按快门并保持不放。

➤ **留意合焦提示。**继续在刚才认为的合焦位置附近小幅度地缓慢来回转动对焦环。这时，一旦合焦，相机光学取景器右下角的对焦确认指示灯【●】就会亮起，提示合焦成功。

拍摄参数: ◎ 光圈: f/5.6　◎ 快门: 1/400s
　　　　　 ◙ 感光度: ISO400

❋ 手动对焦前，将对焦点移动到该位置，然后再转动对焦环即可从光学取景器中获得合焦提示。

❋ 手动对焦。

提示 ⚡ 手动对焦时的合焦提示音

当你启用了拍摄菜单第 1 页第 3 项【提示音】功能后，如果你所选择的当前对焦点（单点对焦模式下）的位置，在手动对焦过程中完成了合焦，相机会发出提示音，这样就能够更好地辅助判断，而且全部 65 个对焦点都可以实现这一提示功能。

6.4.4 更换裂像对焦屏

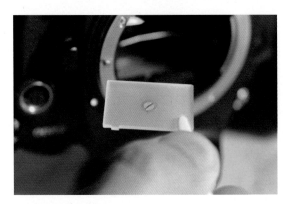

❋ 更换裂像对焦屏。

在手动对焦的胶片单反相机时代，为了让摄影师能够通过取景器更方便快速地完成手动对焦操作，单反相机顶部的五棱镜体积更大，从而带来了宽广且明亮的光学取景器，这样在手动对焦时视野更加良好。更重要的是，还配有裂像对焦屏或者微棱镜对焦屏。使用裂像对焦屏时，你会看到取景器中间有一个圆形区域，

将它对着拍摄主体时，主体的影像会被分成两块。没有合焦时，两块图像区域不重合，处于裂开的状态。当逐渐转动对焦环完成合焦后，主体不在裂开，而是重合为一个完整形象。使用微棱镜对焦屏时，取景器中间同样有一个圆形区域，不同的是圆形区域内的主体不会被分割，而是被众多菱形玻璃所遮挡，只有完成精确的手动对焦后，主体才能透过棱镜清晰地显现出来。

无论哪种方式都使得摄影师不必自己通过视力

❋ 裂像对焦示意图。在主体没有合焦时呈现出左右或上下裂开的不完整形状，当合焦后形状才会完整。这样我们就可以判断何时完成对焦了。

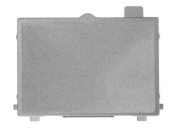

※ Eh-S 超精度磨砂屏。

来判断主体是否清晰，因而让手动对焦更加快速和轻松。而数码时代的相机都采用毛玻璃对焦屏，没有上述的手动对焦提示，因此即使你掌握了一定的手动对焦技巧并且有耐心，手动对焦还是很困难的。这时，一个很有效的解决方案就是为数码单反相机更换对焦屏。这是很多手动镜头发烧友的选择。它能够让数码单反相机具有更好的手动对焦效率。

除了裂像对焦屏以外，佳能原厂的超精度磨砂屏也是手动对焦的好搭档。佳能 EOS 7D MARK II 所配备对焦屏型号为 Eh-A，是标准精度磨砂屏。如果更换为 Eh-S 超精度磨砂屏后，随着对焦环的转动，从光学取景器里能够更加清晰地观察到主体从模糊到清晰的转变过程，让我们对于合焦的判断更加敏锐。但超精度磨砂屏带来的负面作用就是取景器亮度的下降，其幅度相当于 1 ～ 2 挡光圈。所以，更换这种对焦屏时最好使用最大光圈超过 f/2.8 的镜头，才能够保证取景器有足够的亮度。

对焦屏的位置在紧靠五棱镜下方，水平放置。所以，更换对焦屏后并不影响进入反光镜下方自动对焦感应器的光线，因此自动对焦功能不受影响。但是，测光感应器是安装在五棱镜顶部的，而对焦屏就"扼守"在光线进入五棱镜的入口处。所以，超精度磨砂屏造成的进光量减少，就会导致测光感应器接收到的光线变弱。这样自动测光结果就会出现偏差，导致过曝。因此，在更换对焦屏后一定不要忘记需要进入相机自定义功能菜单第 3 页（C.Fn3）第 1 项【对焦屏】当中，将其更改为 Eh-S。这样相机就会自动修正测光结果，避免出现曝光的偏差。

6.4.5 对焦模式切换器的妙用

不要以为镜头上的"自动 / 手动"对焦切换选项就只有选择对焦方式一个作用。其实这个按钮还有个实用的技巧可以用来锁定焦距。例如在拍摄日出日落和夜景等风光题材时，在使用三脚架的情况下，先构图取景后采用自动对焦模式完成对拍摄主体的对焦，之后将此开关切换到手动对焦模式就能实现锁定焦距的作用。之后不用看取景框直接观察现场场景，在出现理想画面时用快门线完成曝光。在一些需要等待才能形成很好构图的人像题材中也可以采用这个技巧。

自动对焦完成后拨至MF相当于锁定对焦

摄影兵器库：每位影友都应有一支蔡司镜头

在光学领域中，德国制造代表了顶级的光学品质。德国的两大光学企业卡尔·蔡司和徕卡有着至高无上的地位，很多日本厂商也都一再宣称自己的产品具有德国品质甚至德国血统，都希望向这个最高的标杆靠拢。

一切的传奇始于 1816 年，这年卡尔·蔡

❋ 卡尔·蔡司
（1816 年 - 1888 年）。

司出生在德国古镇耶拿（Jena）。高中毕业后他一边作为学徒打工，一边在耶拿大学旁听物理、数学和光学等相关课程。在光学领域的天赋和热情使得他迅速成长起来，在 1846 年卡尔·蔡司 30 岁时就建立了自己的工作室，开始设计生产显微镜。当时光学设备的生产都是凭借经验来制造的，必须要不断地试验和改进才能获得理想效果。而卡尔·蔡司开创了依靠科学计算进行光学设计的先河。在与物理学家恩斯特·阿贝合作后，成像理论和计算方法更加完备。在使用了大名鼎鼎的肖特玻璃后，其显微镜的品质达到了当时世界的最高水准。在其后近百年的发展中，蔡司的光学水平一直处于世界领先地位。直到"二战"以前卡尔·蔡司成为世界上生产规模最大的照相机工厂。

1945 年 2 月卡尔·蔡司位于德累斯顿的工厂遭到盟军轰炸，但并没有被完全炸毁。在"二战"接近结束时，巴顿将军的第三军团占领了耶拿，但雅尔塔条约规定美军的位置必须后退向西移，耶拿和德累斯顿全部交给苏军管理。巴顿将军深知光学在战争中的重要作用，从望远镜到火炮的光学瞄准镜都需要精密的光学设计和制造能力。于是，带走了蔡司工厂的 100 多位专家和工程师。后来在西德建立了新的蔡司工厂，被称为"西蔡"。除了蔡司镜头以外，知名的康泰时（Contax）旁轴相机就由"西蔡"生产。而苏联则将蔡司工厂的设备和光学玻璃原料运回了乌克兰基地，使得俄罗斯镜头在光学领域占有一席之地。战后东德也重建了蔡司工厂，被称为"东蔡"。两德统一后，以"西蔡"为主体进行了合并，这时的蔡司双剑合璧，在光学领域已经是第一强者。在 135 相机方面仅有徕卡能够与蔡司的康泰时抗衡，但在中画幅 120 领域卡尔·蔡司的品牌称雄天下，哈苏和禄徕两大 120 巨头都使用蔡司镜头。但随着相机电子化的步伐加快，德国在机身电子化方面落后了，但其镜头的光学水平仍然是世界一流的。依靠蔡司的鼎力相助，目前索尼在数码相机领域取得了长足的进步。

蔡司 ZE 卡口镜头

❋ 卡尔·蔡司的 ZE 卡口镜头是佳能相机获得更高画质的利器。

卡尔·蔡司除了与索尼合作生产可以自动对焦的 α 卡口和 E 卡口（微单）镜头外，也针对佳能用户推出了 ZE 卡口镜头。ZE 镜头与佳能原厂镜头的风格迥然不同，有一种复古味道。13 支镜头全部为定焦，这是由于德国人认为只有定焦镜头才能具有一流的画质，而变焦镜头是无法达到的。黝黑锃亮的金属镜身就像一颗工艺品，拿在手里带来冰凉的触感。宽大的手动对焦环做工精细，表面具有防滑的纹理，对焦时如丝绸般顺滑，行程更长即使手动对焦也让人感觉是一种享受。ZE 镜头全部为手动对焦，这也是因为在蔡司设计师的眼中，自动对焦系统无法达到手动对焦的精准度，只有手动对焦才能够充分发挥蔡司镜头的光学潜能。

蔡司 ZE 镜头上景深刻度与对焦距离均精细地刻在镜身上，极为精密。ZE 镜头具有蔡司独有的 T* 镀膜，加上经典的光学设计，使得

ZE 镜头所拍摄的画面无论中央还是边缘锐度极佳，而且景物细节过渡自然，仿佛浸润在轻微水雾之中，无论拍摄人像题材还是风光题材，都能够呈现出油润通透的视觉效果，似乎摆在我们眼前的不是一个喧嚣的世界，而是一远清新的油画。色彩方面浓郁厚重又不失真，很有味道。另外，画面整体气氛和空间感的表现上也独树一帜，与日系镜头风格截然不同。全金属遮光罩设计得非常巧妙，加工精度极高，与镜身配合得天衣无缝，无论正扣反扣都是极为吻合。目前，ZE 镜头内的芯片可以与机身传递信息，因此与佳能相机搭配时，可以实现 P 程序自动曝光、Av 光圈优先和 Tv 快门优先模式。除了只能采用手动对焦之外，与其他佳能 EF 镜头在使用上没有差异。在进行手动对焦操作时也能够获得合焦提示。

※ 蔡司 Planar T★ 1,4/50 ZE 是大部分爱好者选择的第一支蔡司镜头。

选购时，如果对手动对焦操作掌握不是很到位，处于刚入门阶段，但又希望领略蔡司镜头风格，可以选择 Planar T★ 1,4/50 ZE，该镜头不仅具有 f/1.4 的大光圈适合弱光环境下拍摄，而且是 ZF 镜头中价格最低的，大约 3700 元，仅比佳能原厂 EF 50mm f/1.4 USM 镜头贵一千多元。从价格角度看非常适合作为入门款，如果你还没有 EF 50mm f/1.4 USM，那么这支标准蔡司是最好的选择。在积累了较多拍摄经验后，你会逐渐喜欢上这种需要耐心和精细对焦的拍摄方式，它可以给人带来放松愉悦的拍摄体验，在慢节奏的拍摄中才能体会到摄影的本质。

逐渐掌握和熟悉蔡司镜头的特性后，你可以选择一支蔡司 Distagon T★ 1,4/35 ZE。首先，35mm 人文广角应用面更广，无论人像特写、风光还是扫街纪实题材都可以应对。另外，即

使在高水平的 ZE 镜头阵容中，Distagon T★ 1,4/35 ZE 也算是出类拔萃的一支。它拥有 72mm 的大口径，其全金属全光学玻璃的用料使得重量高达 860g，手感扎实稳重，可以说是不

※ 强手中的强手蔡司 Distagon T★ 1,4/35 ZE。

折不扣的顶级用料。这支镜头还采用内对焦技术，手动对焦时通过移动镜头中的镜片组来完成对焦，镜头长短不会发生变化，从而防止了进灰等问题的发生。蔡司的一贯设计风格是用普通光学玻璃，通过精密的光学设计和做工来实现最佳的画质。因此，与日系厂商相比，很少采用非球面镜片和低色散镜片等特殊材料。但在 Distagon T★ 1,4/35 ZE 却用足了这些高等级镜片。在成像方面，保持了蔡司一贯的油润感，景物细节过渡自然丰富，如丝绢般细腻。画面反差适中、对于空间感和立体感的表现到位。可以说是集蔡司大成于一身的镜头。其价格在 9000 元左右，与佳能原厂 EF 35mm f/1.4L USM 几乎一样。如果你希望体会德系镜头的味道，触摸到其精良的做工，那么 Distagon T★ 1,4/35 ZE 是最佳的选择。

拍摄参数： ◎ 光圈 f/11　　◎ 快门: 1/500s
🔲 感光度: ISO100

※ 蔡司 Distagon T★ 1,4/35 ZE 具有惊人的细节表现力，色彩过渡自然，立体感强。

全新蔡司 Milvus 镜头

※蔡司 Milvus 镜头特别针对高像素机身和视频拍摄进行了升级，但仍保持了蔡司镜头一贯的风格。

在传统观念中，相机机身升级速度较快，而镜头则是经久耐用的产品类型，可能在十多年间都不会更新。有的经典手动镜头更是可以作为传家宝，代代相传下去。然而，当今无论是摄影技术、观念还是摄影器材都已进入发展的快车道，以佳能、尼康为代表的相机厂商几乎每年都会推出重量级新机型。相机不仅仅拍照功能越来越强大，像素越来越高，高清视频功能也逐渐成为数码单反的重要发展方向。佳能的 EOS 5Ds/5DsR 像素高达 5060 万；尼康 D810 像素为 3635 万。相比以往只有 1000 多万像素的机型来说，画面可以放大到原来的数倍，镜头中的任何光学设计瑕疵将被放大。相机机身的更新换代如此之快，镜头的推陈出新成为必然。不仅顶级的大三元镜头升级步伐加快，而且光学素质出色的定焦镜头大有复苏的势头。每当一款高像素机身问世后，都会有人惊呼手中的镜头"喂不饱"这样的高像素。而此时往往会有资深器材玩家站出来说：蔡司镜头是最终的解决方案。而如今，蔡司也必须升级一下自己的镜头来应对这种格局了，这就是全新的 Milvus 系列。

Milvus 翻译成中文是黑鸢，一种中型猛禽，广泛分布于欧亚非大陆。这已经不是蔡司第一次采用鸟类名称来为新的产品线命名了。2013 年，蔡司为索尼 E 卡口和富士 XF 卡口非

全画幅微单打造了 Touit 自动对焦镜头，Touit 就是一种南美洲鹦鹉的名字。随后发布了顶级数码单反手动对焦镜头 Otus（拥有针对佳能的 ZE 和尼康的 ZF.2 两个版本），Otus 在拉丁文中是猫头鹰的意思。针对人气颇高的索尼 FE 卡口全画幅微单，蔡司更是推出了手动对焦镜头 Loxia 和自动对焦镜头 Batis 两个系列，前者的意思是交嘴雀，后者是蓬背鹟。从这些镜头系列的命名中我们不难发现，蔡司希望改变以往古板的形象，让自己的产品更加贴近影友。

本次 Milvus 系列镜头主要针对佳能和尼康的数码单反相机，同样分为 ZE 和 ZF.2 两个版本。该系列镜头仍然为手动对焦，外观上与前一代产品有了明显的改变。目前发布的镜头共有 6 款，包括：21mm f/2.8、35mm f/2、50mm f/1.4、85mm f/1.4、50mm f/2 微距和 100mm f/2 微距。

为了适应高像素机型，Milvus 系列的镜头优化镀膜，在光学镜片边缘使用了黑色烤漆，以便在逆光拍摄时降低眩光和鬼影。在感光元件动态范围越来越高的今天，照片会走向更加灰软的趋势。而蔡司 Milvus 镜头通过出色的光学设计和材料运用，将色散、球面像差等多种光学瑕疵降到了最低，你依然可以拍出高对比度、高分辨率的精彩照片。

新款镜头采用 8组10片 反望远结构

老款镜头采用 6组7片 双高斯结构

在这 6 款镜头中 50mm f/1.4 和 85mm f/1.4 改变了光学结构，升级最为彻底。以往的标准和中长焦镜头大多采用双高斯结构（Planar）。这是一个确立百年的经典光学结构，具有结构简单、色差修正好、画面畸变小的优点。但是利用双高斯结构制作高分辨率、画面边缘与中心一样出色的大光圈镜头时会显得力不从心。本次 Milvus 系列中的 50mm f/1.4 和 85mm f/1.4 都采用了更为复杂的反望远结构（Distagon），使得画质有了较大提升。不仅仅中央解像力高，边缘表现也非常出色，与中央位置的成像差异不大，细节锐利清晰，色彩真实自然，即使全开光圈也能获得完美的画质。

为了适应视频需求，蔡司 Milvus 系列中的尼康版本还增加了 De-click 功能，通过小改锥对卡口处的调整，可

以将镜头切换为无级光圈。我们知道相机镜头在进行光圈调整时是存在挡位的，在拍摄视频时，如果改变了光圈的大小，那么即使是 1/3 挡的变化也会让视频画面的明暗立即出现明显的跳跃变化。这会严重分散观众的注意力。而无级光圈可以让孔径的变化成为一个渐变的过程，逐渐缩小或逐渐开大，这样视频画面的亮度也是逐渐变暗或逐渐变亮的，从而更加顺畅而平缓的改变曝光。这对于视频画面非常重要。

新系列镜头依然体现了德国式的严谨和一丝不苟。它秉承了蔡司的一贯风格，6 款镜头都采用全金属外壳，不仅外形美观，而且触感十足。其特殊的密封处理可以保护镜头不受灰尘和水汽的侵蚀，即使在恶劣的环境下也能保证经久耐用。Milvus 系列镜头还具有更好的人体工程学设计，对焦环宽大且旋转角度广，阻尼自然顺畅，能够实现更加精确的手动对焦。

史上最佳镜头——蔡司 Otus 1.4/55 和 Otus 1.4/85

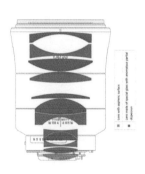

❈ 蔡司 Otus 1.4/55 让影友们看到蔡司雄风依旧，率先上市的它也为单反镜头树立了新的标杆。

❈ 蔡司 Otus 1.4/55 采用了 Distagon 反望远光学结构设计。

自从 100 多年前，135mm 相机系统诞生以来，无论德系厂商还是日系厂商都打造出了无数经典镜头，很多都被摄影发烧友津津

乐道，但哪只镜头才是 135mm 历史上的最佳镜头却一直争论不休。直到 2013 年蔡司发布 Otus 1.4/55 镜头以及第二年的 Otus 1.4/85 出现，"135mm 历史上最佳"这一称号才有了归属。

拍摄参数：◎ 光圈 f/2　◎ 快门：1/400s　◎ 感光度：ISO100

传统观念中大家都认为德国人是严谨认真的代表，而创新并不是他们的特长。50mm 标准镜头的双高斯光学结构由为蔡司工作的德国人鲁道夫于 1896 年发明后就一直被沿用到了今天。这一光学设计被众多厂商所仿制，已经成为最经典的光学设计。然而，蔡司用实际行动证明了他们同样具有无尽的创新精神。2013 年蔡司使用了突破传统的光学结构制作了这支 Otus 1.4/55 镜头。蔡司使用的光学设计我们并不陌生，那就是经常出现在广角镜头上的反望远结构，蔡司称为 Distagon。这一设计可以将主点置于镜头后方，让单反相机反光镜存在的情况下获得更短的焦距。蔡司在 Otus 1.4/55 上就是用了这种反望远结构，也就是说蔡司用了广角镜头的设计来制作标准镜头，这无疑是个很有创意的方式。究其原因，还是在于双高斯结构虽然具有很多优点，但同样存在一些局限。例如难以做到画面中心和边缘同样出色，控制了球面像差提高了画面锐度和反差，但是畸变又会增加。最终，蔡司为了制作出更完美的标准镜头，放弃了经典的双高斯结构，转而使用复杂的反望远结构。这也是 Otus 1.4/55 摘得最佳 135 画幅镜头的根本保障。

蔡司 Otus 55/1.4 采用 10 组 12 片光学结构，包括了 1 枚非球面镜片和 6 枚低色散镜片，良好地校正了各类像差，实现了从中心到边缘均一流画质。镜头前方标记的 APO 代表运用了复消色差技术（即我们在镜头一章中提高过的使用两块不同色散和折射率的镜片做成镜片组来对色差进行矫正），可以将色差控制在最小的程度。如此的用料和设计在标准镜头领域非常少见，大部分标准镜头几乎没有任何特殊光学镜片，更不要说采用复消色差技术了。可见，蔡司对于这款镜头的厚望。并且蔡司也为这个系列的镜头起了一个特别的名字，Otus 在拉丁语中的意思是猫头鹰，这个名字让我们想起了"鹰之眼"，那是蔡司大名鼎鼎的天塞结构的

名字。

了解了 Otus 55/1.4 的内部，再来看看它的尺寸。该镜头的滤镜尺寸为 77mm，与佳能 EF 70-200mm f/2.8L IS II USM 一致。而该镜头长度达到惊人的 141mm。我们知道一般的 50mm 定焦镜头长度仅为 40mm ～ 50mm，蔡司 Otus 1.4/55 的长度比佳能大三元的 EF 24-70mm f/2.8L II USM 还要长。另外，镜头的重量从一个侧面说明了用料的扎实程度，蔡司 Otus 1.4/55 镜头的重量高达 970g，超过了三支 EF 50mm f/1.4 USM 镜头重量的总和。与体积和重量相对应的是该镜头价格也高出其他标头很多，蔡司 Otus 1.4/55 售价达到 2 万元。

蔡司 Otus 1.4/55 还是一款极具个性的镜头，为了实现最佳的锐度，该镜头从设计时就定位在手动对焦镜头，因此在实际拍摄时，对于使用者的耐心和对焦基本功都是一个考验。但对于那些善于使用手动镜头的摄影师来说，蔡司 Otus 1.4/55 能够带来超一流的画质。焦内锐利无比、焦外虚化自然且毫无二线性，畸变和色散控制极佳。

※ 第二年上市的 Otus 1.4/85。

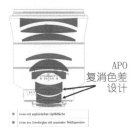

※ APO 复消色差设计让 Otus 镜头获得超强的抵消色散能力，即使全开光圈紫边也非常轻微。

虽然价格昂贵，但凭借一流的品质蔡司 Otus 1.4/55 上市后获得了很大的成功，第二年蔡司又推出了该系列的第二支镜头 Otus 1.4/85。这次在光学结构上没有过多的创新，

※ 蔡司也将引以为豪的 APO 放在了镜头前端的标识第一位。

仍然采用了经典的双高斯结构，采用了 9 组 11 片设计，镜头中包含了 1 枚非球面镜片和 6 枚的低色散镜片。该镜头的体积也同样庞大，滤镜口径增加至 86mm，重量也上升至 1140g。Otus 1.4/85 镜头同样采用了蔡司非常重视的 APO 复消色差设计。

在 85mm 人像镜头领域中佳能原厂的 EF 85mm f/1.2L II USM 是非常优秀的镜头。在面对这样的对手时，蔡司更要拿出看家的本领才能明显胜出。在实际拍摄中我们发现，蔡司确实做到了这一点。不仅在合焦位置锐度、画面中心与边缘一致性等方面都具有一定优势，尤其是在逆光环境下，对于色散的控制远远胜出原厂镜头。Otus 1.4/85 即使全开光圈也几乎看不到主体轮廓边缘的紫边，而同样环境下原厂镜头的紫边较为明显，必须要收缩 2 挡光圈才能减轻。可见，蔡司的 APO 复消色差设计名

拍摄参数：◎ 光圈 f/1.4　◎ 快门：1/500s
◎ 感光度：ISO100

不虚传。这也是蔡司将 APO 放在镜头名称最前面的原因之一。

6.5 全时手动对焦——将自动与手动的优势结合

很多时候提到对焦性能，我们第一个就会想到机身的参数，包括对焦点数量、自动对焦感应器等。但在整个自动对焦的过程中，镜头扮演着重要的角色。一个重要部件——自动对焦马达就位于镜头当中，所以佳能 EF 镜头上才有对焦模式切换器，我们通过它在 AF 自动对焦和 MF 手动对焦之间进行切换。

6.5.1 全时手动对焦——为更精确的合焦而生

所谓全时手动对焦是指相机在 ONE SHOT

拍摄参数：◎ 光圈：f/5.6　◎ 快门：1/200s
◎ 感光度：ISO400

※ 为了拍到被花瓣包围的花蕊，针对画面边缘进行自动对焦后使用全时手动对焦进行对焦位置调整，才能让内部的花蕊清晰可辨。

单次自动对焦模式下，当我们半按快门激活对焦系统后，持续保持快门半按动作，在相机和镜头完成了自动对焦工作后，还可以直接转动对焦环，进行对焦位置的细微调整。可以将自动对焦的快速与手动对焦的精确结合在一起。而非全时手动对焦镜头采用这样的操作则会损伤对焦马达。

那么，在什么情况下需要使用全时手动对焦呢？首先要明确的是，由于长焦镜头和微距镜头在拍摄时，画面中清晰的范围更小，因此合焦位置准确落在我们希望的主体上则更加重要。这是全时手动对焦的主要应用领域。其次，我们在调整镜头的光圈时，只能在整级和整级的 1/3 级步长上调整，而无法做

到更加精细。其实，自动对焦也有步长的，如果你的主体刚好处于对焦系统两级步长之间，就会出现微小的模糊状况。此时，采用全时手动对焦进行细微调整就会让主体更加清晰。

实战：常规全时手动对焦操作

全时手动对焦具有很多优势，但如果希望获得理想效果，还必须掌握操作要领才行，具体操作步骤是：

- **拍摄前准备。**首先将镜头上的对焦模式拨杆放到 AF 挡。将相机的自动对焦模式调整至 ONE SHOT 单次自动对焦模式。
- **自动对焦。**使用单个对焦点，针对目标主体上具有明显细节和反差的区域，半按快

门进行自动对焦。

- **手动微调对焦距离。**不松开右手食指，保持半按快门的状态。同时，在眼睛不离开取景器的情况下，用左手调整镜头上的手动对焦环。利用手动对焦环的转动，将画面中的清晰范围从主体边缘调整至理想位置。注意，手动调整的整个过程中，都需要保持半按快门的状态。否则，即使你完成了手动调整，当再次按下快门时，自动对焦又会重新工作，让手动调整的效果消失。
- **完成拍摄。**手动调整完成后，让快门从半按状态直接全部按下，完成拍摄。

不要认为这样的操作复杂，等你操作熟练后，这个过程甚至能够成为一种下意识，都无须特意关注就能完成。如果你的镜头没有全时手动对焦功能，那么只能在完成自动对焦后，将镜头的对焦模式播杆切换到 MF 手动对焦的位置，然后在继续手动对焦。那样的操作更加复杂。

实战：全时手动对焦进阶操作

❷ 按下AF-ON按钮
启动自动对焦

❹ 完全按下快门
完成拍摄

❶ 选择AF自动对焦模式

❸ 在自动对焦完成后
旋转手动对焦环
微调对焦

从上面的步骤中我们发现，最核心的问题是半按快门的动作不能停止，这样可以防止再次按下快门时重新启动自动对焦。如果能够将启动自动对焦功能从快门按钮中分离出去，会让全时手动对焦工作更加顺畅。这就要用到我们在前面介绍的 AF-ON 按钮。方法相同，进入自定义功能菜单第 3 页（C.Fn3）最后 1 项【自定义功能按钮】选项中，将半按快门这一动作的功能设置为仅测光而不启动对焦。选择这一选项后，半按快门将不能启动自动对焦，而只有【AF-ON】按钮可以启动。启用了 AF-ON 键后，操作步骤调整为下面的方式：

> **拍摄前准备。** 首先，仍要确认镜头上的对焦模式播杆放到了 AF 挡。将相机的自动对焦模式调整至 ONE SHOT 单次自动对焦模式。

> **自动对焦。** 使用单个对焦点，使其在画面中与目标主体上具有明显细节和反差的区域重叠。用右手拇指按下 AF-ON 按钮，启动自动对焦。

> **手动微调对焦距离。** 待完成合焦后，松开 AF-ON 按钮。同时，在眼睛不离开取景器的情况下，用左手调整镜头上的手动对焦环，将画面中的清晰范围从主体边缘调整至理想位置。手动调整的整个过程中，都不需要按着 AF-ON 按钮。

> **拍摄。** 手动调整完成后，直接按下快门即可完成拍摄。

> **整个过程更加轻松自如，AF-ON 按钮在里面起到了重要作用。** 这是由于按下一次 AF-ON 按钮时，启动了自动对焦功能。松开这个按钮，自动对焦就会停止。而后边我们最担心的是自动对焦再次启动，把手动调整的结果抵消掉。将对焦功能从快门上分离后，我们只要不再次按下 AF-ON 按钮，自动对焦就会如我们所愿不再启动。此时，对焦将由全手动状态接管。

【 **实战经验** 】

如果画面主体上各部分反差和细节都很少，难以自动对焦时，一般镜头都会在这个时候出现来回拉风箱的情况，对焦距离显示窗口的标尺会在无穷远到最近端来回切换不停。这是摄影爱好者最不愿意看到的。如果将自动对焦启动分配给了 AF-ON 按钮，那么我们松开该按钮即可让拉风箱现象停止，并用更精确的手动对焦接管。可见，这样不仅让操作步骤简化，而且可以发挥出全时手动对焦的更大威力。

6.5.2 机械与电子全时手动对焦镜头

佳能目前在产的 EF 镜头阵容中绝大部分都具有全时手动对焦能力，不具备全时手动对焦能力的镜头反而很少。我们可以从 EF 镜头的名称上进行分别，镜头名称中包含了 USM

EF 1200mm f/5.6L USM

EF 200mm f/1.8L USM

EF 50mm f/1.0L USM

※ 这三支传奇镜头都属于电传手动对焦类型。

和 STM 字样的几乎都是全时手动对焦镜头（EF 75-300mm f/4-5.6 III USM 除外，它使用了老式微型 USM 马达，不具备全时手动对焦能力）。

佳能的全时手动对焦镜头还分为两种类型，一类是机械式手动对焦类型，也就是说，

当完成自动对焦后，我们用手转动手动对焦环时，镜头采用机械的方式调整焦距。此时，自动对焦马达被一种类似离合的装置架空，镜头自动切换至机械式的手动对焦状态。这也是目前佳能 EF 全时手动对焦镜头的主流。另一类是电子手动对焦（也称为电传手动对焦），也就是说，当完成自动对焦后，转动手动对焦环时，镜头会检测到我们对手动对焦环的转动速度和幅度，然后将这一检测结果转变为电信号传递给镜头内的自动对焦马达，通过马达的工作再次调整焦距。显然，后一种类型需要依靠电力的支持，如果相机没电或者关机则无法进行。

采用 USM 马达的 EF 镜头中有 10 支定焦和 1 支变焦镜头属于电子手动对焦类型，它一般被用于超大光圈定焦或超长焦镜头上。这其中很多都是佳能最知名的镜头，其中包括：知名的"大眼睛"EF 85mm f/1.2L USM 前后两

菜单解析 自动对焦菜单第 3 页（AF3）菜单第 1 项【镜头电子手动对焦】

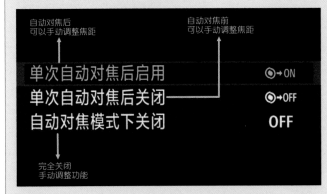

自动对焦后可以手动调整焦距　　自动对焦前可以手动调整焦距

单次自动对焦后启用　　●→ON
单次自动对焦后关闭　　●→OFF
自动对焦模式下关闭　　OFF

完全关闭手动调整功能

当你使用电子手动对焦式镜头时，可以通过自动对焦菜单第 3 页（AF3）菜单第 1 项【镜头电子手动对焦】选项来控制镜头的对焦工作方式。选择【单次自动对焦后启用】时，可以让这类镜头发挥出全时手动对焦的能力。在 ONE SHOT 单次自动对焦后，我们可以保持半按快门不放，手动旋转对焦环来调整对焦距离。当使用"大眼睛"EF 85mm f/1.2L USM 时，如果你采用 f/1.4 或更大光圈，那么由于景深很浅，就需要使用这一方式将对焦位置更加精细地放在模特眼睛上。单靠自动对焦有时

是难以完成这一任务的。选择【单次自动对焦后关闭】时，将禁止镜头的全时手动对焦功能，此时在 ONE SHOT 单次自动对焦后，保持半按快门不放，手动旋转对焦环将无法调整对焦距离。这样就可以防止误操作的发生，避免不经意间触碰手动对焦环而改变对焦距离。这种情况下，如果你希望在自动对焦的基础上手动调整，只能将镜头上的对焦模式切换器至于 MF 手动对焦的位置后才可以。但在【单次自动对焦后关闭】下，我们仍然可以在半按快门进行自动对焦前手动转动对焦环，实现预对焦的操作。这样可以加快自动对焦的进程。而选择【自动对焦模式下关闭】时，只要镜头上的对焦模式切换器至于 AF 自动对焦，那么无论半按快门之前还是之后，都不能转动对焦环来调整焦距了。这样不仅可以防止误操作，还能够节约一定的电力。

如果你使用的全时手动对焦镜头是机械式手动对焦类型，例如大小三元镜头。那么全时手动对焦功能将一直能够发挥作用，而不会受到【镜头电子手动对焦】选项的影响。

代；历史上光圈最大的自动对焦镜头 EF 50mm f/1.0L USM；堪称 135 相机历史最佳镜头的 EF 200mm f/1.8L USM；顶级长定焦镜头中的 328、428、545、640（佳能镜头昵称见附录）以及传奇性的 EF 1200mm f/5.6L USM；唯一的一支变焦镜头是含铅玻璃时代有着"黑夫人"之称的 EF 28-80mm f/2.8-4L USM。另外，所有采用 STM 步进式马达的镜头都属于这个类型。

6.6 自动对焦微调——校正跑焦的镜头

相机的自动对焦微调功能是为了应对跑焦问题而设计的。所谓跑焦就是指在拍摄时，通过取景器中确认的焦点与照片上最终成像的焦点位置不一致的问题。例如，拍摄具有前后纵深的特写时，拍摄时的对焦位置与照片最终呈现的清晰位置有差别，这就是跑焦。

6.6.1 镜头为什么会跑焦

※ 镜头内部结构复杂而精密，不要说将镜头跌落到地上，即使出现一定的气压或湿度变化，都可能引起跑焦。

※ 如果你在拍摄时针对小猫的左眼对焦，而在照片回放时发现清晰的区域在右眼或者其他地方，那么就要引起警惕了，这支镜头存在跑焦的可能性。当然，需要通过进一步精确的测量才能够确定是否真的存在跑焦现象。

自动对焦系统非常精密，很多原因都会导致其出现跑焦。一般情况下，镜头是出现跑焦问题的原因所在。镜头经过长时间使用，机身与镜头芯片交换信息错位，拍摄地点与镜头长期存放的地点之间温度、湿度、海拔或气压的差异都可能导致跑焦的出现。在比较极端的冷热天气条件下使用，以及经常遇到海拔或气压的强烈变化或经过轻微磕碰后，镜头内的精密光学元件即使发生非常轻微的改变，也容易导致成像的焦平面不再与感光元件平面重合，而是出现或前或后的现象，这就是跑焦。在画面中表现为对焦的位置在 100% 原大时并不清晰，而在这个位置前方或后方出现准确合焦的清晰区域。

另外，如果相机内部的自动对焦模块在安装时的精度出现偏差，也会导致跑焦现象的发生。此时，无论使用什么样的镜头都会出现比较一致的跑焦现象。

6.6.2 跑焦调整

虽然跑焦出现概率较小，但是对于拍摄的影响还是较大的，因此要进行仔细检查。确定自己的相机或镜头是否跑焦是个严谨的过程，不能仅凭手持相机拍摄的照片不清晰或焦点偏移就认定出现了跑焦现象。因为，相机的移动、对焦后再次构图等因素都可能出现偏差。最严谨的方法是将相机固定在三脚架上，拍摄跑焦测试卡才能够得出结论。要注意的是，仅根据外拍照片就进行自动对焦微调是不严谨并且有很大风险的。我们可以上网下载跑焦测试卡，打印后使用。当然，更严谨的做法是使用德塔（Datacolor）的 Lenscal 专用跑焦测试组件。

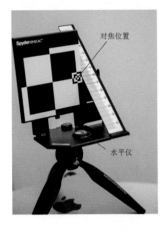

※ 德塔（Datacolor）的 Lenscal 专用跑焦测试组件。

※ 进行自动对焦微调时，相机一定要固定在三脚架上进行。

实战：跑焦调整

➤ Lenscal 内置了水平仪，便于我们判断测试的桌面是否水平，当桌面处于水平位置时，气泡水平仪中的气泡位于中央。这时，Lenscal 上右侧的标尺就会与水平位置呈现 45°夹角，这正是我们所需要的。如果你是自行打印的跑焦测试卡，则很难精确地做到让它与水平面呈 45°角。

➤ 将相机固定在三脚架上，避免任何震动。

同时需要利用机内电子水平仪来确保相机不存在俯拍或仰拍的角度。调整三脚架的高度，让相机正对 Lenscal 上标尺左侧密集的小方格区域。

➤ 第三步将镜头全开光圈，针对密集方格区域拍摄一张照片。

➤ 收缩半挡光圈，再次拍摄，以保证结果的准确性。

※ 定焦镜头的调整界面。

> 将照片导入电脑，放大至 100% 观察 Lenscal 上的标尺。如果画面中标尺区域清楚的位置是在刻度 0，那么说明焦点是准确的，镜头没有出现跑焦。如果清晰区域不在刻度 0 处，那么就有可能出现了跑焦现象，当然这需要多次实拍来进行确认。如果焦点总是朝向某一个方向偏移，就可以确定该镜头出现了跑焦问题。由于景深问题，刻度 0 的附近，通常会出现前 4 后 6 或前 3 后 7 的清晰区域，这是正常现象。

如果出现跑焦现象，就需要使用相机内自动对焦菜单第 5 页（AF5）最后 1 项【自动对焦微调】功能来进行校正。进入该选项后，选择【按镜头调整】可以为你当前正在使用的镜头添加矫正数据。按下 INFO 按钮进入这一选项后，界面最上方会显示出你镜头的型号。如果出现跑焦问题的镜头是定焦镜头，则界面中只会出现一条跑焦调整轴。其中，轴的左侧有一个相机图标，代表向该方向移动光标可以让合焦位置更加靠近相机，从而可以校正焦点出现后移的情况。而轴的右侧有一个山峰的标志，代表了无穷远的位置。如果光标向该方向移动可以让合焦位置更加远离相机，从而可以校正焦点出现前移的情况。

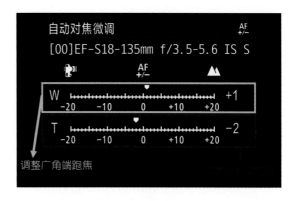

> 根据刚才测试得出的跑焦方向，设置好正负方向，先从 1 开始试验。以焦点前移为例，步骤是先选择 +1，然后按下 set 按钮保存调整值后，退到【自动对焦微调】界面后再次按下 set 按钮即可保存这一设置。

> 针对 Lenscal 的密集方格区域再次拍摄，然后导入电脑，放大到 100% 进行检查。如果清晰区域回归到了标尺的刻度 0 处，则校正成功。如果仍然有偏差，继续进入【按镜头调整】选项，将调整幅度设置为 +2。继续进行实拍检验，直至完全修正为止。

如果你使用的是变焦镜头，并且出现了跑焦问题，那么很有可能在该镜头的长焦端和广角端这两个区域内，跑焦偏移的方向和幅度并不相同。例如，佳能 EF 24-105mm f/4L IS USM 镜头可能出现广角端焦点后移，而长焦端焦点前移的情况。这就需要分别测试并进行单独调整。此时，界面中则会出现两条跑焦调整轴，上方标记为 W 的代表调整镜头广角端的跑焦，而标记为 T 的负责调整镜头长焦端的跑焦。具体操作步骤与刚才的相同，首先对变焦镜头的广角端进行跑焦测试，然后根据跑焦程度进入【按镜头调整】选项中的 W 轴进行调整。保存调整值后，再次拍摄 Lenscal 检查调整效果。如果合焦位置没有校正到位，则还需要再进行一轮测试和调整。当广角端调整到位后，就可以改用长焦端拍摄 Lenscal，以同样的方法进行调整。只不过此时需要更改的是 T 轴。

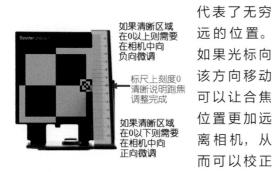

如果清晰区域在 0 以上则需要在相机中向负向微调

标尺上刻度 0 清晰说明跑焦调整完成

如果清晰区域在 0 以下则需要在相机中向正向微调

※ 通过调整—测试—再调整—再测试的多次操作才能够完成跑焦调整。

在跑焦测试中，镜头焦点出现前移的，需要向正向调节以进行矫正；焦点出现后移的，需要向负向调节以进行矫正。调整幅度在 -20 ～ +20 之间。接下来的调整需要更多耐心，要在一边调整数值，一边拍摄验证中进行。

另外，即使同一个焦段，出现跑焦的拍摄距离也有区别。有的镜头经常用于拍摄近距离物体，例如微距镜头。这时就需要针对近距离目标进行校正，我们需要将 Lenscal 放到较为靠近镜头的区域进行实拍。而如果镜头经常用于拍摄中等距离外的主体，那么需要将 Lenscal 放到稍远距离进行实拍。而在真正远距离的拍摄时，例如无穷远处，轻微的跑焦几乎难以从画面中识别出来，因此无须对其进行校正。

6.6.3 让微调值与镜头一一对应

自动对焦微调对于一支镜头来说非常重要，它可以校正这支镜头出现的对焦偏差。然而，这一重要的校正数据必须跟该镜头对应起来才有价值，如果你更换了一支不跑焦的镜头，相机仍然将原来的自动对焦微调数据应用在了新镜头上，则会在后续拍摄中引发新的跑焦问题。因此，微调值要与镜头一一对应起来才不会出现副作用。

当你的相机更换了其他焦段的镜头时，相机比较容易就能够通过卡口的数据交换识别出来，例如，你对 EF 24-70mm f/2.8L II USM 进行自动对焦微调后，在下一次的拍摄中换上了 EF 85mm f/1.2L II USM 镜头，此时相机就会发现使用了新镜头，不会将自动对焦微调值调出来使用，这很容易鉴别。而如果你在拍摄中没有带那支 EF 24-70mm f/2.8L II USM，但拍摄题材却非常需要，你无奈之中从朋友的摄影包中借来另一支不跑焦的 EF 24-70mm f/2.8L II USM 镜头，此时相机如何才能够识别出这是一支新镜头呢？在以前，老款的佳能机身会认为这是同一支 EF 24-70mm f/2.8L II USM，并施加保存的自动对焦微调结果，除非你手动关闭这一功能。而现在，佳能 EOS 7D MARK II 会更加智能地识别出虽然同款，但并不是同一支的镜头。这是因为现在的机身可以读取镜头的"身份证号"——镜头序列号。

任何一支 EF 镜头都具有唯一的序列号，即使是同款的镜头，不同个体之间序列号也是不同的。这样机身就很容易识别出你所使用的 EF 24-70mm f/2.8L II USM 是不是你进行自动对焦微调时的那一支了。2011 年以前生产的 EF 镜头序列号由 6、7、8 位组成，例如，新百微 EF 100mm f/2.8L IS Macro USM 的序列号为 7 位，标准镜头 EF 50mm f/1.4 USM 的序列号为 8 位。而 2011 年以后生产的 EF 镜头序列号全部为 10 位，例如，新款小三元广角镜头 EF 16-35mm f/4L IS USM。正是由于镜头序列号的位数不同，机身在识别序列号时也会出现偏差。

在使用【按镜头调整】功能时，很重要的一项工作就是将调整结果与镜头匹配起来。在进入【按镜头调整】界面后，按下 INFO 按钮即可进入【确认 / 编辑镜头信息】的界面当中，此时如果你使用的是较新款的 EF 镜头，那么相机就能够自动识别出镜头的 10 位序列号了。你只需要将光标移动到确定处，按下 set 键即可将该镜头的信息存储起来。今后在使用这支镜头时，都会采用这一自动对焦微调结果。如果你的镜头款型较老，序列号由 6、7、8 位组成，那么在识别过程中就可能出现问题，此时界面中会显示为 10 个零。这时就需要我们手动输入序列号，只要该序列号与其他镜头不重复，机身就能够给予这支镜头一个新的身份证，而且是唯一的。

如果跑焦问题源自机身，你通过严谨的测试后发现所有镜头无一例外地都发生同样方向和幅度的跑焦时，就可以利用【所有镜头统一调整】选项进行调整。这一设置的改变将会影响到你这台相机上使用的所有镜头，所以需要格外慎重。由于你可能使用到的镜头中既包含了定焦镜头也包含了变焦镜头，因此该选项的界面中只有一个调整轴，不再区分广角端和长焦端。因此，调整精细程度有所下降。这一功能更多地被用于临时救急，例如，因为意外撞击导致的机身跑焦。在送到售后服务部门进行修理之前，你仍可以采用【所有镜头统一调整】工具来完成你旅途中剩余的拍摄。

提示

由于自动对焦微调过程需要很多拍摄实践经验作为基础，所以不建议初学者自己改变这一设置，否则反而会影响正常对焦功能。但初学者可以在拍摄时多留意自己选择的焦点和最终照片呈现出来的焦点位置是否一致，如果发现明显偏差可以找售后服务部门解决。

CHAPTER 第 **7** 章 曝光铁三角

- 你知道吗？被使用了上百年用来计量光圈大小的 f 值其实并不严谨，那么什么才是更科学的光圈表示方法呢？

- 你相信吗？变焦镜头也有恒定 f/2 或 f/1.8 的光圈，而且它是由一家副厂推出的。这个厂商还树立了标准镜头新标杆，它是谁呢？

- 什么是感光度的"红线"？为什么我们不能轻易越过这条"红线"呢？

- 在数码时代，方便灵活的变焦镜头成为主流，那么定焦镜头还有生存空间吗？

拍摄参数： ◎ 光圈：f/11　◎ 快门：1/60s　◎ 感光度：ISO100　◎ 摄影师：曹丰英

我们在拍摄每一张照片的过程中，除了需要完成精准快速的对焦以外，还有一项重要的工作就是准确曝光。对焦的目的很容易理解，没有对焦就无法呈现清晰的画面。如果给摄影的各项基本技术按照重要性排个次序的话，对焦技术只能排在第二位，而第一位的就是曝光技术。

在拍摄过程中，为什么需要准确曝光这一环节呢？这就好比我们的眼睛，"伸手不见五指的黑夜"就是形容环境光线弱到眼睛无法看清物体的场景，此时对于眼睛来说就是严重的曝光不足。另一个极端是在攀登雪山时容易发生的雪盲症，那是由于眼睛的视网膜受到强光刺激引起的，甚至会产生暂时性失明。此时对于眼睛来说就是曝光过度。数码单反相机存在同样问题，因此需要合适的曝光，才能让照片具有合适的亮度。

控制好曝光需要光圈、快门和感光度三者的共同参与，有了它们的协调配合，就能够让照片具有合适的明暗关系。当曝光不准确时，夜景照片很可能漆黑一片，无法辨认其中的景物。雪景照片可能成为一片刺眼的白色，看不到任何细节。

很多初学者会以为曝光准确是一项纯技术指标，但其实所有职业摄影师都会自由灵活地运用曝光来控制画面气氛，表达出自己想要的效果。从这个层面上说，曝光又是一个很主观的领域。

7.1 光圈——阻挡光线的闸门

※ 光圈位于镜头内部，某两组光学镜片之间，复杂控制光线的进入。

如果说水坝的闸门是负责控制放水量的关键，那么镜头中的光圈则是控制光线进入相机的闸门。我们在拍摄中，经常控制并且非常重要的一个参数就要算光圈了。光圈单元位于镜头内部的某两组光学镜片之间，

不同镜头光圈组件的前后位置会有差异。光圈组件中最重要的两个部分就是光圈叶片和驱动马达。透过镜片观察镜头内部时，我们可以看到由多个金属叶片组成的装置就是光圈叶片，正是通过它的开合幅度才形成了不同大小的光圈。

※ 镜头内的光圈单元。

7.1.1 光圈的四大作用

1. 光圈是控制曝光的第一要素

在我们按下快门前的取景过程中，镜头的光圈一直处于全开的状态，以保证有足够的光线进入相机，从而获得明亮的取景效果。当快门打开时，光圈叶片会收缩至我们拍照设定的光圈值上，这样在镜头中间就形成了一个很小的孔径，光线就是从这个孔进入到相机内部最终在感光元件上完成曝光。这个圆孔在摄影中起着非常重要的作用。

光圈的最基础作用就是控制光线透过镜头时的面积，从而调节进入机身内最终到达感光元件的光线数量。在曝光时间相同的条件下，光圈

※ 光圈孔径大小与光线通过数量成正比。

孔径打开越大则通过镜头的光线越多，最终呈现出的照片就越明亮。相反，光圈孔径打开越小则通过镜头的光线越少，最终呈现出的照片就越昏暗。所以，光圈的最基本作用就是控制曝光。

当然，快门速度和感光度也同样影响曝光，但如果按照时间顺序来排列的话，光圈对于光线的控制是最先发挥作用的，应该排在第一位。

2. 光圈决定景深

一张好照片成功的众多因素中最重要的一个就是主题突出，内容明确。而景深控制是实现这一目标的最重要手段。所谓景深就是画面中景物清晰的范围，它由所用光圈、镜头焦距、拍摄距离以及相机画幅四个因素来决定。光圈在其中又发挥着重要作用，是我们最常用的控制景深的手段。我们将在下一节中对于景深进行深入讲解。

3. 最佳光圈最优画质

光圈大小还会影响画面的锐度和反差。很多初学者认为光圈越大画质也就越高。其实，这是个错误的观念。在使用大光圈拍摄时，画质表现往往并不理想。拍摄时采用的光圈越大，就意味着有更多光线可以通过镜头。由于镜头的光学设计不可能达到完美，各类像差总会存在，光线通过光学镜片中央的成像质量与通过边缘的成像质量会有一定差别。光圈越大，便意味着有更多的光线要从光学镜片边缘通过，这就是导致成像质量下降的原因。在照片中表现为锐度

下降，出现暗角或者色散等问题。拍摄时将光圈缩小一些，尽量让光线通过镜头的中间部分，减少镜片边缘的那些质量不好的光线，成像质量就会得到改善。

同样，也不是更小的光圈就能带来更好的成像质量。当光圈过小时，通过镜头的光线太少，也不利于呈现优质的画面。在光圈很小时，光线会发生衍射现象，从而降低分辨率。所以，就成像质量而言，光圈也不是越小越好。

镜头的最佳光圈就是能够带来最佳画质表现的光圈。不同的镜头有着不同的最佳光圈。总体来说，对于全画幅镜头最佳光圈一般在f/5.6 ~ f/8。

恒定大光圈的变焦镜头和定焦镜头一般具有更大的最大光圈，通常只用收缩一两挡光圈便能得到优秀的成像。例如，"大眼睛"EF 85mm f/1.2L II USM 光圈收缩到 f/2.8 甚至

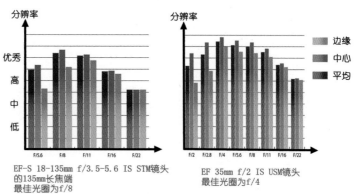

EF-S 18-135mm f/3.5-5.6 IS STM镜头的135mm长焦端最佳光圈为f/8

EF 35mm f/2 IS USM镜头最佳光圈为f/4

※ 通过实验室测试数据能够看出，EF-S 18-135mm f/3.5-5.6 IS STM 在135mm 长焦端的最佳光圈在 f/8，而 EF 35mm f/2 IS USM 镜头的最佳光圈为 f/4。

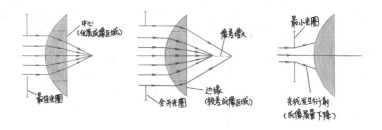

※ 最佳光圈、全开光圈与最小光圈所使用的光学镜片区域示意图。

拍摄参数：◎ 光圈：f/8　　　　⊙ 快门：1/800s
　　　　　◙ 感光度：ISO200　◙ 镜头：EF 24-105mm
　　　　　f/4L IS USM　　　　⊙ 摄影师：林东

※ 如果你在拍摄时没有特别的景深控制需要就可以
　使用镜头的最佳光圈拍摄，这样能够展现出这支
　镜头最佳的画质水准。

f/1.4 时就能得到良好的表现。素质一般的镜头，往往要将光圈收缩到 f/8。因此，在弱光条件下，如果还使用最佳光圈手持拍摄就会受到很大的限制。

　　摄影爱好者在购买新镜头后，应该通过试拍了解所购镜头的最佳光圈。在拍摄时，如果没有特别的景深控制要求或者对运动主体有定格或动态模糊的拍摄要求，那么多采用这一光圈拍摄，就能获得画质优良的好照片。

4. 梦幻的圆形光斑来自于 9 片光圈叶片

※ 9 片光圈叶片可以形成更接近圆形的孔径，虽然对于合焦位置没有什么影响，但焦外的点光源却可以在它的作用下形成完美的圆形光斑。

※ 接近画面中心区域的光斑更接近标准圆形，而画面边缘处的光斑会呈现出近似椭圆的形状。

　　一般镜头中的光圈叶片数量在 6 到 9 片之间，等级越高的镜头光圈叶片数量越多。光圈叶片的数量决定了光圈的形状，从而最终会在画面中有所体现。当光圈叶片数量接近或达到 9 片时，光圈打开时其孔径的形状越接近圆形。圆形光圈的好处在于可以让合焦位置以外的成像区域虚化得更加柔和。尤其是焦外的色块和光斑边缘呈平滑曲线，不会产生有直线过渡的多边形。在夜景拍摄中，将路灯、彩灯等点状光源放在焦外时，画面中会呈现美丽而梦幻的圆形亮片。这也是最能体现光圈叶片数量优势的场景。

7.1.2 电磁光圈

※ 位于镜头当中的电磁光圈结构。

　　在对焦领域中，器材厂商中一派将驱动马达置于镜头中（佳能），另一派将驱动马达置于机身中（尼康和美能达早期的做法）。而类似的事情在光圈的工作方式上同样发生了。前面提到，单反相机是全开光圈取景，拍摄瞬间收缩至摄影师设定的光圈值。这就需要一个套动力传输和控制装置，而这套装置是放在镜头里还是放在机身上，两大厂商又采取了不同的做法。

　　佳能自从 1987 年采用了全电子化的 EF 卡口后，就将光圈控制装置放在了镜头中，驱动装置为小型的步进式马达，驱动指令来自于机身发出的电子脉冲信号，这就是 EMD 电磁光圈。而尼康依然将光圈控制装置放在机身当中，光圈叶片运行的动力来自于机身，所以在尼康 F 卡口上至今仍然保留着一个类似"螺丝刀"状的部件。而更加先进的全电子化 EF 卡口则无须这一机械装置的存在就能够实现快速而准确的光圈控制。

两种方式相比较，电磁光圈通过电子信号控制光圈口径，控制精度更加高，由于没有机械杆的震动，操作更安静，耐用性和可靠性也会有所提高。同时，光圈组件在镜头中的位置也更加自由，不必一定被设计在镜头后端。在拍摄体育题材使用的超长焦镜头需要更大的光圈叶片，电磁光圈对于它的驱动也更加快速。这也是佳能超长焦镜头获得众多体育摄影师认可的重要因素。

7.1.3 光圈的表示方法

数值越小光圈越大

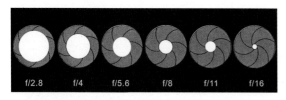

※ 在数码单反相机上，光圈的大小用字母 f 表示。常见的光圈大小在 f/1.4 到 f/22 之间。这个 1.4 和 22 的数字实际上是在分母的位置，所以，这个数值越大代表光圈越小；这个数值越小代表光圈越大。光圈越大代表了光圈叶片之间所留出的孔径越大，进入相机的光线量越多，也就是说 f/1.4 代表较大的光圈，而 f/22 代表了较小的光圈。

在胶片单反时代，摄影师在拍摄时都是使用左手转动镜头上的光圈环来完成光圈的调整。大部分镜头的光圈环上只标注了整级光圈，调整时也只能从这些光圈中进行选择，而无法使用两级光圈之间的数值。对于从胶片时代走过来的摄影师而言，对整级光圈具有格外的亲切感。

整级光圈分别是：f/1.4、f/2、f/2.8、f/4、f/5.6、f/8、f/11、f/16 、f/22。整级光圈除了被经常采用以外，还具有更大的实际意义，它会方便我们判断进光量。相邻的整级光圈之间的进光量存在倍数关系。例如，在曝光时间相同的情况下，光圈 f/4 的进光量就是 f/2.8 的一半，但却是 f/5.6 的两倍。现在我们就会发现，最大光圈 f/4 的小三元镜头虽然也是顶级镜头，表面上看与最大光圈 f/2.8 的大三元在光圈上区别不大，但实际上全开光圈时的进光量只有大三

整级光圈与步长

整级光圈	1/2 挡	1/3 挡
f/22	f/22	f/22
		f/20
	f/19	
		f/18
f/16	f/16	f/16
		f/14
	f/13	
		f/13
f/11	f/11	f/11
		f/10
	f/9.5	
		f/9
f/8	f/8	f/8
		f/7.1
	f/6.7	
		f/6.3
f/5.6	f/5.6	f/5.6
		f/5
	f/4.8	
		f/4.5
f/4	f/4	f/4
		f/3.5
	f/3.3	
		f/3.2
f/2.8	f/2.8	f/2.8
		f/2.5
	f/2.4	
		f/2.2
f/2	f/2	f/2
		f/1.8
	f/1.7	
		f/1.6
f/1.4	f/1.4	f/1.4

※ 从表格中可以看出，整级光圈之间的中间级光圈数值均是近似值，并非特别精确。

元的一半。

由于光圈大小与孔径（圆形）的面积相关，因此相邻整级光圈的数字之间不是 2 倍的关系，而是 1.4 倍（根号 2）的关系。而相差两级的

整级光圈之间是才是 2 倍的关系。这是整级光圈最为特殊的地方，影响曝光的其他两个要素：快门与感光度，相邻整级挡位之间的关系都是 2 倍。

【菜单解析】 自定义功能菜单第 1 页（C.Fn1）第 1 项的【曝光等级增量】

在数码时代，我们可以通过机身更加精细的设置光圈，除了整级光圈外还可以使用它们之间的中间挡位，例如以 f/2.8 为基础减小光圈半级就是 f/3.4，减小光圈三分之一级就是 f/3.2。你可以在自定义功能菜单第 1 页（C.Fn1）第 1 项【曝光等级增量】选项中决定每次转动

主拨盘时调整光圈的幅度是 1/3 级、1/2 级或整级。在拍摄风光和静物等题材时，我们有充足的时间为拍摄做准备，因此可以采用更为精细的 1/3 级步长来调整光圈。而面对拍摄节奏较快的体育和人文纪实题材，可以采用整级调整方式，从而加快调整速度，节约时间。

7.1.4 光圈的范围和最大光圈级别

镜头决定光圈的范围

在手动时代，调整光圈也是通过镜头上的光圈环来实现的。数码时代，大部分人都是通过机身来调整光圈大小，然后相机会将这一数据通过卡口传递给镜头，从而简化了操作。但光圈的最大和最小值是由镜头决定的，最大光圈是镜头的核心卖点，所以各个厂商都会将镜头的最大光圈醒目的标记在镜头上。高档次的顶级镜头具有更大的最大光圈。定焦镜头一般会比变焦镜头拥有更大的光圈。例如，佳能的顶级标准镜头 EF 50mm f/1.2L USM 最大光圈达到 f/1.2。

最小光圈也会根据不同的镜头有所差别，大部分镜头的最小光圈与最大光圈相差 6 ~ 7 挡。也就是说大光圈镜头的最小光圈往往不会到 f/22，例如，"大眼睛" EF 85mm f/1.2L II USM 最小光圈只有 f/16。而微距镜头主要用于近距离拍摄，需要有更大的景深，所以百微 EF 100mm f/2.8L IS Macro USM 的最小光圈可以达到 f/32。很多变焦镜头的长焦端最大光圈只有 f/5.6，因此最小光圈会达到 f/38 甚至 f/45。

镜头的最大光圈等级

在镜头的指标中，除了焦距外，最大光圈

是所有摄影爱好者最为关注的。更大的最大光圈可以让你充分利用现场光线，在弱光下手持拍摄。并且在人像和静物等题材中，可以更容易地虚化背景，使主体更加突出。因此，有必要在此对镜头的最大光圈进行梳理。

❋ EF 24–105mm f/3.5–5.6 IS STM 为非恒定光圈类型，随着焦距的改变，镜头最大光圈会缩小。

普通变焦镜头并非恒定光圈，其最大光圈会随着焦距增加而减小。例如：EF 24–105mm f/3.5-5.6 IS STM，在广角端最大光圈为 f/3.5，这也是普通变焦镜头广角端常见的最大光圈。而在长焦端最大光圈会缩小到 f/5.6，这就会导致进光量下降，我们不得不将感光度

❋ 佳能的小三元镜头具有恒定 f/4 的光圈、优秀的光学品质、红圈标志、更好的便携性以及合理的价格，成为市场销售的主力，其中 EF 24–105mm f/4L IS USM 更是作为多款全画幅机型的套头出现，不仅是小三元的中坚力量，而且销量也是最大的一支。

※ 变焦镜头中等级最高的要算恒定光圈达 f/2.8 的大三元镜头了，它们具有更好的耐用性和更出色的光学表现，是佳能用户的终极梦想。

提得更高，才能保证手持拍摄的稳定性。

而更高一个等级的恒定光圈变焦镜头，又被爱好者分为大三元和小三元。佳能小三元系列实际上包含了 6 支镜头，它们的焦段覆盖了 16mm 至 200mm 的区间，6 支镜头最大光圈为 f/4，并且在整个焦段范围内都保持不变。相比普通变焦镜头，在长焦端具有更明显的优势。并且在镜头的做工和耐用性上更胜一筹。而佳能的大三元镜头为三支，焦段虽然同样覆盖了 16mm ~ 200mm 的区间，最大光圈却恒定为 f/2.8。可以在光线更加微弱的环境下手持拍摄，并且具有更佳的画质表现。

由于定焦镜头结构简单，所用光学镜片更少，相对容易实现更大光圈。所以，一般情况下，定焦镜头会比变焦具有更大的最大光圈。目前在产的佳能 EF 定焦镜头中最为知名的两支是 EF 50mm f/1.2L USM 和 EF 85mm f/1.2L II USM，它们的最大光圈达到了惊人的 f/1.2。定焦镜头所能达到的最大光圈与其焦距密切相关。在小广角至中长焦范围内，即使最大光圈做到很大，镜头的体积也能够控制住。而对于超广角和超长焦镜头来说，要实现较小的体积和重量，最大光圈就会稍小，例如 EF 400mm f/5.6L USM。

难以置信的大光圈

然而人类对于最大光圈的追求仍然没有停下脚步。佳能在胶片时代推出过 EF 50mm f/1.0L USM 镜头，它不仅创造了一代经典，而且为现在的佳能大光圈镜头奠定了良好的基础。接下来，最大光圈就要突破 1.0 的极限了。有人可能会问，全开光圈的极限难道不是 1.0 吗？这里我们就要再次搬出那个公式，光圈 f 值 = 镜头的焦距 / 镜头光圈的直径。当镜头光圈的直径大于镜头本身的焦距时，1.0 的极限就被突破了。例如，1961 年佳能推出的旁轴镜头 50mm f/0.95 镜头，这支镜头最大光圈达到了 f/0.95，号称比人眼还明亮。而

※ 佳能 EF 50mm f/1.0L USM 自动对焦时代光圈最大的 135 相机镜头。

※ 1961 年佳能推出的旁轴相机镜头 50mm f/0.95。

[菜单解析] 自定义功能菜单第 2 页（C.Fn2）第 2 项【光圈范围设置】

对于室内运动题材的拍摄而言，并非整个光圈范围都有实用价值，如果不使用摇拍等特效画面，那么常用的光圈会在 f/2.8 至 f/5.6 之间（镜头为 EF 70-200mm f/2.8L IS II USM）。在快节奏的拍摄过程中，为了减少更改参数所花费的时间，减小误操作造成光圈被设置得过大或过小的问题，就需要用到光圈范围限制功能。

进入自定义功能菜单第 2 页（C.Fn2）第 2 项【光圈范围设置】选项，可以分别设置最小光圈和最大光圈。这样当我们使用 Av 光圈优先、M 全手动和 B 门曝光模式时，结合整级光圈的调整方式，就能够大幅度提高光圈的更改效率。例如，使用 EF 70-200mm f/2.8L IS II USM 镜头时，将最大光圈设置为 f/2.8，将最小光圈设置为 f/5.6，那么转动 2 格主拨盘即可完成它们之间的切换。如果拍摄时使用 P 程序曝光和 Tv 快门优先模式，则相机自动匹配光圈时也将被局限在这一范围内。在拍摄运动题材时，将光圈限制在 f/2.8 至 f/5.6 之间还能够有效减小 EF 镜头中电磁光圈所产生的时滞，从而提升抓拍性能。

1966 年蔡司为美国航空航天局（NASA）专门设计的 Planar 50mm f/0.7 更是创造了最大光圈的极限。它被用于阿波罗计划中拍摄月球暗面的地形和地貌。

误区：光圈值 f 并不代表真正的透光率

从前面的描述中我们能够看出，对数码单反相机镜头光圈的衡量标准是基于光圈打开的孔径面积。f 值的核心在于描述不同的光圈孔径尺寸，它是经过计算得出的。其计算公式为，光圈 f 值 = 镜头的焦距 / 镜头光圈的直径。虽然，对同一支镜头来说，确实是光圈越大进光量越大。但如果将不同的镜头进行横向比较，尤其是年代相隔较远的镜头之间，光圈值 f 的可参考价值就被减弱了。两支同样焦段、最大光圈值一样的镜头，如果使用同一个机身，在相同的场景下使用同样的光圈和快门组合拍摄并进行对比，那么两支镜头很可能拍出的画面曝光并不一致，明暗会有差异。这是因为两支镜头可能因为光学结构、镜片的材料、镜片的镀膜等因素不同而导致透光率有差异。

在拍摄静态照片时，这样的问题出现虽然说明光圈值 f 并不十分严谨，但结果却对实际拍摄影响不大。在曝光上完全可以用曝光补偿来调整。但如果你使用单反相机拍摄视频这样的连续画面，就需要在使用不同的镜头时，两者拍摄出来的曝光结果更加一致，否则视频中就会出现忽明忽暗的现象。

在电影镜头中就采用更科学的 T 值来表示实际进光量。电影镜头的光圈值（也叫曝光级数），它是根据成像平面的照度测得的，其中考虑到了各种因素对镜头透光率的影响。因此，只要两个镜头的 T 值一样，其通光量就是一样的。以 T 值表示的光圈更加科学和精确，适合对于曝光准确性要求更高的电影摄影或者视频拍摄领域。

※ 蔡司电影镜头 CP.2 100 mm/T2.1 的光圈值 T 从最大 T2.1 至最小 T 22。

※ 佳能电影镜头 CN-E35mm T1.5 L F 的光圈值 T 从最大 T1.5 至最小 T 22。

摄影兵器库：适马——副厂镜头中的黑马

前面提到，最高等级的变焦镜头可以达到恒定光圈 f/2.8，然而有一家副厂镜头却突破了这一几乎成为行业标准的定律，实现了恒定 f/1.8 光圈的 APS-C 画幅变焦镜头和恒定 f/2 光圈的全画幅镜头，这就是适马，副厂镜头中近几年来最耀眼的一匹黑马。

爱好者熟知的摄影器材品牌包括：佳能、尼康、索尼、奥林巴斯等，这些厂商既生产单反相机又生产镜头，他们拥有很高的光学设计和制造水平，有着庞大的单反镜头群，而且其中具备了相当多成像素质极高的顶级镜头。所谓原厂镜头是相对机身品牌而言的，对于佳能相机而言，EF 镜头就是原厂镜头，这也几乎是高品质镜头的代名词。

但是，还有一些厂商基本上不生产自己品牌的相机，只是生产佳能卡口或尼康卡口的镜头，这些镜头可以用在佳能或尼康机身上。常见的副厂品牌包括：蔡司、适马、腾龙、图丽等，这些品牌的镜头就称为副厂镜头。

在影友当中关于原厂和副厂的争论一直存在，很多人抱有"原厂情结"对副厂的产品质量持怀疑态度。的确，原厂镜头具有更好的兼容性，与自家的单反机身更加匹配兼容，能让相机和镜头最大限度地发挥性能优势。但副厂镜头也有自己的优势，其中价格一直是副厂镜头长期以来的最大优势，一些同样类型的镜头，售价往往只有原厂镜头的一半左右。很多器材专家认为，副厂镜头的成像质量并非不好，很多副厂镜头的光学表现相当不错，但副厂最大的问题在于难以实现所有产品都具有同样的高水准。很多影友都会在网上讨论同一款副厂镜头，褒贬不一。其实，这是由于没有实现严格的品控造成的镜头光学素质的参差不齐。这就对影友自己挑选镜头的能力提出了更高的要求。然而时代在不断进步，近年来副厂镜头的水平在不断提升，尤其是适马推出的 ART 系列镜头具有极佳的画质，很多媒体认为其中的部分型号已经超越了原厂镜头的水平。

适马的崛起

※ 适马 18-35mm f/1.8 DC HSM ART 镜头是适马崛起的标志性产品。

近年来在副厂领域中诞生了一匹真正的黑马，它不仅推出了一系列新技术，而且很多同类型镜头价格甚至超过了原厂镜头，这个厂商就是适马（Sigma）。我们大家在上学的时候最怕老师讲述枯燥的定义和分类，然而适马的成功正是从其对产品的重新分类开始的。一般厂商都会按照广角、标准、长焦和特种（微距、移轴）镜头对自己的产品线进行分类，或者用比较模糊的红圈和金圈概念给产品划分层级。而适马将镜头划分成了三条不同的产品线，分

拍摄参数：◎ 光圈：f/1.8　◎ 快门：1/1250s　
感光度：ISO400

※ 以该镜头的广角端靠近主体并全开光圈拍摄，主体锐度极佳，背景得到良好虚化，展现出了一流的光学素质，不输原厂。

别如下。

> Contemporary 类（简称 C 即时尚类）：这一类型镜头的最突出特点是轻便灵活，同时具有较高的光学品质。C 类镜头代表了时尚、多用途，非常适合日常外拍携带。

> Art （简称 A 即艺术、唯美类）：这一类镜头的最突出特点是拥有精湛的光学设计、卓越的画质，能够为最挑剔的摄影师带来高端的艺术作品。

> Sports （简称 S 即运动类）：这一类镜头的最突出特点是针对体育和野生动物题材，镜头具有一流的响应速度，能够敏捷地捕捉到瞬间动作。

除了 Sports 类明显倾向于长焦镜头外，前两类会有相互交叉，虽然 Art 系列更加高端以定焦为主，但其中也包含了高等级的变焦镜头。而 Contemporary 类则更多包含了目前市场销量较大、初学者比较认可的标准变焦和高倍率变焦镜头（旅游头）。每类镜头上都会有银色的标识，以首个大写字母代表该镜头所属的系列。

适马真正让人眼前一亮的产品当然来自于三个分类中的核心——Art 系列。Art 系列震惊摄影界的一支镜头就是 2013 年推出的 18-35mm f/1.8 DC HSM ART 镜头。我们知道佳

能和尼康的大三元镜头都是 f/2.8 的恒定光圈，而适马这款镜头全焦段恒定光圈竟然达到了 f/1.8。虽然这是一支 APS-C 画幅镜头，但是能达到如此的性能也是十分突出的。该镜头拥有 12 组 17 片的复杂结构，竟然使用了 4 片非球面镜片，5 片超低色散镜片，用料十足。另外，其内变焦设计也让防尘做到了极致。在适马 HSM 数字控制超声波马达的作用下，对焦快速准确同时还支持全时手动对焦功能。其价格也

只有不到 5000 元，依然保持了副厂较高的性价比特点。对于佳能 EOS 7D MARK II 用户来说，这支镜头将带来 27 ~ 52.5mm 的变焦范围，且恒定与超大的 f/1.8 光圈，几乎可以替代原厂 28mm、35mm、50mm 三支定焦镜头。从这支镜头开始，神秘的"黑科技"一词就被众多媒体赋予了适马，然而其真正的惊人之作还在后头。

极致的变焦镜头——适马 24-35mm f/2 DG HSM ART

2015 年 6 月适马发布了世界上第一支全画幅且恒定光圈达到 f/2 的变焦镜头——24-35mm f/2 DG HSM。这支镜头的最大特点是涵盖了 24mm、28mm 和 35mm 这个经典焦段。24mm 是超广角镜头的开端具有广阔的视角；28mm 是胶片时代摄影师钟爱的广角，属于非常经典的焦段；而 35mm 被称为是最经典的人文摄影焦段，几乎是所有摄影爱好者必备的。适马通过这样一支变焦镜头就覆盖了全部三大

经典焦段并且还能够具有恒定 f/2 的光圈，这无疑给影友带来了极大的便利，省去了更换镜头的麻烦。

适马 24-35mm f/2 DG HSM 拥有 1 枚 FLD 萤石镜片，同时更采用了多达 7 枚 SLD 超低色散镜片，其中的 2 枚还是非球面 SLD 镜片。一流的用料再加上出色的光学设计使得该镜头在全开光圈下依然十分锐利。该镜头仍然采用内对焦和内变焦设计，具有很好的防尘性能。在全焦段内，最近对焦距离只有 28cm，放大倍率达到 1:4.4，具有惊人的近摄能力。卡口材料使用了在影友中口碑最好的黄铜，这种经典材料可以实现更好的耐用性。

令人惊艳的品质——适马 24-105mm f/4 DG OS HSM ART

※ 适马 24-105mm f/4 DG OS HSM ART 的价格超越同款的原厂镜头 1000 多元。

适马的另一个惊人之举就是推出了一支价格超越同样焦段原厂镜头的 24-105mm f/4 DG OS HSM ART 全画幅镜头。佳能小三元的 EF 24-105mm f/4L IS USM 是一支经典镜头。这支红圈镜头经常作为高端机型的套

头出现，市场销量很大，在影友手中的普及率很高。最常用的焦段、不错的光学品质、平易近人的价格外加红圈标志，使得它的地位无人能够撼动。然而，适马就推出了一支同样 24-105mm 焦段，同样恒定光圈 f/4 的镜头，但价格却高出原厂 1000 多元。一向以价格为最大竞争优势的副厂为什么有如此信心呢？

适马这支镜头采用了 14 组 19 片光学结构，其中包含了 2 片高端的 FLD 萤石镜片，这在原厂镜头中只有屈指可数的几款顶尖镜头有这样

拍摄参数： ◎ 光圈：f/5.6 ◎ 快门：1/400s ▣ 感光度：ISO200

※ 该镜头锐度出色，色彩表现浓郁，并且焦段非常适合旅行摄影时使用。

的各种像差进行有效校正，提升画质水平。另外，利用优异的超级多层镀膜技术大幅度地控制了眩光和鬼影的发生。为了降低暗角现象，适马使用了更大尺寸的镜片，这也使得该镜头的滤镜口径达到了惊人的82mm。要知道原厂光圈恒定f/4的小三元镜头，滤镜口径也只有77mm。适马还使用了9片光圈叶片，使得焦外虚化柔和，点光源表现为圆形。另外该镜头锐度极佳，即使全开光圈也有很高的分辨率。

的用料。除了萤石以外，还有2枚超低色散镜片和2枚非球面镜片，通过它们可对整个焦段

力求做出最好的标准镜头——适马 50mm F1.4 DG HSM ART

※ 适马 50mm F1.4 DG HSM ART。镜头光学质量甚至超过原厂镜头，在一定程度上颠覆了摄影爱好者对于原厂和副厂镜头的认知。

标准镜头光学结构简单，一百多年前蔡司确立的双高斯结构就被各厂商一直使用到了今天。制作标准镜头也不需要精密的高等级光学镜片，全部使用普通镜片也可以做出一流的镜头。然而，这个貌似门槛比较低，进入比较容易的市场却并不好做。首先，原厂标准镜头经过了很多代的发展，已经非常成熟，地位不容易撼动。而且使用标准镜头的都是资深摄影发烧友，眼光极为独到，镜头的光学设计稍有瑕疵就会被发现。所以，标准镜头并不是

副厂轻易涉足的领地。然而，适马又一次做出了让人想象不到的举动，它不仅推出了一款标准镜头而且做到了光学质量超过了原厂的水平。

拍摄参数： ◎ 光圈：f/8 ◎ 快门：1/160s
▣ 感光度：ISO125

※ 适马 50mm F1.4 DG HSM Art 的刻画能力出众，在整个画面范围内景物细节达到了惊人的丰富程度。拍摄时无论对焦速度还是画质都达到了极致，可以适应人像、风光等多种题材的拍摄。

这就是 2014 年上市的适马 50mm F1.4 DG HSM Art。该镜头使用了 8 组 13 片的光学结构，运用了 3 片 SLD 超低色散镜片和 1 片非球面镜片的豪华组合。同时也突破了标准镜头一定使用双高斯结构的定律，而是采用了广角镜头常使用的反望远结构。该镜头采用 9 片光圈叶片，可以形成更接近圆形的光圈孔径，获得柔和的焦外虚化效果。镜头体积比佳能、尼康原厂标头更大。该镜头的最近对焦距离为 40cm，比原厂镜头具有更强的近摄能力。

其重量更是达到了惊人的 815g，重量接近原厂镜头的 3 倍。适马 Art 50mm F1.4 DG 即使全开光圈也具有极为锐利的焦内成像，在拍摄人像时，焦外可以获得极佳的虚化效果，从焦内到焦外的过渡自然顺滑。自其发布之日起就被众多媒体和影友关注，即使其价格接近原厂 50mm f/1.4 的两倍，在上市后仍有超过原厂标准镜头成为摄影爱好者新标头首选的趋势。

超长焦镜头的新选择——适马 150-600mm f/5-6.3 DG OS HSM Sports

在摄影爱好者常用的镜头焦段中，从广角的 14mm 能够一直延伸到 200mm。

※ 适马 150-600mm f/5-6.3 DG OS HSM Sports。

当然，很多爱好者也会购买一支 300mm 的定焦镜头作为更长的延伸。而原厂镜头 400mm 以上的定焦产品，价格都会超出大三元很多，达到了 6 万元以上。即使不论其价格，普遍超过 4kg 的重量就会让外出携带十分不便。基于这些原因，原厂的超长定焦镜头长期以来只属于少数职业摄影师和拍鸟爱好者。然而，超长焦镜头却又比较常用，并不是完全可有可无的焦段。例如，在拍摄风光题材时，如果拍摄的地域是草原、雪山、戈壁或沙漠地形，场景极为辽阔，那么此时一支 300mm 的镜头只能算是"标准"焦段，往往 400mm 以上才能将远处的场景截取出来。如果你要用广角拍摄同一个局部，可能要走上几个小时才能靠近目标。即使在城市里，也有超长焦镜头的用武之地。例如拍摄荷花，荷花虽然花朵体型较大，但很多都长在距离湖边较远的地方。而一幅优秀的作品往往要以荷花的特写为主，此时普通的

200mm 焦距完全无法让你拍到湖中间的荷花特写，大部分时候 500mm 焦段都未必能获得理想效果。既然需要超长焦镜头，原厂又不令人满意，副厂镜头就会进入影友的视线。

2014 年适马推出了 150-600mm f/5-6.3 DG OS HSM 镜头，这一焦段能够满足摄影爱好者对于超长焦的使用需求。同时，适马还将同一焦段的产品分为了 Sports 和 Contemporary 两款。其中，Contemporary 款体积小巧便于

※ 镜头一侧各类功能调整选择器密布，其中全时手动对焦 MO 和适马独有的自定义模式很有特色。

拍摄参数: ◎ 光圈: f/6.3　　⊙ 快门: 1/100s
　　　　　　⊡ 感光度: ISO200　⧉ 摄影师: 丁士英

※ 只有使用超长焦镜头才能扩展选择范围,将荷塘中心的这朵荷花拍摄下来。

携带,而 Sports 款体积更大,性能更加出色,也被影友给予了更多的关注和期待。Sports 款采用 16 组 24 片的光学结构,依然保持了用料十足的风格,其中包含了 2 枚 FLD 萤石镜片和 3 枚 SLD 超低色散镜片。通过它们可以有效减

小各类像差,在超远距离上拍摄出锐度高、层次分明的照片。由于该镜头会被用于环境相对恶劣的条件下,所以适马还特意加强了其防尘防滴溅的特性,镜头内部接合位置增加了封闭式橡胶垫圈提高了防护能力。镜头前组镜片使用了抗污镀膜技术,不容易沾染灰尘和污渍。镜头的后镜组镜片经过特殊设计,使其与卡口之间留有较大的空间,配合适马的增距镜可将焦距扩展至 840mm 或 1200mm。变焦比较高的镜头,使用中很容易出现镜筒下滑的问题。适马为这支镜头增加了变焦锁定播杆,它不仅可以将镜头锁定在广角的 150mm 端,还可以在任何焦段锁定镜头,防止下滑现象。更加人性化的是,为了避免镜头变焦环损坏,当摄影师转动变焦环时还可以实现自动解锁。该镜头具备 MO 全时手动对焦模式,即使在自动对焦时也可以手动微调焦点位置。防抖模式与佳能的近似,模式 1 可以应对日常题材的拍摄,模式 2 则专门用来进行摇拍,此时防抖系统只对上下抖动进行修正,而不对左右方向的抖动进行修正。最有特色的功能要算适马独有的镜头自定义模式,当然这需要通过 USB DOCK 设定 C1、C2 两种自定义模式,采用这一方式可以根据自己的拍摄题材特点对镜头的对焦精度和速度进行自定义设置。

目前,适马 150-600mm f/5-6.3 DG OS HSM Sports 的市场价格不到 1.3 万元,但是它却能够极大地扩展我们的焦段,让我们得以感受超长焦镜头的魅力。

适马 USB DOCK 镜头调节底座

在这样一个技术创新为主导的摄影新时代中,适马表现出了非凡的创造性。不仅在镜头的设计和制造上不断推出有新意的产品,而且在镜头的附件上也有创新产品。我们都知道相机可以通过固件升级来提升性能,改进出厂前的设置,而能够给镜头升级固件的并不多见。

适马的 A、S 和 C 三类镜头就可以实现这一功能。当然,这需要一个硬件和一个软件的支持,硬件就是适马 USB DOCK,而软件是适马免费提供的 Optimization Pro。有了它们的组合不仅可以升级固件,调整跑焦(调整跑焦的方式与本书中介绍的一致,但是通过软件可以进行更加

精细的调整。定焦镜头可以在 4 个不同的距离上分别调整跑焦，而变焦镜头更是可以在 4 个焦段中各 4 个对焦距离上分别调整。）还可以对镜头上的自定义模式 C1 和 C2 进行其他调整，包括：镜头的自动对焦速度、自定义对焦距离范围、自定义防抖功能。通过这种方式，一支镜头可以满足不同题材的拍摄需求，摄影师可以根据自己的习惯来自定义出个性化的镜头。

※ 使用时将 USB DOCK 与镜头后组连接上，并将数据线与电脑相连接，打开 Optimization Pro 软件即可。

7.2 景深——摄影师为画面施加的魔法

光圈更重要的作用是控制景深。在前面的很多讲解中我们都提到了景深的概念，在此需要对其进行深入分析。所谓景深就是指照片中景物能够清晰呈现的范围。照片中的主体是我们需要重点展现的，它会成为最清晰的影像，与此同时拍摄主体的前后方一定区域内的景物都会呈现出清晰的轮廓，而超出这个区域以外的地方都会成为模糊的焦外部分。摄影爱好者可以通过控制景深的范围实现主体清晰，其他部分虚化的视觉效果，这是在各类拍摄题材中最常见的突出主体的手法。画面中清晰的部分会首先吸引观者的视线，虚化的背景起到衬托作用，不会分散注意力。虚化的前景仿佛特别靠近眼睛，让我们有一种身临其境的感受。这也是很多摄影师不惜重金购买大光圈镜头的重要原因。

其实，人类的眼睛也可以控制景深，当我们聚精会神地看某一样物体时，大脑会帮助我们忽略掉视线中的其他部分，只突出那个重点。这是一种自发的机制。而在摄影中，景深的控制需要摄影师自己完成。为了更好地控制景深，就需要了解有哪些要素决定了景深，通过对这些要素的调整我们就能够实现对景深的完全掌控。这三大要素是：拍摄时采用的光圈大小、镜头焦距的长短、相机与拍摄主体的距离。

7.2.1 影响景深的第一大要素——光圈

在摄影师运用的摄影语言中，很大一部分是通过控制光圈而实现的。控制光圈的目的就是要控制画面中的清晰范围，从而突出清晰的区域，隐藏模糊的区域，以实现突出主体的目的。

光圈是影响景深大小的第一要素，也是最容易被摄影师掌控的要素。在很多时候，镜头焦距与拍摄位置都已经选择好了，这时能够控制景深的工具只有掌握在摄影师手中的光圈了。

※ 所使用的光圈越小景深越大，光圈越大景深越浅，浅景深可以轻松地让主体与背景分离开，所以大光圈镜头是影友的最爱。

拍摄参数： ◎ 光圈：f/2.8　　◎ 快门：1/500s
　　　　　　　 ◎ 感光度：ISO2000

拍摄参数： ◎ 光圈：f/16　　◎ 快门：1/800s
　　　　　　　 ◎ 感光度：ISO200

※ 采用 f/2.8 的大光圈拍摄可以获得较小的景深范围，让前景中的光源呈现出虚化的迷人效果。

※ 使用小光圈可以让画面获得更大的景深效果，在拍摄风光题材时，它能够带来更广阔的清晰范围，这样我们便可以更好地交代环境。

在其他两个要素固定不变的情况下，拍摄时采用的光圈越大，得到的景深越小；反之，光圈越小，景深越大。

所以，如果希望在画面中呈现出由近及远

全部清晰的大场景风光时，就要采用小光圈拍摄。而拍摄人像时为了背景更加虚化则应该使用较大的光圈。

7.2.2 影响景深的第二大要素——焦距

※ 其他条件相同时，镜头焦距越短景深越大，焦距越长景深越浅。

第二个影响景深的要素就是我们所用的镜头焦距。在光圈和拍摄距离固定不变的情况下，拍摄时采用的焦距越长，画面中的清晰范围约窄，得到的景深越小。相反，焦距越广，就更容易在画面中形成前后都清晰的大景深。因此，广角镜头具有更大的景深，难以做到背景虚化。而拍摄人像时，如果希望背景虚化，主体人物突出，则需要使用长焦镜头来实现。

但是，焦距不仅能影响景深，它会在画面中传递一种不同的视觉感受。长焦镜头拍摄出的画面给人一种从很远的距离遥望的感觉，仿

佛置身世外，冷眼旁观。也有一种窥视和瞭望的感觉。使用广角镜头贴近主体拍摄时，照片仿佛以观者的第一人称视角来观察现场发生的事情，给人触手可及的参与感。所以，在选择

拍摄参数： ◎ 光圈：f/8　　◎ 快门：1/320s
　　　　　　　 ◎ 感光度：ISO200　　◎ 焦距：24mm

※ 使用广角镜头拍摄，从前景的树叶到远处的建筑物全部都能够清晰地呈现出来，而不必刻意使用较小的光圈。

镜头的焦距时，需要综合考虑，景深的控制是一个方面，画面的效果也很重要。

7.2.3 影响景深的第三大要素 ——拍摄距离

※ 其他条件相同时，相机距离主体越远景深越大，距离越近景深越浅。但每支镜头都有自己的最近对焦距离，因此是不能够无限度靠近主体的。

影响景深的第三大要素是相机与拍摄主体之间距离。在其他两个要素固定不变的情况下，相机与拍摄主体的距离越近，得到的景深越小；反之，相机与拍摄主体的距离越远，景深越大。从这个角度说，一支定焦镜头所能够获得的最小景深，就是采用最近对焦距离并使用最大光圈时拍摄的效果。而变焦镜头的最小景深来自于长焦端使用最大光圈并在最近对焦距离处拍摄。

所以，越靠近主体越容易虚化背景，让主体更加突出。微距镜头就是最极端的例子，在极近的对焦距离下，想要获得足够大的景深反

拍摄参数： ◎ 光圈：f/2.8　　◎ 快门：1/400s
⊛ 感光度：ISO100　⊛ 焦距：200mm

※ 使用长焦镜头拍摄，可以轻松做到背景虚化，让主体获得更加突出的视觉效果。而这是在使用广角镜头时难以实现的。

而是件难事了。在人像题材中，如果希望将背景虚化到无法辨认的程度，就要尽量靠近人物。

拍摄参数： ◎ 光圈：f/2.8　　◎ 快门：1/400s
⊛ 感光度：ISO400　⊛ 拍摄距离：约 0.6m

※ 以镜头的最近对焦距离靠近拍摄时，获得最小的景深。

拍摄参数： ◎ 光圈：f/5.6　　◎ 快门：1/640s
⊛ 感光度：ISO400　⊛ 拍摄距离：1000m

※ 即使采用长焦镜头，在遥远的距离上拍摄也能够获得较大的景深范围。

如果希望保留环境交代更多信息，则应该增加与主体人物之间的距离。

[实战经验] 前后景深的比例

在讲解超焦距拍摄方法的时候我们已经介绍过，在景深范围中，处于主体前方的清晰区域称为前景深，处于主体后方的清晰区域称为后景深。前景深更短，只有后景深的一半。因此，如果希望获得真正从前景到远景都清晰的风光照片，不仅应该采用广角镜头以 f/11 或 f/16 这样的小光圈拍摄，而且还需要向前后景长度中 1/3 的位置对焦，才能保证从前景至远景都是清晰的。

综合运用三大要素，就可以让背景得到最大程度的虚化。同时，为了画面的美观，背景

虽然被虚化了，但是色彩和形状还需要有妥当的安排和设计。当背景中有花朵或不同色彩的景物时，虚化部分会成为大面积的柔美色块。如果是拍摄夜景人像，可以让小面积低强度的点光源作为背景，这样焦外就会出现各色美丽的圆形光斑。当然，虚化背景也不是无限制的，过于虚化的背景会丧失信息量，反而对表现人物的特征和性格不利。

初学者往往会因为得到浅景深的照片兴奋不已，但有时景深太小，也会令主体不能完全在景深范围内。例如，拍摄半身侧面人像的时候，很容易出现人物的一只眼睛清晰，而另一只眼睛模糊的现象。在运用小景深拍摄时，应该首先根据拍摄主题和表现意图确定一个景深范围，不要无限制地使用。同时，景深过浅还容易造成跑焦和画面模糊的现象，例如，EF 85mm f/1.2L II USM 全开光圈并在距离 1m 的位置上拍摄时，景深只有几毫米，轻微的晃动就会造成拍摄失败。另外，在微距题材中，由于拍摄距离更近，景深过浅成为破坏照片效果的最大问题，因此应该尽量用稍小的光圈拍摄。

7.2.4 不要被景深的假象蒙蔽——景深预览

景深预览按钮

我们在取景构图和对焦时，从相机取景器中看到的景物其光线也来自于镜头，拍摄之前为了保证取景器足够明亮，相机会一直保持光圈最大的状态。只有在拍摄的瞬间，镜头的光圈才会收缩到我们设定的值。也就是说，平时取景时看到的景深都不是实际景深，而是光圈保持最大状态时的景深。如果采

用大光圈拍摄景深差别不会很大，但当使用小光圈拍摄时，半按快门完成对焦后，从取景器中观察到的景深会与实际景深差别很大，造成判断的困难。此时，可以使用机身上的景深预览按钮来获得准确的景深预览效果。

佳能 EOS 7D MARK II 的景深预览按钮位于机身正面，镜头卡口左侧。采用小光圈拍摄时，在对焦完成后，按下景深预览按钮时镜头将光圈缩小到当前设置的值，这时就可以通过取景器查看到更加准确的景深范围，能够帮助我们在拍摄前判断当前景深是否达到了预期要求。但不利的方面是从镜头进入相机的光线减少，取景器的亮度会有所下降。

7.3 快门——控制光线进入的时间

快门是数码单反相机内部能够通过打开和关闭来控制光线进入时间的装置，快门由一套精密的机械与电子装置组成。它与光圈一起构成了我们控制曝光的重要手段。摄影师通过运用不同的快门速度获得不同的画面效果。

7.3.1 快门的重要概念

1. 守卫感光元件的最后一道屏障

机身剖面图
光圈
反光镜
光线进入的方向
感光元件 CMOS
机身与镜头连接的卡口
机身正面图
快门组件

※ 快门位于机身卡口内，反光镜后方。

在曝光控制的全部流程中，位于镜头中的光圈发挥着第一道闸门的作用，光圈孔径张开得大与小决定了进光量的面积。光线通过光圈后，经过已经升起的反光镜就会遇到曝光控制的第二大关键设备——快门。

快门位于感光元件前方，守卫着最后一道大门。在真正曝光之前，快门一直处于关闭状态，由快门帘幕阻挡住光线的进入。只有当快门被释放，帘幕打开时，光线才能真正抵达感光元件实现最终的曝光。而感光元件能够接触到光线的时间长短完全由快门闭合的时间来决定。相比光圈对于曝光的控制，快门更加直接和干脆。

2. 机械快门与电子快门

普通的小型数码相机和手机都采用电子快门，所谓电子快门实际上并没有真正存在的快门帘，而是利用了向感光元件通电和断电的方式控制曝光的时间。所以电子快门在按下时是无声的，你听到的声音是相机同步的配音而已。电子快门结构简单，成本低，但能够实现 1/8000s 以上的超高快门速度。目前，富士 X100T 相机的电子快门能够实现 1/32000s 的快门速度。电子快门虽然体积小、速度快、成本低，但缺点是在加电的过程中电流产生的信号容易与光线照射感光元件产生的信号相互混合，从而在画面中出现条纹、噪点等问题，这样就会造成画质的降低。因此，高等级的数码单反相机较少采用电子快门。

※ 这是传统的全机械式快门结构，我们可以看到它完全由复杂的金属部件组成，不需要电力就能够工作。

※ 佳能 EOS 7D MARK II 的快门组件属于更先进的电子方式控制的机械快门。它经过很多项改进，提高了动力传送效率。更重要的是耐用性能得到强化，官方给出的数据为 20 万次快门寿命。

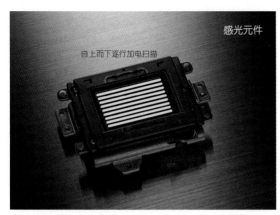

自上而下逐行加电扫描

感光元件

※ 电子快门示意图。所谓的电子快门并没有真正的
快门帘存在，它是通过对感光元件进行通电和断
电的方式实现近似快门的功能。

3. 快门速度的显示

※ 快门速度显示为 0"3 时
代表 0.3s。

机顶液晶屏和光学取景器是我们监控快门速度的信息来源，但快门速度的显示并非如同光圈那样一目了然。由于快门速度变化范围较大，从强烈阳光下定格高速动作需要的几千分之一秒，到普通日常使用的几百分之一秒，再到弱光环境下使用的几分之一秒或几秒，跨度很大。当快门是分数时，相机只会显示分母，这就会造成一定程度的混淆。

我们可以看出，如果机顶液晶屏的快门速度显示区域中显示一个单独的数字，那么这个数字就代表了快门速度的分母，快门即为 1/x。从最高快门速度 1/8000s 至较慢速度的快门 1/4s 的范围内，相机都是这样显示的。当快门速度比 1/4s 还慢时，就会用 " 符号代表秒。此时的数字显示就不再是分母了。例如，0"3 代表 0.3s，而 5" 则代表 5s。

4. 整级快门与步长

快门速度也称为曝光时间，它表示了光线在穿过设定好的光圈后，照射到感光元件上的

整级快门	1/2 挡	1/3 挡
1/1000s	1/1000s	1/1000s
		1/800s
	1/750s	
		1/640s
1/500s	1/500s	1/500s
		1/400s
	1/350s	
		1/320s
1/250s	1/250s	1/250s
		1/200s
	1/180s	
		1/160s
1/125s	1/125s	1/125s
		1/100s
	1/90s	
		1/80s
1/60s	1/60s	1/60s
		1/50s
	1/45s	
		1/40s
1/30s	1/30s	1/30s
		1/25s
	1/20s	
		1/20s
1/15s	1/15s	1/15s
		1/13s
	1/10s	
		1/10s
1/8s	1/8s	1/8s
		1/6s
	1/6s	
		1/5s
1/4s	1/4s	1/4s

※ 整级、1/2 级和 1/3 级快门速度。

时间长短。与光圈一样，快门速度也存在整挡的级别，例如：1/1000s、1/500s、1/250s、1/125s、1/60s 等都是整级快门，它们之间都是倍数关系。在其他条件相同时，相邻整级快门之间的进光量也为倍数关系。在使用 M 挡全手动模式时，如果你记住了整级快门和整级光圈的数值，那么就会在改变这两个参数时对画

面曝光的改变做到心中有数了。

5. 快门速度的范围——由机身决定

　　与光圈不同的是，快门组件就位于机身当中，所以快门速度是由相机机身决定的。不同相机的快门速度范围不同，入门机型快门速度范围是最慢快门速度 30s 至最高快门速度

拍摄参数： ◎ 光圈：f/5.6　　◎ 快门：1/80s
　　　　　　▣ 感光度：ISO100

※ 在适当的快门速度下，我们可以将老人舞动绸带的动作定格下来。

1/4000s。佳能 EOS 7D MARK II 的最高快门速度能够达到 1/8000s。这也是目前专业机型所能达到的最高快门上限，1/8000s 不仅能帮助我们凝固高速度移动的主体，而且在光线充足的户外，使用 f/1.4 这样的大光圈拍摄时也能体现出其价值。几乎所有数码单反相机最慢快门速度都为 30s。另外，在使用 B 门模式时最慢快门速度没有限定，可以延长至更长时间，这全部由摄影师自己掌控。

6. 快门寿命——不要吝惜快门

　　数码单反相机的快门组件是相机各部件中比较精密且磨损率较高的部分，尤其长期高频率地使用高速连拍模式时，对于快门组件的驱动单元和齿轮都是一种高负荷运转。与电子线路不同的是，类似快门组件这种机械部件都有一定的使用寿命。早期的入门级数码相单反相机的快门寿命约为 5 至 10 万次。而高端机型快门寿命在 15 万次以上。佳能 EOS 7D MARK II 的快门组件中使用了更加耐用的滚珠轴承，因此寿命可达 20 万次，值得注意的是，这一数值并非代表了相机快门达到 20 万次就会损坏，它代表了快门组件精确性衰减前的寿命。也就是说，随着快门次数的增加，快门组件内机械部件的老化，相机真正的快门曝光时间可能与我们选定的快门有所差异。而 20 万次代表了快门组件能够精确保证快门速度前提下的寿命，所以很多影友手中的 EOS 5D MARK III 快门次数超过 30 万次也能够继续正常使用。

　　而专门用来拍摄体育和野生动物题材的 EOS 1DX，天生就是为高速连拍而生，其快门组件中运用了更多金属部件，寿命高达 40 万次。但是，对于普通的摄影爱好者来说，大可不必担心快门寿命，当拍摄体育、纪实等题材时，应该坚持采用高速或低速连拍模式，以提高抓拍的成功率。很多爱好者 1 年的快门数量也很难超过 2 万次，按照这个数字计算佳能 EOS 7D MARK II 的快门寿命可以满足 10 年的

使用需求，但实际上数码相机革新飞快的今天，一台相机不等用到 10 年就早被更新换代了。另外，拍摄数量与出片率成正比，很多发烧友和职业摄影师 1 年的快门次数在 15 万次以上，这也是他们拍出优秀作品的基础保障。

最后，即使快门组件寿命到期，最终报废，那也并不等于相机全部报废，更换一个新的快门组件仍然可以继续使用。而更换的费用一般低于 1000 元，并不昂贵。所以，尽管放心大胆的按下快门吧！

提示 ⚡

一旦相机快门组件出现故障，相机主液晶屏上就有可能出现 ERR30 的代码提示，此时就需要进行检查，故障依旧则需要送至售后服务部分进行维修了。

7. 快门时滞

与快门相关的指标还包括快门时滞。快门时滞是指从完全按下快门到快门释放的时间间隔，相机会利用这一段时间完成测光和自动对焦、机身和镜头之间信息交换等工作。快门时滞越短越有利于抓拍，这在新闻纪实摄影和体育摄影中非常重要。

不同相机的快门时滞不同，普通小型数码相机的时滞会高达 0.2s，尤其是在弱光环境下拍摄运动主体时，我们经常感到按下快门时的瞬间不错，但拍摄到的画面却很滞后，已经不是我们想要的那个瞬间了。而入门级数码单反相机的快门时滞在 75ms 左右，也就是

拍摄参数： ◎ 光圈：f/8   ◎ 快门：1/5000s
◎ 感光度：ISO200   ◎ 摄影师：林东

※ 只有快门时滞非常短的相机才能够获得让摄影师用最快的速度抓拍到理想的瞬间。

0.075s，相对来说人已经很难察觉这么短暂的时间间隔了。而佳能 EOS 7D MARK II 这样的专业机型快门时滞更降低到 55ms，其反应速度甚至快于 EOS 5D MARK III（59ms）。当然，在这方面表现最出色的还要数 EOS 1DX，其快门时滞仅为 36ms，是当今数码单反相机所能达到了最高反应速度，让摄影师观察到的瞬间即刻就能被定格下来。

［实战经验］ 按下快门的技巧

除了相机本身的快门时滞外，作为摄影师本人来说，从观察判断、大脑做出决定到手指按下快门也需要一个时间。为了不错过精彩瞬间，很多摄影家都强调相机不离手，并且对场景要有预先判断，随时为即将到来的画面做准备，也是为了减小人为的快门时滞。

7.3.2 机械快门的工作方式——快门帘的相互追逐

了解机械快门的工作方式不仅有助于我们更加熟悉手中的器材，而且可以让我们更加理解曝光的过程，更重要的是只有知道机械快门的工作方式，才能领悟闪光灯部分将要介绍的前帘同步与后帘同步拍摄方式。

在很多人的脑海中，快门应该是一块幕帘，通过上下移动来阻挡光线。但实际上快门分为前帘和后帘两个部分，每个帘幕都由多个叶片组成。前帘更靠近镜头，一端被固定在快门组件的下方。后帘更靠近感光元件，一端被固定在快门组件上方。它们的工作方式如下。

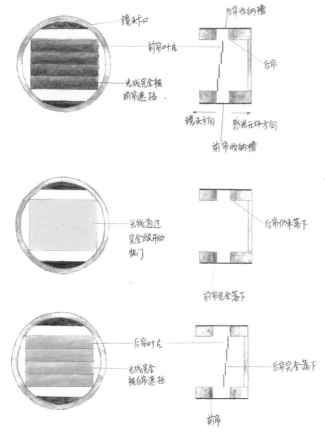

※ 左侧为快门帘正面的视角，右侧为快门剖面图。

➤ 在按下快门之前，前帘升起阻挡光线，后帘所有叶片则收缩起来至最上方。

➤ 按下快门按钮后，前帘的叶片开始向下收缩。这时光线开始从露出的缝隙中通过，照射在感光元件上。

➤ 随着前帘叶片降落的程度增加，光线可通过的范围扩大。

➤ 前帘完全降下，整个感光元件被暴露出来。

➤ 后帘叶片开始下降，遮挡住感光元件的最上方。

➤ 后帘叶片全部降下，完全遮挡了感光元件。一次曝光全部结束。

然而上述工作方式只是快门速度较低时的运作模式，例如在慢于 1/200s 时。如果快门速度过高则会变成另一个方式。

➤ 在按下快门之前，前帘升起阻挡光线，后帘所有叶片则收缩起来至最上方。

➤ 按下快门按钮后，前帘的叶片开始向下收缩。这时光线开始从露出的缝隙中通过，照射在感光元件上。

➤ 光想刚刚能够通过缝隙进入感光元件，后帘就已经开始下落，追赶前帘的步伐。它们之间始终保持了一个缝隙的差距。因此，在整个曝光期间，没有任何时刻是全部感光元件都能够暴露出来的。

➤ 前帘完全降下，后帘随后立即赶到。

➤ 后帘叶片全部降下，完全遮挡了感光元件。一次曝光全部结束。

这样前帘负责打开，后帘负责关闭，就能够保证更加精确和快速地控制快门的动作。但机械快门体积较大，最高快门速度受到一定限制，在制作上技术门槛及成本较高，再加上快门组件的使用频率很高，它也是数码单反相机中非常容易出现故障的地方。如果不考虑震动问题，机械快门不像电子快门那样损害画质，因此被一直采用。

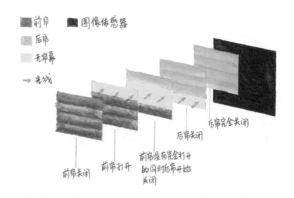

知识链接

第 12 章高手拍摄之道中的闪光灯前帘同步与后帘同步。

7.3.3 控制快门是摄影的重要语言

1. 定格运动瞬间

拍摄参数: ◎ 光圈: f/3.5　◎ 快门: 1/4000s　▣ 感光度: ISO1600　◎ 摄影师: 王文光

※ 高速快门可以定格下棒球飞行的瞬间画面。

很多初学者在拍摄后会发现自己的照片与真正的摄影作品总有差距,但并不知道差距在哪里。其中一个很重要的原因就是没有运用摄影语言来展现画面。有时候拍摄技术更像是一种语法,你只有掌握了丰富而美妙的写作方式,文章才会更加打动人心。如果说通过控制光圈来掌控画面的景深是一种语法,那么通过控制快门速度来控制画面中动态主体的虚实,同样是一种精妙的语法。

只要画面中有运动的视觉元素,这种拍摄手法就能够派上用场。无论画面中存在的是高速通过的飞机、火车,还是全力冲刺的运动员,抑或是被风吹拂轻轻摇摆的花朵,甚至慢到肉眼几乎无法察觉的星星和云朵,都可以在这种表现手法下得到不一样的画面。而拍摄手法无外乎使用高速快门凝固瞬间或者使用慢速快门展现出运动轨迹,不管哪种都可以展现出肉眼难得一见的画面,从而让你的照片格外引人注目。

画面中如果有高速移动的主体,最常用的手法是使用高速快门来定格其瞬间状态。例如使用1/1000s或1/2000s的高速快门。主体移动速度越快,需要的快门速度越高。此时可以展现出肉眼无法看到的瞬间动作,仿佛让时间停止了一样。

2. 展现运动轨迹

在画面中如果有低速移动的主体,最常用

拍摄参数: ◎ 光圈: f/16　　◎ 快门: 15s
　　　　　◎ 感光度: ISO100

※ 将光圈缩小，感光度降到最低，就可以获得更长
　 快门时间，让瀑布的水流变成丝绸般柔滑的效果。

的手法是使用慢速快门来展现出它的运动轨迹。例如，在拍摄水流或瀑布时，可以采用1/10s至5s的慢速快门，拍出如白色丝绸般的瀑布。如果水流速度快可以将快门设置得快一些。如果水流相对缓慢，就需要更长的快门时间曝光。合适的快门速度要通过多次试拍才能够确定，当画面中瀑布呈现出理想的柔美虚化效果时，就说明快门速度比较适中了。如果瀑布近视部分虚化，还能看到坠落的水滴或单股水流时，说明快门速度还不够长。在拍摄时，一定要使用三脚架从而保证画面的清晰度。

提示　⚡　**目镜遮光片的用途**

　　在拍夜景照片采用长时间曝光时，光线会从光学取景器进入相机内部而降低成像质量。佳能EOS 7D MARK II的相机背带上配有目镜遮光片，使用时需要先将光学取景器上的目镜罩取下，然后将目镜遮光片固定在上面，即可阻挡光线进入。

3. 让画面动静结合

　　更高水平的摄影师会将快门速度拿捏得恰到好处，让画面中动与静完美结合。这需要大量的实践经验，对于运动速度的准确判断和快门速度的熟练掌握。同时，这并非完全是一种拍摄技巧的运用，而更是为了画面内容表达而服务的手段。画面中虚（展现运动轨迹）的部分有其价值和意义，虚化幅度恰到好处，既虚又可以辨认。而实的部分展现出更多信息量，让观者对画面有准确的解读。

拍摄参数: ◎ 光圈: f/18　　◎ 快门: 1/5s
　　　　　◎ 感光度: ISO200　◎ 摄影师: 林佳贤

※ 采用较慢速度的快门可以让走动的行人在画面中
　 出现动态模糊，让其与相对静止的人物形成鲜明
　 对比。

7.3.4 影响画面清晰度——安全快门时刻要牢记

　　初学者在拍摄照片时，最大的问题是画面经常出现模糊，焦点不实的情况。有很多原因会导

| 拍摄参数: ◎ 光圈: f/8 | ◎ 快门: 1/200s |
| 📷 感光度: ISO200 | 📷 摄影师: 丁士英 |

※ 乌云笼罩了草原的上空，环境光线迅速减弱，此时最应该关注快门速度，以保证画面的清晰度。

致画面不实，但其中最重要的原因就是手持拍摄时的快门速度过慢。尤其在弱光环境下拍摄或者使用长焦镜头时，更容易出现这种现象。

手持相机拍摄时发生晃动是无法避免的，与高速快门相比，在较慢的快门速度下，这种晃动更容易在画面中被体现出来。照片中不仅主体模糊，而且包括前景和背景中的所有物体都会模糊不清。有些时候，一些假象会蒙蔽住你的判断。当你在相机液晶屏上进行整幅照片

浏览时认为比较清晰的照片，但在电脑上放大至 100% 观看时，景物锐度却完全无法达到清晰锐利的标准。这都是由于快门过慢造成的。因此，在按下快门前，我们应该养成良好的习惯，那就是要留意观察当前的快门速度，并与后面介绍的安全快门速度进行比较，保证当前快门高于安全快门时才可以进行拍摄，从而避免因为快门速度过慢造成照片模糊。

安全快门速度是保证手持拍摄能够获得较为清晰图像的最慢快门速度。低于这个速度时，不可避免的手部晃动就会让拍摄成功率大幅度下降。高于这个速度则能够大幅度提高照片清晰的概率。安全快门的数值与拍摄时所使用的焦距成倒数关系，即安全快门 =1/ 焦距。如果使用 50mm 标准镜头拍摄，安全快门为 1/50s；使用 200mm 长焦镜头拍摄时，安全快门为 1/200s。可见，标准镜头具有更低的安全快门，如果不是夜晚一般不用担心手持拍摄的晃动问题。而长焦镜头的安全快门更高，如果没有防抖功能，即使没到傍晚日落，手持长焦镜头拍摄的成功率也会下降。

7.3.5 摇拍——展现动态效果的最佳手段

| 拍摄参数: ◎ 光圈: f/16 | ◎ 快门: 1/30s |
| 📷 感光度: ISO100 | 📷 摄影师: 王文光 |

※ 在慢速快门下，让相机与赛车保持同步运动，就可以获得赛车清晰，而背景拉伸出轨迹的摇拍效果。这也是强化主体速度感的最佳拍摄方法。

前面介绍的两种拍摄手法都可以展现出动感，无论主体是被清晰定格还是拉伸为轨迹，

但其出发点都是围绕主体而展开的。但是，还有一种更奇特的拍摄手法，可以让主体保持清晰，但背景展现出动态效果，这就是摇拍。摇拍也称为追随拍摄，它打破了我们之前所采用的保持相机稳定的拍摄习惯，这种手法需要相机本身也参与运动。

使用摇拍技术时，第一个难点来自于快门速度的选择。我们必须选择一个相对较慢的快门速度，这个快门速度既要能够慢到随着相机的移动，让画面中的背景虚化，同时又不会导致全部画面模糊，也就是说不能过慢。

第二个难点来自于相机的移动，相机移动的速度要与画面中主体移动速度一致。相机移动得过快或过慢，都会造成全部画面虚化，缺

乏清晰的焦点。通过使相机与主体之间几乎同速的跟踪拍摄，在曝光的瞬间，运动主体相对于运动的相机是静止的，而静止的背景相对于运动的相机却是移动的，这样就使得画面上的运动主体比较清晰而背景则是看似流动的模糊线条，从而形成强烈的动态视觉效果。这就是摇拍。

　　如果希望获得更好的摇拍效果就需要多加练习，保证手持相机稳定的同时还要与被摄主体移动速度协调一致。快门速度也要根据主体不同的移动速度和环境光线来确定。如果摇拍快速行驶的汽车，一般需要 1/30s ~ 1/80s，弱光环境下摇拍普通的骑车人或行人一般需要 1/10s ~ 1/30s。快门速度越慢对手持相机的稳定性要求越高，但高风险带来高回报，越慢的

快门速度会产生更加虚化的背景。采用慢速快门拍摄横向移动的主体时，使用独脚架可以有效抵消纵向的震动，此时只需从左到右转动相机就可以完成追随拍摄。拍摄时应注意，无论对焦还是曝光中都要让相机与主体同步移动，直到快门关闭。

提示 ⚡ **专门为摇拍设计的防抖模式 2**

采用摇拍手法时，应该将镜头上的防抖模式至于 MODE2 上，此时防抖系统只会对垂直方向的抖动进行修正，而不会对水平移动产生的抖动进行修正。这样有利于摇拍效果的强化。

7.3.6 快门速度范围

　　对于运动题材的拍摄而言，并非整个快门速度范围（30s ~ 1/8000s）都有使用价值，如果不使用摇拍等特效手法，那么常用的快门速度在 1/500s ~ 1/8000s。如果具体到某一个运动项目的，那么用到的快门速度范围会更窄。例如，拍摄赛车运动时 1/1000s 以下都很少用到。在快节奏的拍摄过程中，参数设置花费的时间越少，捕捉到精彩瞬间的可能性就越高。于是，顶级速度型单反相机就具有了快门速度范围限制功能，包括 EOS 1DX 和 EOS 7D MARK II 都具备这一功能。虽然快门速度范围限制功能并不复杂，但它却是 EOS 5D MARK III 不具备的。从这一方面也体现了 EOS 7D MARK II 的地位。

　　进入自定义功能菜单第 2 页（C.Fn2）第 1

项【快门速度范围设置】选项，可以分别设置最高速度和最低速度。这样当我们使用 Tv 快门优先和 M 全手动模式时，结合整级快门速度的调整方式，就能够大幅度提高快门速度的更改效率。例如，将最高速度设置为 1/8000s，将最低速度设置为 1/500s，那么转动 4 格主拨盘即可调整到 1/8000s。同时，这样限定快门速度还能够避免误操作的发生，不会出现由于失误而将快门速度调到过低的情况。如果拍摄时使用 P 程序曝光和 Av 光圈优先模式，则相机自动匹配快门速度时也将被限制在这一范围内。如果你的拍摄目标是以景深控制为主，同时还需要用高速快门保证运动主体被清晰定格，这个功能将非常有效。

摄影兵器库：终极画质源自定焦镜头

　　安全快门是我们获得清晰画面的重要保障，除了这类技术因素外，器材本身对于照

片的画质表现也有着重要的影响。一支高品质的镜头同样能够带来优秀的画质，这其中

作用最大、提升画质最为明显的就要算定焦镜头了。

虽然很多人说数码摄影时代是变焦镜头的时代，但仍有一大批认为画质高于一切的摄影爱好者坚定地站在定焦镜头使用者的行列当中。所谓定焦镜头是指固定焦距的镜头，使用定焦镜头时从单反相机的取景器中观察外界的视角是固定不变的。也就是说，既不能通过变焦将更远处的景物拉近，也不能通过变焦将更广阔的场景收入到画面中。定焦镜头是胶片时代的主流，当时的摄影师都需要配备多支定焦镜头才能够覆盖所需要的焦段。至今蔡司和莱卡等高端品牌的镜头中，定焦镜头仍占绝大多数。

光学结构简单、画质出色

EF 50mm f/1.4 USM
光学结构：6组7片

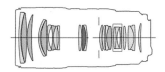

EF 70-200mm f/2.8L IS II USM
光学结构：19组23片

※ 定焦镜头具有更简单的光学结构，也更容易获得优秀的画质。

如果说变焦镜头的优势是方便易用，那么定焦镜头的优势则在成像质量和最大光圈两项上。由于定焦镜头结构简单，镜头内部镜片数量少，因此能够获得更高的画质。而变焦镜头中光学结构复杂，镜片数量众多，需要很多高等级镜片来校正各类像差，很难实现与定焦镜头同等的画质。例如，人像定焦镜头 EF 85mm f/1.2L II USM 就具备出色的焦外虚化能力和锐利的焦内成像能力，是绝大多数变焦镜头难以望其项背的。因此，很多专业摄影师和资深摄影发烧友都会为了这一画质上的优势而宁愿牺牲易用性也要选择定焦镜头。

轻松实现大光圈

在最大光圈这一项上，顶级变焦镜头只能达到最大 f/2.8，但是定焦镜头却可以轻松实现 f/1.4 甚至 f/1.2 的大光圈。在弱光环境中手持拍摄时，大光圈定焦镜头由于进光面积大，快门速度高就不容易造成画面模糊。很多影友也将多个不同焦段的定焦镜头作为一个组合，成为大光圈的又一种选择。另外，大部分定焦镜头还具有体积小巧、价格实惠、外形符合复古潮流的特点。

培养你的"镜头感"

拍摄参数：◎ 光圈：f/2.8　◎ 快门：1/500s
◎ 感光度：ISO400　◎ 焦距：24mm

※ 巴厘岛的一场斗鸡比赛结束后，获胜者面带笑容离开赛场。此时如果熟悉手中的定焦镜头，你就能快速判断出主体距离相机多远时按下快门可以获得最理想的画面。

比上面这几点更重要的是，对于初学者而言，定焦镜头还能够培养"镜头感"这一摄影基本功。所谓镜头感就是由视角和透视关系叠加以后产生的构图效果。视角由镜头焦距决定，而透视关系则与焦距无关，是由拍摄位置到被摄主体的距离决定的。

定焦镜头视角固定，因此能够培养出爱好者用某一固定视角观察场景的习惯。例如，长期使用24mm、28mm或35mm定焦镜头，爱好者就能逐渐练成用该视角光观察周围的一切景物。开始的时候可能还需要用手搭个方框才能确定取景的范畴，熟能生巧后，直接根据自己的站位和距离就能看出拍摄时涵盖的视角有多大。因此，形成"镜头感"后，爱好者就知道站在什么位置取景拍摄，能够产生想要的理想画面。

可以说，定焦镜头最大的优势在于能促使爱好者通过前后移动自己的拍摄位置来改变画面的透视关系，而这点是通过原地不动的变焦操作无法实现的。

变焦靠腿

使用好定焦镜头的一大要领就是必须多走动，寻找最佳的拍摄位置。最佳位置和角度往往都不是第一眼看到拍摄主体的位置。多尝试从不同的角度进行观察，是拍出好照片的捷径。通过经验的不断积累，反而会发觉用定焦镜头拍摄的速度更快。因为在举起相机之前，整个画面就已经在你的头脑中构思成熟，只需要把它拍下来就行。而其他使用变焦镜头的朋友可能还需要站定位置后，反复调整焦距取景构图，尝试各种可能性。

但必须承认，使用定焦镜头拍摄时会受到一定的限制。因此，可以多拍那些在定焦镜头视角范围内适合表达的场景，由爱好者自己通过对手中镜头视角的熟悉和掌握来决定拍摄题材。通过这种方式，爱好者可以在整个拍摄过程中占据主导位置，想着"我现在的镜头适合拍什么"，而不是看到了某个场景才决定"我要用哪只镜头来拍"。

广角神器——EF 14mm f/2.8L II USM

※ EF 14mm f/2.8L II USM 集超广视角与出色画质于一身，是追求极致画面效果的影友的选择。

人类对于超广角的追求一点不亚于对飞上蓝天的渴望，那种超越人眼视觉宽度，展现出无与伦比的广阔场景和夸张的透视效果，一直是摄影人的梦想。然而，超广角镜头的设计制作难度远大于超长焦镜头，它需要使用更加精密的光学镜片。在 1991 年，也就是摄影刚刚进入自动对焦时代 5 年后，佳能就领先于其他各光学厂商推出了第一代 EF 14mm f/2.8L USM 镜头，充分体现了佳能在镜头制造领域的能力。这支镜头的视角达到了惊人的 114 度，比 EF 16-35mm f/2.8L II USM 的广角端 16mm 的视角宽广了 6 度，你很容易通过取景器发现二者的差异。虽然这支镜头光学质量一流，但是接近 2 万元的售价也使得普通影友望而却步。然而，进入 2006 年数码单反相机刚刚开始普及的时候，由于大部分机身都是 APS-C 画幅，广角镜头的选择受到了制约，所以这支在 APS-C 机身上等效焦距能够达到 22mm 的超广角定焦镜头又进入了人们的视野。

拍摄参数：◎ 光圈：f/13　◎ 快门：1/200s　感光度：ISO100

※ 超广角镜头的最大特点就是可以扩大前景与远景之间的距离感，让画面表现出超强的纵深与张力。

而佳能在数码单反领域的战略一直是以全画幅为核心的，这样在 2007 年为了适应数码时代感光元件成像的特点和需求，佳能更新了这支镜头，推出了今天的 EF 14mm f/2.8L II USM。它特别强化了抗眩光能力（比起胶片，CMOS 感光元件更容易产生反光现象），不仅改进了镀膜工艺而且重新设计了镜头的光学结构。使用了 2 片玻璃铸模非球面镜和 2 片 UD 超低色散镜片，突出的前组镜片和固定式的遮光罩让我们联想到最新的 EF 11-24mm f/4L USM。是的，这支最新的变焦广角之王的很多特征均遗传自 EF 14mm f/2.8L II USM。

你一定会认为这样一支超广角镜头无法逃脱畸变的命运，然而在实际拍摄中我们发现，只要你保持相机的水平，不进行俯仰拍摄，那么就能够保证画面中的建筑和树木等垂直线条的笔直，即使在画面边缘也无法察觉出畸变的存在。不得不说这是一个奇迹，是佳能超高光学设计水平的体现。EF 14mm f/2.8L II USM 还特别适合在狭小的空间内展示更大范围的场景，例如你在室内或者精致小巧的苏州园林当中。这支镜头的透视特点会夸大前后景之间的距离，展现出独特的视觉效果。但是，当你置身于广阔无比的场景时，例如青藏高原或者茫茫草原，反而这支超广角会无从发挥。

在价格方面，EF 14mm f/2.8L II USM 超过了所有大三元镜头，在顶级定焦镜头中售价也是最贵的。目前在 1.3 万元左右，但是那些对于画质精益求精的影友会认为，这才是一支不可多得更不可或缺的"神器"。

光之精灵——EF 24mm f/1.4L II USM

❋ EF 24mm f/1.4L II USM 可以让你体会到广角浅景深的魅力，是一支不可多得的优秀镜头。

现在摄影爱好者手中的器材等级都非常高，很多都接近甚至超过商业摄影师的器材等级。尤其是在中长焦这个类型中更是如此。你甚至很难找到职业摄影师独有的器材。但是，在这样的格局中，有一支广角定焦镜头是在影友手中很少见到的，却受到职业摄影师的欢迎，成为二者摄影包中最大的区别。那就是 EF 24mm f/1.4L II USM。对于普通爱好者而言，无论是 EF 24-70mm f/2.8L II USM 还是 EF 16-35mm f/2.8L II USM 都包含 24mm 焦距，因此，如果你有这两支大三元镜头，24mm 端你就会有两个选择。大部分人不会再采购一支 24mm 的定焦，即使这支画质更好光圈更大。

在胶片时代，摄影师一般采用多支不同焦距的定焦镜头来完成拍摄，在广角方面被更多使用的是 35mm 和 28mm 定焦，当时的 28mm 已经是最广的焦段了。很多胶片摄影师甚至告诫初学者说广角容易收纳进来更多干扰主体表达的视觉元素，不好驾驭。而在今天 24mm 才

拍摄参数：◎ 光圈：f/2.2　◎ 快门：1/160s　▦ 感光度：ISO3200

❋ EF 24mm f/1.4L II USM 的大光圈可以在弱光环境下游刃有余，拍摄带有环境的人像题材时尤其能够发挥其特长。

是真正超广角的起始点，35mm 和 28mm 已经被认为远远不够广了。24mm 之所以是超广角的起始点，在于高水平的 24mm 镜头可以让画面中的畸变被控制在很小的范围内，既展现出广阔的场景又不会表现出超广角的变形，而分散了观者的注意力。而在这方面表现最优秀的无疑是 EF 24mm f/1.4L II USM 了。当然这支镜头具有出色画质表现的同时也有不菲的价格，EF 24mm f/1.4L II USM 售价在 1 万元左右，与大三元镜头不相上下。这一方面体现了这支镜头在设计制作上的难度较高，用料很足，另一方面也说明了它的目标人群就是职业摄影师群体。

看到这个价格你就会知道，这支镜头的优点自然非常多，但是其中最突出的地方在哪里呢？那就是广角下的浅景深效果非常独特与震撼。在影友的传统观念中，大光圈配合长焦距才能获得唯美的浅景深作品，虽然这符合影响景深的三要素中的描述，但是在长焦镜头下景深浅了，背景虚化主体突出了，然而视角也变窄了，环境的交代变差，有时甚至无法识别环境。而最难以达到的是在广角下的浅景深，我们都知道焦距越广实现浅景深越难，在拍摄距离固定时，只能依靠更大的光圈。EF 24mm f/1.4L II USM 就是这样一支镜头，依靠 f/1.4 的大光圈，在 25cm 的近距离拍摄时可以呈现出带环境的浅景深效果，照片中的主体跃然纸上，背景虚化自然柔和，如果环境中有点光源则会被虚化为美丽的光斑。与长焦镜头的虚化效果相比，EF 24mm f/1.4L II USM 可以获得更加自然真实的透视关系，主体与虚化的背景之间具有更大的距离感，而不是贴在一起，所以一种能够畅快呼吸的感觉与环境信息的交代有机交融，而这点是其他镜头的 24mm 端无法做到的，即使大三元也不行。

非它莫属——EF 35mm f/1.4L USM

※ 如果将摄影师最钟爱的 EF 镜头进行一个排行，EF 35mm f/1.4L USM 很有可能排在第一位。

我们都知道 50mm 标准镜头在摄影中具有特殊的地位，而另外一个被无数摄影师钟爱的焦段就是 35mm。它具有近似人类双眼的自然视角，画面效果平和自然，毫无夸张。与标准镜头相比，它能够涵盖更多环境信息，进一步丰富对主体人物的介绍。在胶片时代，一支 35mm 和一支 50mm 定焦是最经典的组合。

而在 35mm 焦段中，最顶级的镜头就是 EF 35mm f/1.4L USM 了。这是一支外表相对朴素低调的 L 镜头，黑色的镜身、72mm 的滤镜口径、580 克的重量，这一切指标都不能够在强手如林的佳能 L 级镜头中拔得头筹。然而，平凡的外表就如同 35mm 平凡的视角一样，并不能掩盖这支镜头的出色。EF 35mm f/1.4L USM 的金属材质镜身具有出色的防尘防水滴能力，镜头内倒数第三片镜片使用了精密研磨的非球面镜，正是由于它的存在使得 EF 35mm f/1.4L USM 在消除球面像差获得极佳焦内锐度的同时，又能够获得完美的焦外虚化效果。要知道在这二者之间取得最佳平衡绝非一件容易的事情。35mm 镜头在设计方面的一大难点还在于同时要兼顾无限远和近距离拍摄的能力，EF 35mm f/1.4L USM 使用了后组对焦的方式，并且在对焦过程中由第 2、3 镜片组进行移动，来降低近距离拍摄时产生的像差，获得更好的画质。

拍摄参数： ◎ 光圈：f/8 ◎ 快门：1/1500s ◙ 感光度：ISO200

※ EF 35mm f/1.4L USM 作为挂机镜头可以用最佳的画质与最平和的视角记录你看到的一切。

国内外很多摄影师都在不同场合发表过自己的观点，他们认为 EF 35mm f/1.4L USM 是所有佳能顶级镜头中最出色的一支，也是他们日常拍摄离不开的镜头。当被问及如果只能选择一支 EF 镜头，你会选择哪一款时？EF 35mm f/1.4L USM 是他们毫不犹豫的答案。目前，这支镜头的价格在 9000 元左右，相对于其出色的画质表现和高使用率来说，非常值得入手。

新一代 EF 35mm f/1.4L II USM

※ 全新一代 EF 35mm f/1.4L II USM 首次使用了 BR 镜片，使得画质实现了提升。

2015 年 9 月，佳能将已经在市场上打拼了 17 年之久的 EF 35mm f/1.4L USM 镜头进行了升级。全新的 EF 35mm f/1.4L II USM 凭借 BR 镜片等新技术立即引起了影友的关注。首先，新一代 35mm 顶级镜头的光学结构发生了改变，从一代的 9 组 11 片结构增加至 11 组 14 片。与之相伴随的是镜头体积的增加，虽然滤镜口径和最大直径没有增加，但新镜头的长度足足增加 20mm，已经非常接近大三元的 EF 24-70mm f/2.8L II USM。作为一支大光圈定焦镜头来说，这样的体积已经相当巨大。无疑，这也是受到近年来蔡司和适马连续推出体积硕大、性能超强的大光圈定焦镜头的影响。也从侧面反映出一部分发烧友对于画质的不懈追求。

很多影友都认为，前一代 EF 35mm f/1.4L USM 已经将画质推向了很高的水平，从而为升级后的镜头树立了不小的门槛。而此次佳能用实力证明，他们能够做到没有最好只有更好。新款镜头无论全开光圈还是小光圈，锐度更加出色，色散更少。镜头整体画质水平提升相当明显。那么新镜头是如何实现这种提升的呢？

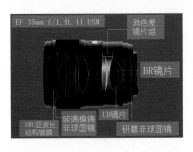

最大的功臣要算 BR 镜片。这也是新一代 35mm 镜头最让人眼前一亮的地方，BR 镜片采用了全新的思路来应对色散问题。它实际上是一块能够增加蓝色光波折射率的镜片，镶嵌在传统消色差镜片组的中间，通过增加蓝色光波的偏转角度，使得其能够与其他颜色的光波汇聚到一点，从而降低色散的问题。佳能甚至宣称 BR 镜片的某些特性已经超越了传奇般的萤石镜

片，极有可能成为今后红圈镜头的标配镜片。在镜头一章中我们将对 BR 镜片进行深入介绍。

除了 BR 镜片外，新款镜头中还具备 1 枚高等级的研磨非球面镜，1 枚玻璃模铸非球面镜片以及 1 枚 UD 镜片。镜头前端第一枚光学镜片后方还采用了 SWC 亚波长结构镀膜。另外，镜头的前后端镜片外侧均采用了防污氟镀膜，在使用过程中水和手上的油脂不容易附着在镜片上，能够保持镜片的长久清洁。同时，在镜头卡口、对焦模式拨杆开关和手动对焦环等位置上还采用了密封处理，加强了防尘防水滴性能，保证了镜头的持久耐用。

35mm 镜头的近拍能力普遍比较出色。而本次佳能 EF 35mm f/1.4L II USM 的最近对焦距离只有 28cm，最大放大倍率达到了 0.21 倍。这使得我们可以更加靠近主体拍摄，获得更强烈的近大远小透视关系，提升了画面的冲击力。配合 9 片光圈叶片构成的圆形光圈，在主体醒目的同时还能够让背景中的点光源完美散开，形成漂亮的焦外。

"大眼睛"——EF 85mm f/1.2L II USM

※ EF 85mm f/1.2L II USM 是当今全部 EF 镜头群中最为经典的一支，很多影友即使更换机身品牌，也会将这支镜头保留起来。

如果说"人有我优"只能让一个厂商立于不败之地的话，那么"人无我有"则是制胜之道。在手动镜头时代，由于镜头内部结构较为简单，没有自动对焦马达等装置，所以几乎各厂商都有光圈达到 f/1.2 的定焦镜头。

而进入自动对焦时代后，只有佳能凭借 EF 卡口直径大的优势，在 50mm 标准镜头和 85mm

人像镜头上保持了 f/1.2 的能力。这不仅实现了"人无我有"，而且 EF 85mm f/1.2L II USM 凭借出众的光学表现成为众多 EF 知名镜头中最具代表性的一支。

EF 85mm f/1.2L II USM 是佳能三支传奇镜头中唯一一支仍然在产的，另外两支 EF 50mm f/1.0L USM 和 EF 200mm f/1.8L USM 即使在二手市场也已经难觅踪迹。我们在无数小说和电影中看到过，英雄人物的眉宇之间总能透出一种英武的气魄。这支 EF 85mm f/1.2L II USM 的外貌同样与众不同、气度非凡。一般的镜头即使前组镜片直径不小，但后续的镜片直径会快速降低，如果你从这个角度观察镜头内部的镜筒等结构，明亮的镜片区域迅速减小。但从

拍摄参数： ◎光圈：f/4　◎快门：1/200s
　　　　　　◎感光度：ISO100

必须使用比 f/2.8 更大的光圈来虚化背景。此时，EF 85mm f/1.2L II USM 是更好的选择。它不仅拥有出色的焦内锐度，而且背景虚化相当出色，背景中虚化的色块美观，明暗区域过渡自然，仿佛油画一般。虽然也有很多其他镜头能够做到不错的背景虚化，但是使用 EF 85mm f/1.2L II USM 拍摄的画面中，清晰的主体与虚化的背景之间具有更自然舒服的透视关系，二者之间距离适度。相比之下，EF 200mm f/2L IS USM 由于焦距更长，会让主体与背景贴在一起，虽然很多影友称之为"空气切割"效果，视觉上更加"抢眼球"，但 EF 85mm f/1.2L II USM 的效果才是最自然的。

由于 EF 85mm f/1.2L II USM 镜头内部镜片组尺寸大重量沉，所以自动对焦速度并不快。但是，使用这支镜头的一大要领就是不能够急于完成对焦。这是由于在 f/1.2 或 f/1.4 这样的大光圈下，景深会非常浅。当你从侧面拍摄人脸时，不仅会一只眼睛清楚一只眼睛模糊，而且即使清晰的眼睛中，能够实现真正清晰的范围也只有几根睫毛那么长的纵深区域。因此，全开光圈使用时我们要借鉴微距镜头的操作方式，采用正面角度拍摄，使用慢速而耐心的对焦方式，必要时采用更加精确的手动对焦操作，保证清晰位置落在眼睛处。此时，鼻尖和耳朵都会成为焦外区域，整个画面效果非常震撼。无论拍摄美女模特还是旅行途中遇到的当地人，都会成为让人过目不忘的作品。

目前这支镜头的价格在 1.1 万元左右，虽然与一支大三元的价格相当，但是它所能够表现出的画面语言绝对是大三元无法做到的。EF 85mm f/1.2L II USM 几乎可以说是佳能 EF 定焦镜头中的终极梦想。

同样的角度观察 EF 85mm f/1.2L II USM 时你会发现，它好像明亮的大眼睛一样，犹如一汪秋水美丽而深邃。它不仅具有 72mm 的较大滤镜口径，而且镜身上前 2/3 的区域都保持了 91mm 的直径。在其内部结构中，第三片镜片使用了超厚的大直径非球面镜片来消除球面像差，这是其他 L 级镜头都不具备的特殊镜片，也是 EF 85mm f/1.2L II USM 给人以"大眼睛"视觉效果的根源所在。

这是一支佳能用户为之骄傲的镜头，光学素质十分精湛，f/1.2 的超大光圈可以在光线极其微弱的环境下让摄影师手持相机拍摄出清晰的照片。与 EF 70-200mm f/2.8L IS II USM 这样的长焦镜头相比，EF 85mm f/1.2L II USM 体积更小，黑色镜身也没有那么张扬和引人注目。在某些场景中拍摄环境人像时，由于背景杂乱，

轻巧防抖定焦——EF 24mm f/2.8 IS USM

在各厂商的镜头阵容中，大三元变焦镜头是树立品牌的高端产品，位于中间段的小三元具有

更大市场销售潜力，而普通变焦镜头则凭借更低的价格和方便易用的特点成为初学者最常见的选择。而在定焦方面，只有两个层级的产品线——顶级定焦镜头和普通定焦镜头。前面介绍的顶级定焦镜头每一支的价格都与大三元不相上下，同样是品牌实力的象征，而普通定焦镜头则是最容易被影友甚至是厂商自己忽视的一个类型。有些普通定焦镜头甚至还停留在20年前胶片时代，其升级换代的优先级被放到了最后面。然而，最容易被忽视的地方往往最有价值。其实，与普通变焦镜头相比，这些定焦镜头具有更好的画质、更大的光圈、更轻的重量、更小的体积、同样实惠的价格，最重要的是对于初学者而言从定焦起步来练习拍摄能够培养自己的"镜头感"，快速提升组织画面的能力和对透视关系的认识，而这种能力是很难通过变焦镜头培养出来的。

所以，性价比更高的普通定焦镜头实际上是初学者的最佳选择。好消息是从2012年起，佳能更新了3款定焦镜头，分别是EF 24mm f/2.8 IS USM、EF 28mm f/2.8 IS USM 和 EF 35mm f/2 IS USM。这三支镜头有很多相似之处，前一代镜头几乎都已经发布了20多年，此次更新中都加入了防抖功能，无论从材料还是外观都非常近似，它们也形成了一个新的产品线，为初学者提供了一个更好的选择。

应该说在定焦镜头中，f/2.8 的最大光圈并不算出色，但是正因为没有一味追求超大光圈，所以 EF 24mm f/2.8 IS USM 才能获得小巧的体积和轻盈的 280g 重量。这样我们不仅可以全天无负担拍摄，而且在靠近主体拍摄人文纪实题材时，也不会过于显眼。

与其他两支镜头相同，EF 24mm f/2.8 IS USM 的 4 级防抖能力使其弱光手持拍摄能力大大提高，这样即使不用三脚架也能够用慢门获得虚实结合的画面。同时，在视频录制中可以获得更加稳定的画面。为了同时获得高速对焦和轻巧体积，佳能使用了小型环形 USM 超声波马达。

对于使用佳能 EOS 7D MARK II 的影友来说，EF 24mm f/2.8 IS USM 的等效焦距为38mm，相当于小广角，更容易驾驭。画面中涵盖的视觉元素相对减少，避免了对主体的干扰。该镜头即使全开光圈画面中心也具有出色的锐度表现，边缘画质会随着光圈的收缩有所提升，大约在 f/5.6 至 f/8 范围内达到最佳。EF 24mm f/2.8 IS USM 虽然上市价格较高，但目前价格只有 3500 元左右，仅仅是 EF 24/1.4L II USM 价格的 1/3，因此具有较高的性价比。

轻巧防抖定焦——EF 28mm f/2.8 IS USM

在胶片时代，28mm 已经算是比较大的广角焦段了，当年佳能的大三元 EF 28-70mm f/2.8L USM 也是从 28mm 焦段开始的。只是到了今天，24mm 才成为被广泛接受的广角焦段。与 24mm 相比，28mm 少了一分夸张，多了一分内敛，相当于广角领域中的标准镜头。对于能够静下心来拍摄的影友而言，这是一个值得仔细体会的焦段。

在这三款定焦镜头中，EF 28mm F2.8 IS USM 绝对是更低调的一支，其价格也是三者中最低的。目前只有 3000 元左右。但它却能够将其他两支镜头的优点结合在一起，正所谓"向前一步 35mm、向后一步 24mm"，因此它也成为很多资深发烧友心中的黄金焦段。在这三支镜头中，如果你只选择 1 支，那么非 EF 28mm F2.8 IS USM 莫属。如果为了轻便出行，拍摄城市或自然风光，那么这支镜头是最佳的挂机头。你只需要向后多退一些，即可容纳更多的场景，还没有畸变现象。如果需要拍摄人文题材，使用这支镜头时则需要比 35mm 焦段更加靠近主体才行，当然它也会交代出更多的环境信息，对主体进行有益的补充说明。这支镜头还特别适合同时使用全画幅和 APS-C 两类相机的影友，一支镜头在不同机身上可以获得广角和标准镜头（45mm）的视角，通用性极佳。

轻巧防抖定焦——EF 35mm f/2 IS USM

这支镜头与老大哥 EF 35mm f/1.4L USM 相比，虽然光圈小了 1 挡，但是 4 级防抖功能的加入使得其弱光环境下的手持拍摄能力大幅度提高。如果你的持机动作足够稳定，那么即使 0.5s 的快门速度也可能获得清晰的照片，虽然这个成功率不是 100%，但是采用连拍方式时，肯定能够在中间阶段的照片中找到清晰可用的。这就使得 EF 35mm f/2 IS USM 在夜晚的人文纪实题材中有更大的用武之地。

在画质表现上与 EF 24mm f/2.8 IS USM 近似，中央区域锐度很高，即使全开光圈也是如此。边缘画质会随着光圈的收缩有所提升，大约在 f/5.6 至 f/8 范围内达到最佳。由于 EF 35mm f/2 IS USM 是新发布的镜头，新技术的运用使得它在画质上与 EF 35mm f/1.4L USM 相比时，也不会全面处于下风。二者相比，EF 35mm f/2 IS USM 的不足之处更多显现在防护性能上，它缺乏防尘防水滴设计。但如果考虑到二者价格相差两倍以上，那么这点差别还是可以接受的。

7.4 感光度——让相机成为"夜行动物"

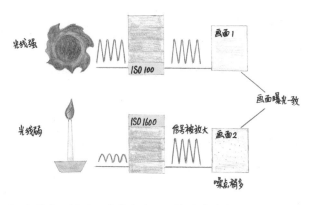

※ 在弱光环境下，高感光度可以将信号放大，让短时间内完成准确曝光成为可能。

除了光圈与快门速度，影响曝光的第三个要素就是感光度。通俗地讲，感光度就是指相机内部感光元件将光信号转换成电信号时的放大程度。感光度以 ISO 数值来表示。在白天户外进行拍摄时，光线穿过镜头照射到感光元件上，感光元件由于光电效应产生一个极小的电压，从而把光信号转化为电信号，于是就形成了数码照片。由于光线充足，感光元件使用较低的放大能力即可获得足够的信号，完成拍摄。而在夜晚或室内光线较弱的环境下，在相同时间内抵达感光元件的光线量大幅度减少，为了保证准确曝光和照片清晰，感光元件此时必须将这个信号进行放大，以增加电信号的强

度，从而在较短的曝光时间内也可以获得充分的曝光，得到满意的照片。这就是感光度的价值所在。

7.4.1 感光度的两大作用

感光度是控制曝光的基础平台

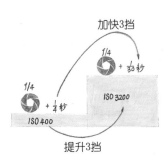

※ 感光度的提升相当于在一个新的平台上计算光圈与快门组合。

光圈孔径决定光线进入机身的数量，而快门开启的时间决定了光线照射到感光元件的时间，在控制曝光的第三个要素中，感光度决定了感光元件将光信号转换成电信号过程中的信号放大强度。当环境光线充足时，抵达感光元件的光线充足，即使很低的信号放大强度都可以获得足够的电信号，从而形成曝光准确的照片。而在弱光环境下，抵达感光元件的光线极少，无法形成足够的电信号，此时就需要高感光度来将信号放大，才能实现照片的准确曝光。所以，在某种意义上说，在对于曝光的控制作用上，感光度比光圈和快门更加基础。它相当于一个平台，光圈与快门都在某一特定的平台上运行。

感光度能够提高拍到清晰画面的成功率

在弱光环境拍摄时，造成照片模糊的最大原因就是快门速度过慢，此时拍摄者手臂和身体的晃动难以避免，在拍摄瞬间微小的晃动就会让照片模糊不清。而在此时提升感光度可以让快门速度变快，从而有效解决这一问题。这也是在日常拍摄中感光度的最大作用。

在相同拍摄环境下，光圈保持不变，当感光度增加1挡时（即ISO数值增加1倍），

拍摄参数：◎ 光圈：f/2.8　◎ 快门：1/250s　
◎ 感光度：ISO3200

※ 最后一丝阳光从西边照射过来，环境光线迅速下降，此时手持200mm焦距的镜头想要拍摄出清晰的照片已经非常困难了。于是，将感光度提升至ISO3200，更高的感光度使快门速度提升，达到了安全快门的级别，从而能够拍出清晰的照片。

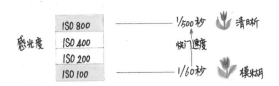

※ 随着感光度的提升，快门速度也在加快，于是因为手持相机抖动引起的照片模糊就会得到控制。

快门速度也会加快1倍。例如，在傍晚时分光线有所下降，使用"爱死小白兔"佳能 EF 70-200mm f/2.8L IS II USM 的 200mm 端拍摄时，如果采用 ISO200 拍摄，即使在光圈优先模式下把光圈开到最大的 f/2.8，快门速度也只能达到 1/60s，远低于安全快门的 1/200s。即便打开防抖，拍摄到清晰画面的成功率也不高。这种情况下就可以将感光度提高2挡达

到 ISO800，这样相应的快门速度就能够增加两挡，从而达到 1/250s（1/60s ~ 1/120s ~ 1/250s），即可完全满足安全快门的需要，再加上防抖功能和你正确的拍摄姿势，就会让拍摄成功率提高到 90% 以上。可见，提高感光度的一个重要优势就是有效提高快门速度，从而起到自然防抖的作用，让照片清晰度提高。

7.4.2 感光度是一把双刃剑

高感光度让画面噪点增加

拍摄参数：◎ 光圈：f/4　　◎ 快门：1/200s
　　　　　　◉ 感光度：ISO3200

❋ 从暗部的 100% 截图来看，噪点颗粒比较明显，画质的损失较为严重。

正是由于感光度的存在，让我们拓宽了拍摄的自由度，在光线昏暗的条件下，也不必受到三脚架的束缚，可以自由行走并手持相机拍摄。感光度帮助我们提高快门速度从而获得清晰的照片。但是，高感光度也会带来负面作用。第一个就是过高的感光度会给画面带来难看的噪点。在提高感光度拍摄时，感光元件放大原始信号的过程中会带来噪音。类似于我们在收音机中听到的噪音，这与实际信号无关，是一直存在于背景中的随机信号。噪音可能来自于任何电子元件，甚至包括在宇宙大爆炸时产生的电磁波。将高感光度下的照片放大就能够看到这些信号噪音在画面上产生的噪点，尤其在画面的暗部比较集中。高感光度所产生的噪点，包括亮度噪点和色度噪点两种。

亮度噪点是照片中出现的没有颜色的粗糙颗粒。如果打印成 A4 以上尺寸的照片或是在电脑上以照片原大显示，这些噪点不会十分明显。但以 100% 原始大小进行查看时，噪点就会比较明显。相比之下，色度噪点会更加明显，其大小是亮度噪点的数倍至数十倍，表现为红绿蓝三色的斑点。仍然是在照片的暗部比较明显，在亮部相对较少。即使不进行放大也能够感觉到色度噪点对画质损害较大。

高感光度让动态范围缩小

拍摄参数：◎ 光圈：f/4　　◎ 快门：1/100s
　　　　　　◉ 感光度：ISO2000

❋ 当感光度提升到较高程度时，能够记录下的动态范围会缩小。造成画面中亮部容易出现溢出，同时暗部细节保留不够充分。

第二个负面影响是使用高感光度拍摄会降低画面的动态范围。动态范围是指相机能够记录下来的亮部与暗部的最大差异范围。动态范围高可以让照片层次丰富，亮部与暗部都

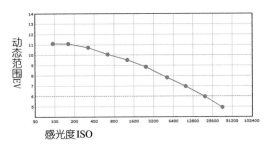

※ 从曲线可以看出，随着感光度的提升，动态范围逐渐下降。相机能够同时记录下来的明暗反差范围在缩小。到达最高原生感光度 ISO16000 时，动态范围只有 ISO100 时的一半左右。

保存有景物的细节纹理。各种不同亮度的景物之间存在细腻的过渡。一般在 ISO100 时，数码单反相机会具有最佳的动态范围。而采用

ISO6400 拍摄时，动态范围会损失 3 挡左右。此时相机只能记录下明暗反差不大的场景，如果反差过强，必然会损失亮部和暗部的细节，照片画质出现明显的下降。

实战经验

　　当我们使用佳能 EOS 7D MARK II 这样高等级的专业相机，并且使用了每支都超过 1 万元的大三元镜头拍摄时，肯定希望获得最佳的画质。此时，感光度的合理运用就显得非常重要了。无论何时，这条规律总是不变的，那就是：（在原生感光度范围内）感光度越低画质越高，噪点越少，照片层次越丰富；感光度越高画质越差，噪点越多、照片缺乏层次。因此，在保证安全快门的前提下，应该尽量选择较低的感光度。

7.4.3 感光度控制与调整

整级感光度与步长

菜单解析 · 自定义功能菜单第 1 页（C.Fn1）第 2 项【ISO 感光度设置增量】

　　当今的数码相机，为了能够更精确地控制曝光，在这些整级感光度之间还增加了中间级数。在自定义功能菜单第 1 页（C.Fn1）第 2 项【ISO 感光度设置增量】选项中可以设置在调整感光度时每次转动主拨盘调整的幅度是 1/3 级、1/2 级或整级。默认状态下调整感光度时 ISO 值以 1/3 级为单位变化，虽然这种调整方式比较精细，但速度较慢。在抓拍时为了提高效率，可以在此菜单内将步长值设定为更大的 1/2 级或整级。

　　佳能 EOS 7D MARK II 的最高感光度为 ISO16000，它并不是整级感光度，而是介于 ISO12800 和 ISO25600 之间。但是由于它是最大原生感光度，所以你在采用整级为单位的调整时，也会出现 ISO16000 的身影。

　　与光圈和快门一样，感光度也有整挡这一概念。相邻两个整挡感光度的 ISO

整级感光度 ISO	1/2 挡	1/3 挡
H2（ISO51200）	H2（ISO51200）	H2（ISO51200）
H1（ISO25600）	H1（ISO25600）	H1（ISO25600）
		16000
12800	12800	12800
		10000
		8000
6400	6400	6400
		5000
	4500	
		4000
3200	3200	3200
		2500
	2200	
		2000
1600	1600	1600
		1250
	1100	
		1000
800	800	800
		640
	560	
		500

值为两倍的关系。大部分数码单反相机的感光度从 ISO100 开始，整挡感光度为：ISO100、200、400、800、1600、3200、6400、12800 等。整级感光度可以帮助我们判断曝光的变化，他们之间在曝光结果上存在倍数关系。例如，在光圈与快门都不变的情况下，采用 ISO800 的感光度拍摄会比 ISO400 时曝光增加 1 倍。

400	400	400
		320
	280	
		250
200	200	200
		160
	140	
		125
100	100	100

※ 整级、1/2级、1/3级感光度。

7.4.4 是什么决定了高感光度表现

※ 佳能 EOS 7D MARK II 使用了两块最新型的 DIGIC 6 图像处理芯片，因此能够通过相机内部的运算来降低噪点。

镜头决定了可用光圈范围，机身决定了可用快门范围，那么感光度表现由什么决定呢？感光度的表现同样由机身决定，更确切地说是由机身内的感光元件决定。在像素总数固定的前提下，感光元件面积越大，单个像素的面积也越大，单个像素所能接受到光线就会越多，从而带来更好的高感光度表现。因此，全画幅数码单反相机的高感光度画质会明显优于 APS-C 画幅的相机。

另外，如果两款相机具有同样面积的感光元件，那么像素总数较多的必然造成单个像素面积较小，而像素总数较少的会具有更大的单个像素面积，从而在高感光度表现上具有优势。可见，像素总数与高感光度表现是一对矛盾体，难以两者兼得。

高感光度表现还会受到相机内部感光元件的微观结构和图像处理芯片的运算速度及算法的影响。一般来说，新款相机会具备更快的图像处理芯片和经过改进的算法，从而带来更好的高感光度表现。目前，佳能数码单反相机上

硬件技术看板

※ 索尼的全画幅微单 α7s。

胶片时代甚至包括数码单反相机的早期，厂商都会将产品线划分为两条主线。一条是针对体育和新闻领域，以速度见长的相机类型；另一条则是针对静态主体的高画质类型。而到了今天，这一格局似乎演变为高感光度、高像素和均衡型相机三个阵营。

尼康相机曾经一度是高感光度表现优秀的代名词。这全依靠经典的 D700 相机，它现在虽然已经较为落后，但其 1210 万像素的全画幅感光元件在高感光度表现上具有良好的口碑。当今高感光度表现最优秀的数码单反相机无疑是佳能的 EOS 5D MARK III，其在 ISO6400 下都有较低的噪点水平，可以得到可用的画质。

索尼的全画幅微单 α7s 具有高达 ISO409600 的水平。2016 年年初发布的尼康顶级单反 D5，最高感光度则达到惊人的 ISO3280000。

最新的图像处理芯片是 DIGIC 6，佳能 EOS 7D MARK II 同时使用了两块 DIGIC 6，因此具有很高的数据处理速度，配合先进的降噪算法，使得它在高感光度的表现上超越了上一代 EOS 7D 有两挡之多。

7.4.5 感光度的 4 个关键点

原生感光度和扩展感光度

扩展感光度	H2
	H1
原生感光度	16000
	12800
	6400
	3200
	1600
	800
	400
	200
	100

数码单反相机的可用感光度是有一个范围的，从最低至最高感光度存在一个区间。感光度范围越大，拍摄的自由度也越高，对于弱光场景的适应能力也越强。感光度范围的起点也就是最低感光度方面，几乎所有的相机都很接近，那就是 ISO100（部分老款相机起点为 ISO200，而尼康 D810 为 ISO64）。而真正决定感光度范围的是最高感光度。一般来讲，新款相机具有更大的感光度范围。例如，老款的佳能 EOS 7D 最大原生感光度为 6400，而佳能 EOS 7D MARK II 的最高原生感光度为 ISO16000。新旧两代相机之间的最高感光度差异为 1.3 挡。

在整个感光度范围中，又可以分为原生感光度和扩展感光度两大类。H1 至 H2 就是扩展感光度，扩展感光度是相机通过内部芯片对拍摄完成的照片进行机内后期处理后得到的。机内后期处理过程类似我们在电脑上使用软件增加照片曝光的方式，但是相机内的芯片远不如专业后期软件完成的质量高，所以经过这一过程后画质会有明显下降。

对于佳能 EOS 7D MARK II 来说 ISO100 至 ISO16000 之间的范围就原生感光度。原生感光度只存在感光元件的信号放大过程，没有机内后期处理过程，因此具有更好的画质。我们日常拍摄中，也要尽量使用原生感光度。它体现了感光元件的生产工艺水平。原生感光度范围越大，相机高感光度下的画质表现越好。

同时，在不低于原生感光度下限的情况下，感光度越低，动态范围越大，画质越好。

数码减光镜 ISO L

佳能 EOS 5D MARK III 等相机上还会有向下扩展的感光度范围即 ISO L，它相当于 ISO050。前面我们学到的方法都是通过提高感光度来增加快门速度，而 ISO L 的作用刚好相反，它是为了降低快门速度而设计的。例如，在光线充足的户外，使用大光圈镜头全开光圈拍摄时，快门速度有可能超过 1/8000s 的上限而无法拍摄，此时就需要采用 ISO L 以降低快门速度。另外，需要增加曝光时间的拍摄场景中，比如在白天拍摄瀑布需要将水流拍成连续的丝绸状时，除了中灰度密度镜外（ND 滤镜），ISO L 也是个有效的办法。ISO L 同样是相机通过运算扩展出来的，照片的动态范围同样会降低，高光处细节会出现损失，尤其拍摄大光比的场景时更加明显，因此使用时需要谨慎。佳能 EOS 7D MARK II 上并没有向下扩展的感光度。

不可逾越的红线——最大可用感光度

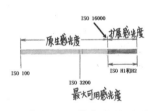

※ 最大可用感光度位于原生感光度范围内，是你能够接受的最大噪点程度时的感光度值。

在相机提供的感光度范围内，遵循着感光度越高噪点越多，画质下降越快的规律。因此，所有相机都存在一个感光度的临界值，超过这个值，画质会下降到无法接受的程度。这个临界值就是最大可用感光度值。例如，早期的佳能 400D，广大爱好者普遍认为这台相机的最大可用感光度在 ISO400，虽然该相机能达到 ISO1600，但是那时画质已经无法接受。

随着技术的发展，感光元件的微观结构改

善以及更强大的图像处理芯片的出现，到佳能 EOS 7D MARK II 时最大可用感光度已经能够达到接近 ISO3200 的水平。

拍摄参数： ◎ 光圈：f/4　　◎ 快门：1/80s
　　　　　　　 ▣ 感光度：ISO3200

❋ 对于 EOS 7D MARK II 来说，ISO3200 基本是最大可用感光度了，如果放大暗部还是会看到一些的噪点，但整体画质可以接受。相比上一代 EOS 7D 的 ISO640 最大可用感光度而言，它的进步幅度达到 2 挡以上。

7.4.6 自动感光度也可用

拍摄参数： ◎ 光圈：f/4　　◎ 快门：1/50s
　　　　　　　 ▣ 感光度：自动

❋ 在弱光环境下，为了实现快速抓拍，自动感光度是最佳选择。

很多指导老师都会告诉学员：不要使用自动感光度，那样会损害画质，还会失去对曝光的控制。然而，在学习摄影的过程中更需要活学活用而不要教条。依据环境光线强弱、主体移动速度和镜头焦距来手动选择相应的感光度是最值得推荐的方法。手动设置的目的是在允许的范围内，尽量采用更低的感光度从而获得更好的画质。而使用自动感光度功能时，相机无法依据这一原则进行设置。无法控制的过高感光度会损害画质，并且不能实现摄影师自己的拍摄意图。因此不建议初学者使用。但凡事无绝对，就像摄影当中很多规则都可以打破一样，自动感光度这一功能也不是完全不能使用。

有时候你会发现初学者和摄影高手都会使用自动感光度，而他们之间的区别在于，是否会区分使用自动感光度的场合，以及是否会为这个"自动"增加限定条件。首先是使用的场合，只有在那些拍摄画面转瞬即逝，需要快速抓拍的场景中，例如拍摄婚礼现场、体育比赛、人文纪实类题材等，才适合采用自动感光度功能。另外，利用拍摄菜单第 2 页第 2 项【ISO 感光度设置】下的【自动 ISO 范围】和【最低快门速度】两项工具，还可以让自动感光度功能扬长避短，变为更加高效的抓拍有利工具。

为自动感光度加上第一把锁——自动 ISO 范围

在拍摄一些人文纪实类题材时，抓拍和盲拍是重要的手段，此时拍到要比画质更重要。难得的拍摄场景、匆忙的拍摄时间和敏感的拍摄对象，这些多种因素都让拍摄者没有充足的时间来考虑和设置较低又合理的感光度值，这时就可以采用自动感光度功能。

[**菜单解析**]【自动 ISO 范围】

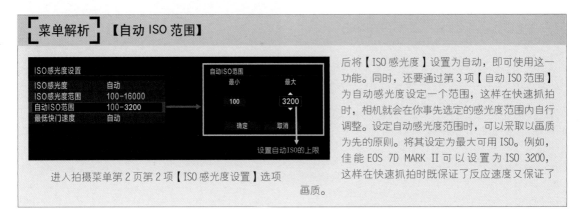

进入拍摄菜单第 2 页第 2 项【ISO 感光度设置】选项

后将【ISO 感光度】设置为自动，即可使用这一功能。同时，还要通过第 3 项【自动 ISO 范围】为自动感光度设定一个范围，这样在快速抓拍时，相机就会在你事先选定的感光度范围内自行调整。设定自动感光度范围时，可以采取以画质为先的原则。将其设定为最大可用 ISO。例如，佳能 EOS 7D MARK II 可以设置为 ISO 3200，这样在快速抓拍时既保证了反应速度又保证了画质。

为自动感光度加上第二把锁——最低快门速度

采用自动感光度时还有一项非常有用的工具是手动设定最低快门速度。在弱光环境下需要迅速抓拍时，没有充足的时间调整感光度，选择自动感光度虽然可以省去设置的麻烦，但难以保证有足够快的快门速度来清晰定格移动的主体。此时可以在自动感光度的基础上再增加一个限制条件——最低快门速度。

例如，采用 100mm 焦距的镜头以光圈优先模式拍摄时，将自动感光度范围设置为画质可用范围（例如，ISO100-ISO3200），自动感光度下最低快门速度设置为该焦距的安全快门 1/100s 或者稍快的 1/125s。拍摄时，如果环境光线充足，主体亮度正常，那么拍摄的快门速度必然高于 1/125s，这时相机会自动选择一个相对较低的感光度使用。如果环境光线不足，主体亮度较低，相机会自动放慢快门速度到我们设置的最低快门速度 1/125s，以实现正确曝光同时又能呈现清晰的画面。如果环境光线过暗，在最低快门速度下仍然不能获得正确曝光，相机就会自动提高感光度直到上限 ISO3200。

总之，虽然大部分场景我们都需要手动设

[**菜单解析**]【最低快门速度】

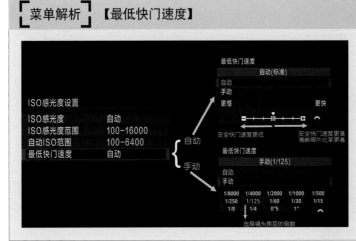

在使用变焦镜头时，由于焦距经常发生变化，此时可以在最小快门速度选项中选择自动，这样相机就会根据你拍摄时所用的焦距自动设定合适的最小快门速度了。自动选项中坐标轴上的光标向左移动可以获得更低的快门下限，从而扩展拍摄范围。如果向右移动可以获得更高的快门下限，从而提升拍到清晰照片的成功率。如果使用的是定焦镜头，则可以进入手动选项中，根据镜头焦距选择合适的安全快门作为自动 ISO 时的下限。

置感光度,但在某些时间紧迫的特殊拍摄场合,只要灵活运用自动感光度,还是能够带来更高的效率和满意的画质。

视频中稳定的曝光离不开自动感光度

在拍摄静态照片时,曝光的控制主要依靠光圈与快门来完成,虽然感光度是一个基础平台,但为了降低画面噪点,我们都会采用当前光线条件下最低的 ISO 值。在影响曝光的三要素中,感光度的重要程度显然要略低于光圈和快门。但是在视频拍摄领域则完全不一样。此时,光圈主要负责控制景深,快门速度也受到帧频的限制,不能自由调整。视频画面的曝光主要依靠感光度来实现。在视频画面中,由于一直处于动态过程,即使稍高的感光度也会让噪点过于明显。在光线明暗程度相对稳定的环境中拍摄,我们可以通过直方图选择适合的 ISO 值,但是在移动拍摄中,如果从明亮的室外进入到昏暗的室内,那么就离不开自动感光度了。这时相机会根据环境光线强度,自动将感光度提升,视频画面中曝光过渡平滑自然,不会有忽明忽暗的不良效果。

操作指南: 感光度的调整

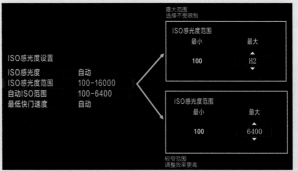

调整感光度时,需要先按下【☒·ISO】按钮,然后旋转主拨盘,就可以在不同的感光度之间进行切换。除了数字以外,A 代表自动感光度。

感光度调整的范围会受到拍摄菜单第 2 页第 2 项【ISO 感光度设置】下的【ISO 感光度范围】设置的影响,我们只能够在该选项限定的范围内手动调整感光度等级。为了实现更宽广的感光度调整,可以将【ISO 感光度范围】的下限设置为 100,上限设置为 H2,这样就可以在佳能 EOS 7D MARK II 的全部感光度范围内(包括扩展感光度范围)以最大的自由度进行调整。此时,相当于不受任何限制。而当拍摄节奏较快,需要快速调整感光度时,可以缩小这一范围,例如,将【ISO 感光度范围】的下限设置为 100,上限设置为 6400,并结合感光度整级调整,就可以大幅度提高感光度调整效率,在明暗变化较快的场景中节约宝贵的时间。

7.4.7 机内降噪——方便之选

前面提到,高感光度带来的最大弊端是画面噪点增加,画质下降。为了减少高感光度拍摄时带来的噪点,佳能 EOS 7D MARK II 提供了机内降噪功能。采用这一功能时可以让照片(尤其是JPEG 格式照片)得到快速的降噪处理,以方便直接出片使用,可以节省后期处理环节。但该功能在提供方便的同时也带来不小的负面作用,那就是在去除噪点的同时降低照片上景物的细节、层次和锐度，随着降噪强度的增加，画质损失也逐渐增加。因此，这一功能需要慎用，并且在使用完毕后需要及时将该功能关闭。

既然机内降噪会在去除噪点的同时损害画面细节，那么很多影友都想到了关闭这一功能。然而，真实情况是在佳能 EOS 7D MARK II 中我们无法完全关闭它。在拍摄菜单第 3 页第 3 项【高 ISO 感光度降噪功能】选项中只有弱、标准、强和多张拍摄降噪共四个选项，并没有关闭可选，这也是与以往相机菜单中不同的一点。一方面这是因为 EOS 7D MARK II 的感光元件面积相对于全画幅较小，高感光度表现不是强项。因此，机内降噪更加有必要。另外，即使在 EOS 5D MARK III 和 EOS 6D 这样的全画幅相机上【高 ISO 感光度降噪功能】具有 OFF 关闭选项，但是当你使用扩展感光度时（H1、H2），降噪功能依然发挥作用。

※拍摄菜单的【高 ISO 降噪】选项。

弱（低于 ISO3200 时使用）

在这一设置下，相机会对照片进行小幅度地降噪处理，使画面暗部的噪点得到了初步抑制，但是对照片中景物的细节、层次和锐度有一定损害。当采用 JPEG 格式并使用低于 ISO3200 的感光度拍摄时，可以选择这一级别的降噪处理。另外，拍摄 RAW 格式时，最好的选择是通过后期软件进行降噪，因此也需要选择弱。

拍摄参数：	◎ 光圈：f/4	⏱ 快门：1/50s
	感光度：ISO2000	照片格式：JPEG
	高 ISO 降噪：弱低	

※为了抑制画面噪点，使用了弱等级的高 ISO 降噪功能，使暗部噪点得到了一定程度的抑制，整体画面的细节损失不大。

标准（高于 ISO3200 时）

在标准降噪选项下，降噪力度会进一步加大，虽然对于画面暗部的噪点抑制能力提升，但是对照片中景物的细节、层次和锐度有较大损害。通常来讲，如果照片中存在大面积同一色调的光滑平面时，可以选择相对标准级别的机内降噪。此时，画面中景物的细节损失较小。如果照片中存在大量具有丰富细节的景物，那么就不适合机内降噪处理了。

强（不建议使用）

在这一设置下，相机会对照片进行更大幅度的降噪处理，虽然能够起到降低噪点的作用，但是对于画面细节损害更大。同时，由于降噪的运算量增加，存储速度会降低，从而导致连拍能力的下降。因此不建议使用这一降噪选项。

多张拍摄降噪

当今的数码单反相机更加注重易用性，让影友或大众能够采用更加轻松的拍摄方式获得理想的照片。很多时候，如果对照片画质或效果的要求不是很苛刻，你完全可以利用方便的机内功能拍摄，而不必遵循摄影师所采用的严格流程。索尼在这些方便易用的新功能上走在了前列，手持夜景和多张降噪都是其开发的特色功能。佳能从 EOS 5D MARK III 开始也借鉴了这种方式，多张拍摄降噪就是一项新增功能。使用该功能时，相机会对同一场景拍摄 4 张照片，由于每张照片中噪点产生的部位各不相同，因此相机就会通过机内运算的方式发现哪些是噪点并加以消除，同时也可以发现哪些是场景中的细节而进行保留，这样就达到了降低噪点的目的。在实际拍摄中，启用该功能可以获得比设定感光度值低 1 挡或 1.5 挡 ISO 的低噪点画面效果。也就是说当你使用 ISO3200 拍摄时，其画面噪点水平仅相当于 ISO1600 或更低的水平。

拍摄参数： ◎ 光圈：f/5.6　　◎ 快门：1/100s
◎ 感光度：ISO1600

※ 在弱光环境的室内，使用多张降噪功能可以让高感光度拍摄的画面更加细腻自然。

但多张拍摄降噪也有一定的局限性，虽然相机内部具有自动位置调整能力，可以将 4 张照片之间由于手部抖动造成的不一致进行一定程度的校正，但是如果错位幅度较大，则难以获得理想效果。此时，相机无法鉴别出哪里是

噪点哪里是主体，因此也就不会得到较好的降噪效果。另外，如果画面中存在移动的主体，那么在 4 张拍摄期间就会形成移动轨迹，无法获得清晰的影像。因此，多张拍摄降噪更多用于拍摄静态主体，并且最好使用三脚架固定相机，才能获得较好效果。

提示 ⚡
使用多张拍摄降噪功能时只能使用 JPEG 格式。

【容易混淆】高 ISO 降噪与长时间曝光降噪

长时间曝光降噪功能
关闭　　　　　　　　　OFF
自动　　　　　　　　　AUTO
启用　　　　　　　　　ON

高 ISO 降噪是为了应对高感光度拍摄时产生的噪点，而在进行长时间曝光时（一般 10s 以上的曝光时间），由于感光元件上热量的积累同样会导致噪点增加。此时需要使用拍摄菜单第 3 页中的【长时间曝光降噪功能】进行消除。开启这一功能后，在长时间曝光结束时，相机会使用同样长的时间拍摄一张全黑的照片用来与刚才的照片进行比对，从而找出噪点的位置并进行消除。在这一过程中，你无法对相机进行操作。这一功能也是为了 JPEG 格式直出效果更佳而设计的。采用 RAW 格式拍摄时，利用软件降噪的效果更佳。另外，长时间曝光降噪同样会降低照片的细节和锐度，当你将场景的细节表现放在首位时，就需要关闭这一功能。在自动选项下，相机会在超过 1s 的曝光后检查是否存在长时间曝光产生的噪点，如果发现则会开启长时间曝光降噪功能进行第二次全黑照片的拍摄，并进行降噪处理。

7.5 三大曝光要素的联动

通过前面的学习，我们已经分别掌握了影响曝光的三大要素：光圈、快门和感光度。但在实际运用中，三要素并不是孤立的，而是相互紧密联系的。理解它们之间的关系以及变化趋势是领悟曝光的关键。

7.5.1 光圈、快门和感光度三者之间的关系

前面学到过，光圈控制镜头内光圈叶片的开合大小，这个孔径决定了进入光线的多少。而快门决定了光线进入相机的时间长短。两者共同配合让光线适量，曝光准确。然而，我们可以通过调整光圈和快门的不同组合来实现相同的曝光。当光圈较大时，单位时间内通过光圈的光线较多，完成某一曝光量时，所需要的时间较短。如果还以同样的曝光量为目标，此时采用较小的光圈拍摄，由于单位时间内通过光圈的光线较少，此时需要相对较慢的快门也就是较长的时间才能完成。

虽然，上面两组不同的光圈快门组合可以完成相同的曝光，但在画面的视觉效果上会有很大不同。大光圈可以获得背景虚化的浅景深效果，小光圈可以获得从前景到远景都清晰的画面效果。这就为摄影师提供了无限种可能性，用曝光来丰富自己的摄影语言，编织出千变万化的图像。

前面我们掌握了快门与光圈的组合共同决定了曝光量，但感光度也对曝光有着重要作用。不同的感光度就相当于不同的平台，在这个平台的基础上，快门与光圈组合起来才决定了曝光值。

当感光度增加时，意味着相机内感光元件对光线的敏感程度也随之增加，此时，实现正确曝光所需要的光线量就会减少。反之感光度越低，感光元件对光线的敏感程度也越差，实现正确曝光时需要的光线量就越多。

至此我们已经全部学习了影响曝光的三大要素：光圈、快门和感光度。首先我们通过一个图形回顾一下它们各自的作用。

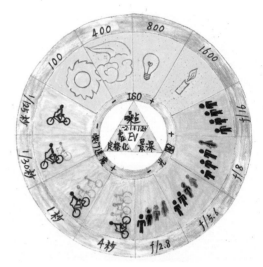

➤ 大光圈可以获得浅景深效果，小光圈可以获得前后均清晰的大景深效果；

➤ 高速快门可以定格正在移动中的主体，低速快门可以让移动主体在画面中展现出运动轨迹；

➤ 在充足的光线中，低感光度可以获得画质优秀的照片，而在弱光环境下，高感光度可以提升快门速度，获得稳定的拍摄效果。

除了了解它们各自的作用以外，还需要深入了解它们三者之间的关系。光圈、快门和感光度是共同决定曝光的铁三角，它们之间的关系可以用下面这张图来表示：

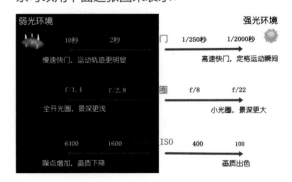

［问题解答］ 提升感光度是为了让画面变亮吗

很多初学者错误地认为提高感光度是为了让画面变亮。其实，画面过暗是因为曝光不足，只有增加曝光补偿才可以使画面变亮。提高感光度是在保持正确的曝光的前提下，变更光圈快门组合，让快门更快或光圈更小。也就是说，提高感光度可以换来弱光中更清晰的画面，或者换来更大的景深。

左侧的黑色区域代表弱光环境，此时为了获得准确的曝光，往往需要我们提升感光度、开大光圈或放慢快门速度。右侧的白色区域代表强光环境，此时为了获得准确曝光，往往需要我们降低感光度、缩小光圈或加快快门速度。

在 M 挡全手动模式下，如果我们希望改变画面的曝光，那么单独改变光圈、快门和感光度三者中的任何一个都可以达到目的。例如，单独开大光圈或者放慢快门速度或者提升感光度都会让照片的曝光增加；单独缩小光圈或者加快快门速度或者降低感光度都会让照片的曝光减小。但在改变曝光的同时，它们会给画面带来不同的变化。单独改变光圈会影响景深，单独改变快门会影响运动主体的表现，单独改变感光度会带来不同的噪点水平。这就需要你根据拍摄目的来决定。当然，我们也可以调整两个要素或将三个要素同时调整来改变曝光结果。例如，当你开大了 1 挡光圈、放慢了 1 挡快门速度并提高了 1 挡感光度时，曝光量就会增加 3 挡。也就是说三要素不仅可以累加而且可以量化。

但更多的情况下，我们会依据相机的测光结构，在曝光量确定的情况下通过三要素不同的组合来实现不同的画面效果。也就是说三要

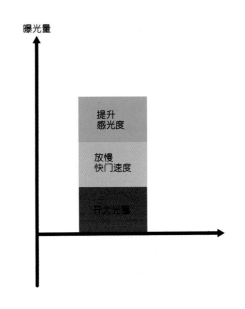

※ 当然你也可以同时向一个方向改变两个要素或者改变全部三个要素使最终的曝光量产生变化。

素虽然可以各自或升或降，但是最终的曝光量不变。这样我们就可以在同样的曝光结果下让画面获得不同的视觉效果。

如果将三要素中的一个固定，而让另外两个进行变化是最容易理解的互易关系。例如上图中所示，如果将感光度保持固定，那么光圈与快门速度的反向调整会让曝光量保持不变。例如，开大光圈造成的增加通光量的效果会与加快快门速度造成的减小通光量的效果相互抵消，如果它们的调整幅度相同，那么曝光量就依然保持不变。反过来缩小光圈并放慢快门速度也是一样。这就是我们后面要讲到的 P 挡程序自动曝光的本质。它可以让我们在同一个准确的曝光量下获得不同的景深或者动态表现效果。

另外，当光圈保

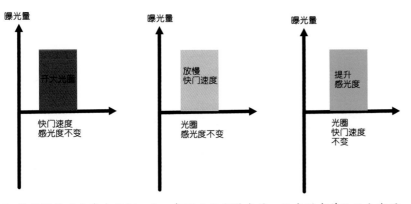

※ 单独调整三要素中任何一个，都可以改变曝光量。示意图中单独开大光圈、放慢快门速度或提升感光度都可以增加曝光量。如果将这三者分别反向变化，就会降低曝光量。增减幅度与要素调整级别成正比。

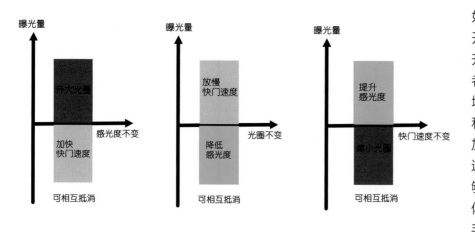

如，我们可以开大光圈并提升感光度，二者对于曝光量增加的数量之和就可以用来加快快门速度。这样我们就能够定格运动主体或者让弱光手持拍摄成为可能。我们还可以缩小光圈并降低感光度，这样二者对于曝光量减小的数量之和就可以用来放慢快门速度，从而让画面表现出动态模糊效果。

持不变时，让快门速度和感光度反向调整也同样可以保持曝光量不变。放慢快门速度时，可以用更低的感光度拍摄，这样画面噪点更少。用更高的感光度时，可以让快门速度加快，凝固运动主体的能力提升。如果快门速度固定不变，那么我们可以提升感光度来获得更小的光圈，从而得到更大的景深。或者开大光圈并降低感光度以减小噪点。总之，当一个要素固定不变时，另外两个要素只要朝着相反的方向移动，并且移动幅度一致，那么曝光结果就不变。这就是互易关系的本质。

然而，在实际拍摄中，我们用到最多的并不是固定一个要素，让其他二者朝相反方向变化。而是同时调整两个要素，让第三个要素出现反向变化。例

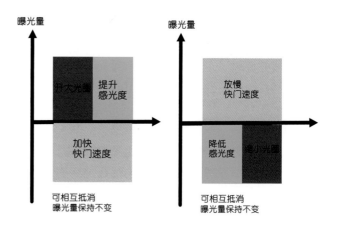

7.5.2 相机是怎么计算曝光的

测光就是通过测量判断现场光线强弱，然后根据这一判断给出合适的光圈与快门组合，最终获得正确曝光的过程。较早期的相机不具备自动测光功能，当时要通过摄影师的经验来确定光圈和快门的组合。随着技术的发展，相机具备了自动测光功能，它是利用拍摄场景中物体对光线的反射原理工作的。

所有的物体对光线都有反射，但不同颜色和质地的物体反光率不同。反射能力强的是高反光率景物，如白雪反光率为98%；反射能力弱的是低反光率景物，如碳黑的反光率是2%。传统意义上讲，相机的测光系统不能辨识颜色只能识别物体的放光率（随着技术的发展，测光系统也在进步，逐渐增加对色彩的辨识

❋ 在这个场景中，蓝天白云是画面的亮部区域，建筑物的上部和窗户属于中间调的灰色区域，而建筑物下方，尤其是画面右下角的区域为暗部。如果以上述三个不同区域为曝光依据，拍摄的照片结果如下：

❋ 当以白云为曝光依据时，实际上白云在画面中被定义为中间调，因此，比它暗的建筑物顶部成为深色区域，而原本就比较暗的建筑物下方几乎成为一片死黑。

❋ 如果以建筑物上部，钟表旁边的灰色中间调区域为曝光依据，那么比它亮的云朵成为亮部，比它暗的建筑物下方成为暗部。整个画面曝光准确，能够很好地再现当时的场景。

❋ 如果以画面右下角建筑物下方的暗部为曝光依据，那么比它亮的建筑物上部将成为浅灰色区域，而白云将成为高亮区域，几乎成为一片死白。

能力）。

在自动测光时，相机会设定一个基准点作为标准，这就是反射率为 18% 的灰色调。测光系统据此判断反射率超过 18% 就是过曝，需要调低曝光量；反射率低于 18% 就是欠曝，需要增加曝光量。因此无论拍摄什么场景，使用自动测光完成拍摄后，显示在电脑屏幕上照片与 18% 标准灰卡会在视觉上具有同等亮度。如果你使用的是考虑画面所有区域的平均测光模式，那么整张照片所有区域的平均亮度会与 18% 灰保持一致。如果你使用的是针对很小区域的点测光模式，那么你选定的这个狭小的测光区域

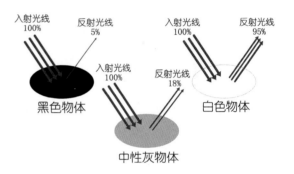

就会与 18% 灰保持一致。也就是说，相机的测光过程实际上是赋予场景中某个区域以 18% 中性灰属性的过程。

7.5.3 曝光是苛刻的——过曝与欠曝

所谓曝光过度是指把本来较暗的环境拍成了明亮效果。在相机没有自动测光功能时，手动设置光圈和快门组合，摄影师的失误非常容易导致照片整体出现较为严重的过曝或欠曝，而在当今数码相机的自动测光系统已经相当完善，这种情况下不易出现照片整体严重过曝的现象。除非你使用 M 挡全手动模式，又不看取景器里的曝光提示标尺。

但是爱好者在拍摄时，如果遇到场景中存在大面积黑色、阴影或者在拍摄夜景时，仍然可能出现一定程度的过曝现象。此时，黑色区域由于过曝会变为更加明亮的灰色，失去暗部应有的影调。

而欠曝刚好相反，它是把本来明亮的环境拍成了昏暗效果。同样在自动测光下，照片整体严重欠曝也不太容易出现，只有在拍摄雪

景、白色婚纱等画面中存在大面积白色或发光物体时，有可能出现曝光不足的现象。此时白色区域由于曝光不足会变为灰色，影响整体效果。

※ 曝光失误。

※ 曝光准确。

※ 曝光失误。

※ 曝光准确。

画面整体过曝时会让夜景照片失去应有的气氛，丢失夜景的魅力。

曝光准确时夜色更浓，灯光与车流更加醒目，气氛还原到位。

拍摄雪景时很容易曝光不足，这时画面中的雪就会呈现出灰色。

曝光准确时，雪地才会呈现出真正的白色。当然，如果过曝则雪地的细节都会丢失。

7.5.4 曝光是苛刻的——高光溢出与暗部丢失

※ 曝光失误。

在大面积深色背景的作用下，具有精美雕刻的立柱已经全部过曝，出现红色提示的区域已经毫无细节可言。这就是画面主体过曝，是曝光失误的一种最典型案例。

一旦主体人物过曝，将会失去皮肤应有的色调纹理，变成一片没有细节的白色，这样就是一张失败的作品。

在风光作品中，如果出现大面积的亮白色会分散观者的注意力，损害画面的整体效果，这就是高光溢出。值得注意的是，一旦出现高光溢出，等同于相机在溢出部位没有记录下任何场景数据，无论通过何种后期手法都无法挽救。

在拍摄人像时，环境的重要程度远不如主体人物。此时，人物的曝光正确至关重要。环境较暗且在照片中占据的面积较大，而主体人物位于高光区域，例如被一束明亮的光线照射时，很容易在人物的面部或身上出现过曝现象。

※ 曝光准确。

当主体曝光准确时，上面雕刻的纹理全部可以清晰呈现在画面中，并且在灯光的照射下出现过渡丰富的明暗变化，留给观者更多可以欣赏的细节。

同样由于场景中存在极亮和极暗的高反差，而人物处于强烈的逆光环境下，曝光失误很容易造成主体人物欠曝，在面部和身上出现毫无细节的暗部，也会是一张失败的作品。这就是暗部丢失细节。虽然，这一现象可以通过后期方法提亮，但同时会带来很多难看的噪点。而有意思的是，在风光作品中，摄影师经

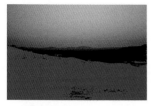

※ 曝光失误。

日落时分，天空与地面反差较大，此时如果曝光控制不好，前景的地面很容易曝光不足，蓝色区域都已经丢失了细节。

常会主动控制曝光，让画面中存在一定比例的欠曝甚至是无细节的黑色部分。这种在人像作品上失败的标志却能够给风光片带来稳定感。从这点也能看出，曝光在一定程度上是有主观性的，可以灵活运用。

※ 曝光准确。

正常曝光时，这个场景的暗部区域仍有细节可以显露出来，画面层次更加丰富。

7.5.5 曝光也是自由的

※ 平庸的曝光。

如果按照严格的曝光标准来拍摄，这幅拍摄于清晨的照片，虽然山坡上的树木与天空都保留了细节和层次，但画面极为平庸，缺少特色。

在了解如何获得准确曝光之前，我们应该先知道准确曝光的标准是什么。从摄影界公认的客观标准来讲，准确曝光是照片能够如实体现出拍摄环境的真实亮度。假如一张拍摄中午的风光照片被拍得好像傍晚一样，那么这张照片就是曝光不足的。如果拍摄傍晚的照片看起来就像中午一样明亮，就是曝光过度的。这是最明显的标准。

从技术层面讲，准确曝光的标准是照片上不仅中等亮度部分的景物具有良好的层次和细节纹理，而且亮部和暗部也保留了能够辨别的层次差别和纹理。简单说就是高光不过，阴影不欠。

除了客观标准以外，摄影师本人也可以根据不同的拍摄意图和表达目的来自由决定曝光的标准。因为，对光线和色彩的判断理解上，并非所有人都一样，每个人都有自己的偏好。

自由运用曝光表达自己的创作意图也是摄影的魅力所在。可见，并没有严格意义上的"正确曝光"存在。

拍摄参数： ◎ 光圈：f/8　　◎ 快门：1/4000s
◎ 感光度：ISO400

※ 采用创意式的曝光方法，针对山坡上被阳光打透的汽车扬尘进行点测光，并增加 +2EV 曝光补偿。让前景山坡的细节几乎完全隐去，成为一片稳重的黑色，让蓝天成为衬托，只有高光区域耀眼夺目，那么就成为一幅极有创意的特殊曝光作品。

CHAPTER

第 **8** 章 测光模式与拍摄模式

- 你相信吗？相机其实也会"思考"，它会不断推测你正在拍什么，而相机这样做的目的是为什么呢？

- 虽然相机中的每个零件都在"努力工作"，但有一个零件却是当之无愧的"劳模"，这是哪块零件呢？它担负了哪些任务呢？

- 你知道吗？点测光并非是一个"点"，如果不知道它有多大，那么一定会带来不准确的曝光！

拍摄参数： ⊙ 光圈：f/22 ⊙ 快门：1/2s ⊛ 感光度：ISO100 ⊙ 摄影师：吕学海

所有数码单反相机都包含了一套自动测光系统，随着技术的不断进步，测光的准确性在不断地提高。但由于拍摄场景的复杂和多变，再完善的系统也不能与人的大脑相比，自动测光的准确度会受到拍摄对象颜色和背景亮度的干扰。为了应对不同的拍摄环境，佳能 EOS 7D MARK II 提供了多个测光模式来应对不同场景。

对于初学者来说，经常会把测光模式与曝光模式混淆。虽然它们在名称上有近似之处，但是测光模式是更加底层的工作，测光过程负责计算出当前场景下合适的曝光值，即光圈与快门的组合。而曝光模式运作在这个结果被计算出来之后，它提供给我们几种方法，让摄影师可以决定以怎样的手法来控制那些决定曝光的参数。但通常情况下，无论你单独控制光圈（Av 挡），还是单独控制快门（Tv 挡），或者是两者都控制（M 挡）以及都不控制（P 挡），不管采用哪种方法，都不影响测光过程计算出的结果被应用于照片中。所以，测光模式对于曝光来说更加重要。

8.1 测光模式

在学习了曝光的基础知识后，我们即将开始进入曝光的实战阶段。测光模式就是我们应对不同明暗场景，开始掌控曝光的第一项重要设置。

8.1.1 测光的本质是赋予画面中灰的属性

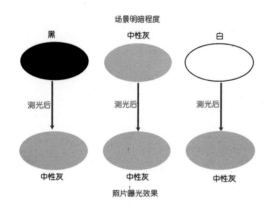

测光的实际目的和最终结果就是让画面具有了 18% 中性灰的亮度。当我们对全画面进行评价测光时，最终会导致全部画面平均起来处于 18% 中灰的亮度。当然，这很难用肉眼去察觉。但是，当你采用点测光模式针对很小的区域测光时，就会立即察觉到，无论你针对纯白色区域测光还是黑色区域测光，最终这个区域都会变为 18% 中性灰。这就是测光系统工作的方法，因为厂商在制造相机时就将 18% 中性灰作为了标准。

此时，你会豁然开朗。原来测光实际上是赋予某个区域 18% 中性灰的属性。在一个明暗反差很高的场景中，当我们赋予了暗部中灰属性的时候，亮部就会溢出。而当我们赋予亮部中灰属性的时候，暗部就会缺乏细节。当你将一个中间区域赋予了中灰属性时，如果场景的反差在相机的动态范围内，那么就会同时将亮部和暗部记录下来，这样一种完美曝光的照片就出现了。

8.1.2 测光感应器——内部元件中的"劳模"

在前面章节中我们学过，使用单反相机拍摄时，在完成构图后半按快门相机会完成自动对焦工作，实际上半按快门的同时相机还完成了自动测光工作。此时，外界景物反射的光线会通过镜头进入相机内部，经过反光镜时一部分透射到反光镜下方，进入自动对焦感应器中。

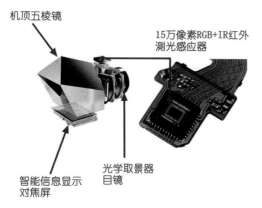

机顶五棱镜

15万像素RGB+IR红外测光感应器

智能信息显示对焦屏

光学取景器目镜

※ 相机内的"大脑"——佳能 EOS 7D MARK II 的 15 万像素 RGB+IR 红外测光感应器。

另一部分经过折射后进入五棱镜。当光线经过五棱镜内部的多次方向改变后，一部分成为我们从光学取景器中看到的景物，这束光线又会分出一部分，进入机顶五棱镜上方专门的测光感应器中。

有趣的是，测光感应器实际上也是一块感光元件，它同样可以将光信号转换成电信号，并发送到图像处理器（DIGIC 6）中进行运算。不同点在于，它的像素数量较低，普通入门相机的测光感应器只有 2016 个像素，而佳能 EOS 7D MARK II 的测光感应器像素数量达到 15 万像素，甚至超过了 EOS 1DX 的 10 万像素。（像素越高相机就可以更准确的识别场景中的物体）别看测光感应器的像素数只有感光元件像素数的 7%，但它却肩负着极为重要的工作。测光感应器要负责测量场景中不同区域的亮度和色彩，它所输出的信号进入图像处理器后，瞬间就能够得到当前场景下正确曝光的光圈和快门值。此时继续完全按下快门，相机就会根据这个光圈和快门值完成拍摄。

当我们使用数码单反相机拍摄时，不同的取景方式不仅会带来不同的对焦方式，而且会带来不同的测光方式。当你使用光学取景器拍摄时，刚才提到的测光感应器负责曝光的计算。而采用液晶屏实时取景拍摄时，光线不会经过反光镜的反射，因此测光感应器无法接收到光线，无

硬件技术看板 测光系统的发展历程

1959 年，佳能推出的第一代胶片单反相机 Canonflex 的肩膀上就悬挂了外置硒光电管测光表。

最早期的胶片单反相机没有内置测光系统，摄影师只能凭借手持式测光表来获得测光数据。随着测光表的小型化，外置硒光电管测光表被放在了早期胶片单反相机的肩膀上。直到 1962 年才开始使用 Cds 硫化镉光敏电阻测光，测光范围是 2EV 至 17EV。硫化镉光敏电阻体积小，成本不高，所以早期的胶片单反相机普遍采用它作为测光元件。硫化镉测光系统对弱光反应灵敏，可以在较暗的环境下工作。但这种材料对强光有记忆效应。因此，在测量高亮度的物体后还要等待几分钟才能再次工作。而且测光方式只有平均测光。1976 年出现了 SPD 硅光电池测光系统，它终于对强光没有了记忆，但是却对蓝光反应灵敏，需要使用滤镜校正。

同时，所有早期的测光感应器都是"色盲"。它们只能分辨出场景的亮度，无法识别色彩。但很多时候，色彩对于曝光也有一定的影响。因此，这些测光系统的精确度普遍不高。经过不断的发展，当今数码相机具有的测光感应器发展到了更完善的阶段。

法开展工作。此时，由负责成像的感光元件测光并计算曝光结果。由于"负责人"不同，这两种取景方式有时会得到不同的测光结果，极端情况下差异高达 0.3EV，相当于一格曝光补偿。

测光感应器相当于相机内的第二块感光元件，有的日本器材专家甚至提出：测光感应器是光学取景器内的第二台相机。并且，测光感应器的作用也不仅限于测光，可以说它更像一个多面手。

首先，它具有人脸识别能力。也许你认为人脸识别并非先进功能，很多小型数码相机上就有。其实不然，大部分数码单反相机在通过光学取景器进行拍摄时，能够进行人脸识别的并不多。佳能 EOS 7D MARK II 拥有了这一技术，这让拍摄人像时更加便利，而且在人文

纪实题材中采用盲拍的成功率大幅度提高。

其次，在自动亮度优化和高光色调优先这两项功能中，高反差照片里亮部和暗部细节的保留需要测光感应器首先识别出来这些区域。如果说这个功能还属于测光感应器"分内"工作的话，那么它对于自动对焦的帮助则是"义务劳动"了。在使用光学取景器拍摄，使用 65 点自动选择自动对焦模式时，相机会自动从 65 个对焦点中选择若干个进行对焦。而这个选择过程依赖于测光感应器对场景的亮度和色彩的识别能力。因此，相机自动选择对焦点时，往往会选取那些靠近前景的、静止的、亮度高的、色彩鲜艳的区域。65 点自动选择自动对焦与 AI SERVO 人工智能伺服自动对焦模式结合在一起使用，能够发挥跟踪对焦的作用。我们可以预先完成构图并保持相机不动，让运动主体在画面中穿行。当主体移动时对焦点就会跟着主体的移动而变化，不需要人为控制。这全依赖于测光感应器对于主体色彩和轮廓的识别能力，从而让对焦系统知道自己需要跟踪谁。

※ 测光感应器肩负的主要任务。

提示 ⚡

　　在使用光学取景器拍摄时，测光感应器需要肩负如此繁重的任务。而在使用相机的主液晶屏进行取景时，这些任务大部分都会移交给感光元件来完成。

8.1.3 IR **红外识别能力**

我们人眼所能看到的光被称为可见光，它仅仅是太阳发射的电磁波中很小的一部分，日常拍摄照片也就是用相机的感光元件来记录下场景中的可见光而已。但实际上，可见光范围之外的电磁波也能够被记录下来形成影像，只要你有适合的器材就可以。例如，我们进行体检时拍的 X 光片就是非可见光的成像结果。其实，相机中感光元件不仅能够记录可见光，而且对于波长更短的紫外线和波长更长的红外线同样具有一定的感光能力。然而，这两种光波都会造成照片偏色，因此我们要使用 UV 镜来过滤环境中的紫外线，在相机内部紧贴在感光元件前还有一片红外截止滤镜用来过滤掉红外线，只让可见光通过。

但是测光感应器并不是用来成像的，如果在检测环境中的可见光外它还能够检测红外线，那么它将获得更多的场景信息。红外线的很多特性与可见光不同，它具有更强的穿透能力，在遇到薄化纤织物、雾霾和水汽等障碍时可以不受阻拦继续传播。根据波长不同又分为近红外线、中红外线和远红外线。测光感应器能够接收到的是近红外线，它更加靠近可见光。近红外线来自于太阳光，在阳光的照射下，不同的物体具有不同的红外线反射率。人体、树叶对红外线的反射较强，而河流和天空对红外线的反射较低。因此，当测光感应器具有了红外识别能力的像素后，它除了能够看到可见光产生的画面同时还可以看到另一幅景象。

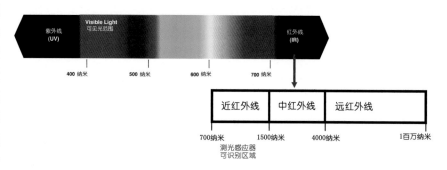

在这幅影像中，树叶和白云会成为亮部区域，而河流和天空会成为暗部。这与我们日常看到的场景截然不同。但也正因为如此，佳能 EOS 7D MARK II 的测光感应器能够更准确地识别出哪里是绿色的树叶和草地，并且通过自动白平衡让该区域呈现出更加鲜艳的绿色。还可以更准确地识别出哪里是蓝天哪里是白云，从而避免在非日出日落场景中自动白平衡令画面呈现暖调效果。从理论上说，它还能够识别出皮肤区域，从而更准确地识别人脸特征。

测光感应器从早期只能识别明暗亮度，到后来能够识别 RGB 色

扩展阅读

红外摄影

在胶片时代，很多摄影师就采用专门的红外胶片和红外滤镜（阻止可见光通过）拍摄出缥缈、诡异、梦幻的红外摄影作品。红外线属于非可见光，因此拍摄过程中属于盲拍。由于红外线的折射率与可见光不同，在拍摄红外作品时的对焦方式也不同。一些老式手动对焦镜头上还有专门为红外拍摄而设计的对焦标尺。由于红外线的穿透能力更强，化纤织物、雾霾和水汽都不会阻挡其传播，所以很多国外摄影家在遇到雾霾等不理想的天气而无法拍摄满意的风光作品时，就会改为拍摄红外照片。在数码时代，有些动手能力强的影友将感光元件前的红外截止滤镜拆掉，改装成红外相机。这样在没有雪的日子里就能够拍摄出迷人的"雪景"照片了。

彩，又到现在佳能在 EOS 7D MARK II 中开创的能够识别红外信息，相机的数据采集和分析能力越来越强。在佳能的技术发展规划中，今后还能够识别出场景中不同物体对于紫外线的反射信息，并且将可见光与紫外线数据对比后

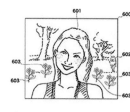

根据场景对可见光的反射获得的信息

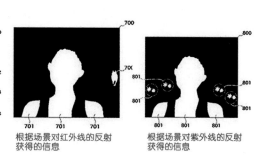

根据场景对红外线的反射获得的信息

根据场景对紫外线的反射获得的信息

就能够自动识别出面部色斑的位置和大小，从而自动进行美化处理。从这点我们可以看出，

测光感应器能够识别的信息越多，就能够更好地为获得最佳照片效果而服务。

8.1.4 评价测光模式——智能化程度最高的测光模式

拍摄参数: 光圈: f/8　快门: 1/400s
感光度: ISO200　测光模式: 评价测光
摄影师: 林东

※ 在这样的风光场景中，评价测光可以收集多种类型的数据，鉴别出正在拍摄的题材类型，从而在曝光计算上考虑到保留天空的细节。

拍摄参数: 光圈: f/2.8　快门: 1/640s
感光度: ISO200　测光模式: 评价测光

※ 逆光人像是获得准确曝光非常困难的题材，但是评价测光模式能够鉴别出我们正在拍摄的题材，这样在计算曝光结果时更多倾向于主体，而相对忽略背景。

之所以说评价测光模式是集大成者，是因为这一模式拥有了最高的技术含量，凝结了佳能对于相机测光技术的独家经验。不仅佳能，包含尼康和索尼在内，各家厂商的评价测光（尼康称为3D彩色矩阵测光），都汇集了看家技术。目的就是为摄影师提供一个尽可能完善并能够适应绝大多数场景的测光模式。当然，每家所采用的硬件（即测光感应器）不同，在硬件背后所采用的软件（即计算方法）也不同。

从表面上看，佳能的评价测光模式利用了

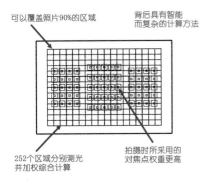

可以覆盖照片90%的区域　背后具有智能而复杂的计算方法

252个区域分别测光并加权综合计算　拍摄时所采用的对焦点权重更高

测光感应器中的全部15万像素来对场景的亮度、色彩进行全面考察。这15万个

像素能够覆盖最终照片90%以上的面积，并将该区域分割成252个（18×14）细小的部分，相机会

APS 自动照片风格
AF 自动对焦
AWB 自动白平衡
AE 自动曝光
ALO 自动亮度优化

EOS场景分析系统
人物面部　色彩
动作　浓度
亮度　对比度
相机到被摄体的距离

对所有部分进行测光，评估它们之间的亮度差别，然后进行综合考虑得出准确的曝光结果。在计算曝光值的过程中，合焦位置的权重会高于普通区域，因此在一定程度上可以照顾到主体的明暗。

评价测光模式相当于一种全自动的曝光方式，它也是佳能 EOS 场景分析系统的一个重要组成部门。只有理解了 EOS 场景分析系统才能够深入了解评价测光模式。所谓 EOS 场景分析

系统就是以我们刚才介绍的"劳模"15 万像素 RGB+IR 红外测光感应器为核心，当你使用模式转盘上的 🄰⁺ 全自动模式时，相机就会通过测光感应器收集众多场景信息，并对这些信息进行综合分析，然后计算出适合的自动照片风格、自动白平衡、自动亮度优化、自动对焦和自动曝光（评价测光模式）结果，这样你无须对相机进行更多的设置也可以拍出一张不错的照片。

评价测光模式

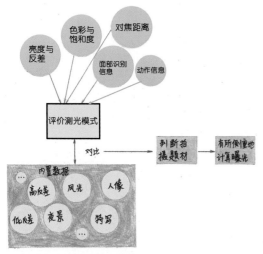

首先，我们来看看相机会通过测光感应器收集哪些数据。基础数据当然包括拍摄场景中各区域的亮度及反差（对比度），这是早期测光装置唯一能够收集到的信息。而现在的测光感应器已经不是色盲了，对色彩和色彩饱和度的信息采集是重要环节，测光感应器名称中的 RGB（红绿蓝）就代表了它具有色彩识别能力。另外，还需要测光感应器对场景进行检测，看看是否有人的面部存在，当然也可以辨别场景中其他物体的轮廓。测光感应器还可以对场景中是否存在移动的物体进行分析，能够检测出场景中以何种光源进行照明，分辨出是自然光还是人工光源，如果是人工光源可以检测出其闪烁的频率。最后，佳能 EOS 7D MARK II 能识别场景中的 IR 红外线。同时，相机还从自动对焦感应器中收集了对焦距离和镜头焦距信息。

实际上，相机是通过这样的数据收集过程，

来评估你正在拍摄的照片类型，更准确说是猜测或推算。这里最神奇的地方在于，相机仿佛有一个会思考的大脑，它在推测我们正在拍摄的照片是人像、风光、静物还是微距，还会推测我们的拍摄地点是室内还是室外、拍摄时间是正午还是傍晚。相机收集的数据越多，所得到的推测结果越准确，而推测结果越准确就能够做出更加准确的曝光结果计算。

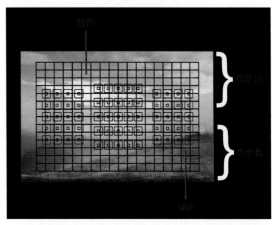

获得了如此多的信息之后，相机首先对收集到的所有数据进行分析，分析过程近似这样：如果相机从收集到的亮度信息分析，画面中上半部分的亮度高，而下半部分亮度低，相机会初步认为你在拍摄包括天空和地平线在内的大场景风光照片。然后，再结合收集到的色彩信息。如果此时，亮度高的区域色彩为蓝色，亮度低的区域为绿色，那么就会更加确认自己的判断是正确的。同时，如果相机收集到对焦距离信息是接近无穷远的位置，又在使用广角焦段，那么相机就会确定这是一幅风光照片。而如果相机从亮度信息分析，画面中间区域存在亮度较高的部分，然后结合色彩信息，发现亮度高的区域色彩接近人的肤色，再结合景物轮廓信息，发现识别到了人脸，再结合对焦距离和位置信息，发现我们就是在针对那里对焦，还在使用中长焦距，那么相机会判断你正在拍摄人像。

最后，我们看看相机猜准了之后会干什么。

如果相机判断你拍摄的是风光照片，那么它会综合考虑 252 个区域的亮度值，然后对每个区域独立测光后分配给不同的权重，对于合焦位置会给予更高的权重，计算出一个曝光值。同时还会考虑现场的明暗反差情况，适当降低曝光结果，以保留高光部分的细节，使其不会溢出。这样得到最终的曝光结果，照片中蓝天和白云效果就会非常理想。如果相机判断你正在拍摄人像照片，那么它就会重新考虑这 252 个区域各自的权重分配。人像所在区域会得到更高权重，背景的权重则会降低。这样计算出的曝光结果更加准确，人物本身的曝光会更接近理想状态，而不容易淹没于背景中（除非人物与背景反差过大，背景又占据很大面积）。

可见，评价测光模式是融汇了最多测光技术的高级模式，虽然它不是万能的，但不可否认的是，它具有非常广的适用范围。在低反差以及场景反差适中的情况下，都可以通过评价测光模式获得良好的曝光。

> **提示** ⚡
>
> 在使用 GND 中灰渐变滤镜和 CPL 偏振镜时，由于画面部分区域的亮度会受到滤镜的影响，使得测光系统获得的数据出现偏差。尤其是 GND 滤镜，它经常被用于在天空和地面反差较大时压暗天空，所以会造成评价测光模式下相机对于画面上下明暗关系的判断出现错误，从而影响最终的曝光结果。

虽然全面并非全能

评价测光模式能够用于我们日常拍摄的大多数场景，可以说适用面非常广。它尤其适合拍摄那些环境光线比较均匀，明暗反差不大，主体占据画面比例不大的场景。面对大场景风光题材或柔和光线下的全身人像，评价测光模式都能够很好地发挥作用。另外，在需要快速抓拍的人文纪实题材中，评价测光模式还能够自动连续检测环境和主体的亮度变化，不断调整曝光结果，直到完成拍摄，因此也是非常理想的测光模式。

然而就如同相机所有的自动功能都无法完全代替摄影师的大脑一样，评价测光模式的最大弱点在于无法真正明白摄影师的拍摄意图。我们前面提到过，曝光是一件很主观的事情，并非能够用一组唯一的光圈快门和感光度组合来规定何为正确曝光的。大部分情况下，曝光要依据摄影师的表现意图灵活运用。例如，有些时候摄影师可以让画面部分区域曝光不足，以掩盖暗部杂乱的细节，让高光位置更加突出。这就是评价测光模式无法通过数据采集分析判断出得了。

在一些极端场景下，评价测光模式也难以应对。例如，拍摄人像时，主体人物与背景亮度差异较大，包括严重逆光背景很亮的情况以及人物被光线照射而背景漆黑一片的情况，该模式都会出现无法应对的问题。风光题材中有强烈光源出现在画面中，或者逆光以及画面中不同位置的景物明暗反差很大时，也难以应对。

拍摄参数： ◎ 光圈：f/5.6　◎ 快门：1/50s
　　　　　 ◎ 感光度：ISO1600　◎ 测光模式：点测光
　　　　　（点测云层中心高光区域并加 +2EV 曝光补偿）
　　　　　 ◎ 摄影师：林东

※ 在这个场景中，远山以外的夕阳如血，但从云层缝隙中能够看到较大面积的高光区域。而在近景的码头上，大面积的暗部成为主角。在这种反差极为强烈的场景中，评价测光有时就会失去准头，更搞不清摄影师所要表现的主旨。因此，这时点测光才是更好的测光工具，能够更加直接地获得想要的曝光效果。

8.1.5 中央重点平均测光——以中心为主且考虑整体

拍摄参数: ◎ **光圈:** f/4　　◎ **快门:** 1/60s

◎ **感光度:** ISO2000　◎ **测光模式:** 中央重
点平均测光

※ 在博物馆中，镶满珠宝的皇冠被射灯照射得晶莹
剔透，而周围环境的亮度并不高。两者的明暗差
异较大。此时，中央重点平均测光模式发挥作用
的两大前提条件全部满足，那就是主体位于画面
中央并且主体与周围环境存在一定的明暗差异。

随后，出现的就是中央重点平均测光方式。它的运作是基于这样一条原则而开展的，那就是在大部分情况下，摄影师不会将主体至于画面的边缘，为了更好地突出它，经常采用的方式是将其放置在画面中心区域或靠近中心区域。而主体在我们的曝光中占据更加重要的位置，相对而言，周边环境的亮度并不是我们最关注的重点。可见，相对于全画面平均测光来说，中央重点平均测光是"老式的智能测光"模式。

所以，在中央重点平均测光模式下，画面中央区域占有更高的权重，也就是说中央区域的亮度会被优先考虑。假设我们在拍摄一张人像照片，人物被安排在画面中央区域的位置。人物被一束光线照射，显得比较明亮。人物的正确曝光参数是光圈 f/11、快门 1/500s。在这个光圈快门组合下，人物既不会过亮也不会过暗。而周边环境被其他物体遮挡，光线无法直射过去，会显得比较暗。让环境保留细节的正确曝光参数是光圈 f/4、快门 1/60s。此时，如果采用第一个参数拍摄，人物没有问题，但环境中的细节会完全丧失，变成一片死黑。而如果按照第二个参数拍摄，环境中可以看到细节了，但人物会过曝。此时，中央重点测平均测光模式出场干预。在它的指挥下，前者占据更大权重（约80%），后者占据较小权重（约

在胶片相机时代，最早的纯机械式相机无法自动测光，需要外置测光表配合在一起使用。随着技术不断进步，出现了早期的自动测光，但只有全画面平均测光模式。显然这种测光方式无法实现对主体场景曝光控制。

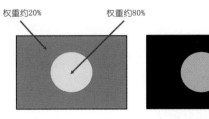

权重约20%　　　权重约80%

经过加权计算

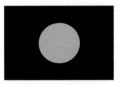

以中央区域为准
（中央占100%权重）
周边区域欠曝

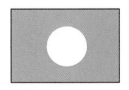

以周边区域为准
（周边占100%权重）
中央区域过曝

※ 中央重点平均测光模式的权重分配合理，让位于中央的主体与周边的环境均能够得到考虑。

20%），但也会被考虑到。最终得到的结果是采用光圈 f/8、快门 1/250s 来拍摄，从结果来看更加偏重中央区域。在这样的参数下，最终照片中人物得到较好的还原，而环境也被考虑进去。

> **提示** ⚡
>
> 中央重点平均测光模式中测光区域只能位于画面中央，不会跟随对焦点移动。

然而，我们拍摄的场景，环境千差万别，即使保持主体在中央区域这一前提条件不变，也会有很多变化。如果主体位于中央，但面积比例较小，这样权重较高的中央测光区域就会大于主体面积。此时，中央区域中既包含了主体也包含了环境，而两者一旦存在较大亮度差异，则会导致测光结果出现偏差。可见，中央重点平均测光并非一种精确的测光模式。虽然佳能没有给出中央区域面积的准确数字，但

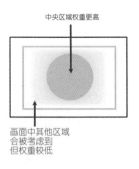

从拍摄经验可以看出，该区域与佳能 EOS 7D MARK II 中央的 25 个（5×5）对焦点所占据区域的面积接近。当主体亮而背景暗，中央区域包含了较暗的背景时，测光系统为了让混入的暗部区域曝光准确就会增加曝光，很容易导致主体曝光过度。此时，我们可以采用降低曝光补偿的方式来修正。相反，如果中央区域的主体暗，而混入的背景亮，则可以增加曝光补偿来应对。所以，在使用中央重点平均测光时，不仅要关注主体，还要随时留意中央高权重区域的面积，以及该区域与主体的匹配度和区域内的明暗变化。

8.1.6 点测光——范围越窄越精确

如果说中央重点平均测光并不是精确的模式，那么什么才是最精确的呢？答案是点测光。如果你希望对画面中更小的区域进行精确测光，那就需要使用点测光模式了。佳能 EOS 7D MARK II 的点测光模式，测光区域的面积只有全部画面的 1.8%，比光学取景器中的单个对焦点方框面积稍大。值得注意的是，佳能 EOS 7D MARK II 点测光的位置只能位于取景器中央，而不能跟着对焦点移动。佳能还在取景器中央以一个圆形表示了点测光的区域。

除了测光面积小这个特点以外，点测光模式下，100% 的权重都会落在这个小区域中，它完全不考虑测光区域以外是亮是暗。不分给它们任何权重。因此，点测光模式对于这个狭小区域的曝光来说是最为精确的。测光结果完全不受其他区域的影响。

当然，点测光并非专门负责解决这种极

端高反差"疑难杂症"的。如果你练就了一双摄影师的眼睛，无论环境明暗复杂多变还是照

拍摄参数： ◎ 光圈：f/2.8   ◎ 快门：1/1250s
⊛ 感光度：ISO200   ⊛ 测光模式：点测光

※ 戏剧性的光线是摄影师的最爱。但是，场景中强烈的阳光与墙下面的阴影形成了反差，导致其他测光模式都难以获得准确的测光结果，此时只有使用点测光针对模特面部进行测光才能获得理想效果。

度均匀反差很小，一眼就能看出场景中亮度为 18% 的中灰区域，那么直接对这个区域点测光就可以获得曝光理想的画面。所以，点测光理论上可以胜任所有场景，只是需要你有一双慧眼。

> **提示** ⚡
>
> 点测光也是使用难度最大的一种。因为，极小区域的曝光准确并不代表全画面曝光可以接受。如果你选的点测光区域错误，那么画面整体会出现很大偏差。例如，如果对场景中的暗部点测光，拍摄出来的照片不仅亮部会完全过曝毫无细节，而且暗部也会超过现场真实的亮度，致使整个照片失败。所以，在几年前入门级单反上甚至没有给初学者准备点测光模式。

> **【实战经验】 舞台追光灯下的测光方法**
>
>
>
> **拍摄参数：** ◎ **光圈：** f/2.8
> ◎ **快门：** 1/320s
> ◎ **感光度：** ISO6400
> ◎ **测光模式：** 点测光
>
> 如果你的主体处于极暗的背景前，例如，舞台上被追光灯照亮的演员。使用评价测光和中央重点平均测光时，大面积的黑色会干扰主体的曝光，因为两种模式里背景都会参与曝光计算，从而左右曝光结果。而在舞台这种极端明暗反差的环境下，只要黑色背景分配到了一点权重，它就会对整个画面造成很大干扰，主体就会过曝。背景比主体亮也同样，还会有很多明暗交错的场景也很难应对。此时，点测光的威力就会显现出来，你会发现它是唯一能够应对这种场景的测光模式。所以，点测光是很多职业摄影师的最爱。

实战：利用点测光丈量场景动态范围

如果场景中明暗差距极大，超过了相机能够记录下来的范围，就不能将亮部与暗部同时记录下来，只能形成层次不完整的照片。但是对它们的描述都是主观感受型的，并没有依据客观数据来划分。而点测光模式就可以成为有效工具，帮助了解整个场景的明暗差距，并对最终曝光做出判断。

> **测量前设置。** 使用点测光模式并选择 Tv 挡快门优先模式，将快门速度设置为 1/200s。
> **测量高光区域。** 使用中央对焦点对准场景中最亮的地方，半按快门。此时相机会计算出相应的光圈值，眼睛不离开光学取景器，从其最下方的参数显示栏中就可以看到光圈值，假设结果是光圈 f/11。
> **测量暗部。** 继续使用中央对焦点向场景中最暗的地方进行点测光，此时相机会计算出相应的光圈值。假设结果是 f/2.8。
> **计算动态范围。** 通过这两个数据我们就能判断出，场景的动态范围是从 f/2.8 到 f/11 的四级曝光（f/2.8、f/4、f/5.6、f/8、f/11），在相机的正常曝光范围之内，可以在一张照片中同时记录下亮部层次和暗部层次。

寻找中灰区域进行精确测光

评价测光模式可以轻松应对低反差、反差适中的场景，而在高反差但没有超过相机动态范围

拍摄参数： ◎ 光圈：f/8　◎ 快门：1/500s　🔆 感光度：ISO200　⊡ 测光模式：点测光

※ 在拍摄日出日落场景时，针对天空中最亮的区域与较暗的蓝天之间的部分进行点测光，即可获得准确的曝光结果。此时需要注意：点测光区域内应该是纯粹的蓝天，如果有不同亮度的云朵被纳入到点测光区域中，则会影响到最终的曝光结果。

[实战经验] 如何寻找中灰区域

在寻找中灰区域方面也有一些技巧可循。例如，在拍摄日出日落场景时，画面中天空部分距离最亮区域稍远的位置亮度也会较低，此处更接近中灰，可以成为理想的测光位置。

在包含落日的画面中，太阳旁边的区域更接近中灰。此外，在拍摄主体距离较近时，使用随身携带的灰卡进行测光，是最精确的中灰区域来源。所以，外出拍摄时，一定要养成携带灰卡的良好习惯。

如果万一忘记带灰卡，我们黄种人手背皮肤的反光率也在 20% 左右，针对手背测光也可以获得理想的效果。这种情况下无疑需要曝光锁定操作，我们将在下一章中进行详细讲解。

的场景，要想做到高光不溢出，暗部不丢失细

节就不是那么容易了。此时，由于画面亮部和暗部所占的面积大小不同，评价测光模式难以应对。测光区域更小的点测光模式就派上了用场。如果你能够准确地从场景中找到 18% 的中灰亮度区域，那么针对该区域进行点测光，就能够保证这个区域在画面中被定义为中灰属性。一旦这里被精确定位，高光和暗部也会各就各位，并且都没有溢出。从而可以得到一张曝光完美的照片。

然而，准确寻找中灰区域需要摄影师具有丰富的经验，能够在场景中排除色彩的干扰，只通过景物亮度即光线反射率来观察。对于初学者，这种观察能力需要逐步培养。

高光加 2 挡——应对高反差场景的有效策略

在高反差场景中，如果反差已经超过相机的动态范围，对于曝光控制的要求则很高。一旦曝光控制出现失误，很容易出现高光溢出或者暗部丢失细节的情况。由于景物色彩的干扰，一般爱好者很难通过肉眼将彩色的场景变为只有黑白灰的明暗场景，因而难以从中准确

找出中灰区域，上面的方法就难以奏效。虽然中灰区域难找，但我们的眼睛对于亮部却非常敏感，无论场景多么复杂，最亮的地方非常容易被发现。此时，我们可以采用高光加 2 挡的方式来获得理想的曝光效果。

※ 点测光位置选择在画
面中亮度最高的区
域，即雪山的迎光面。
同时，还要选取面积
较大的部分，使其能
够覆盖点测光的全部
区域，如果混入暗部
就会造成测光结果的
偏差。

拍摄参数: ◎ 光圈: f/11 ◎ 快门: 1/1250s ▣ 感光度: ISO200
▣ 测光模式: 点测光 ✳ 曝光补偿: +2EV

实战：点测光下高光加两挡应对高反差场景

- ➢ **拍摄前设置。**将测光模式调整为点测光、单点对焦以及 ONE SHOT 单次自动对焦。

- ➢ **寻找亮部。**观察场景明暗区域，找到场景中的最亮的区域，并保证其大小能够全部覆盖住点测光的圆形区域。

- ➢ **测光。**将取景器中央的点测光圆圈与场景中的高光区域重叠。

- ➢ **曝光补偿。**顺时针转动速控转盘，将曝光补偿设置为 +2EV。

- ➢ **锁定曝光。**半按快门完成测光，并按下✳曝光锁定按钮锁定当前曝光读数。

- ➢ **构图。**调整相机位置找到理想的构图。

- ➢ **对焦。**移动对焦点到需要对焦的区域（风光场景一般为前后纵深的 1/3 处）。

- ➢ **拍摄。**按下快门，完成拍摄。

通过上述步骤，即可获得高光不溢出的理想画面，同时高光位于直方图的最右侧，给暗部区域留出了足够的空间。如果你仅仅针对高光区域点测光，而没有增加 +2EV 曝光补偿，那么高光区域在照片中就会呈现为 18% 的中灰属性，而不是应该呈现的高光效果。这就是点测光的作用，它会让其指向的那个区域变为中灰，而无论该区域原本是什么亮度。

> 🔰 **知识链接**
>
> 为什么增加的是 +2EV 呢？参考第 9 章动态范围一节中做的实验吧！一块灰板在点测光后，增加 +2EV 以上就会出现高光溢出。这就是 +2EV 的来源，它是我们将中灰区域提升至直方图最右侧的极限做法。

不要忽视点测光区域的面积

对摄影有些了解的影友此时会产生疑惑，他们以前在风光摄影讲座中听到过"高光加 1 挡"的拍摄方式，而本书介绍的是"高光加 2 挡"，它们的区别在哪里呢？两种方法都正确还是其中一个是错误的呢？其实，这之间的差别源于一个很容易被忽视的环节，那就是点测

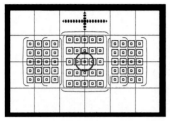

※ 从光学取景器中央可以看到一个圆形标记，该区域内就是点测光面积的范围。实际上它并不是一个点，而是以中央对焦点为圆心，覆盖了上下左右四个对焦点以内的区域。

光模式测光区域的面积，并且这是一个相当重要的细节。

很多影友都会望文生义，一提到点测光就会认为"测光区域当然是一个点了，也就是最精确的测光方式"。实际上，点测光下被测量的区域根本不是一个点，而是一个圆形的范围。前面介绍过，点测光时测光区域的面积占全部画面的 1.8%。通过光学取景器中间的圆形标志我们能清晰地了解到点测光区域的面积。

如果忽略了这个圆形标志则很容易造成测光的偏差。当你认为点测光区域很小，近似一个点或者是与单点对焦的方框等大，那么当你针对一个狭窄的小范围高光区域测光时，实际上测光区域内还包含高光以外的部分，因此，测光区域的平均亮度会下降，你所得到的曝光就会偏高。此时，再使用高光加 2 挡的方式就会出现失误。

了解点测光区域的面积有多大非常重要。你会发现，其实这个区域并不小。如果场景中的高光区域很狭窄，那么点测光区域内就会混入原本不应被测光的物体，这样测光值就会上升。例如，当你采用 Av 挡光圈优先模式时，光圈不变，快门速度有可能就会慢 1 挡，即曝光增加了 1 挡。所以，有些人发明了高光加 1 挡的方式来应对。但这个方法并不精确。因为，有多少非亮部区域进入了点测光范围，你很难直观判断。

实战经验

如果场景中的高光区域面积不大，那么可以换上长焦镜头或者用变焦镜头的长焦端来测光，这样点测光区域就能够被覆盖完整。此时，在得到测光读数后锁定曝光值，再变焦回到想要的广角焦段进行拍摄，就能够获得理想的效果。

扩展阅读

佳能 EOS 1DX 的点测联动功能

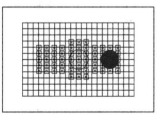

※ 佳能 EOS 1DX 上点测光位置可以跟随当前对焦点移动，而不必局限在中心。

在介绍点测光模式时我们一直强调测光位置只能在画面中心的圆形区域内，而不能跟随对焦点移动。那么点测联动是指什么呢？那就是点测光位置不局限于中心，可以跟随着你所选择的单个对焦点而移动。也就是说，把点测光这一功能赋予了所有的对焦点，它们既能完成点测光还可以完成对焦任务，这就是点测联动。

如果场景中光线明暗交错，反差极大；主体不断地在明暗区域之间来回往复移动，主体的明暗不断变化；无法使用闪光灯；此时，评价测光模式和中央重点平均测光模式都因为测光区域过大而无法获得准确结果，只有点测光能够完成任务。

如果相机没有点测联动功能，当你用中心对焦点完成点测光，刚刚锁定曝光值，移动的主体又换了一个区域，明暗也发生了变化，刚才你所锁定的曝光值也随即失去了意义。当然，你可以做出妥协，就是用中心对焦点进行点测光，同时一起进行对焦和拍摄。此时，你所有的照片中，主体都会在中央。那是构图时最为忌讳的"公牛眼"，不仅构图丑陋，而且无法交代环境。此时，如果你的相机具有点测联动功能，就可以选取你希望的任意对焦点来拍摄，点测光和对焦一气呵成，构图上更是随心所欲。

佳能 EOS 1DX 就具备点测联动功能，进入该相机的自定义功能菜单中将【点测光与自动对焦点联动】功能开启，就能够让点测光区域跟随你当前所选的自动对焦点移动了。

8.1.7 局部测光——测光区域面积更大的点测光

拍摄参数： ◎光圈：f/2.8　◎快门：1/1250s　◎感光度：ISO100
◎测光模式：**局部测光**　◎曝光补偿：+1EV

❋ 当主体与周边环境明暗反差较大，同时主体本身在画面中据的面积较大且具有一定明暗反差时，局部测光能够发挥出较好的效果。画面中模特的面部和白色上衣都处在亮部，二者都是需要准确曝光的区域，面积较大。采用局部测光更加合适。注意此时主体亮而周边暗，不要忘记增加 +1EV 曝光补偿。

❋ 局部测光的区域要与主体本身相吻合，同时为了构图需要，主体并没有完全位于画面中心，需要首先使用相机光学取景器的中心区域与主体重合，获得测光结果后，锁定曝光，然后重新构图拍摄。

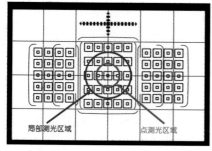

❋ 局部测光与点测光面积差别较大，但都只能固定在取景器的中心，而不能够跟随对焦点移动。

在进行测光时，虽然测光区域面积越小越精确，但有些时候主体在画面中所占的比例较大，而且主体本身还具有明暗不同的区域。在这种情况下，使用精确的点测光反而不能够让主体获得均衡的照顾。如果点测光位置选择在了主体的亮部，那么暗部就会欠曝；如果选择在暗部，那么亮部又容易溢出。此时，如果测光区域面积更大些就能够轻松解决这一问题。

局部测光可以被认为是一种测光区域更大的点测光模式，它所覆盖的区域固定在画面中央，面积为全部画面的 6.2%，是点测光面积的 3 倍。其直径能够抵达中央区域对焦点上下的边缘处，左右能够覆盖全部 5 个对焦点。除了测光区域面积更大以外，与点测光模式相同的地方包括：测光区域的位置只位于画面中心，不会跟随对焦点移动；测光区域内的权重为 100%，而其他区域完全不被考虑。这样局部测光就能够应对那些主体比例较大，本身具有明暗差异，并且主体以外的区域极为明亮或昏暗，会给测光系统造成严重干扰的场景。例如，大面积深色背景或者严重逆光等。

操作指南： 调整测光模式

- ◉ 评价测光
- ◙ 局部测光
- ⦿ 点测光
- ▢ 中央重点平均测光

调整测光模式时，首选按下机顶右肩液晶屏最左侧的 **WB·◉** 按钮，然后旋转主拨盘，就可以在 4 种测光模式之间切换。测光模式的图标会出现在液晶屏的右上角。

在操作相机时，半按快门是很重要的一个步骤，此时相机的测光和对焦系统都会被激活。其中，对焦系统会以极快的速度完成任务并发出提示，如果当前的模式为 ONE SHOT 单次自动对焦模式，那么对焦系统在工作完成后不会继续工作。而测光系统的工作方式则不太一样，虽然也能够在极短的时间内完成任务，给出光圈和快门数值的组合，但是这种工作状态会维持一段时间（4s 左右）。在这段时间内，如果你移动相机就会发现，测光系统给出的光圈和快门数值会依据场景的明暗变化而改变。所以，在测光系统工作期间，它并非测量并计算一次，而是不停地测量和计算。

8.2 拍摄模式

包含佳能 EOS 7D MARK II 在内大部分数码单反相机上最醒目的一处外观特征就是模式转盘，它决定了我们使用相机时的拍摄模式，也被称作曝光模式。将其放在测光模式后讲解，是因为它实际上运作在自动测光结果的基础上。我们使用不同拍摄模式时，只是以不同的方式控制曝光参数，从而影响画面效果。而更为本质性的测光工作已经完成。

但有趣的是，拍摄模式往往是我们在开始拍摄前最重要的一项设置，位于相机设置流程的较早环节。通过调整拍摄模式我们可以对光圈和快门这两大曝光要素进行控制，从而应对不同的拍摄目的。但实际上曝光结果已经由测光系统给出。我们通过拍摄模式调整的只是控制方式，而不是对测光结果本身的修改（要想修改测光结果进而改变曝光量，就需要使用 M 挡全手动模式并不参考曝光提示，或者使用曝光补偿），它们的作用更多是为摄影师提供不同的画面效果和控制手段。

拍摄模式包括 9 个，Ⓐ⁺ 场景智能自动模式使用起来最为轻松，几乎所有设置都由相机完成，当然这样的方式很可能拍摄不出我们想要的照片效果；P 程序自动曝光模式中光圈和快门都由相机自动决定，适合快速抓拍；光圈优先模式（Av）中光圈大小由摄影师自己决定，

决定控制曝光的方法

四种拍摄模式　**P Av Tv M**　计算出曝光值（光圈＋快门速度）

四种测光模式　◉ ▢ ⦿ ◙

明暗不同的场景　　　　直方图

※ 拍摄模式运作在自动测光基础之上。

相机根据自动测光结果算出相应的快门速度。这是最常用的曝光模式，适合以控制景深为主的拍摄题材，应对静止主体或慢速运动主体；快门优先模式（Tv）中快门速度由摄影师自己决定，相机根据自动测光结果算出相应的光圈。在拍摄移动主体时，主要使用这一模式；全手动模式（M）中光圈和快门全由摄影师自行设定，

相机自动测光结果只进行提示以供参考。适合高反差的风光场景和对曝光控制更为自主的摄影师；B 门模式中快门开启和关闭的时间由我们手动控制，适合拍摄长时间曝光题材。另外还有 C1、C2、C3 三种自定义拍摄模式，可以让我们将常用设置打包在一起以应对某一题材的拍摄需求。

8.2.1 🅰⁺场景智能自动模式

拍摄参数： ◎ 光圈：f/11 ▢ 快门：1/400s ▣ 感光度：ISO200 ◎ 曝光模式：场景智能自动模式

❉ 对于初学者来说，场景智能自动模式可以减小失误率，在不掌握相机各项设置方法的情况下拍出不错的照片。

在讲解评价测光模式时我们提到了佳能 EOS 场景分析系统，它以 15 万像素 RGB+IR 红外测光感应器为核心，收集众多数据对拍摄场景进行分析，并计算出相应的结果应用于五大类相机设置中，我们无须自己参与就能够获得不错的照片效果。其中，自动曝光是很重要的一项，相机通过对数据的分析来判断我们正在拍摄的题材，进而做出智能的决策。在大部分时候都能够获得良好的曝光效果。另外，数据分析的结果还会被应用于自动照片风格、自动白平衡、自动亮度优化、自动对焦这四个方面。

当相机根据数据判断我们正在拍摄风光题材时，会将自动照片风格调整为画面锐度较高、红色和绿色更加鲜艳的方式，对原始数据

加以处理，从而得到漂亮的 JPEG 格式照片。而当相机判断我们正在拍摄人像时，则会降低锐度，让皮肤的瑕疵得到掩饰，并且提升红色以强化皮肤的红润感。如果你在室内低色温的钨丝灯环境下拍摄，相机还能够检测到光源类型，并通过自动白平衡设置校正过于暖调的画面，这样照片色调就会更加正常。当数据分析结果显示为正在拍摄人像题材，而且背景亮度较高时，相机还会运用自动亮度优化功能提高主体人物亮度，避免高亮背景对测光的干扰。在拍摄移动主体时，测光感应器还能够分析出移动主体的色彩和轮廓特征，指导自动对焦系统跟踪对焦。总之，场景智能自动模式汇集了佳能众多先进技术，对于普通大众和摄影初学者给予了体贴的关怀，针对这一人群大幅度提升了相机的易用性。更重要的是，避免了大量难看照片的出现，从而提升了用户对相机的评价。

在场景智能自动模式下，相机会接管对焦模式、测光模式、感光度和白平衡等众多设置，我们可以人为控制的项目较少。虽然它可以让拍摄更加轻松，但是自动模式永远无法了解摄影师的拍摄意图和思路，因此无法实现我们的创作要求。而且拍摄题材和场景千差万别，自动功能也无法面面俱到。在学习了摄影知识和相机设置后，我们掌握了更多的技术，可以根据创作要求对相机的各项功能进行手动控制，拍出更完美的作品。

8.2.2 P 程序自动曝光模式——简洁快速的选择

如果对相机复杂的参数设置不感兴趣，希望用最简洁快速的方式进行拍摄，可以使用 P 程序自动曝光模式。使用该模式拍摄，当半按快门时，相机会对现场进行测光，计算出一个合适的曝光值，并给出相应的光圈与快门组合。这一模式最大的优势在于无须摄影师自己设定光圈或快门，可以将注意力完全放在构图和对场景的观察上，从而便于实现快速抓拍。但其弱点也在于此，因为放弃了对光圈和快门的控制，画面景深或者移动主体清晰还是虚化都不能根据自己的意图去实现。因此，职业摄影师很少采用此模式。

拍摄参数： ◎ 光圈：f/4 　 ◎ 快门：1/250s 　 ◎ 感光度：ISO1600 　 ◎ 曝光模式：P 程序自动曝光 　 ◎ 摄影师：林东

※ 在进行快速抓拍的时候，P 挡可以让我们的注意力全部放在主体身上，而不必为参数设置分心。

【容易混淆】

虽然 P 程序自动曝光模式也可以算作一种自动模式，但与场景智能自动模式相比，它可以提供给我们的手动控制项目更多，例如对焦模式、测光模式、感光度、白平衡和照片风格等。因此，我们可以获得更多驾驭相机的能力，从而对照片最终效果有了较为准确的把握。

P 挡也可以变身专业模式

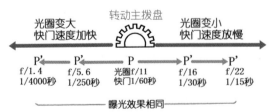

不要以为 P 挡只能成为初学者的模式，使用佳能的"程序偏移"功能可以让 P 挡华丽转身，变为专业模式。此时，既可以充分发挥程序自动曝光模式的快捷优势，又可以避免对画面最终效果的失控。方法很简单，就是在使用 P 挡半按快门完成测光后，旋转主拨盘，在当前光圈和快门组合的基础上进行平移。所谓平移，就是指转动主指令拨盘后，只改变光圈与快门组合，并不改变曝光值。

例如，半按快门后程序给出的组合是光圈 f/11，快门 1/60s，此时向左转动几次主拨盘相机就会重新给出一组数据，光圈 f/5.6，快门 1/250s，意思是采用这样的光圈快门组合同样可以完成拍摄，获得同样的曝光结果。与刚才的数值相比光圈加大了两挡，快门加快了两挡。再次向左转动几次主拨盘还可以得到光圈 f/1.4，快门 1/4000s 的组合。与刚才的光圈 f/5.6，快门 1/250s 相比，光圈加大了 4 挡，快门加快了 4 挡。如果往左转动主拨盘，则可以得到光圈 f/16，快门 1/30s 的组合，与光圈 f/11，快门 1/60s 相比，光圈缩小了一挡，快门则相应放慢了一挡。如果继续收缩光圈至 f/22，快门则会继续放慢一挡至 1/15s。我们可以发现为了保证相同的曝光结果，当光圈加大时单位时间内的进光量就会增加，所以快门速度就需要加快；而当光圈缩小时单位时间内的进光量就会减小，所以快门速度就需要放慢。

有了"程序偏移"的帮忙，我们可以在 P 挡的基础上选择理想的光圈值来获得想要的景深效果，或者选择理想的快门速度来定格或虚化运动主体。但由于需要多次转动主拨盘，所以效率并不高。如果你希望快速获得理想的光圈或快门值，那么需要下面两个模式。

8.2.3 Av 光圈优先模式——最常用的拍摄模式

拍摄参数： ◎ 光圈：f/11　◎ 快门：1/200s　◎ 感光度：ISO800　◎ 曝光模式：Av 光圈优先　⊗ 摄影师：林东

※ 拍摄大场景风光题材时，为了保证画面具有足够的景深，将场景中的视觉元素全部清晰呈现出来，就需要摄影师通过 Av 挡光圈优先模式掌控光圈。

拍摄参数： ◎ 光圈：f/2.8　◎ 快门：1/60s　◎ 感光度：ISO2000　◎ 曝光模式：Av 光圈优先

※ 在弱光环境下，使用大光圈才可以获得更多的进光量，让手持拍摄获得足够的快门速度。此时，虽然使用 Av 挡光圈优先模式但也要随时关注快门速度，确保在安全快门之上。

如果从重要性和使用频率来讲，Av 光圈优先模式是所有曝光模式里排在第一位的。大部分摄影爱好者甚至是顶尖的职业摄影师在大部分题材的拍摄中都采用光圈优先模式。在此模式下，我们通过掌控光圈的大小，来调整景深，这样就可以控制背景的虚化程度。可以让背景虚化，使得清晰的主体更加醒目，也可以保留背景中的景物细节，让环境元素更多地体现在照片中，从而传递更多的信息，起到对主体补充说明的作用。通过这种方法，摄影师就拿到了对主题表达的主动权。

摄影师之所以选用 Av 光圈优先模式，是因为他们将光圈大小或者说景深大小作为拍摄在 Av 光圈优先模式下，通过转动主拨盘来调整光圈。在半按快门后，测光系统被激活，向左旋转主拨盘能够开大光圈，向右旋转主拨盘会缩小光圈。

实战经验

使用光圈优先除了可以方便地控制景深外，还可以方便使用镜头的最佳光圈。前面介绍过，一支镜头并非在所有档位的光圈下都有最佳的画质表现。只有在某个光圈范围内画质才能达到最优，使用光圈优先模式时就可以轻松实现最佳光圈的快速选择，从而带来更好的画质。

时首要考虑的因素，快门则放在较为次要的地位。相机会根据自动测光的结果计算出曝光量，然后依据设置的光圈大小自动匹配出正确曝光所需要的快门速度，虽然快门速度是相机自动设置的，但实际上由于快门速度需要与光圈匹配，其大小也是由拍摄者间接控制的。

在大部分情况下，我们虽然使用 Av 挡光圈优先模式，但不能把所有注意力全部放在光圈上，需要同时关注快门速度是否有异常。一种异常情况是在弱光环境下，即使我们希望画面中前后景都清晰，也不能使用过小的光圈。例如，在昏暗的室内使用 f/8 光圈，会导致快门速度过慢而让手持拍摄的照片全部"糊"掉。此时，你在控制光圈时还需要关注快门的变化，努力去寻找小光圈获得尽量大的景深，同时快门速度足够快，满足手持拍摄要求的组合。当然，这其中最重要的是感光度，有了它刚才的矛盾就可以迎刃而解。

另一种极端情况是在阳光明媚的户外使用大光圈拍摄，例如使用 f/1.4 时，由于户外光线充足，在很短时间内会有大量光线进入相机。而超大光圈让这种情况更加严重，此时即使采用 1/8000s 的最高快门也无法让光线数量降低到正常曝光水平。此时，单独控制光圈会带来过曝问题。因此，也要随时监控快门速度。

硬件技术看板

在胶片单反时代，随着相机具备了自动测光能力后，最早出现的半自动曝光模式就是光圈优先。因为当时的光圈控制全部由摄影师手动旋转镜头上的光圈环来实现，所以相机很容易根据自动测光结果计算出相应的快门速度。相比之下，快门优先模式则出现得更晚。

8.2.4 Tv 快门优先模式——拍摄运动题材必选

Tv 快门优先模式是专门以快门速度控制为核心的拍摄模式。在快门优先模式下，我们可以掌控快门速度，从而将运动的主体表现为清晰的定格状态或者是形成运动轨迹，通过这两种不同的画面表达产生两种截然不同的视觉效果。相机会根据快门速度自动匹配出正确曝光所需要的光圈。此时快门速度是主导地位，而光圈是从属关系，画面的核心视觉效果并不是景深而是动态的表达。快门优先模式在体育摄影中被高频率地使用，在普通爱好者常拍的题材里，溪流、瀑布、车流和人流等都是会使用到快门优先模式的地方。

很多爱好者认为清晰是照片成功的唯一要素，但是就好比锐利的主体需要虚化的焦外来衬托一样，更高级的照片会以"虚"衬托"实"，以"动"表现"静"。很多职业摄影师都会精确控制拍摄时的快门速度，虚化部分处于运动中的物体，为画面增加动感。

另外，在弱光环境下手持长焦镜头拍摄时，快门优先模式也可以起到设置安全下限的作用。

拍摄参数： ◎ 光圈: f/3.5　◎ 快门: 1/5000s　◎ 感光度: ISO1600　◎ 曝光模式: Tv 快门优先　◎ 摄影师: 王文光

※ 为了清晰地定格投球手出手前最有张力的动作，需要使用快门优先模式并选择一个较高的快门速度。

例如，你使用 EF 70-200mm f/2.8L IS II USM 镜头的长焦端 200mm 拍摄时，获得最清晰画面的快门速度是 1/200s。这个速度因人而异，主要看你手持相机的稳定性。此时，可以使用快门优先模式，将快门速度设定在这个值或者设定在更为保险的 1/250s 上，而后的拍摄中就不会担心快门速度低于这条"红线"了。

　　了解了光圈优先与快门优先两种模式后，你会发现，摄影师通过掌控光圈所得到的画面效果与通过掌控快门得到的效果截然不同。在

摄影的世界中，千变万化的视觉效果都来自于摄影师对于光圈和快门这两项技术的掌握。

操作指南：调整快门速度

　　在 Tv 快门优先模式下，通过转动主拨盘来调整快门速度。在测光系统被激活的情况下，向左旋转主拨盘能够让快门速度更慢，向右旋转主拨盘会让快门速度更快。

【菜单解析】自定义功能菜单第 1 页第 6 项【安全偏移】

　　一般情况下，我们使用 Av 光圈优先或者 Tv 快门优先模式都能够顺利拍摄，当我们自己手动设定一个参数后，相机会根据测光结果匹配出另外一个参数。但是，光圈与快门并不是无限制的，对于快门速度来说，机身决定了其范围在 30s ~ 1/8000s 之间。而对于光圈来说，镜头决定了其范围，如果你使用套机镜头 EF-S 18-135mm f/3.5-5.6 IS STM，那么在 18mm 端为 f/3.5

至 f/22，而长焦端为 f/5.6 至 f/38。当你使用不同镜头时，光圈的范围也有所不同。（相对来说，快门速度的范围更加宽广，能够达到 18 级。而光圈范围只有 7 ~ 8 级。所以，在使用 Tv 快门优先模式拍摄时，更容易出现问题。）

　　正是由于范围的存在，在一些极端情况下，相机进行第二个参数的匹配时会遇到问题，那就是在限定范围

内没有任何一个值能够实现正确的曝光量，只有突破这一范围才能够实现测光系统计算出的准确曝光结果。例如，当我们使用 EF 70-200mm f/2.8L IS II USM 镜头拍摄芭蕾舞时，由于舞台光线较弱，同时又需要清晰定格演员的动作，使用了 Tv 快门优先模式，选定的快门速度为 1/500s，手动设定感光度为 ISO1600。那么相机会根据测光结果，匹配出 f/2.8 的光圈。但是随着演出的进行，在新的一幕剧中，环境光线进一步降低，此时为了实现准确曝光，必须采用 f/1.4 的光圈。但手中的镜头无法达到。此时，相机就会面临一个抉择，是继续采用快门速度 1/500s，光圈 f/2.8 的组合拍摄出曝光不足的片子，还是改变摄影师设置的快门速度，将快门速度降低到 1/125s，从而获得正确的曝光呢？

相机是无法做出这个选择的，只有我们自己才可以。而告诉相机此时该如何做的窗口就是自定义功能菜单第 1 页第 6 项【安全偏移】选项。

> **关闭：** 相机依然使用摄影师给出的光圈或者快门速度设置，例如上述案例中的快门速度为 1/500s。即使相机在自动匹配第二参数时遇到困难，也不改变初始参数。当然这样的选择会导致曝光的偏差，但当摄影师非常确信自己的曝光正确或者首选参数重要性更高以及相机自动测光结果并不准确时可以采用。

> **Tv/Av（快门速度/光圈）：** 这个选项相当于启用安全偏移，如果相机在匹配第二参数时遇到困难，就会改变摄影师最初设置的光圈或者快门速度，从而实现相机认为的准确曝光结果。这样能够避免由于拍摄环境明暗程度突然出现巨大变化引发的曝光失误。

> **ISO：** 如果你既不想牺牲自己设定的光圈或者快门速度，也不想牺牲最终的曝光结果，那么还有一种选择，那就是改变影响曝光的第三个要素——感光度。在大部分场景中，我们都会自己设定感光度值，而在这个选项下，当相机匹配第二参数时遇到困难，就会将手动设定的感光度变为自动浮动感光度。例如上述案例中，相机为了保证 1/500s 的快

门速度，会将感光度从 ISO1600 提高至 ISO6400，从而得到准确的曝光。

当然，这个临时获得的自动感光度也是存在范围的，这个约束范围要看你在拍摄前手动设置的感光度是多少。我们在学习感光度时知道，拍摄菜单第 2 页【ISO 感光度设置】选项中有两个范围，第一个是手动设定感光度的范围即【ISO 感光度范围】，第二个是使用自动感光度时的范围，即【自动 ISO 范围】。如果你在拍摄前手动设置的感光度落在了【自动 ISO 范围】内，那么进行安全偏移时的感光度范围也在这个界限内，无论安全偏移时需要增加感光度还是降低感光度，都超出不了【自动 ISO 范围】。如果你的手动设置感光度低于【自动 ISO 范围】，那么安全偏移范围就会在当前设定 ISO 与【自动 ISO 范围】的上限之间。例如在上图中的第一种情况下，如果环境光线突然变暗，安全偏移需要将感光度提升到 ISO3200 才能够做到不欠曝，那么在这样的【自动 ISO 范围】设置下，安全偏移最多将感光度提升至 ISO1600。这样安全偏移后仍会出现欠 1 挡的曝光结果。如果你的手动设置感光度高于【自动 ISO 范围】，那么安全偏移范围就会在当前设定 ISO 与【自动 ISO 范围】的下限之间。例如在上图中的第二种情况下，如果环境光线突然变亮，安全偏移需要将感光度下降到 ISO400 才能够做到不过曝，那么在这样的【自动 ISO 范围】设置下，安全偏移最多将感光度降低至 ISO800。这样安全偏移后仍会出现过 1 挡的曝光结果。所以，【自动 ISO 范围】的大小会对安全偏移的效果产生很大影响。如果你希望充分借助安全偏移手段来应对明暗变化多端的场景，那么提前设置一个较宽的【自动 ISO 范围】很有必要，例如，ISO100 至 ISO6400。

8.2.5 M 全手动模式——我的曝光我做主

M 全手动模式中摄影师完全掌控光圈和快门两大要素，全部要自己手动设置。M 挡也是四个曝光模式的鼻祖，因为最早期的胶片单反相机不具备自动测光功能，只能通过手动设定光圈与快门值来实现曝光。M 全手动模式下摄影师获得了对画面曝光的最大控制权，无论景深还是动态主体的控制都尽在掌握。但是，在

全手动模式下，更容易出现曝光失误。因为，前三个拍摄模式都是基于相机的自动测光系统，不会出现太大的偏差。但全手动模式需要摄影师对场景的曝光有掌控能力，否则就会出现严重的过曝或欠曝。

全手动模式更适合光影交错明暗反差较大的场景，例如日出日落。在这样的场景中，明

亮的太阳、大面积处于阴影中的山脉和建筑都会严重干扰测光系统，正确的曝光参数往往需要摄影师自己来把握。

为了方便对曝光掌握不够深入的用户使用全手动模式，佳能 EOS 7D MARK II 具备曝光提示功能。从光学取景器中画面的右侧可以看到曝光提示标尺，它显示了当前设定的光圈和快门组合下，距离相机自动测光结果的偏差。短线在坐标轴中心点以下，代表当前设置曝光不足。短线在坐标轴中心点以上，代表当前设置曝光过度。此时，如果提示曝光不足，我们可以使用更大光圈或更慢的快门速度。如果提示曝光过度，我们可以使用更小的光圈或更高的快门速度。当然，手动模式的意义就在于自主控制曝光，

拍摄参数： ◎ 光圈：f/11　　◎ 快门：1/80s　　◎ 感光度：ISO100
◎ 曝光模式：M 全手动曝光

※ 在这种日出日落的高反差场景中，如果摄影师希望按照自己的意图进行创造性曝光，那么 M 挡将是最适合的模式。在这幅照片中，通过 M 挡降低了曝光量，隐去了地面上大部分的杂乱植被，只保留了天边的落日和红云。

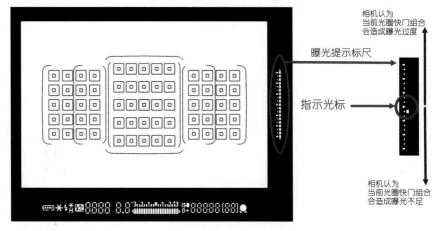

因此你也可以不全参照曝光提示。

操作指南：

在 M 全手动模式下，光圈和快门速度需要分别由两个拨盘来控制。佳能在胶片单反相机的发展过程中一直将快门优先放在更重要的地位上，所以至今仍然是主拨盘负责调整快门速度，而速控转盘负责调整光圈。在测光系统被激活的情况下，依然是向左旋转主拨盘能够让快门速度更慢，向右旋转主拨盘会让快门速度更快。顺时针旋转旋转速控转盘会让光圈变小，向左旋转会让光圈变大。

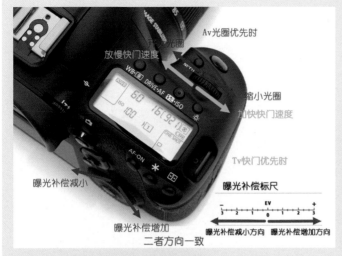

※ 在 Av 和 Tv 模式下，速控转盘的转动方向与曝光补偿移动反向一致，操作顺畅。

但此时会发生一个重要操作问题。那就是在 M 全手动模式下，当曝光指示标尺偏左即曝光不足时，希望通过速控转盘调整光圈来实现校正，向右顺时针旋转速控转盘是我们最习惯的方式。因为，在 Av、Tv 和 P 模式下，曝光补偿都是用速控转盘来调整的，顺时针旋转速控转盘都是让曝光指示标尺的光标向右，即增加曝光补偿。而此时，向右转动速控转盘会让光圈变小，曝光指示标尺的光标反而向左移动。这就很容易造成操作的失误。为此，我们可以进入自定义功能菜单第 3 页第 4 项【Tv/Av 设置时的转盘转向】中，将其设置为反向，这样在 M 全手动模式下，速控转盘顺时针转动将会开大光圈，从而保证了与曝光补偿操作的习惯一致。当然，选择反向后，在 Av 和 Tv 模式下，主拨盘的控制也会被改变。向右转动主拨盘将会降低而非提高快门速度，将会是光圈变大而不是变小。

※ 在 M 模式下，速控转盘旋转方向与曝光参考标尺移动方向相反，操作习惯被打乱。

※ 同样在 M 模式下，将自定义功能菜单第 3 页第 4 项【Tv/Av 设置时的转盘转向】改为反方向后，速控转盘旋转方向与曝光参考标尺移动方向一致，恢复顺畅操作。

[菜单解析] 自定义功能菜单第 1 页最后 1 项【对新光圈维持相同曝光】

Av 光圈优先和 Tv 快门优先模式下，从表面上看我们自己控制了一个重要参数，但是因为另一个参数是由相机自动选择，所以曝光实际上是相机测光系统掌控的。在这两种模式下，如果遇到极端情况，相机内的安全偏移功能就会出来挽救曝光。M 挡全手动模式的最大特色是可以将曝光三要素全部掌控在摄影师自己手里，从而精确控制曝光。但是，即使再有经验的摄影师也会有疏忽的时候，而最容易产生疏忽的地方就是光圈。例如，使用佳能 EOS 7D MARK II 的套头 EF-S 18-135mm f/3.5-5.6 IS STM 拍摄时，当你使用 18mm 广角端拍摄，M 挡的参数设置为光圈 f/3.5、快门 1/1000s，感光度 ISO200，这时曝光全在掌控之中，而且拍摄出的画面非常理想。当你看到一个远处非常吸引人的场景时，变焦到了 135mm 并进行拍摄后就会发现照片严重曝光不足。这是由于 EF-S 18-135mm f/3.5-5.6 IS STM 是非恒定光圈镜头，当焦距达到 135mm 时，最大光圈仅为 f/5.6，无法满足 M 挡设置光圈 f/3.5 的要求。于是，一个参数的变化就会导致曝光的偏差。（除了非恒定光圈

镜头以外，为镜头加装增距镜或更换为最大光圈较小的镜头都有可能导致这种情况发生）在 M 挡下，我们前面介绍的安全偏移也无能为力。此时出场挽救曝光的功能叫作【对新光圈维持相同曝光】，它就位于自定义功能菜单第 1 页最后 1 项。进入该选项，你会看到以下 3 个选择。

➢ OFF：相机不会改变我们对于光圈、快门速度和感光度的设置，任由曝光的变化出现。

➢ ISO：相机会自动提升感光度（忽略摄影师原先手动设定的 ISO 值），补偿光圈变小带来的进光量不足，从而得到与原来相同的曝光结果。例如上述案例中，相机会将感光度从 ISO200 提升至 ISO500（提升 1.3 挡）。

➢ Tv：相机会自动降低快门速度（忽略摄影师原先手动设定的快门速度），补偿光圈变小带来的进光量不足，从而得到跟原来相同的曝光结果。例如上述案例中，相机会将快门速度从 1/1000s 放慢至 1/400s（提升 1.3 挡）。

8.2.6 B 门曝光模式——任意长的曝光时间

在介绍快门速度范围的时候，你会发现最慢快门速度是 30s。但是，如果环境光线非常昏暗还想获得理想曝光，或者主体移动速度较为缓慢时还想拍出运动轨迹，就需要采用更长的曝光时间。需要突破 30s 上限的时候，应采用 B 门曝光模式进行拍摄。在 B 门模式下，快门速度取决于我们按住快门时间的长短。也就是说只要按住快门就会一直进行曝光，直到抬起快门曝光才真正结束。

与正常快门不同的是，对于长时间曝光来说，传统方式中一般都采用秒表计时，精确度不需要太高，因为 100s 的快门时间与 101s 没有什么差别。采用这种拍摄方式，必须配合三脚架和快门线使用，因为按动快门的时候难免

产生振动。采用 B 门拍摄时，曝光时间短则两三分钟，长则数个小时。环境光线越暗曝光时间需要得越长。多次尝试，改变不同的曝光时间，才能获得合适的画面亮度。

佳能 EOS 7D MARK II 上还以一项 B 门定时器的功能可以帮助我们自动控制 B 门的曝光时间。这样即使你没带秒表和快门线，也可以轻松使用 B 门模式进行拍摄。进入拍摄菜单第 4 页第 3 项【B 门定时器】选项，将红色光标移动到右侧的启用处，然后按下 INFO 按钮即可输入 B 门曝光的持续时间，确定后按下快门即可开始 B 门拍摄。这样就省去了采用秒表计时的麻烦。

实战：B 门拍摄

➢ **拍摄前的准备。** 将相机固定在三脚架上，确保稳定的支撑和没有丝毫的晃动。任何

轻微的晃动都会在长时间曝光下被放大，造成画面的模糊。将快门线与相机接口盖

拍摄参数： ◎ 光圈：f/14　　◎ 快门：B门（203s）
◎ 感光度：ISO100　👤 摄影师：林佳贤

※ 为了让曝光期间有更多的车辆从盘山公路上驶过，在画面中
留下痕迹，快门时间长达203s。

下方的遥控接口相连接。

➤ **拍摄前的设置。** 由于长时间曝光会造成感光元件发热，而热量与高感光度一样会形成难看的噪点。因此，如果拍摄 JPEG 格式需要进入拍摄菜单第3页第2项【长时间曝光降噪】选项，选择开启。而如果拍摄 RAW 格式，则可以将降噪工作放到后期处理过程中进行，会获得更好的效果。进入拍摄菜单第4页最后一项【反光镜预升】选项中，将该功能开启。

➤ **开启 B 门模式。** 按下模式转盘锁不放，同时转动模式转盘，将 B门模式对准白色短横线。半按快门激活相机，旋转主拨盘选择适当的光圈，一般选择较小的光圈，例如 f/11 ～ f/16。

➤ **手动对焦。** 按下实时取景拍摄钮，采用液晶屏取景。将镜头上的对焦模式切换播杆推至 M 手动对焦状态。通过液晶屏放大对焦位置进行手动对焦。

➤ **拍摄。** 按下快门线上的快门释放按钮让反光镜预升，然后再次按下并保持不放，直到曝光结束为止。

反光镜预升——最严谨的态度最少的震动

拍摄参数： ◎ 光圈：f/11　　◎ 快门：13s
◎ 感光度：ISO400

※ 使用反光镜预升功能，以保证在拍摄时获得最大的稳定性。

在使用 B 门曝光模式或者进行长时间曝光时，需要采用快门线或自拍模式将手指按动快门所产生的震动消除，从而保证画面的清晰度。为了获得更好的画质，进一步降低在曝光瞬间相机的震动，除了手指按下快门带来的人为震动以外，相机自身的震动也要消除。我们知道，单反相机结构上最大的特点就是在镜头和感光元件之间存在一个 45°倾斜放置的反光镜，当按下快门时，反光镜升起光线进入感光元件完成拍摄，之后反光镜落下使得光线继续反射至五棱镜，光学取景器中又可以观察到拍摄场景的情况。在这个反光镜一起一落的过程中就会产生振动，给画质带来负面影响。但单反相机诞生初期，摄影师对于反光镜真是又爱又恨，爱的正是由于它的存在才使得取景与最终拍摄保持了一致的视角，而不像旁轴相机一样存在视角差。恨的是反光镜的起落带来的震动实在不小，对于画质的损害非常明显。所以当时高等级相机上就具备了放光镜锁定功能。即使在今天，反光镜的设计已经取得了很大进步，但是在需要长时间曝光的夜景拍摄或景深极小的微距题材中，轻微的震动还是会给画面带来损害。拍摄这类题材，是应用反光镜预升模式的主要场景。

最严谨的拍摄方法就是在完成取景后，首先进入拍摄菜单第 4 页最后 1 项【反光镜预升】选项中，将红框光标移动到第二行并按下 set 按钮即可开启这一功能。此时反光镜并不会立即升起，所以你从光学取景器内依然可以看到画面。完成这一设置后，可以进行对焦操作。然后使用快门线进行拍摄。当第一次按下快门线上的拍摄按钮时反光镜才会升起，你能够听到一下类似快门的声音，但此时并不会拍摄。

反光镜预升之后，光学取景器随即失去作用，你无法通过它进行观察。只有当第二次按下快门线上的按钮时才进行真正的拍摄。这样就能规避相机自身产生的震动，从而保证画面的清晰度达到最佳水准。

提示 ⚡

快门线接口

快门线接口位于机身侧面，打开接口盖后左侧一列的最下方就是快门线接口。值得注意的是，一旦反光镜升起，相机上最核心的部件——感光元件将直接暴露在光线下。如果是在光线很强的环境中，例如海边或者雪景，会有大量光线直接通过镜头照射在感光元件上，长时间的暴露会让阳光的热能不断积累，损坏感光元件。所以，需要在反光镜预升后尽快拍摄完成。

操作指南：调整拍摄模式

拍摄模式调整时需要首先按下模式转盘中央的按钮，解除转盘的锁定。然后转动模式转盘将所需模式对准右侧的白色短横线即可。锁定功能的设计是为了防止在斜背相机等情况下出现误碰从而改变了拍摄模式，一旦这种情况发生，我们很难及时发现，很容易造成拍摄时的失误。有了锁定功能，就不会有类似情况发生了。

CHAPTER

第**9**章 高手曝光之道

- 你知道吗？职业摄影师几乎每张照片都会使用曝光补偿，那么在千变万化的场景中，什么时候增加，什么时候减小曝光补偿呢？

- Photoshop 的主设计师提出了一种打破传统的曝光方式，对于数码时代有着重要影响。这种曝光方法能够焕发出相机最大的潜能！这是一种什么样的曝光方式呢？

理解了曝光三要素，又掌握了测光与拍摄模式之后，我们已经为曝光控制打下了坚实的基础，后面就可以进入进阶与实战阶段了。

9.1 曝光锁定——让测光与对焦分离

在对焦过程中，我们为了扩展构图的自由度，需要使用对焦锁定功能。而在曝光这一技术环节中，同样需要使用曝光锁定功能让画面的曝光具有更大的灵活性。

9.1.1 为什么需要曝光锁定

拍摄参数： ◎ 光圈：f/11　　◎ 快门：1/1000s
　　　　　　▣ 感光度：ISO100　▣ 测光模式：评价测光

※ 如果直接拍摄这个场景，相机的自动测光系统会检测到明亮的雪和更加明亮的太阳，相机会认为环境亮度很高，而大幅度降低曝光值。这样画面中的雪会成为灰色，除了太阳之外所有区域都严重曝光不足。实际上，此时太阳虽然被薄云遮挡，但其亮度仍然很高，在画面中依然处于过曝状态。没有相机能够记录下如此明亮太阳的细节。

拍摄参数： ◎ 光圈：f/11　　◎ 快门：1/500s
　　　　　　▣ 感光度：ISO100　▣ 测光模式：评价测光

※ 先对近处大面积雪地测光并对焦，使用半按快门的方式锁定曝光后，再重新构图放入太阳所在的区域以及天空。这样的拍摄方式让雪地曝光正常，画面大部分区域都能得到良好的展现。当然，太阳依然是过曝的，不过这就是它本来的面目。

第二次构图范围

第一次构图范围　　测光区域　　对焦位置
　　　　　　　　（使用评价测光）

我们知道自然界中最明亮的发光体就是太阳，当你需要把它放入画面中时，会严重干扰测光表的工作。带来的后果是除了太阳以外其他所有环境和物体都变成了灰暗的部分，严重曝光不足。而太阳仍然明亮得过曝，没有细节可言。这是一种典型的曝光失误照片。为了解决这个问题，就需要采用测光时的构图与最终拍摄时的构图不同的方式。这其中最关键的一个操作步骤就是曝光锁定。显然，在没有光源的构图中，测光结果是我们需要的，也是锁定的目标。最简单的曝光锁定可以通过半按快门按钮来实现，但这首先需要对半按快门按钮的功能进行一下修改。

　　默认状态下，半按快门后测光系统将被启动，它会立即根据环境亮度等信息进行计算，并给出当前最合理的光圈和快门组合。此时如果你抬起手指，相机的测光系统会继续工作 4s 左右。在此期间，如果你移动了相机，场景明暗发生变化，那么测光系统会给出新的光圈和快门组合。也就是说，一旦测光系统开始功能，它就像连续自动对焦模式一样，会不停地计算并给出结果，即使你保持半按快门的状态移动相机也是如此。为了将不含光源场景的测光结

果保存下来，我们需要进入自定义功能菜单第 3 页（C.Fn3）最后一项【自定义控制按钮】选项，将半按快门按钮的功能设置为第 3 种 ※ 自动曝光锁。这样，半按快门就可以既启动测光系统获得测光值，又可以在第一时间将其固定下来，即使再移动相机，测光系统也不会给出新的结果，从而实现了锁定曝光的目的。将这一曝光值应用于包含光源的场景中，我们就可以使得环境的曝光更加准确，从而避免了光源对于测光系统的干扰。

实战：使用曝光锁定应对强烈光源

- **拍摄前设置。** 采用评价测光模式，并使用 ONE SHOT 单次自动对焦和单点对焦模式。进入自定义功能菜单第 3 页（C.Fn3）最后一项【自定义控制按钮】选项，将半按快门按钮的功能设置为第 3 种 ※ 自动曝光锁。
- **第一次构图。** 首先把太阳排除在画面以外，针对场景其他部分进行构图。此时，构图中可以容纳你希望在最终画面里体现的主体、地面环境、植物和一小部分天空，只是把太阳排除在外就行。
- **对焦并锁定曝光。** 针对画面中的主体或兴趣中心或超焦距的位置按下 AF-ON 按钮完成对焦，半按快门按钮完成测光并锁定。此时，光学取景器下方的数据显示区域左侧会出现※曝光锁定标志，注意保持半按快门不放。
- **第二次构图。** 此时，可以移动相机，依照你的想法将太阳放入画面中，这时曝光值已被半按快门的方式锁定，不会再受到强烈日光的干扰。因此，拍摄的最终结果里主体和环境都很正常，只有太阳是过曝的。而这点并不需要担心，因为无论你做出什

么样的努力，太阳都是过曝的，并且它本身也就应该在画面中呈现为那样。在保持半按快门状态的基础上，完全按下快门即可完成拍摄。

　　除了太阳以外，如果画面中出现明亮的灯光或者大面积的黑色吸光体，例如黑色天鹅绒帷幕等，都可以采用这种先测光，锁定曝光后再构图拍摄的方式。在这一过程中，半按快门同时起到了曝光锁定的功能。这是一种最为简便的锁定曝光的方式，虽然具有快速方便的特点，但在更为复杂的场景中，它却难以发挥作用。这就需要更专业的曝光锁定工具——※曝光锁定按钮。

> **提示 ⚡　半按快门按钮锁定曝光**
>
> 　　在佳能 EOS 7D MARK II 上通过半按快门的方式只能在评价测光模式下锁定曝光，而无法在点测光、局部测光和中央重点平均测光模式下锁定曝光。在后三种模式下，即使半按快门保持不放，当相机移动重新进行构图时，测光系统也会继续工作，并计算出新的曝光值。此时只有使用※曝光锁定按钮才能够有效锁定曝光。

9.1.2 使用曝光锁定按钮与变焦方式锁定曝光

拍摄参数： ◎ 光圈：f/5.6　◎ 快门：1/500s　◉ 感光度：ISO400　◉ 测光模式：评价测光

❋ 在这一场景中，虽然没有强烈的光源，但是室内外的光线强度差异较大。在拍摄构思中，最希望表现的是巨型落地窗户所带来的视觉震撼，并适当保留室内的环境特点。因此，在曝光控制上需要以室外光线强度为曝光依据，那么使用半按快门同时锁定对焦和曝光的做法显然无法应对这一场景。此时就需要用到更专业的✱曝光锁定按钮。

实战：使用曝光锁定与变焦方式应对高反差场景

➤ **拍摄前设置。** 将测光模式调整至评价测光模式。

➤ **寻找测光区域。** 在一个明暗反差较大的场景中，找出你需要在画面中重点表现的主体或区域，也就是需要曝光准确的部分。例如，在这个场景中，透过巨型玻璃窗能够看到的自然环境就是最吸引人地方。

➤ **获得曝光值。** 将手中的变焦镜头调整至长焦端，取景器中仅出现窗户外的场景（要

拍摄参数： ◎ 光圈：f/5.6
◎ 快门：1/1000s
◉ 感光度：ISO400
◉ 测光模式：评价测光

包含窗户、树木和天空，而不能仅有最亮的天空，否则室内会严重欠曝），然后半按快门激活测光系统（此时可以

不必对焦），获得该区域的测光读数。在光圈优先模式下，你选取的测光位置越明亮，测光读数中快门速度越快，在最终照片中原来暗部的区域会越暗。

➤ **锁定曝光。** 按下相机背面右上方的✱曝光锁定按钮后松开，即可对窗外自然环境的曝光值进行锁定。此时，光学取景器内部最下方用于显示拍摄参数的区域中，在最左侧的电池剩余电量旁会出现✱标志，代表已经完成了曝光锁定。

➤ **曝光补偿。** 根据场景明暗反差情况和拍摄意图适当增减曝光补偿。在此案例中，窗户外的区域应该在最终照片里位于高光部分，但又能够保留较多的细节。所以需要在测光结果基础上增加 +1EV 曝光补偿，让该区域更加靠近直方图右侧的高光位置。同时，增加曝光补偿还能够让处于暗部的室内环境得到更多展现，而不是一片死黑。

拍摄参数： ◎ 光圈：f/5.6 ◎ 快门：1/125s ▣ 感光度：ISO400
　　　　　　▣ 测光模式：评价测光

※ 如果不采用上述拍摄步骤，而是直接用广角镜头和评价测光拍摄，那么由于室内较暗的环境在画面中占据比例较高，快门速度会慢到1/125s，此时窗外的自然景观全部过曝，成为一片死白，严重干扰画面整体的视觉效果。

> **重新构图。** 将变焦镜头调整至广角端，融入更多的室内环境进行重新构图。
> **拍摄。** 再次半按快门（此时相机对拍摄主体只对焦不测光）针对画面中央区域的古

埃及文物完成单点对焦，听到合焦提示音后完全按下快门完成拍摄，就会得到本节开始的那幅作品。

9.1.3 使用点测光时的曝光锁定

拍摄参数： ◎ 光圈：f/11 ◎ 快门：1/50s ▣ 感光度：ISO100 ▣ 测光模式：点测光

① 点测光区域

② 对焦点位置

式。此时，拍摄主体肯定是我们需要清晰对焦的区域，但有些时候它不一定是测光的区域。例如，在拍摄剪影时，主体位于画面的暗部，对焦清晰不成问题，但如果依据这个暗部测光，那么画面其他位置就会曝光过度，并且主体也会变为中间灰的影调，失去了剪影照片应该具有的特点。面对这样的场景时，

前面实战中我们都采用评价测光模式拍摄，而在面对高反差场景时，为了精确测光经常会使用点测光模

为了更准确地曝光，需要找到画面的中间调区域，然后使用点测光功能对这一区域进行测光，以这个测光结果作为曝光值，同时针对画面主体对焦。此时我们需要将对焦与测光分离，这同样会用到曝光锁定功能。

曝光锁定功能可以对场景中某一个区域进行测光，获得曝光值后将其保留，然后对场景中其他的不同区域对焦。例如，先对场景中的中间调测光，保留曝光值后，移动相机对其他

区域对焦拍摄。

采用曝光锁定可以有效应对逆光和明暗反差强烈的场景。测光位置与对焦位置的分离给了我们更大的自由度，能够获得更广阔的创作空间。在反差较大的户外环境中，可以先对天空中较暗部位测光，再向主体对焦拍摄。在拍摄日出日落时，可以向太阳旁边的云层或天空测光，然后对画面纵深的 1/3 处对焦。拍摄逆光人像时，可以先对人物面部进行点测光，然后按下曝光锁定按钮，重新构图拍摄。

实战：点测光与曝光锁定结合

➤ **拍摄前设置。**将测光模式调整至点测光，并使用单点对焦。

➤ **寻找测光区域。**调整焦距和拍摄位置获得大致的理想构图。寻找天空区域中最亮的部分和最暗的部分，然后选择亮度介于这两者之间的区域作为测光位置。

➤ **测光。**移动相机，将光学取景器中央的点测光圆形标记对准中灰区域。半按快门激活测光系统。如果该区域缺少云朵等具有细节的景物，只是一片纯净的天空，将难以对焦，镜头会出现来回拉风箱的现象。但对焦并不是我们的目的，无论是否能够对焦，获得测光数据即可。

➤ **注意测光准确性。**注意点测光区域中是否存在亮度更高的云朵或前方亮度更低的遮挡物，如果存在则会干扰点测光结果的准确性。此时需要想办法避开这些干扰物。

➤ **曝光锁定。**按下相机右上方的 ✳ 曝光锁定按钮后抬起手指，完成对曝光的锁定。

➤ **组织画面（构图）。**在锁定曝光后，再次移动相机寻找理想的构图。

9.1.4 更便利的连续曝光锁定

按下 ✳ 曝光锁定按钮能够锁定曝光。如果此时测光系统仍然在工作，你移动了相机，场景明暗发生了变化，那么你再次按下曝光锁定按钮时，新的测光结果就会取代上一个曝光值而被锁定。这样你就可以根据画面调整锁定曝光的区域。当使用这一数值拍摄后，不会立即

➤ **对焦。**按下 ⊞ 自动对焦点选择按钮，然后通过 ✳ 多功能控制摇杆移动对焦点到画面纵深 1/3 处的建筑物上。

➤ **拍摄。**重新半按快门（此时相机对拍摄主体只对焦不测光），听到合焦提示音后完全按下快门完成拍摄。

拍摄参数： ◎ 光圈：f/5.6　　⏱ 快门：1/500s
　　　　　　 ◉ 感光度：ISO400　　▣ 测光模式：评价测光

※ 使用连续曝光锁定可以在固定的光圈快门组合下在同一场景中拍摄多种构图的照片，而不必频繁锁定。

解除锁定，而是要到测光系统关闭时才取消锁定。如果你希望使用这一曝光值拍摄一系列的照片，虽然还可以操作，但时间上会比较局促。毕竟如果不持续半按快门，测光系统工作时间只有4s左右。而在佳能相机中，这一时间是无法修改的（只有在实时取景和视频拍摄模式下，测光系统工作时间才可以通过拍摄菜单第6页第2项的【测光定时器】来调整，此时测光时间可延长至8秒、16秒甚至是30分钟）。为了能够更加从容地使用锁定的曝光值进行连续拍摄，就需要用到 ✱H 持续曝光锁定功能。

我们可以进入自定义功能菜单的第3页

（C.Fn3）在【自定义功能按钮】选项中对于曝光锁定按钮的功能进行重新设置。曝光锁定按钮的默认值是第一项"✱锁定曝光"功能，我们可以将其更改为第二行的"持续曝光锁定"功能✱H，这样曝光锁定就具有了最强的"黏性"。此时，当完成曝光锁定后，即使你安全按下快门，曝光依然锁定在那个数值上。无论你拍摄多少张都是如此。只有再次按下曝光锁定按钮才能解除曝光锁定。这个选项的优势在于，你可以在画面中找到一个准确测光位置后，开展一系列的拍摄。全神贯注于移动主体的瞬间状态把握，而不必每次按下快门前都对该位置进行重新测光，避免了重复的锁定曝光操作。

同时，比起测光后，将光圈快门组合利用M挡全手动模式固定下来的方式更加灵活。一旦场景改变，可以快速适应新的环境。

9.2 曝光补偿——领悟加减之道

如果你查看职业摄影师作品的拍摄参数会发现，大部分都采用了曝光补偿，而不是完全依据相机的测光结果。他们通过控制曝光实现不同的画面效果，而控制曝光的手段分为两种：一种方式是摄影师自己通过M全手动曝光模式自行设置光圈和快门速度，这种方法需要摄影师有丰富的经验；另一种方式是在相机自动测光的基础上采用曝光补偿的方式进行修正，实现对曝光的控制。后一种方式更加便捷快速。

之所以需要曝光补偿，是因为无论选择哪种测光模式，其测光结果都是在自动测光系统的运作下得到的，其结果往往不能充分实现摄影师的曝光控制和表现意图。为了能够进一步加以修正，实现自己理想中的曝光效果，就需要用到曝光补偿。

相对于测光模式，曝光补偿是我们自己能够完全掌握的调整方法，通过曝光补偿让曝光结果偏离自动测光的数值，创造出自己的个性来。因此，掌握好曝光补偿这一工具非常重要。

9.2.1 最重要的原则——白加黑减

在介绍测光原理时我们了解到，相机的自动测光系统是以18%反射率的中性灰为基准进行工作的。在实际测光过程中，如果画面中的物体大部分为中性色调，则测光结果会比较准确，无论色彩还是影调都可以得到真实的表现。如果画面中充满了白雪、波光粼粼的水面、红色或黄色花瓣等高反射率物体时，相机的测光系

提示 ⚡

曝光补偿并非一个神秘而独立的功能，它对于曝光的影响依然是通过曝光三要素来发挥作用的。在Av光圈优先模式下，当我们增加曝光补偿时，相机会将自动匹配的快门速度放慢，以增加曝光时间，从而实现曝光量的增加。当我们减小曝光补偿时，快门速度就会加快。同样在Tv快门优先模式下，当我们增加曝光补偿时，它会将光圈开大；当我们减小曝光补偿时，它会将光圈缩小。

统就会认为这是过曝，要降低曝光值将其还原成 18% 中性灰。结果就造成了白雪变为了灰色雪景，鲜艳的花瓣颜色变得暗沉。如果画面中充满了黑色的物体或阴影时，相机的测光系统就会认为这是欠曝，结果就造成了黑色变成了灰色，暗沉的阴影区域变得明亮与现场不一致。

因此曝光补偿的原则就是：白加黑减，越白越加，越黑越减。

9.2.2 需要增加曝光补偿的场景

越白越加

当场景中白色占据画面的大部分面积时，要增加曝光补偿。例如，拍摄雪景、蓝天白云、白色浓雾环境、穿着白色婚纱的新娘特写、白色的玉兰花时。白色占据的面积越大，亮度越高就要增加越多的曝光补偿。通常顺光拍摄这些场景时可以增加 +2/3EV，侧光时要增加到 +1EV。拍摄雪景要增加 +1EV 至 +2EV，如果画面中 90% 以上是明亮白色时，甚至要增加到 +2EV 以上。

越亮越加

当场景中有反光物体时，也需要增加曝光

拍摄参数： ◎ 光圈：f/11　　◎ 快门：1/320s
　　　　　　　◙ 感光度：ISO100　◉ 曝光补偿：+1.67EV

※ 雪景是最容易出现曝光不足的典型场景，为了让雪在画面中呈现出洁白的颜色，一定要大胆增加曝光补偿。

拍摄参数： ◎ 光圈：f/8　　　◎ 快门：1/1250s
　　　　　　　◙ 感光度：ISO400　◉ 曝光补偿：+1EV

※ 大面积反光的水面会让测光系统认为场景非常明亮，从而降低了曝光值。这样就会导致画面中作为主体的这对划船的情侣严重曝光不足，因此需要增加曝光补偿，让主体得到更加准确的曝光。

补偿。例如，水面波纹的点点反光、玻璃和金属物体的反光、海边的白色沙滩等。这些反光物体的亮度比白色物体还要高，对于相机自动测光系统的影响更大。由于画面中这些亮斑的存在，相机在评价测光模式下会大幅度降低曝光值以平衡画面，如果不进行正向曝光补偿，画面中没有反光的部分就会严重欠曝，缺乏细节。而后者往往是我们希望表达的主体位置。此时要根据反光强度和面积大胆增加曝光补偿到 +1EV 以上。

逆光要加

最终极的明亮物体就是太阳，在拍摄逆光场景时明亮的阳光成为背景，此时评价测光模式下拍摄对象和环境的曝光都会偏暗，此时我们要表达的主体并不是明亮的阳光，而是严重

拍摄参数: ◎ 光圈: f/2.8　　◎ 快门: 1/1000s
◎ 感光度: ISO400　　◎ 曝光补偿: +1EV

※ 逆光时会造成人物面部曝光不足，增加曝光补偿
可以使面部得到更好的显示，即使背景出现轻微
过曝也不必担心。

欠曝的逆光人物或花朵，因此就需要增加曝光补偿到 +1EV 以上。有时即使背景过曝也要保证人物的曝光正常。另外，还可以利用反光板为人物正面补光，以平衡这种强烈的反差。

透明要加

在逆光环境下拍摄可透光的物体，例如轻薄的花瓣、树叶、彩色玻璃等，往往可以体现出这些物体晶莹剔透的感觉，此时为了让画面效果更加理想就需要采用增加曝光补偿的方法，让半透明效果更醒目突出。

拍摄参数:
◎ 光圈: f/5.6
◎ 快门: 1/800s
◎ 曝光补偿: +2/3EV

※ 叶子被阳光照射成了半透明状，为了强化这种透明效果，需要增加曝光补偿。

有明亮窗户的室内要加

在拍摄诸如教堂等建筑物内部时，由于光线大部分来自窗户，画面中的窗户会成为亮度最高的部分，如果不增加曝光补偿，相机的自动测光会以较低的曝光量让建筑物内部其他景物变得昏暗，而那些区域正是我们所要重点展现的。因此，要把这些窗户当成发光体一样对待，增加曝光补偿直到室内细节得到良好的展现。

拍摄参数: ◎ 光圈: f/8　◎ 快门: 1/15s
◎ 曝光补偿: +2/3EV

※ 明亮的窗户也近似于画面中的光源，在它的亮度极高时，会造成建筑物内部的曝光不足。大部分情况下，建筑物内部才是我们要展示的主体，因此需要增加曝光补偿。

让人物皮肤更白皙要加

拍摄参数: ◎ 光圈: f/4　　◎ 快门: 1/200s
◎ 感光度: ISO100　◎ 曝光补偿: +2/3EV

※ 增加曝光补偿可以让皮肤更亮，遮盖部分瑕疵。

拍摄人像尤其是半身或面部特写时，通过增加曝光补偿可以提亮肤色，起到美化效果。但在运用时应当注意不要产生面部的过曝，否则过曝部位会丢失细节，反而造成皮肤质感的降低。因此，增加曝光补偿 +1/3 到 +2/3EV 即可，并打开高光溢出提示，时刻注意人物面部的高光部分是否过曝。

淡化颜色时要加

拍摄参数： ◎ 光圈：f/11　　◎ 快门：1/200s
◎ 感光度：ISO200　　◈ 曝光补偿：+2/3EV

※ 增加曝光补偿可以淡化颜色，让浓雾产生的气氛更加强烈。

　　曝光的多少会直接影响到照片中物体的色彩表现。如果希望淡化物体颜色，例如作为背景的景物颜色过于鲜艳有可能影响前景的主体表达时，在保证前景曝光准确的同时增大曝光量，能够让背景的色彩减淡，饱和度降低。一般增加曝光补偿 +1/3 到 +2/3EV 即可。

重点表现暗部要加

拍摄参数： ◎ 光圈：f/5.6　　◎ 快门：1/400s
◎ 感光度：ISO800　　◈ 曝光补偿：+1EV

※ 深颜色的教堂处于周围高大建筑的阴影中，但却是我们需要表现的主体，此时增加曝光补偿才能够让它更加醒目。

　　在一些高反差场景里，一束突如其来的光线从云层中射出来或者强光与阴影并存时，相机难以同时记录这种强烈的明暗反差。此时，需要我们有所取舍，如果要表现的主体位于阴影的暗部，就需要增加曝光补偿，让主体获得良好的曝光。

9.2.3 需要减小曝光补偿的场景

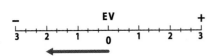

越黑越减

　　当场景中黑色占据画面的大部分面积时，要减小曝光补偿。例如，拍摄黑色的衣服、黑色的墙壁、黑色的雕塑、黑色背景的舞台时。在拍摄这些黑色或深色的物体时，由于它们反射的光线较少，相机测光系统会错误地判断拍摄环境太暗而自动增加曝光量，这时黑色就变成了灰色，无法再现真实的色彩和现场环境。

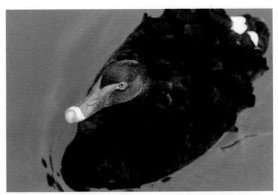

拍摄参数： ◎ 光圈：f/5.6　　◎ 快门：1/200s
◎ 感光度：ISO800　　◈ 曝光补偿：-2/3EV

※ 为了让黑天鹅在照片中呈现出原有的颜色，降低曝光补偿是关键步骤。

此时减少曝光补偿可以将深色调的物体表现出原有的面貌，黑色占据的面积越大就要减小越多的曝光补偿。

越暗越减

拍摄参数： ◎ 光圈：f/5.6　　◎ 快门：1/500s
　　　　　　📷 感光度：ISO800　　✳ 曝光补偿：-2/3EV

如果拍摄场景中有大面积的暗部，例如树荫、建筑物产生的阴影或人的影子，就需要减小曝光补偿让阴影在画面中表现真实的深色调，否则相机自动测光将会把阴影提亮，失去画面的稳定感。

日出日落要减

拍摄参数： ◎ 光圈：f/13　　◎ 快门：1/640s
　　　　　　📷 感光度：ISO1600　　✳ 曝光补偿：-2/3EV

日出日落是爱好者喜欢拍摄的题材，但却有一定的难度。由于日出日落时光线会在短时间内快速变化，对于曝光的要求更高。同时，画面中最亮的太阳、中间调的云层和天空以及深色调的地面反差较大。此时需要在评价测光的基础上降低曝光补偿 -1EV 至 -2EV，以天空和云彩的正确曝光为目标，可以让地面完全成为更深的暗部，也能给画面带来稳定感。

剪影要减

拍摄参数： ◎ 光圈：f/11　　◎ 快门：1/2000s
　　　　　　📷 感光度：ISO800　　✳ 曝光补偿：-2/3EV

剪影是一种非常规的表现方式，它会将主体变为黑色毫无细节，而明亮的背景曝光正常。在拍摄剪影时，主要表现的是主体的轮廓，而表面要完全成为黑色才能够达到剪影的要求，此时需要减小曝光补偿才能够实现剪影效果。曝光补偿降低的多少与背景亮度有关，当背景亮度较高时，降低 -1EV 左右即可，如果背景亮度不高，则需要降低 -2EV 左右。背景与主体亮度相近时无法实现剪影的拍摄效果。

强化颜色时要减

如果希望强化物体颜色，画面中大面积的景物都具有艳丽而多变的颜色时，可以适当减小曝光补偿，这样能够让色彩更加浓郁，饱和度更高。一般降低曝光补偿 -1/3 到 -2/3EV 即可，过多时会造成画面曝光不足。

拍摄参数: ◎ 光圈: f/2.8　　◎ 快门: 1/400s
　　　　　　 ▦ 感光度: ISO400　 ⊛ 曝光补偿: -1/3EV

大面积阴影要减

拍摄参数: ◎ 光圈: f/5.6　◎ 快门: 1/100s
　　　　　　 ⊛ 曝光补偿: -2/3EV

　　当画面中有大面积阴影时，相机的自动测光系统总会认为光线过暗而要增加曝光，此时自动曝光的结果就会使阴影失去应有的暗调而变得比现场更亮，所以需要减小曝光补偿，还原真实的现场感。

深色背景或前景下要减

拍摄参数: ◎ 光圈: f/2.8　　◎ 快门: 1/125s
　　　　　　 ▦ 感光度: ISO1600　⊛ 曝光补偿: -1EV

　　大面积的深色甚至黑色背景同样会让自动测光系统失去准确度，相机会认为光线昏暗而大幅度提升曝光，如果此时我们要拍摄的主体人物正好穿了一身白衣服站在这样的背景前，会造成主体的严重过曝，此时应该在评价测光的基础上降低曝光补偿让主体曝光准确的同时将背景色调准确还原。

夜景要减

拍摄参数: ◎ 光圈: f/11　　◎ 快门: 1/6s
　　　　　　 ▦ 感光度: ISO400　⊛ 曝光补偿: -2/3EV

　　拍摄夜景时最大的反差来自灯光、被灯光照射到的建筑物以及深色的天空和地面之间，为了能够还原现场气氛，应该减小曝光补偿，防止灯光或建筑物亮部过曝，同时最好保留一些天空的层次和色彩。在测光时应该尽量避免亮部的干扰，可以采取避开灯光测光，然后锁定曝光再重新构图的拍摄方式。

重点表现亮部要减

　　在一些极端的场景里，相机难以同时记录这种强烈的反差。此时，就需要我们有所取舍，如果我们要表现的主体位于亮部，应减小曝光补偿，让主体不过曝。即使暗部完全没有层次细节成为一片死黑也没关系，相反厚重的黑色还会增加画面的稳定感并有效突出主体。

拍摄参数： ◎ **光圈：** f/5.6　　　 ◎ **快门：** 1/40s

▣ **感光度：** ISO2500　　 ✺ **曝光补偿：** -2/3EV

操作指南： 调整曝光补偿

调整曝光补偿前，首先需要确认相机背面右下方的多功能锁处于打开的位置，即位于左侧。然后半按快门激活测光系统，之后旋转速控转盘就可以调整曝光补偿了。顺时针旋转速控转盘可以增加曝光补偿，逆时针旋转可以减小曝光补偿。我们可以通过机顶液晶屏以及光学取景器看到曝光补偿的增减幅度。

即使关闭相机电源，你所设置的曝光补偿幅度依然会被记忆在相机内，下次开机时仍然会采用这一曝光补偿。所以，每次开机拍摄前应该检查当前的曝光补偿是否适合正在拍摄的场景。另外，速控转盘虽然面积大触碰方便，但是在斜挎相机时也最容易出现误碰而改变曝光补偿，将多功能锁至于LOCK 处可以避免这种情况的发生。

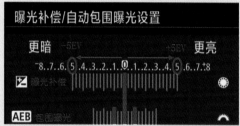

但是，光学取景器和机顶液晶屏这两个位置上的曝光补偿指示标尺的显示范围只是在 ±3EV 之间，虽然到达这个范围的边界后仍可以继续扩展至在 ±5EV 的范围，但并不能显示出超出 ±3EV 后的调整数值。当然，对于大多数场景来说，±3EV 的幅度足够我们使用。但当你处于明暗反差极为强烈的特殊环境时，就需要精确掌控突破 ±3EV 范围后的曝光补偿值。此时，为了了解曝光补偿的调整结果，我们需要进入拍摄菜单第 2 页第 1 项【曝光补偿/AEB】选项中。这是一个复合选项，它既包含了曝光补偿的菜单调整方式，还包括了包围曝光（AEB）的调整功能。在这一界面中有两行曝光标尺，其中上面的就是曝光补偿指示标志，在这里通过速控转盘就可以在 ±5EV 的范围内调整曝光补偿。

提示 ⚡

曝光补偿的步长调整同样由自定义功能菜单第 1 页（C.Fn1）第 1 项的【曝光等级增量】选项负责。你可以选择速控转盘转动 1 个单位时曝光补偿调整的幅度是 1/3 级、1/2 级或整级。一般采用 1/3 级曝光补偿，这样可以更加精细地控制曝光。

9.3 直方图——判断曝光的依据

在曝光这一技术环节中，如何判断照片在曝光上是否达到了要求，是非常重要的一环。曝光决定了照片的明与暗，但我们对于照片曝光的判断却需要借助一定的显示设备才可以。胶片时代，只有照片冲洗出来后才能看到曝光的效果，拍摄过程中无法进行预览。那时对于曝光的判断依赖于最终的照片本身。数码时代，我们则借助相机上的主液晶屏回放查看照片曝光效果，也会使用电脑的液晶显示器来查看照片。在微单相机上，光学取景器（OVF）被电子取景器（EVF）所取代，我们在按下快门前就能够看到照片最终的曝光效果。

虽然，这一系列的设备让我们对曝光的判断更早更方便，但是这些设备本身的亮度却会干扰到我们对照片本身曝光的判断。当你看到一张照片过亮时，无法知道是由于照片本身曝光过度还是因为显示设备的亮度过高造成的。因此，我们需要一个能够将显示设备亮度排除在外的客观标准，来对曝光进行更严谨的判断，在实践中才能对曝光不准确的照片做出有效调整。

9.3.1 不要通过液晶屏判断曝光

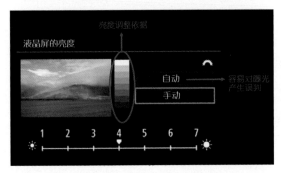

※ 设置菜单第 2 页第 2 项【液晶屏的亮度】。

※ 在某一固定的光线环境下，如果相机主液晶屏过暗，则【液晶屏的亮度】选项中的 10 级灰阶看上去最上方的白色不够白。

靠液晶显示屏判断曝光时，自动亮度调整功能会产生误导。例如，在户外拍摄后现场回放时，曝光不足的照片会因为液晶屏亮度的增加而给人曝光充分的感觉。但在电脑中观察这些照片就会暴露出曝光不足的问题。

为了不让液晶屏对我们判断曝光产生错误影响，需要进入设置菜单第 2 页的第 2 项【液晶屏的亮度】选项中，使用手动方式调整主液晶屏的亮度。进入该选项后可以看到中央有一组由白到黑的灰阶图，不要忽视它的作用，这是我们调整液晶屏亮度的参考依据。

在不同的环境光线下，调整液晶屏亮度直到这 10 级灰阶之间的差异变化全部能被肉眼

※ 在某一固定的光线环境下，如果相机主液晶屏过亮，则【液晶屏的亮度】选项中的 10 级灰阶看上去最下方的黑色不够黑。

目前数码单反相机的液晶显示屏都具有自动亮度调节功能，因此无论在明亮的室外和昏暗的室内都具有适当的亮度显示。但当影友依

看到才是最合适的。液晶屏过亮会让下方的黑色不够黑，液晶屏过暗会让最上方的白色发灰。最严谨的做法是在环境光线发生很大改变时随时调整液晶屏亮度。即使采用这个方法，通过液晶屏的亮度来判断照片的曝光是否准确，也是很不严谨的方法。正确的方法是以直方图为依据进行判断。

9.3.2 通过直方图判断曝光最严谨

※ 照片中这座老式建筑的砖红色外墙所占面积最大，该区域的曝光在画面中属于中间调，对应着直方图中间最突起的区域。而建筑物顶部的深灰色区域和左右两棵树下的阴影区域属于画面中的暗部，对应了直方图最左侧的突起部位。水泥路面反光强烈和蓝天白云一起构成了画面的高光部分，对应了直方图最右侧的突起部位。如果不看画面我们也能够通过直方图判断出，这是一幅曝光准确，亮部、暗部和中间调分布均匀没有缺失的照片。

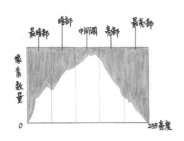

曝光本质上是控制画面的明暗关系，而画面中各区域的明暗与该区域的色彩无关，当然任何色彩都具有明暗的特征。因此，我们可以设定出一个范围来描述照片中不同级别的亮度。很容易理解，画面中最暗的地方就是全黑的部分，而最亮的地方就是白色区域，这两者之间存在若干级别的过渡区域。如果用数字来表示，那么在 8 位的 JPEG 照片上，最左端的黑色用 0 表示，最右端的白色用 255 表示。总共是 256 个不同的灰度级别，而 256 级的由来就是 8 位的 JPEG 格式，2 的 8 次方就是 256。这 256 个灰度级别涵盖了画面中所有区域可能呈现出的亮度等级。而当你使用 12 位的 RAW 格式拍摄时，灰度级别会被划分得更加精细，达到了 2 的 12 次方，即 0～4095，共 4096 个阶梯。

照片中不同区域的亮度都会对应某个灰度级别，如果将它们的对应关系在十字坐标系上表现出来，就形成了直方图。直方图是一种重要的照片数据分布示意图，在数码摄影时代，直方图是我们获取照片信息的有力工具。我们能从直方图中看到的不仅有曝光情况，还有对比度、亮部和暗部溢出、色彩溢出等很多信息。所以，你不仅可以通过相机上的主液晶屏来查看直方图，还可以在后期处理过程中在 Lightroom、Camera RAW 和佳能 DPP 软件中看到它的身影。

直方图的横轴代表照片的亮度，由左向右是从全黑逐渐过渡到全白。直方图的竖轴代表照片中处于该亮度范围的像素的数量，也就是说直方图曲线高度越高代表的是该明暗程度上的像素越多，在图片中面积越大。通过直方图，我们就可以对一张照片的明暗程度有了准确的了解。除了亮度直方图外，还有色彩直方图可以让我们快速发现画面中的色彩溢出情况，这部分内容将在色彩空间中讲述。

> **提示** ⚡
>
> 拍摄完成后，按下 ▶ 照片回放按钮，当相机主液晶屏显示照片后，按下 **INFO.** 按钮，相机主液晶屏就会在无任何拍摄信息的全屏照片、上下包含简要拍摄信息的全屏照片与带有直方图的详细拍摄信息（含照片缩略图）这三种显示模式之间进行切换。这样我们就能够查看到直方图了。

9.3.3 通过直方图的提示调整曝光

❋ 通过直方图来看，这幅照片在各级亮度上像素分布均匀，没有出现溢出，是比较理想的效果。

一般情况下，准确曝光的照片中像素在明暗不同的影调上分布是比较平均的，从直方图上表现为曲线形状看上去平滑饱满，由左端开始逐渐平滑过渡到右端，在各亮度等级上均有

一定的像素数量，并且在左端（最暗处）和右端（最亮处）没有波峰也就是没有溢出现象。这说明照片曝光准确，记录下了各级明暗区域的层次和细节。

曝光不足的照片暗部面积大并且细节和层次缺乏，在直方图上表现为曲线偏向左侧，大部分像素集中在暗部，右侧的曲线有较明显的下降，并且最右侧位置有空白，在高光部分缺少像素。

曝光过度的照片亮部面积大并且细节和层次缺乏，在直方图上表现为曲线偏向右侧，大部分像素集中在亮部，左侧的曲线有较明显的下降，并且最左侧位置有空白，在暗部缺少像素。

❋ 曝光不足时，画面大部分区域为缺乏细节的暗部，直方图也集中在左侧。

❋ 曝光过度时，画面中大部分区域为缺乏细节的亮部，直方图集中在右侧。

❋ 即使准确曝光，夜景照片中的大部分区域仍然是暗部，此时直方图偏左是正常现象。

❋ 即使准确曝光，雪景照片中大部分区域仍然是高光部分，此时直方图偏右也是正常现象。

但直方图仅是一个照片信息显示的窗口，并不能通过它对于照片的好与坏进行评价。而且，不是所有照片都可以通过以上方法判断曝光准确与否，不同照片具有不同形状的直方图，例如夜景照片即使曝光准确直方图也会偏左；雪景照片即使曝光准确直方图也会偏右。

因此，采用直方图判断曝光时要结合拍摄场景，灵活掌握。

❋ 通过高光溢出提示，很容易发现过曝的位置。

❋ 一张局部区域过曝的雪景小品，直接预览照片很难发现过曝区域。

❋ 这幅照片的直方图全部依靠在了最右侧，仿佛被255端砍断了一样。如果我们把直方图通过想象进行完整描述，那么在255端的右侧应该还有很多像素存在，形成一个完整的抛物线。而现在那部分区域的像素都被砍掉了。这就是画面中存在高光溢出的最明显标志。

❋ 一张暗部丢失细节的弱光环境照片，暗部虽然缺乏细节，但直接通过相机的液晶屏并不容易发现。

❋ 佳能 EOS 7D MARK II 上并没有暗部溢出的提示，因此我们使用 Camera RAW 软件进行查看，蓝色区域为毫无细节的暗部。

❈ 而通过相机上照片回放的直方图，可以发现暗部溢出的明显信号。直方图集中在左侧，并且仿佛被 0 端砍断，丢失左侧很多数据。

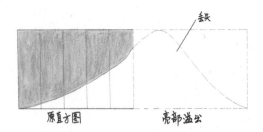

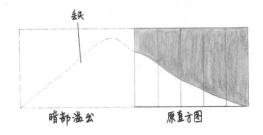

通过直方图查看照片曝光情况最大的用途在于及时发现是否有溢出现象。如果直方图中的曲线比较靠右侧，并且在最右端的临界点上仍处于很高的位置，并出现了断层，则说明画面中有高光溢出的区域。在该区域中相机完全没有采集到现场的任何数据信息，形成了一片"死白"。即使通过后期手段也无法找回其中的细节。因此，如果这些高光区域是你所关注的重点，需要在画面中保留其中的细节，就要降低曝光，再次拍摄。降低曝光的方法可以是在 P、Av、Tv 挡下降低曝光补偿或者在 M 挡全手动模式下缩小光圈或者降低快门速度。

同样，如果直方图中的曲线比较靠左侧，并且在最左端的临界点上仍处于很高的位置，并出现了断层，则说明画面中有暗部溢出的区域。在该区域中形成了一片"死黑"。这部分区域中无法看到任何景物的细节，只是一片难看的黑色。虽然我们可以通过后期的方式提亮暗部，重新获得一些细节，但会带来难看的噪点。同样，如果暗部区域是你所关注的重点，需要在画面中保留其中的细节，就要增加曝光，再次拍摄。增加曝光的方法可以是在 P、Av、Tv 挡下降低曝光补偿或者在 M 挡全手动模式下开大光圈或者放慢快门速度。

9.3.4 直方图与对比度

❈ 大雾天气下场景反差很低，画面中明暗之间跨度很小，对比不强烈，从而缺乏了视觉冲击力。

除了了解画面整体曝光和局部的溢出现象外，直方图还能让我们看到画面的反差即对比度情况。如果曲线集中在直方图的中间部位，

❈ 这样的照片在直方图中表现为所有像素非常集中在某个狭窄区域。当然，我们可以通过对曝光的控制让这个区域向右移动或向左移动。

而在左右两侧即暗部和亮部几乎没有分布时，说明照片的反差很低。照片中现有的高光区域不是白色而是某个位置的高亮度灰色。同时，暗部也不是黑色，而是某个位置的低亮度灰色。整个照片中缺少真正的高光与暗部区域。这种照片会带来灰软的视觉效果。

但通过相机的曝光增减是不能改变这种

反差的。当你对上述场景增加曝光时，直方图整体会向右侧移动。当你对上述场景减小曝光时，直方图整体会向左侧移动。但画面中最亮与最暗之间的跨度是不变的，它们只是平移而已。在极端情况下，当你大幅度增加曝光，把直方图向右移动，最终导致其跨过最右侧的边界时，就出现了高光溢出。相反，当你大幅度减小曝光，把直方图向左移动，最终导致其跨过最左侧的边界时，就出现了暗部溢出。

如果希望改变照片的对比度，我们可以通过 Lightroom、Camera RAW 和佳能 DPP 等后期软件重新让曲线分布在整个直方图上，也就是提高照片的反差。另外，相机内优化校准功能中也提供对比度调整功能。

另一种情况是高反差场景。此时，直方图会分布在左右两侧，说明画面中存在大面积的暗部和大面积的亮部，而缺乏中间调。这种情况在画面中表现为明暗反差大，对比度强。虽然画面需要一定的对比度才能在视觉上有冲击力，但是过度的对比会使照片层次缺失。同时，高反差场景会造成亮部和暗部同时溢出，相当于两侧都有数据没有被相机采集下来，这时就无法通过后期手段来改善对比度了。你所能够做的就是权衡高光和暗部哪个更加重要，选择其中一处进行保留。如果主体位于高光区域，那么就需要降低曝光，让直方图向左平移，直到右侧的溢出消失。如果主体位于暗部，那么久需要增加曝光，让直方图向右侧平移，直到左侧的溢出消失。当然，如果拍摄的是风光照片，过于明亮的区域是天空，过于昏暗的区域是地面，那么还可以使用 GND 中灰渐变滤镜来平衡画面的反差，同时记录下高光和暗部的细节。

9.3.5 打开高光溢出警告

高光部位一旦溢出，将带来无法弥补的损失。而直方图虽然可以帮助我们发现高光溢出，

❋ 强烈的阳光和浓重的阴影代表了极高的反差，同时由于画面中缺少中间过渡的景物，所以形成了极端的跨度。

❋ 在直方图中像素集中在亮部和暗部两个区域，而中间调则严重缺乏。

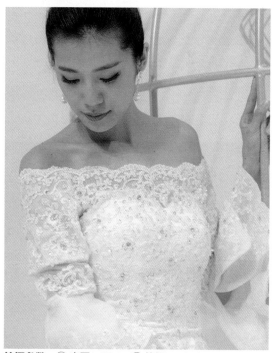

拍摄参数: ◎ 光圈: f/5.6 ◎ 快门: 1/250s
◎ 感光度: ISO800

❋ 打开高光溢出警告，拍摄后立即查看模特的白色纱裙是否出现过曝。在人像照片中，主体人物的面部、服装都是需要重点展现的区域，绝对不能出现溢出。另外，白色纱裙还要展现出白色，不能由于欠曝而呈现灰色。

但在画面中具体哪些位置出现了溢出，并不能通过直方图得到直观的提示。此时，一个有用的工具就是相机内的高光溢出警告。我们可以进入回放菜单第3页第1项【高光警告】中，将这一功能打开。这样在回放照片时就能够看到高光溢出警告的画面。此时，画面中出现高光溢出的部分会不断闪烁。这些部分是一片死白没有任何细节纹理。当然出现高光或者暗部溢出不一定说明照片失败，画面中同时具有高光和暗部，即使轻微出现溢出也不必担心，反而能够说明反差和层次较好。

我们关注的应该是主体是否有高光溢出，以及溢出面积是否影响了整体表达。首先，应该保证拍摄主体上的层次表现，一定不能出现溢出。另外需要关注如果高光溢出面积过大，比如画面中天空占据一半以上的面积而且全部显示为高光溢出时，就会给画面带来不平衡的感觉，过亮而缺少层次和细节的天空成为刺眼的部分，分散观者的注意力，损害了整体视觉效果。这时就需要降低曝光量进行重新拍摄。如果高光溢出位置是太阳、其他光源或者反光物体，那么就不必太纠结于此，这些物体本该这样。如果高光溢出由多个较小面积区域组成，也会对画面的损害较小。

9.4 动态范围——在光明与黑暗之间

摄影是展现真、善、美的艺术形式，只要有一台相机在手，就可以让我们凭借无拘无束的想象力表达出内心的感受。然而，摄影也是受到约束的艺术，就好比"戴着镣铐跳舞"。

由于摄影的对象是客观存在的现实场景，因此与绘画相比，首先自由度就会受到约束。而在曝光这项重要的技术环节上，动态范围就是"戴在摄影师脚上的镣铐"。

9.4.1 相机的动态范围

※ 如果从相机的角度看这个高反差场景，效果近似于这个画面。楼房迎光面的亮部已经一片死白，而街道上的阴影处黑到毫无细节。对于相机来说，明暗差异过大的场景难以应对，无法同时获得亮部和暗部的细节。（图为示意效果）

※ 由于生理特点人眼具备高动态范围可以同时看清亮部与暗部的细节。（图为示意效果）

最重要的一条约束来自于你手中相机的动态范围，在胶片时代它也被称为宽容度。所谓

动态范围，是指相机能够记录下来的最亮与最暗区域的差别。同样，我们需要与人眼的动态范围进行对比。例如，我们在观看一个具有极高亮度差异的场景时，随着眼睛不断地快速移

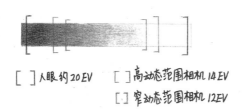

动态范围

[ ] 人眼约 20 EV　　[ ] 高动态范围相机 14 EV
　　　　　　　　　　[ ] 窄动态范围相机 12EV

动焦点，瞳孔会自动进行调节，相当于调整了光圈。然后，再通过移动眼球获得的各分片区域的视觉信息会在大脑中进行合成处理。虽然，眼睛在场景中进行扫描需要时间，但这个过程快到你自己都无法察觉。这种调节机制让人眼获得了很高的动态范围，如果用数据来衡量这种明暗差异的话几乎超过了 20EV。

　　而相机在这方面无法与人眼相比。首先，

相机的感光元件是在曝光一瞬间同时接受场景中的亮部与暗部光线，相比人眼，在这个过程中没有进一步的调节机制。另外，在曝光一瞬间，感光元件从场景的亮部接收的光线多，从暗部接收的光线少。而感光元件本身对于光线的接收能力是有一个范围的。过少的光线无法让感光元件产生足够的信号，过多的光线到达感光元件时会使收集光子的"桶"满载，如果超过极限，即使有再多的光线到达信号也不会发生变化。因此，形成了相机的动态范围。也就是说，当场景的明暗反差达到一定级别时，相机是无法同时获得高光区域和暗部区域细节的。但是，在阴天或雾霾的环境下，场景明暗反差较低时，相机会很轻松地将全部场景细节记录下来。

9.4.2 EV 值

　　对于精细的曝光控制而言，动态范围是个非常重要的指标。为了精确掌握就不能以"过亮"和"过暗"这种模棱两可的词汇来形容，而是需要客观严谨的计量单位，才能做到心中有说。也就是说，我们需要用数字精确定义场景中的亮与暗。前面提到的人眼的动态范围几乎超过 20EV 就是在这样精确计量下的结果。

　　科学家选择了一个衡量明暗的基准点，那就是在感光度 ISO100 下，使用光圈 f/1.0 和快门速度 1s 对某个场景可以完成正确曝光时，该场景就被定义为 0EV，这里的 EV 即为曝光值。

0EV 并不代表只能由光圈 f/1.0 与快门速度 1s 这一对组合来衡量，类似 P 挡中的程序偏移，它们只代表了一个基数，只要光圈减小的挡数和快门增加的挡数保持一致，曝光结果就都是 0EV。而 1EV 则代表了使用光圈 f/1.0 和快门速度 1/2s 时的亮度。以此类推，每个等级之间相差 1 挡曝光。

　　基于这个衡量标准，人眼可以在明暗差异达到 20 挡曝光的场景下同时看清亮部和暗部的细节。另外，我们还可以用这个单位去衡量一个场景的亮度。

9.4.3 了解佳能 EOS 7D MARK II 的动态范围

　　不同的品牌，不同的机型具有不一样的动态范围。而这主要是由相机内部最核心的部件——感光元件决定的。我们使用过的卡片数码相机，一般的动态范围只有 6EV ~ 7EV，动

态范围较小，所以即使在拍摄明暗反差不是很大的场景时，也很容易出现两头溢出的情况。而数码单反相机的动态范围可以达到 9EV ~ 14EV，可以应对更加苛刻的高反差场景。

※ DxO MARK 评测机构给出的传感器评测结果，佳能 EOS 7D MARK II 的动态范围是 11.8EV，这一数值与顶级的 EOS 1DX 相同，并且略高于 EOS 5D MARK III。

法国权威的数码相机评测机构 DXO 根据精密的实验室方法测量得到的数据，佳能 EOS 7D MARK II 的动态范围是 11.8EV。在佳能产品范围中具有较好的成绩，完全能够满足我们日常拍摄的需要。但是我们发现，如果与其他

品牌进行比较，佳能自行开发的感光元件在动态范围上稍显落后，采用索尼感光元件的尼康 D810 动态范围为 14.8EV，名列所有数码单反相机的第一名。

在 2007—2009 年，佳能一直在感光元件的像素数量上处于领先位置，EOS 5D MARK II 的 2110 万像素在当时处于领先地位。而当年尼康 D700 的像素数仅为 1200 万，但是却有很好的高感光度表现。与相机和镜头不同，感光元件的研发属于精密半导体行业，随着时间的推移，索尼在这一领域的优势逐渐显现，近年来推出了背照式 CMOS 和曲面 CMOS 等新技术，在感光元件的研发和生产上处于领先水平，其中动态范围指标也是一个重要优势。目前越来越多的相机厂商使用索尼制造的感光元件。而佳能更愿意自己保有研发和生产这一核心部件的能力，但从目前形势来看，这一领域正在面临技术进步的瓶颈。

9.4.4 自己测试动态范围

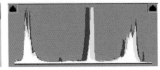

※ 曝光补偿 0EV，灰卡背后用黑色和白色的杂志封面来帮助判断曝光情况。

※ 从直方图可以看出中间偏右的凸起部分为灰卡，左右两侧分别为黑白两个封面。

※ 增加曝光补偿 +2EV 后，直方图整体更加向右，白色封面已经溢出。

※ 增加曝光补偿 +1EV 后，直方图整体向右移动，但白色封面还没有溢出。

虽然 DxO 是权威的评测机构，但是冷冰冰的数据并不能让你对手中相机的动态范围有直观的了解。因此，我们需要在此基础上，进行实际拍摄了解你手中的相机能够应对多大的高反差场景。特别是要了解相机从中灰至高光溢出有多大的范围。

实战：自己测量相机的动态范围

> **测试前设置。**首先，需要将相机内部对动态范围有负面影响的设置全部关闭或降低。将感光度设置为 ISO100。这是由于高感光度会降低动态范围，让照片中能够记录下来的明暗反差范围缩小；将照片风格设置为中性模式。相对于风光模式，中性模式下，相机内部对于照片的对比度设定更低，因此更加有利于发挥出最高的动态范围；将照片格式设置为 RAW。相对于 JPEG 格式，RAW 具有更大的动态范围；将测光模式设置为点测光模式。

> **拍摄灰卡。**在亮度均匀的地方拍摄灰卡。拍摄时需要使用手动对焦模式，尽量将灰卡充满大部分画面。在曝光补偿为零的情况下拍摄一张。此时检查直方图，波峰位置在中间偏右的区域，说明在点测光下灰卡展现出了 18% 中性灰原本的面貌。

> **增加曝光补偿 +1EV 再次拍摄。**回放照片查看灰卡区域是否出现高光溢出提示，并检查直方图最右侧是否有被切断的区域，一般情况下，灰卡仍然不会出现问题。

> **增加曝光补偿至 +2EV 再次拍摄。**同样通过检查回放查看灰卡溢出情况，一般情况下佳能 EOS 7D MARK II 会在此时让灰卡上出现溢出。这表明，当使用点测光赋予某一个区域为中性灰后，增加 +1.7EV 至 +2EV 曝光是动态范围的上限。

9.4.5 假溢出

拍摄参数： ◎ 光圈：f/5.6　　 ◉ 快门：1/500s
　　　　　　 ▣ 感光度：ISO200　　 ◈ 摄影师：林东

※ 虽然从相机主液晶屏上回放发现，照片中瀑布的水流和溅起的水雾存在高光溢出的警告，但那是针对 JPEG 格式而言的，动态范围更广的 RAW 仍然有一定的空间。

掌握了这个数据后，对于拍摄高反差场景会非常有帮助。这也是测光模式一节中高光加两挡的依据。测试了增加曝光的极限后，还可以采用近似方式逐级降低曝光补偿进行拍摄，你会发现灰卡在 -6EV（曝光补偿只到 -5EV，之后两挡需要采用 M 挡，让光圈保持不变，提

高快门速度来实现）时，直方图会在左侧即暗部出现溢出情况。将这向左侧的 6EV 与向右的 2EV 相加，你会发现只有 8EV 左右的动态范围，完全没有达到 DxO 测试的 11.8EV。

这是很多爱好者都没有意识到的重要曝光问题。那就是，相机液晶屏所显示的高光溢出提示和直方图全部是针对 JPEG 格式的，而我们前面提到过 JPEG 格式只有 8 位，动态范围的极限就是在 8EV。有意思的是，即使你采用 RAW 格式拍摄，能够获得接近 DxO 宣称的 11.8EV 动态范围，然而 RAW 并不是一种严格意义上的照片格式，它是一个半成品数据包。因此，每个 RAW 文件内部都会为了显示方便，内嵌一个相同场景的 JPEG 格式照片。此时，相机液晶屏上依然会出现 JPEG 照片的高光溢出提示和直方图。在这种情况下，很有可能 RAW 照片上高光没有溢出，而 JPEG 照片已经溢出了，即所谓的假溢出现象。我们会在"向右曝光"一节中详细分析。

9.4.6 场景的反差级别

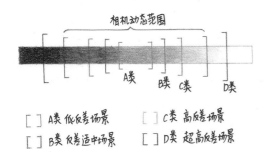

我们了解手中相机动态范围的目的是为了应对不同的拍摄场景。相机的动态范围好像一把尺子，你可以用它来测量很多东西。但就如同你无法使用一把学生用尺来丈量街道一样，相机的动态范围毕竟有限，无法应对有所的场景。此时，我们就需要将不同明暗反差的场景进行大致的分类，以便做到心中有数。

A 类场景——低反差

在一个场景中，最亮与最暗的区域亮度差异很小，会给观者带来柔和的视觉感受。在自然界中，大雾和阴天都会降低反差，让画面具有这种效果。低反差照片的直方图会非常集中在中间区域，两端几乎没有分布。欣赏低反差照片往往需要平静的内心世界，因为它不会带来任何视觉上的刺激。低反差场景一般只有 4 ~ 5 个 EV 的跨度，对于相机来说，

场景反差低是最容易应对的一种情况。佳能 EOS 7D MARK II 的动态范围很容易将其覆盖，绝对不会出现两端溢出的情况。如果你认为低反差场景太过平淡，也可以通过后期方式提升画面的对比度，但使用上应该有一定限度，否则会失去这类场景本该具有的面貌。

B 类场景——反差适中

这类场景中，明暗反差增加，既不会让人感觉平淡，又没有那种高反差带来的视觉冲击。多云的天气中，没有建筑物产生的浓重阴影时，就属于这类场景。虽然，它的跨度稍高，但依然能够被相机较轻松地记录下来，不容易出现曝光失误。这类照片的直方图中会有多个波峰出现，而不再是一个，并且波峰的分布基本处于中间区域，但跨度会增加。

C 类场景——高反差，但没有超过相机的动态范围

这是相机所能够记录下来的最大反差，它具有很强的视觉冲击力，画面中具有高亮区域和很深的暗部区域。一般情况下，蓝天白云和浓重阴影的山涧并存，白色花朵与深色背景并存的场景就属于这一类型。在曝光控制上，稍有不慎就会造成高光溢出或者暗部丢失细节。

因此，需要仔细应对，采用恰当的曝光策略才能够刚好将亮部与暗部全部记录下来。

我们会在测光模式一节中讲解针对它的测光方法。

D 类场景——超高反差场景，已经超过相机的动态范围

这类场景的反差已经超出相机的动态范

围，无论你采用什么曝光策略都无法同时记录下亮部和暗部的细节。日出日落和逆光环境是典型的例子，当画面中出现光源或反光体时也是典型的案例。此时，我们必须有所取舍，想好哪个区域对于画面的表达更加重要，尽量将其保留。除此以外，还有 HDR 手段可以帮助提升动态范围。

摄影兵器库：滤镜

为了有效应对各种不同反差的场景，我们不仅需要过硬的曝光控制技术，还需要滤镜的帮助。从某种意义上说，胶片摄影时代是滤镜

的时代。这是由于单独一种胶片的感光度固定不变，彩色胶片的色彩还原特点也是固定不变的。于是，为了获得各种画面效果、应对不同

色温的光源，就需要不同种类的滤镜出场。尤其在黑白摄影中，各种颜色的滤镜被用来调整影调和反差。当时的摄影师外出拍摄时都会携带一个滤镜袋，常备的滤镜多达几十种。当步入数码摄影时代后，由于 Photoshop 的强大功能，一度让摄影师惊呼所有的滤镜都被淘汰了。在 PS 中，可以轻松将彩色转换为黑白并且能够调整照片各部分的影调和反差。PS 更可以轻松实现柔焦镜和星光镜等特效滤镜的效果。一时间，"滤镜无用论"成为了人们刚刚步入数码时代热议的话题。但有意思的是，在经过了多年对数码影像的认知后，从 2012 年开始，众多风光摄影爱好者又重新开始关注滤镜。这是由于大家发现，没有好的前期做基础，无论怎么做后期处理都不可能有理想的效果。摄影要从前期拍摄着手，力求拍出效果好的照片，在拍摄到位的前提下利用后期工具锦上添花才是正道。而为了更好地完成前期拍摄就离不开滤镜这一重要工具。

以下介绍几款常用滤镜，希望了解了相关知识后读者可以很好地运用，拍出原汁原味的好照片。

UV 镜——镜头的保护神

※ 德国 B+W 超薄多层镀膜 UV 镜。

对于大多数影友来说，第一个听到的摄影滤镜就是 UV 镜了。一般在购买相机或镜头时，经销商都会推荐购买 UV 镜。UV 镜的确是最常见的滤镜，但从本质上说它是一块并不发挥作用的滤镜。在胶片时代，由于银盐颗粒对于紫外线格外敏感，过多的紫外线进入相机会造成画面偏冷调，同时远处景物锐度下降。因此，

在胶片时代 UV 镜是有实际意义的。但是在数码时代，感光元件 CMOS 的原理与胶片完全不同，感光元件上的每个像素点表面均覆盖着微透镜。这种微观结构决定了它对于紫外线并不十分敏感，在平原地区日光中的紫外线不会造成画面偏冷的问题。此时，UV 镜的作用更多是保护镜头前组镜片，避免灰尘、水汽进入镜头，防止镜头被划伤，在遭到意外磕碰时能够起到保护作用。所以，UV 镜对于数码相机画质的提升作用并不大。只有在青藏高原这类海拔较高，日光中紫外线较多的地区，其作用才能较为明显地体现出来。

很多影友都会在红圈镜头上投入了近万元，这区区几百元的 UV 镜肯定不会过于节省。所谓"好马配好鞍"，肯定也会为顶级镜头配备一块高品质的 UV 镜。在 UV 镜领域中，公认第一品牌无疑是德国的 B+W。在摄影器材领域中，德国品牌和德国制造已经成为高品质的代名词。在 UV 镜领域也不例外。B+W 的 UV 镜金属圈部分的材料用的是黄铜，这是摄影发烧友最爱的材质，不仅手感扎实而且极为耐用。相比其他品牌大多使用成本低且重量轻的铝来说，德国人又一次坚持了自己对

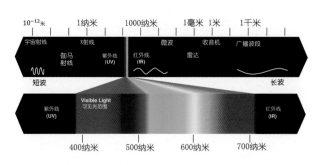

※ 紫外线波长比可见光更短，胶片对于紫外线更加敏感。1801 年德国物理学家里特正是由于发现了在日光光谱的紫端外侧一段能够使含有溴化银的胶片感光，才发现了紫外线的存在。

拍摄参数: ◎ 光圈: f/11 ◎ 快门: 1/1000s
⊙ 感光度: ISO200

❋ 使用 UV 镜。在西藏这样的高海拔地区，紫外线更加严重，此时使用 UV 镜不仅可以保护镜头还可以减小画面偏冷色调的问题。

品质的苛刻要求。另外，B+W 的加工精度极高，能够准确旋入镜头的螺口中。而很多中小品牌

则要费些力气才行。边框材质虽然重要，但 UV 镜的镜片才是关键。B+W 的是德国肖特光学玻璃，这个名字你还记得吧？那就是蔡司镜头所使用的原料，也是世界上具有传奇色彩的顶级的光学玻璃材料。与镜头内的镜片一样，UV 镜表面也需要镀膜以减小反射的发生。目前，镀膜技术分为单层和多层镀膜。当光线穿过普通单层镀膜滤镜表面时，其损失率约在 3%，而使用多层镀膜滤镜的损失率仅为 0.5%。可见，多层镀膜 UV 镜具有更好的透光性，不会由于使用 UV 镜而损失光线入射量。

在使用广角镜头时，为了防止暗角的发生，还需要使用 B+W 的 XS-PRO 超薄多层镀膜 UV 镜，这款 UV 镜的滤镜环厚度仅为 3mm，远低于其他型号或品牌的滤镜，是广角镜头最佳的选择。

偏振镜（CPL）——消除反光

使用时旋转 CPL 上层的金属环

与镜头上的滤镜螺纹接口相连接

❋ 保谷（HOYA）HD CIR-PL 偏振镜。

偏振镜又称 CPL 滤镜，它的作用是消除空气中的偏振光，而有选择地让某个方向振动的光线通过。有了 CPL 后照片反差更高，色彩更浓郁。在风光摄影中偏振镜可以过滤掉漫反射中的许多偏振光，减弱天空中光线的强度，增加蓝天与白云之间的反差。从而使天空变得更蓝，令颜色更加浓郁，饱和度更高。因此，它是风光摄影的必备滤镜之一。除了这一作用外，在拍摄玻璃后面的景物、水面下的鱼和水草时使用偏振镜能够消除水面、玻璃表面的反光，

进而令主体得以清晰地呈现，得到很好的画面效果。但需要注意的是，偏振镜只能消除非金属表面的反光，而金属表面反光不属于偏振光，所以它无法消除。虽然通过后期软件的调整可以改变景物的色彩以及饱和度，但是后期手段消除不了水面的反光，所以偏振镜是三种后期无法替代的滤镜之一。

偏振镜由两片光学玻璃夹着一片有定向作用的微小偏光性质晶体（如云母）组成。使用起来非常简单，跟 UV 镜一样装在镜头前，然后旋转偏振镜的前端，眼睛通过光学取景器或液晶屏观察景物的变化。在拍摄风光时，如果太阳的位置在左右两侧或者头顶，画面变化幅度会更加明显。这时随着旋转角度的变化你可以看到偏振镜压暗了天空的蓝色或者让水面更加清澈见底，色彩也更加饱和。

目前市场上的偏振镜从二三百元到近两千元不等，那么高品质的偏振镜与山寨产品差别在哪里呢？首先，山寨品牌的偏振镜做工较差，

拍摄参数： ◎ 光圈：f/8　◎ 快门：1/1600s
　　　　　◎ 感光度：ISO400

※ 使用 CPL 滤镜。CPL 滤镜可以过滤掉漫反射中
的大部分偏振光，从而减弱天空的光线强度，在
画面中起到压暗天空的作用，不仅能够增加蓝天
和白云之间的反差，还能够让天空更加湛蓝。

有的安装后无法再加镜头盖。其次，山寨品牌
的偏振镜所用光学玻璃质量较差，镀膜工艺不
过关。在照片中容易出现色偏和严重的暗角。
即使你一直使用光学质量一般的套头拍摄，如

果第一次用山寨品牌的偏振镜，也会惊讶其暗
角之明显。最后，偏振镜的透光率也是一个非
常重要的参数。这点与 UV 镜一致，高品质的
偏振镜透光率高，不会影响从镜头进入的光线
量。还有偏振的准确性，这方面有点类似于手
动对焦行程。高品质的偏振镜旋转过程中画面
明暗变化均匀。而山寨品牌的偏振镜梯度变化
快，并且在很大的旋转角度内都是画面发暗无
法使用的区域。

　　保谷（HOYA）的偏振镜一直在影友中具
有很好的口碑，其黑色包装的 HD CIR-PL 更是
具有较高的品质。它具有更高透光率的偏振膜，
滤镜环厚度仅为 5mm，适合在广角镜头上使用。
8 层镀膜可以防止光线反射，并能够有效防水、
防油污，不易划伤。根据滤镜口径不同，价格
也有所差异。77mm 口径的价格在 1200 元左右，
如果你的镜头配备都是 77mm 口径，那么一片
CPL 就可以使用在多支镜头上，是非常划算的
滤镜方案。

中灰密度镜（ND）——增加曝光时间获得慢门效果

ND16
ND32
ND64
‥‥‥‥
ND100
ND200

ND2　　ND4　　　ND8　　ND400　　ND1000

※ 不同等级的中灰密度镜。

　　我们一直在追求更高的透光率，希望有更
多的光线进入相机，减小各种光线损失。然而，
有些时候我们还需要反其道而行之，尽量阻挡
光线的进入。这就相当于要给镜头戴上一副墨
镜，而这样做的目的就是降低快门速度，获得
不一样的画面效果。帮助我们完成这一任务的
工具就是 ND 滤镜，又叫中灰密度镜或减光镜。
它的作用是在不改变景物颜色的前提下降低进
入镜头的通光量。与前面介绍的两种滤镜不同，
中灰密度镜追求的就是降低进光量，从而得到

更慢的快门速度。这对于风
光摄影来说非常重要，尤其
是在光线较强的白天，如果
希望拍出雾化状态的流水，
就需要使用中灰密度镜。因
为白天光线强，即使把光圈
缩到最小，感光度降到 ISO50，也依然无法获
得足够慢的快门速度，这个时候 ND 镜就可以
帮你解决这个问题。当然，中灰密度镜并非只
在白天使用，傍晚时分海边浪花成为丝绸般柔
滑的雾状照片，都是用中灰密度镜拍摄的。可
以说，画面中有任何能够移动的主体，无论是
水流、海浪还是云朵，如果想获得慢门下的流
动效果，就必须要使用中灰密度镜。它是风光
摄影爱好者必备的滤镜，也是后期软件无法替
代的。

滤镜	光学密度	减光效果（光圈级数）	快门速度变化							
			1/4000s	1/1000s	1/250s	1/60s	1/15s	1/4s	1s	4s
无 ND 滤镜	0	0	1/4000s	1/1000s	1/250s	1/60s	1/15s	1/4s	1s	4s
ND2	0.3	1	1/2000s	1/500s	1/125s	1/30s	1/8s	1/2s	2s	8s
ND4	0.6	2	1/1000s	1/250s	1/60s	1/15s	1/4s	1s	4s	16s
ND8	0.9	3	1/500s	1/125s	1/30s	1/8s	1/2s	2s	8s	30s
ND16	1.2	4	1/250s	1/60s	1/15s	1/4s	1s	4s	16s	60s
ND32	1.5	5	1/125s	1/30s	1/8s	1/2s	2s	8s	30s	2min
ND64	1.8	6	1/60s	1/15s	1/4s	1s	4s	16s	60s	4min
ND100	2	6.6	1/40s	1/10s	1/2s	2.5s	10s	40s	160s	11min
ND200	2.3	7.6	1/15s	1/4s	1s	4s	15s	60s	4min	15min
ND400	2.7	9	1/8s	1/2s	2s	8s	30s	2min	8min	30min
ND1000	3	10	1/4s	1s	4s	16s	60s	4min	15min	60min

※ 各等级中灰密度镜的减光效果参照表。

根据画面中移动物体的速度和你希望实现的效果，在拍摄时需要选择不同级别的中灰密度镜。常见的包括 ND2、ND4、ND8 和 ND1000。ND2 可以减小 1 挡曝光，即降低 50% 的进光量。同样的曝光量，快门速度可以被延长 1 倍（也就是降低 1 挡快门）。ND4 可以减小 2 挡曝光，即降低 75% 的进光量。同样的曝光量，快门速度可以被延长 2 倍（也就是降低 2 挡快门）。ND8 可以降低 87.5% 的进光量，可以降低 3 挡快门。如果是在傍晚拍摄，这三块中灰密度镜基本够用，但如果在白天拍摄，1/500s 的快门是常见情况，这时即使采用 ND8 也只能将快门降至 1/60s，还是无法达到慢门的要求。此时就需要使用 ND400 滤镜，它可以减小 9 挡曝光，也就是说进入相机的光线量相当于不加这层镜片时的 1/500，非常适合在白天进行长时间曝光。另外，还有能够减 10 挡曝光的 ND1000，它甚至可以让你在白天游人如织的繁华地带，拍出空无一人的效果。当然，在使用 ND 滤镜时，三脚架是不可或缺的工具。

实际运用中，往往需要在现场计算出减光后的效果。我们可以采用不加中灰密度镜时的快门速度为基准，使用 ND 镜后的快门速度就是基准快门乘以 ND 后的数字。假

※ 保谷（HOYA）可变密度中灰密度镜。

设不使用中灰密度镜时的快门速度为 1s，当使用 ND2 时快门速度就变为 2s，使用 ND4 时快门速度就会变为 4s，以此类推。

以往风光爱好者都需要带上全套中灰密度镜，根据现场情况选择合适的使用。虽然也可以通过多枚滤镜叠加的方式组合使用，但仍然非常不方便。最近两年，市场上出现了可变密度的中灰镜，为我们增加一种方便的新选择。它实质上是由两块偏振镜组成，可以通过旋转来调节不同级别的减光量，因此省去了我们需要携带不同级别中灰镜的烦恼，一块滤镜就可以应对各种场景。其中，保谷（HOYA）就有一款可变密度中灰镜范围是 ND3 ~ ND400，相当于减光 1.5 ~ 9 挡。滤镜的边框与偏振镜类似，分为上下两层。上层带有条纹设计，方便进行双向的自由转动。转动它时，边框内

两片平行的偏振镜做逆向旋转，通过对不同方向的光波进行交叉切割，达到改变通光量的效果。滤镜边框上的标注有对应的减光效果，使用起来非常方便。

渐变滤镜（GND）——压暗天空平衡曝光

❋ 虽然市场上有圆形 GND 滤镜，但是由于这类滤镜主要用于大口径的超广角镜头上拍摄风光题材，所以方片滤镜已经成为主流。

最后出场的就是当今滤镜领域中的主角——渐变滤镜（GND）。每一个拍摄风光的人都遇到过天空亮而地面暗的情况，天空与地面过大的反差一旦超出数码单反相机的动态范围，我们就很难在一张照片中同时保留亮部与暗部的细节。此时，有两个解决方案：一种是分别针对天空和地面测光，拍摄两张照片进行后期合成，取得类似于 HDR 的高动态照片效果。另一种就是在前期拍摄时采用中灰渐变镜压暗天空，降低明暗反差，使画面中的细节都得以保留。渐变滤镜是风光摄影的重要工具，虽然渐变滤镜可以在 Photoshop 中通过拉渐变实现，但如果现场反差过大，亮部在画面中成为一片死白，那么无论用什么后期方法，也无法找回亮部细节。所以，前期拍到位是非常重要的。而前期到位的保障就是渐变滤镜。此时，你就明白为什么 GND 是当今滤镜市场的主角了吧！

❋ 方片 GND 滤镜。

前面介绍的三款滤镜都是均匀作用在整个画面中，而渐变滤镜则不同，它的作用只发挥在画面的一部分区域，而其他区域对照片最终效果并没有影响。常见的渐变滤镜包括中灰渐变镜、蓝色渐变镜、灰茶色渐变镜、橙色渐变镜等。中灰渐变滤镜是最常用的，它可以压暗天空，平衡反差。也就是说中灰渐变镜的一半是 ND 滤镜，而另一半是可以完全透光的光学玻璃。所以其名称是 GND。彩色渐变镜则可以改变天空的色彩，加强照片的气氛。例如，在雾霾天气时，天空的颜色和层次不

拍摄参数： ◎ 光圈：f/11　◎ 快门：1/320s　◎ 感光度：ISO200

❋ 使用硬渐变 GND 滤镜。当画面中有明显的地平线时，硬渐变 GND 滤镜就可以压暗天空，获得良好效果。

※ 使用滤镜架和方片系统后，不仅可以将其用在前组如同灯泡一样的 EF 11−24mm f/4L USM 和 EF 14mm f/2.8L II USM 镜头上，而且一套滤镜可以用在不同直径的镜头上，避免了重复投资。

佳，此时采用蓝色渐变镜可以在前期拍摄时就获得漂亮的蓝色天空。加强蓝天白云效果的同时，还不会影响地面的色调。在拍摄日出、日落场景时，橙色渐变镜可以令落日天空的暖调效果更加突出。

现在我们已经知道渐变镜的原理和作用，但在实际使用中还存在一个问题，那就是不同场景下天空和地面的反差级别是有区别的。有的时候天空极亮，地面很暗，反差较大。有时则没那么强烈的反差，但仍需要平衡。为了应对不同场景，中灰渐变镜分为不同的等级。减光系数为一挡的中灰渐变镜就标识成 GND0.3，可以针对天空减 1 挡曝光；GND0.6 可以降低 2 挡；GND0.9 可以降低 3 挡。在使用时，如果天空与地面反差不大，但使用了 GND0.9 滤镜，则会出现天空比地面还暗的情况。虽然乌云压顶是一个壮观的自然场景，可超过了一定限度，天空过暗时画面就会变假。相反，如果天空与地面反差很大，但选择了 GND0.3 则难以起到应有效果。因此，在拍摄前最谨慎的做法是采用点测光针对天空的亮部和地面的暗部分别测光，计算出反差的等级，然后选择相应的滤镜。

除了反差级别外，自然环境中天空与地面的衔接处也不尽相同。在海边拍摄时，天空与海面交界处是一条平直的地平线，划分清晰。而在山中拍摄时，远处山峰高低错落，与天空的界限并不是一条水平直线。为了应对这两种不同情况，就需要中灰渐变镜在上下交界处有不同的设计，这就是硬渐变和软渐变的区别。硬渐变中灰滤镜上全透明与半透明的边界过渡

非常快，适合拍摄高光与暗部界限分明的风光，如海边或者地平线处没有起伏的场景。软渐变中灰滤镜的全透明与半透明的边界过渡比较柔和且

※ 硬渐变 GND 滤镜中挡光区域与透光区域的过渡较快。

距离较长，适合拍摄高光区域与暗部间有较多不规则衔接的风光，如城市风光和山景。还有一种反向渐变镜，与普通渐变镜相比，其最能遮挡光线的区域在滤镜中间，滤镜上部的透光性增加，而下部可以让光线完全透过。这种滤镜主要用于拍摄日出日落时太阳在地平线附近的场景。

最后一个重要问题就是在选择中灰渐变镜时，该选择圆形滤镜还是方片滤镜。在选择 UV 镜时我们就了解到，根据镜头的不同口径选择不同直径的 UV 镜与之匹配。圆形滤镜的优势在于安装方便，可以与镜头前组很好地衔接。不便的地方在于，镜头的口径不同需要不同尺寸的滤镜，通用性差。还有一种情况是圆形滤镜完全无法应对的情况，那就是类似佳能

拍摄参数：⊙ 光圈：f/8　◎ 快门：1/60s　　⊡ 感光度：ISO800

※ 使用反渐变 GND 滤镜。在拍摄日出日落时，太阳或者高光区域会位于地平线附近，此时使用上下透光率高、中间挡光的反渐变 GND 滤镜可以有效平衡画面反差，获得良好效果。

※ 英国海泰（Hitech）滤镜。

EF 11-24mm f/4L USM 和 EF 14mm f/2.8L II USM 这样前组突出的广角镜头，完全没有可供滤镜安装的螺纹。

此时，方形滤镜就闪亮登场了。方形滤镜没有边框，呈现长方的形状。它的优点正是圆形滤镜的缺点，那就是不同口径的镜头全部都可以采用一套方片滤镜。除了中灰渐变镜以外，中灰密度镜也可以做成方片的形式。从这个角度讲，方片滤镜节约了我们的投入。即使没有灯泡前组的广角镜头，也可以采用一套完整的方片滤镜用于所有的镜头上。方片滤镜是通过一个滤镜支架与镜头连接在一起的。安装时，需要首先将滤镜支架固定在镜头前端，然后在拍摄时将方片滤镜插入支架的槽中即可。

然而，方片滤镜也有尺寸问题。如果镜头直径较小，84mm 宽的方片滤镜就能解决问题。但如果你采用的是 77mm 口径的 EF 16-

35mm f/4L USM 则需要 100mm 宽的方片滤镜。如果使用的是 EF 11-24mm f/4L USM 则需要 150mm 宽的方片滤镜。同时，大尺寸的方片滤镜可以用在小口径的镜头上，但逆向是不行的。因此，在选购时可以尽量选择较大尺寸的滤镜，以便应对今后镜头的升级和变化。

英国海泰（Hitech）是目前方片滤镜市场上的主导品牌，海泰运用独特的分子层镀色制造工艺将滤镜的颜色添加进树脂镜片的内部，而不是仅仅涂在表层，这样不仅滤镜的颜色均匀而且不易褪色。海泰滤镜使用了顶级光学树脂，透光率高达 92%，清晰度高，对画面分辨率的损失小。并且重量轻、抗冲击且不易断裂。由于红外线的存在，所有滤镜都容易让最终画面出现偏色现象。而海泰使用的染料配方中加入了抗红外线的成分，能够有效降低画面偏暖现象。在严格的品质控制下，每个挡位的减光系数极为精确，能够保证画面曝光的准确。目前，海泰 100mm×150mm 的软渐变三片套装价格在 1500 元左右，再加上一个滤镜支架基本可以满足日常风光题材的拍摄需要。

9.5 宁欠勿过与向右曝光

掌握了直方图和动态范围后，我们就可以深入讲解一下如何利用数码相机的特点，通过曝光控制深入挖掘出相机内部蕴藏的潜力。

9.5.1 宁欠勿过的 JPEG

在拍摄时，选用 JPEG 和 RAW 两种不同的照片格式，相应的曝光手法和特点也会有所区别。JPEG 格式照片是相机将原始数据经过大幅度压缩和处理后产生的，JPEG 格式文件数据容量不大。在曝光控制上，JPEG 格式照片中的亮部一旦过曝成为一片没有细节的死白后，相当于这个区域的影像数据完全没有被相机捕捉到，即使采用后期处理的方式也无法恢

拍摄参数： ◎ 光圈：f/5.6　　◎ 快门：1/320s
　　　　　　　🔲 感光度：ISO100　　🖼 图片格式：JPEG

※ 在拍摄 JPEG 格式时，一旦出现高光溢出，细节丢失并且无法找回。所以，一定要注意保留高光区域的细节。在这幅照片中，冰瀑上覆盖的雪就是最容易溢出的区域。

复高光部分应有的景物细节。例如，白色的婚纱过曝了，那么采用什么方法也无法从照片上看到上面镶嵌的亮片和蕾丝了。

而如果曝光不足，是可以通过后期方法提亮照片，恢复和挽救一些细节的，当然这样做也是有代价的，那就是画面噪点会提升，画质会下降，但毕竟细节得到了挽救。因此，为了

提高照片质量和拍摄成功率，拍摄 JPEG 格式照片时应该采用宁欠勿过的曝光原则，尽量降低曝光量，保证高光部分不过曝。在实际运用中可以采用平均测光基础上 -1/3EV 左右的方式执行，通过回放随时查看高光溢出情况，注意画面主体不能有过曝情况出现。

9.5.2 RAW 的右侧才有含金量

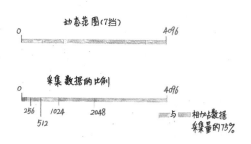

※ 右侧两挡包含了整幅照片 75% 的光影信息。

而拍摄 RAW 格式时则有所不同。前面我们了解到，RAW 格式是几乎无损的照片原始文件，具有数据量大后期处理中画质损失小的特点。RAW 格式也是真正能够发挥你手中相机全部潜力的格式。

但使用 RAW 格式拍摄时，相机记录场景中数据的方式比较特殊，在我们的想法中，画面中的亮部、中间调和暗部这三个不同的亮度区域会被相机一视同仁的对待，采用均等的方式记录下来。然而，实际情况却不是这样。一张 RAW 格式照片中，在直方图上靠右侧的亮部区域内记录的光影信息会比靠左侧的暗部区域多得多。如果把这个差异量化一下，那么假设你的相机动态范围是 7 挡，那么最靠右侧的一挡其中包含的数据占到整个数据的一半。也就是说虽然这一挡位置最靠右，也是最接近过曝的区域，但其中记录的场景信息量相当于其左侧全部 6 挡的总和。而从右侧数第二个区域内的数据量又占据了剩下这些数据的一半。那

么这两挡的数据量加起来将占据全部的 75%。

这也就意味着，如果你希望照片上层次更加丰富、细节更多、画质更好、噪点更少，就要充分利用这两挡区域，而不是左边的那些。换一种说法就是，你购买相机的花费几乎都花在了这两挡上，如果你不希望上万元的设备只表现出几千元设备的水平，那么就要用好这两挡。

这就是向右曝光的核心思想，这种方式与传统胶片时代的完全不同，也与 JPEG 格式的曝光方式有很大差别。这个理念的创始人是 Thomas Knoll，你可能觉得这个老外的名字很陌生，但在你每次打开 Photoshop 时，启动界

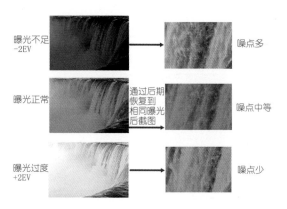

※ 将曝光不足 -2EV 的照片在后期增加曝光后，从 100% 原大的局部截图可以看出，噪点比较明显。曝光正常的照片局部虽然噪点并不多，但景物细节丰富程度要稍差。而将曝光过度 +2EV 的照片在后期降低曝光后，从 100% 原大的局部截图可以看出，噪点很少，影像品质明显提升。

面上出现的那多达十多行的软件设计师名字时，这个名字会排在第一的位置。是的，Thomas Knoll 就是 Photoshop 的主设计师。

向右曝光会给我们的照片带来哪些好处呢？向右曝光实际上是通过增加曝光量，让相机感光元件捕获更多光线，从而提升了信噪比，降低了画面噪点。它可以通过貌似过曝的拍摄结果和后期处理中降低曝光的调整手段相结合，让照片获得更丰富的细节、更好的色彩以及色彩过渡、更少的噪点。

9.5.3 利用曝光补偿将曝光向右推动

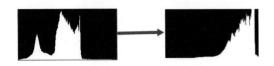

※ 利用曝光补偿或 M 全手动模式将直方图向右推动以实现向右曝光的拍摄方式。

为了能够实现向右曝光，需要我们在拍摄时对曝光施加更多的控制。例如，在一个场景中你采用 P 挡程序自动曝光模式并利用评价测光的方式测光，得到的结果是光圈 f/5.6、快门 1/500s，拍摄后画面的直方图呈现出波峰在中间的姿态。根据前面的分析我们知道，这样的直方图并没有实现场景信息采集的最大化。那么为了实现向右曝光，我们可以在此基础上使用 M 全手动模式，将参数进行调整，利用更大的光圈或更慢的快门速度让直方图向右侧移动，例如将光圈设置为更大的 f/4 或者将快门降低到 1/250s，甚至是同时使用这两者。

再次实拍后发现直方图向右移动了，波峰出现在了直方图最右侧的区域，又没出现大面积溢出情况，这时就实现了数据采集最大化的目标。虽然你从相机液晶屏上看去，画面的亮度好像有点过，但通过后期很容易将曝光拉回正常水平，而且画面会获得更多的质感和细节，通过这种方式得到的照片绝对会让你惊叹！当然，如果你采用 Av 光圈优先或 Tv 快门优先模式拍摄，那么直接增加曝光补偿是最简便的方式，你可以从增加 +1/3EV 开始试验，直到直方图向右移动到理想位置。一般情况下，增加幅度可能会达到 +1EV 左右。

9.5.4 即使出现高光警告也要勇敢向右

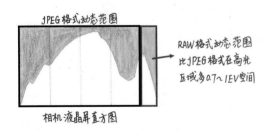

在实际运用中，还有几点是容易被忽视的。向右曝光如果过度，很容易出现过曝，而与 JPEG 格式的情况一样，如果画面中某个区域过曝了，那里将不会有数据被记录下来。无论用什么后期方法，该区域都会是一片死白。这样也就损害了画质，使得向右曝光失去了意义。

但如何判断这一区域是否过曝了呢？一般情况下我们都是通过相机液晶屏的高光溢出提示或直方图来观察，出现闪烁的区域自然是过曝了。但真实情况不一定如此。在动态范围一节中我们通过实验发现，相机液晶屏上的高光溢出提示和直方图全部是针对 8 位 JPEG 格式的。即使你拍摄的是 RAW 格式，相机也会显示它所对应的 JPEG 格式的效果。这时就会出现一个问题，即使 JPEG 格式的高光部分出现了溢出，但 RAW 格式里该区域仍然记录下了丰富的信息。

如果我们将其量化，那么在动态范围一节

中采用的试验方式说明,用点测光拍摄灰卡时,在高于 +2EV 曝光补偿时,灰卡就会出现溢出。这是 8 位 JPEG 格式的溢出临界值。但这时的溢出是假溢出,我们在此基础上再增加 +1EV 后,RAW 格式才会达到它的临界值。这样我们就知道,在应对 C 类场景(高反差,但没有超过相机的动态范围)时,采用高光加 2 挡拍摄时即使出现了溢出也不要紧,RAW 格式仍然有空间,此时可以再增加 0.7EV,还能够获得更多的信息量。如果是拍摄 A 类场景(低反差)和 B 类场景(反差适中)时,采用评价测光模式时,增加曝光补偿让直方图向右达到溢出警告时再加 0.7EV,同样可以获得更多信息量。

另外,很多相机上的高光溢出提示并不完全准确,厂商更愿意采用保守的方式进行早期提示。也就是说可能这里并没有完全过曝,信息也被记录了下来,但却出现了高光溢出提示。

直方图也存在同样问题,好像已经完全从右侧溢出,但实际上并没有那么严重。这与相机品牌和具体型号有关,大家可以做些试验,可以过曝到一定程度,通过后期方式看看这个区域的细节是否能够被找回。这样你就能够进一步挖掘出相机的潜力来。另外,软件版本也应及时更新,新版 DPP4 软件具有更好的算法,对于已经显示过曝的区域的还原能力相差很大。使用 DPP4 中的基本图像调整工具里的【伽马调整】,将高光区域的边界向右侧拉动,就能够让向右曝光获得的数据优势立即显示出来,找回更多的高光区域细节。

> **知识链接**
>
> 关于 DPP4 软件的使用请参考第 15 章。

9.5.5 向右曝光的前提条件

※ 这样的高反差场景并不适合采用向右曝光的策略,因为窗户外的高光区域亮度极高,在记录下室内环境细节的同时,已经很难做到保留窗外的细节了。这种场景更适合 HDR。

不是所有场景都适合通过向右曝光的方式来提高画质。最重要的前提条件是场景中的反差没有超过你手中相机的动态范围。那么,首先你需要了解自己手中的相机可以记录下多大的反差。你可以寻找一个高反差场景,通过点

测光方式针对场景的亮部和暗部测光,计算出其反差级别,然后看看相机能否同时记录下亮部和暗部的细节。通过这种方法你可以对场景反差和相机实际记录能力有更直观的体验。

掌握了相机动态范围后,当你遇到的场景其明暗反差没有超过相机的动态范围时,就可以运用向右曝光的方式提高画质。如果场景反差超过了动态范围,那么这就成了一个取舍的选择问题,向右曝光就不再适用。此时,你可以选择保留高光区域的细节,而让暗部一片死黑。也可以选择保留暗部细节,让高光区域全部过曝成为一片死白。但大多数职业摄影师会选择前者,因为画面中黑色区域往往能够带来稳定的视觉效果,此时他们往往会把主体安排在画面的亮部,从而形成更加醒目的对比,观者的视线也会一下被吸引到主体上面。而后一种方式由于大面积的白色会分散观者视线,则很少被采用。

9.6 阳光 16 法则

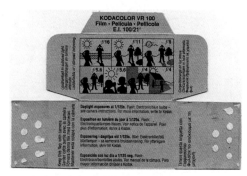

※ 胶片盒上印刷的阳光 16 法则图例。

曝光虽然千变万化，但仍然有规律可循。所谓千变万化，是指场景中的光线强度不同，场景中的物体反光率不同，拍摄意图不同都会影响到曝光的选择。初学者经常会询问一张优秀作品用什么样的光圈和快门组合拍摄的。殊不知，了解这个信息的意义并不大。光圈和快门组合受到现场光线、拍摄角度、镜头焦距等多种因素影响，不可能通过参数的简单复制而拍摄到优秀作品。其实更重要的是摄影师的拍摄思路，而不是参数。

而有规律可循是指在室外的自然环境下，光线的强弱在相同天气条件下基本相同，并且是有规律可循的。例如，阳光明媚时充足的光线有非常稳定的亮度。在多云或阴天时，虽然环境光线与云层厚度和阴天程度有关，但也处于一定的变化范围内。

还记得以前胶卷包装盒上的图案吧！装上感光度为 100 的胶卷，将快门速度调到 1/100s。包装盒上太阳的图案边标注有 f/16；

云朵遮住太阳的图案旁是 f/11；一朵乌云遮住太阳的图标旁边是 f/8。在胶片时代，这就是人们总结出来的阳光 16 法则，以便在没有测光表进行精确测光时，也可以让没有自动测光能力的相机拍出较为理想的照片。

拍摄参数：◎ 光圈：f/16　　◎ 快门：1/100s
◎ 感光度：ISO100　　◎ 曝光模式：M 挡全手动

※ 在阳光明媚的户外开阔地，光线没有被任何物体阻拦，云层也没有遮挡住太阳，这是利用阳光 16 法则的最佳场景，让我们使用 M 挡就可以获得理想的曝光。

9.6.1 阳光 16 法则口诀

阳光 16 法则口诀：
艳阳十六阴天八，
多云十一日暮四，
阴云压顶五点六，
雨天落雪同日暮。

阳光 16 法则朗朗上口、易于记忆，对于获得合理的曝光很有帮助。这个口诀是指：在室外阳光明媚的天气下拍摄，主体处于阳光直射的环境中，当使用 f/16 光圈拍摄时，快门速度选择感光度 ISO 的倒数，即可获得理想的曝光。例如，使用光圈 f/16，快门 1/100s，ISO100。感光度提升至 1 挡到 ISO200 时，光圈保持 f/16 不变，快门则需要同步提高 1 挡到 1/200s，同样可以保证一样的曝光。感光度的提升导致快门速度提高，可以定格下移动的主体。

拍摄参数： ◎ 光圈：f/11 　 ◎ 快门：1/100s
　　　　　 ◎ 感光度：ISO100 　 ◎ 曝光模式：M 挡全手动

※ 如果你置身坝上的这个场景中，会感觉阳光比较强。但从远景的山脉可以看出，空气并不十分通透，存在轻微雾霾。此时，"多云 11"是更加准确的曝光方法，曝光要比"阳光 16"时增加一级。在国内空气污染日益严重的今天，即使你感觉户外阳光不错，但实际上空气中仍有污染物阻挡阳光，所以"阳光 11"法则似乎更适合国内的现状。

9.6.2 活学活用阳光 16 法则

阳光 16 法则并不是指在阳光下只能采用光圈 f/16 拍摄，我们同样可以根据景深的需要，改变光圈大小。光圈 f/16 只是一个基础。当拍摄浅景深照片时，需要将光圈开大 2 挡至 f/8，此时快门速度则同样要提升 2 挡至 1/400s，感光度为 ISO100。在这个参数组合下，曝光仍然正确而且与之前的组合效果一样。可见，阳光 16 法则提供给我们一个基准，在它之上可以产生出千变万化的结果，以满足摄影师的不同表现意图。

理解了第一句，后边的就简单了。在多云天气下拍摄，主体处于户外无遮挡的环境中，光圈 f/11、快门 1/100s，ISO100 是基准参数。阴天时，光圈 f/8、快门 1/100s，ISO100 是基准参数。在阴云压顶的天气下，光圈 f/5.6、快门 1/100s，ISO100 是基准参数。日出日落、雨天和下雪天时，光圈 f/4、快门 1/100s，ISO100 是基准参数。

拍摄参数： ◎ 光圈：f/4 　 ◎ 快门：1/100s
　　　　　 ◎ 感光度：ISO100 　 ◎ 曝光模式：M 挡全手动

※ 雪花飘落的过程中，天空十分阴沉。"日暮四"以及在其基础上的各种组合可以用来应对这样的场景。

> **提示** ⚡
>
> 这 4 句口诀共描述了 5 个等级的基准参数，它们之间的曝光都相差 1 挡。可见，阳光 16 法则并不是一个非常严谨的曝光标准，而是一个给大家的建议和参考。它告诉我们曝光调整的方向，在实际运用中，我们应该结合现场条件灵活运用。

9.6.3 阳光 16 法则让拍摄更顺畅

那么在数码时代，相机具备完善的测光功能，阳光 16 法则还有用吗？是的，它依然有价值。在使用曝光补偿时，我们要根据构图分析场景中的元素，按照白加黑减原则来调整。在使用点测光时我们要找到画面的中灰位置，还要锁定曝光重新构图。在抓拍快速移动的主体或人文纪实题材时，上面的两种方式都太慢，很可能无法用于实战。

而阳光 16 法则可以帮助我们将光圈、快门和感光度三个曝光参数在 M 挡全手动模式下全部固定，这样相机无须进行测光就能拍摄。另外，如果使用超焦距的方式，还能节约下自动对焦所耗费的时间，可以大幅度地提升拍摄效率，摄影师可以把宝贵的精力全部集中在主体身上，捕捉到更加完美的瞬间。

9.7 高光色调优先——针对高光曝光、针对暗部显影

前面曾经提到，遇到高反差场景时，我们对于直方图左右两端的处理是不同的。虽然高光和暗部都可能溢出，但是大面积的高光溢出为照片增加了难看的白色区域，严重干扰观者的注意力，分散了对主体的关注。而暗部则不同，稍微有一些暗部细节缺失不会有太大问题，有时候反而能给画面带来稳定感。很多风光摄影家在遇到高反差场景时，都会以高光区域为曝光依据，避免其溢出。

对于动态范围更小的 JPEG 格式来说，在面对高反差场景时，两端更容易溢出。此时宝贵的动态范围更要高效利用，才能获得更好的曝光效果。佳能借鉴了很多摄影家经常采用的曝光方式，开创了高光色调优先这一功能。所谓高光色调优先，是通过机内优化的方式将曝光基准点 18% 中灰这一标准进行提升，使其

更接近亮部区域。这样就会有更多的动态范围被用于记录场景中的亮部。如果将这一能力量

拍摄参数： ◎ 光圈：f/7.1　　⏱ 快门：1/1250s
　　　　　　　　◉ 感光度：ISO400

※ 使用高光色调优先功能，使得新世贸大厦的迎光面没有出现大面积高光溢出。

※ 高光色调优先功能位于拍摄菜单第 3 页第 4 项。

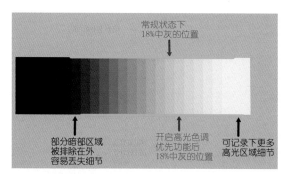

※ 提升 18% 中灰位置使高光色调优先能够在高光区域记录下更多细节。

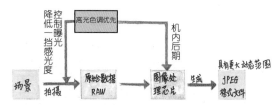

※ 高光色调优先会在前端对 RAW 格式产生影响。

化，大约可以让亮部区域的表现能力提升 1EV 左右。

高光色调优先功能应用在风光题材中，可以令白云、浪花、雪景等容易过曝的区域保留更多的细节；在人像领域它能够避免白色婚纱和脸部的高光区域过曝，记录下应有的细节。但高光色调优先也有弊端，那就是画面的暗部容易出现细节的缺失，而且容易出现更多的噪点。因此在使用中，高光色调优先更适合那些暗部区域不太重要的场景。

在所有的佳能相机上，使用高光色调优先功能时，供选择的感光度范围会变窄，最低为 ISO200，最低原生感光度 ISO100 无法使用。这是因为高光色调优先功能发挥作用分为两个步骤：第一步是在前期拍摄过程中，虽然保持当前的光圈和快门速度不变，但会自动将感光度降低一挡，从而保证高光区域不过曝。只有 ISO100 无法实现降低一挡的目标，所以无法使用。第二步是通过机内优化（后期）的方式，降低照片的对比度，调整照片的中间调和暗部区域，通过提亮的方式让暗部展现出更多细节。如果用一句话总结高光色调优先的本质，那就是：针对高光曝光、针对暗部显影。

可以看出，高光色调优先功能在前期拍摄时就参与进来，降低了一挡曝光量。因此，你在佳能 DPP 软件中找不到它的身影，这一功能是无法用纯粹后期方式来实现的。

通过这样的方式，照片展现出的动态范围会扩大，暗部和亮部保留了更多细节和层次。高光色调优先的左手是控制曝光，右手是控制机内优化。无疑它是为了提高 JPEG 格式直出效果设计的，这一点已被公认。

但是关于高光色调优先是否会作用于 RAW 格式上就出现了很大的争论。我们从刚才的分析中可以看出，控制机内优化的过程处于 RAW 原始数据采集的下游，不会对 RAW 产生影响，当然它会改变 RAW 格式内嵌的 JPEG 照片的效果。但高光色调优先控制曝光的能力却可以施加给 RAW，确实起着作用，它同样让 RAW 的曝光向左出现了偏移。RAW 的向右曝光前提条件就是场景的反差没有超过相机的动态范围，所以此时高光色调优先向左曝光，还是一种正确的选择，可以让 RAW 格式照片保留更多高光区域的细节。

也就是说，对于 RAW 格式，高光色调优先只发挥了一半的作用，这一半作用还是非常容易通过我们自己控制曝光补偿来实现的，因此，使用 RAW 格式拍摄时可以关闭高光色调优先功能。

提示 ⚡

当场景反差超过相机动态范围，摄影师更看重亮部细节并需要采用 JPEG 格式直接出片时，才需要开启高光色调优先功能。开启后你会从光学取景器中看到 D+ 的标志。在使用高光色调优先时，你无法使用 ISO100 的感光度，选择范围只能从 ISO200 开始向上延伸。

9.8 自动亮度优化——面向初学者的机内后期

拍摄参数: ◎ 光圈: f/5.6　◎ 快门: 1/320s
　　　　　　 ◎ 感光度: ISO400

　在风光题材中，虽然有兴趣中心存在，但整个场景都是我们要向观众展示的，所以主体与陪体的差异并不明显。而拍摄人像时，主体则毫无疑问就是人物本身。如果此时背景光线很强，人物处于严重的逆光中，拍出的照片容易出现主体欠曝的问题。此时，对于 JPEG 格式直出来说就需要自动亮度优化功能的帮助。与高光色调优先不同，自动亮度优化是为了照顾画面的暗部而设计的。在逆光人像拍摄中，这一功能可以识别脸部，并通过机内后期的方式将其提亮，获得更好的照片效果。

　另外，在拍摄低反差场景时，由于光线均匀地扩散，画面很容易出现平淡乏味的情况。此时，自动亮度优化还能够提升画面亮度，并通过机内后期的手法提升反差，从而让画面的生动性得到提高。进入拍摄菜单第 2 页第 3 项【自动亮度优化】选项可以选择其作用等级，分为弱、标准和强。

　值得注意的是，自动亮度优化并不会从前期测光阶段参与进来，它完全不会干扰拍摄时的曝光，发挥作用的环节仅局限于机内后期处理过程。也就是说，自动亮度优化只对 JPEG 格式起作用，而拍摄 RAW 格式时，它并不会参与进来。与白平衡一样，我们可以通过佳能

※ 使用自动亮度优化功能，使得逆光环境下，模特面部的曝光更加正常。

DPP 软件在后期处理时，针对 RAW 格式照片重新设置不同等级的自动亮度优化，然后转存为 JPEG 或 TIFF 格式。

> **提示** ⚡
>
> 　自动亮度优化具有较高的优先级，当我们使用曝光补偿降低曝光时，如果开启了较高等级的自动亮度优化，会导致曝光补偿的效果难以体现。所以，对于具有一定曝光控制能力的影友来说，最好关闭这一功能。

容易混淆 高光色调优先与自动亮度优化

高光色调优先的目标是提升照片的动态范围，采用前期和后期两种手段同时参与到拍摄当中。而自动亮度优化则是一种复合型功能，它可以让初学者在逆光和低反差等场景中获得不错的拍摄效果。如果你仔细观察就会发现，自动亮度优化是佳能 EOS 场景分析系统的 5 大支柱之一。它起到的作用就是辅助自动曝光来应对那些逆光和低反差等容易造成照片效果降低的特殊场景。所以，当你使用 [A+] 场景智能自动模式时自动亮度优化被默认至于标准的挡位。

另外，自动亮度优化以提亮画面为核心，而高光色调优先以降低曝光为先导，所以二者相互冲突，当你开启了高光色调优先时，自动亮度优化会被自动关闭。佳能显然也将自动亮度优化定义为一个为初学者服务的自动功能，所以在自动亮度优化设置界面最下方，还可以选择在 M 挡全手动曝光模式和 B 门曝光模式时自动关闭这一功能。

9.9 包围曝光——成功源自于不断尝试

前面我们介绍了很多让照片曝光正确的方法，但千变万化的自然界总是决绝地向人类精心设计出的方法臣服。曝光失误总会不断出现。此时，一味追求更加精准往往难以起到作用。而当我们换个思路，允许自己在曝光上犯错并且多犯错时，这个问题反而更加容易解决。这就是包围曝光，它让我们针对同一个场景，通过多次拍摄不同曝光值的照片最终获得最正确的那一张。

9.9.1 包围曝光不仅是一种技术更是一种态度

包围曝光是从胶片时代延续过来的重要工具，在过去测光不够精确或者相机没有内置测光表的年代，曝光往往要摄影师凭借经验估计，这时难免发生差错。对于普通爱好者而言，曝光失误导致照片变为

※ 使用包围曝光是最稳妥的曝光策略，可以提高获得准确曝光照片的成功率。三张照片曝光相差 1EV，第一张中乌云与海岸线的细节全部隐没在黑暗中，而最后一张暗部细节虽然有所体现，但是日落的气氛被减弱。中间一张则可以兼顾暗部与日落气氛，是三张中比较理想的选择。

废片，当然不是很严重的事。但对于职业摄影师来说，需要完成客户交代的拍摄任务，绝对不能以当时出现了技术失误为借口。所以，曝光时除了必须谨慎小心外，还需要一种技术手段，提高曝光的成功率，这就是包围曝光。

使用包围曝光方式拍摄时，除了可以采用你认为正确的曝光值拍摄以外，还可以获得在此基础上减小曝光量和增加曝光量的多张照片。这样就能够覆盖尽可能广的曝光区域，即使自己的估算出现了偏差，还有另外不同曝光的照片可以作为备选，从而提高了拍摄的成功率。

除了成功率的考虑外，某些类型的胶片宽容度不高，对于曝光失误的容错范围很小，也是需要采用包围曝光的重要因素。另外，胶片时代，拍摄结果无法在拍摄现场立即看到，因此难以根据照片效果进行及时的曝光调整。等到胶片冲出来，很多场景已经无法再次拍摄。所以，包围曝光在一定程度上减小了失败的概率。

可见，包围曝光不仅是一种获得最精确曝光的技术手段，而且更是摄影师严肃和敬业的职业态度的体现。

9.9.2 包围曝光——为 HDR 拍摄素材

拍摄参数: ◎ 光圈: f/11 ◎ 快门: 1/15s
◎ 感光度: ISO100

※ 在数码时代，由于快速的照片回放、直方图曝光
参考以及 RAW 格式的宽广动态范围，让这种静
态风光题材中使用包围曝光的意义已经不大。

那么在数码摄影时代，拍摄完可以立即查看照片效果，检查曝光是否准确，包围曝光还有使用的价值吗？例如，在拍摄风光题材时，我们架好三脚架，固定稳相机，等待最佳光线的到来。当场景最佳时，我们从容地开始拍摄，并通过照片回放检查直方图以确认曝光准确度。此时，曝光可以随时进行调整，或者删除之前不够理想的照片。通过不断调整参数，不断拍摄，很容易获得曝光准确的照片。这种情况下，包围曝光确实很难被派上用场。即使是场景反差很大，曝光选择不太容易时也是如此。目前，很多摄影图书中还在用胶片时代的方式讲解包围曝光，这无疑已经过时了。当数码时代来临时，我们不得不承认这种变化。那就是在这种能够从容拍摄的静态场景中，包围曝光的确没有太多的使用价值。

面对这种静态场景，包围曝光更多被用来拍摄 HDR（高动态范围）的素材。例如，风光场景中明暗反差极大，已经超过了相机的宽容度，无法在一张照片中同时记录下来。此时，我们架好三脚架，固定稳相机。采用包围曝光方式拍摄三张照片，它们分别让场景中的高光区域、中间调和暗部区域都曝光正常，留存有细节。这样通过后期软件，我们就能够轻松地将多张照片合成为一张，这张照片中同时保留了高光、中间调和暗部的细节，从而获得最大的动态范围。

※ 通过 HDR 合成可以展现出极为宽广的动态范围，让天空中云朵的高光区域和树木及倒影的暗部区域全部展现出细节。

9.9.3 包围曝光——不老的青春

如果你认为包围曝光在数码时代已经青春不在，只能成为 HDR 的铺路石，那么你就错了。我们前面提到的场景中，所有的元素都太过稳定，稳定的场景、稳定的主体、稳定的相机。而在很多题材中，这些元素都在不停地变化。作为摄影师的你即使有片刻的松懈，最精彩的瞬间都可能从你面前悄悄溜走。这种情况下，你几乎都没有时间去看一眼主液晶屏上的直方图。此时，包围曝光就是你可以借助的唯一武器。

拍摄人文纪实题材时，主体随时会发生移动，对于曝光这件事来说，存在精细度与效率的取舍问题。只要拍摄场景条件允许，时间足够充裕时，我们可以用很多方式来获得最准确的曝光。例如，采用点测光或灰卡测光。当条件不允许，精彩场景不断变换并且可能转瞬即逝时，精细的调整曝光会导致拍摄效率的下降，从而很容易错过最精彩的瞬间。此时，只能采用多拍的方式来"广撒网"以提高成功率。

么怎样才能将精确度与效率二者的优势结合在一起呢？那就要依赖包围曝光这一有力工具。这也是普通爱好者最容易忽视的一项工具。而职业摄影师却非常喜爱包围曝光，美国《国家地理》杂志摄影师麦克·山下曾经提到，他在拍摄纪实类题材时，永远都是使用包围曝光。

然而，主体移动会导致场景光线条件的改变，造成曝光值地不断变换。如果曝光错误即使通过多拍抓住了移动主体的完美瞬间，也不能获得满意的照片。那

拍摄参数：◎ 光圈：f/2.8
　　　　　◎ 快门：1/50s
　　　　　◎ 感光度：ISO3200

※ 包围曝光第一张（共 3 张跨度 1EV）。

佳能 EOS 7D MARK II 的拍摄菜单第 2 页第 1 项【曝光补偿 /AEB】是一个混合选项，这里将曝光补偿的菜单设置（通过速控转盘来调整曝光补偿是更加高效的方式）和包围曝光（AEB）放在了一起。界面中第一行是曝光补

拍摄参数：◎ 光圈：f/2.8　◎ 快门：1/25s　◎ 感光度：ISO3200

※ 包围曝光第二张。

拍摄参数：◎ 光圈：f/2.8
　　　　　◎ 快门：1/13s
　　　　　◎ 感光度：ISO3200

※ 包围曝光第三张。

※ 在这三张跨度为 1EV 的包围曝光中，用最大的曝光范围覆盖了这一场景。从中可以看出，第二张的曝光相对准确，但是曝光不足的那一张具有更好的影调，能够真实再现舞台下这两名小观众周围的环境气氛。

［实战经验］

　　开始拍摄前，首先根据场景光线等情况估算出合适的基础曝光值，使用 M 挡全手动模式将这个曝光组合设定下来，并试拍几张照片。通过回放检查曝光有没有大的偏差，确认无误后就可以开启包围曝光模式。

　　然后，让主体人物回归到其生活的本来节奏中去，忽略摄影师的存在。而此时摄影师就可以采用包围曝光

连续不断地拍摄，完全不必也不能再频繁回放照片检查曝光等情况。只需要将注意力集中于主体上，眼睛不离开光学取景器，不断拍摄就可以。只要主体人物的活动范围仍在这个场景中，环境光线没有发生根本性的变化，我们就不用更改任何曝光设置。

偿，我们仍然可以通过速控转盘来调整曝光补偿，只不过在菜单里曝光补偿的调整范围扩大至 ±5EV。第二行则可以设置包围曝光，使用主拨盘可以调整包围曝光的范围，使用速控转盘可以结合曝光补偿更改包围曝光时的基准点。设置完成后，机顶液晶屏上会出现包围曝光的标志。

我们再观察一下佳能顶级数码单反相机 EOS 1DX，就会发现有专门的 BKT（包围曝光）按钮，而且是被安排在机顶左肩部最醒目的位置上。

通过机顶左肩组合键
无需进入菜单
即可实现包围曝光

EOS 1DX

※ 佳能顶级的 EOS 1DX 可以通过机身按钮快速完成包围曝光设置。

9.9.4 包围曝光顺序

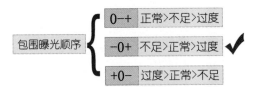

使用包围曝光时，拍摄的照片总有三种情况：作为基准的照片、低于基准的照片、高于基准的照片。那么就需要确定一个先后顺序。佳能 EOS 7D MARK II 在自定义功能菜单第 1 页第 4 项【包围曝光顺序】中为我们提供了 3 种顺序的选择：第 1 种是正常 > 不足 > 过度；第 2 种是不足 > 正常 > 过度；第 3 种是过度 > 正常 > 不足。貌似这 3 种顺序无关痛痒，但经过多年的学校教育，我们的大脑里总有一条数轴。数轴左侧是负数，中间是零，右侧是正数。我们已形成了"减在左，加在右，零在中间"的固有思维习惯。

显然第 2 个选择更符合思维习惯。另外，

它还有其优势。那就是它是顺序的，而第 1 种是跳跃的。还记得我们在描述包围曝光用途时提到的为 HDR 做铺路石吧。选择第 2 个顺序能够让我们更加方便地从包围曝光的多张照片中找到所需要的。如果你包围曝光拍摄了 5 张照片，每张之间相差 0.7EV。那么当你需要 3 张跨度最大的照片用来制作 HDR 时，只需要删除第 2 张和第 4 张即可。如果是采用第一种顺序拍摄，你就需要思考一会儿，才能发现需要删除的是第 3 张和第 4 张。这样效率会大打折扣。

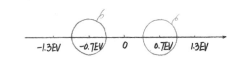

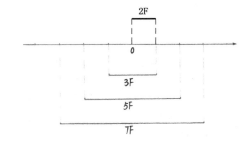

9.9.5 包围曝光拍摄数量

包围曝光的默认拍摄数量为 3 张，这也是最常用的。但是当场景更加重要，明暗关系更加复杂时，就需要选择更多的包围曝光拍摄数量来覆盖更大的范围。进入自定义功能菜单第

1 页第 4 项【包围曝光拍摄数量】选项中，可以选择 5 张或 7 张。当然，也可以从 3 张将包围数量精简到 2 张，以加快拍摄节奏。

9.9.6 包围曝光跨度

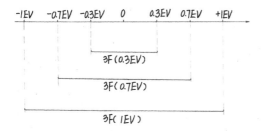

在使用包围曝光时，一个重要的设置就是每张之间的跨度。跨度最小是 0.3EV，最大是 3EV。在以往胶片时代，过大的跨度可能让你的多张包围曝光照片都错过了正确曝光值，因为正确曝光值可能位于两个相邻的照片中间。所以最精细的做法是跨度小而包围数量多。例如，使用跨度为 0.3EV，然后包围数量是 7 张。即使采用如此多的包围数量，两端的照片也仅在 ±1EV 之间。

在数码时代，尤其是 RAW 对于曝光的容错性更强，我们可以通过软件对照片曝光进行一定范围的修正，所以现在你只需要选择 1EV 跨度即可实现目标，而不会让正确曝光值从指缝中溜走。

进入拍摄菜单第 2 页第 1 项【曝光补偿 / AEB】后，将主拨盘向右转动一格就会开启包围曝光功能，在默认状态下，此时的跨度为 0.3EV。随着向右继续转动主拨盘，跨度逐渐增加，最大达到 3EV。无论怎么转动主拨盘，包围曝光的中心点都是在 0EV 这个基准点上，只有通过速控转盘才能够改变其位置。这就是下面要介绍的非对称分布的包围曝光。

> **提示** ⚡
>
> 包围曝光的跨度由自定义功能菜单第 1 页(C.Fn1) 第 1 项的【曝光等级增量】选项决定。

9.9.7 非对称分布的包围曝光

至此我们了解了绝大多数的包围曝光设置方法，虽然项目众多但并不复杂。另外，还有最后一个设置需要讲解。在之前的设置中我们会发现，无论改变包围曝光拍摄张数、跨度还是顺序，都不影响一个事实。那就是基准照片的曝光位于坐标原点位置，其他所有照片无论多少张、无论跨度多大都围绕着原点，即相机测光结果来展开。但有些时候，场景中存在大面积的白或者大面积的黑，所以我们不太确定什么是正确的曝光，才使用包围曝光功能。而在这种情况下，坐标原点的位置虽然是相机给出的，但肯定不是准确的。这就降低了我们使用包围曝光获得理想效果的概率。

例如，场景中存在大面积的黑色区域时，我们可以确定正确曝光需要在测光基础上降低曝光量，但不确定降低多少，因为采用包围曝光的方式。此时，需要重新调整多张照片的分布形态，让它们不再以坐标原点为中心，而是以坐标原点为上限，才能更符合场景的实际要求。

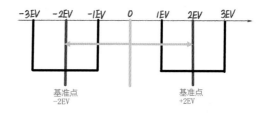

为了实现这一目的，我们还需要进入拍摄菜单第2页的第1项【曝光补偿/AEB】这个混合选项中，使用速控转盘更改包围曝光时的基准点，顺时针旋转速控转盘则基准点向右移动，逆时针旋转速控转盘则基准点向左移动。

9.9.8 包围曝光的高效拍摄方法

在使用包围曝光拍摄时，一个最大的困扰就是摄影师总需要记住包围数量是几张，当前拍了几张，还有几张没拍完。如果这些数字总在你的大脑里出现，肯定会干扰到拍摄。我们就无法全神贯注于观察主体的瞬间动作。为了解决这个问题，我们就需要驱动模式的帮忙。在单拍或静音单拍驱动模式下，你确实需要记住包围曝光的数量是几张，已经拍摄了几张。但如果使用另外的三种连拍模式（低速连拍、高速连拍和静音连拍），那么每次按下快门时只需保持全按的状态片刻，相机就会自动完成全部包围曝光的拍摄（拍摄数量可以是3张、5张或7张，这取决于你在包围曝光拍摄数量上的设置）。一旦完成后，即使你的食指仍然按在快门上，相机也不会继续拍摄了。其拍摄速度基本与该驱动模式的水平相当，但优势在于它会在完成所有包围曝光拍摄后自动停止。

这样你就无须记忆拍摄的数量，而是按整组的方式拍摄。因此，能够将全部注意力放到对主体的表达和构图上，自然能够大幅度提高出片率了。

扩展阅读

演而优则唱——包围曝光的连锁店

看到此处，你已经了解了包围曝光的精华所在。正是由于这种方式的成功，它被复制到很多领域。我们前面介绍的只是基于获得准确曝光这个目的的包围拍摄方式，其实这种采用多次拍摄的包围方法还可以用于很多地方，只不过了为了获得准确曝光时运用得比较多而已。

这种方式还被用于控制不同的闪光灯输出量、不同的白平衡漂移。也就是说，当你不确定用什么级别的闪光灯输出量合适、不确定用哪种白平衡设置合适时，都可以采用不同的级别多拍几张来获得更加准确的效果。

9.9.9 既要包围曝光又要控制画面

在使用包围曝光时，多张照片中的曝光量差异是通过什么实现的呢？我们从"曝光三剑客"一节中可以了解到，在相机感光度固定的情况下，曝光量的差异可以通过改变光圈或者快门，抑或是两者同时改变来实现。而它们的改变不仅会产生曝光的变化，还会导致照片的景深或者运动主体清晰程度的变化，抑或者这两种情况同时发生改变。

对于摄影师来讲，包围曝光是个有用的工具，但是又不希望在画面曝光改变的时候，自己在意的景深或运动主体清晰程度出现偏差。所以，就要对其施加控制。在Av挡光圈优先模式下使用包围曝光时，你所选定的光圈会保持不变，仅通过快门速度来获得不同的曝光差异，这样画面中的景深会保持不变。因此，非常适合针对风光题材进行包围曝光。而Tv挡快门优先模式下使用包围曝光时，你所限定的快门速度会保持不变，仅通过光圈的变化来获得不同的曝光差异，这样画面中的运动主体会保持近似的清晰程度。因此，非常适合针对人文纪实题材进行包围曝光。需要注意的是，在M挡全手动模式下使用包围曝光时，佳能EOS 7D MARK II依然会将光圈值固定，而通过改变快门速度来实现包围曝光。

Tv快门优先模式下进行包围曝光

初始参数：快门1/500秒、光圈f/2.8

包围数量7张

跨度1EV

镜头最大光圈f/2

```
     f/11   f/8   f/5.6   f/4   f/2.8   f/2
  ◄──┼──────┼──────┼──────┼──────┼──────┼──►
    -4EV   -3EV   -2EV   -EV     0    +1EV
```

与+1EV曝光量一致 {
实际包围数量为5张 {
+2EV
+3EV

※ 包围曝光中原点右侧实际上只完成了 1 张，后边两张的曝光量受到光圈最大值的限制并没有增加。

除了在包围曝光中需要考虑画面效果外，还有一个重要问题不能忽视，那就是曝光增减量的空间问题。当我们固定了一个曝光参数，而通过另外一个参数的变化来实现多张包围曝光时，第二个参数不会无限度地变化，而是受到一个范围的约束。例如，在 Av 挡光圈优先模式下使用包围曝光时，快门速度会被限制在 30s 至 1/8000s 的范围内。如果现场环境较为明亮，同时你选择了一个较大光圈进行 7 张

跨度 1EV 的包围曝光，那么很有可能在中心点左侧的包围曝光，仅拍摄到了第二张就将快门速度提升到了 1/8000s，这样第三张就无法实现更低的曝光量了。同样，在 Tv 挡快门优先模式下使用包围曝光时，可使用的光圈范围会受到镜头的限制，如果你使用 EF 35mm f/2 IS USM 镜头，那么光圈的范围就是最大 f/2 至最小 f/22。如果环境光线较弱，你使用了较高的初始快门速度开始进行 7 张跨度 1EV 的包围曝光，那么很有可能在中心点右侧的包围曝光，仅拍摄到了第二张就将光圈开大到了 f/2，这样第三张就无法实现更大的曝光量了。此时，相机依然会进行拍摄，完成所有的包围曝光数量，但是你会发现，在第二参数达到边界后，其中多张照片在曝光上并无差异，因此失去了包围曝光的作用。

因此，当包围曝光数量较多，且跨度加大时，仅仅依靠单一参数的改变来实现所有包围数量的拍摄会非常吃力，很容易达到光圈或快门速度范围的极限而无法完成全部包围拍摄。此时，使用自定义功能菜单第 1 页第 6 项的【安全偏移】功能才能够解决这一问题。

9.9.10 包围曝光自动取消

对于包围曝光这个工具的使用摄影师之间有着很大的差异，很多从胶片时代走过来的摄影师至今依然保留着频繁使用包围曝光的习惯，甚至在他们的绝大多数拍摄中都会一直采用。而很多数码时代的后起之秀仅仅为 HDR 拍摄素材时才使用。正是由于使用这项功能的频率不同，决定了他们在自定义功能菜单第 1 页（C.Fn1）第 3 项【包围曝光自动取消】中的不同设置。

虽然启用包围曝光功能都需要进入拍摄菜单第 2 页的第 1 项【曝光补偿 /AEB】中通过转动主拨盘来开启，但是关闭包围曝光功能却有两种方法。对于使用包围曝光频率较高的摄影师而

言，他们希望在关机更换镜头、电池或存储卡时，包围曝光的设置依然被保存下来，这样开机后立即就能够进行包围拍摄。因此，在【包围曝光自动取消】选项中就需要选择关闭。此时，相机能够记忆对包围曝光的设置。而对于偶尔使用包围曝光的摄影师而言，每次用完这一功能都需要进入拍摄菜单第 2 页的第 1 项【曝光补偿 /AEB】中去关闭它显得效率较低，此时将【包围曝光自动取消】选项设置为开启，那么在关机更换镜头、电池或存储卡后，包围曝光功能就会自动取消，恢复到单张拍摄的默认状态中。这样就提供了一个非常简便的途径，在相机一关一开之间就完成了包围曝光的自动取消。

9.10 容易混淆的对焦与测光

有的读者可能会有疑问，对焦与测光怎么能混淆在一起呢？的确，从表面上看对焦是让照片的主体清晰，而测光是为了让画面曝光准确，影调明暗有序，细节得到丰富展现。这两个看似不相关的技术范畴怎么会容易混淆呢？

然而，通过拍摄活动发现，很多初学者在对焦点与测光点之间非常容易混淆，经常犯错误。尤其是当测光与对焦两个功能从快门按钮上分开时更容易糊涂。因此，有必要在此将二者进行对比讲解，也算是为之前关于对焦和曝光的内容做个总结。

其实，一切混淆的根源来自快门按钮，这个看似简单的按钮包含了太多的功能。当我们半按快门时，既启动了自动对焦又启动了自动测光，还启动了镜头的防抖组件，同时它还可以锁定测光结果和对焦距离，这使得二者混淆在了一起。因此，我们需要对这个看起来简单的快门按钮进行拆解分析。

从图中我们可以看到，快门按钮的动作实际上可以分为四个阶段：未按之前、半按、完全按下，另外还包含了可能无法完全按下的情况。其中半按

① 未按快门（准备拍摄）

② 半按快门
- 启动
  - 测光 → 不可分离的功能
  - 对焦 → 可分离至AF-ON按钮
- 锁定
  - 曝光 → 半按快门锁定曝光（通过自定义按钮功能实现）/ 可分离至曝光锁定按钮
  - 对焦 → 在单次自动对焦模式下半按快门锁定对焦

③ 快门可能无法完全按下（人工智能伺服第一张图像对焦优先时）

④ 完全按下快门完成拍摄

快门是涵盖内容最多的，其中的启动与锁定内容，我们都进行了深入讲解。在这里你可以根据这张图进行复习。

下面我们再分三个难度层次将对焦与测光拆分开来讲解。

最基础的自动对焦区域模式是 65 点自动选择自动对焦模式，由相机选择对焦点数量和位置。最基础的测光方式是评价测光模式。将它们二者组合在一起时，相机的对焦和测光为全自动，二者难以分离。摄影爱好者完全失去了对曝光和对焦的控制。此时，单反相机基本等同于一台傻瓜相机。任何一位想拍出好片子的影友都不会轻易使用这个组合。当然，我们详细分析一下这两个模式，65 点自动选择自动对焦模式基本上会被高手放进仓库不用，而评价测光模式虽然也是自动的测光方式，但其技术含量较高，能够适合大部分场景，还可以使用曝光补偿进行调整，因此还是一件趁手的"兵器"，不会被束之高阁。

中等难度的组合方式是单点自动对焦，由我们自己选择对焦点的位置，从而掌控画面的清晰区域。而测光仍然交给评价测光模式。在这一组合下，最基本的拍摄手法是从 65 个对焦点中选择一个所需要的，然后直接拍摄。此时，对焦点由我们自己控制，而测光由相机根据全画面综合考虑自动计算完成。而难度稍高但是可以带来更大自由度的是对焦完成后锁定

65点自动选择自动对焦模式　评价测光

※ 全自动组合（缺点：操作难度低，精确度低，对焦点位置不可控，测光范围为整个画面，测光与对焦无法分离）。

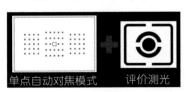

单点自动对焦模式　评价测光

※ 半自动组合（特点：操作难度中等，精确度较高，对焦点位置可控，测光区域为全画面但可以通过锁定曝光进行更精确的控制，对焦与测光二者开始出现分离）。

对焦，重新构图后再测光并拍摄（前提条件：设置为半按快门不锁定曝光）。

而最高难度的是先用长焦距对画面中需要曝光正常的区域测光，然后锁定曝光，再用广角端重新构图并对焦后拍摄。可见，在这一过程中，对焦已经与测光开始分离。对焦点由我们自己控制，曝光虽然是照顾到全画面的自动测光方式，但是我们可以通过限定镜头视角来控制测光范围。

最高难度和专业的组合方式是单点自动对焦加点测光，也就是说不仅对焦点由我们自己掌控，测光位置也由自己掌控，此时画面中的清晰位置和曝光倾向全部由我们自己掌握。面对日出日落或高反差的风光题材，我们使用极为精准的点测光，针对画面中的高光区域测光并增加 +2EV 曝光补偿，而对焦点是场景纵深

的 1/3 处。此时，对焦位置是一个点，而测光也是一个很小的区域，两者完全分离，互不干扰。可见，最初级

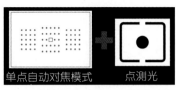

※ 全手动组合（特点：操作难度高，精确度高，对焦点位置可控，测光范围小，测光区域可控，对焦与测光完全分离）。

的使用对焦与测光难以分离，进阶的操作上高手让对焦和测光两大功能分离，从而让画面的清晰位置和曝光同时做到准确。

有趣的是，在佳能顶级相机 EOS 1DX 上才拥有的点测联动功能，让精确的单点对焦和点测光模式二者再次合并起来，正是所谓"分久必合，合久必分"。

附赠资源百度云盘下载提取密码：acbn

第10章 镜头——摄影器材的灵魂

- 你相信吗？佳能 EF 11-24mm f/4L USM 形状如同灯泡一样的前组镜片竟然是一块凹透镜，它起到什么作用呢？

- 你知道吗？摄影器材的核心是镜头，而镜头的核心又是什么呢？

- 你知道吗？世界上所有的镜头光学设计师面临的最大困扰可以用中国的一句俗话概括，那就是：按下了葫芦又起了瓢。这又是为什么呢？

- 在昆虫界对称就是美，而这条规律同样适用于镜头的光学结构，你知道这种对称光学设计是什么吗？

- 对于摄影爱好者来说，世界上有一个地方就好比"巧克力梦工厂"，它在哪里呢？

掌握了重要的对焦和曝光技术后，我们先将白平衡等细节技术放一放，因为有更重要的知识板块需要介绍，那就是镜头。虽然镜头属于硬件设备，但对于拍摄的重要性来说，一点也不低于对焦和曝光。

10.1 镜头是摄影器材的核心

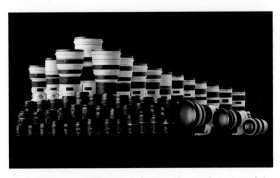

※历史悠久、光学品质出色的佳能 EF 镜头是很多摄影爱好者购买佳能机身的原因。目前在产 EF 镜头约有 70 余款，能够为我们提供丰富的选择，带来不同效果的高画质照片。

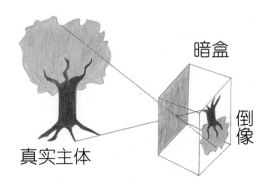

※小孔成像原理示意图。

虽然本书几乎全部围绕相机机身的各项功能展开讲解，但是摄影器材的核心却是镜头。我们拍摄照片的过程从原理上讲与小孔成像的原理一致。在学校中我们都学过小孔成像的原理，采用一个带有小孔的挡板放在蜡烛与屏幕之间，屏幕上就会形成蜡烛火焰的倒像，前后移动挡板，屏幕上成像的大小也会随之发生变化。如果将挡板与后边的屏幕做成一个暗盒，那么就成了相机的雏形。其中起到阻挡周围光

线进入作用的暗盒就相当于相机机身，小孔就相当于镜头，而为了将照片保存下来，需要将暗盒内的屏幕换成可以记录影像的感光材料。当今的数码相机只是将原有的化学感光材料（胶片）换成了电子器件（CMOS 感光元件）而已。虽然小孔可以成像，但是通过小孔的光线非常微弱，让感光材料获得足够的光线完成曝光，需要花费较长的时间。因此，需要一个部件来尽量多地采集场景中的光线，同时还要将这些光线精确地汇集到面积较小的感光材料上。完成这个重要任务的就是镜头。

镜头中需要使用许多不同类型的光学镜片共同协作，才能将光线完美地汇集到感光材料上。这些光学镜片在形状、数量、材料、排列顺序和大小上各不相同，因而也决定了镜头不同的光学特性。正是由于这些差异的存在，才为我们带来了数十款功能各异、用途不同的佳能镜头。丰富的镜头群也是单反摄影的魅力所在，它可以帮助摄影师拍摄出千变万化的照片效果。

镜头对光线细微的改变就会对成像质量产生决定性的影响。除了成像作用外，通过取景器中看到的影像也来源于镜头，决定取景器内成像明暗程度的就是进入镜头的光线量。自动测光感应器同样依赖于镜头汇集来的光线，才能够计算出准确的曝光参数。自动对焦功能发挥作用的过程同样依靠从镜头中入射的光线，才能计算出相机与主体之间的准确距离。可见，使用单反相机拍摄的全过程都与镜头密不可分。高品质的镜头对于照片效果的影响远大于机身，虽然顶级镜头价格不菲，但它们确实能够带来一流的画质和完美的拍摄体验。

10.2 镜头名称都传递出哪些信息

在前面各章的摄影兵器库栏目中，虽然介绍了很多镜头，但都是从个例进行分析。在这里我们将介绍关于镜头的基础知识。关于镜头的知识，最基础的就是看懂镜头名称。

以佳能 EF 70-200mm f/2.8L IS II USM 为例，镜头名称中包含了 7 个部分。分别代表了镜头类别、焦距范围、最大光圈特征、镜头等级、防抖功能、镜头的款型和驱动马达的类型。可以说掌握了这 7 个方面，你就能够对一支镜头拥有更加准确和深入的了解。而这些知识将会在你选购镜头和实际拍摄中起到积极作用。

10.2.1 首字母——镜头的类型

※ 从 1939 年开始，佳能开发出了自己的第一款镜头 Serenar 50mm f/3.5（旁轴相机镜头）起，至今已经走过了 70 多年。在这期间，佳能推出了一支又一支的经典镜头，让无数摄影爱好者难以忘怀。

※ 2015 年年初，佳能发布的新一代"广角之王"EF 11-24mm f/4L USM，开创了单反镜头最广焦距的记录，开启了 EF 镜头的新时代。

在镜头名称的最前端会有镜头所属类型的标识，别看简单的 2～3 个字母，其中却蕴含着深刻的含义。从这里你能够了解到镜头的像场面积、是否具有独特功能以及镜头的卡

※ 图中的镜头是 1951 年，佳能的镜头设计师伊藤宏利设计的一代名镜 Serenar 50mm f/1.8。该镜头在光学设计上对以往的双高斯结构进行了改进，解决了光圈增大带来的像差问题。从此佳能 Serenar 开始成为声名赫赫的镜头。时至今日，你手中的佳能 EF 大光圈定焦镜头中也有源自于它的"基因"。

口种类等信息。

狭义与广义的 EF

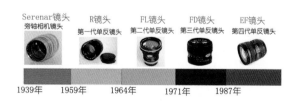

从狭义方面理解 EF，例如在佳能 EF 70-200mm f/2.8L IS II USM 镜头的名称中，EF 代表了该镜头可以使用在佳能全画幅数码单反相机机身上，此类镜头具有更大的成像范围（即像场更大），可以覆盖更大面积的感光元件。

当然，EF 镜头向下兼容，也可以用在感光元件面积更小的 APS-C 机身上。

从广义方面理解 EF，它代表了所有佳能 EF 卡口镜头统称。EF 镜头是在 1987 年与佳能 EOS 系统一同诞生的，当时佳能为了适应自动对焦时代的来临，完全放弃了胶片时代采用的 FD 卡口，推出了全新的 EOS 胶片单反相机。在 EOS 相机上采用了全电子化的 EF 卡口，通过卡口上的电子触点实现机身与镜头之间的信息交换。这一举措也开创了摄影的新时代，从而确立了佳能至今近 30 年的技术领先优势。与尼康和美能达不同，佳能将对焦马达置于 EF 镜头内部，从而实现了更加快速准确的自动对焦，具有极高的技术前瞻性。所以，EF 不仅是一种镜头类型的名称，更是佳能一个辉煌时代的代表。

在 EF 镜头之前，佳能在镜头制造的光学技术方面也有骄人的表现。大部分 EF 镜头的光学结构源自于之前的手动对焦镜头。在 EOS 系统诞生之前，佳能镜头的名称为 FD。FD 镜头诞生于 1971 年，它虽然是手动对焦镜头，但是镜头尾部具有双光圈拨杆，能够通过机械结构向机身传递镜头最大光圈信息。在 FD 镜头时代，L 级红圈镜头就已经诞生，例如当今 EF 85mm f/1.2L II USM 的前身 FD 85mm f/1.2L。如果将时间继续向前推移，佳能还经历过两次更改卡口，FD 镜头的前身是 FL 镜头，而佳能第一代胶片单反相机采用 R 型镜头。如果再将时间向前推就是我们前面看到的 Serenar 镜头了。

> 知识链接
>
> 如果想了解佳能相机和镜头的发展历程，参见附录 1。

目前佳能在产的镜头群当中，EF 镜头是个重要标志，甚至在佳能的官方宣传中，EF 镜头并不是指全画幅镜头这个类别，而是所有 EOS 系统下镜头的统称。当然，真正按照功能和用途将 EF 镜头定义为狭义的全画幅镜头，那么还有 4 个类型的镜头与它并列，包括：

EF-S 镜头——APS-C 单反专用镜头

EF-S 镜头是佳能专门为 APS-C 画幅单反机身准备的专用镜头，其成像范围更小，并且佳能对 EF-S 镜头的尾部进行了特殊设计，让其根本无法安装到全画幅机身上。对于佳能 APS-C 画幅单反机身来说，

※ 佳能 EF-S 17-55mm f/2.8 IS USM 是 EF-S 镜头中最顶级的一支，恒定光圈 f/2.8，看成非全幅中的"镜皇"。

虽然能够使用 EF 和 EF-S 两类镜头，但是卡口上的安装标记并不相同。EF 镜头的安装标记为红色圆点，而 EF-S 镜头为白色方框。EF-S 镜头大多数具有更低的价格，在光学镜片等级上也明显低于 EF 镜头。显然这是为了售价更低的入门级数码单反而准备的。但是，在所有的 APS-C 画幅单反相机中，佳能 EOS 7D MARK II 是最特殊的一个。虽然其画幅属于 APS-C，但是机身的定位和等级却高于一些全画幅机身，具有一流的速度表现，一些指标甚至超过顶级的 EOS 1DX，所以 EF-S 镜头并不是 EOS 7D MARK II 的最佳搭档。

TS-E 移轴镜头

以 TS-E 名称开头的镜头属于移轴镜头，其光学结构中有一部分镜片可以与光轴倾斜或偏移，从而让最终照片上的焦平面与感光元件不保持平行。这是所有其他类型镜头都无法做到的，TS-E 主要用于建筑、景物和风光的商业拍摄，以满足这些领域对于畸变控制的更高要求。相比 EF 镜头来说，移轴镜头具有更大的像场，但只能采用手

※ 佳能 TS-E 24mm f/3.5L II 移轴镜头。

动对焦拍摄。目前佳能 TS-E 镜头共有 4 款，分别为 TS-E17mm f/4L、TS-E24mm f/3.5L II、TS-E45mm f/2.8 和 TS-E 90mm f/2.8，其售价均在 1 万元以上。

MP-E 微距镜头

佳能镜头群中以 MP-E 开头的镜头只有 MP-E 65mm f/2.8 1-5X 微距镜头 1 支。MP-E 代表了放大倍率超过 1:1 的超微距镜头，而普通微距镜头只能达到 1:1 而已。这也是佳能的一支传奇镜头，其他厂商均没有类似产品能够与其抗衡。（关于这支镜头的详细介绍见摄影兵器库：微距镜头）

EF-M 镜头——佳能微单专用镜头

不同类型的相机具有不同规格的卡口，

佳能在其微单相机 EOS M3 上采用了 EF-M 卡口。与单反相机不同，EOS M3 并没有反光镜结构，因此镜头的光学设计也有很大不同。

EF-M 镜头是专门用于佳能微单机身上的镜头类型。

> **提示** ⚡
>
> 各类型 EF 镜头在安装时都需要将镜头尾部插入机身卡口后顺时针旋转（以操作者面对机身正面卡口的视角为准），大约旋转 30 度后，会听到"咔嗒"一声，这代表镜头已经被镜头固定销卡住，机身与镜头完成了稳固的连接。拆卸镜头时需要按下机身正面卡口右侧的镜头释放按钮，然后逆时针旋转就可以卸下镜头。以上操作的方向均与尼康相反。

10.2.2 焦距——决定镜头的视角

※ 在 16mm 广角下，可以将广阔的场景同时拍入画面。

※ 在 300mm 长焦下，可以轻松拍到远处玉兰树上的小麻雀。

镜头名称中最重要的部分之一就是焦距。焦距代表了一支镜头能够拍摄到多宽视角的场景。如果一支镜头的焦距很短，那么它就是一支广角镜头，可以拍摄到很宽广的视角。同时这类镜头更重要的价值是其能够将画面中的前景与背景距离夸大，展现出更具纵深感的画面。这种对于近大远小的强化能力也是其他焦段镜头无法实现的。而如果焦距很长，则代表了它是一支长焦镜头，只有很窄的视角，但能够拍到远处景物的特写。长焦镜头最大的价值在于其压缩能力，它可以让画面的主体与背景更加靠近，仿佛贴在了一起。这一特性恰恰与

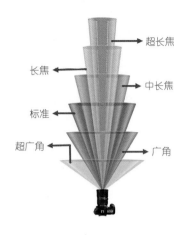

广角镜头相反，摄影师往往利用这种压缩能力把原本相距很远的两个视觉元素更加紧密地呈现在画面中，从而形成强烈的对比和冲突。

变焦镜头以广角和长焦端的两个数值来表示，例如 70-200mm 代表该镜头的焦距广角端为 70mm，长焦端可以达到 200mm，并且可以使用 70-200mm 之间任意的焦段进行拍摄。定焦镜头则具有单一的焦距，以一个数字体现，例如 EF 85mm f/1.2L II USM 的焦距是 85mm，无法进行变焦，只能使用这一焦段拍摄。目前，在产的佳能 EF 镜头中，焦距覆盖范围从 11mm 广角一直延伸到 800mm 的超长焦距（鱼眼镜头不计算在内）。

超广角（11 ~ 24mm）

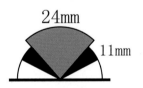

※ 在 11mm 超广角镜头下，视角可以达到 126 度。

一般来说，焦距小于 24mm 的属于超广角范畴，其视角极为宽广，即使在狭小空间内也能包含更多的场景信息。这是近大远小强化能力最强的焦段，如果在画面中放入前景元素，那么视觉冲击力会非常强烈。但这也是最难驾驭的一类焦段，过多视觉元素的收入使其难以做到主体的醒目突出。在拍摄草原、沙漠等大场景风光时，过于广阔的视角反而会削弱画面效果。同时，在俯仰拍摄时，超广角镜头容易带来画面边缘的畸变。

普通广角（24 ~ 35mm）

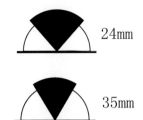

※ 24mm 广角视角为 84 度，经典的 35mm 广角视角为 63 度。

普通广角的视角虽然广阔，但不会有超广角那么极致。因此，在拍摄建筑物时，如果建筑规模宏大，而我们无法后退到足够远的位置，将很难拍摄到整个场景。

普通广角镜头仍有较强的近大远小强化能力，可以强化场景的空间感。由于视角广阔能够带入更多的信息，在拍摄人文纪实方面也具有优势。但是越短的焦距就应该越靠近主体拍摄，才能获得主体突出、环境信息充分的画面。虽然画面边缘仍然会有畸变，但更加容易控制。

小广角（35 ~ 50mm）

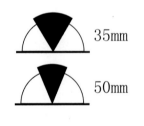

小广角镜头的视角与人类双眼形成的视角接近，展现出的画面平实自然。适用于那些以画面内容为核心，不需要过多视觉特效表现的场景。可以让观者的注意力集中在你所表达的内容上，而不是被画面的视觉冲击力所吸引。因此，在报道摄影中经常被采用。这也是很多职业摄影师偏爱的焦段。

标准镜头（50mm）

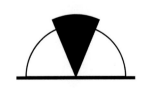

※ 标准镜头的视角为 46 度。

50mm 对于 135 相机来说是个独特的焦段，由于其焦距与感光元件对角线的长度接近，所以被称为标准镜头，是所有镜头的标杆。在 50mm 镜头下，既不会有广角带来的夸张近大远小的效果，也不会有长焦带来的压缩主体与背景之间距离的效果，一切都更加平实自然与人眼所见的效果接近，因此被称为标准镜头。在胶片时代，它几乎是所有单反机身的套头。更有摄影家认为摄影始于标准镜头，也止于标准镜头。

中长焦（50mm ～ 135mm）

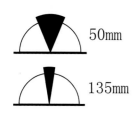

从中长焦段开始，就已经出现压缩主体与背景之间距离的效果。这种并列和堆叠的视觉效果也是摄影师手中重要的画面表达"语法"。

※ 135mm 视角为 18 度。

在这一焦段中，摄影师与主体的位置比较适中，因此拍摄人像时可以保持良好的沟通而不必大声喊叫才能听到。同时，画面中的畸变也最好，对于人物面部的刻画最为真实。

长焦（135mm ～ 300mm）

影友手中的长焦镜头焦距一般能够达到200mm ～ 300mm，在这一焦段上能够获得更

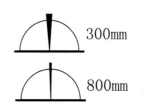

※ 300mm 的视角为 8 度15 分。

显著的压缩效果，配合较大光圈可以让背景更加虚化，主体更加醒目。对于初学者来说，使用这一焦段更容易将视觉干扰元素排除在画面以外，让作品水平快速提升。

超长焦（300mm 以上）

当我们距离主体较远，且无法靠近时，超长焦镜头是拍到主体特写画面的唯一选择。这一焦段具有最强的空间压缩效果，甚至能够把相隔很远的山峰变得仿佛贴在

※ 到了 800mm 焦距，视角会收窄至 3 度 5 分。

一起。在风光题材中，如果场景极为广阔，那么超长焦镜头也是必备的器材。此时只有它可以在超远距离上拍摄到较为宽广的画面，几乎相当于"标准镜头"的作用。

10.2.3 恒定光圈还是浮动光圈

光圈位于镜头中由多个叶片组成，它的孔径大小决定了光线通过的多与少。该孔径开到最大程度时，光线通过量也达到最大。此时镜头最为明亮，可以利用更高的快门速度在弱光环境下手持拍摄出清晰的画面。因此，镜头的最大光圈是衡量一支镜头等级的重要标志。

定焦镜头的最大光圈值是不变的，以一个数值体现，例如 EF 24mm f/1.4L Ⅱ USM 的最大光圈是 f/1.4。而变焦镜头则分为两种情况。第一种是高端变焦镜头，这类镜头具有恒定的光圈，例如 EF 70-200mm f/2.8L IS Ⅱ USM 镜头具有全焦段恒定 f/2.8 的大光圈。也就是说

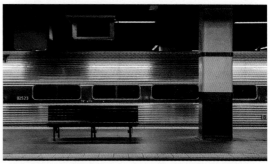

拍摄参数： ◎ 光圈：f/2.8 ⊡ 快门：1/250s ⊡ 感光度：ISO1600 ⊡ 镜头：EF 24-70mm f/2.8L Ⅱ USM ⊡ 焦距：70mm ⊡ 摄影师：夏义

※ 在弱光环境下，使用恒定光圈 f/2.8 的变焦镜头才使得手持拍摄出清晰的画面成为可能。而此时，浮动光圈镜头在长焦端的最大光圈会缩小，难以完成这种场景的拍摄。

无论你使用那个焦段拍摄，光圈最大都能开到f/2.8，这会为拍摄带来极大的好处，不仅可以获得更大的通光量，让弱光下手持拍摄到更清晰的照片，还可以有效虚化背景，获得美丽的浅景深人像。

第二种是普通变焦镜头，这类镜头的最大光圈数值是变化的，表现为一个区间范围，例如EF-S 18-135mm f/3.5-5.6 IS STM 镜头，其中的 f/3.5-5.6 代表该镜头是浮动光圈而非恒定的。

使用这款镜头的广角端 18mm 拍摄时，光圈最大可以开到 f/3.5，当变焦到长焦端 200mm时，光圈最大只可以开到 f/5.6，而两焦段之间最大光圈会处于 f/3.5 ~ f/5.6 之间。比较这两个数值你会发现，在长焦端最大光圈有较大缩减（降低了 1 挡以上），一旦处于光线较弱的拍摄环境中就难以实现手持拍摄了。也正因如此，后者的价格比恒定光圈的高端变焦镜头便宜很多。

10.2.4 镜头的等级——L

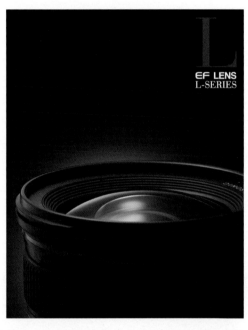

※ 镜头名称中的 L 和镜身上的红圈是品质出色的顶级镜头的标志。

对于那些还不十分熟悉 EF 镜头的影友来说，在深入理解与镜头相关的各项技术之前首先需要了解 EF 镜头的等级。佳能将整个 EF 镜头群分为两个层级：高等级的 L 级镜头和普通镜头。L 级镜头也就是影友们常说的红圈镜头，它包含了佳能在镜头制造上的最高等级材料和技术，其中经常会运用在 L 级镜头上的材料包括：能够大幅度降低色散的

萤石材料；同样起到降低色散作用的 UD 和超级 UD 镜片；能够有效提高镜头解析度的非球面镜；能够减小眩光和鬼影的 SWC 亚波长结构镀膜；能够提高镜片表面抗污渍能力的氟镀膜，等等。另外，L 级镜头具有更好的防尘防水滴能力，镜头卡口、变焦环和手动对焦环以及镜身上的按钮等位置都装有橡胶环，可以在条件复杂多变的户外环境中表现出极佳的耐用性。

L 级镜头的历史要早于佳能 EOS 相机，在手动对焦时代，佳能还在使用 FD 卡口时 L 级镜头就已经诞生。日系厂商习惯将自己的先进技术以彩色字体在镜头上标出，例如，佳能在1971 年发布的 FD 55mm f/1.2 AL 镜头上就用蓝色 AL 字母表示非球面镜片，而用红色 SSC代表超级光谱镀膜。随着更多的技术不断运用到镜头中，佳能在镜头前方增加了红圈设计来代表该镜头拥有多项高等级技术，从而醒目地展现出其更高的产品层级。

在 L 级镜头诞生之初，整个佳能镜头阵容中，只有较少的镜头能够红圈加身。但是目前在产的 70 余款 EF 镜头中，L 级镜头已经占到一半。数量众多的高等级镜头也给影友的选择带来更大的空间。虽然同为 L 级镜头，但仍然可以细分为大三元、小三元、顶级大光圈定焦等几个层级，L 级镜头的价格也从不到 4000 元

※ EF 400mm f/4 DO IS II USM 镜头上的绿圈标志代表了该镜头使用了 DO 多层衍射光学镜片。它能够让长焦镜头的体积得到大幅度的缩减，并且有效校正色散现象。因此，绿圈也是佳能高等级镜头的标志。

至 8 万多元不等。

除了红圈镜头以外，佳能在运用了多层衍射光学元件的镜头上还使用了绿圈，例如 EF 400mm f/4 DO IS II USM。多层衍射光学元件最大的特点是能够有效控制色差并让长焦镜头的体积更加小巧。另外在早期推出的部分 EF 镜头上，镜身前部还会有金色虚线组成的圈，并标有 Ultralsonic 字样，代表该镜头使用了超声波马达。此类镜头为中档镜头，目前正在逐渐退出市场。

※ 带有 Ultralsonic 字样和金色虚线圈的 EF 28mm f/1.8 USM 镜头，拥有这一标记的镜头大多在 20 世纪 90 年代初上市。显然这一设计是为了突出当时非常领先的 USM 超声波马达技术。时至今日，仍有 12 款具有该标志的镜头在产。

［容易混淆］红圈与银圈

佳能会在 EF-S 镜头上使用银圈标志，例如 EOS 7D MARK II 的套机镜头 EF-S 18-135mm f/3.5-5.6 IS STM，银圈并不代表它是仅次于红圈的第二等级，它反而代表了消费类入门镜头。

10.2.5 IS 防抖功能——不可或缺

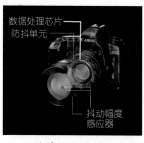

※ 防抖单元位于镜头内部，通过抖动幅度感应器获得数据，该数据经过芯片的处理向负责防抖的镜片组发出指令，从而对抖动进行修正。

佳能 EF 镜头名称中的 IS 代表了该款镜头具备防抖功能。在防抖镜头中，装有一个陀螺传感器，它能检测到拍摄时相机出现的振动并把它转化为电信号，这个信号经过镜头内置的芯片处理，通过控制镜头内部的一组光学镜片在光轴的垂直方向上移动，从而减小甚至消除抖动引起的画面模糊问题。防抖功能可以让我们在弱光环境下提高拍摄到清晰照片的成功率，尤其在使用长焦镜头手持拍摄时，

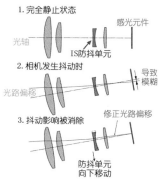

1. 完全静止状态　感光元件
光轴　IS防抖单元
2. 相机发生抖动时　导致模糊
光路偏移
3. 抖动影响被消除　修正光路偏移
防抖单元向下移动

※ 防抖单元通过移动镜片组来修正光路偏移，让最终成像更加清晰。

防抖功能更是不可或缺的。目前新款佳能 EF 镜头的防抖功能可以起到 4 ～ 5 级快门速度的补偿效果。在佳能"百微" EF 100mm f/2.8L IS USM 和具有微距功能的 EF 24-70mm f/4L IS USM 镜头上，还具有双重防抖能力。它除了能够校正手持拍摄时以相机为原点产生的上下左右等多个方向的倾斜抖动，还能够校正相机与镜头整体平行移动产生的画面模糊。

10.2.6 镜头款型——新的总比旧的好

镜头款型

镜头名称的最后还有一个编号，例如 II。它代表这是该款镜头的第二代。与第一代产品相比新镜头会在防抖能力、中心画质和外观做工等几个方面进行改进。如果不是为了追求特别的所谓的味道，数码时代无论机身还是镜头都是买新不买旧，选购时新款产品应该被优先考虑。

10.2.7 驱动马达类型——对焦速度的关键

※ 速度更快的环形超声波马达。

※ 微型超声波马达。

早期的胶片单反相机全部采用手动对焦，摄影师通过转动镜头上的对焦环改变镜头内负责对焦的镜片组的前后位置，以完成对焦。到了自动对焦时代，驱动镜片完成对焦的动力则来源于驱动马达。自动对焦的先行者美能达以及尼康等厂商，在开始阶段将对焦马达置于机身当中，通过卡口上的"小螺丝刀"将动力传送到镜头中。这样的设计虽然可以减小镜头的体积，但当使用长焦镜头时，传输的动力就不足以驱动庞大的镜片组完成快速对焦。而佳能从一开始就将驱动马达置于镜头中。这样做不仅能够让长焦镜头的自动对焦速度更快，而且对焦精度更高。经过了很长一段时间后，其他厂商才纷纷效仿佳能的做法，将驱动马达置于镜头中。

除了驱动马达的位置以外，另一个重要问题就是驱动马达的结构。早期的驱动马达为传统的电磁马达，通过驱动齿轮连接至对焦镜片组。这一装置在对焦时会发出较大的噪声。而佳能第一个研发出了 USM 超声波马达，它的原理是将超声波震动转换成动能来驱动镜头中

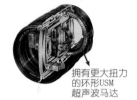

拥有更大扭力的环形USM超声波马达

※ USM 超声波马达在镜头中的位置。

对焦镜片组的移动。由于 USM 马达震动频率在超声波区域，属于人耳能够听到的声音范围之外，所以可以实现宁静而高速的自动对焦。高等级的 EF 镜头都采用环形 USM 马达，它几乎与镜头套筒直径一致，具有更大的驱动力，可以实现更加快速的自动对焦。尤其对于那些大光圈和超长焦镜头来说，体积较大且重量更沉的对焦镜片组必须使用环形 USM 马达来驱动。而在入门级镜头上会使用微型 USM 马达，它的体积更小，成本更低，但在对焦速度上会有所减慢。

在佳能 EF 镜头的名称当中，除了 USM 字样你还会看到 STM 字样，而且在新镜头中 STM 的出镜频率越来越高。应该说对于拍摄照片来讲，USM 马达已经做得非常完美了，它所实现的快速和安静的对焦，可以让拍摄过程极为顺畅。但是数码单反相机的未来很可能在视频拍摄领域，佳能的一系列技术改进也都是为了向着这个方向迈进。除了佳能 EOS 7D MARK II 所具备的焦平面相位差自动对焦系统可以更好地实现视频拍摄时的自动对焦，STM 马达是佳能为视频拍摄准备的第二项重要技术。STM 步进式马达可以根据机身发出的脉冲信号控制马达的转动动作，反应十分灵敏，可以精确地控制移动位置，而不需要使用减速装

置。而传统马达需要配有减速齿轮，才能够让驱动机构到位后停下来。因此 STM 马达更易实现驱动单元的小型化，同时其最大特色在于连续对焦时的声音更小，几乎不会被收录到视频当中。

STM+导螺杆型 → 更快更准

STM+齿轮型 → 更小更轻

STM 马达也分为两种类型："STM+ 导螺杆型"和"STM+ 齿轮型"。前者等级更高，在对焦过程中马达转动时会带动对焦镜片组沿着导向杆前后移动，完成精准快速的定位。EF-S 18-135mm F3.5-5.6 IS STM 镜头就使用了这样结构的 STM 马达。而后者仍需要齿轮

作为传动装置来驱动对焦镜片组，但其体积可以控制得更小，所以被用于饼干头 EF 40mm F2.8 STM 中。

STM 马达可以实现全时手动对焦功能，在转动手动对焦环时，镜头会检测到我们对手动对焦环的转动速度和幅度，然后将这一检测结果转变为电信号传递给镜头内的自动对焦马达，通过马达的工作再次调整焦距。因此在关机断电的情况下，转动手动对焦环无法进行对焦。STM 步进式马达另一个问题是其扭矩不如环形 USM 马达，所以目前只能驱动体积小重量轻的对焦镜片组。STM 马达一般都出现在非全画幅的 EF-S 镜头上，随着技术的进步，STM 马达也在升级。在佳能发布的新款全画幅镜头 EF 24-105mm f/3.5-5.6 IS STM 上就使用了 STM 马达。当然，对于大光圈或长焦镜头来说，仍然需要使用环形 USM 马达来驱动。

10.3 镜头的本质就是一组透镜

负弯月透镜

※ EF 11-24mm f/4L USM 的第一组镜片如同灯泡一样向外突出，但它却是一块凹透镜。

佳能 EF 镜头中全新的超广角镜头 EF 11-24mm f/4L USM 的前组镜片极为凸出，形状如同灯泡一样。然而，有趣的是这支镜头最具标志性的第一组镜片却是一块凹透镜，更准确地说是一块负弯月透镜。这有没有颠覆你的认知？为了对镜头有更深入的了解，你需要知道关于透镜的一些事。

镜头的结构非常复杂，即使在几十年前的手动对焦时代，虽然镜头全部由玻璃和金属这两种材料制成，但其内部结构也极为精密。今天这个自动对焦和数码的时代，镜头包含了光学、电子和机械三大类部件，光学部分主要

由各种形状和材质的光学镜片组成，它仍然是镜头的核心。电子部分包含了镜头内的电路和芯片，负责与机身之间的信息交换，在数码时代，这部分的作用日益突出。而机械部分则包含了镜头套筒以及驱动马达。可以说三部分缺一不可。

但其中最关键的部分光学镜片则有必要进行一些展开介绍。镜头的主要作用就是汇集并控制光线，使之抵达感光元件时能够获得良好的成像质量。光学镜片通过折射这一物理现象来控制光线的行进轨迹，达到最终的目的。而这一任务需要多枚光学镜片一起协同工作才能完成。

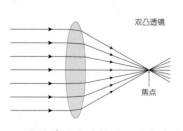

双凸透镜

焦点

※ 最简单的凸透镜是双面都为凸起状的双凸透镜。

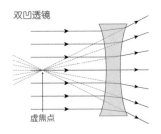

双凹透镜

虚焦点

※ 最简单的凹透镜是双面凹陷的双凹透镜，平行光线穿过后会被发散，被发散的光线其反向延长线会聚于一点，这个点就是虚焦点。

我们通过镜头剖面图就可以看到这些镜片的形状和排列方式。如果不考虑光学镜片的材质，单单从形状上区分，可以将其分为凸透镜和凹透镜两大类。最简单的双凸透镜就是我们使用的放大镜，它的左右两个面都向外突起，边缘厚度小于中心厚度。它可以让平行入射的光线汇集于一点，因此可以点燃木屑。而凹透镜刚好相反，它的左右两个面均向内凹陷，边缘厚度大于中心厚度，可以让平行入射的光线分散开来。

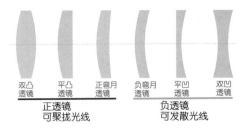

| 双凸透镜 | 平凸透镜 | 正弯月透镜 | 负弯月透镜 | 平凹透镜 | 双凹透镜 |

正透镜
可聚拢光线

负透镜
可发散光线

※ 无论透镜的形状如何多变，它们都可以被分为能够聚拢光线的正透镜和能够发散光线的负透镜。

当然双凸透镜和双凹透镜只是最基本的类型，如果透镜两侧有一个表面是平坦的，另一个表面是有曲度的，则这个透镜称为平凸透镜

或平凹透镜。最复杂的情况是，如果透镜的一个表面凸起，另一个表面凹陷，称为凸凹透镜。它又可以分为正弯月透镜和负弯月透镜。正弯月透镜一面为凸面，另一面为凹面，更重要的特征是其边缘厚度比中心厚度小。正弯月透镜可以获得更加汇集的光线。

负弯月透镜的一面为凸面，另一面为凹面，而且边缘厚度比中心厚度大。它可以起到分散光线的作用。区分正、负弯月透镜的方法就是比较镜片边缘厚度与中间厚度，中间比边缘厚的就是正弯月透镜，中间比边缘薄的就是负弯月透镜。所以，能汇集光线的透镜表面看上去不一定就是凸的，而能够发散光线的透镜表面看上去也不一定是凹的。

扩展阅读

日常生活中的透镜

不要觉得这些透镜复杂难懂，其实它与我们的生活密切相关。例如，近视眼是由于眼球内晶状体凸度过大导致对光的汇聚能力过强，使光线汇集在视网膜前方引起的。而使用凹透镜对光有发散作用，就可以对这种现象加以矫正，从而使得光线聚焦于视网膜上，让我们看到清晰的影像。但是，实际情况中不会使用重量大的双凹透镜作为近视镜片，而是使用负弯月透镜，这样做的目的是让眼镜片更轻薄。与近视眼相反，老花眼是因为晶状体凸度不足，光线经过后未能完全汇集，成像落在了视网膜的后面。因此，老花镜需要使用凸透镜，让光线更快地汇集起来。同样，老花镜使用的是负弯月透镜。

10.4 光学玻璃——镜头的灵魂

具有"材料控"情结的人无处不在，在购买衣服时他们要选真丝和羊绒，在买摄影器材时令他们着迷的材料就是肖特玻璃和黄铜。如同很多工业领域的竞争中材料科学都处于重要

地位一样，在镜头的设计和制作水平上，材料同样是重要的一环。"得材料者得天下"是经常被验证的道理。

镜头中最重要的组成部分就是光学镜片，

※ 这就是作为镜片原料的光学玻璃。

※ 玻璃原料被切割并经过初步打磨后，成为一片片的形状。

而光学镜片的核心是光学玻璃。光学玻璃作为镜头最主要的部件，其性能参数直接影响到成像质量。老一代摄影人甚至相信：镜头的灵魂是光学玻璃。佳能 EF 镜头的材料当中，UD（超低色散）镜片和超级 UD 镜片可以归入光学玻璃范畴，而萤石则属于单晶体，并不是玻璃。

虽然玻璃是我们日常生活中司空见惯的材料，但其实很少有人真正了解它。玻璃的主要成分是二氧化硅，这与沙子和水晶的主要成分相同。只不过水晶是天然矿物，二氧化硅含量可以达到 99% 以上，而沙子含有众多杂质，二氧化硅含量在 80% 左右。

玻璃的种类繁多用途广泛，而日常生活中的玻璃与镜头中的光学玻璃有很大区别。光学玻璃的生产过程更加严格，从配料到熔炼的整个过程中都需要严格防止任何着色性杂质混入。例如，日常生活中普通玻璃的绿色就来源于氧化铁。而光学玻璃的生产过程会对此类杂质严格控制，因此它具有极高的纯度，从而保证其透光率。这样光线在通过镜头时的损失才会降到最低。

另外，同一种光学玻璃的折射率必须精确，误差需要控制在很小的范围内，这样才能够用来制作光学镜片。因为材料的折射率是镜头设计过程中的重要参数，所以不允许出现误差。有这样一种说法很能够体现出折射率的重要性。日系厂商开发某款镜头前，一般是先设计再制作。然而玻璃的实际光学参数和设计值是有偏差的，那么这种偏差对成像的影响就不可避免。然而严谨的德系厂商在制造顶级镜头时，往往采用先购进光学玻璃，经过严格的玻璃参数测试后，再根据参数进行镜头设计。这种方式能够最大限度地保证镜头的质量，当然也会带来更高的售价和有限的产量。总之，光学玻璃是我们能够见到的玻璃中对生产工艺要求最严格的一类。

10.4.1 冕牌玻璃和火石玻璃—— 一对性格迥异的搭档

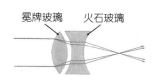

※ 将冕牌玻璃与火石玻璃组合成为一个镜片组，可以有效控制色散。

实际上，镜头中的光学镜片并不是由一种光学玻璃制造而成的，厂商需要使用很多种具有不同光学特性的玻璃分别制成光学镜片，并将它们组合在一起，才能够获得理想效果。因此，我们有必要了解一下光学玻璃有哪些主要类型。

光学玻璃的生产历史悠久，种类繁多，目前大约有数千种不同配方具有不同特性的光学玻璃。很早以前，人们就发现在玻璃原料中添加不同的物质会带来不一样的效果。例如，我们现在能够见到的捷克水晶杯，这种透亮美观的玻璃中就添加了氧化铅。

谈到光学玻璃，有两个品种是器材发烧友一定要知道的，那就是冕牌玻璃和火石玻璃。最早的光学玻璃按照氧化铅含量划分为冕牌玻璃和火石玻璃，低于 3% 的为冕牌玻璃，高于 3% 的为火石玻璃。最容易让人误解的就是冕牌玻璃这个名字，其实它的英文是 crown glass，这个名字很容易让人误解为一个品牌，其实冕牌玻璃是一种制作工艺。它的制作过程是先把玻璃液吹成一个皇冠状或者空心球状，再放入一个快速旋转的平板中心重新加热，利用离心力将其展开铺平，形成一块玻璃圆板，较为平薄的边缘切成合适形状的平板玻璃，而中间的圆形凸起就是透镜的雏形。

冕牌玻璃的特点是折射率低，色散也低。火石玻璃名字来源于英格兰东南部白垩纪沉积层中的火石矿被用于制造含铅玻璃。由于火石玻璃含铅量更高，因此它具有较高的折射率，同时色散也更高。但是含铅玻璃在生产和处理过程中会对环境造成污染，现在已经被淘汰。目前主要使用氧化硼、二氧化钛、氧化锆、镧、钡等。添加剂的种类和比例不同可以造就不同性能的光学玻璃。在制作镜头时，往往需要使用多个类型的光学玻璃，将它们的各自特点结合在一起可以解决不同类型的光学问题。

10.4.2 肖特——最知名的光学玻璃品牌

※ 正是因为有了肖特玻璃，才使得众多知名镜头的诞生成为可能。

人人都知道德国造的镜头精密度高，是一流光学品质的代名词。甚至就连众多日系光学厂商也挖空心思希望与德国搭上一些"亲戚关系"。但你是否知道，让德国光学站上世界之巅的不仅依靠德意志民族特有的严谨，不仅依靠蔡司和莱卡，更多是凭借一种玻璃，一种令无数摄影发烧友为之着迷的玻璃来实现的。这就是大名鼎鼎的肖特玻璃。

1884 年玻璃化学家奥托·肖特和科学家恩斯特·阿贝在德国耶拿创建肖特玻璃厂，当然参与合作创建的还包括卡尔·蔡司本人。肖特研制的 100 余种秘密配方的光学玻璃，被德国几乎所有的镜头生产商采用。正是由于肖特玻璃的优异光学特性，才使得许多经典的光学设计得到完美再现。卡尔·蔡司镜头成为摄影器材领域的"泰山北斗"也离不开肖特玻璃的功劳。至今卡尔·蔡司集团仍拥有肖特玻璃厂的全部股份。而恩斯特·阿贝定义的阿贝常数则是衡量光学玻璃色散程度的重要参数。阿贝常数越高代表材料的色散程度越轻微，例如萤石的阿贝常数达到了 95.1。在含铅玻璃逐渐被淘汰的今天，火石玻璃和冕牌玻璃的划分已经不再使用含铅量，而是以阿贝常数来衡量。阿贝常数 ≥ 50 的玻璃规定为冕牌玻璃，阿贝常数 < 50 的玻璃规定为火石玻璃。

10.4.3 正在逐渐改掉坏名声的光学树脂

世界上唯一不变的就是变化本身，当有污染的含铅玻璃被欧盟禁止后，肖特玻璃的黄金时代已经结束。时至今日，甚至无数老影友心爱的光学玻璃都逐渐被一种塑料取代，这就是光学树脂。

虽然光学树脂材料凭借重量轻和加工容易的优势占据了绝大部分眼镜片的市场份额，但是在镜头中光学树脂镜片一直是低档次、廉价和低性能的代名词。

※ 被越来越多地应用在镜头中的光学树脂材料。

※ 虽然厂商没有公布镜片材料的信息，但普遍认为这款售价为 600 元人民币，仅重 130g 的 EF 50mm f/1.8 II 镜头中使用了光学树脂镜片。

应该说很长时间以来，玻璃和金属是组成镜头的两大材料。光学玻璃坚固耐用、光学性能稳定、不容易划伤。而树脂镜片相对较软，更容易被划伤。

在性能上，树脂镜片折射率一直很难提高，因此在一定程度上可以替代部分冕牌玻璃（低折射率、低色散），而无法代替高折射率的火石玻璃。但树脂镜片也有自己的优点，一个是容易塑形，

因此比较容易制成非球面层，然后与光学玻璃材质的球面镜复合在一起成为非球面镜。

光学树脂另外的优势就是重量轻、成本低。例如，各厂商的 50mm f/1.8 镜头，一般售价只有不到 1000 元，内部就使用了较多的光学树脂镜片。另外，套机镜头中也会使用树脂镜片以降低成本和重量。随着镜头轻量化和体积小的发展趋势，光学树脂镜片正在逐渐被应用到更多镜头当中。随着技术的进步，光学树脂的弊端在缩小，而优势在不断放大。例如，佳能最新的 BR 镜片就采用了有机光学材料，以实现光学玻璃无法实现的性能。预计未来，光学树脂镜片将会更加频繁地出现在高等级镜头中，其地位会不断提升。

10.5 各种光学问题及其校正

每一位影友都希望手中有最完美的镜头，光学设计师同样希望自己能设计出完美的光学结构。然而，在现实中镜头往往存在各种各样的光学问题需要设计师来修正。这些光学问题统称为像差，是导致照片画质不佳的元凶。只

有在镜头的设计和制造过程中解决了各种像差，才能够生产出高水准的镜头。作为一名摄影爱好者，我们也应该掌握主要的像差种类，并了解镜头是如何对其进行校正的。

10.5.1 球面像差与非球面镜

拍摄参数： ◎ 光圈： f/8　　 ◎ 快门： 1/1000s
　　　　　 ◎ 感光度： ISO400　 ◎ 镜头： EF 100mm
　　　　　 f/2.8L IS USM 微距

※ 在所有单反镜头中，微距镜头的锐度是最佳的。在它的刻画下，郁金香花瓣上的纹理清晰可见。

如果要问一位普通影友，最在意镜头哪一个方面的性能表现，那么 10 个人会有 9 个回答——锐度。的确，锐度是衡量一支镜头是否优秀的最重要指标。因为，观看者在照片上浏览时首先会被主体所在的位置吸引，而主体的清晰程度是吸引观看者视线的最好工具。主体的位置更是我们拍摄时对焦的地方，所谓焦内锐度就是指画面中合焦准确处的清晰程度。

然而由于球面像差这一光学问题的存在，并不是所有镜头都能达到较高的锐度。大部分镜头中的光学玻璃镜片都是球面的，这种球面

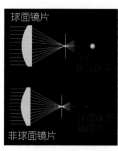

※ 非球面镜可以让从光学镜片边缘通过的光线也汇聚于一点，从而修正球面像差。

镜的表面曲率相同，也就是说它可以被看成一个球体的一部分。球面镜最大的优势在于制造和加工过程简单，然而将其作为光学镜片时，当光线通过球面镜片时中央和边缘的光线经过折射后，所有光线无法汇聚到一个点上，从而造成画面中焦点附近的影像模糊不清，整体好像蒙上了一层薄雾，严重降低了照片的锐度。尤其在光圈全开时这种现象更加明显。球面镜还会使得超广角镜头的体积较大。

对于单片球面镜片来说，是无法控制这一问题的。在非球面镜出现之前，普遍采用多片透镜组合在一起的方式校正球面像差，但这会造成镜头的体积增加。而非球面镜的中央部分与边缘部分曲率不同，边缘部分的曲率经过校正，可以保证从边缘通过的光线也汇聚到焦点处，因此可以解决球差问题，从而带来更好的锐度。同时可以省去多个镜片组，有利于减小镜头体积和重量。但是非球面镜需要进行精密

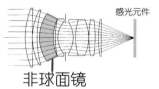

※ EF 85mm f/1.2L II USM 中的大型非球面镜使得从镜头前端入射的光线全都能够精确的汇聚到 1 点。

加工，制造难度较大且成本高，往往在高等级镜头中才会使用。

除了非球面镜的因素，高等级镜头具有一流的光学设计水平，最好的光学材料和精密的镜片研磨水平，因此在合焦范围内会有更好的锐度表现，合焦准确时物体的细节分毫毕现，即使在电脑屏幕上以 100% 原大观察也毫不逊色。变焦镜头中大三元镜头焦内锐利程度非常突出，当然顶级的大光圈定焦镜头会具有更好的锐度。但是，在所有的镜头群中，任何镜头的锐度都无法与微距镜头相抗衡。

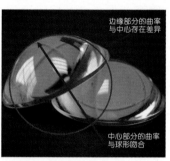

※ 非球面镜的中间曲率与边缘不同，因此加工难度较大，但其对成像质量的改善却非常重要。

硬件技术看板 ◑ 非球面镜的等级

非球面镜根据制作工艺和难度不同分为多个等级，分别是手工研磨非球面镜、精密研磨非球面镜、玻璃铸模非球面镜和复合式非球面镜。从某种意义上说，非球面镜的等级也是衡量镜头等级的标尺。

传奇一般的手工研磨非球面镜

在缺乏精密加工设备的胶片时代，非球面镜的制造绝对是光学厂商最大的技术难题。佳能的技术创新能力同样体现在非球面镜的制造上。1971 年，佳能研发出了一种高精度测量和加工技术用来生产非球面镜的镜片。正是由于该设备的出现，佳能成功推出了一款真正上市销售的包含非球面镜的单反镜头——FD 55mm f/1.2 AL。其中，AL 代表了非球面镜。

为了实现非球面镜的精密加工和批量生产，佳能设计了一套严格的生产流程。非球面镜首先需要在高精度控制下进行表面特殊形状的研磨，然后进行更加细致的均匀抛光以防破坏非球面镜片的形状。在 20 世纪 70 年代，非球面镜需要加

※ 佳能 FD 55mm f/1.2 AL 镜头开创了非球面镜产品化的先河。

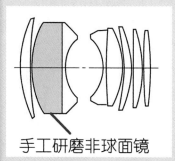

手工研磨非球面镜

※ FD 55mm f/1.2 AL 中的手工研磨非球面镜。

工一步就测量一步，然后再进行修正并重复这个步骤。因此非球面镜实际上更接近手工制作。

那时候更多依靠技术工人的经验来完成这些步骤。这就是充满传奇的手工研磨非球面镜片。它需要熟练的技术工人（其实，这些人已经被称为大师，并且人数极少）并通过极为复杂的生产流程才能获得。很多发烧友相信，比起当今自动化流水线上生产的非球面镜，当初的手工研磨方式能够让照片具有一种独特的韵味。再加上手工研磨非球面镜产量极低，因此二手市场上价格非常高。这也进一步推动了手工研磨非球面镜地位的提升，使其成了一代传奇。

为了实现非球面镜批量生产，1974 年，佳能开发出专用的加工机，才使得非球面镜的月产量提高到 1000 片，自此在更多的镜头中采用非球面镜成为可能。

精密研磨非球面镜

※ 制造玻璃铸模非球面镜时所用到的磨具。

手工研磨非球面镜已经成为传奇，离我们远去。当今在产的佳能 EF 镜头中，非球面镜片的最高等级就是精密研磨非球面镜。是由整块光学玻璃原料研磨而成的高精度非球面镜，整个制造工艺仍十分复杂，成本也较高。它由计算机根据镜头光学结构要求计算出表面曲率，并在制造过程中使用激光进行精度测量，从而实现了

20 纳米的超高加工精度。20 纳米金相当于可见光波长的 1/32。目前，只有 EF 11-24mm f/4L USM、EF 16-35mm f/2.8L II USM、EF 24-70mm f/2.8L II USM、EF 35mm f/1.4L USM、EF 85mm f/1.2L II USM、EF 400mm f/4 DO IS II USM 共 6 支镜头内拥有 1 片精密磨非球面镜，可以说它是佳能顶级 L 级镜头的象征。

玻璃铸模非球面镜

精密研磨非球面镜生产工艺复杂，依然难以大批量生产。20 世纪 80 年代初，佳能研发出了玻璃铸磨非球面镜制造工艺。玻璃铸磨非球面镜直接由一部压模机在高精度非球面金属模具的控制下制造成型，既达到了精度要求，又可以进行相对低成本的大规模生产。这也是今天被最多使用的非球面镜类型，当你看到 GMo 字母时，就代表了该非球面镜为玻璃铸磨非球面镜。

复合式非球面镜

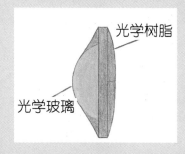

光学树脂

光学玻璃

第三种是更加廉价的复合式非球面镜，它是在由光学玻璃制成的球面镜前复合上一块光学树脂镜片而制成，利用光学树脂更容易塑形的特点，让其负责镜片边缘曲率调整的任务。而中间部分仍由传统球面镜构成。这种生产方式进一步降低了成本，套机镜头和低等级镜头中的非球面镜都采用此方法制造。

当然，你也会看到在一款镜头中同时使用了多种等级的非球面镜。例如，EF 16-35mm f/2.8L II USM 就同时使用了精密研磨、玻璃铸磨合复合式 3 种不同工艺和等级的非球面镜片。近年来，佳能的非球面镜制造技术又有突破，在 EF 16-35mm f/4L IS USM 镜头上，我们看到了双面非球面镜。从此一枚光学镜片的两侧都可以被加工成非球面镜，这样在光线通过它时，发生的两次折射都可以被更加精确地控制，从而实现了更好的画质。

10.5.2 色散与萤石、UD 和 BR 镜片

色散经常出现在逆光场景的照片中，在逆光主体的轮廓上，处于明暗交界的位置，会产生紫色或绿色的条状区域，俗称"紫边"。色散是如何产生的呢？我们知道，自然光是由七

色光组成的，当光线通过光学镜片时，镜片会把自然光分成不同颜色的光波，蓝色光的折射率比红色光高，因此蓝光的偏转角度更大，而红色光偏转角度较小。这样在镜片的另一侧就

会产生次级光谱，也就是不同颜色的光波相互分离的程度加大，这就是画面中出现紫边的原因。

※ 色散示意图。白光进入光学镜片后被分离为七色光，于是形成次级光谱导致出现紫边。

※ 截取画面左下方的局部可以发现，处于逆光下的质感边缘出现紫色区域。

萤石——最昂贵的光学镜片材料

※ 前面为天然萤石，杂质多裂痕多难以成为理想的光学材料。后面为人工结晶萤石材料，它使得萤石被制成光学镜片成为可能。

色散会严重影响照片的视觉效果，是在镜头的光学设计中需要严格控制的环节。佳能的解决方案是采用萤石材料的光学镜片，萤石的主要成分是氟化钙，它是一种天然形成的晶体。具有低色散低折射率的特点。当光线穿过萤石镜片后，产生的次级光谱分离的程度较小。因此，萤石镜片可以帮助降低色散，在拍摄逆光等高反差场景时，有效减小紫边的情况出现，从而带来更优秀的画质。

但是自然界中的天然萤石结晶体积较小，而且往往混有杂质或充满裂纹，难以成为理想的光学材料。只有少数直径不大的显微镜镜片采用天然萤石晶体制造，但无法满足镜头的需要。佳能在 1969 年就研制成功了萤石的人工结晶技术，并将这种高级材料制成光学镜片。佳能 FL 300mm f/5.6 镜头成为第一支采用萤石镜片的镜头。除了色散低这一特点外，萤石具有的低折射率特点还可以让拥有萤石镜片的长焦镜头体积减小。在几十年的时间中，这一技术是佳能的看家绝活，也让佳能长焦镜头确立

了领先地位。

虽然萤石是解决色散问题最佳的材料，但是也有其弱点。那就是硬度低，容易被划伤，而且对温度非常敏感，当温度升高时其光学性能会出现下降。所以，佳能改变了以往长焦镜头黑色镜身的传统，采用吸热性更低的白色涂装。从此红圈白头成为体育场边摄影记者的武器。目前，佳能 EF 镜头阵容中有十余款镜头使用了萤石镜片，其中我们熟悉的"爱死小白兔"EF 70-200mm f/2.8L IS II USM 就使用了 1 枚，另外在 300mm 以上的顶级超长焦镜头中都会同时使用 2 枚萤石镜片。可以说萤石镜片是当之无愧的第一光学材料，是顶级镜头的象征。

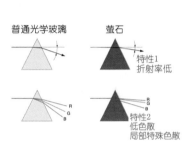

※ 萤石具有低折射率和低色散的特点，同时它对于不同色光的色散程度也有差异，其中对于红色到绿色的光谱色散更低。

UD 镜片——可降低色散的光学玻璃

然而，萤石价格高、制造难度大。如果普通光学玻璃能够具有低色散的特性，将会大大降低对萤石的依赖，让普通售价的镜头也得到

较好的性能。随着技术的发展，20 世纪 70 年代这一愿望终于得到实现。佳能开发出了具有低色散低折射率的 UD（低色散玻璃）镜片，使用 UD 镜片同样可以起到降低次级光谱的作用。实际上 UD 镜片也与萤石有关，它是在冕牌玻璃当中加入了氟化物，从而实现了低色散的性能。如果对其性能量化，那么两枚 UD 镜片可以实现 1 枚萤石镜片的降低色散效果。EF 70-200mm f/2.8L IS II USM 中就使用了多达 5 枚 UD 镜片。1993 年，佳能又开发出降低色散性能更加出色的超级 UD 镜片，1 枚超级 UD 镜片可以实现 2 枚 UD 镜片的效果，也就是说超级 UD 镜片的性能已经非常接近萤石了。佳能大三元中的 EF 24-70mm f/2.8L II USM 和小三元中的 EF 24-105mm f/4L IS USM 都拥有 1 枚超级 UD 镜片。从此，佳能 EF 镜头拥有了萤石、超级 UD 和 UD 三种材料来应对色散问题。

有趣的是这三种高等级材料也不是单独发挥作用的，它需要一个帮手一起实现消除色差的目的。很早以前，镜头设计师就发现将两块不同成分的光学玻璃制成透镜组合在一起使用可以降低次级光谱。其中一个透镜是起到汇聚光线作用的凸透镜，另一个是起到分散光线作用的凹透镜。虽然第一个透镜会产生色散，但是第二个透镜可将本已经分离的光波聚拢，从而减小次级光谱。这也是镜头中镜片组的主要作用。1839 年世界上第一台照相机诞生时就采用了这一技术。两片透镜由透明的光学黏合剂粘连在一起，例如折射率为 1.54 的加拿大树胶。长期以来，凸透镜都采用低折射率的冕牌玻璃制成，而后面的凹透镜使用火石玻璃制成。当萤石和 UD 镜片出现后，它代替了冕牌玻璃

的位置，与高折射高色散镜片配合。正是由于萤石具有局部特殊色散的能力（对于红色到绿色的光谱色散更低），所以这一组合实现了更好的降低色散的效果。这一方式被光学厂商广泛采用，蔡司称这一技术为 APO 复消色差技术。

BR 镜片——解决色散的新思路

从前面的分析中我们能够看出，要控制色散就要将不同颜色的光波汇聚到一个点上。萤石与 UD 镜片能够出色控制色散的原因是它们能够让白光通过后不同颜色的光波出现更低程度的分离。然而，将一个凸透镜和一个凹透镜组合在一起，形成消色差透镜组时，控制色散的思路变为了相互抵消。也就是说当不同颜色的光波被前面的凸透镜分离后，通过后面的凹透镜进行汇聚校正，通过前后两次相反的操作减小最终色散的程度。

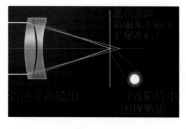

但在这一过程中，如果不使用萤石或 UD 等高等级镜片，由于不同颜色的光波折射率之间存在差异（折射率高的光波通过光学镜片后会出现更大角度的偏转），白光经过消色差透镜组后，从红色到绿色的光波可以汇聚到一点，而蓝色光波却因为没有足够大的折射率，将汇聚到该点后方。这样照片就会出现紫边，显示出较严重的色散问题。实际上，在七色光中蓝色和紫色光波的折射率已经是最大的，通过光学玻璃后其偏转角度要明显大于红色到绿色的光波，但即使这样，还是无法达到要求。如果有一种光学材料，能够针对蓝色光波形成更大的折射率，进一步加大其偏转角度，这样就能够将偏移的蓝色光波汇聚点前移至其他颜色光线的汇聚点上，从而形成无色散的影像。这一材料就是佳能在 2015 年推出的最新材料 BR 镜片。

BR 镜片的英文全称是 Blue Spectrum

普通消色差透镜组

萤石

高色散

复消色差透镜组

低色散

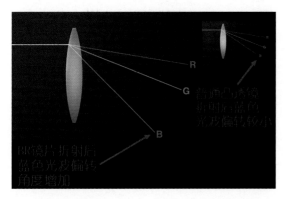

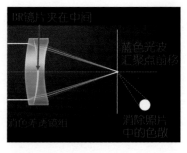

※ 当光线通过 BR 镜片时，它可以使蓝色光波实现更大的偏转角度，而其他颜色的光波偏转角度基本不变。

Refractive Optics，即蓝色光谱折射光学元件。当光线通过 BR 镜片时，它可以使蓝色光波实现更大的偏转角度，而其他颜色的光波偏转角度基本不变。这样在传统的消色差透镜组中，

增加一片 BR 镜片，就能够让蓝色光波的汇聚点前移，最终消除色散现象。但是，通过向光学玻璃中添加其他物质已经无法实现单独的蓝色光波折射率增加，因此佳能通过分子级别的研究开发出 BR 镜片，它由有机光学材料（即含碳化合物）制成。根据佳能的官方评价，BR 镜片有着与萤石相当，甚至在蓝色光波的折射率上比萤石更加优异的表现。第一支使用 BR 镜片的镜头是 2015 年 9 月推出的 EF 35mm f/1.4L II USM。

10.5.3 眩光、鬼影与镀膜

在好莱坞电影《兵临城下》中，德国狙击教官康尼少校因为瞄准镜反光而暴露了位置，被苏联传奇狙击手瓦西里击毙。光学镜片的反光是他失败的重要因素。对于镜头来说反光也是影响成像质量的一个环节。每支镜头都是由若干镜片或镜片组构成，结构非常复杂。当光线进入镜头后，抵达光学镜片表面时，最理想的情况是所有光线都进入镜片内部，也就是说只发生折射而没有反射。但由于空气与光学玻璃的折射率差异较大，因此大约有 95% 的光线进入镜片内部，而其余 5% 会在第一个表面发生反射。当光线经过光学镜片的另一面时，又会发生第二次反射，这次有 4% 左右的光线损失。这样累计下来损失量接近 10%。反

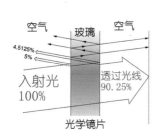

※ 无镀膜时光线在镜片表面的反射造成透光率下降。

拍摄参数： ◎ 光圈：f/5.6　◎ 快门：1/250s
◎ 感光度：ISO200

※ 鬼影是在桥下出现的彩色光斑，鬼影的位置与光源位置对称，光源在右上角鬼影就在左下角。鬼影有明显的边界，其形状与光圈形状有关。

拍摄参数： ◎ 光圈：f/5.6　◎ 快门：1/1000s　◉ 感光度：ISO200

※ 即使在镜头前安装了遮光罩，但在这种强烈逆光的环境中拍摄仍然会出现大面积的眩光。眩光也就是画面中雾化变白的区域，在这幅照片中眩光几乎占据了整个画面。

射会使画面反差降低，出现彩色光斑和画质下降。镜头中的光学镜片越多，就存在越多的光学玻璃表面，也就越容易出现这样的问题。

其中，镜头中光圈后面的光学镜片产生的表面反射会造成画面反差下降和大面积泛白的光晕，这一现象被称为眩光。而光圈前面的光学镜片发生反射时，会让画面中的光源在对称位置出现有清晰边界的彩色圆形光斑，它被称为鬼影，注意二者的成因

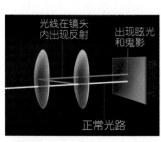

※ 由于光线在镜头内部的光学镜片之间出现反射，偏离了正常光路从而形成了眩光和鬼影。

不同，在画面中的表现不同。但现在很多影友会将二者混为一谈。在镀膜技术产生之前，老镜头很难解决眩光和鬼影问题，因此只能将镜片数量限制在较低的范围内。即便如此，镜片表面的反射还是会降低照片的反差。

为了减少这一现象就需要在镜片表面增加镀膜。早期的镀膜工艺为单层镀膜，厚度与某个波长的光线成一定关系时，镀膜外表面与交界面反射的光线出现干涉现象，互相抵消，就让反射的光线有所下降，但是反射率仍在百分位上。而后出现了多层镀膜进一步降低了反射现象，反射率降到了千分位。从某种意义上来说，正是镀膜技术才让镜头中具有更多光学镜片成为可能，更多的光学镜片才造就了当今的变焦镜头。

虽然通过镜膜技术可以解决大部分拍摄环境下的眩光问题，但是当拍摄的画面中有太阳或极为明亮的光源时，还是容易出现眩光和鬼影。因此，这一现象无法完全避免，但可以通过在构图中用物体将太阳或强光源遮挡的方法尽量减少眩光的出现。另外，使用遮光罩也是减少眩光发生的有效工具。当然，在某些时候，眩光出现的彩色光环还能为画面增色不少。

SSC 超级光谱镀膜——EF 镜头的标准配置

※ 真空蒸气镀膜时光学镜片被放在这个类似"蒸屉"的架子上，然后被放入真空设备中进行镀膜。

佳能镀膜技术中最基础的是 SSC 超级光谱镀膜，这是一种多层镀膜工艺，采用传统的真空蒸气镀膜方法。在镀膜过程中将光学镜片放在一个类似蒸屉的架子上，然后放入真空设备中。再将镀膜材料（氟化钙等）升华成气体注入，这样就能够在光学镜片上形成一层层很薄的镀膜，每层厚度只有纳米级别。

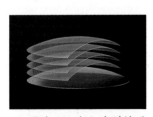

※ 通过 SSC 超级光谱镀膜会在光学镜片表现形成多层镀膜结构，可以让照片反差更高、色彩更加鲜明，还能够在一定程度上保护镜片。

SSC 超级光谱镀膜除了可以减轻眩光和鬼影外，还对照片的色彩呈现有着重要的影响。在 20 世纪 60 年代，彩色胶片逐渐开始普及，对于镜头色彩还原与平衡的要求更高了。由于光学玻璃的成分不同，对于不同颜色光线的吸收率也有所差异。火石玻璃能够更多吸收蓝色光，导致成像效果偏暖。因此，在镀膜时候需要采用琥珀色镀膜纠正最终画面的偏暖效果。所以，针对不同的光学镜片需要采用不同的镀膜才能够令其对不同颜色光线的透过率保持均衡，从而获得色彩还原自然的照片。

当你查看镜头第一组镜片时，如果与外部光线成某一角度，就会看到不同镜头有着不同的镀膜色彩。有绿色、琥珀色、橙色等多种类型，但是镀膜的颜色与镜头的性能并没有关系。为了让所有镜头具有同样出色的色彩还原能力，佳能用了大量时间充分研究了各类光线对于色彩还原的影响，制定出了一套严格的色彩标准。SSC 超级光谱镀膜就是实现这一色彩标准的关键因素。凭借这一技术，佳能镜头的极佳色彩表现在摄影爱好者中形成了很好的口碑。相比其他厂商的清淡色彩风格来说，佳能镜头色彩表现上的最大特点是浓郁，对于红色和绿色的还原更有特色，在人像上能够获得粉嫩的肤色、在风光上可以获得油润翠绿的效果。

目前，所有 EF 镜头上都采用了 SSC 超级光谱镀膜工艺，可以说现在已经是一个标准配置了。

SWC 亚波长结构镀膜——佳能的独家绝技

然而传统的真空蒸气镀膜方式存在一个最大的弊端，那就是当光线以倾斜的角度从镜片表面入射时，其降低反射的效果会被削弱。于是一种新的镀膜技术诞生了，这就是 SWC 亚波长结构镀膜。这一技术的诞生还采用了仿生

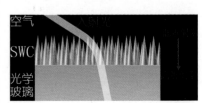

※ SWC 亚波长结构镀膜会在光学镜片表面形成刺状突起，但这些刺的大小都是纳米级的。

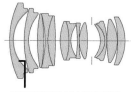

SWC亚波长结构镀膜

❋ EF 24mm f/1.4L II USM 第一组镜片的背面使用了 SWC 亚波长结构镀膜。

学的原理，借鉴了自然界中蛾类昆虫的眼睛所具有的一层纳米等级的凹凸表面，从而让光线进入时不会突然遇到两种折射率差异很大的物质，而是先进入一个折射率连续变化的缓冲层，这样就会大幅度减少反射。我们日常生活中黑色天鹅绒布料表面的绒毛结构也能起到类似作用。佳能 SWC 亚波长结构镀膜就是在空气和玻璃之间形成了一层小于可见光波波长的缓冲层，缓冲层的微观结构类似无数根尖刺，尖端朝向空气方向，根植于镜头表面。当光线抵达时，随着尖刺的变粗，折射率逐渐改变，从而将反射率降低到了 0.05%。但这种结构不是传统真空蒸气方式可以制造的，因此 SWC 亚波长结构镀膜成本较高，多被用于广角镜头中具有大曲率的镜片上。2009 年，佳能 EF 24mm f/1.4L II USM 成为第一支使用这一镀膜技术的镜头。2015 年上市的超广角镜头 EF 11-24mm f/4L USM 在前两组大曲率的镜片后方都使用了这一镀膜。

ASC 空气球形镀膜——有效应对垂直入射光线的新技术

2014 年年底，佳能在新发布的"新大白"EF 100-400mm f/4.5-5.6L IS II USM 镜头上第一次

使用了 ASC 空气球形镀膜。这一技术是在多层镀膜的上方增加了一层空气层，空气实际上是被包裹在纳米级的球型中空结构中。由于空气的折射率低，因此这一空气层可以成为很好的过渡。球型中空结构的直径只有 10 纳米，远远小于可见光的波长，因此光线在抵达这一层时不会出现散射现象。这一镀膜技术被用于平面或者曲率不大的光学镜片上，几乎可以完全消除表面反射。在顶级的 EF 11-24mm f/4L USM 上，佳能更是同时使用了 ASC 空气球形镀膜和 SWM 亚波长结构镀膜分别应对垂直入射光线和倾斜入射光线，从而获得了最佳的效果。

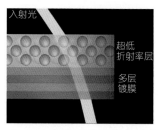

❋ ASC 空气球形镀膜会形成一层超低折射率的过渡层，这样让入射光逐渐偏转，减少反射。

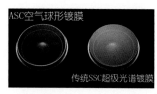

❋ 在光源照射下比较两种镀膜效果，可以看到左侧的 ASC 空气球形镀膜的抗反射能力要强很多。

— ASC空气球形镀膜

❋ "新大白" EF 100-400mm f/4.5-5.6L IS II USM 镜头中在曲率不大的第 11 组镜片正面使用了 ASC 空气球形镀膜。

10.5.4 暗角与光学设计

评价镜头优劣的一项指标就是是否存在暗角。由于成像时，与画面中间相比边缘的光线是倾斜入射的，容易导致暗角现象的发生，在照片上表现为画面四周尤其是四个边角上出现变暗的现象。使用广角镜头更容易出现暗角。

另外，佳能 EOS 5D MARK III 这样的全画幅相机感光元件面积更大，因此更容易出现暗角现象。而 APS-C 画幅的 EOS 7D MARK II 上暗角相对较轻。

优秀的镜头通过高水平的光学设计和材

料运用对于暗角控制得更加出色，使之不易发生或非常轻微。尤其是在镜头内部的光圈叶片前方，在与之紧密相邻的光学镜片位置上，使用更大尺寸的透镜，也会有效减小暗角的程度。另外，全开光圈时更容易出现暗角问题。如果在镜头前加装偏振镜等滤镜也会使暗角现象更加严重。在拍摄时如果出现暗角，可以采用收缩一挡光圈再拍摄的方法，另外可以通过开启机身内部的暗角控制功能来解决，也可以通过佳能 DPP 软件在后期处理中解决暗角问题。

拍摄参数： ◎ 光圈：f/4　◎ 快门：1/800s　◎ 感光度：ISO100

※ EF 24-105mm f/4L IS USM 镜头在全画幅相机上更容易出现暗角，虽然很多人喜欢这种视觉效果，但从衡量镜头的光学水平角度看这是不好的现象。

菜单解析　【周边光量校正】

　　进入拍摄菜单第 1 页最后 1 项【镜头像差校正】选项中，启用【周边光量校正】功能可以有效减小暗角的严重程度，尤其对于全开光圈时出现的暗角修正效果较好。如果你的镜头等级不高，存在较严重的暗角问题，在一些场景下你又必须使用最大光圈拍摄，那么可以开启这一功能。但是这种校正方式属于机内后期，可能会给画面带来更多的噪点，尤其是在使用较高感光度拍摄时。另外，画面边缘的亮度也可能出现不均匀的情况。如果为了 JPEG 格式直出获得无暗角的效果可以使用这一功能，但是当你采用 RAW 格式拍摄时，最好将消除暗角的步骤交给佳能 DPP 软件来完成。

10.5.5 畸变控制与光学设计

拍摄参数： ◎ 光圈：f/8　◎ 快门：1/200s　◎ 感光度：ISO400

※ 使用超广角镜头时很容易产生桶形畸变，在画面边缘处最为明显，如果将建筑物放于这个位置会出现明显的倾倒或变形。另外，仰拍和俯拍会加剧变形效果。

　　畸变是指由于镜头光学设计问题给画面带

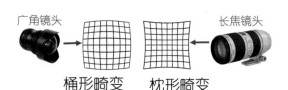

※ 广角镜头容易出现桶形畸变，而长焦镜头容易出现枕形畸变。

来的几何失真。当拍摄相互平行的横竖线条时表现得最为明显，发生畸变时这些平行线条会发生弯曲，而且画面边缘会比中央更加明显。不同焦距的镜头会有不同特征的畸变，广角镜头容易出现桶形畸变，画面边缘的垂直线条会向中央倾斜汇聚，如果画面边缘放置了建筑物，则会出现向中央倾倒的现象。焦距越短这种现象越明显。而长焦镜头更容易出现枕形畸变，表现为边缘的垂直线条向中央塌陷。

变焦镜头的畸变特征是，接近广角端容易产生桶形畸变，接近长焦端容易产生枕形畸变。部分广角镜头还会同时在一幅画面中出现两种畸变。标准镜头在光学设计上采用前后对称的结构，因此畸变很小。定焦镜头比变焦镜头的畸变小。

畸变与其他像差有很大区别，它只影响照片中景物的形状，而不影响锐度、色彩和反差。与暗角现象不同，畸变是无法通过缩小光圈来减轻的。通常画面中的畸变程度在 5% 以内人眼不易察觉，超过 10% 比较容易发觉。控制畸变主要依靠镜头的光学结构设计，以及光圈在镜头中的前后位置安排。使用非球面镜也会对控制畸变起到较好的效果。

优秀镜头对于畸变的控制要出色许多，使用大三元尤其是高等级定焦镜头时其畸变控制较好，而普通镜头畸变就会更加明显。但即使顶级镜头仍不能完全消除畸变。

[菜单解析] 【变形校正】

进入拍摄菜单第 1 页最后 1 项【镜头像差校正】选项中，启用【变形校正】功能后可以对广角镜头的桶形畸变和长焦镜头的枕形畸变进行校正。但在校正过程中，可能会损失掉画面的边缘区域，还会让相机处理数据的时间变长，连续拍摄能力下降。因此，更好的方式是关闭机内的畸变控制功能，由后期软件负责处理。

10.5.6 焦外虚化与光学设计

一张照片如果所有部分都清晰，反而会分散观看者的注意力，只有用虚化的焦外部分作为陪衬，才能更好地突出锐利的主体。前面提到很多镜头都能实现焦内锐利，而焦外虚化的美观程度则是难以达到的指标。使用优秀镜头拍出来的照片，焦外景物均匀化开，如奶油一般扩散开来，色彩渐变自然均匀，仿佛水彩一样轻柔的过渡，没有明显的硬线条和色块出现。当然焦内与焦外交界的部分也会过渡自然而不生硬。很多摄影师和发烧友不惜投入数万元购买顶级镜头，就是为了焦外那美轮美奂的虚化效果。

镜头的焦外成像中，光斑的形状与光圈叶片的数量有关。光圈叶片数量为 9 片时，孔径更接近圆形，因此画面中焦外光斑也会更圆。尤其是接近画面中间区域的光斑展现为圆形，而画面边缘的光斑表现为椭圆形。镜头使用 7

拍摄参数： ◎ 光圈：f/2.8　◎ 快门：1/500s　◎ 感光度：ISO1600
◎ 镜头：EF 70-200mm f/2.8L IS II USM

※ 高素质的镜头不仅在合焦位置清晰锐利，而且焦外区域能够让色彩融化，不同色块之间形成柔和过渡，没有生硬的线条。

片光圈叶片时，孔径会呈现多边形结构，焦外光斑的边缘也会出现棱角，美观程度稍差。

另外，焦外成像质量还与镜头的光学结构有关。优秀的光学结构设计可以获得更好的焦外效果。而较差的设计会导致焦外成像区域中出现二线性。所谓二线性是指一种较差的焦外成像效果。优秀的虚化效果表现为色块连续、均匀，没有明显的边缘线条残留痕迹。而焦外二线性表现为焦外虚化的物体轮廓不是均匀扩散的，而是保留了轮廓和线条的残留，这种焦外效果往往会干扰主体的表达，导致美观程度下降。

但是，在镜头的光学设计中往往存在矛盾。一般情况下，对于球面像差的控制会引发一对矛盾，那就是焦内锐度和焦外虚化美观度的矛盾。如果在设计中更加注重了焦外的美观就会导致全开光圈时合焦位置的锐度下降，鱼和熊掌不能兼得。

但无论如何，在佳能 EF 镜头阵容中，有两支镜头的焦外成像美观程度被公认为最突出。它们是号称"空气切割机"的 EF 200mm f/2L IS USM 和"大眼睛"EF 85mm f/1.2L II USM，它们也是众多发烧友的终极梦想。

其他一些像差问题也需要通过光学设计来解决，在此就不一一展开。它们会导致画面边缘景物呈现出类似彗星拖尾影像的彗差；导致画面边缘聚焦不准的像散；导致镜头的成像面变为一个弯曲平面，而不是与感光元件的平面保持一致的场曲。

摄影兵器库：折返镜头——焦外甜甜圈

※ 佳能 1980 年推出的 New FD 500mm f/8 Reflex 折返镜头。目前原厂折返镜头已经停产多年，二手市场也难觅其踪迹。

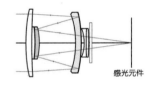

感光元件

☐ 凹面主反射镜
☐ 凸面副反射镜

※ 折返镜头内部结构。它利用光线发射的原理，使光线通过第一组镜片后，不是直接抵达感光元件，而是经过两次反射后抵达。这样超长焦镜头可以缩短长度，减小体积和重量，当然也降低了售价。

7 万元的 600mm 镜头只是标准配置。虽然这样的镜头可以将数百米外的鸟类羽毛拍得根根清晰，但是其价格却是普通爱好者无法接受的。那么，有什么办法用较少的投入换来更长焦距的拍摄效果呢？这就是折返镜头。

折返镜头是一种特殊的超长焦镜头。在普通单反镜头中，当光线射入后通过镜头内部一系列镜片的折射，直接抵达感光元件。这个过程中光线的方向没有发生过变化。超长焦镜头体积和重量巨大，使用时甚至无法手持拍摄，只能将镜头支在独脚架上，非常不方便。而折反镜头利用了光线折射的原理，使

美轮美奂的焦外是摄影爱好者追寻的目标，然而有一类镜头的焦外具有甜甜圈一样的形状，让人过目不忘。它就是折返镜头。

如果将镜头不同焦段带来的视觉冲击力进行对比，你会发现超长焦镜头的魅力远大于超广角。那种人眼无法看到的远距离景物特写会让很多影友心动。在拍摄野生鸟类时，价格近

※ 折返镜头可以拍摄超远距离的主体，在焦外光源成为一个个圆圈，极具特色。

光线进入镜头后，经过两次反射才最终到达感光元件。因此，镜头的长度和体积可以明显地减小，成本也会大幅度降低。从外观上可以看到折返头的最大特点，那就是光路的中心有一个反射面，显得与其他单反镜头截然不同。正是由于中央反射面的存在，折返镜头没有可调节的光圈叶片，所以只有一挡光圈。这样的设计还带来成像上的一个特殊效果，那就是通过镜头的光线成环状，所以焦外的光斑也成为一个个圆圈的形状，极具特色。

虽然佳能也推出过折返镜头，但那还是 FD 卡口的胶片时代，早已停产。目前，市场上的折返镜头主要是副厂品牌，包括肯高、适马和腾龙等。肯高虽然以滤镜为主要产品线，但是它推出的折返镜头也得到了影友的认可。肯高的折返镜头包含了 MIRROR 500mm f/6.3 DX 和 MIRROR 800mm f/8 DX 两款。其中，MIRROR 800mm f/8 DX 的售价还不到 2600 元，但焦距却可以达到 800mm，要知道

※ 肯高 MIRROR 800mm f/8 DX 镜头。

佳能原厂的 EF 800mm f/5.6L IS USM 价格超过 8 万。当然，存在如此巨大的价格差距，影友也不要希望折返镜头与常规的超长焦镜头有同样的表现。折返镜头主要有以下弊端。

※ 在非全画幅相机和 2 倍增距镜的帮助下，肯高 MIRROR 800mm f/8 DX 可以拍摄到月亮表面的特写。

➢ 合焦位置的锐度普遍无法与常规单反镜头媲美；

➢ 折返镜头几乎全部为定焦，而且只能采用手动对焦；

➢ 由于焦距长景深较浅，只能在使用三脚架稳定相机后耐心地手动对焦；

➢ 大部分折返镜头的卡口与机身不匹配，肯高这款 MIRROR 800mm f/8 DX 就需要使用转接环后才能与 EOS 7D MARK II 相连接。

但即使存在以上弊端，由于巨大的价格差异，大部分用户还是会选择折返镜头。尤其在拍摄风光、荷花等静止题材时，本身就需要使用三脚架并采用手动对焦，因此使用起来并不会有太多不便。肯高 MIRROR 800mm f/8 DX 是一款全画幅镜头，在 EOS 7D MARK II 上使用时等效焦距达到 1280mm，其视觉效果是非常惊人的。

由于折返镜头无法调整光圈，因此使用肯高 MIRROR 800mm f/8 DX 镜头时，光圈会固定在 f/8，因此只能通过调整快门速度和感光度来调整曝光。另外，应该选择 RAW 格式进行拍摄，从而为后期处理带来更大的空间。这样可以有效改变折返镜头画面反差小、锐度较差的弊端。通过后期为画质带来较大的提升。使用折返镜头耐心是非常重要的，尤其在对焦过程中。对焦时应该采用实时取景模式，通过液

晶屏放大显示合焦位置，然后通过手动对焦找到合焦位置最清晰的状态。拍摄时也要使用快门线和反光镜预升功能，将震动减小的最低。

在使用 800mm 的长焦镜头时，即使最轻微的晃动也会让画面产生模糊，因此，一支稳定的高质量三脚架对于折返镜头来说意义重大。

10.6 不可不知的经典光学结构

当你是一个摄影新手跟着资深版主外拍时，总会听到那些专业的名词，例如，双高斯、普拉纳、天塞等，在羡慕和敬仰之余其实并不太清楚这些是什么意思。但这些词汇从那些资深版主口中吐出时，新手们的脸上总会带有一些敬仰之情。为了迅速进入发烧友阶段，我们有必要介绍一些经典的镜头光学结构。

不同形状和材质的光学镜片有着不同的作用，设计师将它们组合起来以便发挥最大的功效，获得更加完美的画面。这些光学镜片的组合与排列方式就是光学结构。广角、标准和长焦镜头有着不同的光学结构。不同的光学结构是由镜头设计师通过复杂的数学方法计算出来的。早在 100 多年前，多种经典的光学结构就已经由德国人建立，并被沿用至今。虽然当今

的镜头都会使用计算机软件进行辅助设计，但绝大部分都在这些经典的光学结构上进行微调，而不是完全重新建立。

现实世界并不完美，在设计中一个光学问题的解决会导致另一个问题的出现。例如，当你用一块镜片减小了球面相差时，很容导致彗差更加严重。当你校正了像散时，却很容易导致场曲的加重。设计师做出的每一项改进都会引发更多的问题，真可谓是按下了葫芦又起了瓢。所以，在镜头设计过程中，设计师会对需要校正的问题排列出先后顺序，优先校正那些最迫切、最严重的，而将一些不太容易发觉的放在最后。因此，在镜头的光学结构设计上没有最完美的。

10.6.1 双高斯结构——百年经典

在所有光学结构中，有一种具有至高无上的地位。它被众多厂商所效仿，无数世界知名镜头都采用这一结构进行设计。时至今日，你甚至很难找出一支不采用该结构设计的标准镜头。如果你是一位摄影爱好者、一位器材爱好者，那么这种光学结构也是必须了解的。它就是双高斯结构。

最早期的镜头只有一片凹面向前的正弯月透镜。1817 年著名的德国数学家高斯提出了一个新的光学设计，他将一片正弯月透镜放在前面，后边紧跟一片负弯月透镜，两块镜片互不粘连。但高斯的这一设计并没有得到关注。多年后，美国望远镜制造专家克拉克在高斯的设计基础上，采用了前后对称的方式安排高斯的

双弯月透镜，从而产生了 4 片结构，这就是双高斯结构的雏形。

1896 年卡尔·蔡司公司的鲁道夫对这一光学结构进行了研究，他发现这种对称设计具有很大的优势，前面的透镜组产生的某

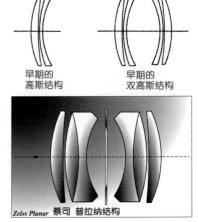

早期的高斯结构　　早期的双高斯结构

Zeiss Planar 蔡司 普拉纳结构

※ 经过鲁道夫改进过的双高斯结构，被称为蔡司普拉纳结构。

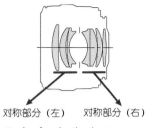

对称部分（左）　　对称部分（右）

※ 当今的佳能 EF 50mm f/1.4 USM 标准镜头仍然采用双高斯结构。虽然现在对双高斯结构进行了诸多改进，左右两个区域的光学设计已经不是完全对称，但这些设计全部是以双高斯结构为基础的。

些像差会被后面的透镜组校正，所以设计师只需要应对其他个别没有被校正的像差。于是，鲁道夫在第二块负弯月透镜前增加了一块粘连在一起的透镜，通过改变这个新增透镜的表面曲率，他可以很好地控制色散，而不影响其他像差。他采用的消除色差的方法，就是我们前面介绍过

的，采用两块材料不同的正负透镜，一块采用冕牌玻璃，另一块采用火石玻璃。

这样就得到了一个效果极佳的光学设计范本，它由 4 组 6 片结构组成，光圈位于中间。它是第一个能够在大光圈时具有极佳表现的光学设计。这一设计被蔡司命名为普拉纳（Planar）。这种对称结构完美地解决了球面像差和像散问题。即使到了技术飞跃发展的今天，这一设计的光学性能依然十分优秀。所以，现在你还可以在蔡司标准镜头的名称中看到这个词。说它是范本，是由于不仅蔡司镜头使用这一设计，而且世界上绝大多数光学厂商都采用这一光学结构来设计自己的标准镜头和 85mm 左右的中长焦镜头。

10.6.2 天塞结构——鹰之眼

天才设计师鲁道夫在 1902 年，通过数学计算还设计了天塞（Tessar）镜头，由于它的高解像力、优秀的反差、畸变很小，在上市不久就获得了"鹰之眼"的美誉。天塞镜头的特色在于使用最少的光学镜片却能得到最高质量的画面效果。它的结构简单，仅有 3 组 4 片，第一组为单片凸透镜，第二组为单片凹透镜，第三组为黏合的正负透镜组，光圈被至于第二、三组之间。这一设计同样被全世界的光学厂商所采用。直至今天，天塞结构的镜头仍然代表了锐利的分辨率、高透光率、均匀

※ 3 组 4 片的天塞结构。

的像场亮度和杰出的畸变校正。佳能 EF 40mm f/2.8 STM 饼干头就是以天塞结构为基础的。

10.6.3 望远结构——长焦镜头的瘦身秘诀

当你使用 EF 400mm f/4 DO IS II USM 这样的长焦镜头拍摄时，一定会感叹它沉重的分量和高昂的价格。然而，你可能想象不到，如果不是因为一种光学设计的存在，你手中的镜头可能更长、更重、当然也会更贵。我们之所以能够得到今天这种可以手持拍摄的长焦镜头，正是由于望远光学结构的出现。

优秀的光学结构不仅可以获得一流的画质，更可以让几乎不可能的事情变为可能。其

中最具代表性的就是望远光学结构和反望远光学结构。在前面介绍镜头焦距时，我们只了解到广角越短视角越广，焦距越长视角越窄。而焦距是如何被定义的呢？如果使用一块简单的凸透镜，汇聚的光线落在感光元件上形成焦点。在这个最简单的结构中，从透镜中心到焦点的距离就是焦距。透镜的中心点也就是计算焦距的起始点称为主点。然而，真实的镜头都是采用多个透镜组成，主点的位置需要经过设计

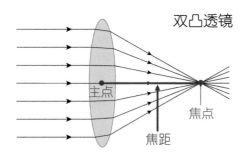

双凸透镜

主点　焦点　焦距

※ 使用单片双凸透镜时，焦距非常容易计算，它就等于从主点至焦点的距离。

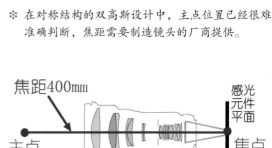

感光元件平面

主点　焦距　焦点

※ 在对称结构的双高斯设计中，主点位置已经很难准确判断，焦距需要制造镜头的厂商提供。

焦距400mm

感光元件平面

主点　焦点

镜头长度
232mm

※ 在制造长焦镜头时，设计师利用"望远结构"，将主点置于镜头前方，从而可以制造出更短小精悍的镜头，获得更长的焦距效果。图中长度仅有232mm 的 EF 400mm f/4 DO IS II USM 镜头却实现了 400mm 的焦距。

人员的复杂计算才能得到，因此摄影爱好者是无法自己测量镜头焦距的。对于双高斯结构来说，主点位于镜头内部的对称中心附近。如果是 50mm 的标准镜头，那么主点距离感光元件平面的距离就是 50mm。

我们已经知道，主点是计算镜头焦距的基础。主点是经过精密计算得出的。然而，设计师可以通过特殊的光学镜片改变和控制这个主点的位置。但是在什么时候需要改变主点的位置呢？例如，当你需要一支长焦镜头来拍摄，但又不希望镜头的体积过大，重量过重时，就可以通过设计将主点置于镜头前方，镜身以外。这样即使你的镜头只有 232mm 长，却可以实现 400mm 焦距。这就是望远光学结构，一般在前面的镜片组采用凸透镜，而后方的镜片组

采用凹透镜，显然这是一种非对称结构，但它可以使长焦镜头的体积更加紧凑。

10.6.4 反望远结构——让不可能的广角成为可能

单反相机的一大特点就是在镜头与感光元件之间存在一个 45 度倾斜放置的反光镜，不仅它要占据一定空间，感光元件前的快门组件也要占用空间。从镜头卡口至感光元件平面的距离被称为法兰距。佳能 EF 卡口法兰距为 44mm，如果要设计一支 14mm 的超广角镜头，也就是说让主点距离感光元件平面只有 14mm 几乎是不可能的。这时设计师又需要通过特殊的光学设计将主点置于镜头之外，只不过这次采用了反望远结构，将主点置于镜头

后方。这样即使有法兰距的存在，也可以设计出超广角镜头。反望远结构的特征是前组为发散透镜，后组为汇聚透镜，前组的体积远大于后组。

在胶片单反诞生初期，并没有反望远结构。那时需要先将相机反光镜升起并锁定，然后将广角镜头插入卡口内部，使其更加靠近胶片才能实现广角效果。而此时取景器内一片黑暗，摄影师只能借助一个专用取景装置放在机顶。这样单反就变成了旁轴结构。

正是由于反望远结构的出现，我们才能够更加轻松地使用广角镜头进行拍摄。然而，反望远结构复杂，镜片组数量众多。例如，佳能 EF 11-24mm f/4L USM 超广角变焦镜头，使用了 11 组 16 片结构。为了实现大光圈，镜头体积必然增加，而且必须使用各种消除像差的设计，所以镜头价格很高。不得不说，这都是由于单反相机的反光镜结构导致的。而当年的旁轴相机和现在的微单相机都没有反光镜，所以镜头后组可以距离感光元件更近，因此可以采用更加简单的光学结构得到更好的成像质量。

※ 在制造超广角镜头时，设计师利用"反望远结构"将主点置于镜头后，从而可以在卡口内反光镜存在的前提下，制造出焦距更短的镜头。

看名称识别蔡司镜头光学结构

当今日系厂商都不会在镜头的名称中加入代表光学结构的文字，而德系厂商尤其是蔡司则会将其引以为傲的光学结构名称放入镜头名称中。这样做的目的也是在不断提醒所有摄影爱好者，今天几乎所有的经典光学结构都是由蔡司的工程师研发的。这些名称非常特别，如果你是第一次接触蔡司镜头，那么很难识别出这些名称背后的含义。

每一种光学结构都有自己的特点，设计师也会根据镜头设计目标而加以运用。所以，并非广角镜头就一定是反望远结构、标准镜头就是双高斯结构、长焦镜头就是望远结构，在很多情况下，这些光学结构可以被灵活运用。例如，当今流行的大光圈高画质标准镜头（蔡司 Otus 1.4/55、适马 50mm F1.4 DG HSM ART）都采用反望远结构，以提高中心和边缘画质的一致性，在大光圈下获得更出色的画质表现。

而在单反相机镜头上经常运用的光学结构，到了没有反光镜的旁轴和微单相机上，又会发生变化（更多是光学结构得以简化）。单反上的对称光学结构（与双高斯结构近似）在这里可以用来设计小广角；单反上的反望远结构在这里可以用来设计超广角；单反上的望远结构在这里可以用来设计标准镜头甚至是小广角。

所以，当你对光学结构有了更深入的认识后，就会更加清楚某一款镜头的设计方向和目标。

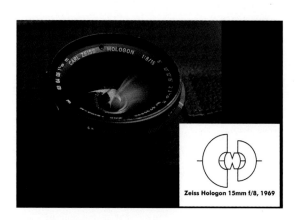

Zeiss Hologon 15mm f/8, 1969

※ Hologen 是蔡司为旁轴相机上超广角镜头设计的光学结构，零畸变是其最大特色。曾经有人这样形容这支蔡司 Hologen 15mm f/8 镜头：如果你在 Hologen 拍摄的照片中发现一条直线弯了，那么就只能说明这条"直线"本身就是弯的。Hologen 结构为 3 组 3 片，前后两片几乎都是半球型的，中间一片为葫芦形，光圈位于葫芦形的中间，固定为 f/8。这支经典镜头在二手市场价格高达 17 万。

蔡司名称	光学结构	说明
Planar 普拉纳	双高斯结构	由蔡司工程师鲁道夫发明的经典光学结构，主要用于单反相机的标准镜头上。在非全画幅微单专用镜头上，Planar 也被用于制作小广角，如蔡司 Touit 1.8/32。
Distagon	反望远结构	主要用于单反相机的广角镜头上，从 15mm ~ 35mm 的定焦镜头都会采用。最近该结构也被用于顶级的标准镜头设计上，以便在大光圈下做到中心和边缘更加一致的出色画质，如蔡司 Otus 1.4/55。在旁轴和微单上，该结构被用于 21mm 以下的超广角镜头或大光圈 35mm 镜头上。
Sonnar	望远结构	主要用于单反相机的中长焦或长焦镜头上。该结构无球面像差，变形低至肉眼无法辨识，但色散要以 APO（复消色差技术）修正，所以它们总是成对出现。Sonnar 的成像表现以细腻著称。在旁轴和微单上，该结构被用于标准镜头和 35mm 小广角，如蔡司 Sonnar T* FE 1,8/55 ∠A。在非全画幅微单专用镜头上，甚至可以被用到 24mm 广角镜头上，这都是为了减小镜头体积。
Biogon	用于旁轴和微单广角镜头的对称结构	在单反镜头中并不会看到 Biogon 结构，而在旁轴和微单上，它被用于从 21mm ~ 35mm 的所有广角定焦镜头中。
Hologon	用于旁轴相机超广角镜头的对称结构	这是一个被称为传奇的光学结构，它在旁轴上可以实现超广角和零畸变的视觉效果。当今的镜头中已经没有这一光学结构。

10.7 镜头是如何对焦的

前面介绍的各种像差和解决办法中，我们都是通过静态的方式考虑问题，即照片最终的画质检验结果。然而，在对焦的过程中，镜头中的全部或部分镜片组却处于运动之中。如果希望镜头具有更好的性能，就需要对镜头对焦时的运作方式加以设计。这一设计也导致了我们在使用镜头时的重大区别。

10.7.1 整组对焦——最传统的方式最佳的画质

所有镜片组都参与对焦

移动方向

在对焦过程中，镜头内所有镜片组的相互位置保持不变，采用整体移动的方式进行对焦。这一对焦方式的优点是成像质量较好，但并不适合镜片数量多、重量大的长焦镜头和变焦镜头采用。老式手动镜头和标准定焦镜头一般采用这一对焦方式。在 EF 镜头群中，具有标杆地位的 EF 50mm f/1.2L USM 镜头就采用整组移动的方式，由于镜片组重量大，即使采用了扭力更好的环形 USM，对焦速度也不是很快。

10.7.2 前组对焦——弊端最多的对焦方式

在入门级变焦镜头和标准镜头（老款 EF 50mm f/1.8 II）上，由镜头中的前组光学镜片负责对焦。对焦时前组镜片不仅前后移动，还会发生旋转。虽然这种对焦方式可以降低镜头制

移动方向

造成本，但前组的伸缩容易将外界灰尘带入镜筒中，长时间使用后容易导致灰尘颗粒附着在镜片上，降低成像质量。另外，前组的旋转也让一些需要调整至固定角度才能发挥作用的滤镜（例如，CPL 偏振镜）无法使用。

10.7.3 内对焦——变焦镜头采用的主流方式

如果将镜头内的镜片组分为前、中、后三组，那么采用内对焦设计的镜头在对焦过程中只有中组镜片发生移动。整个镜头长度不发生变化，镜头前组既不伸出也不旋转。这一设计不仅降低了镜头进灰的概率，而且由于负责对焦的镜片组重量较轻，所以在自动对焦时速度更快。佳能 EF 镜头群中有一半采用了内对焦设计，主要集中在变焦镜头。但内对焦设计容易导致镜头呼吸现象，我们后边会单独介绍。

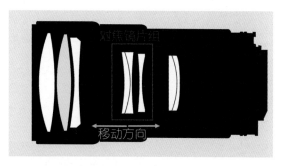

※ 由中间镜片组负责左右移动完成对焦。

10.7.4 后组对焦——定焦镜头采用的主流方式

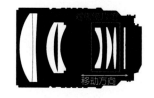

※ 后组对焦设计。

后组对焦就是在对焦过程中由镜头中的后组镜片移动来完成对焦的设计。与内对焦相同，此时镜头整体长度不变，前组既不伸出也不旋转。另外，这样的设计还可以让镜头体积更为小巧，同时由于镜头体积小，对焦镜片组移动距离会更短，从而对焦更加迅速。佳能 EF 镜头群中有超过 20 款镜头采用后组对焦方式，大部分集中在定焦镜头中。

10.7.5 浮动镜片组——提升近距离拍摄效果的有效方案

※ 浮动镜片组。

在反望远结构中我们介绍过，由于单反相机存在反光镜，广角镜头必须使用反望远光学结构。这种前后组严重不对称的结构会导致镜头在拍摄远距离物体和近距离物体时成像质量有差别。一般情况下设计师会将最佳成像设计在较远的对焦距离上，而此时如果采用近距离拍摄将造成像差增加，画质下降。长期以来这都是困扰镜头的重要问题。

当摄影师拍摄近距离物体时，浮动镜片组在镜片组整体移动对焦的基础上，产生附加的移动来校正近距离拍摄造成的像差，从而提升了画质，并增加了最近对焦距离。例如，佳能 EF 85mm f/1.2L II USM 就采用了这一技术，在近距离对焦时，除了整组前移外，后组镜片还会单独产生位移。

［容易混淆］ 内对焦与内变焦

❋ EF-S 18-135mm f/3.5-5.6 IS STM 属于外变焦镜头，镜头长度会随着焦距变化而改变。但它也是一款内对焦镜头，在对焦过程中镜头前端不会伸长也不会旋转。

以上介绍的都是对焦时镜头内部的运作机制，当然这一机制也会引起镜头外观的变化。很容易与其混淆的是变焦镜头在变焦时产生的长短变化。例如，大部分变焦镜头随着焦距的变化都会出现镜筒伸出的现象。例如，EF-S 18-135mm f/3.5-5.6 IS STM，在 18mm 端镜筒长度最短，而在 135mm 端镜筒会伸长。而 EF 70-200mm f/2.8L IS II USM 无论在 70mm 端还是 200mm 端，镜筒都不会伸出，镜身长度没有变化。这就是外变焦与内变焦。这与镜头的对焦结构无关。当然，内变焦与内对焦一样可以保证镜头有更好的防尘性能。

10.7.6 镜头的呼吸效应

拍摄参数： ◎ 光圈：f/2.8 ◎ 快门：1/800s
◎ 感光度：ISO400

❋ 使用 EF 70-200mm f/2.8L IS II USM 的长焦端 200mm，并在最近对焦距离 1.2m 处拍摄。

你一定认为镜头上标明的焦距真实无误，无论在任何情况下拍摄，这些都被刻在镜头上的数字是不会出现变化的。然而事实并非如此，当你使用 EF 70-200mm f/2.8L IS II USM 的长焦端 200mm 拍摄，对焦在无穷远处，那么最终画面的确是 200mm 焦距的效果。但是，如果使用最近对焦距离 1.2m 来拍摄近处的主体，令人惊讶的事情发生了。此时拍摄的照片中，

❋ 真正的 200mm 视角更窄，主体更加突出。

从画面效果看其焦距达不到 200mm。这种在近距离拍摄时焦距缩水的现象就是镜头的呼吸效应。由于采用内对焦设计，呼吸效应几乎不可避免。对于单反镜头来说，呼吸效应只是影响了我们在拍摄时的焦距选择余地，对于拍摄的影响并不大。但在视频拍摄中，由于画面是连续的，当清晰的位置从远处切换至近处时，画面的视角还会随之改变就无法被人接受了。所以，设计更加严格的电影镜头上，呼吸效应几乎没有。

10.8 镜头 MTF 曲线——衡量镜头光学性能的标尺

在选购镜头时，很多影友都会给出其主观的使用经验和建议。然而，每个人对于画面锐度、

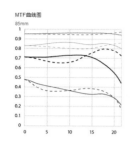

❋ 佳能 EF 85mm f/1.2L II USM 镜头的 MTF 曲线。

反差的判断是有差别的。因此，我们需要有一个权威而客观的评判标准帮助进行判断，这就是镜头的 MTF 曲线。可以说，MTF 曲线是我们客观评价一支镜头光学素质的最重要依据，对于初学者来说，它相对枯燥难懂，然而一旦掌握就会让自己手中多了一把尺子，可以丈量天下所有镜头。

首先我们看到，MTF 曲线是由坐标系当中的一系列虚实、粗细和颜色不同的曲线构成。那么第一个要弄清楚的就是横纵轴都代表什么。我们看到横轴上从左侧的 0 开始，到最右端比 20 多一点点，这个数字的单位是 mm。它实际上代表了从全画幅感光元件中心点到边角的直线长度，也就是说它相当于感光元件对角线长度的一半。我们知道全画幅感光元件的长宽为

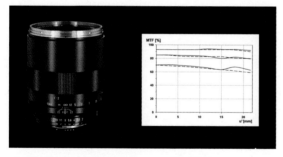

❋ 蔡司 Makro-Planar T★ 2/100 微距镜头。

❋ 佳能 EF 180mm f/3.5L USM。

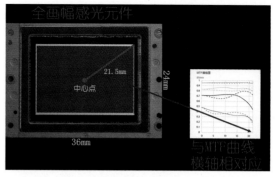

❋ MTF 曲线的横轴与感光元件中心点向边角的连线长度相对应。

36mm×24mm，对角线长度为 43mm。这样对角线长度的一半就是 21.5mm，这与 MTF 坐标上横轴的长度相符合。之所以采用一半的长度作为依据，是因为镜头中的光学镜片为圆形，其光学性能以中心为基准，随着向四周的距离增加，光学表现会出现同样幅度的变化。因此，我们可以将横轴理解为从中心点向任何一个边角的连线。

对于佳能 EOS 7D MARK II 用户来说，由于感光元件为 APS-C 画幅，对角线距离的一半为 14.5mm，所以同样一款 EF 镜头（全画幅镜头）的 MTF 曲线，只需要在横轴上看到 14mm 左右的位置即可，超出部分不会体现在你的画面中。而 EF-S 镜头的成像区域较小，所以 MTF 曲线的横轴会变短。

竖轴上从原点的 0 一直到最高的 1，代表了镜头拍摄效果与真实物体之间清晰度的比值。最高点 1 代表了 100% 真实再现，具有最完美的清晰度。也就是说一支完美的镜头，其 MTF 曲线应该是从 1 出发的一条水平直线，即从中心点到画面边缘均保持了 100% 分辨率。然而，由于光学镜片的设计和表面的反射等因素，1 只是我们心中的理想，在现实中则是难以实现的。但对于光学素质出色的镜头来说，其 MTF 曲线仍会在高处保持平直的走势。

对于那些 MTF 曲线接近于高位平直走势（俗称天花板）的镜头来说，绝对是影友中被追捧最多的"神镜"。例如，蔡司 Makro-

Planar T* 2/100 微距镜头就具有这样一条非常近似于完美的 MTF 曲线。在光圈 f/4 下，从中心到边缘非常接近水平直线，而且在竖轴上达到了 95% 的高度。在 EF 镜头中，EF 180mm f/3.5L USM 微距镜头具有非常平直的高位 MTF 曲线，也是被很多影友所称道的。两支镜头同为微距镜头也并非偶然，在光学设计上，微距镜头往往有更加出色的表现。所以也有了"微距无弱旅"的说法。

但对于大部分普通镜头来说，都遵循着这样一条规律，那就是中心清晰度高，而越向边缘发展，清晰度下降越快，所以 MTF 曲线会在右侧出现一个较大的下滑。

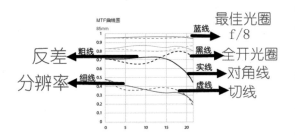

掌握了上面这个原则，我们就能够通过 MTF 曲线从总体上判断出一支镜头光学质量的优劣。然而，如果想从 MTF 曲线中发现更多有价值的信息，就要深入理解图中 8 条不同曲线的含义。这 8 条曲线主要有 3 个方面的差别：颜色不同（黑线与蓝线）、粗细不同（粗线和细线）、虚实不同（虚线和实线）。

颜色不同（黑线与蓝线）

我们在光圈一节中学习过，使用镜头的最大光圈往往清晰度不高，画质表现不是最出色的。而最小光圈时，画质也会下降。在它们二者之间存在一个最佳光圈。根据镜头不同，最佳光圈也有所差别。正是因为光圈大小可以影响画质的表现，所以 MTF 曲线上要将最大光圈与最佳光圈二者区分开来进行表示。这样你就能够从不同的曲线了解这两种光圈下的

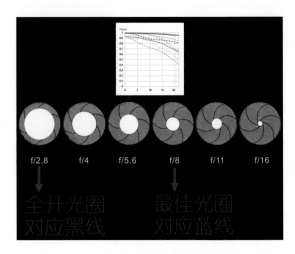

画质水平。所以采用颜色不同的曲线来表示，其中黑线代表最大光圈时的画质表现，而蓝线代表最佳光圈时的画质表现。一般情况下，佳能都会统一采用 f/8 作为最佳光圈以规范 MTF 曲线。但这并不代表每支镜头的最佳光圈都是 f/8。

由于收缩光圈可以减小各种像差，因此画质明显提升，分辨率和反差也更高。所以，蓝线往往会高于黑线。但如果蓝线的位置比较低，说明这支镜头在收缩光圈后仍表现不佳。

粗细不同（粗线和细线）

如果你使用一支光学素质出色的镜头拍摄人物面部特写或者毛茸茸的小动物，在进行 100% 原大查看时就会发现，本来肉眼难以看清的纤细毛发都可以一根根的清晰再现。影友

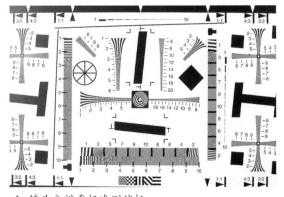

※ 镜头分辨率标准测试板。

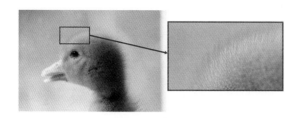

※ 高反差示意图。

※ 低反差示意图。

戏称这种方式为"数毛"。它集中体现了镜头的分辨率，也就是我们常说的锐度。如果严格定义镜头分辨率则需要在实验室环境下拍摄测试卡，通过拍摄如果可以在测试卡上 1mm 宽度内展现出 30 根平行线，那么这就是一支高分辨率镜头。

然而，一张普通照片让人看上去非常清晰时，除了分辨率还有一个要素也在起作用，那就是反差。这个概念我们并不陌生，在曝光部分我们介绍过，不同场景具有不同的反差等级。这时的反差代表了场景中最明亮和最昏暗区域之间的差距，也就是说它是一种客观存在的反差。然而，不同的镜头表现同一个具有固定反差的场景时，在照片上会出现不同的结果。高反差镜头会表现出明暗反差较大的画面，而低反差镜头则会记录下更多黑白灰影调信息，获得更多的层次和过渡。也就是说，暗部里有不同等级的黑，亮部里有不同等级的白，在黑白之间还有绵绵不绝的灰度层次。

在两个要素当中，镜头的分辨率高肯定更好。而在第二个要素当中，我们并不能说反差高就一定强于反差低。它们二者有不同的作用，高反差可以让肉眼观察照片的缩略图时感到具有更好的清晰度，也就是黑白分明。但是随着照片逐渐放大，其清晰度会以较快的速度下降。因为在高反差的背后是过渡和层次的缺失。而低反差虽然在观察缩略图时，肉眼见到的效果比较"灰软"，但是随着放大，其清晰度下降并没有那么快。

同等分辨率下，高反差的镜头会给人锐利的感觉，这就是尼康尼克尔镜头的成像风格。

而低反差镜头会给人"软"的感觉，这就是佳能 EF 镜头的成像风格。这也是两大厂商在镜头上的最大差异。显然，对于那些有大幅面输出打印需求的职业摄影师而言，后者更加有吸引力。而德系镜头会在一个适中的反差前提下，尽量提高镜头的分辨率。如果反差也低，分辨率也低就是我们俗称的"狗头"了。

在 MTF 曲线当中，粗线代表了镜头的反差水平，而细线代表了分辨率水平。镜头的反差是在实验室环境中，拍摄密度较低（10 线 / mm）的测试线来体现的，而分辨率是通过拍摄高密度（30 线 /mm）测试线来体现的。对于细线来说，在竖轴上对应的数值当然是越接近 1 越好。但粗线并非如此，粗线如果全部在 0.8 以上，那就说明这是一款拥有较高反差的好镜头，能够拍摄到通透的画面。当然，如果粗线在 0.6 以上，也基本能够达到要求。

虚实不同（虚线和实线）

虽然镜头表现出的清晰度从中心开始向外递减，但是为了更加准确地表示在二维空间里的变化情况，我们还需要增加一个衡量的标准。那就是与这条放射线垂直的方向，即以中心为原点，不同直径的圆形的切线方向。这样

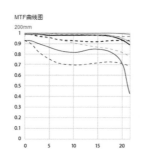

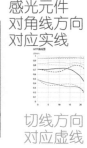

感光元件对角线方向对应实线

全画幅感光元件

切线方向对应虚线

※ EF 200mm f/2L IS USM 镜头的 MTF 曲线中虚实线的紧密程度较高，这支镜头也是公认的焦外水平最顶尖的之一。

一横一纵就能够将整个画面的所有位置进行更好的衡量。实线代表了对角线方向，而虚线代表了切线方向。

显然，一支优秀的镜头需要让画面中所有区域的画质表现都均匀地达到高水平。因此，实线和虚线不仅越高越好，而且同样颜色和粗细的实线与虚线离得越近就代表了画质有更加均匀的表现。当这一特性表现在浅景深画面中时，就体现为焦外的美观。而如果两条线相聚较远，那么焦外就可能出现不同方向上的画质

提示 ⚡

※ EF 24–70mm f/2.8L II USM 的 MTF 曲线。

对于定焦镜头来说，仅需要一幅 MTF 曲线就可以表现其性能，而变焦镜头则采用广角端和长焦端两个 MTF 曲线来表示。

差异，继而导致焦外质量的下降。

摄影兵器库：摄影爱好者的"巧克力梦工厂"——纽约 B&H 摄影器材店

※ B&H 摄影器材店。

※ 店内商品琳琅满目，并且有些款型是国内见不到的。

学习了这么多关于镜头的知识，我们也来轻松一下，找寻一处摄影爱好者的"巧克力梦

工厂"。

对于一个孩子来说进入满是巧克力的商店

是最幸福的事，而对于摄影爱好者来说如果把商店里的巧克力换成品种齐全还可以随意试用的相机和镜头，那将是最美妙的体验。在纽约就有这样一家极会做生意的犹太人经营的摄影器材店——B&H。它是全球最大的摄影器材店之一，能够去到那里对于影友来说堪称最被期待的朝圣之旅。

B&H 位于纽约曼哈段第 33 街与第 9 大道的交汇处，营业面积超过 6000m²，每天惠顾的消费者达到 1 万人次。除了摄影器材外，B&H 还销售视频、音频、电脑等相关产品，它是美国最有品质保证、最有信誉的电子产品销售商。

具有专业知识的销售人员

国内很多器材销售实体店员工只知道卖相机，而 B&H 的销售人员普遍具有专业摄影师或摄像师的多年工作经验，凭借专业的背景和丰富的摄影知识，他们可以给消费者最有价值的帮助。他们往往不会问消费者要买什么相机，而是问你要完成什么拍摄任务，然后再有针对性地推荐器材，并清楚地说明这些器材的哪些优点可以帮助你更好地实现拍摄目标。B&H 的销售人员还能给予消费者非常详细的器材使用指导，分享他们自己的实际使用经验。

自由轻松的产品试用环境

目前，国内只有经过厂商认证的实体店才

※ 各品牌产品，无论机身还是镜头都可以尽情试用。

能够为消费者提供现场相机试用的机会，虽然这比以前的先交款才能摸到相机的方式进步了不少，但是比起 B&H 来说仍然落后。在 B&H 你可以随意地试用你喜欢的相机和镜头，即使采用对快门组件有一定磨损的高速连拍功能也不会受到销售人员的阻拦，试用环境轻松自由，可以在无压力的环境下感受每一台相机和镜头的特色。

哪些产品更划算

除了去 B&H 体会现场气氛外，肯定有很多爱好者还希望淘到划算的器材。在 B&H 销售的产品中，单反相机与国内知名电商的价格相比没有优势，甚至会高出 1000 ~ 2000 元。尤其在中国大陆即将退市进行促销的机身，国内价格优势比较明显。而在镜头方面却存在差价，尤其是价格高昂的顶级镜头与国内相比差价较多。例如，"空气切割机"EF 200mm f/2L IS USM 在 B&H 的售价比国内低 5000 元人民币，"新大绿"EF 400mm f/4 DO IS II USM 比国内低 6000 元人民币，价格越高的镜头往往差价越大。B&H 在摄影包和三脚架等附件上也普遍具有价格优势，而且有些附件在国内难得一见。但是在购买前还需要仔细咨询相关税费情况。

- 你知道吗？在色彩这件事上，相机的捕捉能力大大超越了普通显示器的显示能力，所以我们通过显示器看到的并非照片本身具有的色彩，那么如何解决这一问题呢？

- 你知道吗？有一种白平衡几乎是职业摄影师最喜欢用的万能白平衡，它是什么呢？（提示：不是自动白平衡）

- 你知道 JPEG 格式"亲友团"中的最核心铁杆是什么吗？它对 JPEG 格式照片直出有什么意义呢？

- 你听说过神奇的自定义照片风格吗？有了它能够让你的照片效果轻松达到职业摄影师一样的水准！

学习了对焦、曝光技术，并深入了解了镜头的工作方式后，我们看看照片的色彩受到哪些因素的影响。如何用好色彩工具展现这个多彩的世界呢？

11.1 色彩是如何产生的

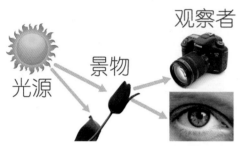

现实世界由万千种色彩构成，如果将产生色彩的过程进行仔细分解，你会发现有 3 个要素是最为关键的。首先，色彩的出现离不开光源，无论日光还是人工光源都是色彩产生的前提。以日光为例，牛顿在 1666 年通过三棱镜将白色日光变为七色光证明了光谱中不同色光的存在。这一段光谱就是可见光，它的波长从 400nm 的紫色光到 700nm 的红色光。当然，它只是太阳发射出的电磁波中很小的一部分。

而产生色彩的第二个要素就是物体，当光源发出的光线照射到物体上，物体会吸收一部分波长的光线而反射另外一部分波长的光线，这样就出现了不同色彩的物体。例如，白色的日光照射在树叶上，光谱中绿色光被反射，而其他波长的光被吸收，所以我们看到的树叶就是绿色。如果白色日光照射在白色物体上，那么全部波长的可见光都被反射，所以我们看到的是白色。而黑色物体会吸收大部分可见光，所以看上去是黑色。

产生色彩的第三个要素是观察者，它可以是相机也可以是人本身。其实，所有成像设备都是在模仿人眼的功能。无论人眼还是相机，都是将

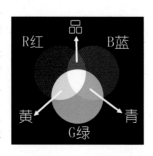

RGB（红绿蓝）三原色进行混合，根据混合比例的不同产生出千变万化的色彩。数码照片上的每一个像素都是一个颜色取样点，它是感光元件将 RGB 三原色以不同比例混合而成。例如，红与蓝混合成为品色（即洋红色）；蓝与绿混合成为青色（即天蓝色）；红与绿混合成为黄色。而将红、绿、蓝 3 个混合就成为白色。这种方式称为加色混色法。当然，在混合过程中根据三原色的不同比例可以得到变化无穷的色彩。

对于数字化的色彩来说，三原色 RGB（红绿蓝）中的每一种都由二进制数字表示，三个原色即有三个通道。如果一个数码设备其色彩显示能力是每个通道 8 位，即 2 的 8 次方，那么就有 256 种变化。这种变化表现为某一个单独的三原色从暗到亮过渡层次的多与少。如果是 8 位，那么红色从最暗到最亮就能够

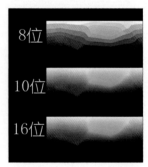

※ 从示意图上可以看出，随着二进制位数的增加，色彩效果更加细腻丰富。

拥有 256 个层级的逐渐变化，可见变化越多代表了色彩越丰富和细腻。而这 256 种变化仅仅是一个通道内的数量而已，如果将三个通道组合在一起就是 3 个 256 相乘，那么这种设备就能够显示 1670 万种颜色。检查一下你的显示器说明书，如果在显示颜色这一栏参数中出现 16.7MB 就代表这台显示器是 8 位的。而如果一个数码设备其色彩显示能力是每通道 16 位，即 2 的 16 次方，那么就有 65536 种变化，3 个通道组合在一起就是 3 个 65536 相乘，这种设备能够显示 280 万亿种颜色。数码设备的这

种色彩表现能力就是 DXO 评测感光元件时的色深度指标，色深度越高代表了其色彩表现越细腻，相反较低的色深度会让照片出现色彩过渡的生硬和缺失。对于那些对影像品质有一定追求的摄影爱好者，8 位色深度是一个底线，低于 8 位将难以获得较好的画质。

从理论上说，任何发光设备都可以被看作一个 RGB 设备，因为其所发出光线的所有色彩都可以用 RGB 三原色通过加色混色的方法定义。对于普通家用显示器来说，往往只有 6 位（从表面上看 6 位显示器仅比 8 位的差 2 位，但实际上 6 位显示器的色彩只有 26.2 万种色彩，二者的色彩表现能力相差非常悬殊），而专业显示器可以达到 10 位。高端数码单反相机的色深度可以达到 12 ～ 14 位，专业的数码后背可以达到 16 位。

数码后背

＊ 画面中方形的设备即为数码后背。

＊ 镜头、机身与数码后背。

数码后背是一种只包含感光元件和图像处理芯片的专业影像设备，它相当于半台相机，因为它不包含镜头和快门组件等设备。这是由于数码后背主要用于传统 120 相机上，它取代了原来的胶片用来成像，而相机的其他功能仍由 120 相机负责。目前大部分数码后背都可以安装在哈苏、康泰时、玛米亚等中画幅机身上。数码后背最大优势在于像素、动态范围和色深度。例如，飞思 IQ280 数码后背的像素达到 8000 万，其感光元件尺寸达到 53.7mm×40.4mm，是 135 全画幅数码单反相机感光元件面积的 2.5 倍，因此具有超一流的画质。对于那些品质高于一切的顶级商业摄影来说，数码后背是不二之选。当然其价格也达到惊人的 33 万。

11.2 掌控色彩从理解色温开始

日常使用中导致照片色彩发生变化的因素往往是白平衡。为了深入理解白平衡，我们就需要从色温讲起。

11.2.1 为什么相机需要白平衡

虽然现在的数码单反相机是高科技的产物，但与自然界最神奇的作品之一——人的眼睛相比还是会略逊一筹。人眼可以感知的色彩范围比数码单反相机更广，人眼具有更大的动态范围能够应对明暗差异更大的场景。而且人眼还具有一种相机无法比拟的能力，那就是无论在何种光源环境下，都能够使白色呈现出应有的白色。回想一下，无论你是在户外阳光下看书还是在台灯下看书，纸看起来都是白色的。虽然，室外的日光会偏冷色调，而室内的台灯会偏暖色调，但是我

※ 在这个用白炽灯照明的环境中，眼睛可以自动将光源偏暖的色调矫正，呈现出近似这样的视觉效果。（示意图）

※ 而相机并不具备人眼的这种能力，在不正确的白平衡设置下，画面会出现严重偏暖的现象。

们通过大脑可以修正由光源带来的偏差。只有在亮度很低的环境下，这种调节能力才会降低。

但相机并不具备人眼的这种调节能力，无法实现在所有光源下都自动地重现正确的色彩。因此就需要根据环境光源的不同进行一些校准，这就是相机白平衡的价值所在。有了白平衡，相机就可以应对不同类型的光源，从而还原出真实的色彩。这其中不仅包括还原正确的白色，

也包括正确还原所有的其他颜色。之所以称为白平衡，是因为红、橙、黄、绿、青、靛、紫7色光混合在一起形

※ 白色日光由七色光组成。

成了"白色"日光。如果白色被精确还原表现，那么其他颜色也会被精确地还原。

11.2.2 利用虚构物体来定义的色温

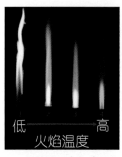

※ 当火焰温度上升时颜色逐渐变为淡蓝色。

很多影友都知道，光源的色彩倾向用色温表示。然而，当你发现日出日落时分暖调的光线被称为低色温，而万里无云的晴朗天空被称为高色温时，一定很容易犯晕。现在我们就来解释一下色温的定义。

首先，既然不同光源具有不同的色彩倾向，那么从科学角度讲，就需要一个计量单位来定义这种差别。就像气温用摄氏度来表示一样，光源的色彩倾向由色温来表示。为了定义色温这个概念，科学家虚构了一个名为绝对黑体的物体。之所以需要虚构，是因为现实中根本不存在这样的物体。绝对黑体能够吸收全部照射

到它的光线，并且不会向外反射。

科学家给这个虚构物体加热，它受热时会发光，加热的温度不同，发光的颜色也不同。色温就是从绝对黑体受热温度与其所呈现出的颜色来定义的。当加热温度较低时，发光的颜色偏橙黄，加热温度升高时，发光的颜色由黄逐渐变蓝。光线的色彩取决于绝对黑体的温度，所以称为色温。色温的单位是开尔文，它从黑体处于绝对零度时开始计量，即零下273℃为0K（开尔文）。

但是，随着绝对黑体被加热，它的升温速度与光线色彩变化速度并不一致。开始加热时，它会出现剧烈地色彩变化，从红到黄变化显著。但是，随着温度的升高，这种变化却不是很明显了，会持续保持白蓝色。这也为另一种更加科学的色温计量单位埋下了伏笔。

※ 湛蓝的天空色温在 10000K 以上。

※ 蜡烛色温不到 2000K。

其实，不要觉得这个深奥，虽然，绝对黑体是虚构的，但日常生活中我们也能见到近似的例子。比如，打火机的火焰虽然显得温暖，但只能点燃香烟等普通物体。而乙炔焊枪的蓝绿色火焰却可以切割钢铁。这一定义还应用在钢铁工业中，工程师可以根据铁水的颜色，计算出铁水的温度。

通常所说的色温高低指的是衡量色温的开尔文值（K）的高低。开尔文值高，色温高。开尔文值低，色温低。光线中蓝色成分多则开尔文值高，红色的成分多则开尔文值低。所以，当你再次看到湛蓝的天空时，就可以告诉自己它的色温是 10000K 以上，而看到跳动的蜡烛时，可以告诉自己它的色温是 2000K。

11.2.3 只有光源才有色温

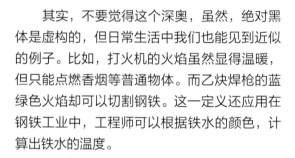

钨丝灯 2800K　　日光 5500K　　蓝天 8000K-12000K

烛光 1800K　　月光 4000K　　多云 6500K-7500K

在自然环境下，随着日出到日落一天中的色温也会不停地发生变化，人造光源种类繁多，也都呈现出不同的色温。晴天时中午的户外自然光色温为 5500K 时，光线为白色，在这一色温光线的照射范围内，景物不会发生偏色。早晨和傍晚的自然光色温低，光线颜色黄暖，景物呈现暖调效果。阴天时色温高，光线颜色冷蓝，景物呈现冷调效果。

需要特别强调的是：色温与人体真实感受到的温度无关。同时，只有发光体，也就是光源才有色温概念，不发光的物体是没有色温属性的。色温与现场中具体景物的色彩多少无关。拍摄对象颜色多不等于色温多。物体颜色和色温不是一个概念，色温只与光源有关。

常见光的色温：

场景	色温（单位 K 开尔文）
蜡烛及火光	1900K 以下
日出、日落	2000~3000K
白炽灯	2600~2900K
卤钨灯	3200K 左右
日出后 1 小时	3500K
月光	4100K
荧光灯	4500~6500K
正常日光	5500K
闪光灯	5500K 左右
晴天时的阴影下	6000~7000K
阴天	6000~7500K
雪地	7000~8500K
蓝天	10000K 以上

11.2.4 胶片时代的色温转换

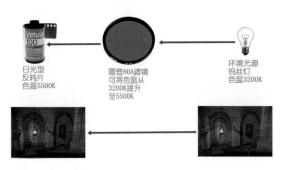

日光型反转片 色温5500K
　雷登80A滤镜 可将色温从 3200K提升至5500K
环境光源 钨丝灯 色温3200K

❋ 如果在白炽灯照明环境下使用日光型反转片，需要在镜头前安装雷登80A滤镜，让色温从3200K提升至5500K，从而满足胶片的需求。蓝色的雷登80A色温转换滤镜可以过滤掉环境光源中过多的黄、橙色光线，将色温提升。

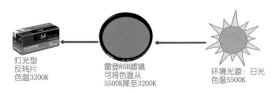

灯光型反转片 色温3200K
雷登85B滤镜 可将色温从 5500K降至3200K
环境光源：日光 色温5500K

❋ 如果希望在日光环境下使用灯光型反转片，则需要在将镜头前安装琥珀色的雷登85B滤镜，过滤掉环境光中的蓝色光，让色温降低至3200K，从而满足胶片的需求。

胶片时代摄影师控制白平衡是个非常复杂的事情。首先需要检查胶片的类型，彩色负片（即普通胶卷，负片的明暗与场景相反，其色彩为真实色彩的补色，要经过印放才能还原为正像）的白平衡更多通过冲洗过程校正。而反转片（反转片的底片上所呈现的颜色与场景真实颜色一致，可以直接在幻灯机上播放）则难以通过这种方式来校正，需要根据光源的类型来选择使用日光型反转片或灯光型反转片。

日光型胶片适合在色温为5500K日光或闪光灯环境下使用，如果在钨丝灯照明环境中使用，照片会明显偏暖。灯光型胶片适合在3200K钨丝灯环境下使用，如若在日光下或闪光灯下使用，照片会带有明显的蓝色调。如果采用日光型胶片在钨丝灯环境下拍摄，则需要使用色温转换滤镜。例如，使用雷登80A滤镜可将色温由3200K升至5500K，这样采用日光型胶片在钨丝灯环境下拍摄就不会出现偏色了。反过来同样，使用雷登85B滤镜，可将色温由5500K降至3200K。这样就可以采用灯光型胶片在日光环境下使用。

11.2.5 有了开尔文为什么还要有迈尔德

❋ 色温表。

在胶片时代，需要色彩还原更加精确时，应使用色温表来测量现场光源的色温。购买一支色温表的价格与一支大三元镜头相当。经过测量得到的环境光源色温需要与胶片的色温进行比对，然后根据色温的差距选择相应校正能力的滤镜。

此时，采用开尔文作为色温单位就会出现问题。这是由于光源的实际色彩成分并不是随着色温值的升高而等比例变化。我们在定义色温时，是根据绝对黑体被加热时的温度与其发出光线的类型来定义的，而不是它发出的光线所占光谱比例。这就导致了2800K色温（红黄波长多蓝色波长少）光源在增加至5000K（红黄波长减少蓝色波长增加）的过程中，虽然发出的蓝色波长在增加，但并不是等比例增加。

因此，虽然以开尔文为单位的色温可以用来定义光源色彩倾向，但两个不同的开尔文之间不能进行加减。这样当我们在色温为2800K的光源环境下，使用色温3200K的灯光型反转片时，需要降低400K的色温。但400K并不是一个固定的量。在低色温区域400K相当于很

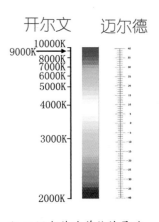

※ 以开尔文为计量单位时，光源色彩的变化速度不均衡。

大的光谱变化范围。而在高色温区域，400K 又是很小的光谱变化范围。这就导致同样一块能够提升色温的蓝色色温补偿滤镜，在 2800K 的光源中仅可以提高色温 100K，但它被使用在 5000K 的光源中时，却可以提升色温达到 300K。同一块滤镜，只因为所用的环境不同，结果就出现差异。这样不仅会给使用胶片的摄影师带来很大困扰，而且无法为色温补偿滤镜印上唯一的刻度。因此，我们需要一个新的计量单位，它能够在高色温区域变化得慢，而在低色温区域变化的快，从而保持与不同色温的光源所发出的光谱变化一致。它就是迈尔德 Mired，也称为微倒度值。迈尔德与开尔文的换算关系为 1 迈尔德 =1000000/K（开尔文）。

在低色温区域的 2200K 光源色温等于 454 迈尔德，2400K 的光源色温等于 417 迈尔德。色温变化 200K，迈尔德变化为 37。而高色温区域，6500K 的光源色温等于 154 迈尔德，6300K 的光源色温等于 159 迈尔德。虽然色温也变化了 200K，但迈尔德仅仅变化了 5。可

见，迈尔德的变化与开尔文的变化不同步，满足了我们的计量需求，而且这种新的计量单位与光线中光谱比例的变化保持基本一致。可以说，迈尔德是更精确更符合色温本质的描述。因此，当以迈尔德计量色温时，无论在哪个阶段，一块滤光镜所带来的变化都是一样的。

※ 以迈尔德为单位计量时，光源色彩变化均衡。

这样当我们在环境光源 2800K（即 357 迈尔德）的光源环境下，使用色温 3200K（即 312 迈尔德）的灯光型反转片时，只需将两个以迈尔德为计量单位的光源色温进行对比，就可以得到需要提升色温 45 迈尔德（357—312）。得到计算结果后，我们既可以找到一块雷登 82C 色温补偿滤镜（它可以提升色温 45 迈尔德），装在镜头前，就可以让拍出的胶片还原出正常的色彩了。

我们学习胶片时代的色温控制知识并非全为了回顾历史，这些知识对于我们了数码单反相机上的白平衡漂移至关重要。

11.2.6 相机是如何调整白平衡的

前面我们已经了解到，白平衡是相机用来应对不同光源，还原拍摄现场真实色彩的重要工具。胶片时代由于胶片自身的色温是固定不变的，所以需要通过滤镜来调整白平衡。而数码相机的感光元件本质上有自身的色彩表现能力，它通过控制内部红、绿、蓝 3 种颜色的输出量来实现。例如，拍摄环境的色温高，色调偏冷时，为了校正这种冷调，相机就会采用较高的色温值，然后通过增加红色的输出比例，

※ 佳 能 EOS 7D MARK II 中 CMOS 感光元件的外观结构。这种被称为拜耳阵列的设计中，由 1 个红、1 个蓝和 2 个绿共四个部分组成 2×2 的正方形单元（1 个像素）。照片中千变万化的色彩全部来源于这三原色不同比例的输出与组合。

来抑制和平衡蓝色，从而实现正确的色彩。相反地，当拍摄环境的色温低，色调偏暖时，相机会设定较低的色温值，然后通过增加蓝色的输出比例，抑制和平衡红色，从而实现正确的色彩。

相机内每一种白平衡都对应着一定的K值，白平衡的K值越高对蓝色的抑制能力就越强，拍摄出的画面就越容易偏暖；白平衡的K值越

低对红色的抑制能力就越强，拍摄出的画面就更容易偏冷。

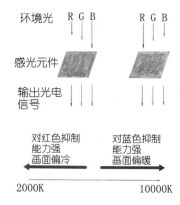

11.3 预设白平衡

为了应对不同光源，让照片能够还原出现场真实的色彩，佳能 EOS 7D MARK II 在相机内预设了日光、阴影、阴天（黄昏、黎明）、钨丝灯、白色荧光灯、闪光灯共 6 种白平衡，使用这些预设白平衡时，相机不会对场景进行

分析和计算（自动白平衡除外），而是直接应用预先设定好的白平衡数值。它们与自动白平衡一起成为我们的有力武器。你可能想到了，自动白平衡不是万能的，但你一定想不到日光白平衡几乎是万能的。

11.3.1 自动白平衡（AWB）——准确性不断提升

拍摄参数： ◎ 光圈：f/8 ⊙ 快门：1/200s ▦ 感光度：ISO400
⬡ 白平衡：自动 ▣ 摄影师：林东

※ 大部分情况下，自动白平衡还是非常精确的，能够还原出真实的色调。

自动白平衡是大部分影友使用的选项，然而它真的准确吗？首先，我们需要了解一下自动白平衡的工作原理。采用自动白平衡拍摄时，相机的测光感应器会首先在画面中寻找最接近白色的区域，例如高光区域很接近白色，

然后基于对这些白色部分的判断，计算出整体的白平衡数据。这个过程有些近似于使用后期处理软件中的白平衡吸管功能。可见，相机检测到场景白色区域的准确性越高，白平衡效果就越理想。而这依赖于测光感应器和相机内置的白平衡算法。

但自动白平衡会受到算法精确程度的影响，如果场景中最亮的区域不是白色，甚至场景中根本没有白色、灰色和黑色这些中性色区域。那么其计算结果就会出现偏差。而且自动白平衡计算出的数值不能突破色温范围的上下限数值（3000K ~ 7000K）。因此，自动白平衡在自然光源环境下相对比较准确。如果遇到极端的环境，计算的结果就有较大偏差。

更重要的是，我们对于色彩还原的需求在不停地变化。例如，在钨丝灯照明环境下，我们希望自动白平衡能够将过暖的环境光线进行

拍摄参数： ◎ 光圈：f/8　　　　 ◎ 快门：1/30s
　　　　　　 ◎ 感光度：ISO800　　 ◎ 白平衡：自动

❋ 自动白平衡让原本日落时分温暖的低色温光线效果消失。当我们需要在画面中通过活用色彩而烘托气氛时，自动白平衡这个平日里的高效"好帮手"就成了大敌。

校正，还原真实的白色。而在同样低色温的日出日落场景中，我们却希望自动白平衡尽量保留真实，增加哪种温馨的暖色调效果。然而，自动白平衡就如同电脑程序一样，没有思想和感情，更不能识别摄影师的喜好和想法，只能机械地以最保险的方式呈现画面色彩，那就是修正一切它认为的偏色。因此，如果希望让画面色调实现自己的预期，一定不要使用自动白

❋ 同样场景使用日光白平衡就能够强化金灿灿的光线效果，甚至表现出超越真实场景的特殊气氛。

平衡。除此以外，在拍摄艺术品或网店商品，用于商业目的时，需要对色彩进行准确还原的情况下，应该避免使用自动白平衡。

当然，自动白平衡并非一无是处。它毕竟是一种方便的选择，并且随着技术的进步，佳能 EOS 7D MARK II 的自动白平衡准确性得到了大幅度的提高。在需要快速抓拍，没有太多时间考虑白平衡设定的场景完全可以采用这个最保险的方式。另外，在对色彩准确性要求不高或者没有特殊色彩氛围需要在画面中表达时也可以使用。

11.3.2 ☀ 日光白平衡——最接近万能的白平衡

使用日光白平衡时，相机会将色温固定在5200K。那么它与自动白平衡有什么区别呢？如果在阳光充足的室外拍摄，画面中包含了大面积的天空时，采用日光白平衡拍摄出来的效果更能强化天空的蓝色，而此时如果采用自动白平衡则会让蓝天的颜色偏暖。

但不要以为日光白平衡只能用在阳光充足的户外，如果认真查看一下职业摄影师的拍摄数据你会发现，日光白平衡是他们用得最多的一个选项。这是因为日光白平衡还有特殊的地位。在胶片时代，相机本身不具备调节白平衡的功能，所以大部分照片都带有一定的偏色。人们长时间观看这种偏色照片后就形成了一种

拍摄参数： ◎ 光圈：f/11　　　　 ◎ 快门：1/800s
　　　　　　 ◎ 感光度：ISO100　　 ◎ 白平衡：日光

❋ 蓝天白云下的海边，日光白平衡能够很好地强化天空的蓝色，此时如果使用自动白平衡则会让天空的冷色调减弱不少。

拍摄参数： ◎ 光圈：f/4　◎ 快门：1/30s　◎ 感光度：ISO1600　◎ 白平衡：日光

※ 在室内环境中也可以使用日光白平衡，能够让画面具有暖调气氛。

视觉上的色彩习惯。这种偏色表现为拍摄傍晚日落时分的景物时会增加暖调，而拍摄阴影中的场景时会带有青蓝色调。当然这种偏色反而很好地为现场增添了气氛。相机的日光白平衡刚好与普通日光型胶片的白平衡保持一致，能达到近似的效果。因此，很多职业摄影师无论在晴天、阴天、日出日落甚至室内和夜景中都使用它，从中甚至能够找到一种怀旧的感觉。

另外，日光白平衡更接近于人眼所见的颜色，没有太明显的偏冷或偏暖的倾向。如果拍摄时，感觉环境光下景物的色彩比较漂亮，希望还原出现场的光源色，就可以使用日光白平衡。在风光摄影中表现夕阳、阴影、正午等都可以使用，应用范围远比其自身的名字来的广泛。

拍摄参数： ◎ 光圈：f/5.6　　　　◎ 快门：1/800s
　　　　　 ◎ 感光度：ISO640　◎ 白平衡：日光

※ 在日光白平衡下，阴影区域往往会偏青蓝色，这让画面不仅协调而且有种复古的胶片味道。

11.3.3 阴影白平衡——增加暖色调

拍摄参数： ◎ 光圈：f/4　◎ 快门：1/800s　◎ 感光度：ISO200　◎ 白平衡：阴影

※ 不远处的鸟儿沐浴在阳光下，而作为照片主体的一家三口却在浓重的阴影下。这里的色温会升高，使用阴影白平衡可以校正画面的冷色调，恢复现场应有的色彩。

※ 同样的环境下，如果使用日光白平衡就会出现一定的偏冷倾向。

　　实际上，阳光进入大气层时，波长较长的红、黄色光可以透过大气层照向地面。而波长较短的紫、蓝、青色光在遇到大气层中的颗粒物时会发生散射现象。由于被散射的蓝色光布满了天空，所以天空呈现出蔚蓝色。这样就形成了直射阳光和天空反射的光线两种成分，后者被称为天空光。它们具有不同的色温，天空光色温更高，晴朗的蓝天色温高达 10000K 以上。当光线到达地面时，两种光线经过混合，色温变为 5500K。但是，在建筑物或树木的阴影里面，阳光被阻挡住无法照射过来，但天空光是散射光，可以向各个方向传播，因此它成了这个区域的主角。于是，阴影区域的色温就会升高。

　　此时如果采用日光白平衡拍摄，照片会呈现冷色调。为了校正这种冷色调，可以使用阴影白平衡，此时相机将色温固定在 7000K，从而增强对冷色调的抑制能力，加强画面的暖色调，于是得到色彩还原正常的照片。但是严格来说，阴影区域的色温还会受到周围建筑物墙壁和地面反光的影响，这些物体的颜色会在一定程度上影响阴影区域的色温，如果追求更加精确的白平衡设定可以采用白平衡漂移功能。

11.3.4 阴天白平衡——修正偏冷倾向

　　阴天时云层厚度增加，阳光难以穿透，日光被云层散射后形成漫散射光，而且光谱中的暖色

拍摄参数： ◎ 光圈：f/11　　 ◎ 快门：1/200s
　　　　　　 ◙ 感光度：ISO200　 ◁ 白平衡：阴天

※ 当阳光无法穿透云层时，使用阴天白平衡能够避免画面出现偏冷效果，让场景色调还原正常。

调光线会被吸收，穿过云层的光线色温升高。因此，在阴天或者雾霾天气中拍摄，日光白平衡会呈现蓝色调倾向。在阴天时，由于光线呈现漫散射状态，光线较软，不会像直射光一样

※ 如果在阴天时使用日光白平衡，画面就会难以避免地偏向冷色调。这是同一个环境下的照片，冷色调倾向明显。

在画面中产生浓重的阴影区域，因此很适合拍摄柔和的风景或人像照片。但如果此时采用日光白平衡，画面就会略微呈现偏冷的色调。此时，使用阴天白平衡，相机会将色温固定在6000K，从而有效抑制冷色调的出现。

> **实战经验**
>
> 　　如果对使用日光白平衡拍摄的黎明和黄昏场景不满意，需要再强化些暖调效果，也可以使用这一设置。但其强化暖调的效果会弱于阴影白平衡。

11.3.5 ☀ 钨丝灯白平衡——校正严重偏暖的室内光源

拍摄参数： ◎ 光圈：f/4　　　 ◎ 快门：1/60s
　　　　　　 ◙ 感光度：ISO4000　◁ 白平衡：钨丝灯

※ 使用钨丝灯白平衡使屋内的色调还原正常。

> **实战经验**
>
> 　　使用钨丝灯白平衡时应该注意，将暖色调强烈地校正时，虽然会让色彩还原到标准水平，但会让照片失去现场感。如果在画面中保留一定的暖调倾向，可以为画面带来更好的气氛。采用手动输入 K 开尔文值（3500K ～ 4000K）就可以获得这样的效果。

※ 在钨丝灯照明的房间内，使用日光白平衡拍摄会让画面具有过多的暖调。

　　从钨丝灯白平衡开始，我们进入人造光源领域。钨丝灯也就是白炽灯（即爱迪生发明的普通家用灯泡），它是曾经被广泛使用的照明设备，作为常见的人造光源主要被用于家庭照明。钨丝灯发出的光线中黄、橙光比例较高，蓝光比例较低，所以带有强烈的暖色调倾向。钨丝灯的类型不尽相同，其色温一般会在2600K ～ 3000K 左右。当使用钨丝灯白平衡设置时，相机会将色温固定在3200K。钨丝灯白平衡下相机对红色的抑制能力增强，让画面向冷色调方向移动，以减小钨丝灯带来的严重偏

暖的倾向。在采用钨丝灯照明的室内，使用这一白平衡可以抑制画面里过度的暖调，让色调回归正常范围。

钨丝灯的优点在于，它所发出的光线中七色光即光谱较为完整，钨丝灯环境下的物体呈现出的颜色与自然光下近似，也就是说钨丝灯的显色性较好。但由于钨丝灯发热且耗电量较大，正在迅速被节能灯所替代。而节能灯属于紧凑型荧光灯。

除此之外，在拍摄日落后的大场景风光或城市景观时，使用钨丝灯白平衡同时在构图中保留较大面积的天空，可以让天空的蓝色更纯净，画面更通透。同时可以抑制夜晚城市街道其他多种光源带来的干扰。

拍摄参数： ◎ 光圈：f/8
　　　　　 ◎ 快门：0.3s
　　　　　 ▣ 感光度：ISO100
　　　　　 ◈ 白平衡：钨丝灯

11.3.6 ░白色荧光灯白平衡——认清光源再使用

拍摄参数： ◎ 光圈：f/5.6
　　　　　 ◎ 快门：1/13s
　　　　　 ▣ 感光度：ISO800
　　　　　 ◈ 白平衡：白色荧光灯

※ 纽约地铁使用白色荧光灯作为照明设备，此时可以获得较好的色彩还原效果。

荧光灯也就是日常使用的灯管，也称为日光灯，是常见的人造光源，常用于办公室、商场、图书馆等大型公共场所中。荧光灯是种类最多的人造光源类型，暖色调荧光灯色温在

※ 同一环境下，如果使用日光白平衡则会出现较为严重的偏暖倾向。

3000K 左右，多用于酒吧、家庭卧室中，可以让环境温馨舒适。商场等公共场合会使用 4000K 至 5500K 的白色荧光灯，对于景物的色彩呈现近似于日光的自然状态。而医院、学校、办公楼、地下车库等使用 6500K 冷白色荧光灯，它可以让环境看起来清晰明亮，可视距离增强。

由于荧光灯种类多、色温杂，佳能 EOS 7D MARK II 中仅预设了白色荧光灯白平衡，它会将色温固定在 4000K。在所有类型的荧光灯中，这一色温居中，不会产生过多的误差。但是，当你在荧光灯光源下拍摄时，首先需要确定荧光灯的具体类型。如果不能确定就需要使用自定义白平衡来解决问题了。

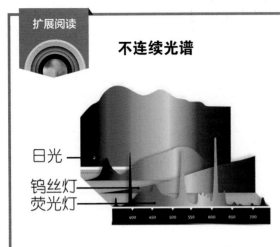

扩展阅读

不连续光谱

日光

钨丝灯

荧光灯

不同光源的光谱特征差别很大，白色日光中包含了全部光谱，并且七色光比例相对均匀，蓝色略多。而白炽灯虽然也是全部光谱，但是红、橙光比例很高，因此有偏暖倾向。荧光灯的工作原理与钨丝灯不同，其最大优势在于它的发光效率高，不会释放出过多的热能，从而节约了能源。但是，荧光灯对于摄影来说有着很大的弊端。那就是它发出的光线光谱并不连续，往往会缺少红光成分。所以，在这样的荧光灯照射下，皮肤会有蓝绿色倾向，而缺少本该有的红润感。另外，荧光灯的显色性也较差，我们看到的物体颜色与自然光下相差较大。其中，色温较低的钠汽灯（多用于城市路灯）和色温较高的汞蒸气灯（多用于广场照明）的显色性是最差的。

11.3.7 ⚡ 唯一掌控的光源——闪光灯白平衡

※ 滤色片可以改变闪光灯发出光线的色温，从而与周围环境色温相匹配。

前面所有的预设白平衡中光线都来自环境光源，只有使用闪光灯拍摄时，我们才终于掌控了光源。因此，可以知道光源发出光线的准确色温。佳能 EOS 7D MARK II 的机顶闪光灯发出的光线色温与日光接近，为 6000K。但随着闪光灯使用次数的增加，闪光指数会有所下降，此时照片会有稍微偏暖的倾向。如果采用具有色温传输功能的外置闪光灯拍摄，相机会自动获取来自闪光灯的白平衡数据。佳能的 SPEEDLITE 600EX-RT 和 SPEEDLITE 430EX II 闪光灯都具备传输色温信息的功能。

但是，由于闪光灯的覆盖范围有限，我们只能掌控部分光线。如果在人造光源照明的室内拍摄，闪光灯色温与环境光色温相差过大，即使被闪光照射的拍摄对象能呈现出合适的色调，对于闪光没能照射到的背景也会受人造光源的影响而得到不自然的色调。为了避免这种情况，就需要使用不同的滤色片加以矫正。特别是在钨丝灯的环境中较多发生这种状况，为了使闪光灯闪光的色温和白炽灯的色温更接近，需要为闪光灯增加橙色的滤色片，从而降低闪光灯的色温，使其发出的光线接近室内环境光源的色温。

11.4 成为白平衡高手

有了前面对色温的理解、对预设白平衡的实践之后，你逐渐向一个白平衡高手迈进了。

而要成为真正的高手还需掌握以下几种白平衡技巧，它们是：自定义白平衡、直接输入开尔文数值设定白平衡和白平衡漂移。

11.4.1 自定义白平衡——让一切困难迎刃而解

拍摄参数： ◎ 光圈：f/5.6　　◎ 快门：1/80s
◎ 感光度：ISO1600　　◎ 白平衡：自定义

❋ 在博物馆的大厅内，多种人工光源混合在一起，
预设白平衡难以获得理想效果。此时通过较小的
灰色地板进行自定义白平衡设置，得到了理想的
效果。

前面已经提到自动白平衡不能保证在任何
时候都准确无误，而预设白平衡虽然种类繁多，
但全部是采用固定的开尔文值应对多变的环境，
很多时候也会力不从心。无论自然光还是人造

光源都可能出现更加复杂的情况，例如一天中
太阳的不同位置、不同的云层厚度以及不同的
空气污染程度都会影响自然光的色温。人造光
源更加多样，例如现在的节能灯就具有很多的
色温，常见的有 6400K、4100K 和 2700K 等。
很多拍摄场景中更是同时汇集了自然光和人造
光源。这种混合光源中，自动白平衡以及各项
预设白平衡都难以准确还原色彩。

与前面的预设白平衡相比，自定义白平衡
是获得更准确色调的有力工具。通过这种方式
可以应对几乎所有的光源环境。自定义白平衡
需要的步骤较多，首先需要摄影师寻找实际拍
摄环境下的白色物体，可以是白纸、白色衣服、
白色墙壁等。但应该保证白色物体与拍摄的主
体处于同样的光源环境下。然后，通过对白色
物体拍摄一张照片的方式告诉相机什么是白色。
可以说这是数码单反相机上最准确的一种白平
衡模式，被很多职业摄影师所采用。

实战：自定义白平衡的操作步骤

➤ **拍摄准备。** 将白色卡纸放在拍摄环境中，
保持白纸与镜头垂直。此时一定要确保白
色卡纸上的光线与环境光线完全一致。通
过调整拍摄距离和改变焦距，让白色卡纸
占据取景器面积的一半以上。

➤ **测光方式。** 采用评价测光或点测光方式，
保证拍摄时白色卡纸曝光准确。严重欠曝
和过曝都会影响自定义白平衡的效果。

➤ **手动对焦。** 将镜头上的对焦模式拨杆推至
MF 手动对焦状态，这样才能够针对没有
细节的白色卡纸完成对焦。

➤ **菜单设定。** 拍摄完成后，进入相机拍摄菜
单第 2 页第 5 项【自定义白平衡】中，然
后转动速控转盘选择刚刚拍摄的白色卡纸
照片，并按下 set 键。

➤ **选择自定义白平衡模式。** 按下机顶的
WB·◉白平衡按钮后，旋转速控转盘，将
白平衡选项置于◢◣的位置，就完成了自
定义白平衡的设置。

但应注意一旦更换到不同场景拍摄时，需
要重新进行上述步骤的操作。否则将会出现严

重的偏色。操作烦琐需要不断更新是自定义白平衡的一大劣势。例如，拍摄婚礼现场、体育比赛、人文纪实类题材时，精彩画面转瞬即逝，需要快速抓拍。这种环境下自定义白平衡就显得有些吃力。但只要不是频繁切换场景，自定义白平衡还是非常方便的。

在极其复杂的光源环境下，使用白纸或白卡进行自定义白平衡也会出现差错，因为白纸当中含有增白成分，会导致其反射率增加至90%。如果现场光线过强，会导致过曝，而过曝的白色无法实现有效的自定义白平衡。因此，很多摄影师采用灰卡。由于灰卡的反射率只有18%，因此效果更加理想。另外，还有更加专业的色彩平衡镜可供选择。

※ 灰卡是获得准确自定义白平衡离不开的工具。

11.4.2 K 用开尔文值设定白平衡——通往自由世界的大门

我们还可以直接选择开尔文数值来设定白平衡，选择范围是2500K至10000K，以100K为单位设定需要的色温值。使用这种白平衡设置方法需要摄影师对于色温有充分的了解和把握。

但实际上，使用白平衡获得创意色调时，直接输入开尔文数值的方式非常方便。我们知道，当拍摄场景的色温与机内色温设置一致时，照片色调还原正常。而当机内色温设置低于现场色温时，相机就会更多抑制暖色调的产生，此时对于红色的输出减弱，因此照片偏冷。当机内色温设置高于现场色温时，相机就会更多

拍摄参数: 光圈 f/7.1　快门: 1/640s
感光度: ISO800
白平衡: 以开尔文数值方式直接输入 6500K

※ 较高的色温设定可以让相机抑制蓝色的输出，增加红色输出，这样画面就会偏暖。以这种方式可以更好地表现出这座古典建筑的历史悠久。

拍摄参数: 光圈 f/8　快门: 1/400s
感光度: ISO200
白平衡: 以开尔文数值方式直接输入 4800K

※ 较低的色温设定可以让相机抑制红色的输出，增加蓝色输出，这样画面就会偏冷。这样你能够通过画面传递出一丝清凉、一份寒冷。

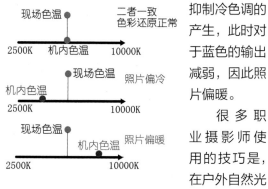

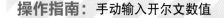

抑制冷色调的产生，此时对于蓝色的输出减弱，因此照片偏暖。

很多职业摄影师使用的技巧是，在户外自然光（5200K）下拍摄，如果希望画面具有更多的暖色调，直接输入 6500K 的色温值；如果希望画面具有更多的冷色调，直接输入 4800K 的色温值。当然，直接输入的色温值与现场色温值偏离越多，这种强化暖调或冷调的效果越明显。但采用这种方式时，也要适可而止，否者白平衡偏差过大，也会让画面不自然。

另外，如有专业的色温表，可以准确测量拍摄现场的色温，直接输入开尔文值非常方便。当环境光源单一且稳定时，我们能准确把握光源色温，采用以开尔文数值设定白平衡的方法

最为有效。在影棚中拍摄时，影室灯的色温是固定的，通过设定开尔文数值能够准确还原现场色彩。

操作指南： 手动输入开尔文数值

进入相机拍摄菜单第 2 页第 4 项【白平衡】后，转动主拨盘将红色光标移动到最后一个 K 选项处，按下 set 按钮即可进入以开尔文数值设定白平衡的模式中。转动主拨盘即可更改开尔文值。

11.4.3 白平衡漂移——让色彩精确到"毫秒"

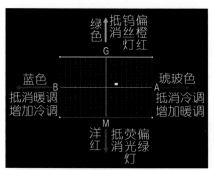

※ 通过多功能控制摇杆可以让光标偏离中心，对白平衡进行微调。

在前面的介绍中我们知道，在胶片时代采用色温转换滤镜和色彩补偿滤镜来校正色温，摄影师很清楚需要多少白平衡漂移才能准确还原现场色调。但这些滤镜不仅价格高而且数量众多携带不便。当今数码单反相机上的微调白平衡功能可以起到色温转换滤镜和色彩补偿滤镜的效果，而无须购买和携带大量的滤镜。对

于掌握色温转换滤镜使用技巧的资深发烧友，微调白平衡功能几乎是为他们量身定制的。

微调白平衡功能可以把色彩还原到极为精确的程度。在既有自然光又有人工光源照射的混合光源场景、显色性很差的节能荧光灯和特殊蒸气灯等光源下，利用微调白平衡功能可以有效纠正偏色现象。值得注意的是，此功能并不是独立存在的，而是在已经选择的白平衡类型基础上进行的调整。它可以使白平衡的平衡点离开原点，往某一个色彩接近，从而对某个白平衡设定进行精细调整。这些色彩包括琥珀色、洋红色、蓝色和绿色，

包括自定义白平衡在内的所有白平衡选项都可以采用白平衡漂移的方式进行微调和修正。进入相机拍摄菜单第 2 页第 6 项【白平衡

偏移 / 包围】后，你会看到一个坐标系，横轴左侧的"B"代表蓝色，右侧的"A"代表琥珀色。横轴的作用相当于色温转换滤镜，可以轻微提升或降低色温，并且同样采用迈尔德为单位。将光标移动一个方格的距离，相当于改变了 5 迈尔德。每个方向可进行 9 级改变，即最多改变 45 迈尔德。竖轴上部的"G"代表绿色，下部的"M"代表洋红。竖轴相当于胶片时代的色彩补偿滤镜，用于调整照片的轻微偏色。同样每个方向可进行 9 级改变。而更重要的是坐标原点，它的位置就是你当前所选定的某种白平衡设置。例如，你对日光白平衡进行漂移，那么坐标原点就是 5200K（192 迈尔德）。

校正的基本方法是：照片偏向哪种颜色，就用坐标轴中对面的颜色来修正。AB 轴可以用来修正色温。如果照片色调偏冷，移动光标向蓝色对面的琥珀色方向移动，这样就能够增加画面的暖色调。此时，相当于使用了胶片时代可以降低色温的琥珀色色温补偿滤镜。如果将光标移动至 A 方向的最顶端，即降低 45 迈尔德，相当于雷登 81B 滤镜的作用。

如果照片色调偏暖，就移动光标向琥珀色对面的蓝色方向移动，这样能够增加画面的冷色调。同样将光标移动至 B 方向的最顶端，即增加 45 迈尔德，相当于雷登 82B 滤镜的作用。

GM 轴用来修正人造光源环境下的偏色现象。在白色荧光灯下光线存在偏绿的特性，可以通过向洋红方向移动光标进行修正。在白炽灯下光线存在偏红或偏橙色的特性，可以通过向绿色方向移动光标进行修正。现场偏色情况越严重，需要越大幅度的漂移来修正。

白平衡漂移是更加精确的白平衡调整方式，适合那些最严谨的摄影发烧友和职业摄影师。在这些高手眼中，同样是阴天的环境中，6000K 的色温只是一个粗略的描述，他们会更加精细地观测，例如阴天时云层的厚度、太阳的位置高低、拍摄环境周围大面积物体的色调等，从而计算出更准确的色温。这时白平衡漂移就能够实现更精确的色彩再现。

例如，拍摄草地上的模特，绿草的反光在一定程度上改变了色温，让画面偏绿，此时应该使用白平衡漂移功能向绿色的相反方向洋红色移动。移动的多少根据偏绿的程度来决定。在高原地区拍摄时，由于紫外线比平原地区强烈，会导致户外自然光的色温偏高（即更偏冷调），有时甚至高达 7500K。因此，如果不希望将天空拍得过蓝，可以在拍摄时采用日光白平衡并向琥玻色（A）和洋红色（M）漂移，数量为 A3/M2。

拍摄参数： ⊙ 光圈：f/11　⊙ 快门：1/400s　⊛ 感光度：ISO100　⊛ 白平衡：日光 + A3/M2 漂移

操作指南： 调整白平衡

白平衡调整需要首先按下 WB·◉ 按钮，然后旋转速控转盘，可以在 9 种不同的白平衡选项中切换。机顶液晶屏左上角会出现相应的白平衡图标。

11.4.4 最谨慎的选择最认真的态度——白平衡包围

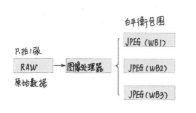

※ 白平衡包围的工作原理属于机内后期处理，而并非真实拍摄多张照片。

职业摄影师的高水平并不完全体现在其拍摄技术上，更多时候严谨的工作流程是他们与普通摄影爱好者的最大区别。而包围曝光和白平衡包围就是职业摄影师的重要工具。包围曝光是为了获得准确的曝光，而白平衡包围是采用近似包围曝光的方式，按下一次快门就能够实现多个不同微调色温后的效果。

在拍摄主体静止不动，拍摄时间非常充裕时，我们完全可以通过不断地调整白平衡来获得理想的效果。而只有在不停变化的场景中，白平衡包围才有真正的用武之地。此时，摄影师完全没有精力顾及白平衡是否精准，他们的全部注意力都在捕捉转瞬即逝的精彩瞬间上。也许你会认为，采用 RAW 格式拍摄，在后期可以随意调整白平衡，为什么还要白平衡包围呢？有两个原因让白平衡包围有存在的价值。第一是速度问题，采用 RAW 进行连续的快速抓拍会让相机缓存被迅速填满，之后相机会出现无法工作的情况，从而影响持续抓拍的能力。

※ 在这一室内人工光源为主，自然光为辅的环境中，使用钨丝灯白平衡（包围第一张的效果）拍摄的画面偏冷，失去了现场的气氛。采用白平衡包围后，在三张之中向琥珀色方向偏移 6 个单位的效果最为满意，暖色调气氛更加突出。

第二是后期工作量问题，如果只拍摄很少的几张 RAW 照片，在后期很容易将其更改为理想的色温，但是抓拍时的照片数量极大，这样会让后期一项简单的色温修改操作变成很大的劳动量。而如果在前期拍摄时解决了色温问题，就可以节约时间。

包围曝光与白平衡包围在操作上的最大区别在于，包围曝光时我们需要按下 3 次快门才能拍摄 3 张照片，而白平衡包围时，只需要按下一次快门就能得到 3 张照片。实际上，虽然照片格式分为 RAW 和 JPEG，但是无论你选择哪种格式，在每次拍摄时，RAW 即相机拍摄的原始数据都会产生。只不过当你选择采用

操作指南：

进入拍摄菜单第 2 页第 6 项【白平衡偏移/包围】选项，该选项包含了白平衡漂移和包围两大功能，进入该选项后通过多功能控制摇杆可以让光标偏离坐标原点，向任何方向移动。而旋转速控转盘可以将光标点从 1 个变为 3 个，这样就激活了白平衡包围。具体来说，顺时针旋转速控转盘后，3 个点将出现在横轴上，可以实现蓝色/琥珀色上的白平衡包围；逆时针旋转速控转盘后，3 个点将出现在竖轴上，可以实现绿色/洋红上的白平衡包围。随着速控转盘旋转的幅度不同，可以实现对白平衡包围跨度的控制，跨度分别为 1、2、3 格。通过自定义功能菜单第 1 页第 5 项【包围曝光拍摄数量】也可以决定白平衡包围的张数，分别为 2、3、5、7 张。当然，如果坐标原点已经移动到了边界或角落上，那么可实现的白平衡包围就会减少。

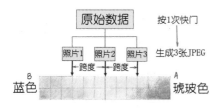

JPEG 这种压缩格式进行存储时，相机按照你的要求（包括锐度、对比度和饱和度等）将 RAW 原始数据进行压缩处理，得到 JPEG 格式照片，并且在处理后丢弃了原始数据。如果你选择保存 RAW 格式，那么相机也会生成一个 JPEG 格式照片，嵌入到 RAW 文件当中。这是由于原始数据无法直接显示，这张嵌入的 JPEG 格式照片就起到了在相机液晶屏上进行预览的作用。

而对于色温的处理就是在生成 JPEG 的过程中进行的。在正常拍摄时，相机根据你设置的白平衡保存一个效果的 JPEG 格式照片。在白平衡包围时，相机会通过同一个 RAW 原始数据加工出多种不同的白平衡效果。因此，你不必多次按下快门就能够得到多张照片。通过上面的描述，你会发现，白平衡包围的结果只能是 JPEG 格式照片，而不能是原始数据 RAW 格式。这种情况与运用 HDR 时一样。

> **提示** ⚡
>
> 　　在使用白平衡包围之前有一个重要的选项需要检查，那就是照片格式。如果你当前在使用 RAW 或 RAW+JPEG 格式拍摄，无法使用白平衡包围。另外，白平衡包围可以与包围曝光组合在一起使用。如果两种包围都以 3 张为拍摄数量，那么在一组拍摄中将会产生 9 张照片。

摄影兵器库：白平衡镜

※ 希必爱全色彩平衡镜。

　　在不断地拍摄和实践中，影友的水平会逐步提高。当图片鉴赏能力提升后，你会在第一时间发现，原来认为很好用的自动白平衡或相机内预设的白平衡现在已经无法达到你的要求了。很多照片的色彩并不能够准确还原现场气氛。当然，如果是一位商业摄影师，挑剔的客户会发现照片中自己产品最细微的偏色，而这是无法被接受的。

　　但是在实际拍摄中，现场光源复杂，色温多变。例如，即使同为白炽灯，但色温也有较大差别，预设白平衡难以完成任务。虽然自定义白平衡更加精确，但普通的白卡纸由于制造过程中添加了荧光剂，所以颜色会偏蓝白，无法精确地完成自定义白平衡功能。即使是被大家信任的灰卡，也只能测出主光源的色温，而在混合光源下，无法照顾到现场中不同的光波，也难以让照片上所有位置的色彩都得到精确再现。虽然拍摄 RAW 格式，在后期可以自由调整白平衡，但是一张照片是比较轻松的，但如果你拍摄了 100 张照片都需要调整白平衡，那么工作量将是巨大的。

　　此时，一种提升白平衡精确性的工具进入我们的视野，它就是希必爱全色彩平衡镜。它

※ 婚礼摄影师 Andy Marcus 认为希必爱全色彩平衡镜让操作变得简单，仅需要几秒钟时间，照片就能够具有美丽而真实的色彩，无须后期调整。

的工作原理是聚集拍摄现场主光源、辅助光源和所有物体反光，通过特殊材质的多边形混合板对这些不同色温的光线进行混合，然后替代灰板，通过自定义白平衡功能将这些信息传递给相机，从而获得最准确的白平衡。可见这个特殊材质是其技术核心，这种材料由 13 种原色组成，经过高温固化成形。经过 500 倍放大后你会发现，其表面的细微波纹可以用来防止光线散射，纹理的排列也是经过精确计算以获得最佳的反射角度。

在使用时，如果环境光线为方向性不强的漫散射光，可以一手拿色彩平衡镜，一手拿相机。色彩平衡镜与地面平行，这样就可以汇集周围的光线。如果光线有明确的方向性，则需要将色彩平衡镜与地面呈 45° 角，让光线从相机与色彩平衡镜之间穿过。同时，调整色彩平衡镜的角度，从相机取景器观察时色彩平衡镜上不能有光斑或阴影。然后让色彩平衡镜在构图中占据 80% 的面积，采用正确的曝光拍摄一张照片，用来设置自定义白平衡。注意，这张照片可以对焦不实，但曝光必须准确，不能过曝成一片死白，也不能因为曝光不足而发灰。这样就能够实现最精确的自定义白平衡了。

很多爱好者认为，在户外利用自然光拍摄时，自动白平衡就是准确的。其实不然，即使在中午日光色温稳定在 5200K 时，自动白平衡也会出现轻微偏暖的现象。而且根据周围环境的不同，树木和建筑的阴影、大面积彩色反光体都会对现场色温有影响。因此，即使在光线良好的户外，使用希必爱全色彩平衡镜也能够获得良好的效果。

日出日落环境中，自动白平衡会让现场的暖调效果荡然无存。使用希必爱全色彩平衡镜不仅可以保留现场的气氛，而且更精确的白平衡可以让画面的色彩过渡更加丰富。

在室内拍摄时，钨丝灯会让画面严重偏黄。如果再混合了窗户摄入的自然光及其他人工光源，使用任何预设白平衡都不会取得好的效果。这时使用希必爱全色彩平衡镜，调整好角度以便能够全面接收到室内的各种光源，然后进行自定义白平衡就可以获得最准确的色彩还原。

希必爱全色彩平衡镜根据直径的不同分为 3 个级别。直径为 220mm 的顶级款面向影视行业，直径为 110mm 的专业款适合摄影发烧友和职业摄影师使用，而直径为 85mm 的则属于普及款。对于摄影爱好者来说，直径为 110mm 的产品就足以应付所有的拍摄题材。虽然这款色彩平衡镜售价达到 1500 元，但是它所带来的精准色彩还原却是几万元的顶级相机里自动白平衡无法完成的。

11.5 照片风格——决定 JPEG 格式的样貌

一直以来，在摄影领域中都有两大派别，一派叫作直接出片派，他们认为摄影的乐趣主要来自拍摄，主张不在或少在电脑上进行后期处理，用相机直接拍摄的照片进行展示和交流。而另一派则推崇后期，认为在数码时代没有经过后期处理的片子根本没法拿出来看。在一段时间内，两派的争论极为激烈。直出派认为后期派的片子造假，后期派认为直出的片子技术和审美上较差。

但是，如果你了解了数码相机的运作原理就会发现，两派的对立其实根本不存在，因为在数码时代，后期并非仅仅在电脑上进行，从你按下快门起，相机内部就已经开始对照片进行后期处理，而这个过程就是将获得的原始数据（RAW 格式）转换为 JPEG 格式的过程，这个转换过程是由照片风格功能决定的。直接出片派正是因为有了它才获得了多种多样的照片风格，从而能够与后期派相抗衡。

11.5.1 照片风格为 JPEG 而生

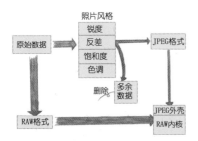

※ 照片风格关乎 JPEG 格式的性命，而对于 RAW 格式而言，它只是个外壳。

在讲解照片格式的时候我们提到过，RAW 具有更大的数据量，可以记录下场景中更丰富的细节、影调（明暗过渡）和色彩。但是，由于数据量大，景物层次过渡丰富，细节保留较多，在直接打开的 RAW 格式照片时，给人的直观感觉是画面非常"灰软"，视觉效果不佳。要想发挥出 RAW 格式的优势必须通过佳能 DPP 等软件进行后期处理。如果初学者不希望整个出片过程如此复杂，想采用一条捷径来获得更好的照片效果，那么就需要使用 JPEG 格式再加上这个照片风格功能了。

照片风格实际上是在感光元件获得原始数据的基础上，在压缩为 JPEG 格式的过程中，按照相机预设或摄影师的设定进行的机内处

理。多余数据将被删除，一切数据处理方式需要依据照片风格内的参数设定。在对原始数据的压缩过程中，照片风格规定了最终 JPEG 格式照片应该有什么样的画面锐度、反差、饱和度和色调等，通过多种参数的控制确定了最终 JPEG 格式照片所呈现的面貌。可以说，照片风格是获得较好直接出片效果的有力工具。使用照片风格后 JPEG 格式照片无论直接打印还是通过显示器浏览以及上网发布都会具有比较理想的视觉效果。

照片风格功能是为 JPEG 格式量身定做的。而照片风格与 RAW 格式之间的关系，就如同白平衡与 RAW 一样。在拍摄时虽然也可以选择某一个照片风格应用于 RAW 上，但并非将其余数据删除。后期处理中，如果你不满足于最初的机内设定，完全可以修改成其他照片风格。当然也可以抛弃所有照片风格，按照自己的想法来进行后期调整，从而获得最

※ 同样一个场景，如果采用风光照片风格模式拍摄 JPEG 格式照片，视觉效果大不相同。色彩饱和度高、反差强烈、景物细节锐度更高。但是它同样是来自 RAW 的原始数据，只是经过了照片风格的机内处理，变成了这样的外貌。

拍摄参数： ◎ 光圈：f/16
　　　　　　⏱ 快门：1/250s
　　　　　　▦ 感光度：ISO200
　　　　　　▨ 图片格式：RAW

※ RAW 格式整体画面"灰软"，色彩饱和度低、明暗反差小、景物细节不够清晰。但是却能够最大限度地保留现场的数据，为后期处理留下空间。

大的自由度。

　　所以照片风格关乎 JPEG 的性命，必须一次准确，没有后悔药可吃。而对于 RAW 而言，照片风格如同一件美丽的外衣，可以随时更换。它的作用主要是我们进行后期处理时的一个起始点。另外，如果拍摄的 RAW 照片数量很大，没有时间逐一进行后期处理时，可以全部应用拍摄时选择的照片风格，然后直接导出为 JPEG 或 TIFF 格式，从而大幅度提高了效率。

11.5.2 预设照片风格

　　如同预设白平衡一样，相机内有多种预设照片风格可供选择，这些是最常用和最基础的模式，只有掌握了它们才能够为自由控制照片风格打下基础。佳能 EOS 7D MARK II 具有 7 种预设的照片风格模式，分别为自动、标准、人像、风光、中性、可靠设置和单色。每一个预设照片风格都是由锐度、反差、饱和度和色调这 4 项参数共同发挥作用而得到的最终效果。结合不同的拍摄场景和拍摄目的进行正确选择，可以让你采用 JPEG 直出的效率大幅度提高。

自动 A

拍摄参数： ◎ 光圈：f/5.6　　◎ 快门：1/250s
　　　　　　 ◎ 感光度：ISO200　◎ 照片风格：自动

　　自动照片风格也是 EOS 场景分析系统的五大支柱之一，当你使用 **Ⓐ⁺** 场景智能自动模式时，它是默认的照片风格选项。在此模式下，相机会以 15 万像素 RGB+IR 红外测光感应器为核心，收集众多数据对拍摄场景进行分析，并计算出相应的结果，我们无须参与就能获得不错的照片效果。其中，自动照片风格确保了 JPEG 直出时具有更好的视觉效果。相机通过对数据的分析来判断我们正在拍摄的题材，进而做出智能的决策。

　　其原理是当相机根据数据判断我们正在拍摄风光题材时，就会将自动照片风格中的画面锐度提高，令红色和绿色更加鲜艳，对原始数据加以处理后得到漂亮的 JPEG 格式照片。而当相机判断我们正在拍摄人像时，则会降低锐度，让皮肤的瑕疵得到掩饰，并且提升红色以强化皮肤的红润感。

　　自动照片风格更适合没有掌握相机操作和摄影原理的初学者采用，虽然在一定程度上通过它可以获得不错的 JPEG 直出效果，但本质上照片的最终效果并不能由我们自己控制，因此当我们有了自己拍摄思路和预期的理想画面时，自动照片风格就难以实现了。例如，当我们想获得低反差、低饱和度的忧郁感风光照片时，自动照片风格就会反其道而行，无法达到预期效果。此时，只有我们自己对照片风格进行更多的手动控制才能实现。

标准 S

　　标准模式是一种没有倾向性的模式，各项参数设定不走极端，基本能够还原现场气氛，不做任何强化和突出。无论拍摄哪类题材的照片，使用标准模式后效果都不会很差。它是一种通用模式，尤其在你不知道选择哪个照片风格时，选择标准模式是最佳的。它会呈现出清新明快的效果，符合绝大多数人的审美。

拍摄参数：◎ 光圈: f/8　　◎ 快门: 1/1600s
　　　　　◉ 感光度: ISO100　◎ 照片风格: 标准

人像 P

人像模式可以使照片中人物的肤色显得更

拍摄参数：◎ 光圈: f/4　　◎ 快门: 1/800s
　　　　　◉ 感光度: ISO200　◎ 图片格式: JPEG
　　　　　◎ 照片风格: 人像

※ 人像照片风格会让肤色更加粉红，锐度有所降低，让皮肤质感更为平滑。

为明亮健康。该风格锐度设置比标准照片风格更低，可以避免皮肤瑕疵过于明显，并将品红和黄色色调适当提亮，从而获得更好的肤色还原效果。很多初学者认为拍人像就需要使用这一模式，其实不然。人像照片风格其实可以应用在你需要主体不那么锐利的任何场景。如果模特肤色与亚洲人的黄皮肤色调差异很大，反而不适合采用人像模式。

风光 L

拍摄参数：◎ 光圈: f/11　　◎ 快门: 1/320s
　　　　　◉ 感光度: ISO100　◎ 照片风格: 风光

风景模式的锐度、对比度和饱和度整体提高，特别是植物的绿色和天空的蓝色被优化成为更加浓郁和亮丽的效果。在拍摄日出日落和夜景等风光题材时，也可以获得丰富的色彩和更有视觉效果的画面。风光模式也不仅仅应用于拍摄风景，任何需要主体锐度增加的场景也都可以使用。

中性 N

照片风格的选择并非仅于审美有关，与拍摄技术也密切相关。照片风格的选择会影响动态范围，也就是对场景明暗反差的记录能力。在其他照片风格中，反差都会提到较高水平，以获得有冲击力的视觉效果。但当你面对明暗反差较大的场景时，为了同时保留高光和暗部的细节与层次，就应该选择反差等级较低的中性照片风格。除了对影调的记录范围更广以外，它还能够避免色彩表现过于饱和，而失去细节。相对来说，中性照片风格对于 JPEG 格式的压缩率较小，为下一步在电脑上做后期处理保留了较多的空间。

可靠 F

从某种意义上说，照片风格是一种对 JPEG 格式进行美化的工具，就像电影明星的化妆师一样。然而，最高层次的化妆是让观众看不出化妆的痕迹，更高层次的照片风格是让画面与人眼所见的真实场景保持一致。这就是可靠模式。

拍摄参数：光圈：f/9　快门：1/100s　感光度：ISO100　照片风格：中性

拍摄参数：光圈：f/4　快门：1/500s　感光度：ISO200　照片风格：可靠　摄影师：林东

使用可靠模式时，在色温正常（5200K）的日光下拍摄，会让照片展现出与肉眼所见一致的色彩，照片不会显得过于饱和艳丽，也不会显得过于灰软。这是一种适当的，没有可以强化和减弱的风格。

单色 M

虽然我们早已进入彩色照片时代，但在那

些把摄影看成是艺术的人眼中，彩色照片只能算是记录现实，而真正的抒情是黑白照片。单色就是一个能够给我们提供 JPEG 直出黑白效果的模式。当然，它也可以获得其他颜色为基调的单色照片。使用单色模式时你会发现，将色彩从照片中抽离，有时候能够排除干扰，获得完全不同的境界。

拍摄参数： ◎ 光圈：f/8　　⊙ 快门：1/640s
　　　　　　 ◎ 感光度：ISO400　 照片风格：单色

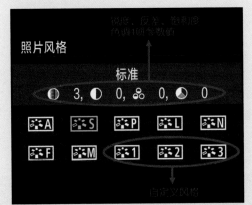

操作指南： 调整照片风格

进入拍摄菜单第3页第1项【照片风格】选项后，可以在界面中看到每一种照片风格，使用速控转盘就可以在不同风格之间进行切换，按下 set 按钮即可选定。同时，我们还可以通过上面的图标查看到每一种照片风格背后的参数，包括：锐度、反差、饱和度和色调4项参数都以图标显示，后面的数字代表了该项的设置。而在单色模式下，后两项参数会被滤镜效果和色调效果代替。

另外，还可以通过快捷方式进入照片风格设定菜单，那就是按下机身背面主液晶屏左侧的 创意图像按钮，然后通过主液晶屏中的第一项 照片风格"绿色通道"即可进入该界面。

11.5.3 修改照片风格参数

以上介绍的照片风格全部是相机中预设的，也就是说每个模式下的参数都是相机事先设定好的。虽然这些模式使用起来非常方便，但是如果我们有更多的需求或者创意，当它们无法实现的时候，就需要使用自定义照片风格功能。它可以根据不同需求以及场景特点对锐度、反差、饱和度和色调这4项参数进行调整。

锐度

锐度设置的提高可以起到强化照片中物体边缘轮廓的作用，从而使画面看起来更加锐利清晰。这几乎是所有摄影爱好者所希望的，但是，过高的锐度设置会同时带来更多的噪点并损害

拍摄参数： ◎ 光圈：f/11　　⊙ 快门：1/200s
　　　　　　 ◎ 感光度：ISO100　 照片风格：风光

※ 锐度从4提升至6用来强化景物细节表现力。

细节，从而降低画面质量。锐度设置可在 0 ～

7 级间调整，级别 0 时没有任何锐化，景物会呈现非常柔和的外观。如果希望对 JPEG 格式照片进行后期处理（当然最好使用 RAW 格式拍摄，然后进行后期处理能够获得更好的效果。但也有用户在坚持传统习惯，使用保留较多信息的 JPEG 格式作为后期处理的素材），那么使用 0 ~ 2 级可以避免在后期中再次锐化时，景物轮廓上出现的光晕。如果希望直接出片或从存储卡输出打印，则可以采用稍高的锐化等级。

反差

拍摄参数： ◎ 光圈：f/8　◎ 快门：1/5000s　▦ 感光度：ISO100　◎ 照片风格：标准

※ 反差从 0 提升至 +1，从而让明暗对比更加强烈。几乎成为剪影的船身和波光粼粼的海面形成鲜明对比。

反差是摄影中用于描述对比度的词汇，它指画面中最亮部分和最暗部分的差距。调整照片的明暗反差可以实现不同的视觉效果。低反差时，照片明暗过渡自然，层次丰富，景物细节表现好。但视觉冲击力差。高反差时，照片明暗之间对比较大，层次和细节有所丢失，但画面视觉冲击力提高。在雾霾、多云等一些反差较小的场景中，强化反差可以使画面明暗对比更加强烈。在逆光或拍摄剪影时，也可以让明暗碰撞的效果更加明显。但过高的反差设置会出现高光或暗部细节的丢失。所以，也要慎重使用。

所有预设照片风格的反差都被设置为零，

这也是最不容易出错的设置。同时，相机的深层次意思是将反差的控制权交给影友自己。我们可以在自定义照片风格中，根据画面表现意图来修改反差参数。调整范围是 -4 至 +4 级之间。当你需要表现柔和或保存细节时，需要降低反差。当你需要强化对比和冲突时，可以提升反差。另外，如果需要直接上网发布或打印 JPEG 照片，可以设置为 +1 或 +2 即可。如果希望对 JPEG 格式照片进行后期处理，可以设置 -1 级或 -2 级。

饱和度

饱和度是指一个颜色从本色到灰色的渐变过程，当饱和度最高时该颜色不含灰色，色彩艳丽丰富，当其饱和度降低时，灰色逐渐增加，从而更加灰暗且缺乏生气。饱和度设置可以在 -4 至 +4 级之间调整，所有预设照片风格的饱和度都为零。如果画面色彩缺乏冲击力，则可以将饱和度设定为正值，从而提高画面整体的色彩饱和度，得到更为鲜艳的效果。但过度提高饱和度，会引起色彩的细节丢失，画面上颗粒装的噪点更加明显。色彩饱和度过高也会使得画面中暗部的细节明显损失，明暗之间的过渡层次减少，让观者感觉画面中较大面积的色块中缺乏细节。因此，如果需要直出或打印

拍摄参数： ◎ 光圈：f/8　◎ 快门：1/640s　▦ 感光度：ISO400　◎ 照片风格：可靠设置

※ 饱和度从 0 降到 -1，避免大面积的红色花瓣色彩溢出。

JPEG 照片，可以设置为 +1 或 +2 即可，零的设置就已经足够艳丽，因此不要过分地提高饱和度。降低饱和度则会让画面显出朴素的效果，色彩更淡，但暗部的细节明显，过渡层次丰富。如果要进行后期处理获得更好的色彩效果，设置为负值可以为后期处理留出更大空间。

实战经验　避免色彩溢出

在 Camera RAW 中，牡丹花蕾上方出现色彩溢出提示，从 RGB 直方图上也能够看出色彩溢出现象。

当你设定的饱和度过高时最容易出现的问题就是色彩溢出。什么是色彩溢出呢？例如，我们在拍摄油菜花田时，通过肉眼看到的花瓣虽然都是黄色的，但在颜色的深浅、明暗上不同花朵之间有所差异，而当你使用相机拍摄时，照片上原本很丰富的黄色变为了很少的几种或一种黄色，完全无法体现现场的视觉感受。

同样，当你拍摄一朵鲜艳的玫瑰花的微距特写时，原本具有不同色彩过渡的花瓣，在照片里呈现出同一个颜色，毫无过渡和变化。这就是色彩溢出。色块在照片中所占的面积越大越容易出现溢出现象。实际上，它与曝光不足时造成的暗部细节缺失非常近似，色彩溢出是某个色块内的色彩过渡和变化的缺失。对于职业摄影师来说，这同样是不可以接受的。

你可以通过照片回放时的 RGB 直方图看到溢出情况。

拍摄参数：◎ 光圈: f/4　◎ 快门: 1/200s　◎ 感光度: ISO400　◎ 色彩空间: AdobeRGB

※ 拍摄花卉时最容易出现色彩溢出的题材，拍摄时需要尽量控制曝光，宁愿稍微欠曝一些。同时，降低照片风格中的饱和度设置也有助于避免色彩溢出。

RGB 直方图分为红、绿、蓝三个通道，分别显示对应颜色的分布情况。观看的方式也与亮度直方图相同。当某个通道的直方图在右侧出现溢出时，画面中的这种颜色就会出现缺乏细节和色彩过渡的区域。这就如同高光溢出一样，只不过是某个色彩而已。虽然红、绿、蓝三个通道都有可能出现色彩溢出，但是三种颜色的反光率不同，更明亮的红色相对容易出现溢出问题。

进入回放菜单第 3 页第 4 项【显示柱状图】选项中，选择 RGB。这样在照片回放期间，按下 INFO 按钮多次就可以看到 RGB 直方图的显示，否则在默认状态下只显示亮度直方图。

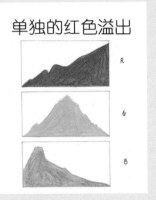

单独的红色溢出

※ 单独的红色溢出。

红绿两个直方图溢出

黄色溢出

※ 红绿两个通道同时溢出，代表黄色溢出。

单一的颜色通道溢出我们很容易发现是哪种色彩出现了问题。如果两个颜色通道同时溢出则需要进行深入分析。例如，红色和绿色通道同时溢出时，则表明画面中的黄色区域溢出。蓝色和绿色同时溢出时，表明青色溢出。红色和蓝色同时溢出时，代表洋红溢出。但是，这些情况发生的概率是不同的。由于 sRGB 色彩空间范围小，而黄色又处于其边缘位置，所以黄色是最容易产生色彩溢出的区域。

解决色彩溢出首先需要降低曝光量，其次还可以采用更广的 Adobe RGB 色彩空间拍摄，同时降低照片风格中的饱和度选项，另外降低感光度提升感光元件的动态范围，也能够增强其色彩分辨能力。

色调

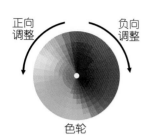

正向调整 负向调整

色轮

照片风格中的色调也就是色相，它是色彩的首要特征，是区别各种不同色彩的标准。色相通俗地讲就是各类色彩的相貌称谓。调整色相也就是改变了照片中原有色彩的相貌。向负向调整时，红色偏紫、蓝色偏绿、绿色偏蓝。从色环中看就是色相向顺时针转动。当向正向调整是，红色偏橙、绿色偏蓝、蓝色偏紫。从色环中看就是色相向逆时针转动。色相设置可以在 -4 至 +4 级之间调整。这一参数可以改变肤色的表现。

拍摄参数：	光圈：f/2.8	快门：1/320s
	感光度：ISO400	图片格式：JPEG
	照片风格：人像	色调：-1

负值方向调节可以使肤色显得更加红润，正值方向调节使肤色显得更黄。

操作指南： 自定义照片风格

在照片风格界面中选中基础模式后，按下 INFO 按钮即可进入 4 项参数的微调界面。将红框移动到需要微调的参数上，按下 set 键即可通过速控转盘进行参数调整。全部调整完毕后，按下 MENU 按钮即可保存。当某项参数被更改后，照片风格界面上该项参数的数值会变为蓝色，以提醒我们该项目进行了人工修改。

11.5.4 与众不同的自定义单色照片风格

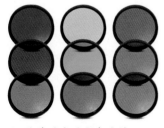

※ 胶片时代的彩色滤镜。

在众多的预设照片风格中，单色模式显得很另类。由于将色彩从照片中剥离，所以单色模式中的参数与其他几项也略有不同，它有两个独有的选项：滤镜效果和色调效果。在胶片时代，摄影师为了让黑白照片具有更好的影调，经常采用彩色滤镜来控制画面的反差。常用的彩色滤镜包括黄、橙、红、绿四种。每种滤镜都可以过滤掉光谱中的其他颜色光线，而让与自己相同或近似颜色的光线通过。这样彩色滤镜就可以让照片中与自己相同色彩的区域变浅，而让其他区域变深。

黑白摄影中应用最为广泛的黄色滤镜，在风光题材中，可以使蓝天的影调变暗，从而提

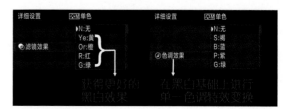

※ 黄色滤镜能够提升远景的清晰度，适度压暗天空。

※ 使用橙色滤镜可以减淡画面中的黄色、橙色和红色区域，让粉色的牡丹与背景的反差进一步加大。

※ 使用红色滤镜效果会压暗天空，增加与地面的反差，让黑白照片更有层次。

高反差获得更好的层次。在黑白人像题材中，还能使肤色变浅。橙色滤镜介于黄、红滤镜之间，在拍摄花卉以及日出日落时，它能减淡黄色、橙色、红色区域的影调，还能起到消除淡雾的作用，从而提高远景的清晰度。红色滤镜的效果最为强烈，它能使场景中的红色区域在黑白照片中呈现出浅灰的效果，而使蓝色、绿色、紫色在照片中变深。甚至能够让蓝天几乎变成黑色，拍出夜景般的效果。绿色滤镜能使绿色和黄色物体的影调变浅，令红色和蓝色物体的影调变深。绿色滤镜的最大作用在于对自

然界中众多绿色加以区分；使得花朵的叶子、树叶和青草等绿色景物的影调更丰富、鲜明、细腻地表现在黑白照片中。同时，它还能够加深肤色，让黑白人像作品与众不同。这个选项中的滤镜效果就相当于胶片时代的彩色滤镜。

第二个独特选项是色调滤镜。默认的调色效果是经典的黑白，如果你希望为传统的黑白照片增加一些色彩倾向，让画面有更多的变化，还可以更改到其他选项，例如，褐色效果可以获得老照片的感觉，蓝色调带来忧伤气氛、紫色调带来神秘感等。

提示

　　单色照片风格的参数设置虽然能够让我们轻松获得多种效果，即使不采用后期软件也能够直接快速地获得单色照片，但是采用该照片风格拍摄 JPEG 格式照片时却是一个不可逆的过程。也就是说，在获得最终的单色照片效果过程中，会将所有其他色彩数据删除，因此你无法再获得这一场景的全彩色照片。而拍摄 RAW+JPEG 格式则既能够获得黑白 JPEG 格式照片，又能留存包含全部色彩的 RAW 原始数据，从而保留处理成其他效果的可能性。

11.5.5 自定义照片风格

　　虽然对原有的 7 种预设照片风格进行参数修改，可以更符合我们的拍摄要求。但很多时候，

我们既希望保留预设照片风格，又希望将经过自己修改的模式收藏起来，以便在适当的场景

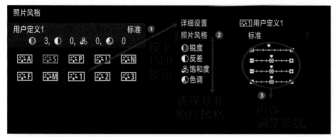

中使用，那么就不能覆盖预设照片风格。此时可以通过自定义照片风格来实现这个愿望。佳能 EOS 7D MARK II 为自定义照片风格预留了 3 个位置，将光标移动到某一个用户自定义模式上，按下 SET 按钮就可以进入编辑界面。对 4 项参数进行自定义设置前，我们需要选择好一个基准点。

在自定义照片风格中，我们的自定义方式也是基于某种预设照片风格而展开的。如果你认为随意选择一个标准风格，反正都是将饱和度提升至 +3，效果一样，那你就错了！这是因为每种预设照片风格虽然都是由那 4 项参数决定的，但它们的基础或出发点并不相同，因此，两种预设照片风格中的同一个参数并没有可比性。

11.5.6 网络知名照片风格

除了自己设定照片风格外，我们还可以从网络上下载照片风格并装入相机中使用。网络上可供下载的照片风格数量众多，为我们提供了丰富的选择。其中有些人气很高，被广泛传播和使用，在此进行介绍。

佳能官方照片风格

除了相机内预设的 7 种照片风格外，佳能还在官方网站上提供了 8 种照片风格可供下载。

秋天色调

秋天是色彩最为缤纷的季节，银杏树叶由绿变黄，美丽的红叶更加引人注目。秋天色调

例如，将中性模式的饱和度从默认值 0 增加至 +3，拍摄的效果无法达到风光模式的饱和度增加至 +3。所以，当你自定义照片风格时，选择一个适当的出发点很重要。例如，当你需要更加柔和的照片风格时，以中性模式为基础，调低相关参数，效果会比较理想。而当你需要更加艳丽的照片风格时，以风光模式为基础，调高相关参数，效果会更加理想。

之所以相机提供了如此多的照片风格扩展功能，是因为世界上没有一个万能的照片风格模式，能够将所有场景都拍得令人满意。真正的高手会根据场景的不同和表现意图的不同，有针对性地选择相应的照片风格。

在拍摄自然风光时，也并不是高对比度并突出蓝天就效果更好。例如，在拍摄前景或远景有大面积柔美花朵时，为了将其置于焦外，获得自然柔和的效果，就可以在中性模式基础上将对比度、饱和度降低 1 格，然后增加曝光补偿 +2/3EV。这样画面就可以获得清新柔美的效果。

照片风格轻微降低了红色的饱和度，使得黄色更加突出，不同黄色之间的渐变和层次更加丰

拍摄参数： ◎ 光圈：f/8　　◎ 快门：1/320s
　　　　　　 ◎ 感光度：ISO400　◎ 照片风格：秋天色调

富。让这两种颜色协调的组合在一起，使得秋季的风景照片格外迷人。

黎明和黄昏

拍摄参数： ◎ 光圈：f/8　◎ 快门：1/40s　◎ 感光度：
ISO800　◎ 照片风格：黎明和黄昏

日出日落是摄影爱好者最喜欢的题材，但是打破千篇一律的画面，获得独具一格的照片很不容易。黎明和黄昏照片风格可以让蓝色时刻的天空增加一抹迷人的紫色，整体照片色调奇幻。如果你拍摄火烧云，那么将出现红色、蓝色和紫色交织在一起的画面。

翠绿

拍摄参数： ◎ 光圈：f/7.1　　　◎ 快门：1/400s
◎ 感光度：ISO200　◎ 照片风格：翠绿

在海边拍摄时，海水与天空永远是画面中的两大主角，如果希望表现出湛蓝的天空和清澈通透的海面，则翠绿照片风格是最佳助手。在拍摄冰川时，翠绿风格还可以令冰川具有更加动人的蓝色。

清晰

拍摄参数： ◎ 光圈：f/7.1　　　◎ 快门：1/400s
◎ 感光度：ISO200　◎ 照片风格：清晰

在拍摄云雾缭绕的雪山时，使用清晰风格可以减小雾气对于清晰度的负面作用，获得更加通透的画面。在雾霾出现频率越来越多的今天，想要拍出通透清晰的画面并不容易。使用清晰照片风格就可以减小雾霾的干扰，提升画面反差和细节表现力。隔着玻璃窗拍摄时既有反射又有折射，它也能够让玻璃后面的景物更加清晰。

另外还有两种用于拍摄人像的照片风格，影棚人像和快照人像。与预设人像照片风格相比，影棚人像更加适合时尚和婚纱摄影，皮肤质感表现更好。而快照人像对于肤色的表现更加真实，整体对比度也较高，适合拍摄旅游留念照。

以上照片风格可以从佳能官网下载。

小山壮二（Koyama Soji）

除了官方提供的扩展照片风格外，网络上还有众多照片风格可供影友下载，其中也包含了一些知名摄影师根据自己的拍摄实践，对原厂照片风格进行改良和创新的类型。其中最知名的要算是日本摄影师小山壮二。他的专业领域虽然是商品静物、菜肴、艺术品摄影，但由于他很早就进入了数码影像技术的探索当中，所以在色彩管理和照片输出方面颇有建树。他创建的照片风格有十多种，其中优化色彩风格可以让画面色彩更加厚重浓郁。女性风格可以让肤色更加白里透红，光彩照人。远景风光风格与清晰近似，可以降低雾霾，提升细节表现。另外他还针对爱好者经常拍摄的题材创建了樱花、枫叶、蓝天绿地等风格，针对性更强，效果十分突出。

拍摄参数：◎ 光圈：f/5.6　　◎ 快门：1/640s
　　　　　◎ 感光度：ISO800
　　　　　◎ 照片风格：小山壮二优化色彩

王启文（Kevin Wang）

台湾地区摄影师王启文同样也为我们带来了不少优秀的照片风格。他创建的照片风格也有十多种，例如仿 IR 红外摄影风格、香港电影风格、战地风格、油画风格、皮肤优化风格等，很多都非常有特色。由于王启文更多关注人像题材，所以他所创建的人像照片风格更加突出。其中日式照片风格能够带来干净舒适的色彩，与普通低饱和度的日系风格不同，他的日式照片风格色彩虽然也属轻柔的类型，但色彩更厚，对于暗部的表现更加到位。如果选择简洁的背景并结合大光圈来拍摄人像，可以获得一流的直出效果。

其他比较知名的照片风格还包括佳能 L 镜头萤石色彩（包括标准、风景和人像三种照片风格），以及富士胶片风格（包含富士 RVP 和正片等十多种照片风格）。读者可以自行下载安装，并在实践中不断尝试，找到适合不同题材的照片风格。

实战：安装新的照片风格

➤ 从网络上下载照片风格的压缩包后将其解压，获得后缀为".pf2"的文件。

➤ 利用随相机附赠的数据线将相机与电脑连接。

➤ 打开随机附赠的软件 EOS Utility，该软件可以实现用电脑调整相机参数并进行拍摄的功能。它就位于随相机附赠的 EOS 数码解决方案（EOS DIGITAL Solution Disk）光盘中。

➤ 打开软件后，开启相机电源。此时，软件中的相关功能会被激活，选择相机设定 / 遥控拍摄一项。

➤ 在出现的新界面下方，单击注册用户设置文件一栏。

➤ 此时就会弹出注册照片风格文件对话框，在这里我们可以对三个自定义模式进行安装。通过界面中右侧的文件夹按钮选择刚刚下载并已经解压的".pf2"文件。选择希望安装的".pf2"文件

后，单击 open 按钮即可看到该照片风格的 4 项参数设定，单击确定按钮即可完成新照片风格的安装。

➤ 安装完成后，关闭相机电源，取下连接线后再次开机进入拍摄菜单第 3 页第 1 项的【照片风格】中，就能够在 3 项用户自定义模式右侧看到对应的新照片风格名称。

11.6 色彩管理——在全流程中保持色彩一致

知道职业摄影师与业余爱好者最大的差别在哪里吗？差别不在于器材等级，不在于能够去到人迹罕至的风景优美之地，最大的区别就在于对色彩管理的认识和掌握。在很多人看来，色彩管理是一个技术环节或者是摄影中的一个细节，而对于职业摄影师来说它是贯穿整个摄影流程的核心要素。失去了对色彩的管理和掌控，将导致打印输出的照片色彩存在严重偏差，使得前期和后期的所有努力功亏一篑。

11.6.1 为什么需要色彩管理

细心的影友一定会发现，同样一张照片在相机液晶屏与电脑显示器上的显示效果并不相同，如果再将其输出打印成照片，那么色彩又会发生变化。在这个过程中，相机负责影像的获取，显示器是我们处理影像的重要窗口，而打印机是影像输出的工具。在这三个环节中，色彩不一致的情况时有发生。

以相机来说，不同品牌的相机在色彩表现上有较大差异，即使是同一品牌的相机，老款与新款之间仍然会存在色彩的差异（一般来说，新款相机具有更大的色彩空间，也就具有更好的色彩表现能力。所以数码时代里"买新不买旧"往往是选购器材的重要原则）。在数码时代，影响照片色彩的最大因素来自相机中的感光元件，厂商对于感光元件内部算法的不同调校会对照片色彩产生很大影响。当然，镜头在色彩的呈现过程中也起着重要作用。我们在镜头一章中了解到的镀膜技术就是与色彩表现密切相关的技术环节。相机的主液晶屏是我们第一时间查看照片画质与色彩表现的重要媒介，但是当今数码单反相机的液晶屏显示效果变得越来越饱和艳丽。从它上面看起来色彩不错的照片导入电脑后从显示器上观看就会变得灰软。当然，在拍摄环节中，如果对白平衡的控制不到位，照片中

① 拍摄
② 调整
③ 输出

景物的色彩就会与真实色彩出现偏差。

当把这样的照片导入电脑后，我们又依据未经校色的显示器来对其进行后期处理，在错误的色彩显示效果下，不可能获得准确的色彩表现，只能错上加错。此时，虽然你从显示器上看到的画面是你想要的效果，但真正的照片并非是这样的色彩，也就是说未经校色的显示器呈现给你的是一种色彩假象。最后，当你把后期处理完的照片用未经校色的打印机进行输出后，一幅色彩完全不可控的失败照片就诞生了。它是由前期拍摄不到位、后期处理中色彩显示偏差和打印机输出色彩偏差三者累积而成。

如果将更多的影像设备囊括进来，你会发现包括手机屏幕、扫描仪、印刷机等设备也会出现类似色彩不一致的情况。如果你将自己的作品拿到专业的打印店做输出，那么不同的打印店或者同一家打印店在不同的时间进行输出，都很有可能获得与原作不同的色彩表现。而在众多的设备和平台上，我们无法获得统一色彩表现的原因就是缺乏统一的标准。每种设备、每个平台都有着自己特定的对色彩的解读方式。数码相机、显示器和打印机的色彩空间是存在差异的，在不同的设备之间传输照片文件时就会出现颜色的变化。所以，只有我们拥有了一种能够实现跨平台色彩解读方式时，才能够得到统一的色彩展现。

那么什么是色彩管理呢？简单来说，色彩管理就是为了确保照片的色彩在数码相机、显

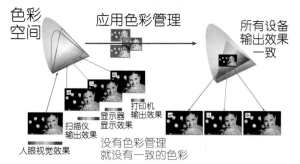

示器、打印机输出后的成品及印刷品等各环节的传递过程中保持一致的技术，它是控制影像品质的有效手段。本质上说，色彩管理可以让我们获得与肉眼观看现实世界几乎一样的色彩感受。如果没有色彩管理，拍摄的照片即使颜色再到位，输出打印后的结果往往会跟理想色彩相差万里。对于商业摄影师来说，照片中产品的颜色必须要与实物一致，才能够完成客户交代的任务。而对于影友来说，如果要参加大型摄影比赛，所提交的纸介质摄影作品的颜色也不能出现偏差，否则不可能获得理想名次。总之，色彩管理是严谨的摄影流程中最重要的一环，是优秀照片的保证和前提。

11.6.2 输出打印后照片才更珍贵

通过上面的分析我们能够看出，色彩管理在很大程度上是为了输出打印服务的。那么在电子信息为核心的时代，我们还有必要将照片打印出来吗？

在胶片时代，照片的冲洗是获得影像必不可少的环节。而数码时代，我们在获得便利的同时很多影友都忽视了照片输出的环节。更多人从节约费用或者作品发布便捷等方面考虑，仅以电子文档形式保存和展示自己的作品。然而，这种方式有不少弊端。

首先，将一张摄影作品以纸介质形式输出打印后更容易发现其中存在的技术缺陷。很多爱好者都能够感觉到，在胶片时代需要严谨对待的曝光控制技术到了数码时代好像没那么严格了，稍微出现曝光偏差完全可以通过后期软件进行调整而且从显示器上看不出太多差异。如果你使用打印机将照片输出，就会发现对曝光的控制依然需要谨慎对待。输出打印后，照片的亮部或者暗部是否有细节缺失就会一目了然，而这在电脑显示器上则不容易发现。如果整个流程都经过了较完善的色彩管理，而打印出的照片暗部不够黑，而亮部出现了溢出，那么这就是照片曝光过度造成的。对于问题的及时纠正可以帮助我们改进前期的拍摄手法，提升技术水平。

另外，以电子文档的方式留存照片看似保险，但经过多年以后，很难全部保存完整，不出现丢失。如果你将照片保存在电脑硬盘中，随着电脑的升级或者是病毒以及硬盘的损坏，很容易出现珍贵作品的丢失。国内几乎很多摄影家都遇到过存储照片的硬盘损坏问题，而进行数据恢复的价格是非常昂贵的。电脑内置硬盘已经成为最不安全的照片存储媒介之一。如果你将其刻录成光盘保存，那么光盘这种介质的保存周期也是有时限的，并不能做到 100% 保险。更重要的是，以电子文档形式保存照片本质是一种随意性强的储存方式，那些对于自己家庭或者摄影学习，特别有纪念意义的照片，只有输出成纸介质的形式才更能够体现出其珍贵性。如果用发展的眼光看世界，那么多年以后随着电子设备的不断进步，你现在手中的照片电子文件在未来的设备上肯定会出现品质下降的情况。试想一下，我们 2000 年左右用几百万像素数码相机拍摄的照片在当今的高分辨率显示设备下画质是多么的让人无法接受。而输出成高品质的纸介质作品就可以将影像品质固化下来，不会因为时间的流逝而劣化（使用高品质纯棉无酸纸输出后的摄影作品可以实现 200 年不变黄）。

如果你经常看摄影展，那么就会发现一个有意思的现象，那就是进行高品质输出后的纸介质照片给人的视觉感受会远远高于你从屏幕上看到的。无论画面细腻程度、黑白灰过渡还是色彩过渡都更加出色。如果我们用高倍放大镜来观察纸介质照片就会发现，在很小的面积内就聚集了大量的墨滴。每一个墨滴的体积

能够小到惊人的 4PL（即十亿分之四升）。在 1 英寸（等于 2.54cm）的长度内，可以打印出 2000 个以上的墨滴。打印机通过精确混合 CMYK 的比例，让墨滴实现不同的颜色，这样就构成了一幅输出精致的摄影作品。而当今最高等级的平板电脑在 1 英寸长度内只有 500 个像素，而电脑显示器就更低了，一般在 1 英寸长度内只有 72 个像素。这就是纸介质照片视觉更好的原因。这也说明，如果不考虑照片传播的便捷性，单从视觉效果出发，将照片输出打印才是最好的展示方法。

不得不承认，电子显示屏的技术在不断进步，苹果的 iPhone 或 iPad 上的显示屏之所以被称为视网膜屏（即 Retina 屏，像素密度为 326 像素/英寸），就是因为在较小的面积内压缩进来大量像素点，使你靠近屏幕观看时也无法明显感觉到像素颗粒和它们之间的间隔，所以能够展现出细腻的显示效果。再加上快速分享的优点，目前，平板电脑和手机已经成为重要的照片展示工具。但预计在未来至少 10 年内，电子显示屏仍然无法达到纸介质照片的精度。

11.6.3 RGB 与 CMYK——加色与减色

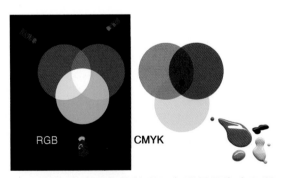

RGB 发光设备能够显示色彩是因为它可以将三原色进行混合，最初始的状态下，如果设备不发光，那么就是黑色，也就是所有颜色的缺失状态。而要产生颜色，则需要该设备发出三原色的光线并进行混合。但三原色达到最大

值并混合后，才形成了白色。无论相机主液晶屏、电脑显示器还是手机屏幕都是这样的发光原理。如果你使用一支微距镜头近距离拍摄电脑显示器的白色区域，能够发现它的微观结构是由红、绿、蓝 3 个发光单元组成的。

然而，要将照片输出打印成纸介质照片，那么其显色过程则完全不同。你一定听说过，纸介质是不发光物体，所以会对视力有一定保护作用。的确，与发光设备相比，纸仅仅反射光线，而不主动发射光线。其显色过程与 RGB 发光设备刚好相反，白纸就相当于一个空旷的舞台，可以成为各种颜色墨水的载体。而对于 RGB 发光设备来说，也有空旷的舞台，但那时

它却是黑色。对于纸介质来说，颜色的载体不再是设备自己发射的光线，而是墨水。在印刷之前，白纸反射的白光中就已经包含了全部颜色的光谱，如果希望展现出某种颜色，则需要在白纸上覆盖某种颜色的墨水，墨水越浓则白纸被遮挡得越彻底。此时，自然光照射到覆盖了墨水的纸张上，该颜色的光线被反射，其他颜色的光线被吸收，于是纸介质上就呈现出了颜色。当 CMY（青、品、黄）三种颜色的墨水全部混合并遮盖住白纸时，就呈现出黑色。然而有 CMY（青、品、黄）三种颜色混合形成的黑色仅是理论上的，在实际印刷当中它会呈现为深灰色，为了获得更加丰富的黑白灰过渡，于是引入了 K（黑色）。有趣的是字母 K 代表黑色，而不是 B（Black 才是英文中的黑色），这也说明了 K 的引入是为了丰富印刷中的灰阶，而不是指单纯的黑色。

可见，在打印输出过程中，色彩的呈现方式是一种减色的方法，从包含所有光色的白色光谱（白纸的原本色彩）中减少其他的颜色，仅保留希望实现的颜色。RGB 与 CMYK 两种颜色模式相比，RGB 是更为基础和广泛的色彩显示方式，它是世界上任何色彩系统的基础。

11.6.4 色彩空间—— 一组俄罗斯套娃

※ 不同的色彩空间所包含的色彩范围不同，它们之间的关系就好像一组俄罗斯套娃。

通过前面的介绍我们看出，不同设备的色彩表现能力有很大差别，同时自然界中的色彩更是千变万化，为了能够更加准确的描述和界定这种色彩表现能力，我们就需要一个标尺来对不同设备进行度量和比较，这就是色彩空间。不同的色彩空间所涵盖的色彩范围差别很大，它们之间的关系就好比一组俄罗斯套娃。首先，我们需要一个范围最广、能够包含所有色彩的"大娃娃"。它是一个基础，只有这个"大娃娃"被制作出来，后面我们才能够准确的描述出数码相机、显示器和打印机等设备的色彩空间是相当于"中娃娃"还是"小娃娃"。但是这个至关重要的"大娃娃"并不是人人都可以自由定义的，它需要一个国际标准化组织来进行统一规范。这个组织就是国际照明委员会（简称 CIE），在 1976 年该组织指定出了 Lab 色彩空间。严格来说，Lab 色彩空间并非真实存在的，它是一个数学模型，可以将自然界中任何色彩都在 Lab 色彩空间中表达出来，涵盖人类视觉能够看到的所有颜色。这正是我们需要的"大娃娃"。

Lab 色彩空间是个三维模型，三个坐标轴当中 L 代表明度即从暗到亮；a 代表从绿到红；b 代表从蓝到黄。这同样是 3 个通道，其中 a、b 通道组合在一起可以定义出不同的颜色，而 L 所代表的明度就是我们照片中的影调（即灰度），于是我们可以将颜色与影调分离开来，进行分别调整。当我们调整影调时，照片的色彩不会受到影响，因此可以用没有颜色信息的 L 通道调整照片的最亮和最暗部分。这样既可以避免在色彩校正过程中产生过渡不自然的颜色，也可以只在 L 通道上强调图像的整体细微层次。这就是在 Photoshop 的 Lab 模式下进行后期调整具有很大优势的理论基础。

有了 Lab 色彩空间模型后，我们就能够更加轻松地界定

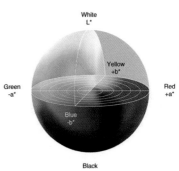

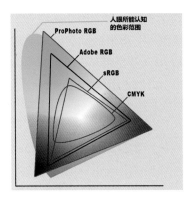

※ 不同色彩空间在人眼所能认知的色彩范围内占据的比例。

其他设备的色彩空间了。首先，最常见的是 sRGB 色彩空间。它是由电脑软硬件领域中的两大巨头——微软与惠普联合开发的，它们的产品覆盖了操作系统、显示器和打印机等众多民用产品，而这些产品所使用的色彩空间都是 sRGB。从 1997 年开始，Windows 操作系统的色彩空间就默认为 sRGB。然而它的色彩范围较小，仅覆盖了 Lab 色彩空间的 30% 左右。普通的卡片式数码相机只有 sRGB 色彩空间。sRGB 色彩空间就好比里面最小的套娃。如果你的照片被关在里面，一定很受约束。即使你面对的场景色彩丰富而绚烂，在 sRGB 的束缚下也是无法在照片上充分体现出来的。

但是，sRGB 色彩空间虽小却通用性强，它正是互联网时代的网络传输色彩标准。我们发布于网络上的照片正是在 sRGB 色彩空间下显示的。另外，由于大部分显示器的色彩空间都是 sRGB，所以当你在网络上发布一张色彩梦幻的照片后，你的朋友在家中看到它时，虽然用了不同的显示器，但显示效果偏差并不大。并且 sRGB 下照片可以达到很高的饱和度，对于很多初学者而言色彩艳丽是最容易接受的一种形式。客观的说，如果你的照片不需要进行输出打印成为纸介质照片，那么全流程采用 sRGB 色彩空间将是最为保险的方式。这里说的全流程包含了拍摄时相机的色彩空间设置为 sRGB，在电脑上进行后期处理时，软件的色彩空间也设置为 sRGB。

但是，对于色彩有着更精确要求的摄影师而言，sRGB 所包含的色彩范围过于狭窄，色彩之间的轻微差别难以显现，色彩过渡非常生硬。对于照片的输出打印来说，sRGB 色彩空间的短板更加明显，一部分色彩会受到 sRGB 的局限而无法表现出来，因此无法满足照片打印输出和印刷需求。

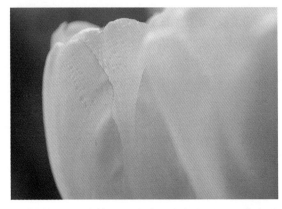

※ 虽然 sRGB 能够让照片看上去色彩艳丽，黄色的郁金香花朵倩丽迷人，但仔细观看会发现花瓣的色彩几乎为同一种黄色，缺乏变化和过渡。

※ 在 Adobe RGB 色彩空间下，同样是表现黄色，虽然画面稍显灰软，但在众多的花瓣中，黄色的过渡层次丰富细腻。对于耐心的观者来说，可以欣赏和仔细品味的地方更多。

为了克服 sRGB 的弊端，大名鼎鼎的 Adobe 公司给出了一个更好的规范标准，这就是 Adobe RGB 色彩空间。它覆盖了 LAB 色彩空间的 50% 左右，能够覆盖更多的印刷颜色。它让数码单反相机可以在更大的范围里捕捉和展现色彩。所以，让你手中的设备得到充分发挥，就要使用 AdobeRGB 色彩空间。它可以展现更多的色彩信息，让色彩还原度更高，不同色彩之间的过渡更加平滑自然。它就相当于俄罗斯套娃中较大的那个。

对于那些经常需要将作品进行高精度输出打印，用于展览展出的摄影师而言，Adobe RGB 是最佳的选择。但是由于大部分显示和输出设备并不支持 Adobe RGB，这样在 sRGB 的显示器上，具有 Adobe RGB 色彩空间的照片中超出 sRGB 范围的颜色就会被丢弃。Adobe RGB 照片还会显得灰软、反差小，视觉效果远不如 sRGB。

一方面，只有通过后期处理，才能够把 Adobe RGB 其中蕴藏的色彩潜力充分挖掘。另一方面，你还要使用广色域显示器，才能更好地显示出 Adobe RGB 具有的丰富色彩，以便在后期处理中进行精细调整。随着技术的进步，可供我们选择的广色域显示器越来越多，它的价格在不断下降的同时，色彩覆盖率也在不断提高。目前，艺卓显示器的高端产品已经能够覆盖 99% 的 Adobe RGB 色彩空间。如果仔细对比你会发现，在一台普通显示器上往往无法展现出照片中的天蓝色和翠绿色，而使用艺卓显示器就可以对这两类色彩进行准确再现。这对于后期处理至关重要，你只有看到这些色彩，才能够对其进行控制和调整。而如果在 sRGB 显示器上处理，就相当于盲操作，结果必然无法保证。

在任何时候，硬件的能力范围都是很重要的基础，它会成为你整个流程中的瓶颈。如果你的显示器仅有 sRGB，那么即使采用屏幕校色仪进行了色彩管理，也无法获得最理想的效果。因为超过 sRGB 的部分你完全看不到。

色彩空间选项位于拍摄菜单第 2 页的最后

1 项。虽然选项只有两个，非常简单，但它却对拍摄有着很重要的影响。从前面的分析我们能够看出，色彩范围较小的 sRGB 适合 JPEG 格式，能够在网上发布和交流时获

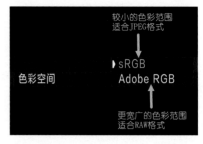

得亮丽的色彩表现。而要想发挥出色彩范围较广的 Adobe RGB 的优势，不仅需要使用 RAW 格式拍摄，而且还需要一台广色域显示器，并以输出打印为最终的照片展示方式。当然，整个流程都需要经过本章最后介绍的色彩管理。

sRGB 和 AdobeRGB 仅仅决定了你在拍摄时捕捉现场所使用的色彩范围。而在后期处理当中，在 Camera RAW 和 Lightroom 软件里，还存在一个 RAW 格式转换所使用的色彩空间，这时你就需要了解一个新的色彩空间名字，它并没有在你相机的菜单中出现过，它就是 ProPhoto RGB。它的大小介于 AdobeRGB 这个娃娃与最外层的"大娃娃"（Lab 色彩空间）之间，数码单反相机对于色彩的捕捉能力实际上可以达到 ProPhoto RGB 的范围。在这个更大的色彩空间下渲染你的 RAW 格式照片将会得到更好的色彩表现。

※ Camera RAW 中色彩空间选项包括更广阔的 ProPhoto RGB。

11.6.5 ICC 配置文件——色彩翻译官

不同设备具有不同的色彩空间，它们对于同一张照片的色彩会有不同的解读。例如，

在数码照片中，中性灰的位置非常重要。中性灰像素的 RGB 数值分别为 R=128，G=128，

B=128。但同样是这个像素点在不同设备上所表现出的效果很可能有明显差异，在某些设备上会呈现出偏暖的效果；在另一些设备上会呈现出偏冷的效果。不同设备的固有特性是导致同一个中性灰像素点从一个设备传输到另一个设备以后显示出不同的色彩。此时整个照片颜色的准确性和一致性都无法得到保证。当你需要一系列（相机、显示器、打印机等）的设备配合在一起协同工作，并最终实现理想的照片色彩输出时，就需要一个"翻译"让这些说着不同语言的设备之间能够建立良好的沟通。这个翻译就是 ICC 配置文件。

显然，需要将不同厂商生产的设备都协同在一起来进行工作时，我们又需要一个标准化组织来进行协调，它就是国际色彩联盟，简称 ICC。国际色彩联盟于 1993 年成立，其成员包括了 Adobe、苹果、微软、柯达等知名公司，至今该组织已经包含了 70 多家知名的数码产品制造企业。国际色彩联盟的核心作用就是让不同软硬件设备之间具有一致的色彩显示效果，有了 ICC 标准后不同设备的色彩特性就可以

实现精确的输入输出，实现所见即所得的效果，而发挥这一作用的工具就是 ICC 配置文件。

※ 你电脑中的 ICC 配置文件。

如果你使用 Windows 操作系统，那么进入 C:\Windows\System32\spool\drivers\color 文件夹后就能够看到这些在默默无闻地发挥作用的 ICC 配置文件。

当数码照片在不同设备中传递时，色彩管理系统就会把前一个设备的 ICC 配置文件描述的色彩空间转换为本设备 ICC 配置文件所描述的色彩空间，这样数码照片的文件中每个像素点的 RGB 数值就会在两个设备中以一致的色彩展现出来。所以，ICC 配置文件是色彩一致的核心保障，是色彩管理的核心。

11.6.6 想看到真实色彩不能忽视光源

![显色性较好的日光色荧光灯。]

※ 显色性较好的日光色荧光灯。

在谈到照片的色彩时，我们最容易忽视的一个环节就是在你观看照片的过程中，环境光源对于色彩表现的影响。通过白平衡的内容我

们已经知道，光源的色温会严重影响物体的色彩表现，但是人眼的适应能力却很强，只要有充足的时间，大脑就会自动修正光源色温造成的偏色。例如在钨丝灯下看书时，虽然开始看时纸张发黄，但通过一段时间的调整就能够自动将本该是白色的纸张还原为白色。但相机并不具备这样的功能，所以需要白平衡这一工具来还原物体本来的色彩。

另外，物体的色彩表现还与光线强度有关。同一个物体在光线强与弱两种环境下会呈现出色彩差异。但有趣的是，光线强度只是光子数量的多少，并不是色彩本身具有的物理属性。

光源对于色彩的影响还有一个有趣的现象

就是同色异谱现象，它是我们生活中的一种常见现象。同色异谱现象简单来说就是两种颜色看起来相同，而其实它们的光谱组成并不相同。它充分说明了一种颜色的再现与观察颜色的光源密不可分，某两种物质在一种光源下呈现相同的颜色，但在另一种光源下，却呈现不同的颜色，这种现象就叫同色异谱现象。利用这种现象制成的同色异谱油墨正是纸币上防伪识别技术的核心。

同色异谱现象对于摄影爱好者的启示在于，无论你是在观看照片还是通过显示器处理照片，都需要在一个稳定而均匀的光源环境中进行，环境光色温最好与中午的日光色温一致，光线强度不能够出现巨大变化。否则即使你的显示器是专业级的并经过精准校色，也

有可能会因为光源问题而使照片颜色出现偏差，这样你在后期调色过程就无法保持精确。在印刷行业中，都需要在标准光源箱内查看彩色打样，才能够确定印刷出来的颜色是否达到了要求。当然，标准光源的色温也不是一成不变的，纸张不同标准光源的色温也会有所差异。一般我们看到的杂志用纸，需要在 6500K 色温的光源下才会呈现出最标准的色彩。这也是我们进行后期处理和观看纸介质照片的理想光源。而很多专业美术纸则需要在 5000K 的光源下观看。对于摄影爱好者来说，选择显色性较好（显色指数 Ra 要在 80 以上）色温在 5000K ~ 6500K 日光色荧光灯较为理想。

11.6.7 在拍摄阶段获得准确色彩还原

色彩管理是一个严谨的贯穿于全部流程的工作，起始点就是前期拍摄阶段。我们首先要保证拍摄到的照片能够真实地还原出场景本来的色彩。这就需要照片具有准确的白平衡，为了做到这一点就离不开 RAW 格式。RAW 数据是原始的照片信息，没有进行色彩变换，也没有进行白平衡、色调、锐度的调节。这样在后期当中，就可以通过软件随时修改前期没有到位的白平衡结果，同时不损害画质。

第二个离不开的工具就是灰卡，它是我们

应对复杂光源环境，获得准确白平衡设置的关键。市场上的灰卡种类繁多，有的价格仅有几十元。大部分影友都认为这是一个没有技术含量的小附件，所以在选择时不会深入研究。但实际上灰卡并不简单，要想做出精准的灰卡需要生产厂商具有严谨的工艺，同时灰卡还有寿命，随着使用时间的增加，灰卡的准确性也会下降。一般情况下，专业摄影师都会每年买一张新的灰卡。

摄影兵器库：立方蜘蛛

在这个领域中，德塔色彩推出的立方蜘蛛是一款有新意的产品。它的外观就像是一个表面覆盖了黑白灰三种颜色的立方体，让你不禁联想到魔方。立方蜘蛛体积小巧，可以轻松装入口袋中，但它却能够在前期拍摄中实现很多重要的功能。立方蜘蛛使用起来非常方便，在遇到混合光源等复杂色温环境时，我们首先取出立方蜘蛛，将其正面向前（能看到灰色、白色和下方小孔的一面）放在拍摄场景中拍摄一张 RAW

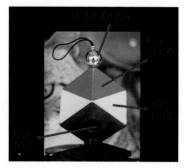

格式照片，然后将其拿走进行拍摄。只要你在相同的光源环境中，就可以一直拍摄。

拍摄结束后，将全部 RAW 格式照片导入电脑，使用 Camera RAW 打开第一张包含立方蜘蛛的照片，使用软件左上角的白平衡吸管在立方蜘蛛的灰色部分单击一次，就能够立即获得准确的白平衡。此时还应注意，你需要从朝向主光源一侧的立方体灰面上点选，才能够让白平衡更加准确。而如何判断主光源方向呢？靠大脑记忆肯定是不靠谱的，我们放大照片，通过立方蜘蛛上方的反光小球就能够很容易地查看到主光源方向以及光源是直射光还是散射光了。然后利用工具栏右侧的预设功能将这一白平衡设置保存起来，这样当打开这组照片中任何一张后，双击你刚刚保存的预设项目就可以将这一准确的白平衡应用在照片里。

除了白平衡校准功能以外，通过立方蜘蛛还能够对照片的曝光进行更加精确地控制。通过其表面的白色区域我们能够定义照片的白场，由于光线照射不到立方蜘蛛下面的小孔内部，所以还能准确地定义照片中的黑场。在很多照片中，本该黑色的区域不黑，本该白色的区域

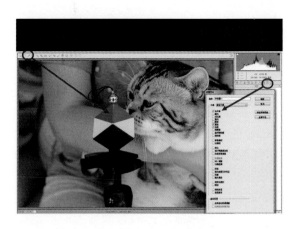

不白，而是发灰，这样照片整体的对比度缺失，画面缺少立体感。重新定义黑白场后就可以确定直方图两端的区域，让画面有冲击力，色阶分布更加均衡。具体操作方式是在 Camera RAW 软件中，按下 Alt 键的同时用鼠标向左拖动黑色滑块，直到立方蜘蛛下方的黑色小孔在画面中显现出来。同样，按下 Alt 键的同时用鼠标向右拖动白色滑块，直到立方蜘蛛上的白色区域显现出来。你可以用预设工具将黑白场调整保存，并与白平衡调整一起快速应用到其他照片当中。有了立方蜘蛛这一工具，我们就能够轻松实现前期拍摄在色彩与曝光上的准确到位。

11.6.8 显示器校色——拥有看到真实色彩的窗口

显示器是数码暗房的核心设备，它是我们了解照片色彩的最重要媒介。相对来说，其他数码设备使用厂商提供的 ICC 配置文件就能够获得较好的色彩管理结果，但是对于显示器来说，只有针对每一台显示器单独定制自己的 ICC 配置文件才能够获得最理想的色彩展现。这是由于显示器的不同品牌及型号其色彩表现有很大差别，加之电子产品不可避免的老化和衰减，使显示器不能准确地显示正确的色彩。

当今数码单反相机的色彩空间已经完全覆盖 Adobe RGB。摄影师也逐渐习惯了使用 Adobe RGB 色彩空间模式进行摄影创作。因为

Adobe RGB 的色域范围更广，能够记录下真实环境中更多的色彩，照片的色彩表现和真实还原度更加优秀。但是数码相机作为数据提供的源头，并没有印刷专用或者显示专用的区分，所以拍摄下来的图像需要根据输出设备进行优化处理。显示器最好能够支持 Adobe RGB 色彩空间，并进行屏幕校色才能够保证真实还原相机所拍到的色彩。显示器的校色直接关系到图片质量。试想我们在一台显色不准确的显示器上对照片进行修改，那么修改的照片颜色也就是不准确的。而且加上打印机、显示器和相机的色彩空间差别，我们打印出来的照片肯定是色彩偏差得离谱。

摄影兵器库——显示器校色仪

我们需要一个硬件设备才能够完成显示器屏幕校色的任务，这个硬件设备就是屏幕校色仪。例如德塔颜色推出的红蜘蛛（Spyder 5 ELITE）就是这样一款产品。进行屏幕校色前，我们需要安装随红蜘蛛一起附带的软件，并打开显示器 30 分钟，让其充分预热进入工作状态。同时确保环境光较弱，避免强光直射在显示器屏幕上。

然后将红蜘蛛通过 USB 接口与电脑相互连接，并打开软件进行一系列的设置。根据软件界面的提示，选择显示器类型、输入显示器的品牌和型号、显示器的色域（专业级显示器选择宽色域，普通显示器则选择 sRGB）、显示器背光类型（当前大部分显示器都采用 LED 白光作为背光）。在校准设置中需要将光度（即

gamma 值）设置为 2.2，白点（即显示器白场色温）6500K，亮度为 120cd。

完成这些设置后，软件就会提示将红蜘蛛挂在屏幕的相应位置上。为了让红蜘蛛能够准确地工作，显示屏需要保持清洁，并将显示屏角度适当后仰，让红蜘蛛更好地附着在屏幕表面。之后显示屏就会出现多种色彩信息以供红蜘蛛进行读取，后者将读取到的数值与标准色样值进行对比，并以此为依据生成屏幕色彩校准文件即 ICC 配置文件。

整个过程都快捷而自动，在完成后我们仅需要保存新生成的 ICC 配置文件即可。这样简单而轻松的校色过程就结束了。你的显示器会成为一个颜色还原准确的平台，为下一步的后期处理奠定了良好的基础。当然，作为屏幕校色仪中的高端产品，红蜘蛛还具有检测屏幕均匀性和色彩精准度等高级功能，其价格在 2000 元左右。值得注意的是，显示器的校色并非一劳永逸，随着使用时间的延长，显示器色彩的准确性也会下降，需要重新进行校色。校色频率根据显示器使用时间来决定，对于一般摄影爱好者来说，每月校正一次是比较合适的。

11.6.9 如何获得准确的打印色彩

从整个色彩管理的流程顺序来看，我们通常所说的后期处理也仅仅是为了出图效果更好而进行的中期手段而已。真正的后期是打印输出环节。通过上面的介绍我们能够看出，虽然

显示器是整个色彩管理过程中的核心设备，但是其校准过程比较简单。色彩管理中的难点实际上

在于让显示器的显示效果与打印机输出的照片保持色彩的统一。由于显示器是 RGB 发光设备而照片是靠反射光线展现色彩的，所有二者有着本质的区别，要想让它们具有一致的色彩就困难得多。

打印机的型号、所使用墨水的类型以及打印纸张的类型都会对最终照片的色彩表现产生影响。为了让这三者的组合产生出与显示器上一致的色彩，我们就需要用到打印机校色仪，例如德塔颜色的打印蜘蛛。首先通过附带的软

件打印一组色标，然后使用打印蜘蛛读取色标上的色彩信息，打印蜘蛛会将读取到的数值与标准色样值进行对比，并以此为依据生成打印机色彩校准文件即 ICC 配置文件，这样就实现一致的色彩输出了。但应注意，一旦更换了墨水或照片纸，就要重新进行打印机校色。

在墨水与纸张的选择上建议大家将输出效果放在首位，尽量选择佳能或爱普生的原厂产品，比起价格低廉的副厂或山寨产品，打印出的照片色彩更加准确，并能够保证在更长的时间里不发生变色。

11.6.10 让色彩还原实现商业级的精确度

不同品牌的相机在色彩表现上有较大差异，即使是同一品牌的相机，老款与新款之间仍然会存在色彩的差异（一般来说，新款相机具有更大的色彩空间，也就具有更好的色彩表现能力。所以数码时代里"买新不买旧"往往是选购器材的重要原则）。在数码时代，影响照片色彩的最大因素来自相机中的感光元件，厂商对于感光元件内部算法的不同调校会对照片色彩产生很大影响。当然，拍摄过程中环境光源的色温和光线强度也会对照片所表现出的色彩产生重要影响。在硬件方面，镜头在色彩的呈现过程中也起着重要作用。我们在镜头一章中了解到的镀膜技术就是与色彩表现密切相关的技术环节。

红圈镜头不菲的价格从一方面代表了其可靠的品质，大部分影友都会关注镜头的锐度、耐用性等方面，而事实上，红圈镜头的一个重要优势就在于不同镜头之间的色彩表现差异较小，具有较为统一的色彩倾向。对于那些对色彩要求更加严格的商业摄影师来说，红圈镜头的这个特点非常重要。试想一下，如果在一项重要的拍摄任务中，我们只使用一台机身和一支镜头，那么仅仅控制好白平衡就能够实现准确的色彩还原。然而现实情况是，往往需要多台机身和多支镜头来完成这一拍摄任务，同时在最终的一系列作品中，照片中的商品需要表现出一样的颜色，而不能出现差异。由于不同的感光元件和镜头会对照片的色彩表现产生影响，因此即使所有相机均设置了正确的白平衡，照片之间的色彩差异依然会出现。

摄影兵器库——标准色卡

此时，除了使用色彩表现更加一致的红圈镜头外，还需要一个重要的工具——标准色卡。例如德塔颜色推出的校色蜘蛛，它的正面包含了 48 个色块，而背面则是标准的灰卡。每次使用不同的相机和镜头进行拍摄时，首先在拍摄现场的光源下

拍摄一张包含标准色卡的 RAW 格式照片。你可以让模特手持标准色卡也可以将其摆放在静物拍摄对象的旁边，然后在这一环境下进行自由的拍摄。拍摄结束后，将全部照片导入电脑，使用 Photoshop 的 Camera RAW 插件打开包含有标准色卡的第一幅照片。使用裁切工具将画面裁切至仅包含 48 个色块的区域，然后将该照片导出为 JPEG 格式。退出 Camera RAW 后，使用标准色卡附带的 SpyderCheckr 软件打开这幅 JPEG 格式照片，这样软件中的

相同色块就会与照片中的色块重叠，进行色彩校准。将校准结果保存为一个文件，重新打开 Camera RAW 后就可以将这个文件以预设的方式打开，并应用在该环境中拍摄的其他照片里。

通过标准色卡的帮助，我们就可以让使用不同镜头和机身拍摄出的照片具有一致的色彩表现了。

摄影兵器库：打印机（佳能 PIXMA Pro-1）

对于佳能数码单反用户来说，选择原厂打印机不仅能够获得出色的打印效果，还可以让从拍摄到输出的所有设备更加兼容，获得更加顺畅的影像流程。你甚至可以从佳能 DPP 软件中无缝连接打印插件，实现 RAW 格式直接打印等功能。佳能打印机产品系列较多，对于摄影爱好者来说最佳的选择是喷墨照片打印机，它又分为 A4 幅面和 A3+ 幅面两个类型，A4 幅面的尺寸为 210mm×297mm，而 A3+ 幅面是扩大了的 A3 幅面，其尺寸达到了 483mm×329mm，面积是 A4 幅面的 2.5 倍。因此，A3+ 幅面喷墨照片打印机可以输出更大尺寸的照片，基本能够满足小型摄影展的打印需要。当然，如果将自己的作品打印出来用于装饰家庭更是绰绰有余。

在佳能的 A3+ 幅面喷墨照片打印机中，顶级的型号是 PIXMA Pro-1，具有与顶级 EOS 机身一样的编号方式。虽然从原理上说，打印机是采用 CMYK（青、品红、黄、黑）四种颜色的颜料来模拟出千变万化的色彩，但是在高端打印机中墨水系

统的颜色数量已经达到 8 种以上，佳能 PIXMA Pro-1 更是达到了同类打印机中最高的 12 种颜色墨水。除了传统的 CMYK 以外，佳能还增加了照片青、照片品红和红色三种墨水，从而扩大了实际打印色域，能够更加准确地再现丰富的色彩，让专业作品获得真实的色彩还原。除了色彩表现能力以外，摄影人更看重影调的表现，一张优秀的纸介质照片需要从黑到白有丰富的层次和过渡。为此，佳能 PIXMA Pro-1 具有多达 5 种黑色墨水，包括浅灰、灰色、深灰、照片黑和亚光黑。其中 3 种灰色墨水能够丰富照片的影调过渡，浅灰色与灰色能够减少高光区域中的颗粒感。在所有的照片打印机中，佳能 PIXMA Pro-1 能够实现更高的黑色密度，再现层次丰富的黑灰白影调，能够获得从高光至阴影更加平滑、柔和与自然的影调过渡。

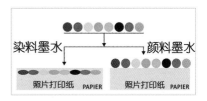

在购买打印机以前，你还需要了解一些关于墨水的知识。在我们经常接触的绘画领域里，国画的水墨写意、油画的浓艳厚重、水彩的颜色晕染，在很大程度上是由不同的颜料决定的。在照片打印领域，同样存在墨水类型的差异。目前打印机使用的墨水主要包含两大类型：颜料墨水与染料墨水。如果将不同墨水打印出的照片放在一起对比，用显微镜查看照片表面的微观结构你会发现，使用染料墨水打印的照片，墨水会渗透到照片纸的吸墨层内部，因此微观

结构上照片纸的表面仍然是平面。如果你采用的是光面照片纸，染料墨水会让照片具有更好的反光能力，再加上染料墨水本身具有的色彩艳丽的特点，将获得很好的色彩表现。

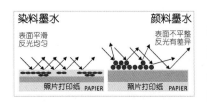

而使用颜料墨水打印的照片，墨水不会渗透到照片纸吸墨层内部，而是像油画颜料一样覆盖在表面，颜料的墨滴直径很小与照片纸表面有力的附着在一起。这样从微观结构来看，颜料墨水会造成表面的凹凸不平。在照片的暗部或色彩浓艳的区域有更多的墨滴附着，而在高光区域则很少有墨滴覆盖，这样同样一张照片对于光线的反射能力就会产生差异。墨滴集中的区域上会出现漫反射现象，没有明显反光，而墨滴较少的区域则会与染料墨水一样出现反光。在使用光面照片纸时这种情况更加明显。反光情况的差异损害了照片的色彩表现，因此在高端打印

机的颜料墨水中会添加一种光泽树脂材料，用它来覆盖那些墨滴较少的区域，这样颜料墨水也能够实现平整的表面，实现一致的反光效果。这就是佳能引以为豪的晶亮色墨水的原理。

从表面上看，颜料墨水要多一个步骤才能够实现与染料墨水一样的效果，但是颜料墨水的其他几个特性让其处于照片打印领域的统治地位（佳能 PIXMA Pro-1 就是采用颜料墨水）。首先，由于颜料墨水的颗粒外层都包裹着一层树脂膜，因此颜色非常稳定，经过长时间的历练也不容易褪色。另外，它不像水溶性的染料墨水，打印后立即就能够看到色彩结果，而不必等待照片纸上的墨水干燥。这样便于摄影师快速对打印色彩做出判断。最关键的是，颜料墨水不容易在照片纸内扩散开来，因此打印机可以采用更小的间距喷出细小的墨滴，这样就能够呈现出影调层次和色彩过渡更加丰富的照片，在细节表现极为重要的风光题材中，可以获得更加细腻的表现效果。因此，高端打印机都使用颜料墨水。

摄影兵器库：摄影师该用什么样的显示器

很多摄影发烧友对相机、镜头以及其他附件一掷千金，都选择顶级的产品。然而却忽视了一项貌似与摄影无关的器材，那就是显示器。你一定听说过这样一种说法：苹果电脑的色彩显示更加准确，是设计和印刷领域必备的设备。这就说明了，即使你的相机和镜头全都是顶尖的，拍摄技术也十分过硬，但是一台质量差的显示器，会让你前期的所有努力化为乌有。

显示器在日常生活中很常见，办公的显示器多为性价比高的产品，主要用来打游戏和看电影的显示器要有很高的响应速度。而一台摄影师使用的专业显示器需要具有哪些特点呢？

液晶面板的选择

首先需要了解显示器的核心部件——液

晶面板。对于一台液晶显示器而言，其成本的70% 都来自液晶面板，除此以外就只是驱动电路和外观材料。液晶面板决定了显示器色彩表现、对比度、响应时间和可视角度等重要参数，它是决定一台显示器优劣的最重要因素。但市场上的液晶面板种类繁多，包括 TN 面板、VA 面板和 IPS 面板，摄影师需要挑选什么样的面板呢？

TN 面板——高响应速度的游戏面板

液晶显示器的工作原理就是在两块平板之间填充液晶材料，通过电压来改变液晶材料内部分子排列的状况，从而实现遮光和透光的变化。在两块平板之间再加上 RGB 三原色滤光层，就可以实现明暗与色彩的变化，从而展现

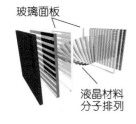

玻璃面板

液晶材料
分子排列

出漂亮的图像。TN面板的最大特点是液晶材料内的分子偏转速度快，因此响应时间短。最好的 TN 面板可以达到 2 毫秒的响应时间，几乎没有延迟。所以，它非常适合用来打游戏看电影。TN 面板对于速度的追求是有代价的，那就是牺牲了画质。其原生色彩显示能力只有 6 位（原生色彩显示能力近似于原生感光度的概念，指没有经过电路放大时的色彩显示能力），只能显示 RGB 三原色各 64 色，最大色彩显示能力为 26 万色。为了提高色彩显示能力，往往需要通过内部电路进行处理，处理后才能达到 8 位的 1670 万种颜色，但显示效果与原生 8 位的面板在色彩准确性和过渡上相差较多。所以，TN 面板并不适合摄影师。

VA 面板——高对比度的办公面板

VA 面板具有原生 8 位的色彩显示能力，可视角度较大、对比度高，显示文字时清晰锐利，是办公显示器的首选。但 VA 面板均匀度不佳，往往会发生色彩漂移，也不适合摄影师。同时 TN 面板和 VA 面板都属于软屏，用手指轻轻触碰时会出现近似水波纹的现象。

IPS 面板——色彩表现最佳的摄影师面板

前面提到过，液晶显示器要通过电压来改变液晶材料内部分子排列的状况。在施

※ IPS 面板具有较大的可视角，即使多人一起观看显示器，坐在侧面的人也可以看到无色彩失真的画面。

加电压时，其他面板的两个电极都是位于上下两面，立体排列。但 IPS 面板的两级都在一个平面上。因此，不论液晶材料内部分子如何排

列，始终与屏幕平行，这会导致透光率下降，因此需要较多的背光灯，功耗较高。但也正是由于这种设计，其可视角度非常大，左右和俯仰都可以达到 178°。在进行照片后期处理时，即使从侧面观看显示器，依然不会出现色彩失真现象。这是其他类型的面板无法做到的。IPS面板属于硬屏，用手指轻轻触碰也不会出现水波纹的现象，具有一定的防划伤能力。在色彩的显示上，IPS 面板对颜色还原准确、色彩过渡丰富、显示效果通透自然。高端的 IPS 面板可以实现覆盖 99%Adobe RGB 广色域的能力。显然，IPS 面板是摄影师的最佳选择。随着技术的发展，IPS 面板也在不断改进，出现了很多子类，目前较为先进的类型是 AH-IPS 面板。

广色域

※ 可以覆盖 Adobe RGB 的显示器能够精确表现拍摄时的色彩，尤其可以还原 sRGB 显示器无法看到的天蓝色和翠绿色。

在相机内可以选择 Adobe RGB 或 sRGB 色彩空间。例如，在拍摄 RAW 格式照片时，选择 Adobe RGB 色彩空间可以让照片具有更广的色彩范围，采集到更多的色彩信息。然而，如果仅以网络发布为目的，并不能真正发挥 Adobe RGB 色彩空间的优势。只有当你的摄影作品以打印输出为最终呈现方式时，Adobe RGB 色彩空间的优势才能真正得到发挥。这是由于 sRGB 色彩空间无法覆盖印刷行业所使用的标准，最终输出效果会大打折扣。而 Adobe RGB 色彩空间基本覆盖了常见印刷和打印标准，能够让纸介质照片获得更好的色彩表现。

为了保证最终的输出效果，摄影师在拍摄、调整、输出三个环节中都要在 Adobe RGB 色彩空间下工作才可以。普通显示器的色域较窄，如果前期采用 Adobe RGB 拍摄，那么在显示照片时色彩偏差就出现了。虽然 sRGB 色彩空间内的色彩能正确显示，但对于超出部分的色彩会进行合并处理，这样就会显示出错误的色彩，并且容易丢失色彩之间的过渡和层次。在损失的色彩当中，还包含了天蓝色和翠绿色这种对于风光题材最重要的颜色。到了下一个环节输出打印时，色彩就会出现严重偏差。所以，为了真正挖掘出 Adobe RGB 色彩空间的优势，保证最终输出打印的效果，具有广色域显示能力的显示器是必备的。

色彩准确度

ΔE 是用来判断色彩准确度的参数，它表示了显示器呈现的色彩与标准色彩之间的差异。ΔE 值越小代表该显示器的色彩显示准确性越高。当 1<ΔE<3 时，人眼需要进行对比才能够辨别出显示器呈现色彩与标准色彩之间的细微差别。当 ΔE>3 时，人眼可以直接辨别出色彩差异，并认为是两种色彩。而当 ΔE<1 时，只有专业仪器才能够区分出来。对于摄影师而言，显示器对于色彩显示的准确程度非常重要，ΔE<2 是较为理想的指标，例如戴尔（Dell）UltraSharp U3014 显示器就能够实现这一指标。而 ΔE 高于 5 则难以满足精确的后期处理要求。

显示器的亮度

液晶材料本身不能发光，需要借助后方的额外光源，这就是背光。显示器的亮度与背光光源有关，背光越亮，整个液晶显示器的亮度越高。目前背光设备基本淘汰了 CCFL 背光源（冷阴极荧光灯），新的显示器普遍采用 LED 背光。LED 背光做到了平面化，众多发光二极管均匀地分布在液晶面板后方，大幅度提高了

亮度的均匀性。从此我们不必担心显示器各区域之间的亮度有严重差异。衡量亮度的单位是坎德拉每平方米（cd/m²），目前主流显示器能够达到 350cd/m²，最低亮度为 50cd/m²。大部分显示器只有将亮度调整到较高水平，才能获得好的色彩显示效果。但是，背光亮度提高后，发出光线的光谱也随之改变，其中红黄色光比例降低而蓝光比例增加。而正是这种蓝光对人眼视神经的损害较为严重，所以在使用中，最好降低显示器亮度，在 120cd/m² 对人眼相对较好。普通显示器降低亮度时，RGB 三原色并非同比例下降，而造成色彩表现的前后不一致。对于满足摄影师需求的专业显示器来说，即使在低亮度下依然具有较好的色彩显示效果。

显示器的色温

显示器显示纯白色时的色温为标准色温，绝大多数显示器的标准色温为 6500K。在进行显示器校色前，也应该将其调整到这一色温下才能获得最佳的显示效果。但目前有些显示器为了获得更明亮通透的显示效果，出厂色温设置高达 7000K 以上，有的甚至高达 9000K。如果用这样的显示器进行后期处理，那么你看到的照片会偏冷，于是要利用后期软件进行修正。到最终打印输出时才会发现，照片实际上被修的过暖。这就是显示器色温设置不当造成的危害。

摄影师的首选——艺卓 CG277

艺卓（EIZO）显示器在专业摄影领域鼎鼎大名，它已经成为摄影师首选的专业显示器的代名词。深受图像领域专业人士的青睐，也是印刷业、医学、视频后期等行业的标配。在

摄影爱好者中，艺卓显示器用户为数不少，很多爱好者把拥有艺卓显示器与顶级全画幅相机并列看待，设定为自己对器材等级追求的终极目标。

艺卓的产品线分为三大类别，顶级的 CG 系列具有最精准的色彩显示效果，是职业摄影师的首选。CX 系列价格稍低，同样可以覆盖 Adobe RGB 色彩空间。而面相普通摄影爱好者的是 CS 系列，只覆盖 sRGB 色彩空间。

艺卓 CG277 是一款专为职业摄影师准备的超高分辨率大尺寸液晶显示器，它具有一流的色彩和画质，性能远超民用级产品。画面色彩均匀，几乎没有偏色和漏光，即使在专业级液晶中，它的表现也数前列。每一台艺卓显示器出厂时都附带一对一的检测证明，说明了这台显示器在调校过程中表现出的特性。

艺卓 CG277 配置很高，27 英寸顶级 IPS 显示屏，最大分辨率支持 2560×1440 像素（16:9），可以提供更充足的空间显示图像和工具面板。即使同样都属于 IPS 面板，也有很多等级之分。艺卓 CG277 所采用的是最高端 IPS 面板，色彩表现可以超越市场上所有的中低档 IPS 面板显示器。如果将同样一张摄影作品放在艺卓 CG277 和普通 IPS 屏显示器上进行对比，会表现出惊人的差异。

艺卓 CG277 的色彩丰富、过渡自然、细节表现完美无缺。画面极为生动，主体活灵活现仿佛要跳出画面一般。当然这也要归功于其宽广的色彩空间。其广色域可以覆盖 99&Adobe RGB 108.87%，可提供 10 位的显示色彩。

外界光线同样会对显示效果造成干扰，容易出现一定程度的色偏和色显错误，即使是专业的高端显示器也

内置校色仪

不例外。为了解决这一问题，艺卓 CG277 显示器附赠遮光罩，可有效避免外界光线的干扰，获得最佳视觉效果。它还内置了色彩校准传感器，校色时可以自动弹出。专业显示器的校色并非一劳永逸，而是需要定期校正，艺卓 CG277 的内置校色仪就可以十分轻松地自动实现定期校正。艺卓 CG275W 还具有丰富的控制功能，除了常规的亮度、对比度等设置之外，还有色温、伽马、色调、增益、饱和度、黑阶等更加专业的参数可以进行调整。

当然，这样一台显示器接近 3 万元的售价会让很多发烧友望而却步。但是，3 万元的顶级相机在外拍活动中比比皆是，为什么不使用一台高水准的显示器，让你手中器材的价值发挥到极致呢？

4K 广色域显示器——三星 UD970

传统的高清视频包括 720P 和 1080P 两大规格，720P 的画面分辨率为 1280x720 像素，而 1080P 画面分辨率达到 1920x1080 像素。然而在技术日新月异的今天，这

※ 三星 UD970。

一规格很快就被甩在了身后。目前最流行的新技术是 4K 视频，其分辨率高达 3840×2160，像素是 1080P 的 4 倍，所以被称为 4K。目前，已经有不少新款微单和单反可以拍摄 4K 视频。在拥有 4K 功能的显示设备上，视频画面覆盖

※ 色彩空间可以覆盖 99.5% 的 Adobe RGB，100%sRGB，可以输出 10.7 亿种色彩。

范围之大、主体细节之清晰完全是革命性的，视觉冲击力不同凡响。对于静态照片来说，4K 显示设备能够带来显示效

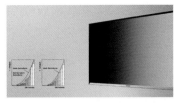

※ 灰阶级数可以分为 1024 级，对于亮部与暗部的细节表现更加到位。

果的飞跃。使用佳能 EOS 7D MARK II 拍摄的照片分辨率为 5472×3648，这样在原来普通液晶显示器上，即使全屏查看100%原大的照片，也只能同时看到30%左右的画面。如果使用 4K 显示器，那么全屏时将能够看到近 70% 的画面。不仅方便进行原大查看，而且由于像素密度更高，清晰度将同步上升。目前，各大液晶电视厂商已经全面推出 4K 电视，大有普及之势。而显示器领域向 4K 迈进的步伐却远没有电视行业那么快，这也是受限于操作系统和显卡的相对滞后。但是，一些亮点产品还是能够吸引影友的视线，毕竟 4K 是今后的趋势，对于照片和视频的显示有革命性的变化。

在新产品中，三星的 4K 显示器 UD970 是一个亮点产品。UD970 达到 31.5 英寸，除了 4K 分辨率还有 178° 的广阔视角，在多人同时观看照片时具有更好的效果。UD970 拥有高达 10.7 亿色的显示能力，是普通显示器的 64 倍，具有出色的色彩表现能力。色彩空间可以覆盖 99.5% 的 Adobe RGB。与业界知名的艺卓相同，每台显示器在出厂时都会经过严格的出厂校准，从而保证高等级品质。为了让长时间进行后期处理的摄影师拥有舒适的视角，UD970 具有可拆卸的背板，显示器可以上升 13cm，以保证与使用者的视线水平。这一点可以有效减少低头现象，对于用户的颈椎是极大的保护。另外，UD970 还能够旋转、倾斜，变化出多种角度。例

※ 分为 25 个区域进行出厂预先校准。

如，在处理竖构图的人像照片时，可以将显示器以垂直方式摆放，让照片处理更加便利高效。与苹果设备类似，它还配备了重力感应装置，在旋转屏幕后菜单可以自动调整。UD970 将显示屏表面分为 25 个区域进行出厂预先校准，可以保证更好的显示效果。UD970 具有三大校准模式，包括可以让整个屏幕色彩显示均匀一致的图像均匀校准，可以保证各灰阶均匀显示的伽马灰度校准以及白平衡校准。其中灰度校准对摄影作品的意义最为重要，如果一台显示器灰阶不准，后期在分区域调整曝光将出现严重偏差。例如，在调整一幅作品时，经常用到这样的技术，将部分区域调整为亮部，压暗画面其他部分。如果显示不到位，则照片最后的明暗反差就会出现严重偏差。另外，UD970 不仅可以进行双屏显示，将照片在不同色彩空间下的效果进行对比，还具备画中画和同时接 4 台电脑进行显示的能力。甚至被分开的 4 个小屏幕，每个都能达到 1080P 的水平。

未来趋势——曲面显示器

显示技术发展之快是你难以想象的，就在我们介绍最新的 4K 显示器时，不仅具有 5K（分辨率为 6400×3600）高清视网膜屏的苹果一体电脑已经上市，而且下一代的曲面显示器也已经初见端倪。曲面显示器弯曲点与边缘差异为 1.12cm，能够给我们提供更加身临其境的视觉感受。人眼的视野可以在曲面显示器前得到

※ 三星曲面显示器 S34E790C。

拓宽，增强感知范围，获得类似全景的体验和裸眼 3D 效果。曲面显示器上各点到眼睛的距离相同，画面完整性得到更好保证，边缘的损失更小。曲面显示器还可以进行自动景深优化，通过对比度调整，强化前景与背景之间的距离感，从而形成更好的立体效果。如果将 3 台曲面显示器并排放置，将成为一个环绕的显示效果，其震撼度将无法用语言形容。相信在不久的将来，曲面显示器和相机的曲面感光元件将普及，到时摄影作品的拍摄和展示将完全与今日不同。

CHAPTER

第**12**章 高手拍摄之道

拍摄参数： 光圈：f/22 快门：1/100s 感光度：ISO100 摄影师：吕学海

- 你知道吗？有一种创作手法能够化腐朽为神奇，创造出不同凡响的照片效果，它是什么呢？
- 这两年流行的星轨照片是用什么功能拍摄出来的呢？
- 实时取景会让对焦速度变慢，那么它还有使用的价值吗？
- 你知道吗？数码单反相机已经被用来拍摄电影了，它的视频拍摄能力有多强大呢？

在掌握了对焦和曝光等相机基础操作后，我们需要通过不断地拍摄实践来提高相机操作的熟练程度，在这一过程中也会不断深化对前面知识的理解。对基础操作驾轻就熟后，你会发现常规题材已经完全不成问题，要想让自己的照片取得突破就需要有更多的画面表现形式。在这个通往更高层次摄影技术的道路上，多重曝光、HDR、间隔定时拍摄能够让你的照片获得特殊的视觉效果，闪光灯的使用更是让你开始领悟摄影用光的奥秘，而实时取景拍摄手段会在某些题材上带来更大的便利，引领你轻松跨入视频拍摄的大门，从中你会发现一个全新的视觉表现领域。

12.1 多重曝光——不仅是叠加更是创造

多重曝光是一种在胶片摄影时代就被广泛应用的创作手法，当时通过在同一张底片上进行多次曝光来实现叠加的特殊画面效果。这种作品可以将本来并不相关的场景放入同一个画面中，展现出奇幻的效果，也可以将一个普通的场景拍摄出梦幻的超现实感。

多重曝光这一技术手段是摄影师追求独特视觉感受，表达个人情感的重要技术手段。在胶片时代，多重曝光极为考验摄影师的曝光技术，因为在叠加过程中如果每张都按照正常的程度曝光，那么最后的照片肯定过曝。所以，一张好的多重曝光作品不仅需要好的创意，而且需要过硬的技术运用。到了现在，数码相机上内置的多重曝光功能实现了更自动化的操作，

让我们不必在技术上考虑过多，只需要发挥创意和构思即可。

硬件技术看板

在刚刚进入数码时代后，以佳能为代表的一些厂商在数码单反相机中取消了多重曝光功能。这是由于采用 Photoshop 可以扩展多重曝光的自由度，可以将任意两张照片通过软件进行合成，并且可以进行精心地修饰。但是，后期合成与前期拍摄时完成的多重曝光并不完全相同。前期的多重曝光可以根据现场情况立即看到结果，便于随时进行调整。另外，对于爱好者来说前期多重曝光能够带来很大乐趣。所以，佳能在 2012 年 EOS 5D MARK III 推出时恢复了这一功能，并且回归的机内多重曝光功能更加强大，成为特效表达的重要手段。

12.1.1 多重曝光的基础设置

多重曝光属于上手容易但拍好难的一类拍摄技术。你通过几分钟时间就能够掌握关于多重曝光的机内菜单设置，但要想拍出满意的作品则需要更多的创意、思考、规划和实践。你会发现多重曝光的关键在于释放自己的想象力，

它不仅是画面的叠加更是创造。只有让多个画面融合时既冲突又和谐、既独立又包容、既繁复又简洁，才是一张成功的多重曝光作品。我们先来看看最基础的多重曝光用法。

【菜单解析】拍摄菜单第 3 页第 6 项【多重曝光】

➤ 首先进入拍摄菜单第 3 页的【多重曝光】选项中，界面中第一行【多重曝光】负责这一功能的开启和关闭。当然，这里不是简单的开启和关闭。多重曝光可以被应用在两大类场景，即静止主体和运动主体，这在前面讲解自动对焦时我们已经进行了详细的分析。在使用多重曝光拍摄静止主体时，我们主要通过主体位置安排、画面明暗组合的方式进行叠加，创造出独特画面。这就要求我们在拍摄时精确

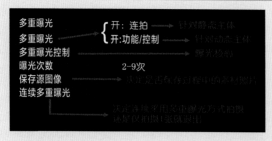

控制前后多次曝光中的视觉元素位置布局，并不断地调整和试验。因此，在多重曝光的整个拍摄过程中，需要不断地回放、检查和调整。每一次曝光当中都需要对相机参数进行调整。此时应选择【开：功能 / 控制】。而在拍摄运动主体时，尤其是在黑色背景的舞台上，拍摄芭蕾舞演员的连续动作，并组合成为一张多重曝光作品时，我们更注重连拍速度，而不是中间的调整和控制，此时应选择【开：连拍】。在这一选项下，多重曝光拍摄期间的照片回放、菜单操作都会关闭。而且只能保存最终合并的照片，而无法保存过程中的每一幅素材照片。

➤ 【曝光次数】选择由几张素材照片合成为一张多重曝光的作品。佳能 EOS 7D MARK II 可以选择的范围是 2 至 9 张。我们可以从最基础的 2 张多重曝光开始练习，这也是最基础的多重曝光运用方法。一

般较多采用 2 ～ 4 张素材照片来合成多重曝光作品，如果数量太多则会出现画面杂乱，主体被淹没的情况。接近 9 次上限的多重曝光一般运用在体育类特效摄影领域，可以在一张照片中表现运动员的连续动作。

➤ 【保存源图像】可以让我们选择在获得多重曝光最终结果时是否保存素材照片。如果拍摄场景难以复制，或者我们希望在进行机内多重曝光的同时还为后期软件进行多重曝光留有素材，去尝试更多样的多重曝光效果，就可以选择【所有图像】。而如果希望快速拍摄，减小数据存储时间，则可以选择【仅限结果】。

➤ 【连续多重曝光】中有两个选择，【仅限 1 张】可以让你在拍摄完成一张多重曝光的作品后相机自动切换回非多重曝光的状态。【连续】则可以让你一直以多重曝光的方式进行拍摄，直到重新进入菜单关闭多重曝光为止。在大部分场景中，我们都需要连续拍摄一系列的多重曝光作品，从中挑选最为满意的保留，此时就应该选择第二个选项。当然，如果你希望进入常规拍摄时，不要忘记关闭多重曝光功能。可以通过机顶液晶屏来查看当前拍摄状态，如果出现◨多重曝光标志，即代表相机处于多重曝光状态中。

12.1.2 多重曝光中的明暗关系

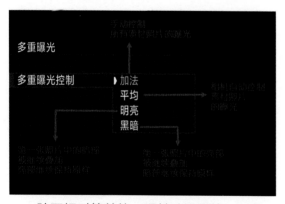

除了相对简单的 4 项基础设置外，还有一项核心设置决定了多重曝光最终效果的成败，这就是【多重曝光控制】选项。

由于多重曝光是由多张照片合成的，最终的曝光也就是由每幅素材照片的曝光叠加而成。当所有素材图片都曝光正确时，最终合成的照片往往会过曝。素材照片越多，最终结果

过曝得越明显。因此多重曝光的过程中，我们需要对素材照片进行曝光控制，才能获得曝光正常的最终画面。前面提到过，在胶片时代，摄影师都是手动完成这种曝光控制的，也就是说通过计算来降低每一张素材照片的曝光。例如，当多重曝光为 2 张时，每张素材照片的曝光会被降低 1 挡；而多重曝光为 3 张时，每张素材照片的曝光会被降低 1.5 挡；多重曝光为 4 张时，每张素材照片的曝光会被降低 2 挡。采用这种手动方式才能获得最终没有过曝的照片。

【多重曝光控制】选项中的【平均】相当于多重曝光中的自动挡，此时相机会根据素材照片的数量，自动计算出每张照片的曝光降低数值，并在拍摄中自动执行，从而保证合成的最终照片不过曝。对于初学者来说，【平均】

往往能够带来比较好的效果，尤其是面对低反差场景，没有明暗交织的区域时，效果更明显。在多重曝光拍摄时，一类是由摄影师来选择不同的主体和场景，分别拍摄进行叠加。另一类是场景不变，而主体在这个固定不变的场景中不停移动。后一种拍摄，更加智能的【平均】还可以对主体和背景进行区分，在最终的照片里，不仅做到重叠的主体曝光准确，还能够做到尽量让背景也曝光准确。但所有的自动模式都会束缚住创意的翅膀，当你需要拍摄更加独特的多重曝光作品时，它就难以实现你的想法了。此时，你需要选择自行手动控制。

【多重曝光控制】选项中的【加法】则相当于这种手动控制。此时，所有素材照片的曝光都由我们自己手动控制，相机所做的只是将这些照片叠加，而不进行自动的曝光控制和调整。所以，【加法】就相当于拍摄模式中的 M 挡全手动曝光一样，曝光的控制权掌握在摄影师手中。在将不同场景的照片作为素材形成最终作品时，我们可以按照胶片时代的方式，对每

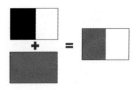

※ 只有第一次曝光中的暗部才能够在后续的曝光中添加更多的内容，而亮部几乎无法增加。

一张照片进行降低曝光的处理。当我们固定机位，在黑色背景下拍摄，并且多次曝光中的主体相互没有重叠时，也可以故意不对素材照片进行降低曝光补偿的处理。

在胶片时代，多重曝光的基础是银盐颗粒，因此曝光顺序非常重要。一般来说，第一次曝光的场景会留下最醒目的印记，它会成为画面的主导。在第一次曝光中，场景自然是有明有暗，对于暗部来说，将在第二次曝光时在该区域留下更多影像记录。因为，暗部才有更多的曝光提升空间，从而为第二次的内容叠加留下了位置。所以，在第一次曝光的构图上暗部是要优先考虑的，其面积一定要预留充分。而第一次

※ 采用【明亮】选项时，暗部才能够被合成进新的元素，因此是稀缺资源。

第一次曝光拍摄参数： ◎ 光圈：f/4　◎ 快门：1/320s　　感光度：ISO400　◎ 曝光补偿：-2/3EV

※ 降低曝光补偿使得暗部更暗，可以让合成后的效果更加突出。

第二次曝光拍摄参数： ◎ 光圈：f/2.8　◎ 快门：1/640s　　感光度：ISO400　◎ 曝光补偿：+1/3EV

※ 开大光圈突出花朵，增加曝光补偿使得花朵在合并到第一张的暗部时能够跳跃出来。

在传统的多重曝光手法中，暗部区域是宝贵的资源。我们可以采用黑色天鹅绒布遮挡部分画面区域的方式来获得更多的暗部资源。使用时，你只需要将绒布靠近镜头，即可获得边缘过渡柔和的效果。

❋ 除了明暗关系外，多重曝光的构图安排也很重要。很多名家说摄影是减法，而这条原则本身就与多重曝光相互矛盾。在多张照片合成时很容易让画面元素过多，主次不分。所以，多重曝光的构图难度要远大于一次曝光的照片。此时，我们需要事先对画面有一个清晰的规划，在好的创意基础上，对画面主体位置、陪体位置有明确的划分。预留出各自的位置才能让它们各就各位。另外，为了突出主体，不仅要给它预留更醒目的位置，如黄金分割的交叉点，还需要保证主体不会被后边曝光的景物所遮挡。

曝光中的亮部区域则被一次填满，无论第二次曝光如何安排，该区域也无法再被安排进更多的内容。可见，胶片多重曝光的一个重要原则是暗可以叠加亮，而亮无法叠加暗。这就是【明亮】选项，它让第一张照片中的暗部可以被继续叠加，而亮部则继续保持原有样貌。因此被称为【明亮】。

与之相反的是【黑暗】，这是一种全数码

❋ 在一张照片中合成了荷花生命周期中的三种形态，但在拍摄前要大致规划出三者的位置关系。

化的技术。它能够让第一次曝光中的亮部继续得到叠加，而暗部则继续保持原有样貌。这在胶片时代是无法实现的，也是佳能的多重曝光功能回归后的一大特色亮点功能。这体现了数码时代的特点，毕竟由于时代的变迁，多重曝光这个名词虽然没有改变，但其本质已经变成了机内后期的领域了。

实战：多重曝光基本操作

➢ **拍摄前准备。**进入拍摄菜单第 3 页的【多重曝光】选项中，在界面中第一行【多重曝光】中选择【开：功能 / 控制】。【曝光次数】选择 2 张。【多重曝光控制】选择【平均】。

➢ **第一次曝光。**使用佳能 EF 100mm f/2.8L

IS Macro USM 微距镜头，采用单点自动对焦拍摄一张荷花的清晰照片，对焦点在荷花花瓣上。景深控制上需要让花朵清晰而背景虚化。为了表现花朵的完整形状并保留旁边的荷叶，采用横构图直接拍摄。

拍摄参数： ◎ 光圈：f/5.6 ◎ 快门：1/400s ◎ 感光度：ISO100

（从摄影师的角度），此时实际上的合焦位置会更靠近相机，这样可以保证画面中的所有景物都是虚化的，从取景器中观察时景物会出现一片模糊。当对焦环转动越多时画面模糊程度会越高，最终合成后的照片中的梦幻色彩越强烈。如果反向旋转对焦环，会造成花朵后方远离相机一侧的某处景物清晰，从而破坏最终合成后的画面效果。

➤ **第二次曝光。** 保持相机位置不动，利用盲操作的方式，眼睛不离开光学取景器，只用左手将镜头上的对焦模式切换开关调整至手动对焦挡位，拍摄一张同样构图的虚化状态照片。具体拍摄时，需要将对焦环顺时针旋转

➤ **完成。** 第二张照片拍摄后，相机会自动进行合成运算，自动生成最终的多重曝光效果照片。在这个过程中会有片刻延迟。你选择的素材照片数量越多，这个过程就会越长。在此期间，无法对相机进行操作或完成其他拍摄。合成后的最终作品会呈现出柔焦效果，让花朵格外美丽。

操作指南： 快速开启多重曝光拍摄功能

进入拍摄菜单第3页【多重曝光】选项可以开启这一特效拍摄功能，但是更加快捷的开启方式是按下机身背面主液晶屏左侧的 创意图像按钮，然后旋转速控转盘将黄色方框移动到第2项 多重曝光标志上，按下 SET 按钮就可以通过这一"绿色通道"进入同样的界面来开启。

实战：多重曝光进阶操作

多重曝光的魅力来自将不同的视觉元素进行有机组合，从而呈现出肉眼难得一见的新奇画面。因此，实景与实景的叠加远不如虚实结合更有意境。在单张拍摄中，只有移动的主体才能够获得动态模糊的效果，而静态主体则无法实现。多重曝光就为我们提供了一种新的技术手段，让静态主体也能够同样获得动感效果。

光圈调整至 f/22 或更小，我们就能够获得 1/6s 左右的慢速快门。采用单点自动对焦针对花瓣处完成对焦，然后从左下至右上快速移动相机，在移动过程中完全按下快门。这样我们就能够获得一张具有动态模糊效果的照片，画面中荷花与荷叶在对角线方向留下运动轨迹，这样就更有动感效果。

> **拍摄前准备。**进入拍摄菜单第 3 页的【多重曝光】选项中，在界面中第一行【多重曝光】中选择【开：功能 / 控制】。【曝光次数】选择 2 张。【多重曝光控制】选择【平均】。

> **第一次曝光。**首先拍摄一张具有动态模糊效果的照片，我们不必等待荷塘中有一阵清风吹过，只需采用慢速快门加移动相机的拍摄方式就能获得。在 Av 光圈优先模式下，将相机的感光度调整至 ISO100，

> **第二次曝光。**第二次曝光则需要实景，因此保证足够的快门速度获得清晰的影像。将感光度适当提升，如升至 ISO200 或 ISO400，将光圈开大到 f/4 或 f/2.8，这样就能够获得荷花清晰的画面。

> **完成。**在最终完成的多重曝光照片中，虚实结合，赋予了静态花朵以动态之美。

12.1.3 更自由的多重曝光

一提到多重曝光，很多影友都会认为所有素材照片必须在现场一次拍摄完成。但实际上，佳能提供了更广阔的自由度，我们不仅可以在多重曝光过程中关机并更换镜头，而且还能通过【选择要多重曝光的图像】选项，从存储卡中选择一张 RAW 格式照片作为多重曝光的第一幅素材，在现场完成后续素材照片的拍摄，最终合成一张更加完美的多重曝光作品。这一方式让我们的创作空间更加广阔，自由度更高。

有了这一功能，我们可以在中秋月亮最圆的时候，用"大白兔"EF 100-400mm f/4.5-5.6L IS II USM 的长焦端拍摄下更大的月亮。如果有增距镜还可以增长焦距，获得更大的月亮。将这张 RAW 格式照片保存在你不太常用的一

※ 使用佳能相机进行多重曝光过程中可以关机并更换镜头，因此可以拍摄出更大的月亮。

张容量不大的存储卡中，在任何时候拍摄夜景时都可以带上它。这样就能够很轻松地获得具有惊人大圆月的夜景照片了。

12.2 HDR 高动态范围

摄影，尤其是曝光这项技术相当于戴着镣铐跳舞。相机自身的动态范围就是镣铐，在单独拍摄一张照片时，我们无法超越这个动态范围获得更广阔的明暗细节。而随着数码技术的发展，我们可以利用巧妙的方式解除镣铐的束缚，这一工具就是 HDR，也就是高动态范围照片。它不仅存在于佳能 EOS 7D MARK II 相机中，而且通过 Photoshop 等软件也可以实现。有了 HDR 高动态范围的帮助，我们可以在一张照片中同时记录下明暗反差更大的场景，在照片中高光区域不过曝，暗部区域不欠曝，从亮部到暗部的细节都能够得到清晰再现。这一功能对于佳能 EOS 7D MARK II 这样在动态范围上并不拔尖的相机来说尤为重要。除此之外，即使面对光线平淡的普通场景，HDR 功能也可以提高照片中景物的层次和表现力，使得细节得到更好的表现。此时，HDR 可以起到强化影调的细微表现，适当夸张光影效果的作用。总之，HDR 可以展现出肉眼难得一见的视觉效果，让人过目不忘。

12.2.1 HDR——超越真实的完美曝光

※ 启用 HDR 功能后，相机会针对高反差场景的中间调、亮部、暗部分别拍摄三张照片。这个场景中第一张保留了建筑物的细节、第二张保留了天空中云朵的细节、第三张保留了前景中处于阴影的树杆细节。

佳能 EOS 7D MARK II 的 HDR 高动态范围功能实际上是通过连续拍摄三张照片，第一张为标准曝光，用来记录场景的中间调细节；第二张相对曝光不足，用来

拍摄参数：◎ 光圈：f/18　◎ 快门：1/40s　◎ 感光度：ISO100，使用三脚架

※ 然后在相机内将其合成为一张高动态范围的照片，能够将亮部与暗部的细节同时保存下来。

记录场景中亮部细节；第三张相对曝光过度，用来记录场景中的暗部细节。然后采用相机内部的后期方式进行合成。合成时保留了暗部细节、亮部细节和中间调，从而提高了最终照片的动态范围。与白平衡包围功能相似，运用机内 HDR 功能时只能采用 JPEG 格式。

【菜单解析】拍摄菜单第 3 页最后一项【HDR 模式】选项

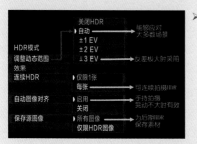

➤ 如果将 HDR 功能的第一阶段看成是包围曝光的话，那么【调整动态范围】选项就相当于设定包围曝光的跨度等级。为了实现更好的 HDR 效果，我们需要了解场景的反差情况，可以使用测光模式一节中介绍的方法，利用点测光针对场景的亮部和暗部区域分别测光，通过对读数的分析判断出这两个区域差多少级曝光。然后，对【调整动态范围】选项进行调整，该选项包括自动、±1EV、±2EV 和 ±3EV 的选项。一般情况下如果场景中明暗反差不大，使用自动选项，相机可以根据场景的反差大小自动设定动态范围。而在拍摄逆光或更大反差的场景时，手动切换至 ±3EV 可以获得更好的画面效果。此时，在自动拍摄的三张 JPEG 格式照片中，第二张曝光不足的幅度是 3 挡即 −3EV，而第三张曝光过度的幅度也是 3 挡即 +3EV。在实际拍摄中，过高或过低的幅度都会让 HDR 同时记录高光和暗部区域的能力下降。

➤ 【连续 HDR】中有两个选项，【仅限 1 张】可以让你在拍摄完成一张 HDR 的作品后相机自动切换回非HDR 的状态。【每张】则可以让你一直以 HDR 的方式进行拍摄，直到重新进入菜单关闭为止。在大部分的场景中，我们都需要连续拍摄一系列的 HDR 作品，从中挑选最为满意的保留，此时应该选择第二个选项。当然，如果你希望进入常规拍摄时，不要忘记关闭 HDR 功能。可以通过机顶液晶屏来查看当前拍摄状态，如果出现 HDR 标志，即代表相机处于这一拍摄状态中。

➤ 由于使用 HDR 功能时相机会连续拍摄三张照片，然后进行合成处理。所以，在拍摄期间一旦出现明显的晃动，三张照片就会存在差异。机内处理时就无法将景物轮廓完美重叠，照片的视觉效果将大打折扣。虽然开启了菜单中的【自动图像对齐】功能，但在弱光环境下，由于第三张曝光过度照片的快门速度更慢，很容易出现单张拍虚的问题。此时【自动图像对齐】功能也无能为力。因此，需要使用三脚架解决这一问题，让 HDR 的效果更理想。手持拍摄 HDR 照片也不是完全无法完成，在光线充足的环境下，只要保持正确的持机动作，还是不会给画面带来过大损害的。但即使你采用三脚架稳定了相机，如人像、体育等主体会发生移动的题材仍然不适合采用这项技术。一般 HDR 多用于风光和建筑等静止主体的拍摄中。即使在这样的场景中，也要避免那些发生移动的视觉元素进入画面。

➤ 【保存源图像】功能可以让我们选择在获得 HDR 最终结果时是否保存素材照片。如果拍摄场景难以复制，或者我们希望在进行机内 HDR 的同时为后期处理留有素材，去尝试更多样的不同效果，就可以选择【所有图像】。而如果希望快速拍摄，减小数据存储时间，则可以选择【仅 HDR 图像】。

提示 ⚡

设置好以上菜单就可以开始拍摄了，与正常状态下拍摄不同，使用 HDR 功能拍摄时，按下一次快门后会听到反常的反光镜起落的声音，因为相机会连续完成三张照片的拍摄。由于 HDR 的合成运算数据量较大，运算时间会超过平时正常拍摄，此时相机进入数据处理状态，机顶液晶屏会开始闪烁 buSY 字样，持续时间大约 3s，在此期间无法再次按下快门。

实战经验

　　逆光是很多职业摄影师最喜欢的光线类型，此时画面最为生动。但是逆光也给拍摄带来困难，过大的光比会让高光与阴影反差过大，影像缺乏层次和过渡。当然，具有浓重阴影和高光区域的风光场景也会出现这样的问题。此时采用 HDR 功能拍摄的效果会远强于在顺光当中使用。

　　在传统认知中，HDR 无法拍摄运动的主体，拍摄时相机也最好架在三脚架上保持稳定。然而，摄影中的很多原则是可以打破的，HDR 的这两条规格也不例外。我们可以利用 HDR 由 3 张合成的特点，在拍摄过程中让主体在画面中穿行，从而获得主体交错和拼贴的效果。

　　另外，在拍摄夜景时，可以利用第三张曝光时间较长的特点，故意移动相机，从而获得虚实结合，光影交错的特效。

12.2.2 HDR 照片效果

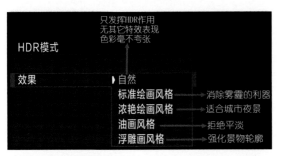

　　HDR 的作用并非仅仅局限于高反差场景，提升明暗区域细节保留能力上。它还可以用来提升画面的层次表现，让细节更加丰富。在面对另一种极端环境——低反差场景时，HDR 功能还可以强化场景中的细微影调变化，在一定程度上对光影效果进行夸张和放大，得到打破常规的画面效果。这就是 HDR 菜单中的【效果】选项，它提供了 5 种艺术效果。

自然

　　这是最基础的 HDR 效果，它以同时记录暗部细节和亮部细节为第一任务，在画面色彩上最为平实自然，毫不夸张。当你仅需要提升动态范围，而不需要使用机内后期为画面添加特效时可以采用自然选项。但是如果觉得 JPEG 直出效果过于平淡，则可以尝试下面的几种效果。

标准绘画风格

　　标准绘画风格是在同时记录更大明暗反差的基础上，以并不过分夸张的色彩进行展现，同时主体轮廓上会出现明亮边缘，这也成为其中最有趣的一种特征。通过这种方式，主体会更加醒目突出。

　　除了高反差场景外，在雾霾天气这种低反差环境中，往往会让拍出的照片效果较差，此时采用标准绘画风格可以有效减轻雾霾，提升画面的层次和细节，获得意想不到的效果。

浓艳绘画风格

　　在拍摄逆光条件下的城市风光时，不仅反

差过大而且画面中景物的色彩会严重缺失，形成难看的照片。使用浓艳绘画风格可以提高动态范围，让画面反差下降，层次更加丰富，同时，有效提升色彩的饱和度，尤其是蓝色和绿色得到更多强化，使得照片获得更加生动的艺术效果。浓艳绘画风格还特别适合拍摄城市夜景，能够平衡反差的同时提升冷暖对比效果。

油画风格

　　HDR 效果中的油画风格在记录更大明暗反差的基础上增加了色彩的鲜艳程度。油画风格在提升画面整体色彩饱和度的同时，更加强调对黄色系的描绘，因此拍摄自然风光和城市景观时，能够针对那些色彩平淡的高反差场景获得理想的创意效果。当你面对一处场景，尝试

了多种可能性而无法令人满意时，油画风格往往能够获得出人意料的效果。

浮雕风格

　　在画面的视觉元素中，轮廓往往是容易被忽视的。然而在拍摄古典建筑、雕塑、工艺品等对象时，轮廓却是最重要的，如果在画面中对轮廓的表现能够更加强化，无疑会让最终的视觉效果大幅度提升。浮雕风格就是这样的一种特效拍摄手法，它不仅可以强化主体轮廓，还能够降低饱和度来排除色彩的干扰，提升动态范围降低反差来排除光影效果的干扰。由于色彩饱和度低，浮雕风格还能带来一种怀旧的气氛。

操作指南： 自动对焦特性的修改操作

进入拍摄菜单第 3 页最后一项【HDR 模式】后，通过【连续 HDR】选项即可开启 HDR 功能。但是更加快捷的开启方式是按下机身背面主液晶屏左侧的创意图像按钮，然后旋转速控转盘将黄色方框移动到第 3 项 HDR 上，按下 set 按钮就可以通过这一"绿色通道"进入同样的界面来开启。

12.2.3 HDR 与 JPEG 直出工具的组合

　　由于 HDR 功能是为 JPEG 格式量身定做的，所以 JPEG 格式最强大的直出工具——照

片风格就可以与 HDR 进行无缝衔接，让直出效果更加到位。我们不仅可以使用相机内预设的

照片风格，还可以通过自定义或下载的照片风格，让 JPEG 格式照片直出的效果从色彩和动态范围两个方面都达到最佳状态。同时，还可以结合白平衡设置以及微调白平衡的功能，让色调进一步灵活多变，实现肉眼无法看到的视觉效果。这都需要将我们前面的知识综合运用在 HDR 拍摄的过程中，所以从某种程度上说，HDR 不仅是一种提高动态范围的拍摄手法，更是综合运用多种 JPEG 直出技术的平台。

拍摄参数： ◎ 光圈：f/8　⊙ 快门：15s　感光度：ISO200　◎ 照片风格：小山壮二油画色彩　◈ HDR 照片效果：浓艳绘画风格

❋ 在恰当的照片风格下，HDR 的效果会进一步提升。利用小山壮二油画色彩照片风格加上 HDR 的浓艳绘画风格，使画面无论在层次还是色彩上都得到了进一步升华。

拍摄参数： ◎ 光圈：f/4　⊙ 快门：1/60s　感光度：ISO200　◎ 照片风格：单色　◈ HDR 照片效果：浮雕风格

❋ 结合单色照片风格，利用 HDR 的浮雕效果可以获得超越现实、亦真亦幻的黑白照片。

12.2.4 包围曝光 +Photoshop 完成更高水平的 HDR

相机内置的 HDR 功能是利用图像处理芯片对照片进行合成计算，等同于机内后期处理的过程。然而，由于软硬件限制，它无法实现在电脑上使用专业后期软件进行处理达到的效果。同时，后者可以提供更多的画面控制与选择，将我们的构思发挥得淋漓尽致。所以，任何机内后期的优势都在于能够在拍摄现场完成，而为了追求更佳的效果，你需要 Photoshop。

为了获得更高水平的 HDR 效果，我们需要使用包围曝光与 Photoshop 软件共同完成。首先，将相机固定在三脚架上，使用包围曝光

❋ 通过 Photoshop 合成后的 HDR 效果。

功能拍摄一系列的照片。场景反差越大，就需要拍摄越多的照片。为了保证效果，我们可以采用 1EV 的跨度拍摄 7 张 RAW 格式照片。这样，我们不仅能够保存有常规的 1EV 跨度，而且两张间隔的照片还具有 2EV 跨度，从而为后期合成带来方便。

之所以使用 RAW 格式拍摄，是因为 RAW 格式是相机记录的大容量原始文件，其动态范围本身就高出 JPEG 格式很多，更适合作为 HDR 最终照片的基础素材或原始照片。而这也是机内 HDR 所不具备的。

拍摄完成后，将所有包围曝光的照片导入电脑。打开 Photoshop 软件，单击左上角文件，在下拉菜单中选择自动 - 合并到 HDR Pro。在弹出的对话框中，单击浏览，找到我们拍摄的包围曝光照片。选择照片时按住 Ctrl 键即可一次导入多张照片。单击确定后，这些照片会被导入 Photoshop 中，但由于 RAW 格式文件体积较大，导入过程会花费一定时间。导入完成后，弹出合并到 HDR Pro 功能的界面。

界面左侧显示了多张合成后的最终效果预览，下方是我们导入的素材照片，右侧一列则是界面上的主要功能选项。其中，最上方的预设下拉选项中有丰富的效果可选。例如，平滑是合成后画面最"灰软"但明暗细节保留最多，景物轮廓

过渡最自然的一个选项。四个单色选项可以让合成的照片变为黑白效果，其中单色艺术效果让景物边缘增加了白边，类似于黑白的浮雕效果。更佳饱和选项可以在高动态范围的基础上，让画面色彩极为浓艳。Scott5 选项让画面变为彩色浮雕效果。而三个超现实选项能够让照片具有画意效果。

如果在预设下方的移去重影前打勾，可以让画面中出现的移动物体重影现象得到减轻。边缘光选项可以控制画面景物轮廓效果，半径和强度越大时，轮廓的边缘光越明显，画面会显得不够自然。但在绘画风格时反而会有所帮助。其余的调整与 Camera RAW 非常近似，可以改善画面的曝光、清晰度、高光和暗部的亮度等。全部调整完毕后，单击确定，Photoshop 即可开始执行合并任务。由于我们采用 RAW 格式为原始素材，所以生成的文件体积会很大，当采用 3 张合并时，存储为 TIFF

［容易混淆］HDR 与高光色调优先

两者虽然都能够提升照片的动态范围，记录下更加广阔的明暗范围内的光影信息，但是它们的区别也很明显。HDR 是通过拍摄三张曝光量不同的照片进行合成，从而提高动态范围的。高光色调优先仅拍摄一次，它是通过曝光时以高光为准，并结合机内后期的方式提亮暗部得到最终照片的。相比而言，HDR 的效果会更加明显并且画质更好，但使用起来会受到一定制约，对于动态主体难以使用。

格式时文件会超过 100MB，但画质极佳。

通过 Photoshop 可大幅度扩展我们的 HDR 控制能力。同时，如果你在一个重要的高反差场景中，没有使用包围曝光方式记录下 HDR 的素材，仅仅是拍摄了一张 RAW 格式照片也不要紧。在 Camera RAW 中将其按照曝光保持不变、曝光 +1EV、曝光 -1EV 分别存储 3 张 JPEG 或 TIFF 格式照片，然后采用同样的方法可将其合成为高动态范围效果。

12.3 间隔定时拍摄

拍摄参数： ◎ 光圈：f/2.8　　◎ 快门：30s
　　　　　　 ◉ 感光度：ISO800　⊡ 拍摄数量：260 张

我们都听过这样一句话：世间万物唯一不变的就是变化本身。这句话同样适用于摄影领域。平时我们拍摄的题材无非两大类，运动或静止主体。几千分之一秒的高速快门可以定格空中飞鸟的瞬间动作，几十秒的慢速快门可以让漂浮的云朵展现出虚化的轨迹，而如果你能把时间拉得更长就会发现，那些看上去静止的物体，如星空、正在绽放的花朵也在运动或者发生着变化。你可能马上会想到，用没有时间限制的 B 门拍摄，然而这并不现实。因为感光元件在长时间通电工作后会不断积累热量且难以散发，而热量的增加会引起难看的噪点，如同你使用高感光度拍摄时一样，所以我们无法采用超长的曝光时间来拍摄。此时，间隔定时拍摄就是你最好的解决方案。

硬件 HDR

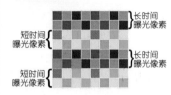

在前面的介绍中你会发现，在目前的技术水平上，HDR 只是通过相机或电脑进行多张后期合成而实现的，这也被称为软件 HDR。然而还有一种新技术在感光元件的层面就实现了 HDR，这就是更加先进的硬件 HDR。这一技术由索尼和松下开创，目前已经接近产品化。这种新型的感光元件能够单独控制每行像素的曝光时间，因此我们就能够在拍摄一张照片的过程中，针对暗部进行长时间曝光，而针对亮部进行短时间曝光，从而让整个画面的动态范围提升至 16EV 的惊人水平。

所谓间隔定时拍摄就是将原本一次的超长时间曝光切分为若干个短时间的曝光，然后通过后期软件将这些小的片段组合起来，达到超长时间曝光的效果。这样每次较短的曝光就不会带来噪点问题，从而提高了画质。在间隔定时拍摄中，最基本的问题就是总共需要拍摄多少张照片？每张照片的曝光时间多长？每张照片之间的拍摄间隔多久？对于这些问题的回答会影响到最终的拍摄效果。并且你还需要一些硬件设备来实现，在过去只能通过可编程的快门线来控制间隔拍摄，如价格较高的佳能 TC-80N3 快门线。而现在佳能 EOS 7D MARK II 机身内就具有了这样的功能，我们可以更轻松地完成间隔定时拍摄。

进入拍摄菜单第 4 页第 2 项【间隔定时器】后进行相关设置，这些设置恰恰回答了我们上面的那些问题。

※ 佳能 TC-80N3 可编程的快门线是以前进行间隔拍摄必备的工具，售价在 1300 元左右。

菜单解析 拍摄菜单第 4 页第 2 项【间隔定时器】选项

> 进入【间隔定时器】界面后，旋转速控转盘，将红框光标移动到右侧【启用】的位置上，然后按下 INFO 按钮进入拍摄张数和间隔时间调整界面。
> 通过多功能控制摇杆将红框光标移动至拍摄张数后的数字处，按下 set 按钮即可通过速控转盘来调整拍摄张数。佳能 EOS 7D MARK II 可以在 1~99 张之间进行选择，如果你需要拍摄星轨等题材，需要更多拍摄张数时，可以选择 00。此时，相机会持续

进行间隔拍摄，直到我们手动停止该功能为止。选择好拍摄张数后，按下 set 按钮即可退出数量调整状态。

> 再次通过多功能控制摇杆将红框光标移动至上面的间隔调整处。间隔时间以小时、分钟和秒来计量，需要分别调整。间隔时间最短为 1 秒，最长为 99 小时 59 分 59 秒。如果要表现出星空的连续变化，让星星变为星轨，那么这个间隔时间就不能过长，否则星轨中间就会出现衔接不上的断点。但是间隔时间也不能太短，相机需要这个时间进行喘息，让感光元件更多地进行散热，以避免噪点的增加。另外重要的一点是，设置的间隔时间要把快门速度考虑进去。例如，在拍摄每一张时快门为 30s，那么间隔时间至少要 34s，也就是说间隔时间 = 快门时间 +4 秒钟的存储时间。

> 设置好拍摄张数和间隔时间后，移动光标至确定处，按下 set 按钮即可保存并退出界面，正式进入间隔拍摄状态。

间隔拍摄不仅可以拍摄星轨，它更是一种有特色的表现形式，能够展现出我们肉眼无法看到的画面。你可以利用这个工具，发挥自己的创意，拍摄任意肉眼所见为静止，实际上会发生移动的主体。间隔拍摄的设置虽然简单，但如果要真正实践起来还是需要一些条件的。首先，你要有一个坚固稳定的三脚架，这样才能够保证在长达数小时的拍摄中，无论外界条件如何变化也不发生丝毫的移动。另外，还要电池内有充足的电量，保证全过程不会断电。在拍摄完成后，你会得到几十甚至数百张照片，然后需要通过 Startrails 软件或 Photoshop 的堆栈功能进行后期叠加才能最终完成一幅完整的作品。

12.4 实时取景——更多精确更多耐心

对于任何一台相机来说，取景方式都至关重要。它不仅决定了摄影师观察世界的方式，而且从某种程度上决定了相机的内部结构。所有袖珍的卡片型数码相机都是通过相机主液晶屏进行实时取景的，并且除去部分高端机型，大部分没有光学取景装置。很多人的拍摄姿势都是双手持机，向前伸出双臂，通过液晶屏观察场景，这已经成为数码时代的一大特点。对于那些没有使用过单反相机的普通大众来说，完全不理解为什么单反用户仍然延续着通过狭窄的光学取景器来看世界的方式。

12.4.1 会变身的相机

在 2008 年以前，除了奥林巴斯外，大部分数码单反相机是不具备实时取景功能的。

这有两个方面的原因，第一是从单反相机诞生开始，就是围绕光学取景器这个核心展开的，

使用光学取景器拍摄时相机的工作状态

测光元件

光路

对焦元件

反光镜呈45度
测光与对焦分别
由专门组件完成

使用液晶屏取景器拍摄时相机的工作状态

感光元件

反光镜完全打开
测光与对焦全部
由感光元件完成

无论是镜头还是机内的反光镜都是让光线最终抵达光学取景器，从而实现取景与拍摄的最终画面无视差的。这也是单反相机速度优势的体现。而采用液晶屏实时取景会大幅度降低速度，不仅对焦速度降低了，而且液晶屏的显示也会有时滞，无法应对快速变换的场景。

另外，从技术角度讲，在使用光学取景器拍摄时，测光与对焦两大功能分别由测光感应器和对焦感应器负责，两者各司其职，以高效的方式工作。而采用液晶屏取景时，快门帘幕与反光镜需要保持开启的状态，保持与曝光瞬间的状态一致。此时，所有的测光、对焦、取景和成像工作全部交给了感光元件。反光镜的升起让光线无法进入测光感应器和对焦感应器，两者同时"下岗"。而集多项任务于一身的感光元件就会显得力不从心，尤其在自动对焦上，只能采用卡片相机一样的方式，通过检测画面反差进行自动对焦，其速度远比自动对焦感应器所采用的相位差检测方式慢很多。可以说，当你采用液晶屏取景时，大多数数码单反相机的内部结构与重要任务分工发生了巨大变化，基本上它已经变为了一台卡片型数码相机。

而佳能 EOS 7D MARK II 却不在这个"大多数"的范畴当中，它具有与众不同的感光元件，每一个像素被分为左右两个光电二极管，可以采用类似自动对焦感应器一样的方式进行焦平面上的相位差对焦。这样即使采用实施取景也可以更加快速地找到合焦方向，然后再通过反差式对焦进行精细调整。此时的自动对焦速度虽然仍赶不上使用光学取景器拍摄时快，但足以傲视其他所有数码单反相机，堪称第一。

12.4.2 手动对焦的完美搭档

既然开启实时取景功能会让单反相机的自动对焦速度在一定程度上"退化"，那么是不是代表这个功能就没有用途呢？实际上，实时取景拍摄虽然有很多弊端，但它能够为摄影师带来直观的拍摄体验，提供更大的取景画面，获得更好的取景效果。在风光、建筑、静物、花卉、微距等不需要速度和抓拍的静态拍摄题材中，不仅非常适合采用实时取景方式，而且可以通过它获得更好的对焦效果。

在手动对焦一节中我们介绍过，数码单反相机的光学取景器虽然有手动对焦的合焦提示，但是由于光学取景器面积有限，通过它来判断景物是否清晰还是很困难的。虽然，可以通过更换裂像对焦屏等方式来改进，但容易造成对测光系统的干扰。可以说实时取景功能的最大作用是在手动对焦辅助这个领域。当拍摄静态主体时，将相机固定在三脚架上，采用实时取景方式，不仅可以通过更大的液晶屏观察合焦位置，而且可以通过放大按钮扩大该区域的显示面积，此时就能够给手动对焦带来清晰直观的判断依据。

实战：采用实时取景的手动对焦方法

放大对焦区域
完成更加精细的
手动对焦

> **拍摄前准备。**将相机固定在三脚架上，进入拍摄菜单第 5 页第 1 项【实时显示拍摄】将功能打开。将光学取景器右侧的实时取景 / 视频拍摄开关拨到右侧，即 📷 实时取景状态。然后按下 START/STOP 开始按钮，即可进入实时取景拍摄模式。

> **组织画面。**通过机背大液晶屏观察画面，并完成构图。

> **切换对焦模式。**将镜头上的对焦模式开关

放到 MF 手动对焦模式上，并进行大致的对焦。

> **放大对焦区域。**按下液晶屏左侧的 🔍 放大键后，会出现一个放大框，按下多功能控制摇杆，移动放大框到主体所在位置，然后，再次按下 🔍 放大键，该区域就会在液晶屏上被放大，从而便于手动对焦。按下 🔍 放大键可以将主体所在区域以 1 倍、5 倍和 10 倍三种比例放大，为了更加精细地进行手动对焦，一般采用 10 倍放大。

> **手动对焦。**慢速调整手动对焦环，同时注视着液晶屏中景物的清晰程度，当对焦区域清晰时停止转动。

> **完成拍摄。**如果是拍摄微距题材，最好使用反光镜预升功能和快门线完成，以减少轻微震动可能造成的画面模糊。

12.4.3 实时取景下的自动对焦

实时取景与手动对焦是最佳搭档，然而，实时取景下的自动对焦也有其特色，那就是人脸识别功能。我们在介绍测光感应器时提到过，它帮助单反相机实现了光学取景器拍摄时的识别人脸功能，而之前大部分相机的人脸识别功能全部是在液晶屏实时取景状态下实现的。

进入实时取景拍摄状态，按下 DRIVE·AF 按钮后液晶屏上会出现自动对焦模式选择界面，然后转动主拨盘选择面部 + 追踪模式，这样就进入了脸部识别加追踪拍摄的自动对焦模式。此时相机会优先检测画面中具有人脸特征的区域，你无法控制相机朝向哪里对焦。该模式下即使你不半按快门，相机也会在识别出脸部特征后，用方块将该区域框出。在拍摄合影时使用该模式，相机可以自动识别出许多人脸特征，此时使用多功能控制摇杆就可以将方框移动到你希

望对焦的人脸上。

佳能 EOS 7D MARK II 的人脸识别能力相当强大，正对相机的人脸自不必说，在光线充足并且背景为简洁的同一色调区域时，与相机镜头指向呈 90° 夹角的人脸侧面轮廓也可以被检测出来。如果识别出的人脸发生移动，相机还会自动跟踪。当人物表情和画面中的位置都非常理想时，按下 AF-ON 按钮或者半按快门，覆盖面部的方框变为绿色时代表完成合焦，此时即可完成拍摄。

佳能 EOS 7D MARK II 是一台实时取景下对焦速度很快的相机，它打破了以往的拍摄准则，使得采用液晶屏进行快速抓拍成为可能。因此，在实时取景模式下面部 + 追踪模式具有很高的实战价值，它可以给拍摄带来极大的便利。

模式，它相当于实时取景方式下的 65 点自动选择自动对焦模式，只不过此时的对焦点采用了宽区域的方式，因此只有 31 个。此时，相机首先自动判断拍摄对象的位置和运动状态，然后从 31 个自动对焦点中选出部分来使用。显示合焦时的对焦点数量可能是 1 个也可能是多个，甚至可能是全部对焦点。这并不是摄影爱好者喜欢的对焦方式。另外，在自由移动多点 AF 模式下，还可以采用区域对焦模式，按下 SET 按钮即可从刚才的状态切换至区域对焦模式。此时，相机液晶屏会被分为 9 个区域，此时你能够稍微提高一些对于对焦位置的掌控，但也不是理想的对焦模式。所以，在实时取景下，真正的亮点还是在第一项面部 + 追踪模式。

拍摄参数： ◎ 光圈：f/8　◎ 快门：1/400s
◎ 感光度：ISO400

※ 采用实时取景下的人脸识别模式拍摄。

※ 通过拍摄菜单第 5 页第 2 项【自动对焦方式】选项可以在三种模式之间进行切换。

自由移动 1 点 AF 则相当于单点自动对焦模式，使用多功能控制摇杆就可以将单个对焦点进行移动，按下 SET 按钮还可以让对焦点快速回到液晶屏中央。此时对焦点可以在更大的范围内移动，不再像通过光学取景器拍摄时那样仅仅集中在中央区域。对焦区域广阔也是反差式对焦的一大特长，当然这无法弥补其对焦速度慢的缺点。除了对焦区域广阔外，反差式对焦的精度也非常高，因此在慢节奏的风光题材中可以使用。当对焦点与主体位置重合后，通过半按快门或按下 AF-ON 按钮都可以启动自动对焦。当对焦点完成合焦后，会发出合焦提示音。如果环境光线较弱，反差过低，出现无法合焦的情况时，对焦框会变为红色。

初学者和高手都会使用实时取景模式拍摄，佳能也为初学者设计了自由移动多点 AF

12.4.4 预对焦

虽然佳能 EOS 7D MARK II 在实时取景下的自动对焦速度几乎已经超越了所有的数码单反相机，但是跟使用光学取景器拍摄时相比还有一定的差距。为了弥补这一段不大的差距，

拍摄参数： ◎ 光圈：f/7.1　　⊙ 快门：1/2000s
　　　　　　　⊙ 感光度：ISO200

❋ 开启预对焦功能时，对焦系统持续工作，这样当
主体到达理想位置时就会更加快速地实现合焦，
完成瞬间的捕捉。

❶ 关闭预对焦
对焦距离停留在
上次拍摄的距离上

❷ 开启预对焦
对焦距离不断调整
非常接近主体

只需要完成最后的
微调即可快速完成
拍摄

佳能为 EOS
7D MARK II 的
实时取景增加
了【连续自动
对焦】功能，
它位于拍摄菜单第 5 页第 3 项。开启这一功能
后，在使用实时取景时，即使你没有半按快门
或按下 AF-ON 按钮，自动对焦系统也在持续工
作，它会依据你当前所选择的对焦点预先进行
对焦。这样当你真正进行拍摄时，对焦系统已
经完成了大部分工作，只需花费很短的时间进
行一下精细调整即可完成对焦任务。这一功能
也称作预对焦，它也是索尼单电和微单一直具
备的功能，并依据它获得了不错的对焦速度。

预对焦可以进一步提高实时取景模式下的
对焦速度，我们所付出的仅仅是多消耗一些电
量。只要在长时间不使用时，记得退出实时取
景状态就不会造成续航时间的大幅度缩短。

提示 ⚡

如果在实时取景状态中，开启了连续自动对焦功
能后，希望切换至 MF 手动对焦，需要先退出实时取景
状态，然后再将镜头上的对焦模式开关放在 MF 处。因
为在自动对焦持续工作期间切换容易造成对焦系统的
磨损。

12.4.5 曝光模拟

虽然光学取景器在速度上有着明显的优
势，但是它同样也有弱点，那就是通过它所看
到的画面与最终的曝光结果并不一致。虽然高
手通过光圈和快门组合就能做到心中有数，但
是这需要经验的积累才能实现。对于初学者来
说，在按下快门前如果能够看到最终的曝光效
果，无疑会有很大帮助。而这正是实时取景能
够实现的。

进入拍摄菜单第 5 页最后一项【曝光模拟】
选择启用，就可以开启实时取景下的曝光预览

状态。此时，相机主液晶屏右下角会出现 Exp.SIM
图标，以提示正在进行曝光预览。在这一状态
下，液晶屏所显示的画面效果会随着光圈、快
门和感光度的变化而变化，与最终照片的曝光
结果基本一致。当我们使用曝光补偿进行修正
时，液晶屏上的画面也会跟着出现明暗的变化。
也就是说，增加或减小曝光补偿，或者在 M 挡
手动曝光模式下，改变光圈或快门速度，画面
的明暗效果可以从液晶屏上立即被我们察觉到。
这样就能够第一时间感受到画面的曝光效果。

拍摄参数: ◎ 光圈: f/4 ◎ 快门: 1/80s
  ▣ 感光度: ISO1600

※ 采用 M 挡全手动曝光, 利用实时取景下曝光模拟功能, 调整曝光组合, 在按下快门前就能够找到非常接近准确曝光的参数组合。

虽然启用曝光模拟可以让我们通过液晶屏准确了解最终照片的曝光效果, 但是有一个问题不容忽视。那就是在弱光环境下, 启用曝光模拟时, 实时取景的液晶屏亮度较低, 有时甚至是一片黑暗。此时, 关闭曝光模拟才能够让液晶屏的亮度恢复到可视的水平, 从而便于构图和对焦等操作。另外一种需要关闭曝光模拟的情况是, 使用副厂闪光灯进行补光, 拍摄瞬间光线才会增加, 而采用正常曝光组合拍摄时, 如果不关闭曝光模拟, 液晶屏上也会亮度很低。

可见, 曝光模拟虽然有其价值, 但在某些情况下会带来反效果。因此,第三种设置出现了, 它就是【 期间】选项。此时, 实时取景下液晶屏的显示会改为标准亮度, 所谓标准亮度就是人眼观察时感觉舒适的亮度, 在环境光线很强时降低液晶屏显示的亮度, 而在弱光环境下提升液晶屏显示的亮度。当你需要观察曝光模

12.4.6 更加便捷的白平衡设置

采用实时取景拍摄的另一好处就是可以获得更加便捷的白平衡设置。在使用光学取景器拍摄时, 我们虽然可以获得较快的对焦速度,

拟效果时, 按下景深预览按钮就可以获得这样的显示效果。

提示 ⚡

直方图才是我们真正可以信赖的曝光判断依据

确保相机在预览曝光效果状态下, 按下 INFO 按钮, 即可调出当前实时的直方图。这样无论曝光模拟是否准确, 我们都可以依据直方图来判断场景的曝光, 并做出及时调整。

与我们前面介绍过的内容近似, 仅通过液晶屏上显示的画面判断最终的照片曝光效果, 很容易出现偏差。你会受到显示屏亮度和环境亮度的干扰。例如, 当环境亮度很高, 液晶屏的反光会影响你的观察效果。而液晶屏过亮或过暗本身并不会影响照片的最终曝光结果, 但却会让你对曝光的判断出现偏差。在液晶屏很亮时, 你会觉得一张曝光不足的照片都很亮。在液晶屏很暗时, 你会觉得一张曝光过度的照片都很暗。于是会做出进一步错误的曝光补偿调整。

本质上说通过液晶屏预览曝光效果是一件非常不严谨的事。我们只能通过它来感受大致的曝光效果, 而绝对不能作为参考依据。使用点测光拍摄日出日落时, 为了寻找合适的点测光位置, 你需要多次选择不同亮度的天空区域。此时, 通过预览曝光效果, 就能够在按下快门前大体了解画面的曝光情况, 做出方向性判断。

但是白平衡的最终结果只有在按下快门后才能通过回放看到, 有了实时取景的帮助, 在拍摄前我们就能够掌握白平衡的最终效果, 从而带

拍摄参数: ◎ 光圈: f/5.6 ◎ 快门: 1/400s
◎ 感光度: ISO3200

※ 在实时取景下将白平衡调整至钨丝灯模式后发现
现场的暖色调效果全部被校正,失去了现场气
氛。于是,更改至白色荧光灯模式,并使用白平
衡漂移向 A 琥珀色方向移动 3 个单位,让画面
效果再轻微偏向暖调,以还原出图书馆内的现场
气氛。

来极大的方便。

同样,实时取景更接近最终拍摄结果的特
点也能够帮助我们在白平衡方便完成快速的设
置。例如,在室内人造光源与其他光源混合时,
往往难以判断使用哪种白平衡设定更好。虽然,
我们可以通过不断尝试最终找到合适的选项,

但是整个过程会
花费不少时间。
而此时打开实时
取景功能,按下
WB·⊡ 按钮后转动
速控转盘,找到
当前最接近的白
平衡选项。然后
按下 INFO 按钮,
以此为基础利用
白平衡漂移功能,
通过多功能控制

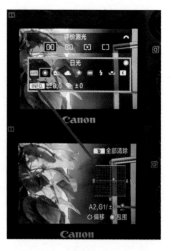

摇杆移动坐标原点,结合对液晶屏实时改变的
色彩进行判断和寻找。用这种方法就不必频繁
试拍,能够很快找到理想的白平衡效果。

12.4.7 扩展拍摄角度

在摄影中,
通过拍摄角度的
变化能够让照片
取得惊人的视觉
效果。很多摄影
师为了得到或高
或低的非寻常视
角,甚至拍摄时
总要带着梯子或
爬树,另外为了

※ 传统的直角取景器。

取得低视点甚至趴在地面上。在摄影师不断扩
展自己的拍摄角度时,光学取景器成了一个重
要的障碍。因为,我们不得不将眼睛与它保持

平行。当我们将相机举过头顶或者放在地面上
时,只能采用盲拍的方式,这样就失去了对构
图的把控能力。虽然直角取景器能够解决低角
度拍摄时的取景问题,但它的价格接近 2000
元,用途又十分有限。

实时取景能够扩展我们的拍摄角度。佳能
EOS 7D MARK II 的液晶屏具有较大的可视角
度,即使将相机高高举过头顶或者放在地面上
也可以看到实时取景的画面,这样就可以更好
地控制构图。在低角度仰拍时,我们还可以在
液晶屏下面放一块镜子,反射出实时取景的画
面,这样就不必趴在地上拍摄了。

12.4.8 画幅长宽比例

有很多影友一心只想拍出好照片，却从来没有留意过照片的长宽比例问题。实际上，照片的长宽比例与构图息息相关，这一比例的背后甚至是摄影术历史发展的缩影。到了今天，通过后期软件对照片进行裁切是非常容易的事情，似乎不需要在前期拍摄时关注画面长宽比例问题，但实际上长宽比例不同决定了前期拍摄时构图的手法不同，只有在前期拍摄时将长宽比例因素考虑进来，才能够得到理想的作品。这不是仅仅通过后期裁切能够实现的。

为了在前期拍摄时更好地对照片长宽比例有所掌握，佳能 EOS 7D MARK II 的实时取景功能中具有画面长宽比例选择功能，进入拍摄菜单第 5 页第 5 项【长宽比】选项，我们就可以在 4 种不同的长宽比中选择合适的使用。

3:2

拍摄参数： ◎ 光圈：f/22　◎ 快门：4s
　　　　　　 ▣ 感光度：ISO100

※ 采用 3:2 的默认画幅长宽比例，可以让海平面在水平方向具有延伸感。

3:2 是数码单反相机感光元件的长宽比例，无论哪个品牌的数码单反相机都采用这一比例。该比例源于 135 相机诞生之时，发明徕卡 135 旁轴相机的奥斯卡·巴纳克选用了 35mm 电影胶片作为感光材料。该胶片长为 36mm、宽为 24mm，比例为 3：2，这也是今天全画幅数码

单反相机感光元件的尺寸。在这一长宽比例下拍摄，可以发挥 EOS 7D MARK II 全部的像素优势，避免了机内裁切。3:2 作为标准比例可以适应大多数题材的拍摄，符合大多数人的视觉习惯和审美。采用横构图时，它比 4:3 和 1:1 两种比例的宽度都要大，在水平方向上延伸感更强，更容易让观者的视线在画面左右方向上移动。

4:3

拍摄参数： ◎ 光圈：f/11　◎ 快门：1/200s
　　　　　　 ▣ 感光度：ISO200

※ 使用 4:3 的画幅可以强化建筑物与倒影之间的关系，避免观者的视线被分散到左右方向。

4:3 是大部分卡片机和微单相机采用的长宽比，还有部分更高等级的中画幅相机也采用这一比例。在感光元件生产过程中，4:3 的比例可以获得更大的面积，从而以较低的成本提升了像素。另外，由于在视频领域 4:3 是常用格式，所以很容易被大众接受。与 3:2 相比，4:3 比例下的长边较短，画面更加接近于正方形，横构图时左右方向的延伸感没有那么强烈。因此，视觉感受更加紧凑。更重要的是，4:3 与 A4 和 B5 的打印尺寸吻合，因此在照片输出打印时不会损失掉边缘区域。因此，如果计划以常规比例打印照片，可以在前期拍摄时采用 4:3 比例。

16:9

拍摄参数： ◎ 光圈：f/11　⊙ 快门：1/250s
　　　　　 感光度：ISO100

20 世纪 50 年代以前，电影画幅比例为 4:3，但后来人们发现人眼的水平视角大于垂直视角，因此扩大横向区域可以让我们在近距离观看时增加现场真实感。于是将 4:3 的比例进行平方得到了 16:9 的宽幅比例。在拍摄广阔的风光场景时，16:9 甚至能够起到近似接片的全景效果，它可以让观者视线在更宽广的左右方向上移动，构图时也可以安排更多的兴趣点和视觉中心。

1:1

1:1 也称为方画幅，它是很多中画幅相机采用的比例，由于长宽一致，因此在上下左右四个方向上没有任何夸张，是均衡构图的最佳比例，同时具有平面艺术的设计感。方画幅构图并没有过份引导观者视线的走向，于是就需

要画面内容更加吸引人。用方画幅构图时，将主体至于中心位置是最常用的方式。这与我们采用 3:2 比例拍摄时，将主体安排在非中心点，以便获得更加生动的构图的做法完全不同。

拍摄参数： ◎ 光圈：f/11　⊙ 快门：1/250s
　　　　　 感光度：ISO100

❊ 方画幅非常适合表现重复的几何图形。

> **提示** ⚡
>
> 使用 JPEG 格式时，你所选择的长宽比例会直接改变照片的尺寸。而在使用 RAW 格式时，相机仍然会以标准的 3:2 比例保存照片，但会将你选择的长宽比例保存到 RAW 照片的数据中，只有通过佳能 DPP 软件才能获得相应的画幅裁切效果。

[实战经验] 变更长宽比例时如何获得更高效的取景

❊ 画幅长宽比 1:1 时选择掩蔽选项时从相机主液晶屏上看到的图像。　　❊ 画幅长宽比 1:1 时选择轮廓选项时从相机主液晶屏上看到的图像。

当你采用后三种比例进行拍摄时，从主液晶屏上看到的画面与最终画面的构图会有所差异。这就容易在构图时出现偏差。进入自定义功能菜单第 3 页第 3 项【实时显示拍摄区域显示】选项后就可以选择采用怎样的方式在主液晶屏上体现出这种差异。选择【掩蔽】时，多余的区域将成为黑色，这样你就不会受到干扰。显示影像的区域与最终画面保持一致。另外，选择【轮廓】时，多余的区域仍然会显示，只不过它与真正成像区域之间用线条加以区分。这一选项的优势在于可以对画面以外的运动主体进行更好的监控，做出有效的预判。

扩展阅读

中画幅与大画幅相机

※ 哈苏相机是中画幅的代表。

在前面的介绍中，大家能够看出相机的画质往往与感光元件（或材料）的尺寸成正比，尺寸越大画质越好。目前在数码单反相机领域，所谓的全画幅就是指 135 相机，其感光元件面积为 36mm×24mm，佳能 EOS 7D MARK II 的 APS-C 画幅面积更小，只有 22.3mm×14.9mm。而还有两个类别的相机感光材料面积更大，那就是中画幅和大画幅相机。

中画幅相机也称为 120 相机，虽然名称是中画幅，

※ 即使在今天，大画幅相机也拥有其他相机无法达到的惊人刻画力。

但其感光元件面积却大于我们日常所提到的全画幅 135 相机。中画幅相机根据不同的成像面积，可以分为 6cm×4.5cm、6cm×6cm、6cm×7cm、6cm×8cm、6cm×9cm、6cm×12cm 以及 6cm×17cm 等几种不同的相机。我们通常把拍摄 6cm×4.5cm 片幅的相机称作 645 相机。其成像面积是全画幅 135 相机的 3.1 倍。中画幅相机画质更

加出色，非常适合对于细节表现极其严格的商业摄影领域。另外，虽然其体积稍大，但与大画幅相机相比，还是具有便携性的优势。

然而有趣的是，中画幅相机只是依据其感光材料面积进行的表述，如果根据中画幅相机取景方式不同又可分为中画幅旁轴相机，中画幅单反相机和中画幅双反相机。中画幅相机中最知名的品牌是哈苏。哈苏 120 胶片单反相机在摄影界中有着一流的口碑，至今仍是很多风光摄影家的首选。哈苏不仅机身优秀而且镜头都是德国卡尔蔡司镜头。在数码时代，中画幅相机同样装备了 CCD 或 CMOS 感光元件，但由于其尺寸大成本高，售价是普通摄影爱好者难以接受的。例如，哈苏 H4D 和徕卡 S 中画幅数码相机售价都在 20 万元以上，而拥有 5140 万像素的宾得 645Z 则是中画幅数码相机中更加亲民的类型。

大画幅相机也称为座机（类似 70 年代照相馆中的大型木质相机），它使用 3 英寸 ×4 英寸、4 英寸 ×5 英寸、5 英寸 ×7 英寸、8 英寸 ×10 英寸以至更大幅面的胶片。你会发现，在描述感光元件（或材料）面积的时候，135 相机用的单位是毫米，中画幅用的单位是厘米，而大画幅用的单位是英寸（1 英寸等于 2.54 厘米）。以 8 英寸 ×10 英寸大画幅相机为例，其胶片的面积是 135 全画幅相机的近 60 倍。因此，大画幅相机带来的高清晰度、高品质的照片是其他类型相机无法比拟的。观看大画幅摄影作品往往能够给人带来极大的视觉震撼。

大画幅照相机的外观几乎与一百多年前的照相机没什么不同，它是结构简单、操作复杂、体态笨拙的代名词。大画幅相机的前面是一个可以拆卸的镜头接板，镜头安装在上面后再装上相机。镜头的后面是一个可以伸缩的皮腔，通过伸缩来实现对焦，相机最后面是一块用于观察影像的磨砂玻璃，调节完毕之后，将磨砂玻璃换成胶片才可以拍照。由于其优秀的成像质量，至今仍然在建筑、商业和风光摄影领域有很多的应用。与 135 和中画幅相机不同，大画幅相机使用胶片作为感光元件，至今没有数码化产品问世。

由于很多摄影师都具有中画幅和大画幅拍摄经历，对于相关的画幅情有独钟，因此在佳能 EOS 7D MARK II 当中也保留了类似的功能。进入自定义功能菜单第 4 页（C.Fn4）第 1 项【添加裁切信息】选项，就可以选择类似于中画幅和大画幅相机上常见的照片长宽比例应用于实时取景状态下进行拍摄。其中 6:6 和 6:7 是中画幅的长宽比，3:4、4:5、5:6 和 5:7 是大画幅的长宽比。在拍摄时，主液晶屏根据你选择的不同长宽比提供取景时的参照线，并不会用这些长宽比直接裁切照片，而是将其作为数据添加到照片当中，这样当你将照片导入电脑，使用佳能 DPP 软件进行后期处理时，就可以快速调用裁切信息。

12.4.9 添加裁切信息

照片画幅的调整在前后期之间存在一对矛盾，摄影师总希望在前期拍摄时以裁切后的某个习惯画幅进行观察，以便拍摄时实现理想的构图。而在后期处理中，又希望能够修改画幅，尝试更多的可能性。

在胶片时代，这一矛盾难以解决，但在数码时代却非常容易。进入自定义功能菜单第 4 页第 1 项【添加裁切信息】选项中，就可以选择 6:6、6:7、3:4、4:5、5:6 和 5:7 共 6 种长宽比。在使用实时取景拍摄过程中主液晶屏左右两侧就会出现两条蓝线，用来标明新的画幅范围。蓝线以外就是被裁切掉的区域，但在拍摄时，裁切并不会发生，而是以数据的形式添加到原尺寸的照片文件中。当你在相机上回放时，会看到蓝线标记，而将照片导入电脑后，使用佳能 DPP 软件以缩略图形式打开该照片时，就能够看到添加的裁切信息，而双击该缩略图打开照片时，裁切才真的会发生。

> **提示** ⚡
>
> 【添加裁切信息】与【长宽比】功能有冲突，只有在【长宽比】选项中使用默认的 3:2 比例时，【添加裁切信息】功能才可用。

12.4.10 构图的好助手

选项中，我们可以选择实时取景模式下构图参照线的样式。3×3 可以为三分法构图提供参考，这也是各类摄影题材中运用最为广泛的一种构图方式。通过两条横线和两条竖线将画面分为 9 个区域，将主体或兴趣中心安排在横竖线的交叉点上，会让画面更加和谐美观。

实时取景与三脚架密不可分，而一般在使用三脚架的场景中都需要我们精心的构图。在风光摄影中，保持地平线的水平尤为重要。另外，为了美观地平线往往还需要被安排在黄金分割的位置上。此时，实时取景状态下的构图参照线与虚拟水平仪就会带来很大帮助。

在拍摄菜单第 5 页第 4 项【显示网格线】

6×4 可以带来更加密集的参照线，当我们拍摄的场景中具有众多的横竖线条，并且需要让它们与画面边缘保持平行时，6×4 可以提供更多的帮助。此时，我们可以在很近的距离内

找到参照线，能够及时发现构图问题并进行调整。但 6×4 的问题在于线条过多，容易在观察时形成一定的干扰。另外，如果场景比较空旷或者构图目的比较单一时，3×3 就能够起到很好的作用，而不必使用 6×4。

第三种参照线是 3×3+ 对角。在我们进行构图时，场景中除了横竖线条需要安排妥当

以外，很多时候还会有斜线和放射线，它们能为画面带来近大远小的透视感。此时，横竖走向的构图参照线并不能带来更大的帮助。而 3×3+ 对角选项下，会出现贯穿画面的两条斜线。这样我们在拍摄时就可以依据 X 型的构图参照线来安排主体位置，实现更加精确地透视控制。

12.4.11 实时取景下的静音拍摄

当我们身处剧院或者博物馆等环境中拍摄，需要更低的快门声音，以免对其他观众造成干扰。在使用光学取景器拍摄时，我们可以采用驱动模式中的静音单拍和连拍模式。如果采用实时取景功能进行拍摄，那么由于反光镜此时已经升起，所以相机发出的声音会更低。此时，我们只能够听到快门组件发出的声音，而反光镜不再运动也就不会产生噪音。

为了在实时取景模式下获得更加静音的效果，我们可以使用拍摄菜单第 6 页第 1 项【静音实时显示拍摄】的功能。该选项中的模式 1 采用了电子前帘加机械后帘的工作方式。所谓电子前帘就是在曝光之前，快门的前帘（机械前帘）首先会落下，不起到阻挡光线的作用。在真正曝光瞬间，相机会对感光元件自上而下

加电扫描，完成类似机械前帘的动作，起到相同的作用。但没有机械运动存在，因此有效减轻碰撞式机械部件可能产生的内部震动，从而保证了画面的清晰度。使用模式 1 后，机械快门的运动就只剩下后帘的动作。曝光结束后，后帘会自上而下的降落，阻挡光线，使其无法照射到感光元件上。但后帘动作时，曝光已经完成，因此其带来的震动不会对画面造成损害。同时，这样的方式也可以起到降低快门声音的作用。模式 1 还能够支持连拍，当我们将驱动模式设置为高速连拍时，它能够实现接近 10 张 /s 的连拍速度。

如果你所在的场合对噪音控制更加严格，那么模式 1 所产生的快门声音可能也无法达到足够低的程度。此时就可以采用声音更小的模式

2，它仍然采用相同的电子前帘工作方式，前半程的运行过程都相同。只不过我们的操作方式要加以改变，那就是为了获得更低的快门声音，我们在按下快门后应该保持全按的状态不变，此时快门的机械后帘就不会升起，去为下一次拍摄进行准备。这样快门的动作被减少了一次，声音就会更小。只有当我们抬起快门，在下一次半按时，后帘才会升起，为拍摄做好准备。当然，

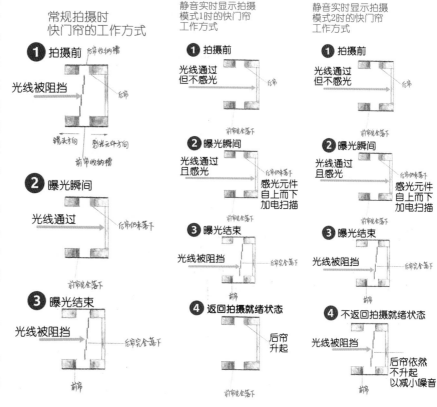

为了获得更小的声音，模式2也牺牲了连拍能力。

摄影兵器库：三脚架

无论实时取景还是间隔定时拍摄都离不开一支稳定的三脚架，在很多场景和题材中，它是我们获得清晰画面和实现特殊画面效果的保证。

很多初级摄影爱好者将注意力都集中在机身、镜头上，认为三脚架可有可无，但随着拍摄水平的提高，对各种环境中的拍摄有了一定的经验后，就会发现三脚架是保证画质必不可少的器材。弱光环境，尤其夜景是不能没有三脚架的，精细的构图、长久的等待也是不能离

开三脚架的，沉重的超长焦镜头更是难以通过手持来获得稳定的……大部分爱好者都会先购买一支入门级的三脚架，然后发现并不理想，再选择专业款。即使你在购买前做了很多功课，但在使用中任然会发现各种各样的问题。所以，很多摄影师认为只有买到第三支脚架时，才能真正发现自己需要的类型。为了让读者减小不必要的浪费，在这里我们就详细介绍一下关于三脚架的知识。

三脚架的稳定性

三脚架最重要的性能指标就是稳定性，不要想当然地认为将相机架在任何一款三脚架上

都能够获得同样的稳定效果。拍摄风光题材时，户外的风力是对三脚架稳定性的最大考验。如

※ 三脚架由脚管、中轴和云台组成。中轴连接着三脚架的主体和云台，可以调节高度，但是中轴升到最高时稳定性会降低。相机要安装在云台上，通过云台来调节方向和角度。

果你打开实时取景功能就会发现，很多入门级三脚架会让相机随着风力的增强而出现晃动。在室内拍摄时，虽然没有风力的干扰，但是如果你需要在一个固定位置上拍摄静物，例如使用微距镜头拍摄景深堆叠的照片，那么入门级三脚架会在你每次操作相机的过程中由于轻微的外力发生位置偏移，这样就无法将多张合焦位置不同的照片合成为一幅大景深照片。

如果将作用于三脚架的外力按方向进行区分，那么大部分脚架可以轻松应对平行于中轴方向的外力。有些国产品牌在宣传过程中甚

※ 捷信海洋系列三脚架具有一流的稳定性，不仅能够抵抗风力的影响而且在海浪的冲击下依然能够保持很高的稳定性，当然抗腐蚀也是这个系列三脚架的一大特色。

至让一个模特坐在脚架上。但是，只有那些真正专业的三脚架才能够在垂直于中轴的侧向外力下依然保持稳定，而这种外力也正是风施加给三脚架的着力方向。专业三脚架通过合理的设计、精良的制作、出色的材料提供了最高水准的稳定性，从而保证了我们获得最清晰的画面。

三脚架的承重能力

为了获得最佳的稳定性，我们不应忽视另一项指标——三脚架的承重能力。它代表了三脚架能够保持稳定的前提下可以承载的器材的最大重量。因此，我们首先要看看自己手中的器材。佳能 EOS 7D MARK II 机身的重量为910g，另外还要加上镜头的重量。一个具有标杆意义的镜头是"爱死小白兔"EF 70-200mm f/2.8L IS II USM，如果能够承受住该镜头与机身的重量，那么大部分广角镜头和标准镜头都不在话下。"爱死小白兔"的重量为1490g，这样机身与镜头重量合计2400g，即2.4kg。这样考虑添加放量的因素，我们选择承重能力在4kg的三脚架才能够获得稳定的拍摄效果。当然，如果加入前瞻性考虑，包含进来未来可能要添置的器材，那么承重能力在

7kg 三脚架才可以应付佳能顶级机身 EOS 1DX（约1.4kg）和 EF 400mm f/2.8L IS II USM（约4kg）的组合。如果你需要更长焦距的镜头打鸟或拍摄体育项目，那么就需要选择承重能力

※ 依据器材重量选择具有足够承重能力的三脚架和云台也是获得稳定支撑的重要环节。

在 12 ~ 18kg 的三脚架了。

当然，考虑承重能力时还要将云台的承重能力计算在内，如果三脚架的承重能力是7kg，但云台的承重能力只有 4kg，那么二者组合在一起使用时，真正能够承载的重量将由低的那个数值决定。同时，由于三脚架既要承载相机和镜头，又要承载云台，所以选择时应该让其承重能力高于云台才更加合理。

三脚架的便携性

然而，稳定性与便携性是一对矛盾，为了获得高稳定性，脚管的直径就要粗，节数就要少，这样整体的重量和收纳长度就会增加，给携带造成较大负担。而为了提高便携性，就需要脚管直径细，节数多，此时虽然整体重量下降，收纳长度变短，但是稳定性也会下降。面对这一矛盾，很多摄影师采用的解决方案是多买几款。当拍摄商业题材，对画质要求严格时，采用曼富图 055（带套装云台总重 3.5kg）这样重量大稳定性高的重型三脚架。而在旅行过程中则采用曼富图 Befrec（带套装云台总重1kg），为了极致的轻便，有时甚至会选择仅重190g 的 PIXI 迷你桌面三脚架。

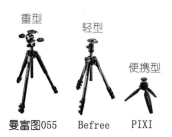

※ 三个级别的三脚架重量、稳定性和便携性不同，具有不同的用途。

材质与重量

材质是影响三脚架重量的关键因素。目前市场上的三脚架材质分为两种，铝合金和碳纤维。铝合金材质的脚架较重，不利于长途携带，但是结实耐用；碳纤维材质的脚架较轻，承重性能较好。如果在拍摄过程中，无须背负三脚架，那么铝合金材质也可以接受；但当你需要长途携带三脚架时，碳纤维才是更好的选择。

※ 碳纤维材质重量轻，承重性能好，成为高等级三脚架的象征。

三脚架的体积

在三脚架的便携性中除了重量以外，体积也是一个重要考量因素。三脚架的每一条腿都是由几节脚管套叠而成，脚管的节数决定了收合后的长度，目前市场上销售的主要是三节和四节三脚架。三节脚管收合后长度稍长，便携性就会降低。但是节数少会带来一些优势，例如打开或收折更加方便且速度快，更重要的是稳定性高。而 4 节脚管收合后长度较小，如果还具有反折功能那么收合后长度会缩短至40cm 左右，你可以轻松将其装入旅行箱。这同样需要你根据拍摄要求和使用方式来选择。

※ 采用反向折叠设计的三脚架将体积压缩到了最小，便于旅行携带。

选择扳扣式还是旋拧式

在使用三脚架时，最常用的一个操作就是收放脚管，扳扣式和旋拧式就是当前两大设计类型。以曼富图为代表的扳扣设计能够让操作非常快捷，固定脚管只需要一个动作就能完成，如果精彩场景已经出现，你肯定希望更快地支起脚架开始拍摄。另外，在需要频繁转换机位，经常收合或支开三脚架时，扳扣方式会给你带来极大的便利。但扳扣方式的缺点在于耐久性较弱，长时间使用后对于脚管的锁紧程度会下降，容易松动，操作不慎还容易夹到手指。另外一大阵营就是以捷信为代表的旋拧式，其最大优势在于稳固，可以更加牢固地将脚管锁紧，能够提高拍摄时的稳定性。而且其耐用度更高，多年使用后依然不容易磨损。缺点在于操作速度较慢，比较费力，在冬天寒冷的户外徒手操作非常不便。但如果你使用过捷信的三脚架就会发现，其旋拧设计十分先进，只需旋转很小的角度（大约60°左右）就能够完全锁紧，与扳扣相同，也可以使用一个动作完成。而同样采用旋拧式设计的很多国产品牌，你需要5~7次的用力旋拧才能锁紧。所以，扳扣和旋拧方式本身并没有过多的优劣之分，三脚架品牌和款型才是更重要的。

※ 扳扣式设计能够实现脚管的快速收放。

※ 旋拧式设计锁紧度好且更加耐用。

选择球形云台还是三维云台

如果说三脚架是获得稳定的源泉，那么作为相机和三脚架之间的重要连接部件云台则体现了拍摄节奏和耐心。有位摄影媒体的记者在比较了中日两国职业摄影师的器材配备后发现，相机和镜头等方面的配置区别不大，而最大的区别来自云台。日本摄影师喜欢使用更加精细的三维云台，虽然这种云台在操作时会略显烦琐，节奏较慢，但充足的耐心和精益求精的风格使得三维云台在日本成为主流。相比之下，中国摄影师和摄影爱好者大多选择调整方便而快速的球形云台。

球形云台通过多个旋钮来控制中心球体的牢固程度，可以较为快速地确定好相机角度，只要一个锁紧操作，就可以将相机固定下来。但其牢固程度却比三维云台逊色不少，另外构图的微调能力也不比三维云台。如果在风沙较大的地

※ 曼富图球形云台。

※ 曼富图 MHXPRO-3W 三维云台。

※ 全景云台。

区使用，由于球形云台属于非密闭结构，一旦进灰很容造成球体部分的磨损，因此球形云台也需要定期保养。

三维云台通过三个不同方向的锁扣来固定相机，其优点是承重性能好，即使采用沉重的机身和较长焦距的镜头也比较稳固。但三维云台需要操作者的细心与耐心，当然耐心也是拍到一幅优秀风光作品不可或缺的。

除了这两种云台以外，还有一些特殊的云台在某些拍摄题材中会发挥作用。

全景云台能够围绕单轴进行连续恒定角度的拍摄，让相机和全景旋转中心一致，以保证视差不会影响后期软件的接片处理。这样就可以将不同角度拍摄的照片变为全景照片。

齿轮式云台能够将相机的角度调整至更加精确的位置。云台上每个旋转轴都采用了精密的齿轮装置，可对构图进行最精细的调整。适合那些要求极高的微距和翻拍的商业摄影领域。

悬臂云台可以在三脚架或独脚架上使用，

适合承载佳能 EF 400mm f/2.8L IS II USM 以及焦距更长、重量更大的镜头。此时相机加上镜头的重量已经超过了普通三维或球形云台的承载能力。更重要的是由于悬臂云台的独特设计，当倾斜镜头和机身时，整体重心可以保持不变。这就使拍摄更加稳定，大大降低了器材从

※ 专业齿轮云台具有更佳精细的调整能力。

※ 悬臂云台。

脚架上跌落的危险，也避免了常规云台在锁定后仍会出现的"点头"现象。

捷信（GITZO）——三脚架的王者

捷信是三脚架领域无可争议的第一品牌，捷信设计和生产的三脚架、独脚架、云台和配件已有 90 多年的历史，在"二战"期间捷信还曾经制造过机枪架。该品牌实际上创建于法国，后被意大利品牌曼富图收购，现在主要的捷信产品都在意大利生产。捷信三脚架也因此融合了法国的浪漫与意大利的风情，其设计风格以简洁、优雅而著称。在曼富图的产品层级中，捷信的等级也会高于曼富图三脚架本身。捷信是很多职业摄影师和发烧友的终极选择，

即使你购买了很多其他品牌的三脚架，绕了很大的一个圈子但最终还是会选择顶级的捷信。这是因为捷信只做最好的三脚架，且永不妥协。捷信相当于三脚架领域中的德国制造，其严格的选料、精密的制造工艺、严谨的态度和超强的耐用度堪比相机中的蔡司和莱卡。

捷信三脚架主要包括登山者、旅行者、系统家、海洋四个系列，每个系列又包括 0、1、2、3、4、5 几个规格，编号越大代表脚架的承重能力越强，也就可以支撑更长焦距的镜

※ 捷信是三脚架中的王者，具有法国优雅和浪漫的气质。

※ 高水准的碳纤维材料是捷信傲视群雄的重要原因。

头。登山者系列针对需要负重携带的户外拍摄，相对于其他系列来说，三脚架的重量有所降低但仍不失稳定性，当你需要优先考虑三脚架的重量和便携性时它是最佳的选择。旅行者系列是更加轻便且容易携带的反折三脚架，1 号旅行者重量仅有 1.35kg，能够收缩至 42cm 长度，不会给旅行增加任何负担。系统家系列则是捷信产品线中稳定性最强的三脚架，5 号系统家的承重能力达到了 40kg，能够支撑当今最重的 800mm 长焦镜头和最重的相机。海洋系列能够应对海水和泥沙等环境，它采用了耐腐蚀材料和脚管旋钮密封技术，能够在严酷的拍摄环境中更加经久耐用。

捷信的品质在很大程度上源于其材料的选择，不要以为所有的碳纤维材料都是一样的，捷信所使用的碳纤维脚管材料称为 Carbon eXact，它不仅多达 6 层使得结构更加致密，其中 3 层是垂直方向的纤维层，3 层是交叉方向的纤维层，从而大幅度地提高了稳定性和吸收

震动的能力。捷信三脚架的顶板需要承受更大的重量，因此除了海洋系列和登山者系列外都采用镁合金材料，既能够提升承载力又可以减轻重量。

前面已经提到过，捷信为了确保最佳的稳定性和耐用性而采用了旋拧式设计，捷信将其称为 G-LOCK 脚管锁定系统，它可以在实现快捷操作的同时将三脚架的稳定性提升 20%。如果你能够熟练地打开所有旋钮，然后拉出脚管并逐一锁紧，整个操作过程的时间不会超过 15s。更重要的是 G-LOCK 系统能够让不同节之间保持精密的直线，三脚架所承受的重量沿着直线向下传递，不会全部聚集在某两节脚管的衔接处。这样就能够同时提升稳定性和耐用度。

捷信三脚架中顶级的 5 号系统家售价达到 1.2 万元，这还是不包括云台的价格。即使是轻便型的 1 号登山者价格也接近 4000 元。但是与其一流的品质相比，你会觉得这笔投资非常值得。

曼富图（Manfrotto）——高品质的代名词

曼富图是三脚架领域中另一个响当当的品牌。在 20 世纪 60 年代末，一位意大利摄影师对于商业摄影有着浓厚的兴趣，但他发现在拍摄过程中使用的三脚架、灯架和很多附件都非常笨重，严重影响拍摄效率的提升。于是他自己设计了影室灯架并在自家的车库中进行生产，而令人惊讶的是，这些产品获得了业内的普遍好评。这位摄影师就是里诺·曼富图。他很快认识到自己的生产能力无法满足市场需要，1972 年他与机械工程师 Gilberto Battocchio 合作快速解决了生产技术的瓶颈，在很短的时间内曼富图品牌就享誉全球。1974 年，第一款曼富图三脚架诞生，凭借着重量轻、稳定性高、易于操作的特点，曼富图三脚架成为摄影师不可或缺的重要器材。

曼富图三脚架包含了以下几个系列，顶级

的产品是 057 系列，它使用了最优质的材料和一流的工艺，实现了最佳的稳定性，是专门为了那些追求极致画质的摄影师而设计。055 系列的便携性会更好，能够同时兼顾稳定性，在承重与稳定性之间取得了很好的平衡。如果你对画质很看重，同时也希

※ 曼富图 055 系列中柱横置可以满足微距拍摄需要。

※ 每个脚管都能单独设定 4 个不同的开合角度。

望尽量减小携带负担，那么 055 系列是很好的选择。190 系列比 055 更轻，更适合需要长时间背负的户外拍摄活动，它也是曼富图三脚架中销量较大的一个系列。而 Befree 系列则是将便携性推向了极致。除了 057 外，每个系列中既包含了碳纤维材质又包括了铝合金材质，在选择时需要多加注意。

对于摄影发烧友来说，曼富图 055 系列的均衡设计能够给我们带来最好的拍摄体验。该系列三脚架的每个脚管都能单独设定 4 个不同的角度，这样如果拍摄现场有稳固的护栏，我们就可以将其中一个脚管支撑在其上，即使空间狭小也能够获得稳定的支撑。055 系列还具有中轴横置能力，需要进行低角度拍摄时，通过脚管角度调节器可以将角度放低，中轴能够固定在水平位置上并承受一台专业单反相机和微距镜头的重量。这样我们就能够以很低的

角度靠近花朵进行微距拍摄。中轴旁还具有 Easy Link 装置，通过连接臂可以在三脚架上加装闪光灯或反光板，这样在没有摄影助理的情况下也能够实现更理想的布光。055 系列中采用碳纤维材

※ 加挂连接臂后功能得到扩展。

质和 3 节脚管设计的型号为 MT055CXPRO3，它的自重仅有 2kg，但承重能力却达到了 9kg，不含云台的售价大约在 3400 元左右。如果你无意走向捷信这个终点，那么曼富图 055 系列绝对是你不会后悔的选择。

12.5 拍摄视频

※ 使用数码单反相机拍摄视频已经成为潮流，不仅在婚礼微电影等领域得到广泛应用，而且在专业视频制作行业中也被采用。为拍摄视频而生产的附件器材也越来越多。

当你完全掌握了实时取景拍摄技术时，距离拍摄视频只有一步之遥。但当你真正跨出这一步时却会发现，它与拍摄静态照片完全不同，拍摄视频似乎是一个全新的领域，它有着自己的基本概念、规律和拍摄手法。很多我们之前

学习的知识有用，但又需要学习更多的内容才行。于是，很多购买了佳能 EOS 7D MARK II 的摄影爱好者出现了畏难情绪，几乎很少使用视频功能拍摄。这样做不仅是对这款优秀相机的极大浪费，而且你也放弃了一种全新的视觉展示工具。如果你在一次长途的拍摄创作过程中，穿插拍摄旅途中一些有趣的视频片段，当你回来精选摄影作品时，在前面加上一个视频片头，用众多较短的视频片段组成你整个旅行的概括介绍，那么将是非常精彩和引人入胜的开篇，当然也会让与你同行的朋友羡慕不已。

大部分卡片型数码相机在很早就具有拍摄视频的功能，然而这些相机拍摄的视频质量非常差。当时的视频功能也只能说是为了吸引消费者而添加的一个附属品。数码单反相机在无法进行实时取景的年代中就更谈不上视频的拍摄了。直到 2008 年尼康发布的 D90 时，单反相机才真正具备了视频拍摄的能力。一开始

单反的视频功能只是为了给摄影师提供一个记录现场环境的新方式，但是随着佳能 EOS 5D MARK II 的视频拍摄能力越来越强大，单反相机对于影视制作行业产生了巨大的冲击，迅速成为视频制作爱好者、小型工作室甚至独立制片人非常乐于接受的低成本电影拍摄方案。

数码单反相机的大尺寸感光元件与丰富的镜头选择，让拍摄的视频可以达到极佳的画质和更好的景深效果。而一般能够达到同样效果的广播级摄像机和镜头其价格是数码单反的数

10 倍以上。在所有相机产品都受到智能手机严重冲击的今天，相机要想生存和发展下去就必须不断丰富自己的功能，而强化视频拍摄能力就是最重要的一个发展方向。然而，就在视频制作行业对数码单反相机刮目相看时，很多普通影友却忽视了这一功能，完全没有充分挖掘单反拍摄视频的潜力，这无疑是十分可惜的。这里我们从拍摄视频相关的基本概念入手，开始踏入这个全新的领域。

12.5.1 视频相关的基本概念

视频的分辨率——4K 已不是最新技术

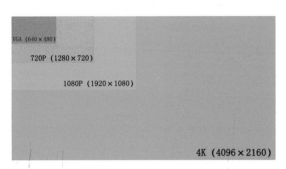

※ 四种视频分辨率对比。

※ 如果在一台 4K 电视上分别将 4K 视频和 1080P 视频进行原大播放，那么 4K 视频可以满屏显示，但 1080P 视频只能在电视中间的很小区域内显示。如果将后者放大到满屏，那么画面清晰度将会大打折扣。

视频与静态照片一样有多种分辨率可供选择，较高分辨率的视频具有更大的画面尺寸，能够带来更好的视觉效果。佳能 EOS 7D MARK II 可以拍摄 3 种分辨率的视频，分别是 VGA（640×480 像素）、HD（1280x720 像素）和 Full HD （1920x1080 像素）。其中最低的是 VGA，这是一种 1987 年出现的模拟信号视频传输标准，分

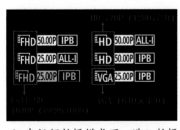

※ 在视频拍摄模式下，进入拍摄菜单第 4 页的【短片记录画质】选项中，可以看到 FHD、HD 和 VGA 三种不同的分辨率。

辨率只有 640×480 像素。我们在开启老版本 Windows 系统时看到的启动画面就属于 VGA 标准。现今这种分辨率已经被淘汰，我们更多采用的是高清格式，通常高清视频分为高清 HD（720P）、全高清 Full HD（1080P）两大类。HD 是指画面分辨率为 1280x720 像素的逐行扫描视频，而 Full HD 则指画面分辨率达到 1920x1080 像素的逐行扫描视频。通过像素的对比可以发现，Full HD 规格的视频分辨率更

※ 支持 4K 视频拍摄的顶级视频单反佳能 EOS 1DC。

高，这就好比照片像素高可以带来更多的细节一样，Full HD 的视频画面效果更好，所以也被称为全高清视频。

这个所谓的全高清视频也已经不是顶级的规格了。目前流行的新技术是 4K 视频，其分辨率高达 4096×2160 像素，像素是 Full HD 的 4 倍，所以被称为 4K。虽然 EOS 7D MARK II 并不支持 4K 视频拍摄，但是从佳能顶级单反 EOS 1DX 演变出来的 EOS 1DC 是可以拍摄 4K 视频的。在微单方面，索尼的全画幅微单 A7s 也支持 4K 视频的拍摄。可以预见，会有越来越多的单反和微单支持 4K 视频分辨率。但是，视频技术的发展非常迅速，专业摄像机中已经出现 6K 和 8K 的机型，一场新的视频技术风暴正在袭来。

> **提示** ⚡
>
> 视频分辨率远低于静态照片的分辨率，所以拍摄视频时相机并没有动用感光元件的全部像素进行工作。另外，视频画面的长宽比例为 16:9，而不是静态照片的 4:3。

帧频——时间切片的频率

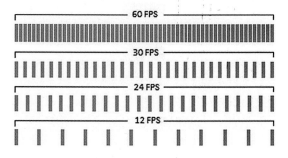

※帧频越高代表每秒钟显示的图像数量越多。

※ 帧频越高对于移动物体的记录能力越强。

帧频是视频的另一个重要参数，它的单位是帧/s（fps），代表了每秒钟显示图像的帧数。例如，标准电影的帧频是 24fps，即一秒钟播放 24 张画面，由于人眼存在视觉残留现象，所以看上去就会成为连续的动作。佳能 EOS 7D MARK II 还具有更高帧频的拍摄能力，在 Full HD（1080P）全高清格式下最高可达 60fps（实际上为 59.94 fps）。

帧频高低到底会对视频效果有什么实际影响呢？一般来说，帧频越高，画面会更流畅。尤其是在拍摄的画面

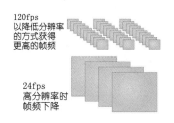

中如果存在高速移动的主体时，较高的帧频会让动作看起来更加连续和顺畅。当视频录制过程中的帧频达到几百甚至上千，而播放仍然采用 24fps 时，就可以制作出子弹飞出枪膛瞬间的慢动作回放。但是拍摄过程中，帧频越高产生的数据量就越大，视频文件的体积也会更大，同时对图像处理芯片的要求就越高。在处理能力有限的前提下，厂商往往会通过降低视频画面分辨率的方式来减少数据量，所以在部分微单相机上，虽然帧频可以达到 1200fps，但画面分辨率需要降到 320×120 像素。

另外，帧频与你所选择的视频制式有关。我们都知道在电视广播制式上全球存在 PAL 和 NTSC 两大阵营。PAL 制式为 25 帧/s，是中国和欧洲国家的制式；NTSC 制式为 30 帧/s，是美国和日本等国家的制式。当你在佳能 EOS 7D MARK II 相机的设置菜单第 3 页【视频制式】中进行了选择后，拍摄视频时的帧频也会受到影响。当你选择 PAL 制式后，帧频会出现 50fps 和 25fps 高低不同的两个选项。而当你选择了 NTSC 制式后，帧频会出现 30fps 和 60fps 两个选项。如果在拍摄菜单第 4

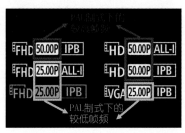

页【短片记录画质】的最下方【24.00P】中选择了启用，那么就只能以24帧/s的帧频进行拍摄。

视频的压缩方式

如同我们在电脑上使用较低速的网络传输大文件时，都需要先将文件通过WINRAR等软件进行压缩，然后就可以节约传输时间一样。高清视频虽然视觉效果一流，但是也会带来巨大的文件体积。而这会造成相机在存储和传输过程中花费更长的时间，从而降低可用性。为了解决这一问题，佳能EOS 7D MARK II采用了H.264这种高性能的视频编解码技术来控制视频文件体积。H.264就类似于我们电脑中的压缩软件。H.264最大的优势是具有很高的数据压缩比率，在同等图像质量的条件下，H.264的文件体积更小。H.264拥有众多技术优点，使得其具有更高质量的图像、更强的容错能力和很强的视频压缩能力。

而H.264编码标准的核心就是帧内压缩和帧间压缩。我们知道视频是由连续的静态画面组成的，其中每一幅静态画面就称为1帧，当把这些帧连续播放时就形成了动态的视频。当我们将视频拆分成帧进行观察时会发现，在相邻几帧的画面中，一般有差别的像素只有10%以内，画面其余部分都完全相同（例如不会变化的背景部分）；而亮度差异和色彩差异就更小了。这样为了减小视频文件体积，我们可以先编码出一个完整的A帧，而其后面的B帧就不必是一幅完整图像，只要记录下与前面的A帧的差异即可。通过这样的方式，B帧的文件体积被大幅度地减小。

在H.264编码标准中，完整编码的帧称为I帧，根据之前的I帧生成的只包含差异部分的帧称为P帧。另外还有一种同时参考前后的帧称为B帧。这种高效率的压缩方法就是IPB，即帧间压缩。我们可以在【短片记录尺寸】界面中看到它的标志。选择带有IPB标志的视频尺寸时，能够让我们的存储卡拍摄更长时间的

视频文件。对于大部分影友来说，几乎看不出由于压缩带来的画质损失。如果拍摄的视频题材为人物访谈或讲座等内容，场景中多为静止物体，那么IPB会更加高效。

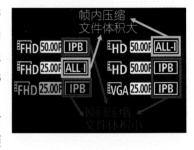

然而，对于专业视频领域来说，这种压缩方式导致每一帧的数据并不完整，在后期视频调色中会损失较多的清晰度。当视频中运动物体较多时，IPB压缩方式也会导致视频画质的下降。所以，专业人士更愿意采用帧内压缩的方式。所谓帧内压缩就是仅考虑本帧的数据而不考虑相邻帧之间的相同图像信息。帧内压缩实际上与静态照片JPEG格式的压缩类似，采用有损压缩的方法进行。由于每帧进行独立压缩，所以各帧都是一个完整的图像，在后期编辑时，可以独立的解码和显示。但是这种帧内压缩方式达不到很高的压缩率，所以相同拍摄时间内，视频文件的体积会大很多。佳能EOS 7D MARK II相机中的帧内压缩就是ALL-I。

当你选择的视频格式为MP4时，还可用IPB的压缩方式。它不仅采用帧间压缩方式，还能够以更低的码率减小视频数据的采样率。因此能够进一步压缩视频文件体积，使得网络传输更加快捷。如果你更加注重视频的画质，并且需要进行后期剪辑和加工，就可以使用MOV格式并采用ALL-I的帧内压缩方式。

码率——记录信息的数量

视频的码率也称为比特率，它是单位时间

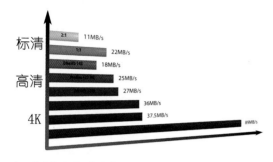

标清 2:1 11MB/s
      1:1 22MB/s
           18MB/s
高清   25MB/s
           27MB/s
           36MB/s
4K   37.5MB/s
                    89MB/s

※ 码率与视频质量成正比。

传送的数据位数, 单位是 Mbps 即千字节每秒。通俗一点的理解就是取样率, 单位时间内取样率越大精度越高, 视频的清晰度越高, 视频效果越理想, 但是文件体积也会越大。也就是说码率和质量成正比, 但是文件体积也和码率成正比。所以几乎所有的编码格式重视的都是如何用最低的码率达到更高的画质。从某种角度上说, 码率就是失真度, 码率越高视频越清晰, 反之则画面粗糙模糊。

但是如此重要的一个视频指标, 你却无法从相机菜单中找到。这是因为在佳能相机中, 码率并不能由用户自行选择, 它已经根据硬件的特性固定下来。而佳能之所以在单反视频拍摄领域名声更响, 也要归功于它具有较高的码率。佳能 EOS 5D MARK II 的码率就达到了45Mbps, 到了 EOS 5D MARK III 码率更是高达91Mbps。虽然佳能并没有公布 EOS 7D MARK II 的码率, 但是根据画质来判断, 它的水平应该与 EOS 5D MARK III 一致。相比之下, 尼康D810 最大码率只有24Mbps。

12.5.2 视频实战初步

掌握了以上基本概念只是让我们对视频有了基础了解, 如同拍摄照片一项, 必须勤于动手才能够更快地掌握。我们可以按照以下步骤录制一段视频。

视频文件格式

不同品牌的数码单反相机在拍摄静态照片时会有 JPEG、RAW 两种格式可选。而视频文件格式会更加复杂, 不同厂商的视频格式有所不同。现在, 尼康和佳能的数码单反相机拍摄的视频文件均为 MOV 格式, 松下和索尼采用了 AVCHD 格式, 有些则采用 AVI 格式。相比之下, MOV 格式已经成为目前数字媒体领域的标准, 绝大部分视频播放软件都支持MOV格式, 包括知名的暴风影音、完美解码和万能播放器等。它还具有清晰度高、文件体积小等优点。其他视频文件格式当中, AVI 格式文件体积过大, AVCHD 是松下和索尼开发的格式, 兼容性较低。

除了 MOV 格式外, 佳能 EOS 7D MARK II 新增了 MP4 格式, 它与 JPEG 的特点非常接近, 不仅具有更强的通用性, 而且这种格式的视频可以更加方便地在智能手机上播放。由于 MP4 格式的视频体积较小, 便于上传网络进行发布, 使得视频分享更加便捷高效。相比之下, MOV 虽然画质更好, 但更多是为了给专业人士进行后期编辑和剪辑而准备的, 这样精细的后期往往是为了制作出更具观赏性的微电影。

※ 在同样一个场景中, 下方的 MOV 格式画面清晰度更高、噪点更少, 也能够看到天空中更多的星星。但同样时长的视频文件, MOV 格式的文件大小是 MP4 格式的 5 倍。

实战：基本视频拍摄方法

主液晶屏的右上角会出现红点标志进行提示。在自动对焦完成后，按下快门旁边的视频录制按钮开始进行录制。录制过程中如果主体发生移动，可以移动对焦点与主体重合，再次按下 AF-ON 按钮进行对焦。

➢ 结束拍摄。再次按下 STAR/STOP 按钮就可以结束本段视频的拍摄。

➢ 拍摄前准备。将拍摄模式放在 P 挡程序自动曝光上，根据自己对视频画面反差和色彩的偏好选择一种照片风格，这里选择风光模式。根据现场光源类型选择适合的白平衡，这里选择日光白平衡。

➢ 进入视频拍摄模式。将机身背面光学取景器右侧的模式选择开关从 ⏺ 实时取景状态切换至 🎥 视频拍摄状态（即旋转 STAR/STOP 按钮外侧套着的可旋转环，使其逆时针方向转动，让白色短横线指向左侧红色的摄像机图标）。此时，相机内的反光镜将升起，主液晶屏会与实时取景状态下一样显示当前场景的取景画面。由于反光镜升起，你将无法像拍摄照片时那样通过光学取景器观察外界。

➢ 对焦。选择 ONE SHOT 单次自动对焦并使用单点对焦模式，通过多功能控制摇杆将对焦点与主体重合，然后按下 AF-ON 按钮进行对焦。

➢ 开始录制视频。按下 STAR/STOP 按钮就可以开始拍摄视频，一旦开始录制，相机

提示 ⚡

实时取景与视频拍摄状态下菜单结构的变化

由于实时取景与视频拍摄是相机在相同的运行状态下完成的，所以在菜单中对于两类功能的设置也是交替出现。当采用实时取景时，相关设置会出现在拍摄菜单的第 5 页和第 6 页。菜单栏右上角会出现 SHOOT5：Lv func. 和 SHOOT6：Lv func. 字样，其中 Lv 代表了实时取景。而在视频拍摄状态下，相关设置会出现在拍摄菜单的第 4 页和第 5 页。菜单栏右上角会出现 SHOOT4：Movie 和 SHOOT4：Movie 字样，其中 Movie 代表了视频拍摄。

添加网格线辅助构图

为了在拍摄视频前实现更准确的构图，可以进入拍摄菜单第 4 页第 4 项的【显示网格线】选项，通过添加与实时取景模式下同样的网格线来协助构图。当然，一旦开始录制视频，该网格线将消失。

12.5.3 视频实战进阶

虽然按照以上步骤可以帮助你拍摄出一段基本合格的视频，但是通过回放会发现存在很多问题。这也引发了我们对视频录制实战技术的深入讨论。

画面稳定性问题

首先是画面的晃动问题。要想获得一张清晰的照片，防抖是其中最重要的环节。只要按下快门时保证相机的稳定，就可以获得清晰的

※ 曼富图液压摄像独脚架（型号 561BHDV）配合液压云台（型号 701HDV）可以让相机平滑地进行多方向的移动。独脚架拥有液压底座和三根短脚管，能够在移动相机拍摄视频中获得生动画面的同时带来稳定性。

照片。而在拍摄视频时，由于画面是连续的，所以需要长时间保持没有晃动的状态，即使轻微的抖动也会更加明显。抖动的画面容易使观者产生眩晕、疲劳和反感。因此，稳定性同样是拍摄视频时的重要因素。手持相机拍摄视频最容易产生晃动，即使在阳光明媚的户外也是如此。但即使采用防抖镜头，也难以完全解决问题。尤其是采用长焦镜头拍摄视频时，晃动幅度更大。

你肯定会想到使用三脚架来获得稳定的拍摄效果，从而消除手持相机时的晃动。但是，稳固的三脚架带来了另外一个问题，那就是视角被固定得过于死板，视频画面缺乏生气。这时你就需要一个更加适合拍摄视频的摄像独脚架和液压云台，它能够非常顺滑地实现俯仰调整和水平方向的左右旋转。配合长长的手柄非常容易获得均匀的转速，让画面清晰流畅。

声音质量问题

其次是视频中录制的声音容易出现忽大忽小和混入很多杂乱噪音的现象。佳能 EOS 7D MARK II 的内置录音麦克风位于机身正面 EOS 7D 字样上方，距离镜头和模式转盘等操作按钮非常近，因此很容易将相机自动对焦的声音、我们操作变焦环的声音、我们按下按钮的声音、风产生的噪音全部收录到视频里。并且如果人

物距离较远，杂乱的环境声音会掩盖我们想录到的人物声音。一段高清视频与低质量的声音很难协调在一起。

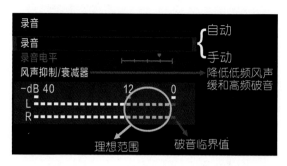

另外，环境中的声音强弱会有变化，在录制的视频中就容易表现为声音时大时小。在拍摄菜单第 4 页的【录音】选项中选择自动可以让相机自动控制录音电平，实现更加平稳的音效。此时，无论外界声音突然增大，还是突然减小，录制出的视频中声音起伏都会较小，给观者的感受会更好。然而，这种自动功能也不是万能的，在音乐会等场景中，声音强度跨度很大。这样容易在高音时出现过载，从而产生难听的破音。另外，在环境声音较弱时，自动录音电平会增强信号，产生出类似高感光度时的噪点，此时本该纯净的声音中就会出现噪音。一个最明显的例子是在录制讲话的场景中，主讲人讲话时，录音电平就会等级较低，环境噪音不会很明显。当主讲人稍微停顿，自动功能就会放大信号，导致环境噪音增加。这样视频中的噪音就会时大时小，起伏不定。而且自动调整时也容易出现滞后现象，往往是高音出现后才慢慢调低音量。所以，如果你对视频的声音要求较高，可以采用手动控制。

佳能 EOS 7D MARK II 的录音电平手动控制可以分为 64 级，非常精细。在【录音】选项中选择手动后，就会出现【录音电平】选项。在该选项下，根据环境声音强弱旋转速控转盘即可手动控制录音电平。当环境声音过高时，降低录音电平等级，保证下方短横线在电平计中亮起的位置超过 -12 分贝，但又需要低于 -3

分贝。如果短横线亮起位置达到了 0 分贝，则会出现破音。当环境声音过低时，还要调高录音电平。其操作原则与向右曝光近似，那就是在不过载的前提下，尽量记录更多的声音信号。当然，在环境声音停止，需要在视频中表现安静的现场时，需要手动降低录音电平，避免噪音出现。

另外，在现场环境中有可能突然出现很大声音时，开启【录音】选项中的衰减器功能也可以有效缓和破音现象。

但是所有上述方式都远不如购买一只外接立体声麦克风的效果好。比起内置麦克风，它能够获得更立体的声音，由于可以离开机身录音，因此也会减小记录下自动对焦声音的概率。同时，它还具有定向录音功能，能够有效拾取人物声音的同时避免环境噪音的干扰。专业人士普遍使用 RODE 麦克风。它可以安装在机顶热靴上，然后将 3.5mm 的立体声插头接入机身一侧的麦克风接口中，以实现音频的同步采集。

这里不得不提到镜头的自动对焦声音，由于相机镜头主要针对拍摄照片而设计，所以长期以来没有太多关注这个方面。虽然现在镜头的 USM 马达都是快速静音马达，但是它们发出的声音仍然无法满足视频录制时苛刻的静音要求。佳能在新技术新潮流到来时似乎能够有格外的敏感度，于是推出了 STM 步进式马达，这种更加静音的设计满足了拍摄视频的需要。

※猪笼和毛套是专业录音领域中的防风利器。

风声是在户外拍摄视频时的大敌，它会让视频的声音质量严重下降。但与人所发出的说话声音不同，风声往往局限于低频范围，所以可以采用减小麦克风在低频领域的声音信号采集量来降低干扰。在【录音】选项开启【风声抑制】功能后，就可以降低风声的干扰。当然，如果你所采集的目标声音也有很多处于低频领域，那么也会被一并降低。所以，专业视频拍摄领域一般会在外置录音麦克风上增加猪笼或防风毛套，以减小风与麦克风的正面撞击，从而减小被录音设备拾取的风声。

实战经验　录音监听

佳能 EOS 7D MARK II 机身侧面拥有 3.5mm 耳机接口，这样我们就可以在视频拍摄过程中，使用耳机同步确认录音状态，及时对出现的问题进行调整。耳机音量可以通过下面介绍的电容式触控方式进行调整，非常方便。

外接麦克风接口

耳机接口

提示

电容式触控位置

为了减小视频录制过程中操作相机时按动按钮的声音被录入，还可以进入拍摄菜单第 5 页第 4 项【静音控制】选项中，开启这一功能。这样就可以使用速控转盘内圈（速控转盘上带有凸起齿轮状的为外圈，中央为 set 键，二者之间的区域为内圈）的电容式触控面板进行无声操作。也许电容式触控面板这个词汇过于专业，那么更加形象地来说就是此时速控转盘内圈就相当于 iPad 的屏幕，我们只需用手指轻轻触碰，即可进行上、下、左、右四个方向上的调整操作。这样在视频录制过程中，按下 Q 键后就可以采用这一方式，通过相机主液晶屏左侧的菜单栏对快门速度、光圈、感光度、曝光补偿、录音电平、监听耳机音量共 6 项功能进行无声调整了。

对焦的问题

当视频中的主体人物移动时就需要重新对焦，这是大部分数码单反相机都会暴露出的严重问题，那就是由于拍摄视频时采用反差式自动对焦，对焦过程中会出现在合焦位置前后往复移动的情况，由此出现的画面不稳定会严重损害视频的流畅。可以说，目前大部分数码单反相机还无法真正实现视频录制过程中顺畅平滑的自动对焦。专业视频工作者的解决方案是采用手动对焦。它不仅可以提高合焦速度也能够避免自动对焦的噪音被记录下来。在电影的拍摄中，也是采用手动对焦的方式来实现对焦。

※ 以往难以连续对焦的动态主体，现今对于 EOS 7D MARK II 来说已经可以轻松应对。

对于当今的数码单反相机来说，视频拍摄功能早已从一个可有可无的从属地位跃升为一项重要功能。而自动对焦性能无疑成为其重要的发展瓶颈，如果哪个厂商能够解决视频拍摄中的自动对焦问题，那么对于普通大众用户而言，数码单反相机的易用性就会大幅度提升。佳能早就预见到单反相机在视频拍摄上的发展趋势，从 EOS 70D 开始采用的焦平面相位差自动对焦系统可以在视频拍摄中具有更好的自动对焦表现，EOS 7D MARK II 是搭载这一系统的第二款产品，性能更是得到了完善。如果今后数码单反相机真正实现了专业用户满意的自动对焦能力，那么 EOS 7D MARK II 绝对是这一发展过程中具有里程碑意义的一款相机。

由于视频拍摄中主体与相机之间的距离会不断改变，因此真正具有实战价值的是连续自动对焦。进入拍摄菜单第 4 页第 1 项的【短片伺服自动对焦】选项就可以开启连续自动对焦

功能，这样就可以在视频拍摄过程中持续不断地对主体进行对焦。这有点像拍摄静态照片中的 AI SERVO 人工智能伺服自动对焦模式。此时，你即使没有半按快门或者按下 AF-ON 按钮，自动对焦系统也会持续工作。在主体发生移动时相机不断调整对焦距离，让画面始终保持清晰状态。

另外，视频拍摄状态下的自动对焦方式与实时取景下的完全一样，包括了面部＋追踪模式、自由移动多点和自由移动 1 点模式。如果你在拍摄关于人物的视频，那么使用面部＋追踪模式并开启短片伺服自动对焦就可以实现针对面部的连续跟踪对焦。这使得视频拍摄更加轻松。

开启【短片伺服自动对焦】功能后，如果在【自动对焦方式】中选择了自由移动 1 点模式，我们还可

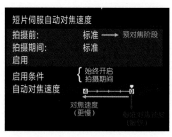

以在菜单新出现的选项中针对对焦速度和灵敏度进行设置。【短片伺服自动对焦速度】是个有意思的选项，它的默认值是标准速度，也就是最快的速度。而这一选项中提供的其他选择是低于标准速度的 4 个慢速等级。这打破了我们拍摄静态照片时的思维习惯。我们总认为对焦速度越快越好！然而，在拍摄视频过程中并非如此。

拍摄照片时的自动对焦只需要结果精确，而除了速度以外，过程其实并不重要。而对于视频来说，对焦过程才是最重要的。只有跟焦过程更加平滑稳定才能带来舒适的观看体验。视频拍摄中更多采用逐渐移动位置的镜头语言，实现更加平滑的对焦效果，往往需要更慢的对焦速度。在采用手动对焦的影视剧拍摄中，跟焦员通过手动控制完成这一操作。而自动对焦的佳能 EOS 7D MARK II 则需要通过菜单来进

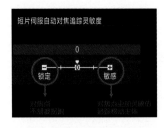

行降速,这就是【短片伺服自动对焦速度】选项存在的意义。

当然,要发挥出这一功能还必须使用具有慢速对焦转换功能的镜头(所有 STM 马达镜头和 2009 年以后上市的 USM 马达镜头具有此功能,老款镜头则无法实现)。其中,如果采用 STM+ 导螺杆型的 STM 镜头会获得更加平滑出色的合焦位置移动效果。另外,我们在这里还可以选择启用条件,以实现视频拍摄前快速的预对焦和视频拍摄开始后慢速平滑的对焦相互结合。

另外,在拍摄运动主体时,同样会遇到相机与主体之间进入障碍物的问题。我们通过【短片伺服自动对焦追踪灵敏度】选项来规定自动对焦的行为方式。向左移动光标时,自动对焦系统的"黏性"较强,在出现障碍物时,它不会轻易丢弃原来对焦的主体去跟踪新的主体。向右移动光标时,自动对焦系统更容易对焦于新闯入的物体上。同时,这一选择还可以让自动对焦系统保持对移动速度较快的主体进行持续跟踪。

图像跳动与室内灯光闪烁问题

在视频拍摄过程中同样存在快门速度的问题,当我们采用 30fps 拍摄时,实际上相机会在每秒钟拍摄 30 幅静态照片。在播放视频时,将这 30 幅画面连续播放就形成了流畅的动态画面。而在录制时采用电子快门,即通过对感光元件通电和断电来实现的,此时机械快门处于全开状态,并不参与工作。

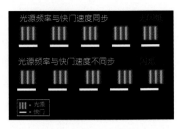

帧频相当于为快门速度加了一条下限,采用 30fps 的帧频拍摄时,你无法使用任何比 1/30s 更慢的快门。例如,1/2s 的快门速度一秒钟只能拍摄 2 帧,而无法达到每秒 30 张的帧频。而我们室内的灯光是在 50Hz 的交流电下工作的,灯光会随着电流的变化出现闪烁现象,只不过频率很快,我们人眼无法察觉。但是当你拍摄视频时快门速度与这种光源闪烁的频率不一致时,例如,快门速度为 1/60s 时,画面就会体现出这种闪烁感来。只有当快门速度为 1/50s 或它的倍数时(1/100s 或 1/25s),这种闪烁才不会在视频中体现出来。因此,抑制画面闪烁的最好方法是采用 M 挡手动曝光,并将快门速度设置为 1/50s(在国内)。

视频的快门速度问题

我们知道视频实际上是由一系列的静态照片连续播放做成的。如果你将一段视频分解开来,其中的每一帧就好像我们采用高速连拍而获得的画面一样。而视频拍摄与静态照片的一个不同点就在于快门速度的选择。拍摄视频时不是快门速度越高越好。例如,帧频为 30fps 的情况下,如果我们使用较高速的快门(例如 1/250s)进行拍摄,相机记录视频的方式依然不变,那就是每秒钟拍摄 30 幅画面,并不会因为快门速度的提升

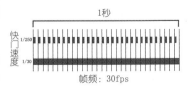

而增加拍摄的数量。这样在播放时每幅画面仍需要播放 1/30s 的时间，远长于每一幅画面的快门速度，这就出现了不匹配的情况，导致每幅画面需要多停留片刻，从而造成视频画面的跳动。

在拍摄视频时，最佳的快门速度是帧频的两倍。也就是说如果你选择的帧频是 30fps，那么快门速度最好设定为 1/60s；如果你选择的帧频是 60fps，那么快门速度最好设定为 1/125s。

忽明忽暗问题

在拍摄视频时，除了快门速度的选择会受到限制外，光圈的运用也与拍摄静态照片不一样。刚刚接触视频拍摄的影友依然会采用习惯的 Av 挡光圈优先模式，在录制过程中还会经常调整光圈大小，而这种操作会在瞬间改变曝光，造成视频画面突然出现明暗的跳跃式改变。这会给观看者造成干扰。因此，拍摄视频时更多采用的方法是固定光圈拍摄，不要在一个连续的视频片段中改变光圈的大小。

如果你需要拍摄一个较长时间的视频片段，其中还要跟随主体人物变更场景，并且出现了较大的明暗变化时，曝光的调整就应该交给自动感光度来完成，而不是通过光圈或快门速度进行调节。所以 M 挡全手动模式外加自动感光度才是拍摄视频时的最佳拍摄模式。

场景照明问题

在拍摄静态照片时我们可以用闪光灯来获得更好的光线效果，然而在连续的视频中，闪光灯无法使用。虽然反光板仍然能够为暗部补充光线，但为了获得更可控的光线效果，你需要能

※ 视频拍摄中的补光依靠 LED 灯。

扩展阅读

无级光圈

我们在调整相机的光圈时最小可以采用 1/3 挡的步长进行调整，这就好比一个台阶，光圈的调整必须一个台阶一个台阶的改变。而在专业的电影镜头中，光圈调整的方式则是一个缓慢的坡道，之间没有最小步长的概念。也就是说电影镜头是无级光圈，当你更改光圈时视频画面会出现柔和无跳跃的明暗渐变。在专业的视频拍摄中，如果一个长镜头两端的场景明暗差异较大，那么摄像师会提前计算好曝光改变量，并通过无级光圈调整曝光，这样观众就不会察觉到画面的明暗突然的改变。

够持续发光的光源。这就是 LED 灯，它已经被广泛应用在视频拍摄领域。LED 灯具有显色性强、色温稳定、发光率高的特点。携带一盏小型的 LED 灯，会让你的旅途视频更加出色，同时很多 LED 灯还能够使用相机电池供电，非常方便。

录制时间限制问题

佳能 EOS 7D MARK II 对于单次视频拍摄长度有双重限制，最长拍摄时间为 29 分 59 秒。这个时间限制的由来是欧盟将能够拍摄 30 分钟以上的相机视为摄像机，从而征收更高的关税。另外，还有单个视频文件体积限制，当单个文件达到 4GB 时就会自动停止。你可能认为这是一条过于严格的限制，但实际上引人入胜的视频全部是由众多几秒至十几秒的片段剪辑组合而成，这样可以利用不断改变的画面吸引观众的视线。因此，你大可不必为此担心。

多机位拍摄的同步问题——时间码

在电影花絮中，你一定见过工作人员手持场记板，这块小板子上写明了第几场、第几个镜头、片名和导演名。这是为了给每段视频进行一个标注，便于后期剪辑时确认，以防止将众多的素材片段搞混。而在工作人员喊出"开

拍啦"的同时，还会将小板子一端扣下，发出一声响亮而清脆的撞击声。不要以为这仅仅是在提醒演员进入角色，这个声音的实际作用是让后期制作时更加容易地将视频与分开录制的音频准确地合成在一起。这一清脆的声音就是合并时的基准点。

除了声音与画面的同步需要基准点外，不同机位之间录制的视频在后期剪辑时也需要一个基准点。我们都看到过电影中两个主人公对话的场景，此时镜头会根据说话人的不同而进行切换。这是由两台机器同时录制，在后期剪辑中将不同片段组合在一起才实现的。为了能够让场景更加流畅，在剪辑时就需要两台不同的机器有一个统一的基准点，这就是时间码。

时间码是管理视频素材时间的功能，有了时间码我们可以将时间信息添加到视频素材当中。这样就能够在后期剪辑由多台机器拍摄的众多视频素材时更加方便地实现同步，提高剪辑的效率。佳能 EOS 7D MARK II 使用的是美国电影和电视工程师协会的统一行业标准时间码，以小时/分钟/秒/帧的形式表示。

进入拍摄菜单第 5 页第 3 项【时间码】中即可对这一功能进行设置。【计数】是其中最重要的一个选项，【记录时运行】只在视频拍摄期间计时，而【自由运行】不管是否正在拍摄，时间码都计时。显然后一种才是让多台相机与具有时间码功能的录音设备之间实现同步的选

择。这样无论多少台设备同时在工作，它们都有了统一的时间轴。

> **提示** ⚡
>
> 通过回放菜单第 3 页【短片播放计时】选项，我们可以选择使用相机主液晶屏回放视频时，是显示普通视频播放时间还是显示时间码。如果你仅仅是简单地使用单个相机录制视频，也不进行后期音频的同步，那么时间码功能并没有多大作用。

如何进一步提高视频画质——HDMI 输出

与十年以前数码单反相机刚刚开始普及时相比，当今相机中的功能得到了极大程度的丰富。而这些新增功能中，视频拍摄能力是最吸引人的，这也是未来单反相机发展的方向。在这一领域中佳能与尼康也存在激烈的竞争。从 2008 年，佳能 EOS 5D MARK II 上市后，佳能凭借庞大的用户基础、视频的高码率和方便的视频录制操控赢得了很大市场份额。然而，在视频拍摄功能上，尼康 D800 却拥有的一项看家本领，即 HDMI 输出无压缩 4:2:2 高清视频功能。

那么什么是 HDMI 输出无压缩 4:2:2 高清视频功能呢？首先，我们需要了解数码单反相机是如何拍摄视频的。在拍摄视频时，单反相机的感光元件会持续采集接收到的光信号，将其转换为电信号，并将其传送至图像处理芯片（DIGIC 6）进行采样。图像处理芯片确定采样方式后对视频数据进行压缩和封装。这样一段 MOV 格式（或 MP4）的视频就会被保存到存储卡中。但这并不是唯一的记录方式，相机还可以通过 HDMI 端口

时间码	
计数	{ 记录时运行
开始时间设置	{ 自由运行
短片记录计时	记录时间
短片播放计时	记录时间
HDMI	
丢帧	启用

通过 HDMI 端口输出

Atomos Ninja2
硬盘记录仪

* 如果希望获得更高品质的视频，那么通过 HDMI 端口输出并采用硬盘记录仪保存则是最佳的方式。

将视频数据输出，此时输出的数据只封装不压缩。我们都知道，凡是经过压缩的数据都会出现画质降低的现象，这就好比 JPEG 格式照片。如果不压缩那么视频的画质就会上一个台阶。此时，图像处理芯片会将封装好的视频数据直接送到一个专用的外部采集设备中。这是由于没有压缩的视频文件体积巨大，无法被写入到相机存储卡中，必须由存储速度更快的设备来保存。这一设备就是硬盘记录仪，常见的品牌是 Atomos Ninja2。

那么什么是 4:2:2 呢？前面我们提到过，视频需要在图像处理芯片中进行采样，而采样方式分为两种，一种是 RGB 采样方式，图像处理芯片几乎保留了所有接收到的原始数据，它相当于 4:4:4 采样，能够获得最高水准的视频质量。然而与静态照片拍摄不同，视频中数据量更大，使用无损采样会导致相机负荷过大，因此只有采用部分采样的方式才能够减小文件体积。这就是 YUV 采样，其中 Y 代表了场景的亮度信息，人眼对亮度会比色彩更加敏感，所以亮度信息是需要重点采样的数据类型。而 U 和 V 代表色彩数据，它们则被降低了采样等级。当采用常规的视频拍摄方式时，相当于 4:2:0。而采用 HDMI 输出时，相当于 4:2:2，这样采样率更高，视频画质也就更好。

在 2012 年，佳能 EOS 5D MARK Ⅲ 上市之初并不支持通过 HDMI 端口输出无压缩 4:2:2 高清视频的功能，而在 2013 年佳能官方发布了 1.2.1 版本固件后，EOS 5D MARK Ⅲ 具有了这一功能。当然，佳能 EOS 7D MARK Ⅱ 更是从一开始就具有这一功能。

> **提示** ⚡
>
> 采用硬盘记录仪捕捉 HDMI 输出信号时，进入设置菜单第 3 页最后 1 项【HDMI 帧频】选项中，可以设置输出画面的帧频。

进入拍摄菜单第 5 页最后 1 项的【HDMI 输出 + 液晶】选项，选择【镜像】时，通过

HDMI 端口输出的视频信号将不带有拍摄信息，只包含单纯的高清视频本身。这样就可以通过外部硬盘记录仪来记录满意的画面。选择【无镜像】后，通过 HDMI 接口将信号输出到一台大屏幕（例如 7 英寸）摄影监视器

※ 一位正在拍摄郁金香的影友使用大尺寸液晶屏通过 HDMI 接口获得机身的实时取景画面并显示拍摄参数，这时使用 10 倍放大非常便于精细地手动对焦。

> **提示** ⚡
>
> 虽然 HDMI 输出无压缩 4:2:2 高清视频的画质比机内存储的画质得到了提升，但二者都是 8 位色深度，如果将目前数码单反相机所录制视频中的每一帧看成是静态的 JPEG 照片的话，那么它们都只有 8 位，无论是动态范围、色彩表现还是层次细节都受到了局限。但实际上，如果将每一帧换成 12 位的 RAW 照片，无疑会带来视频画质的飞跃。我们将获得无损的视频文件，与 RAW 格式照片一样，带来更大的后期处理空间。但是并不能通过官方的固件升级实现这一目，而是需要使用第三方的魔灯固件来实现。由于这一方式未经官方授权，并且存在风险，所以普通影友需要谨慎。
>
> 如果你对视频的拍摄要求提高，那么显然数码单反相机已经难以完成这样的任务。在佳能的产品线当中，更加专业的数字摄影机 EOS C500 就可以拍摄 4K 分辨率的 RAW 视频，并通过高速数据传输端口 3G-SDI 传输到外部硬盘记录仪当中。

※ 佳能数字摄影机中的顶级产品 EOS C500。

上，你就获得了一块面积大得多的液晶屏，上面可以显示所有实时取景的参数。在使用三脚架拍摄花卉微距时，针对细小的花蕊对焦再也不是难事了，而且在拍摄视频时也可以更好地观察画面。

更加个性化的操控问题——快门按钮功能

虽然开始和停止视频的拍摄都是通过右手拇指控制 START/STOP 按钮来是实现的，但是用惯了快门按钮的我们总会不自觉地把食指放在快门上。为了让我们在拍摄视频时保留这一操作习惯，佳能 EOS 7D MARK II 的菜单中特意设计了快门按钮功能选项，让我们对快门按钮在视频拍摄期间的功能进行选择。

进入拍摄菜单第 5 页的【🔍快门按钮功能】选项中，选择 🖼AF/🎥 或 🖼/🎥 时就可以通过完全按下快门按钮来开始或停止视频的拍摄。同时，在这两个选项下，我们还可以使用快门

线和遥控器来实现相同的功能，能够避免相机出现晃动。但有所得也有所失，此时我们会失去在视频拍摄过程中完全按下快门拍摄静态照片的能力。如果更加看重这一功能，而不需要快门按钮来开启或停止视频的拍摄，就可以选择。

另外，除了设定完全按下快门时的功能外，还可以选择半按快门的作用。半按快门可以同时启动自动对焦和测光（带有 🖼AF 图标的选项具有此功能），也可以仅启动测光（带有 🖼 图标的选项具有此功能）。一般在拍摄视频中，我们会将对焦的控制权交给 AF-ON 按钮或者 EOS 7D MARK II 新的短片伺服自动对焦功能。因此更多时候，让半按快门负责测光更加有实际意义。这样当主体所处的环境亮度发生较大变化时，我们就可以通过半按快门来获得更好的视频亮度。

12.5.4 看看更专业的视频拍摄手法

发现问题解决问题是我们摄影以及拍摄视频技术不断提高的好方法，通过实战我们解决了很多拍摄视频的技术问题。当然，了解一些专业摄像领域的工作方法，也会让你大开眼界，对于自己技术的提高很有帮助。

专业人士如何获得动态的稳定画面

20 世纪 70 年代初，摄像师伽莱特·布朗发明了一种可以和摄像师的背心连在一起的便携摄像机三脚架。这个设备就是斯坦尼康，它的配重平衡系统可以使摄像师在快速移动过程中，保持摄像机的稳定，从而拍摄出稳定的画面。从此，电影中用肩扛摄像机拍出的晃动画面开始稳定了下来。它的出现引发了电影画面效果的革命，摄像机从此可以不受限制地在一个镜头中从不同角度记录动作画面，而观众则可以通过连续画面更好地感觉时空。斯坦尼康

有着极大的灵活性、便利性。它可以拍摄比摇臂时间更长的长镜头，而轨道需要平坦的地面，斯坦尼康却可以适应斜坡、山地、台阶等更多的环境，可以完成更为复杂的移动镜头拍摄。目前还有专门针对数码单反相机拍摄视频而开发的小斯

※ 斯坦尼康可以在行进中获得稳定的画面。

坦尼康，它是一款小巧灵动性的手持稳定器，不需要与摄像背心连接。它的重量在 1.5 公斤左右，操作简单容易上手。同样可以获得稳定的视频画面。

专业人士如何获得更准确的对焦

※ 跟焦器改变了拍摄视频时的手动对焦效率。

普通相机镜头的手动对焦环不仅狭窄，而且对焦行程短，不能够实现精细的调整。专业人士使用跟焦器改变了手动对焦时调焦的动作方向，将左右转动改变为前后转动，更符合人体工程学的考虑，让手动对焦操作更加方便。同时，也减少手指直接转动镜头对焦环时引起的晃动。使用跟焦器还可以增加镜头的对焦行程，有利于精确地控制和焦位置。跟焦器的核心部件是一个转角的齿轮箱。品质好的跟焦器阻尼适中，可以让不同镜头的跟焦手感变得比较一致，方便手动对焦操作。当然最理想的状态就是使用专业的电影镜头，比起单反镜头，电影镜头的对焦行程更长，而且对焦环本身就有齿轮设计，便于与跟焦器结合。在使用浅景深拍摄走动的人物时，专门负责对焦的跟焦师会事先根据人物的起始位置在镜头手动对焦环上做出标记，这样就能够在拍摄时做到更加精确。同时，一个更大的视频画面监视设备也是必不可少的。

专业人士如何获得更好的声音品质

在专业领域，麦克风被分为近场采访麦克风与同期录音麦克风两种。前者距离音源50cm 左右的范围内，可以清晰地捕捉到主人公的语言声音。但是当超过 1m 时，语声就会与环境声音混杂到一起。同期录音麦克风则刚好相反，麦克风不能距离声源太近，一般使用挑杆放置话筒到目标斜上方 45°。这类话筒具有超强的指向性，拾取目标声音的同时，可以屏蔽其他的环境声音干扰。

摄影兵器库：电影镜头

※ 电影镜头将会为你开启一扇新的大门，通往全新的器材领域。

拍摄视频与拍摄静态照片之所以是截然不同的领域，不仅由于上面这些全新的概念和技术，而且在器材方面也有很大的差异。其中一个重要方面就是镜头，如果你希望在视频拍摄方面有更多的发展，那么就需要更加深入地了解电影镜头。对于那些仅拍摄静态照片的影友来说，开阔一下自己的视野，看看独具特色或者说更加专业的电影镜头有哪些特点也很有必要。

电影镜头的设计出发点着眼于为拍摄连续画面服务，因此在设计上有很多方面与相机镜头有所不同。可以说，很多相机镜头设计时忽略的方面都是电影镜头着重考虑的。在镜头一章中我们提到过呼吸效应，当你的拍摄位置和焦距都固定不变，针对不同距离进行对焦时，视角会发生变化。仅仅对比两幅照片很难直观发现问题，但如果采用实时取景方式拍摄，那么针对近处物体对焦后再针对无限远处对焦，就很容易发现这种变化。相机镜头中采用内对焦设计的变焦镜头在呼吸效应方面更加严重。但由于静态照片是单幅欣赏，很少进行相互对比，因此影响不大，仅仅会造成长焦缩水问题。但在拍摄视频时，对焦点在前后两个人物之间切换时，画面边缘即使产生轻微的视角改变也会被察觉。因此，电影镜头在光学设计方面更加注重对呼吸效应的控制。

与此相对应，在变焦的电影镜头上，当你采用变焦操作时，对焦点也会更好地保持在原来位置上，不会漂移。而相机镜头在变焦后就需要重新对焦才能拍摄。你可以对比一下对焦锁定和曝光锁定这两节的内容，后者是可以先用长焦端测光，然后锁定曝光进行拍摄的。但是对焦锁定却绝对不能这样操作。

电影镜头同样具有光圈环，但其光圈值并不以 F 值来表示，而是采用 T 值。区别在于，单反镜头的光圈 F 值代表了光圈孔径的几何尺寸，而电影镜头的 T 值代表了实际进光量。光圈值 F 是计算出来的，并且没有考虑镜头的光学结构、镜片的材料、镜片的镀膜等对镜头透光率的影响。光圈值 T 是测出来的，T 值考虑了各种因素对镜头透光率的影响。因此，只要两个镜头的 T 值一样，其光通量就是一样的。以 T 值表示的光圈更加科学和精确，适合对于曝光准确性要求更高的电影摄影领域。电影镜头的光圈还可以实现无级调整，可以更加自由的改变。以便在主体移动，环境光线改变时能够顺畅地保持曝光的准确。

在视频拍摄过程中，摄像师并非手持机器拍摄。摄像机往往需要固定在大型三脚架上使用，同时需要有众多的附件配合。例如托架、跟焦器、遮光斗、滤镜、监看

※ 拍摄视频时大量的附件被使用，这样更换镜头前后的差异就会被放大。

液晶屏、监听耳机等等，在拍摄前需要将所有附件安装到位，并调整好重心才能进行拍摄。如果更换镜头后，重心出现偏移、镜头上的对焦环位置发生变化，那么所有附件都需要重新调整才能再次投入拍摄。这就会造成拍摄效率的下降。因此，在设计时会注重不同电影镜头之间联系。以佳能电影镜头为例，从 14mm ~ 135mm 的 6 支镜头全部拥有一致的体积、卡口尺寸和重量，更换时不会造成重心变化。而且跟焦环上的齿轮位置一致，更换镜头后无须调整跟焦器位置。除此以外，不同镜头之间的操作方式和手感实现了统一性，能够保证视频拍摄的高效率。当然，在佳能的 4 支顶级变焦电影镜头之间以及 4 支紧凑型变焦电影镜头之间也能够实现这种无缝衔接。相对来说，摄影镜头之间就没有这种连贯性考虑。

在手动对焦一节中我们提到过，老式镜头的手动对焦环行程长精度高。电影镜头同样具有这样的优点，佳能电影镜头的对焦环旋转角度可以达到 300°，配合跟焦器的使用可以实现更高的对焦精度。而佳能变焦电影镜头的变焦环旋转角度也很大，接近 180°。然而相机镜头变焦环转动幅度却不到 90°。同样，佳能三个系列的电影镜头也保持了同样的旋转角度、阻尼，这样操作手感就非常一致，不需要更换镜头后重新适应。

在光学水平上，电影镜头的等级更高。尤其是在广角镜头方面，电影镜头的畸变控制更加到位、暗角更小。这样在移动镜头拍摄画面时，边缘的畸变才不会将观众的视线从演员身上分离出来。电影镜头的用料和工艺更加精湛，全部采用金属和高等级光学玻璃材料，而为了降低成本，数码单反相机套头上经常会使用工程塑料和树脂材料镜片。因此，电影镜头手感更加扎实稳定，对于恶劣环境的适应能力更强。

总之，电影镜头的所有设计都考虑到了连续拍摄的需求，为获得平稳而精准的视频画面而准备。而相机镜头只需要在按下快门的一瞬

间实现出色的效果即可。这是二者的最大区别。当然，也有很多人认为电影镜头由对影像更加负责人的设计，是更加专业的镜头。

佳能从 2011 年进入专业电影摄影器材领域，推出了多款电影镜头和 EOS C500 等可以拍摄 4K 高清视频的专业电影摄影机。

蔡司 CP.2 电影镜头

拍摄参数： ◎ 光圈：T/2.1　◎ 快门：1/80s
　　　　　　 ⊛ 感光度：ISO100

※ 使用蔡司 CP.2 35 mm/T2.1 电影镜头拍摄，画面立体感极强，色彩浓郁而油润，焦外虚化效果与普通单反镜头区别较大，更加自然美观。画面整体效果突出，不再有所谓的数码味道（即清淡的画面效果），取而代之的是一种浑厚浓重的电影胶片效果。

※ 蔡司 CP.2 35 mm/T2.1 电影镜头。

CP.2 系列镜头是蔡司专为可拍摄高清视频的数码单反相机设计，全系列共有 11 支，焦距从 18mm ~ 100mm，以及一支 50mm 微距镜头。蔡司 CP.2 系列镜头可更换卡口接环，除了可以使用在佳能 EF 卡口上，还可以用于电影行业的标准卡口阿莱 PL。CP.2 镜头在体积上较一般的单反镜头大出很多，从而有效增加了对焦环的行程，便于手动对焦时的精确掌控。另外，还可以留出足够空间标注对焦距离刻度，便于观察。

如同传统蔡司镜头，CP.2 电影镜头也具有极佳的质感和精细的做工。在整个对焦行程中对焦环转动非常顺滑细腻，没有任何涩点和死点，没有空挡行程，对焦环与镜筒的接合也做到了严丝合缝。在很多高档自动对焦镜头上可能存在的晃动等现象此镜头上都没有出现。无论静态照片还是视频画质，成熟的光学设计和蔡司引以为傲的 T* 镀膜都决定其超一流的表现。出色的分辨率和锐度、浓郁油润的色彩还原，还有对各种像差和色差的有效控制以及多达 14 片光圈叶片的设计，使得在任何光圈下 CP.2 都能够呈现圆形的孔径，使画面的焦外更加朦胧和柔美。

但是，CP.2 电影镜头的价格也非常高，单个定焦镜头价格在 2.8 万元至 3.7 万元左右。如果配齐一整套镜头，价格会达到 30 万元。如果不是专业视频行业的工作者，似乎没有必要投入巨额费用购买整套镜头。对于摄影发烧友来讲，选择一支小广角的 35mm/T2.1 或标准视角的 50mm/T2.1 比较务实，这样既可以在照片和视频两个方面发挥作用，又能够体会到电影镜头的魅力，发现摄影的更多乐趣。

12.6 闪光灯——用光的艺术

熟练掌握相机的各项功能可以为拍摄打下良好的基础，而要想拍到优美的照片则需要掌控光线。正如那句被说了千百次的箴言：摄影是用光的艺术。拍摄自然风光时，我们往往只能等待或寻找那可遇不可求的绝妙光线，等待着大自然的馈赠。然而，在人像或静物等题材中，如果我们手中有一支闪光灯，就可以将控制光线的主动权掌握在自己手中，可以按照自己的构想创造出更为完美的画面。

12.6.1 内置闪光灯的局限性

虽然闪光灯非常重要，但是相机内置的闪光灯却存在很多弱点，在职业摄影师看来，它成了可有可无的功能。这是由于内置闪光灯的功率较小，覆盖范围非常有限，当主体距离相机超过 4m 时，内置闪光灯就无法照亮主体了。另外，内置闪光灯光线输出的角度无法调整，在使用闪光灯为人物补光时，最差的角度就是从机顶正中间的位置发光直射人物面部，而这正是内置闪光灯唯一的选择。它还难以添加柔光设备，发出的光线很硬，容易造成人物面部较亮，而背景漆黑的情况。所以，佳能不仅在顶级机型 EOS 1DX 上取消了内置闪光灯，而且在低一个等级的 EOS 5D MARK III 上同样没有安装。这都体现了内置闪光灯对于职业摄影师作用很小。

但是，佳能 EOS 7D MARK II 上仍然保留了内置闪光灯，并且具有很丰富的功能。最重要的作用就是可以作为主灯来发射信号控制其他外置闪光灯，共同组成一套闪光灯系统，完成无线闪光拍摄。另外，对于摄影初学者来说，完全可以将学习内置闪光灯的使用作为入门课程，逐步掌握闪光灯的控制技术，为今后使用外置闪光灯和无线引闪技术打下基础。内置闪光灯虽然难以单独完成拍摄任务，但以其他环境光源作为主光拍摄时，机顶闪光灯可以作为辅助光用于消除人物下巴底下的阴影。此时只需要很小的闪光灯输出量就可以出色地完成任务。

12.6.2 对光线的控制让你真正开启摄影之门

很多初学者都认为闪光灯的作用无非是照亮昏暗的环境，拍出清晰的照片。其实，这只是最基本的功能，闪光灯还有更多的用途。它可以在极短的瞬间（1/700s ~ 1/10000s 之间）发射出与日光色温一致的均匀光线；能够让人像作品中具有完全可控的明暗变化，形成引人入胜的戏剧化视觉效果；可以呈现出运动主体清晰的影像或轨迹，获得特殊的表现手法；高速闪光还能够帮助我们定格水珠滴落的瞬间。可以说，闪光灯为我们打开了一扇新的摄影大门，拓宽了我们的拍摄题材和表现形式，是摄影爱好者必备的重要器材。

但是使用闪光灯进行拍摄与持续光源环境下有很多不同，因此我们需要先了解一些基础知识，才能够进入闪光摄影的大门。

12.6.3 使用闪光灯拍摄时的测光过程

在自然光或者持续发光的人工光源下拍摄时，由于光线是连续的，测光感应器可以随时接收到光线，只要你半按快门就可以将测光结果显示出来。但是，闪光灯的最大特点就是在

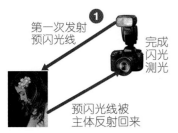

第一次发射预闪光线 ❶ 完成闪光测光

预闪光线被主体反射回来

※ 闪光灯拍摄的第一步是预闪，目的是为了获得正确的测光。此时快门帘并不打开，不进行真正曝光。预闪光的强度也较低，仅是为了获得数据而进行的闪光。

根据测光结果第二次发射闪光用于真正拍摄 ❷ 照片具有适合的曝光效果

光线被主体反射进入相机完成曝光

※ 在预闪后的极短时间内，闪光灯等就会根据测光结果，按照正确曝光的需求量发射出第二次闪光，也就是真正用于拍摄的闪光。这一光线被主体反射后进入相机，快门帘打开完成最终拍摄。

的测光结果成为一个重要环节。

首先我们需要弄清楚什么是TTL测光。早期的胶片单反相机不具备测光能力，摄影师要使用手持式测光表，再按照测光读数对相机进行设置。相机自身刚刚具备测光功能时，测光模块位于机顶，严格说就是机身外，因此测量结果与从镜头进入机身的光线会有差别，自然测光结果也不够精确。随着技术的发展，测光感应器体积逐渐缩小，直到能够放入机身内部，才终于开始测量从镜头进入机身内部的光线，这也是最准确的测光方式。测量从镜头进入的光线即为TTL（英文通过镜头的缩写）测光方式。

使用TTL测光方式非常准确，但它仍然没有解决使用闪光灯拍摄时的测光问题。而只有

拍摄瞬间才会发光，于是在拍摄前测光感应器接收不到闪光灯发出的光线，所以无法对其测光。当然，我们不能使用环境光的测光读数，因为一旦闪光灯发射出光线，现场的光线条件将被大幅度改变，主体与背景的明暗程度将出现变化，之前根据环境光测得的读数完全失去意义。所以，使用闪光灯拍摄的过程中，如何获得准确

获得了准确的测光结果才能够通知闪光灯发射出合适数量的光线（实际上是控制闪光灯发光的时间长短），从而让主体获得准确的曝光。否则主体不是过亮就是过暗，会出现失败的照片。那么在使用闪光灯拍摄时，测光是如何进行的呢？

胶片时代是这样解决闪光灯拍摄时的测光问题的。由于胶片表面会反射一定量的光线，相机利用这个反光进行测量。也就是说，使用闪光灯拍摄时，快门开启，闪光灯发射光线照射到主体上，光线反射进入镜头到达胶片，光线被胶片反射进入反光镜下方的测光感应器中，当胶片反射的光线量达到一定量时，代表胶片获得了准确的曝光，于是机身发出信号停止闪光灯输出。整个过程都在极短的瞬间完成，这种解决办法实质上是同步发光同步测量，但由于不同的胶片具有不同的反光率，因此摄影师需要根据经验来手动微调闪光灯的输出量，对技术的要求比较高。

但是到了数码时代，胶片被换成了感光元件，而后者反光较强，无法再使用胶片时代的测光方式。这样一种新的测光方式应运而生，那就是预闪。预闪的过程是在真正曝光前，闪光灯先发射一束已知亮度的低功率预闪光线，主体的反光进入镜头被反光镜折射向上进入五棱镜后达到测光感应器，此时测光感应器已经被搬迁至机顶上方。这样相机就能够计算出让主体达到正确曝光所需的闪光灯输出量。注意，预闪的光线并不参与到真正的曝光中。在测光完成后，快门才会打开，此时闪光灯正式发出光线，完成真正的曝光。虽然我们将预闪与真正拍摄过程分开来讲解，但实际上它们全部发生在一瞬间，肉眼根本无法识别闪光灯有两次闪光。

通过以上分析我们看出，TTL闪光就是通过测量从镜头进入相机的预闪光线，计算出正确的闪光灯输出量，从而获得完美闪光效果的一种自动测光方式，或者叫闪光灯控制方式。

它就相当于我们日常在自然光环境下拍摄时使用的评价测光模式，它会通过复杂的计算将众多信息综合考虑，最终得到合适的曝光。

而佳能在 TTL 闪光工作原理的基础上进行了改进，形成了 E-TTL II 自动闪光曝光控制系统，它增加了对场景中环境光的检测；对场景中的强烈反光物体的检测；还能够考虑到对焦点的位置等，通过更多信息的采集让闪光灯输出量更加准确，这样就能够得到主体与环境曝光都准确，并且平衡自然的闪光摄影作品。进入拍摄菜单第 1 页【闪光灯控制】下的第 2 项【E-TTL II】中，【评价】功能能够集中体现这种智能的闪光测光方式。而当你对闪光灯的使用积累了很多经验时，选择【平均】功能再配合闪光曝光补偿可以获得更多手动控制。

通过机身右侧接口盖下方的 PC 接口也可以实现与闪光灯的连接，但此时只能够同步引闪，而不能实现 TTL 功能。

扩展阅读

传统的闪光灯测光方式

在 TTL 闪光测光方式出现之前，测光工作是由外置闪光灯正面的感光器完成的，闪光灯上自带的感光器可以在闪光量输出达到主体准确曝光时自动停止闪光灯的光线输出。这种方式不依赖反射光，当然也不能够与对焦点联动。所以一般情况下，这种测光方式没有 TTL 方式准确。

12.6.4 闪光灯的重要指标——闪光指数 GN

闪光灯发出的光线会以近似圆锥状向前扩散，主体距离闪光灯的远近不同，所接收到的光线强度也不相同。距离闪光灯越远的地方，光线会被散播到更广的范围内，因此，单位面积内接收到的光线强度也会下降。这对于画面的曝光会产生重要的影响。距离闪光灯的距离变成原来的 2 倍时，受光面积会变为原来的 4 倍。距离闪光灯的距离变成原来的 3 倍时，受光面积会变为原来的 9 倍。可见，距离与受光面积呈现二次方的关系。

于是，为了方便计算闪光灯发出的光线能够在某个距离上实现多大的照明效果，GN 闪光指数这个指标应运而生。GN 值反映了闪光灯的功率大小，GN 值越大闪光灯功率越高，

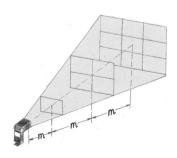

能够覆盖越广的区域。GN 值以两个数字来体现，前面数字的单位是米，我们比较常用。后边的数字单位是英尺，1 英尺约等于 0.3 米。这两个数字表示了相机感光度为 ISO100 时，闪光灯发出光线的照射范围。在实际拍摄中，掌握了闪光灯的 GN 值和拍摄距离后，很容易计算出为了获得准确曝光应该采用哪一挡光圈。例如，ISO100 时，佳能顶级外置闪光灯 SPEEDLITE 600EX-RT 的 GN 值为 60（m），如果拍摄主体距离闪光灯 8m，那么 60/8 约等于 8，也就是说采用 f/8 的光圈就可以获得准确曝光。如果主体靠近闪光灯，距离只有 6m，那么 60/6 等于 10。此时，将光圈收缩至 f/11 就可以同样完成准确曝光。

功率越强的闪光灯就具有越高的 GN 值，这也是我们在购买闪光灯时需要研究的重要指标。相比强大的外置闪光灯，佳能 EOS 7D MARK II 的内置闪光灯 GN 值只有 11，在同样的 6m 距离拍摄，内置闪光灯需要相机将镜头光圈开大到 f/2 才可以准确曝光。与 SPEEDLITE 600EX-RT 相比，光圈需要开大约 5 挡。

12.6.5 为什么会有闪光同步速度

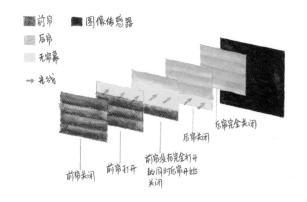

在持续光源下拍摄照片时，我们设置快门速度时只需要考虑主体移动速度和安全快门即可，相对来说如果环境光线比较强，那么选择快门速度的自由度比较高。只有在弱光环境下拍摄，才需要提高感光度以确保足够的快门速度。然而，在使用闪光灯拍摄时，快门速度却是一个重要的约束条件，通常情况下我们只能在较小的范围内选择快门。为了理解这一点，我们必须仔细分解一下使用闪光灯拍摄时快门的动作。

快门组件位于感光元件前方，由前帘和后帘组成，它们通过垂直移动来完成打开与关闭的目的。在闪光灯发出光线之前，快门的前帘首先打开，通过向下滑动的方式移动到底部（前帘的大本营位于快门组件的下方，当前帘完全打开时会收缩至凹槽中），此时快门打开，感光元件被显露出来（注意，此时后帘还位于上方的凹槽内，没有落下，处于收缩状态，所以不能阻挡光线）。当这一动作完成后，闪光灯开始发光，整个发光过程极为短暂，即使在全功率输出时也只有 1/1000s 左右的短暂瞬间，如果采用较低功率发射，发光过程会短至1/10000s。这种前帘打开后触发闪光的方式就是前帘同步。闪光灯发射光线后，光线从主体和场景中反射回来进入镜头，当然现场的环境光此时也会进入镜头，最终它们全部会照射到

感光元件上，开始了曝光的过程。在快门时间终止时，快门后帘开始自上而下降落，阻挡住光线，感光元件也被遮挡。如果闪光灯不是在前帘打开时发光，而是在后帘关闭前的瞬间发光，就是后帘同步。

在这个过程中，很重要的一个环节就是前帘完全打开后，让感光元件全部暴露出来，完成曝光过程后，后帘才开始下落。而这并非快门工作的标准流程，也就是说只有在快门速度较慢时，才能够实现上述过程。而如果快门速度较高，前帘与后帘的工作方式会出现变化。那就是前帘正处于向下滑落过的过程中，感光元件只显露出了上半部分，此时后帘就已经开始下落，遮挡了感光元件上部的边缘。后帘就是采用这种紧跟不放，类似"追击前帘"的方式来缩短整个曝光时间，从而实现极短的快门速度。这就类似我们上学时在操场上举行的十人八字跳绳比赛，你只有在前面的同学处于绳子中间时就迈步向前，才能保持很高的过绳频率，而不能等那个人完全结束跳跃回到对面摇绳人旁边再出发。

快门帘幕的这两种工作流程有个临界值，当快门速度慢于 1/250s 时，感光元件有机会被全部暴露出来。而当快门速度快于 1/250s 时，感光元件在整个过程中都不会被全部暴露出来，快门释放过程中的任意瞬间，都只有一部分感光元件显露，其余部分被遮挡。在前一种情况下，全部感光元件可以同时被闪光灯发射的光线照射，照片曝光正常。而在后一种情况下，闪光灯发射的光线不能同时照射在全部感光元件上，此时的画面就会是一个区域明亮，而另外的区域黑暗。所以，1/250s 就是闪光灯最高同步速度。一般情况下，我们无法使用快于 1/250s 的速度拍摄。

12.6.6 前帘同步与后帘同步——闪光时间决定轨迹方向

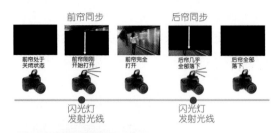

前帘同步　　　　　后帘同步

前帘处于关闭状态　前帘刚刚开始打开　前帘完全打开　后帘几乎全部落下　后帘全部落下

闪光灯发射光线　　　　　闪光灯发射光线

※ 使用前帘同步时，运动轨迹位于主体前方。

※ 后帘同步的效果。运动轨迹位于主体后方。

前帘同步与后帘同步的过程很容易理解，它们代表了闪光灯发光瞬间与快门前后帘幕的配合。然而，两者却带来了不同的画面效果。如果环境光线较弱，当你采用 1/250s 的最高闪光灯同步速度拍摄时，环境光线在这么短的时间内不会在照片上留下多少曝光的痕迹，几乎所有的光线都来自于闪光灯。此时，前帘同步与后帘同步效果区别不大。但是，如果环境光线较为充足，你使用的快门速度又比较慢时，

在整个曝光期间，环境光肯定会参与进来，在照片上形成痕迹。此时，照片中的光线既来自闪光灯，也来自环境光。如果拍摄主体在这个慢速快门过程中还在移动，那么前帘同步与后帘同步的差别就会立即显现出来。

使用前帘同步时，快门前帘打开后闪光灯立即发射光线照亮主体，此时在照片上会留下主体清晰的影像，而闪光过后曝光并没有结束，主体还会持续移动，相机快门帘幕也仍然全部打开。环境光继续进入相机，形成持续的曝光。这就好比在夜间拍摄汽车轨迹的慢门效果一样。当后帘落下，拍摄结束时，照片中不仅有主体清晰的影像，而且在主体的移动方向上还会留下拉长的轨迹。如果主体是从左向右穿过画面，那么清晰的位置在左，被拉长的轨迹在右侧。

后帘同步则相反，当前帘打开后闪光灯并不发光，此时只有环境光进入镜头。而在后帘落下前的瞬间，闪光灯才发射光线照亮主体，留下清晰的影像。最终在照片上形成了左侧为拉长的轨迹，而右侧是清晰的影像。两者相比较，后帘同步的视觉效果更符合我们的逻辑思维习惯，它会将轨迹至于主体身后，形成一种飞驰电掣的感觉。

12.6.7 高速同步——降低力度增加频率

我们前面提到过，由于快门结构的限制，如果希望闪光灯瞬间发射的光线能够全部覆盖感光元件，就需要在慢于 1/250s 的快门速度下拍摄。在两种情况下，我们需要提高快门速度进行拍摄。一种是当我们使用闪光灯拍摄移动主体时，往往需要比这更高的速度才能够将主体清晰地定格下来。另一种是在户外拍摄时，需要使用大光圈虚化背景，并使用闪光灯为主体上的阴影

补光，就需要提高闪光灯同步速度，即高速同步功能。为了避免高速快门下画面出现明暗条

闪光灯高速同步

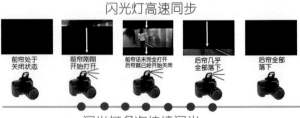

前帘处于关闭状态　前帘刚刚开始打开　前帘还未完全打开后帘就已经开始关闭　后帘几乎全部落下　后帘全部落下

闪光灯多次持续闪光

状现象，闪光灯会降低输出功率，实现连续发射光线的目的，这样感光元件即使没有在同一时间全部显露出来，但是由于多次闪光使得连续时间内感光元件的所有区域均可以接收到光线。从而让画面亮度均匀，没有明暗条带存在。但是，由于闪光灯是采用降低输出功率的方式闪光，所以光线的覆盖范围会相应缩小。

12.6.8 闪光灯与拍摄模式

拍摄模式是我们综合控制曝光的核心，当使用闪光灯进行拍摄时，拍摄模式同样会影响对于曝光的控制。

前面提到过，在 Ⓐ 场景智能自动模式下，相机会通过 EOS 场景分析系统以 15 万像素 RGB+IR 红外测光感应器为核心，收集众多数据对拍摄场景进行分析，并计算出相应的结果应用于五大类相机设置中，从而让我们无须自己参与就能够获得不错的照片效果。其中，自动曝光是很重要的一项，当环境光线较弱或者主体处于逆光状态时，相机会自动调用机顶闪光灯进行补光，以获得更好的画面效果。此时，即使你没有按下机身正面卡口右上方的闪光灯按钮，机顶闪光灯也会在需要时自动弹出进行发光。我们无需对闪光灯进行任何控制，一切都以自动的方式完成。

而使用 P 程序自动曝光模式拍摄时，相机会对现场进行测光，计算出一个合适的曝光值，并给出相应的光圈与快门组合。在使用闪光灯拍摄时，P 挡会自动将快门速度控制在 1/60s ~ 1/250s 之间，以保证快门速度低于闪光灯最高同步速度又不至于使快门速度过慢，造成手持拍摄的模糊。从 P 挡开始，我们都需要先按下

机身正面的闪光灯按钮，将其从机顶升起才能够使用闪光灯进行拍摄，因为在这些控制能力更强的拍摄模式下，闪光灯不会自动弹起。

当环境光线不足，自动对焦系统难以完成任务，需要机顶闪光灯发出辅助光时，可以按下闪光灯按钮，将机顶闪光灯升起后，进入拍摄菜单第 1 页【闪光灯控制】选项下的第 1 项【闪光灯闪光】中，选择关闭就可以仅让机顶闪光灯发射出快速频闪的自动对焦辅助光（同时需要在自动对焦菜单第 3 页（AF3）第 2 项【自动对焦辅助光发光】中开启这一功能）。而选择开启既可以进行常规的闪光拍摄也可以实现自动对焦辅助发光功能。

当你升起了闪光灯并使用 Av 光圈优先模式拍摄时，虽然仍可以继续控制光圈进行曝光，但是相机此时只会在 30s 至 1/250s 的范围内匹配合适的快门速度，而不会出现快于 1/250s 的快门。由于快门速度下限降低到了 30s，所以如果环境光线非常昏暗，你选择的光圈又不够大，相机很可能会自动计算出一个较慢的快门速度与之匹配，这样很容易导致手持拍摄时照片的模糊。这时就需要进入拍摄菜单第 1 页【闪光灯控制】选项下的第 3 项【光圈优先模式下的闪光同步速度】，将 AUTO 自动改为 1/250 ~ 1/60s 或者 1/250s（固定）。这样就有了快门速度下限的保证，使得手持拍摄更加清晰。但如此设置也有一个问题，就是由于快门速度增加，曝光时间缩短，主体虽然可以通过更强的闪光来获得

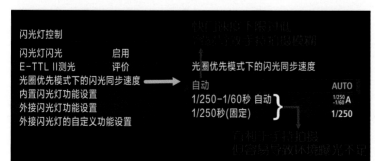

正确曝光，但周围环境无法被闪光灯的光线全部照亮，因此会导致曝光不足。从而形成主体明亮而背景漆黑的现象。如果希望环境得到更多的曝光，则需要在【光圈优先模式下的闪光同步速度】使用 AUTO 并使用三脚架稳固相机进行拍摄。

当使用 Tv 快门优先模式时，我们能够选择的快门速度范围也被缩小，只能够在 30s ～

1/250s 之间选择。此时，相机会计算出一个适当的光圈值与其进行匹配。值得注意的是，即使你在开启闪光灯之前，选择了比 1/250s 更快的快门速度，但是在使用闪光灯拍摄时，相机仍然会将这一速度降到 1/250s 来对待。在 M 挡全手动模式下，虽然光圈能够自由选择，但快门速度的选择范围仍然是 30s 至 1/250s 之间。

12.6.9 闪光曝光补偿

与持续光源下拍摄相同，使用闪光灯拍摄时我们也可以在自动测光的基础上进行曝光补偿，此时被称为闪光曝光补偿。它主要通过改变闪光灯的输出功率改变发射光线的强度，从而调整主体与背景之间的亮度关系。例如，增加闪光曝光补偿可以提高输出的光线强度，从而让主体显得更加明亮，与周围环境反差更大。增加曝光补偿时需要格外注意，主体人物不要出现过曝现象，通过直方图和高光溢出提示可以有效发现问题及时进行修正。而减小闪光曝

光补偿可以降低输出的光线强度，使主体显得稍暗，与周围环境反差减小。

> **容易混淆**
>
> 闪光曝光补偿与常规的曝光补偿存在区别，常规曝光补偿会让画面整体增加或减小曝光，无论主体还是环境都是一起变化。而闪光曝光补偿中，环境区域并没有被闪光灯的光线覆盖，因此并不会发生变化，能够出现变化的只有主体。

> **实战经验** 减轻红眼
>
> 所处环境光线较弱时，人的瞳孔会相应变大，以增加进光量。闪光灯的光线通过瞳孔照射在眼底时，密集的微细血管在光线照射下会显现出红色，在最终的照片中出现红眼现象。进入拍摄菜单第 4 页第 1 项【减轻红眼 开/关】选项中，开启这一功能，半按快门时相机就会在正式拍摄前，先让闪光灯发出一束光线照射到人物
>
> 脸上，在强光的刺激下，瞳孔就会立即收缩。此时，光学取景器下方会出现一条栅栏状的标尺，并不断缩短。这是一个延迟时间提示，因为瞳孔收缩需要一定时间。过快的拍摄仍然会容易出现红眼现象，所以最好等待这个标尺消失，然后再完全按下快门。这时闪光灯才正式发射光线，并进行真正的拍摄。

12.6.10 闪光曝光锁定

在持续光源环境下拍摄时，为了更灵活的掌控画面曝光，应对高反差场景，我们会用到曝光锁定功能。在使用闪光灯拍摄时也有类似的操作方式。这就是 FEL 锁定，即闪光曝光锁定。这是因为，在使用闪光灯拍摄时，我们同样需要灵活的构图，不能总是将主体至于画面中央。

这时就需要先将主体放在取景器中央位置，按下具有 FEL 功能的按钮让闪光灯发出预闪，预闪完成后相机会自动锁定闪光量。这时我们就可以重新构图并完成拍摄了，主体在画面中的位置虽然发生了变化，但闪光灯仍然能够以适当的输出让画面曝光正确。

但是，相机上并没有一个固定的 FEL 按钮，我们需要将某个具有自定义功能的按钮赋予 FEL 能力才可以。进入自定义功能 3 菜单（C.Fn3）的最后一项【自定义功能按钮】选项中，这里可以对佳能 EOS 7D MARK II 上的 11 个按钮进行自定义设置。11 个按钮中有四个可以担负起 FEL 的职责，分别是 AF-ON 按钮、✱自动曝光锁定按钮、景深预览按钮和 M-Fn 按钮。其中，前两个按钮位于机身背面，右手大拇指

容易触碰到的地方，第三个按钮位于机身正面，可以更容易地使用右手无名指操作，而 M-Fn 按钮是相机默认的 FEL 功能按钮。具体选择哪一个按钮实现 FEL 功能，需要根据你的操作习惯来决定。

当你按下被赋予 FEL 功能的按钮时，内置闪光灯会发出预闪，光学取景器下方的参数提示栏会出现✦*闪光曝光锁定提示。在完成拍摄后，测光系统休眠时，该锁定会自动解除。

12.6.11 内置闪光灯功能设置

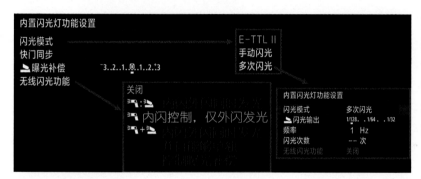

按下机身正面卡口右上方的闪光灯弹起按钮即可弹起内置闪光灯，但要对其功能进行掌控还要进入拍摄菜单第 1 页【闪光灯控制】选项下的【内置闪光灯功能设置】。

【闪光模式】是用来规定内置机顶闪光灯运作方式的最基本设置，我们前面提到的 E-TTL II 相当于闪光灯的全自动模式，闪光灯发光量完全由相机的自动测光系统计算结果来决定，无须摄影师有充足的拍摄经验就能获得不错的照片。而【手动闪光】则相当于测光模式当中的点测光，一种更倾向于摄影师手动控制的模式。此时你需要根据拍摄意图和主体与闪光灯的距离来人工调整闪光灯输出功率。你可以从 1/1 即全功率输出至 1/128 最小功率输出之间进行调整，总共 8 个整级，每级之间闪光灯输出量为倍数关系。但我们可以采用 1/3 级为步长进行调整，实现更加清晰的闪光量输出控制。如果希望在手动闪光控制方面做得更好，

就需要深入理解闪光指数这一概念。只要心中时刻记住闪光指数 = 光圈 × 拍摄距离，那么就能够更加从容地进行手动闪光灯控制了。

第三项【多次闪光】属于闪光灯特效拍摄模式。我们可以选择闪光次数、频率和每次闪光时的输出量。使用深色背景和不断移动的主体人物，可以让一个主体在同一幅画面中出现多次，表现出不同时间点的运动状态。这种特效被称为频闪效果。

【内置闪光灯功能设置】中的【快门同步】和【曝光补偿】我们已经进行了介绍，而最后一项【无线闪光功能】才是佳能 EOS 7D MARK II 的内置机顶闪光灯的核心价值所在。对于刚刚入门的摄影爱好者来说，都会对相机和不同类型镜头的热情非常高，而对于职业摄影师来说，机身和镜头往往会本着够用就行的原则，不会过多的购置。而他们对于光线的精细把握却要求在闪光灯方面有足够的投入。很多人像摄影师会采用多支外置闪光灯以及众多配件来进行商业环境人像的拍摄，在他们的设备清单中，往往只是 1 机 2 镜，但闪光灯可能多达 5 支以上。之所以要采用如此多的外置闪

光灯，就是为了在现场环境中营造出一流的光影效果。而此时，对于各闪光灯的控制则是拍摄中最为关键的一个技术环节。

前面我们提到，如果将佳能 EOS 7D MARK II 的内置机顶闪光灯作为主力发光设备，显然其各项指标均无法达到让人满意的效果。但是，它却可以成为一个很有使用价值的无线闪光灯系统控制核心。也就是说，通过 EOS 7D MARK II 的内置机顶闪光灯可以发射控制信号，来命令其他的外置闪光灯进行无线连接的协同工作，从而让机身与这些闪光灯之间进行更加高效的连接，共同完成一幅优秀作品的拍摄。上一代机型佳能 EOS 7D 是第一款内置机顶闪光灯具有这一功能的相机，在更早的机型上，即使有内置机顶闪光灯，也不具备成为闪光控制中心的能力，更何况那些没有内置闪光灯的机型了（如佳能 1D 系列和当年的 EOS 5D MARK II）。这时为了实现无线控制功能，在原厂设备范围内，摄影师只能购买佳能 ST-E2 闪光灯信号发射器作为控制中心，当然你也可以选择 SPEEDLITE 600EX-RT 或 SPEEDLITE 580EX II 这两支具有主控功能的闪光灯作为控制中心使用。但是，购买了昂贵的原厂闪光灯，

还被"委屈"的用在相机热靴上，大多数时候进行不发光的控制功能，实在是一件不划算的事情。因此，EOS 7D 开始让内置机顶闪光灯具有控制功能，使得摄影师节约了一笔不小的投入。

【无线闪光功能】选项中包含了 3 个选择，在 ⇥:⇤ 选项下，内置机顶闪光灯与外置闪光灯同时都发光，但前者是控制核心，能够负责调整二者之间的光比（即两支闪灯之间发光强弱的比例），从而在主体身上营造出不同的光影效果。由于外置闪光灯的性能更加出色，所以外闪与内闪之间的光比我们可以在 1:1 至 8:1 之间选择，但无法让内闪超过外闪，也就是无法实现菜单最右侧的 1:2。在 ⇥ 选项下，只有外闪发光，而内闪只作为信号发射的控制单元，并不真正发光参与拍摄。此时你可以使用 1 支外闪进行拍摄也可以使用多支外闪实现更加完美的布光效果。在 ⇥+⇤ 选项下，可以同时使用内闪和外闪发光，并且能够分别设置它们的曝光补偿，这样摄影师只要将多支闪光灯的位置放好，然后站在相机处不必移动就能够调整各支闪光灯的输出功率，实现对画面的最精细控制。

12.6.12 外接闪光灯功能设置

外接闪光灯功能设置的界面与内闪界面有所不同，它采用了类似相机主液晶屏的速控屏幕形式。在左上角第一个方格中可以选择闪光模式，这里有 5 个选项，其中前三项与内闪的【闪

光模式】选项完全一样，而最后两项为 Ext.A 自动外部闪光测光和 Ext.M 手动外部闪光测光。在这两个模式下，不再测量从镜头进入机身的光线（即 TTL），而是由外接闪光灯正面感光器进行测光，这种方式不依赖反射光，不能够与对焦点联动。一般情况下，这种测光方式没有 TTL 方式准确。这是一种在 TTL 闪光测光方式诞生之前普遍采用的测光方式，闪光灯上自带的感光器可以在闪光量输出达到主体准确曝光时自动停止闪光灯的光线输出。这两种模式在当今已经较少使用。

第一行第二个方格用来选择无线闪光功

能。使用无线连接的闪光灯拍摄时，最重要的环节就是相机与闪光灯之间的信息交换，相机需要通知外接闪光灯什么时候发出预闪，在相机完成 TTL 测光后，还要通知外闪在真正拍摄时以多大功率发出光线。可见，沟通的顺畅决定了无线闪光拍摄的成功与否。在佳能顶级闪光灯 SPEEDLITE 600EX-RT 和 ST-E3-RT 闪光灯信号发射器出现以前，相机与闪光灯之间的信息沟通都是通过光脉冲信号进行的。也就是说二者之间通过预闪时发出的光线进行信息交换。这就是【无线闪光功能】选项中的最后一项——光学传输。但是，光学传输有很大局限，那就是由控制中心发出的光线仅在一定角度内向前传播，指向性很强。如果外闪处于相机后方，或者可见光信号被障碍物阻挡，那么信息沟通就会失灵，导致无法引闪。于是，一种新的沟通方式诞生了，那就是 2.4GHz 的无线电信号传输方式。它的传输方向并没有指向性，因此可以在 360° 的全方位上进行信号传播，并且不受障碍物的阻挡，同时工作距离也增加至 30m，是普通光脉冲传输方式的 2 倍。这就是【无线闪光功能】选项中的无线电传输。但需要在机身热靴上使用 ST-E3-RT 闪光灯信号发射器，并将 SPEEDLITE 600EX-RT 作为外闪使用时才可以。

第一行第三个方格用来调整闪光灯变焦。在使用变焦镜头拍摄时，广角端可以容纳更多场景，长焦端可以收窄视角。闪光灯发出的光线同样具有发散和聚拢的不同效果，这就是闪光灯的变焦。缩小闪光灯的焦距，可以让光线覆盖范围更广，同时光线变得更柔和。而增加闪光灯焦距时，光线会更加聚拢，亮度也相应增加。在 E-TTL II 测光方式下，闪光灯的焦距会自动与镜头焦距进行匹配。当然，你也可以手动控制，当闪光灯焦距大于镜头焦距时，会在画面中营造出暗角效果。老款的 SPEEDLITE 580EX II 变焦范围从 24mm ～ 105mm，而新款 SPEEDLITE 600EX-RT 的光束能够更加聚拢，

达到 200mm。

第二行第一个方格用来选择快门同步方式，在这里可以选择我们介绍过的前帘同步和后帘同步，另外还有高速同步选项。第二行第一个方格用来调整闪光曝光补偿。

第二行第三个方格用来设置闪光灯包围曝光。使用闪光灯时，采用多次拍摄的包围曝光方式，以不同级别的闪光灯输出量获得不同效果的照片，最终可以扩大选择余地，挑选出最为满意的作品。值得注意的是，此时相机不会改变曝光值，仅会改变闪光灯输出量来进行包围拍摄。画面中背景亮度不变，只有主体亮度发生变化。

※ 佳能 ST-E2 闪光灯信号发射器。

※ 佳能 OC-E3 离机热靴连线。

ST-E2 闪光灯信号发射器采用红外线信号，是一种类似电视遥控器发射的信号。它比光脉冲方式的覆盖范围更大，在较小的房间内使用，红外线信号甚至会在墙壁上反射回来，并实现引闪。但这已经逐渐被更先进的 2.4GHz 无线电信号方式所取代。当然，所有无线引闪方式都存在一定的失败概率，有时很多摄影师一同使用无线引闪方式拍摄，相互没有事先沟通，很可能出现自己的闪光灯被其他人的信号引闪的情况。此时，使用离机热靴连线 OC-E3，将一端连接在相机的热靴上，一端与外闪相连，就可以保证更高的准确性。

如果在摄影棚中使用更大型的闪光灯，就需要通过机身右侧的 PC 端口与其相连，保证同步闪光的一致性。

12.6.13 外接闪光灯的自定义功能设置

通过机身可以对外接闪光灯进行一些自定义设置，从而提升拍摄效率。值得注意的是，这些自定义设置也可以通过闪光灯上的按钮实现，相关选项会在闪光灯的液晶屏进行显示。

安装了外接闪光灯后，进入【外接闪光灯的自定义功能设置】选项，我们可以看到众多的自定义内容。

外接闪光灯的自定义功能多达 17 项，但编号并不连续。我们可以从界面下方看到功能编号。而在功能编号下面的一行数字则是与自

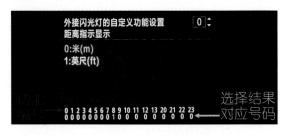

定义功能一一对应的，它代表了每一个自定义功能选项对应的号码。这样我们能够对全部设置一目了然，不必逐一进行查看。

编号	外接闪光灯自定义功能	功能解析
0	距离指示显示	让我们选择距离的单位是米还是英尺，当手动控制闪光灯输出功率时，自己可以根据闪光指数和距离计算所用光圈。一般选择米为单位
1	自动关闭电源	闪光灯是耗电大户，一般 4 节 5 号电池很难满足长时间使用的需要。职业摄影师会使用外接的小型电池盒（CP-E4）让电池数量增加 8 节，以延长使用时间并加快回电速度。同时为了节约电力，会在这里开启自动关闭电源的功能
2	造型闪光	闪光灯的最大缺陷在于它发射的不是持续性光线，因此在拍摄前无法真正了解最终的拍摄效果。而越来越广泛使用的 LED 常亮灯能够持续发光，让我们随时可以看到补光的效果，并可及时做出调整。为了在一定程度上解决这一问题，闪光灯增加了造型闪光功能（也称为模拟闪光功能），可以在拍摄前，采用多次重复闪光的方式进行模拟闪光，让摄影师提前看到灯光的效果。开启这一功能后，只要按下相应按钮即可发出模拟闪光，这时你便可以观察并发现主体的明暗变化，立体感是否达到理想要求，暗部是否面积过大等问题。在此选项中，我们不仅可以开启这一功能，还可以选择由哪个按钮来实现模拟闪光
3	闪光包围曝光自动取消	使用包围曝光后，很容易出现忘记关闭的情况。这样当你再次拍摄时，本该单张拍摄的场景却进入多张包围拍摄，从而降低了拍摄效率。为了避免这种情况发生，可以在此选项中开启闪光包围曝光自动取消功能，这样就可以避免忘记关闭带来的麻烦。但当你需要连续使用闪光包围曝光时则应关闭这一功能
4	闪光包围顺序	与常规包围曝光相同，在这里我们可以选择闪光包围曝光的顺序，一般采用从低到高的方式进行

5	闪光测光模式	这里可以选择更加智能的全自动模式——E-TTL II，当然如果闪光灯型号较老，不支持精确性更高的 E-TTL II 时，还可以选择传统的自动模式 TTL。当需要通过外置测光方式，不再测量从镜头进入机身的光线时，可以选择外部闪光测光（自动和手动），这与前面提到的外接闪光灯功能设置中的【闪光模式】选项一致
6	连拍快速闪光	当面对的拍摄画面非常珍贵，转瞬即逝并且难以再现时，既需要开启连拍又需要闪光灯辅助工作时，你可能会面临两难境地。由于每次闪光后，闪光灯都有一段回电时间，在闪光灯完全充电前，如果你希望它投入拍摄，即使牺牲一定的闪光效果也要捕捉到画面时可以开启这一功能。但由于闪光灯没有完全充电，因此发出光线所覆盖的范围会缩小，更靠近主体进行拍摄能够在一定程度上减轻这种影响
7	用自动闪光测试闪光	在使用闪光灯拍摄之前，为了确保器材运转正常，需要首先按下闪光灯上的测试按钮来进行测试。对于摄影师来说，试灯是每次拍摄前的重要步骤，可以避免在真正拍摄时才发现器材出现故障。但是，在某些场合，试灯的光线过强会对其他人产生干扰，因此可以在此选项中将测试时的闪光输出量设置为 1/32
8	自动对焦辅助闪光	在对焦技术中我们介绍过，机身的自动对焦辅助闪光作用非常有限。而外接闪光灯则可以提供更好的自动对焦辅助闪光，在此选项中就可以开启这一功能
9	配合图像感应器自动变焦	同样一支镜头装在 APS-C 画幅或全画幅相机上会有不同的视角，而闪光灯需要与这一视角相匹配才能够将光线均匀的输出，不会造成暗角。在此选项中开启这一功能后，闪光灯能够自动获取机身的数据，识别出目前与其协同工作的机身是 APS-C 画幅还是全画幅，从而进行自动调整
10	从属单元自动关闭电源计时器	在进行无线闪光拍摄时，我们可能需要在拍摄的同时与模特和化妆师进行沟通，此时为了节电，外闪会在一段时间后自动关闭电源。此选项可以决定这段时间的长短，我们可以在 10 分钟和 60 分钟之间进行选择。使用闪光灯上的测试闪光按钮可以启动已经自动关闭的外闪
11	从属单元自动关闭电源取消	当外闪自动关闭电源后，实际上它仍然处于某种休眠状态，等待着控制中心发出的重新工作的信号，而处于这样状态时也是要消耗电力的。这与真正的关闭并不一样。此选项可以决定外闪处于休眠状态的时间，选项为 1 小时内或 8 小时内
12	用外置电源给闪光灯充电	为了延长闪光灯的使用时间并加快回电速度，外接的小型电池盒（CP-E4）是必备的配件。这样我们除了闪光灯内置的 4 节电池外，电池盒中的 8 节电池也能够提供电力。在此选项中可以选择让闪光灯同时使用这 12 节电池（外置和内置电源）还是仅使用电池盒进行供电（仅外置电源）
13	闪光曝光测光设置	选择闪光灯拨盘后我们就可以用该拨盘轻松调整闪光灯曝光补偿

- 你发现了吗？同样的相机操作，高手只需花费很少的时间就能完成，这是为什么呢？

- 当你陷入海量照片的混乱泥潭，什么方法才能够将你挽救出来，让照片井井有条呢？

- 你知道吗？有这样一个按钮，它具有十几种变化，是职业摄影师离不开的得力帮手，它是什么呢？

- 你知道吗？再庞大的菜单体系也可以"打包带走"，在你需要时立即被派上用场。那么如何将菜单打包呢？

相机并非越贵越好，虽然价格更高的相机会具有更强的功能，但在任何拍摄场景中都是你使用最熟练、最顺手的相机才是最好的选择。在我们了解了众多相机功能后，需要不断地去拍摄和实践才能够熟练掌握。另外，还有一些相机内的功能与我们的拍摄习惯密切相关，学会这些设置并养成良好的拍摄习惯，可以让我们以更高的效率进行创作，起到事半功倍的效果。

13.1 可以提高效率的常用操作

我们前面介绍的相机操作、菜单设置几乎都与拍摄过程密切相关，然而除了拍摄功能外其他常用操作还包括照片回放、删除和信息显示等多个方面。这些操作的使用频率很高，所以如果掌握了高效操作的方法，将会节约大量时间，让你有更多的精力和时间放在拍摄上。

13.1.1 不要让回放影响拍摄

※ 拍摄后相机立即自动回放照片不仅耗费机内运算资源，而且容易错过精彩瞬间。

很多影友都认为拍摄完成后让相机立即自动回放照片是天经地义的事情，但如果深入分析你会发现，真实情况并非如此。如果根据是否经历过胶片时代将摄影爱好者分为两类，那么这两类人群在操作上最大的不同点可能就是在拍摄完成后回放查看照片的频率。

美国《国家地理》知名摄影师麦克·山下在北京举行的一次讲座中提到，他发现世界各地的摄影爱好者普遍存在一个不良的习惯，那就是每按下一次快门后都要回放照片进行查看。而正当你查看的时候，可能精彩的瞬间正在发生，而你的眼睛却并不在观察场景，相机也没有做好拍摄准备。这是一件非常可惜的事情。他认为相机里的照片代表了过去，是已经发生的事情，不必太过在意。而更重要的是即将发生的事。他自己的拍摄习惯是，到达一个场景后，先拍摄几张照片然后通过回放查看曝光情况，如果准确无误就会持续拍摄不再进行回放。相机的【图像确认】设置当然也会放在关闭状态。

所以，请你进入拍摄菜单第 1 页第 2 项的【图像确认】中，毫不犹豫地选择关闭。这样在拍摄完一张照片后，相机上的主液晶屏就不会立即回放刚才拍摄的照片。当然，养成这样的拍摄习惯并不容易，在开始阶段你总会不由自主地去看液晶屏，只有经过一段时间的练习才能适应这种无回放的方式。一旦养成良好的习惯后，你将会受益匪浅。除了可以让你全身心投入到后续的拍摄，这样设置还能够让相机节约电量、减少运算次数，将宝贵的处理器资源留给向存储卡写入的过程。在你进行持续的高速连拍时可以减少因为照片写入而产生的等待时间。当然，在你真正需要回放照片的时候，可以按下回放按钮进行必要的查看。

13.1.2 高效删除照片 1——高效单张删除

删除照片是我们在操作相机时使用率非常高的一项功能，遇到对焦不实、曝光失误、白平衡不准确、构图不理想的情况都需要删除这些废片，腾出更多存储卡的空间。通常我们都是在回放时采用单张删除的方式。即在照片回放状态下，按下删除按钮，然后通过速控转盘，

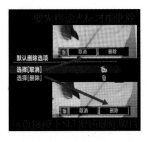

将黄框光标从【取消】位置移动的【删除】位置，之后按下 SET 按钮才能够删除这张照片。之所以采用中间这一步移动光标的方式，是为了减小误操作的发生，让删除照片时更加慎重。当然，

如果需要提高删除效率，这种方式显然不符合要求。我们可以进入自定义功能菜单第 4 页（C.Fn4）的【默认删除选项】中，将其更改为【删除】，这样在照片回放时，按下删除按钮后，黄框光标就会直接位于【删除】位置上，只要按下 SET 按钮就可以直接删除。使用左右手拇指配合就能够快速删除不需要的照片了。

13.1.3 高效删除照片 2——批量删除

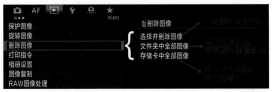

如果你在同一个场景拍摄了大量非常近似的照片，需要删除的照片数量也很多时，单张逐一删除的方式显得效率低下。这种情况下最适合采用批量删除。进入回放菜单第 1 页第 3 项的【删除图像】后，你会看到三个选择。其中第一项【选择并删除图像】就是一个高效的删除工具，在该工具下按下放大按钮同时逆时针旋转主拨盘，就可以让液晶屏上同时显示 3 幅照片的缩略图。通过速控转盘将黄色方块光标移动到你希望删除的照片上，然后按下 SET 按钮，为这张照片打上删除标记。这时你可以继续选择其他要删除的照片，继续标记。如果感觉缩略图太小，无法直接判断照片质量时，可以按住放大按钮，顺时针转动主拨盘，照片就会在更大的区域单张显示。直到将需要删除的照片全部标记完成后，按下删除按钮即可进行一次性删除，效率得到大幅度提高。

如果你采用了高效的文件夹管理方式（具

体内容详见第 13 章第 2 节照片管理），那么【删除图像】选项中的第 2 项【文件夹中的全部图像】功能，还可以让我们一次性删除某一个文件夹内的全部照片。这也是一个灵活的选项，当文件夹内需要删除的照片数量远远多于需要保留的照片数量时，我们可以先使用保护图像功能将有价值的照片标记上，然后一次性删除不需要的照片，而不必费事地一张张勾选。

第三种选择是删除【存储卡上的全部图像】，按下多重选择器右键后，你可以选择 SD 卡还是 CF 卡。按下 OK 键再选择"是"即可全部删除存储卡上所有文件夹内的照片。由于这种方式不存在挑选有价值照片的过程，所以它真正的用途是当我们已经将存储卡中的全部照片拷入电脑后使用的。

> **提示** ⚡
>
> 删除【存储卡上的全部图像】时，那些被保护的照片仍然会留存在存储卡当中，也就是说保护功能依然起作用，这样能够避免重要照片的丢失。但格式化存储卡则会将这些被保护的照片一同删除。

13.1.4 高效删除照片 3——格式化

格式化存储卡有两个作用，第一是可以将存储卡内所有的照片，包括设置为保护的照片一次性全部删除。这样可以留出空间以便进行新的拍摄，但在格式化之前要确认有价值的

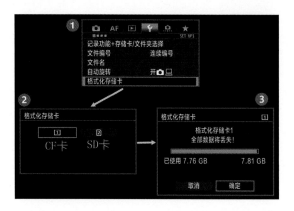

照片都已拷贝到电脑中。第二个作用是可以让存储卡与相机的兼容性更好。比如在使用一张全新的存储卡前，应先格式化后再使用。一张存储卡经过电脑的格式化，之后使用在单反相机上就有可能出现不兼容现象，此时也需要用到数码单反相机的格式化功能再次对其进行格式化。

如果存储卡里有以前拍的照片，在继续使用时会影响到文件编号顺序，很有可能新拍摄的照片没有按照我们希望的编号排序，而是继续从存储卡中已有图像的文件编号后开始，这就会造成照片管理的混乱，甚至带来的误操作导致照片覆盖和丢失。因此，格式化功能绝对不是仅仅在买了新存储卡时使用一次而已，它远比你想象的常用。建议在确定存储卡内没有需要保留的照片时，每次向机身内插入存储卡时都先进行格式化操作。

进入设置菜单第 1 页第 5 项的【格式化存储卡】选项中，如果存储卡插槽内同时安装了 CF 卡和 SD 卡，那么就会让你选择对哪个类型的存储卡进行格式化，选择确定后即可完成格式化操作。即使存储卡中的照片数量很多，格式化速度也不会受到影响。

另外，在拍摄过程中，我们还可能遇到与存储卡相关的故障，相机主液晶屏会出现 Err 02 的错误提示符。在存储卡质量不过关时，这种现象比较容易出现。此时我们还可以采用低级格式化的方式对其进行处理。如果将存储卡比喻成一栋居民楼，那么照片数据就是每个房间中的人。在普通格式化时，仅仅是把人都疏散掉。而低级格式化就是将整栋楼推倒重建，它能够更彻底地将一张存储卡归零，不仅删除了所有数据，而且将存放数据的"房间"（包括存储区标识、间隔区和数据区等）也一并推倒后重建。其实在 SD 卡出厂前，厂商都会对 SD 卡进行低级格式化，以使其内部具有这些"房间"。而在长期使用后，如果这些"房间"出现问题，那么照片数据的写入就会出现错误，而这是普通格式化无法解决的。很多时候低级格式化可以挽救一张存储卡，让其能够继续使用。如果你的 SD 卡使用时间较长，出现了存储照片速度下降的情况，也可以使用低级格式化来提升其性能。但应该注意，低级格式化对存储卡的使用寿命有一定损害，不应该频繁使用。佳能 EOS 7D MARK II 中我们只能够对 SD 卡进行低级格式化，而不能对 CF 进行这项操作。

13.1.5 高效回放照片

当存储卡上照片数量较多时，通过相机主液晶屏回放照片时，找到你想要的照片将会是一件耗时的事情。你会花费很多时间不停地旋转速控转盘进行照片切换，即使采用一屏多张的快速搜索方式，较小的缩略图也很容易让人错过。那么还有什么好方式能够在单张全屏回放状态下实现照片的快

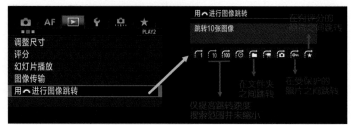

速查找呢？

这就要借助主拨盘跳转搜索的功能。进入回放菜单第 2 页最后 1 项【用🔆进行图像跳转】选项，对于在照片回放期间，转动主拨盘实现的跳转功能进行设置。选项多达 9 个，其中最有价值的是 3 个选项。

> 按文件夹显示：当你采用文件夹管理的方式组织照片时，使用这一选项后，转动主拨盘就可以在多个文件夹之间快速跳转，而不用每张照片逐一地切换，从而提高了搜索效率。

> 只显示受保护的图像：如果你对满意的照片都进行了保护，那么使用主拨盘就可以在这些照片范围中进行跳转，从而缩小了浏览范围。

> 按图像评分显示：通过对照片评分进行前期分类是照片管理的重要基础，其作用也在拍摄中就发挥出来。使用主拨盘可以在有评分的照片之间跳转，同样提高了回放效率。这样通过速控转盘浏览的就是普通照片，而通过主拨盘浏览的就是精选照片。另外，你还可以通过跳转 10 张和 100 张来提高跳转效率，但搜索范围并没有缩小。

13.1.6 辅助构图

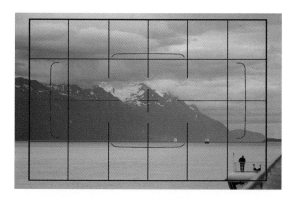

构图是我们按下快门前着重思考的环节，它关系到一张照片的美观程度。进行构图时，我们往往需要一些辅助线来帮助判断地平线是否水平，建筑物是否垂直。这时在光学取景器中添加网格线就能够提高构图的精准度。

进入设置菜单第 2 页第 5 项【取景器显示】下第 2 行的【显示取景器网格线】，选择启用后，就会在光学取景器中出现 3 条水平线和 7 条垂直

※ 传统的气泡水平仪。当气泡与圆形标志成同心圆时，代表处于水平位置。

线，拍摄风光和建筑题材时，可以让地平线、树木和立柱与这些网格线保持平行，从而做到横平竖直。同时，网格线上还会添加自动对焦区域框，这样能够让摄影师更加明确 65 个自动对焦点能够覆盖的范围，对于移动相机框选住高速移动的主体有帮助。

在拍摄风光和建筑等题材时，地平线的水平和建筑的垂直是构图中最为重要的安排。此类题材中，精确构图的基础是相机本身的位置水平并且没有俯仰。为了确保构图的精确，避免目测出现的失误，过去都是用气泡水平仪，将它放在相机的热靴后，只要气泡位于正中间的位置就说明相机既没有左右倾斜，也没有前后倾斜。这在严谨的风光摄影中非常重要，因此很多三脚架和云台都将气泡水平仪嵌入其中。

而佳能 EOS 7D MARK II 使用了内置传感器来获取相机倾斜信息，并通过电子水平仪来显示，从而给我们提供了更多的选择。设置菜单第 2 页第 5 项【取景器显示】选项下

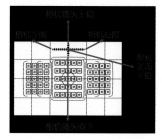

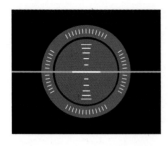

第1行的【取景器水准仪】中，选择显示即可将光学取景器内的电子水平仪功能打开。在拍摄过程中，半按快门时，光学取景器顶部就会出现十字形提示标志。当黑色的正方形方块位于十字交叉点中心时，代表相机既保持水平也没有俯仰。当相机左右倾斜或者出现俯仰时，黑色方块都会向某个方向移动。通过这一工具，配合三脚架我们就能够将相机调整到最佳角度。

另外，我们还可以在相机拍摄就绪状态下（即非照片回放状态）按下 INFO 按钮，在相机主液晶屏上显示更加醒目的电子水平仪。此时的水平仪不再是建议的十字形，而是更加专业的圆形。圆形中心白线会随着相机的俯仰而上下移动，当白线处于圆心时，相机没有任何俯仰角度。另外，当相机存在左右倾斜时，会有两条红线出现在圆形的左右两端，当相机保

持水平时，两条红线合并为一条水平直线。当相机既没有俯仰也没有

左右倾斜是，水平直线变为绿色，以提示相机处于最佳位置。

回放照片的过程也是检查拍摄技术的过程，此时我们不仅要查看合焦的清晰程度、画面中人物的表情、瞬间的把握和色彩的表现，也需要检查构图是否达到了预期的要求。为了能够给构图检查提供更好的参考依据，我们可以进入回放菜单第3页第3项【回放网格线】选项，在这里可以选择三种网格线来辅助检查构图。其中 3×3 会在照片中出现井子格，是标准的三分法构图参考依据。当画面主体位于交叉点上时，最符合美学标准，也更加醒目突出。6×4 会让横竖线更多，主要用于检查照片中建筑物、树木和地平线是否笔直。3×3 加对角线可以检查具有纵深感的场景。

13.1.7 旋转还是不旋转

※ 使用相机主液晶屏回放竖构图照片时，如果自动旋转照片，会使得显示面积缩小。

大部分时候我们都是采用横构图拍摄，竖构图经常被忽视。然而很多摄影家都强调，不要忽视使用竖构图来拍摄，他们甚至建议在一个场景中拍完一张横构图照片，应该再拍摄一幅竖构图的。在拍摄全身人像、单棵的树木、建筑物时，竖构图更是会占据主导。然而，在使用这种构图方式时，遗留下来一个问题，那就是我们采用什么样的方式来查看竖构图照片。你肯定脱口而出：当然是纵向浏览了。

的确，这符合我们的视觉习惯，但是要看我们采用什么工具来查看。如果是在电脑显示器上，由于屏幕尺寸很大，让竖构图照片仍然保持纵向展示，效果会非常理想。而在狭窄的相机主液晶屏上，通过水平放置相机进行纵向播放，会让照片显得非常小，即使在全屏状态下也很难看清细节。这样就不得不放大查看，影响了回放效率。所以，在电脑上观看照片时我们需要旋转竖构图照片，而在相机上则不需要。

与尼康相比，佳能相机的菜单操作更加便捷。为了实现上述查看方式，我们只需要进入一个菜单就可以完成。而尼康则由不同板块的两个菜单来控制。在 EOS 7D MARK II 中，只要进入设置菜单第1页第4项的【自动旋转】

选项，就可以在每张图片文件的描述信息中增加一个方向信息，也就是让照片的"身份证"上有一个标记，用来说明照片是采用竖构图拍摄的。之所以能够实现这样的功能还要归功于相机内置的电子水平仪，正是由于它的存在，我们进行竖构图时才能记录下方向信息。在【自动旋转】选项中，前两项都可以将电子水平仪的信息添加到了照片中。两者不同之处在于，选择开 📷 🖥 后无论在相机的主液晶屏上还是在电脑上，都会自动将竖构图照片进行旋转，以纵向的方式进行显示。而选择开 🖥 时，只有在电脑上才能实现旋转。这样，我们将照片导入电脑后，不仅佳能官方的后期处理软件 DPP，而且包括 Photoshop 在内的众多软件都可以识别出这个信息，自动将竖构图照片进行旋转，我们就不用歪着脖子看照片或者逐一手动调整

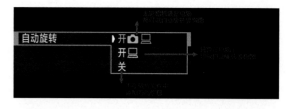

照片角度了。显然这个选择才是我们所需要的。当然，如果你选择关，那么照片中就不会添加方向信息，在电脑上浏览时，你只能够手动旋转。

> **实战经验**
>
> 在极特殊的情况下，如果采用高速连拍的同时旋转相机，从水平到垂直或者反过来，都会造成电子水平仪的测量结果发生变化，而此时相机无法将方向信息记录到每一张照片中。在高速连拍过程中，后续照片的方向信息都会以第一张为准。

13.1.8 高效展示照片

※ D 型 HDMI 连接线的两头形状，小的一边用于接在机身上。

当你结束了一场难忘的摄影旅行，带着几百甚至上千张优美的照片回到家里时，肯定希望与家人朋友分享你的收获。而让大家围拢在周围，全部通过狭小的相机液晶屏观看照片显然不够理想。这时我们只需要一根 HDMI 连接线便可以让相机与大屏幕液晶电视连接，并进行自动播放。HDMI 是现在主流的高清晰度多媒体接口，它可以同时传输音频和视频。在佳能 EOS 7D MARK II 机身一侧的接口盖下方就有 HDMI 信号输出接口，但它并不是标准 HDMI 而是小型的 mini HDMI 接口，需要使用 C 型 HDMI 连接线。如果家里只有普通 HDMI 线，你还需要一个小型接口转标准接口的转接头。HDMI 线与相机的连接时，如果使用佳能随机附赠的连接线保护器可以让连线更加稳定，不容易脱落。另一端插入电视的 HDMI 信号输入接口，将电视的显示方式切换到该 HDMI 信号上。

当家人围坐在周围时，你也不必守在电视机旁通过操作相机来切换照片，使用电视机遥控器来控制照片的播放将更加轻松。前提条件是你的电视机支持 HDMI CEC 功能。所谓 HDMI CEC 是指使用一个遥控器可以控制所有支持 HDMI 的数码设备。现在索尼、三星、夏普等众多电视机品牌都支持这一功能。除此以外，还要在相机内进行一个简单的设置，进入回放菜单第 3 页最后一项【经由 HDMI 控制】，开启这一功能，就可以用遥控器来切换照片，并且还有照片索引、视频播放和幻灯片播放的控制功能。此时相机能够接收到电视机遥控器的命令，但是如果你的电视不支持这一功能，或者存在故障，就需要关闭【经由 HDMI 控制】功能，改用传统的方式操控相机来切换照片。

如果在线路连接正确的情况下，电视机并不显示相机上的画面，需要进入相机的设置菜单第 3 页第 1 项【视频制式】中，改变视频制式选项后，一般就能够正确显示相机上的照片了。选项中，PAL 制为中国采用的电视广播制式，而 NTSC 为美国和日本的制式。

使用相机中的幻灯片播放功能还可以解放我们的双手，连遥控器都不用就可以自动切换照片。进入回放菜单第 2 页第 3 项的【幻灯片播放】选项，首选选择幻灯播放的图像类型，你可以只播放存储卡中的照片，也可以只播放视频，或者全部混合在一起播放。当然，我们旅途中可能拍摄了大量照片，但不一定每张都很精彩。你肯定希望将最精彩的在家人面前展示，此时筛选功能可发挥作用。你可以按照拍摄日期来选择只播放某天拍摄的照片，也可以只播放某个文件夹内的照片（如果你使用了文

件夹管理照片的方式，在旅途中将不同城市的照片单独存入相机内独立文件夹中，还可以仅就某个文件夹内的

※ 仅播放那些具有评分的照片，可以将最好的作品展示出来。

照片进行幻灯播放，这样更有条理，不会让所有照片混在一起了），当然最有用的筛选功能是按照评分来播放。只要你在旅途当中稍微抽出一些时间，为照片进行评分，选出精彩的作品，那么此时就能够很方便地只播放那些精选作品了。

然后选择照片滚动播放的时间间隔，如果你在播放时要进行一些解说，讲述照片拍摄地点和背后的故事，就可以将间隔选择为 10s 或 20s。设置完成这两项后，即可开始进行幻灯播放。

13.1.9 高效读取拍摄信息

光学取景器信息显示区域

机顶液晶屏信息显示与调整区域

长久以来，采用单色 LCD 的机顶液晶屏都是摄影师完成拍摄信息快速读取和调整的核心区域，它甚至成为高等级相机的标志（佳能 EOS 750D 以下机型就没有机顶液晶屏）。单色 LCD 的一个好处在于更加省电，这样不必随时关闭，可以一直保持显示状态，以便摄影师随时查看拍摄参数。机顶单色 LCD 省电的另一个原因是在常规状态下，它没有背光照明。看清这里显示的数据需要环境光线，如果是在黑暗环境中拍摄，那么需要按下机顶液晶屏最右侧的照明按钮，激活背光照明才可以。

然而佳能 EOS 7D MARK II 上"智能信息显示光学取景器 II"（II 代表二代）的出现，改变了这种格局，让拍摄信息的显示核心区域从机顶液晶屏转移到了光学取景器内部，从而大幅度地提高了信息读取速度。可以预见，今后机顶液晶屏及周围区域的信息显示功能将进一步弱化，仅保留拍摄参数调整核心区的功能。

当然，摄影师应该时刻掌握当前的相机参数设置状况，但是根据拍摄题材不同，读取拍摄信息的紧迫性有着很大的差别。对于静物、风光和影棚人像来说，读取拍摄信息并非十分紧迫，摄影师有充足的时间读取并进行调整，他们既可以从机顶液晶屏中查看，也可以通过主液晶屏来查看。然而，佳能 EOS 7D MARK II 是一台专门为拍摄运动题材而生的高速相机，在拍摄体育、野生鸟类、人文纪实等题材时，

摄影师甚至没有时间将眼睛离开光学取景器。因此，对于拍摄信息的读取更多依赖于这个小小的窗口。

通过光学取景器读取拍摄信息

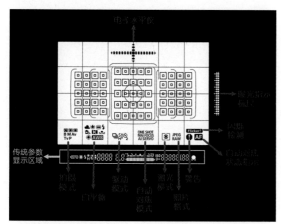

在以往的相机中，光学取景器内能够显示的拍摄信息数量有限，主要集中在光圈、快门、感光度、剩余拍摄张数和电量等几项上。而且参数显示的位置在光学取景器最下方的狭窄范围内，不便于快速读取。佳能 EOS 7D MARK II 的重要改进就是采用了"智能信息显示光学取景器 II"，它可以让我们读取到更多的拍摄信息，包括拍摄模式、驱动模式、白平衡、自动对焦模式、照片格式、闪烁检测提示等众多信息。这些信息的显示位置会在取景画面最下方的一行中，非常醒目便于识别。摄影师的眼睛不用离开光学取景器就可以快速读取众多有价值的拍摄信息，并第一时间根据拍摄需要进行调整。这样摄影师就不会陷入重要参数设置错误，但拍摄后才发现，而精彩场景又无法复制的窘境。

不要以为这仅仅是提高了效率而已，在某些题材的拍摄上，这一改进带来了重要的变化。例如，舞台摄影当中，为了降低相机快门声音和发出光线对周围观众的影响，都会使用相机棉袄包裹住机身。摄影师只能凭借光学取景器读取拍摄信息，正是有了佳能 EOS 7D MARK II 的新型光学取景器，所以摄影师不必频繁打开相机棉袄，读取机顶液晶屏参数了。

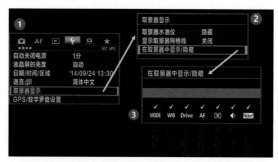

通过设置菜单第 2 页第 5 项【取景器显示】选项下第 3 行的【在取景器中显示/隐藏】，我们可以对光学取景器能够提供的拍摄信息进行筛选。可供选择的项目共有 7 类，你可以根据自己的需要来打钩。这一设计更加人性化，让我们选取最有价值数据的同时还能够避免对取景造成过多干扰。

通过主液晶屏读取并修改拍摄参数

虽然光学取景器内的信息读取非常快速直接，单色的机顶液晶屏可以在调整参数的同时读取到数据变化。

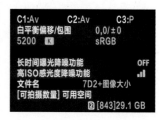

但是主液晶屏上的信息显示也有一个重要优点，那就是信息量丰富。在相机拍摄就绪状态下按下 INFO 按钮除了能够调用电子水平仪外，还可以在主液晶屏上调出当前相机设置的汇总信息，便于我们了解相机状态。这些信息包括白平衡漂移、长时间曝光降噪功能、高 ISO 感光度降噪功能和文件名等，它们并不是通过光学取景器和机顶液晶屏能够了解到的。有了这个汇总，我们就不必逐一进入菜单了解相关情况从而提升了效率。

通过主液晶屏不仅能够读取信息，还能够快速更改详细设置，这就是第三种显示方式

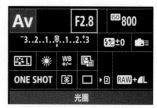

的价值所在。按下 INFO 按钮调出第三种界面后你会发现，显示的参数多达十余项，其中包括了光圈、快门、感光度等重要拍摄参数。这里不仅可以读取信息，而且可以成为设置相关参数的快速通道。界面中显示的参数都被划分在不同的方格内，通过多功能控制摇杆就可以控制黄色方框光标的移动。黄框所到之处，该项参数就处于可修改状态，此时，你可以通过主拨盘和速控转盘加以调整。应该说，这样的操控方式比机顶液晶屏周边的按钮更加直观，能够让初学者一目了然。所以，佳能还为这个界面设计了一个"绿色通道"——Q 速控按钮，它就位于机身背面，速控转盘上方。而调出的界面被称为速控屏幕。然而，这种操控方式也有一个弊端，那就是速度较慢。在使用三脚

架进行的慢节奏拍摄中，这种调整参数的方式比较理想，但如果拍摄节奏很快，还是应该采用机身按钮进行操作，才能够保证更高的拍摄效率。

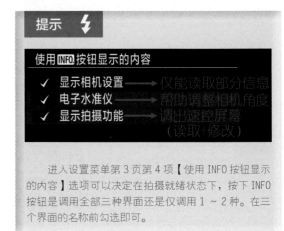

提示

使用 INFO 按钮显示的内容

✓ 显示相机设置 ——→ 仅能读取部分信息
✓ 电子水准仪 ——→ 帮助调整相机角度
✓ 显示拍摄功能 ——→ 调出速控屏幕
　　　　　　　　　　　（读取·修改）

进入设置菜单第 3 页第 4 项【使用 INFO 按钮显示的内容】选项可以决定在拍摄就绪状态下，按下 INFO 按钮是调用全部三种界面还是仅调用 1～2 种。在三个界面的名称前勾选即可。

13.1.10 减少失误带来高效

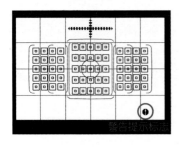

佳能 EOS 7D MARK II 拥有众多的参数设置和菜单功能，即使经验丰富的摄影师也可能出现疏忽的问题。例如，当你选择了白平衡漂移校准了当时环境中的色温偏差，并拍摄了几张较为满意的作品后，就进入一个新的光源环境下。如果此时忘记将白平衡漂移恢复至坐标原点，那么你将带着这个设置进行一系列拍摄。可能在拍摄了几十张后进行回放时才发现色彩出了问题，但有些场景已经不可复制。这是摄影师最容易出现的一类错误，除了更加细心的检查参数设置外，还

有一个工具可以避免类似的失误发生，那就是【取景器内警告】功能。

进入自定义功能菜单第 3 页（C.Fn3）第 2 项【取景器内警告】选项，就会看到以下 5 项功能，在需要的功能前打钩，就会在它们的参数变更时从光学取景器内看到警告图标。

➢ 设置单色照片风格时：单色照片可以让我们剔除掉色彩的影响，用黑白灰色系表达更为抒情的画面。但是，如果你采用的是 JPEG 格式拍摄，那么丢失的色彩将永远无法被找回。所以，开启此项警告非常有必要。但是，如果你选择的照片格式是 RAW，那么即使选择了单色风格，仍然可以通过佳能 DPP 软件轻松找回色彩。

➢ 校正白平衡时：如前所述，当场景变化时，白平衡漂移是最容易被忘记的一类设置，因为它隐藏得太深。同样对于 JPEG 格式来说，错误的白平衡漂移很难被校正。因此开启警告提示后，一旦进行了白平衡漂移就会看到醒目的提示，从而降低了失误的概率。

➢ 设置单按图像画质时：在自定义按钮具备

的功能中，有一项很有价值的功能就是按下 M-Fn 按钮后实现照片格式的改变。例如，正在使用 JPEG 格式拍摄运动题材时，运动员突然静止下来，就可以按下该按钮切换成拍摄 RAW 格式，用更好的画质记录下这样的场景。然后当运动员再次跑动起来后，为了防止摄影师忘记切换回 JPEG 格式，而造成数据拥堵，就会发出警告提示。

➤ 设置多张拍摄降噪时：在拍摄菜单第 3 页【高 ISO 感光度降噪功能】选项中，多张拍摄降噪是一个特殊的功能。使用该功能时相机会对同一场景拍摄 4 张照片，然后进行机内降噪处理。此时不仅要求相机保持平稳，而且场景中存在移动物体时都会降低画面效果。所以，使用此功能时发出警告也能够提示我们注意上述两项。

➤ 设置点测光时：在介绍点测光时我们了解到，这种测光模式虽然非常精确，但是要求你在选择测光位置时有相当的经验。一旦位置选择错误，测光结果将出现很大偏差。其拍摄方式与评价测光有很大不同，一定要采用曝光锁定的手法。如果你是由于误操作原因切换到点测光模式，那么拍摄方式肯定仍然采用评价测光时的手法，必然会带来曝光失误。所以，此时发出警告提示也非常必要。

13.1.11 节约电力带来高效

早期的纯机械式胶片单反相机，不需要任何电力支持也能够良好地运转，为那些工作在艰苦条件下的摄影师出色完成拍摄任务提供了保障。而当今的数码单反相机全部依赖电力才能运转，一旦电量耗尽，将无法完成拍摄。即使你携带了备用电池，如果场景转瞬即逝，那么更换电池的时候就有可能错过精彩瞬间。虽然佳能 EOS 7D MARK II 机身的各项性能非常出色，但如果将不尽如人意的地方进行个排名，电池续航能力的不足肯定能够排进前 3 位。因此在使用过程中，绝对不能忽视节电的问题。

自动关闭电源

为了达到节电的目的，我们首先需要养成良好的习惯，在查看完照片后、在进入菜单完成设置后、在实时取景拍摄完毕后，都应该养成随手关闭主液晶屏的好习惯，这样才能够让个这个耗电大户不再成为消耗电力的元凶。另外，使用设置菜单第 2 页第 1 项的【自动关闭电源】功能可以让相机在没有任何操作的一段时间后，自动关闭主液晶屏、自动测光、自动对焦、实时取景等大部分功能，进入低耗能的休眠状态。而当你再次开始拍摄时，只需半按快门或其他任何按钮就可唤醒相机，重新投入拍摄。这要比关机后再开机产生的延迟要短很多，利于快速投入到抓拍当中，所以被很多职业摄影师采用。在【自动关闭电源】选项中可以将休眠时间设置为 1 分钟到 30 分钟，也可

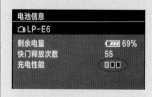

实战经验 精确掌握剩余电量

在外出拍摄时，剩余电量是我们要时刻关注的。虽然通过机顶液晶屏也可以了解到电池的剩余电量情况，但是其精确程度较差。如果希望更加精确地了解其数值，可以进入设置菜单第 3 页第 2 项的【电池信息】选项中，在这里可以了解电池的详细信息，查看到的剩余电量情况可以精确到百分位。同时，显示的信息还包括更换电池后已经拍摄的照片数量。电池寿命分为 3 级，它体现了电池的充电性能。3 格全部是绿色代表新电池。频繁充电使用 1 年以上电池充电性能会下降，当该位置变为一格橙红色时代表电池即将报废。

以设置为无任何操作。当然，过短的时间会让相机频繁进入休眠状态，影响正常拍摄。过长的时间会让相机消耗较多的电力。一般设置为4分钟或8分钟比较合适。

> **提示** ⚡
>
> 其他节约电力的方法还包括：关闭拍摄菜单第1页当中的【图像确认】功能；在明亮的室外拍摄时，降低液晶屏亮度；减少使用实时取景等。

高效的电池管理

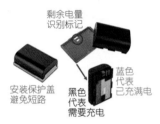

剩余电量识别标记
安装保护盖避免短路
蓝色代表已充满电
黑色代表需要充电

照片需要良好的组织管理才能更加井然有序，这是所有摄影爱好者的共识。但电池也需要管理吗？让我们回想这样一个经常发生的场景，当你准备外出拍摄时，肯定要检查的是存储卡剩余空间和电池电量。一般影友会为相机准备2～3块电池，在出门检查时，装在相机内的电池很容易检查，只要一开机，剩余电量立即可以看到。但是，另一块电池的电量就容易记不清了，这时你往往会关机，取出刚才那块电池，装上另一块再开机查看。这样才能确保两块电池都有电。如果无论有没有电，都拿去充电，会损害电池的寿命。

有一个小窍门可以帮助我们快速识别哪块电池需要充电。利用佳能附赠的电池保护盖就可以实现这一目的。在日常携带电池的过程中，安装保护盖可以避免电池上的触点与金属物体（如钥匙）发生接触而产生短路。而在这个不起眼的保护盖上还有一个电池样式的镂空标记。当一块电池刚刚充满电，你为其扣上保护盖时，可以让这个镂空标记中透出电池下方的蓝色区域，以便识别。而当电池电量耗尽，从相机内取出后，你在扣上保护盖时可以调转一个方向，让镂空标记透出电池下方的黑色区域。这样在

回家后即使过了很多天，也能够一目了然的识别哪块电池需要充电。

但是，当你拥有10块以上的电池时，检查剩余电量，找出应该充的电池，或者需要更加精确地了解每一块电池的剩余电量时，这种方式就无法提供帮助了。你可能会奇怪，一个人怎么会有这么多电池呢？其实这并不少见，很多职业摄影师都有4台以上的机身，为了满足长时间的户外拍摄或长途旅行，每台相机的标配都在5块电池左右。这样算下来电池数量肯定不止10块。当然，佳能 EOS 5D MARK III、EOS 5DS/5DSR、EOS 6D、EOS 7D MARK II、EOS 70D 这5款相机的电池是通用的，你可以只使用1个型号的电池（LP-E6N或 LP-E6），电池数量会略少一些。但是，采用上述方法检查剩余电量依然是个低效率的工作。

那么当电池数量众多时，如何才能够快速查出电池的剩余电量呢？这就需要给每块电池一个

电池信息
a1377904 [▯▯▯] 44% '15/08/19
5ed99f5a [▯] 0% '15/09/19
d85e1866 [▯▯▯] 68% '15/09/15
注册　　删除信息

独一无二的身份标签，有了这个标签才能够单独计量其剩余电量，并在相机中显示出来。这个身份标签就是电池的序列号。佳能原厂电池都有内置芯片，机身就可以通过这块芯片读取电池上唯一的序列号。当你购买相机时，随机附赠的那块电池的序列号已经注册在机身当中。如果你拥有较多的电池，可以逐一放入机身当中，进入设置菜单第2页第3项【电池信息】选项，然后按下 INFO 按钮，进入电池信息注册界面。选择界面左下角的注册后，机身即可读取并保存电池的序列号。识别成功后，界面中会显示该电池的序列号，当前剩余电量和最后使用日期。这是三项非常关键的数据。在注册完成后，还有一项重要步骤，那就是用不干胶标签，将相机识别出的电池序列号抄下来，然后贴在电池没有金属触点的窄面上。这样"身

份证"就算发到了每一个电池手里,今后可以对号入座了。

假设你有 10 块电池,在外出拍摄前,打开相机电源,进入设置菜单第 2 页第 3 项【电池信息】选项,按下 INFO 按钮,就能够看到这 10 块电池的序列号列表。从每个序列号后的剩余电量数据中,你就能够快速掌握这 10 块电池的情况,一目了然。于是选择带上哪块、哪几块又该拿去充电,变得非常轻松。而界面中显示的最后使用日期可以帮助你判断这块电池放了多久,剩余电量因此下降了多少。一般情况下,即使存放较长时间,原厂电池也只会有轻微的放电现象,而不会出现大幅度的电量下降。

每当你将新充满电的电池插入相机时,这些数据都会自动更新,这样你总能够掌握电池信息的一手资料。通过这种管理方式,我们还可以让所有电池保持比较均衡的使用频率,有助于延长使用寿命。

> **提示** ⚡
>
> 副厂电池没有内置芯片,无法与机身进行良好的信息交换,因此无法实现这一功能。有些副厂电池你甚至无法从机身上查看到它的剩余电量。另外,质量较差的副厂电池出现鼓包和燃烧问题的风险也更高。

摄影兵器库:竖拍手柄

要想获得充足的电力供应不仅依靠节约,而且还要有硬件作为保障,这就是竖拍手柄。它可以让我们同时装入两块电池,还可以使用 5 号干电池供电。从此电力不再是稀缺资源。竖拍手柄不仅让相机看上去更具专业感,而且具有很高的实用价值。它还是人像题材爱好者的首选附件,在这个领域中竖构图拍摄比例更高。

竖拍手柄的地位也非常特殊。一般情况下,相机厂商并不会自己去设计生产摄影包和三脚架这类附件,但是会在设计相机本身时一同将竖拍手柄考虑进来,并采用与机身同样的材料与工艺进行生产,以确保两者具有同样的耐用程度和防水性能,可见竖拍手柄的地位之高。它可以扩展机身功能,实现更好的握持感和更方便的竖构图拍摄能力,可以说它是与机身联系最密切的附件。

让你的相机电力无穷

使用佳能原厂手柄 BG-E16 附带的电池夹,可以装入 6 节 5 号电池作为电源。在不方便充电的旅途中,这会成为让拍摄继续的唯一动力。

佳能 EOS 7D MARK II 所配电池的型号为 LP-E6N,其容量为 1865mAh。这是一块佳能数码单反相机上的主力电池,除了顶级的 EOS 1DX 和入门级的 EOS 760D/750D 及以下机型,大部分相机都可以使用这块电池,其中包括了知名的 EOS 5D MARK III、新款高像素机型 EOS 5DS/5DSR、EOS 6D 和 EOS 70D。所以,LP-E6N 的通用性非常强。这样如果你携带了一台 EOS 5DS 作为拍摄风光的主力相机,而 EOS 7D MARK II 作为拍摄运动的主力相机,那么只带这一个类型的电池即可,充电器也不用更换。LP-E6N 的容量较前一代 LP-E6(1800mAh)有小幅度的提升,并且两者完全兼容。如果你手中

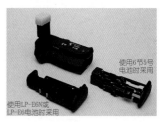

使用 6 节 5 号电池时采用

使用 LP-E6N 或 LP-E6 电池时采用

有为 EOS 5D MARK III 配的 LP-E6 电池，那么依然可以用在 EOS 7D MARK II 机身上。

但是 LP-E6N 的容量不算高，在长时间高频率的拍摄时如果不多带几块电池，还是容易出现电力快速耗尽的情况。而使用竖拍手柄可以大幅度提高相机续航能力，扩充可用电源的种类。佳能为 EOS 7D MARK II 机身设计的原厂竖拍手柄型号为 BG-E16，除了相机本身的电池外，还可以通过手柄增加两块 LP-E6N 电池，从而大幅度提高续航能力。另外，竖拍手柄能够使用 6 节 5 号 AA 电池供电，扩充了电源的使用范围。安装竖拍手柄时，首先要卸下机身电池舱盖，然后将手柄上细长的一段插入其中，取代原来电池的位置。

> **提示** ⚡
>
> 大部分相机在安装了竖拍手柄后，由于供电能力的提升使得反光镜抬起和回落的速度拥有提升的空间，因此会增加相机的最高连拍速度。但是佳能 EOS 7D MARK II 不会因为使用竖拍手柄而提升高速连拍的速度。

实现更加稳定的竖构图拍摄

竖拍手柄的最大用途就是实现更加方便的竖拍操作。在横构图拍摄时，我们可以在按下快门时，右手食指向下方用力的时候，托住相机的左手向上用力，从而形成反向力量，减小震动的产生。此时两臂可以夹紧，靠在前胸上，而不是全部依靠双手悬空托举。得到了身体的支撑，持机动作会更加稳定。而在不使用竖拍手柄时，竖构图拍摄右手在上，相机快门朝向左侧，按下快门时力度的方向是向右的，而左手仍然是托举状态，用力时，无法相互抵消，很容造成相机的晃动。而且此时，右臂悬空，无法靠近身体得到更稳定的支撑，也会增加晃动的幅度，从而影响照片的清晰度。当使用竖拍手柄后，即使竖构图拍摄也可以完全采用横构图一样的拍摄方式，大幅度降低振动的产生。

另外，竖拍手柄还可以提升相机的握持感。由于目前数码单反相机都在追求轻量化，所以机身体积已经比几年前的相机有所减小。佳能 EOS 7D MARK II 也顺应了这种潮流，机身尺寸减小，边角更加圆滑。重量轻、体积小的相机固然更便于携带，但是在握持感上会有所下降。例如，手掌中等或较大的影友在拿相机时，右手小拇指很容易就会悬空，无法牢固地握在手柄上。此时，使用竖拍手柄就能够有效延长的机身的纵向体积，从而让小拇指更好地与相机贴合，带来更稳的持机动作，提升握持感的同时，也减小了拍摄时震动的出现。

在使用重量较大的长焦镜头时，还容易出

拍摄参数： ◎ 光圈：f/8 ◎ 快门：1/1200s
▨ 感光度：ISO200

※ 除了人像题材外，在拍摄树木、建筑等主体时，竖构图拍摄也是经常用到的。此时，为了获得更稳定的持机动作，使用竖拍手柄就是很好的选择。

※ 在没有竖拍手柄时，长焦镜头很容易让 EOS 7D MARK II 出现前重后轻的不平衡现象。

现机身与镜头重量不平衡的情况。此时，摄影师的左手承受了更大的重量，而右手承担的重量较轻。重量分配不均也容易导致持机的抖动增加。增加竖拍手柄后可使镜头与机身配重平衡，不至于前重后轻。

丰富的按钮让竖拍操作更加便捷

竖拍手柄并非只有一个快门按钮，它还提供了主拨盘、M-Fn 按钮、自动对焦选择按钮、自动曝光锁定按钮、AF-ON 按钮、多功能控制摇杆等，功能非常齐全。这样就使得竖拍操作与传统横拍完全一致，在锁定曝光、启动自动对焦等操作方面完全不会受影响。

原厂还是副厂

原厂手柄在设计与材料上都与机身保持一样的高水准。佳能 BG-E16 手柄就采用与佳能 EOS 7D MARK II 机身一样的镁合金材料。使得手柄的防护性能、握持感与机身保持一致。手柄底部设计的横向金属条更进一步提高了其稳

定性，当使用三脚架时，手柄与脚架的连接更加可靠与安全。而副厂手柄多采用塑料材质，手感较差。

漏电是副厂手柄容易出现的一类质量问题，一块刚充好的电池放在手柄中一天不使用，有时就会损失 10% 左右的电量。

※ 原厂手柄有着与机身相同的防尘防水滴性能，红色区域为防水防尘橡胶条。

在使用较沉重的镜头时，质量较差的副厂手柄与机身连接牢固程度不佳，如果只靠单手拎着竖拍手柄处，还会有脱落的风险。有的副厂手柄生产工艺不过关，模具不够精细，不仅按键的手感和灵敏度不及原厂，还会出现安装在相机上无法拆卸下来的情况。

重量与价格

使用竖拍手柄具有很多优势，但在购买前也需要考虑两方面的因素，那就是重量和价格。如果使用佳能 EOS 7D MARK II 机身，镜头使用"爱死小白兔" EF 70-200mm f/2.8L IS II USM，然后再加装竖拍手柄和两块电池，其重量会达到 3.5kg 左右。如果拍摄人像时再使用外接闪光灯，那么对臂力将是严峻的考验。另外，原厂手柄价格接近 2000 元，相对价格仅有几百元的副厂手柄高出许多。但是，与机身和镜头的价格相比，手柄的价格并不算昂贵。而它却可以为拍摄带来如此多的便利，是值得我们投资的。

13.2 高效照片管理

如果你每年只拍摄少量照片，比如说数量是以千为单位计算时，照片管理并不会显得那么重要。但是，当你体会到摄影的乐趣，每周都外出拍摄大量的照片，存满了数个 64GB 存

储卡后才回家。经过一段时间你会发现，照片混乱不堪，难以快速找到你头脑中当时记住的那幅理想作品，此时照片管理就显得格外重要。要想做到高效的照片管理，不能仅从照片导入

电脑时才开始。最有效的手段之一就是从拍摄时就考虑到照片管理问题，并通过相机内的照片管理工具，在前期打好基础，让照片做到井然有序。

13.2.1 文件名管理

如果向摄影爱好者发放调查问卷，看看大家是否会对相机默认的照片文件名进行修改，这个比例一定很低。其实，文件名的管理是照片管理的起始点，打好了这个基础，很多难以解决的问题会迎刃而解，大幅度提高管理效率。

佳能 EOS 7D MARK II 拍摄的照片或者视频文件被记录到存储卡时，会自动生成相应的文件名。例如，BE3B0001.CR2 就是一个标准的文件名。文件名采用 8 位字母和数字外加 3 位扩展名的方式。文件名称中的扩展名由你所选的照片或视频格式来决定，包括 .CR2（即 RAW 格式）、.jpg、.MOV、.MP4（后两种为视频文件的扩展名）。而前面的 8 位文件名被分为两个部分，前四位由字母和数字混编而成（即范例中的 BE3B），这是我们真正可以控制和更改的。后面 4 位由数字组成，主要负责计数功能，它会从 0001 开始至 9999 顺序编排，当突破上限后数字会重新归零，再次从 0001 开始。

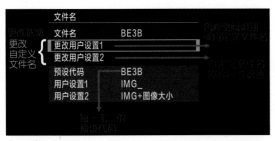

佳能 EOS 7D MARK II 上对于文件名前 4 位的命名方案有三种：预设代码和两种用户自定义设置。进入设置菜单第 1 页第 3 项的【文件名】选项中可以进行设置。所谓预设代码就是相机出厂时就带有的文件名方案，有趣的是每一台相机的预设代码都不一样。这样即使采用预设代码，与使用同款相机的影友交流作品时，也能够区分照片。但预设代码的弊端在于难以立刻看出其代表的意思。为了通过文件名获得更多直观信息，我们就需要对其进行更改。

在两种用户设置中可以更加自由地对文件名进行重新命名，而这样做的目的在于，不深入地查看照片参数，我们也能够通过文件名来获得很多信息。值得注意的是，这两种用户设置并非完全一样。每种用户设置会围绕某一参数，自动添加相关信息到文件名中。用户设置 1 添加的是色彩空间，用户设置 2 添加的是照片尺寸。

用户设置 1 的核心价值在于能够从文件名中很方便地分辨出色彩空间。它采用下划线代表了照片不同的色彩空间。用户设置 1 还有一个默认文件名是 IMG。如果是 IMG_0001.jpg，则代表这张 jpg 格式的照片采用了相对较小的 sRGB 色彩空间。如果下划线处于前端，例如，_MG_0001.CR2，则代表这张 RAW 格式的照片采用了更广阔的 AdobeRGB 色彩空间。当然，如果你并不经常更换色彩空间设置，无须通过文件名来进行区分。那么完全可以将文件名的 4 个字符全部进行修改。

用户设置 2 的核心价值在于能够从文件名中很方便地判断照片尺寸。由于照片尺寸的种类远多于两种，所以相机会自动接管文件名中的第 4 位，并为其配上相应的符号，L、M、S 分别对应大、中、小尺寸的照片，当然还有字母 T 和 U 代表不太常用的超小尺寸 S2 和 S3。

在视频文件中，第 4 位会以下划线表示。

在这两个用户设置中，文件名的默认值都是 IMG，但它并没有任何实际意义，而且由于所有佳能相机都采用这个默认名称，所以当你与其他影友进行作品交流时，很容易出现混淆。从这个角度来讲，更改掉默认值是必要的。为与他人作品进行区分，我们可以把文件名用自己的名字重新命名，虽然相机不支持以汉字命名文件名，但是我们可以采用汉语拼音或自己姓名的缩写。例如，根据姓氏更改文件名时可以采用 LIU 代表刘、LEE 代表李，等等。注意，用户设置 1 中可更改的字符为 4 位，而用户设置 2 中为 3 位。

主力
EOS 5D MARK III
文件名
5DM30001.CR2

备机
EOS 7D MARK II
文件名
7DM20001.CR2

❋ 根据主力机与备用机的不同型号为照片进行不同的命名，以防止混淆。

当然，这不是自定义文件名的全部作用。当你手中有两台佳能相机，例如很多影友都会采用主力与备机各一台的配备方式，主力机身是 EOS 5D MARK III，备用机是非全幅可以获得更长焦效果的 EOS 7D MARK II，那么就可以在用户设置 1 将主力机身所拍摄的文件名设置为 5DM3，而备用机所拍摄的文件名为 7DM2，这样每次外出拍摄的文件即便全部放入一个文件夹内也能够通过文件名轻易区分开来。以上两种设置方法基本上都是一劳永逸，无须再修改。

除此以外，你还可以利用文件名来代表更为详细和多变的信息。例如在一次旅行摄影中，你会到达不同的城市，以城市名称缩写来更改文件名，在回家整理照片时，即使不打开照片也很容易将它们区分开，放入不同的文件夹里。

还有些影友喜欢记录自己按下快门的总数，而每 1 万张时相机就会清零重新开始，多次清零后你就很难记住到底拍了几万张。此时，可以使用用户设置 2 的三个可自定义的位置，第一次使用相机时使用 001、第一次文件编号清零后改为 002，以此类推。这样只要看到前面的数字就能了解你已经按下了几万次快门了。

一般情况下，由于拍摄数量众多，所以不会在照片导入电脑后还对它们进行大批量的重新命名。后半程的照片管理一般采用文件夹和软件结合的方式进行。除非个别优秀作品会被单独拿出来进行精心的后期处理，并且为作品起名，同时用这个名字更改文件名。否则，相机内经过我们自定义的文件名就会一直不变。

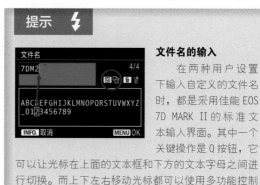

文件名的输入

在两种用户设置下输入自定义的文件名时，都是采用佳能 EOS 7D MARK II 的标准文本输入界面。其中一个关键操作是 Q 按钮，它可以让光标在上面的文本框和下方的文本字母之间进行切换。而上下左右移动光标都可以使用多功能控制摇杆。

13.2.2 机内文件夹管理

除了自定义文件名以外，机内照片管理的另一个重要手段就是文件夹管理，它可以将零散的照片分配在不同的组（文件夹）里，从而大幅度提高管理效率。

当你将存储卡插入相机时，相机会自动在存储卡上创建一个文件夹，最初的文件夹自动命名为 100EOS7D。每个文件夹中最多可以存储 9999 张照片，然后该文件夹就会被写满。此时相机会自动新建第二个文件夹，被命名为 101EOS7D，照片会被继续存入这个新的文件

存储照片　　　从第1万张照片
0001至9999　　开始存入新文件夹

※ 在默认状态下，相机在一个文件夹内存储了 9999 张照片后会自动生成新的文件夹，整个过程不受我们控制。

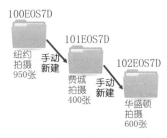

纽约拍摄 950张　手动新建　费城拍摄 400张　手动新建　华盛顿拍摄 600张

※ 通过手动新建文件夹，我们可以在拍摄的同时就按照某种分类原则将照片存储到不同的文件夹中，这样不仅从一开始就让照片井然有序，而且大幅度地提高了回放和查找效率。

夹中。然而，上面的过程全部属于相机的默认状态，不受控制地发生的。而为了更有效地管理照片，我们应该按照自己的需要干预这个过程。也就是说，当我们有一项重要的拍摄任务时，有必要单独为这项任务建立一个新的文件夹，并且将任务中拍摄的照片全部放进去。将照片导入电脑时，就会更方便。而且好处不仅如此，我们还可以在相机中只回放这个文件夹中的照片，对任务的完成情况进行总结。而此时，其他文件夹中的照片不会出现，从而减小了干扰。如果你使用机内的幻灯播放功能进行展示和说明，同样其他文件夹中的照片不会参与进来，这样你会更加专心。

可见，以文件夹形式管理照片优势多多。而希望实现这一目标的第一步就是手动建立和选择当前正在使用的文件夹。这需要使用到下面这个菜单功能。

通过【文件夹】选项你可以建立新的文件夹、查看存储卡中共有几个文件夹，但最重要

［菜单解析］ 设置菜单第 1 页第 1 项【记录功能＋存储卡／文件夹选择】选项

进入设置菜单第 1 页第 1 项的【记录功能＋存储卡/文件夹选择】后，通过第 3 项【文件夹】

选项，可以看到当前存储卡中已经建立的文件夹，并且显示了这些文件夹内已经包含的照片数量。使用【创建新文件夹】功能可以按照连续编号建立一个新的文件夹。此后，拍摄的照片都会被保存到新文件夹当中。采用这一方式，我们只能够按照佳能 EOS 7D MARK II 的默认方式命名文件夹，也就是只能更改前边的序号，而无法更改 EOS7D 字样。如果你希望获得更加个性化的文件夹名称，就需要通过电脑来实现。将存储卡插入读卡器并接在电脑上。打开存储卡根目录下的 DCIM 文件夹就可以新建个性化的文件夹。但命名规则依然受到限制，也就是说必须采用 3 位数字加 5 个字母的方式。

的任务就是选择当前所使用的文件夹，这将决定以后的照片存储位置。例如，在一次人像外拍活动中，有两个模特参与，你希望在拍摄结束后将照片分别交给她们。那么在拍摄前就可以建立两个不同的文件夹，拍摄模特 A 时使用 101EOS7D 文件夹，而拍摄模特 B 时使用 102 EOS7D 文件夹。这样在拍摄结束时，你就能够轻松地区分照片，而不是从几百张照片中去挑选。

通过文件夹管理照片是非常高效的手段。不仅在将照片导入电脑时会更加便于识别（通过回放菜单第 1 页第 5 项的【相册设置】还可以将文件夹中的全部图像整体选择，利用 EOS Utility 软件将其整体导入电脑中，便于通过网络制作相册），而且在相机上回放和浏览照片时，有效的文件夹管理能够带来很大的便利。

13.2.3 文件编号次序

对于文件名的管理，除了自定义文件名以外，还可以对 4 位数字进行干预。将文件夹与

文件编号次序两个功能相结合，我们可以在前期拍摄中实现更高效的照片管理。

我们每拍摄一张照片，相机都会自动在前一张照片的编号基础上加 1 来命名这张新的照片。例如，7DM20001.CR2 的下一张照片会是 7DM20002.CR2。在这一过程中，无论你是使用 JPEG 格式还是 RAW 格式拍摄，文件编号都是连续的。也就是说相机不会为不同的照片格式分别计数。而当你使用 RAW+JPEG 的组合方式拍摄时，按下一次快门会得到文件名和编号相同，只是扩展名不同的两张照片。

这个自动增加编号的进程我们无法控制，而我们能够控制的是什么时候将这个数字归零。在默认情况下，照片的编号是从 0001 开始最高达到 9999。当达到 1 万张时，编号自动又重新"归一"由 0001 开始，如此循环往复。也就是说，此时的文件编号次序处于相机自动控制的状态。由于相机内一个文件夹中最多能存

储 9999 张照片，存满后相机会自动新建一个文件夹，并按照连续编号的方式继续存储。这时所有的照片处于大排队的状态，不受摄影师控制。

对于我们来说，大排队并不是真正需要的。出于照片管理的目的，我们希望在拍摄时以某种习惯或需要的分类形式将照片归类。例如，在旅行摄影中，我们希望将不同城市的照片分别存放在各自的文件夹内。在一次长途的外拍中，我们希望将不同题材（风光、人文、野生动物、花絮和留念照等）的照片分别储存在各自的文件夹内。这时，最理想的状态是每个文件夹内的照片都从 7DM20001.CR2 开始，并且连续排列。

为了实现这一目的，就需要使用设置菜单第 1 页第 2 项的【文件编号】选项的功能。

菜单解析 【文件编号】

连续编号

在开启状态下，相机会采用默认方式为照片进行连续编号。即使这个过程中插入了新的存储卡，格式化了现有的存储卡，相机自动新建了文件夹或者我们自己新建了文件夹都不会干扰到这一进程，文件编号都是保持连续的。

使用这一选项的好处在于，当我们将不同时间拍摄的照片都存入电脑中的同一个文件夹时，不会因为文件名重复而导致照片相互覆盖发生损失。例如，我们在一次为其 10 天的长途拍摄中，拍摄了 3.5 万张照片，分别存储在相机的 4 个文件夹中。那么当回到家里，将所有照片全部存入一个文件夹内时，也不会出现相同的照片文件名。这样可以轻松地将这 3.5 万张照片全部放入一个文件夹下。当然，这种照片管理方式并不值得提倡。

连续编号最致命的缺陷在于容易导致编号的错乱。那就是在大部分情况下，我们都会在没有达到 9999 张时

就将存储卡取出，将照片导入电脑。很可能还会将这些照片从存储卡上删除，以留出足够空间来进行后续拍摄。这时，相机为了延续这种连续编号方法，会在内存中记录上次拍摄的最后一张照片的编号，当你再次插入存储卡时，照片的编号才能够连续下去。但是，如果存储卡中的照片没有全部被删除，而是保留了某些照片，或者我们使用了其他存储卡，里面保存了以前拍摄的照片，在这种情况下，相机就会将内存中记录的编号与存储卡中现有的照片最大编号进行对比，并且选择那个较大的编号作为基准，然后在此基础上继续进行连续编号才不会出现重复。例如，插入的存储卡中有一系列的照片，其中最大的编号为 7DM29980.CR2。而使用上一张存储卡时，相机连续编号拍摄到了 7DM2C0050.CR2，那么再继续拍摄时，相机就会采用 7DM29981.CR2 来命名新拍摄的第一张照片。那么当你拍摄到了 7DM29999.CR2 后，相机自动将文件编号归一，重新从 7DM20001.CR2 开始，在拍摄后将这些照片导入电脑的同一个文件夹中，很容易出现与之前的文件名重复的问题。一旦你错误地选择了覆盖，那么就会导致照片丢失。因此，应该在拍摄前将存储卡格式化，才能够避免编号次序出现混乱。

自动重设：

如果说连续编号是一种纯粹的计数方式，而不是照片管理方式，那么自动重设则是以文件夹或存储卡为单位进行照片管理的有效方式。在实际拍摄中，摄影师的

※ 连续编号的最大弊端在于容易引起文件编号重复，从而导致相互覆盖。

某些操作会让相机以为一项新的拍摄任务正要开始，它们包括：往相机中插入新的存储卡、格式化了现有的存储卡、新建了文件夹或切换了目标存储卡。在自动重设功能下，这些操作都会带来文件编号的自动归一，重新从 0001 开始。例如，我们在旅行途中到了一个新的城市，希望将所在这里拍摄的照片都保存在一个文件夹中，那么就可以进入设置菜单第 1 页第 1 项【记录功能＋存储卡/文件夹选择】选项中，手动新建一个文件夹。这样相机就会自动将编号归一，并存储到新文件夹中。

手动重设：

而手动重设可以将新建文件夹与文件编号归一的操作合二为一，从而简化这一过程。手动重设是个貌似很好理解的选项，字面意思就是采用人工方式将文件编号归一。然而，手动重设与前面二者有很大差别。无论是连续编号还是自动重设都是一种文件编号的状态，是在很长时间内相机如何对文件进行编号的设置。而手动重设实际上是一个时间点、一个被执行的动作，而不是一个状态。因此，你会发现当你在手动重设选项上按下 set 键后，再次进入【文件编号】选项时，光标仍然会在上面两个选项上，而不会停留在手动重设选项上。

13.2.4 为优秀照片评分

高效照片管理的核心是照片分类，分类的方法有很多种，职业摄影师会根据照片的题材、主体的类型、人物的数量、照片的用途、画面的色彩，拍摄时所采用的技术等对照片进行分类，从而保证需要某类照片时可以快速调用。但这些分类更多依赖后期软件来完成，以满足商业用途为主要目的。

对于普通摄影爱好者来说，并没有必要把照片分类做到如此细致的程度，但有一条分类是一定要添加的，那就是照片的精彩程度。一般情况下，我们在为期一周的外拍当中，可能获得数千张照片，其中可能有不到 5 张是自己最为满意的，甚至有拿这些片子去参赛和发表的冲动。另外还有 10～20 张的片子，自己会感觉也很不错，但又没有到达出类拔萃的地步。最后还有 30～50 张片子，自己认为也还行，比大部分底层片子都要强。在刚刚

※ RATE（等级）按钮的位置在相机主液晶屏左侧，在回放照片时，很容易通过左手来进行评分。

结束外拍时，你对于这些照片的印象会非常深刻，但随着时间的推移和外拍次数的增加，你硬盘中的精彩照片和普通照片数量都在大幅度增加。1 年以后，如果让你再将当初外拍照片中最为满意的选出，你的记忆可能就模糊了。为了找到那 5 张片子，可能要把全部几千张照片都过一遍，这会耗费大量的时间。

※ 设置菜单第 3 页第 5 项【RATE 按钮功能】可以决定该按钮是对照片进行评分还是进行保护。

那么如何将自己最为满意的作品标记出来，进行更好的分类和管理呢？ 最有效的一个工具就是佳能 EOS 7D MARK II 相机中的照片评分工具，它可以让你在外拍过程中，利用闲暇时间，在回放照片时顺手就完成照片的分类，而不需要占用大块的时间。进入回放菜单第 2 页第 2 项的【评分】选项，就可以对照片进行等级划分。等级从 1 颗星到 5 颗星，当然也可

以不给予评分。总共相当于 6 个级别。另外，还有更加简便的评分方式，在照片回放过程中，利用相机主液晶屏左侧的 RATE 按钮就能够完成评分。但 RATE 按钮具有两种备选功能，一个是为照片评分，另一个是保护照片。因此，需要进入设置菜单第 3 页第 5 项【RATE 按钮功能】选项中，将其设置为评分。这样在照片回放时，每次按下 RATE 按钮照片的评分就会从 1 颗星逐渐增加，最高到 5 颗星，然后回到无评分，开始循环切换，这样就能够大幅度提高评分的效率。

你可以自己规定几颗星是最满意的照片，既可以是 5 颗星，也可以是 1 颗星。因为后者在评分时按下 RATE 键的次数最少，效率也最高。

你也不必把作品真正划分为 6 个级别，有时只需要把最满意的和比较满意的标记出来即可。

不用等到 1 年后，也许在这次外拍过程中，你利用零散时间进行的分类就能够派上用场。当同行影友相互交流作品时，你可以采用相机内的幻灯片回放功能将回放范围圈定在有评分等级的精华照片上，相信你的"头等马"一定能跑赢其他人没有经过评分的"普通马"。另外，普通照片在回放过程中，也可以选择仅在评分照片中跳转，从而减小普通照片的干扰，展现更多优秀作品。如果回到家中就更加方便了，等于照片分类已经提前完成，这些评分标记已经被写入到了照片的文件信息中，使用佳能 DPP 软件很容易将它们精选出来，进行更加细致的后期调整。

13.2.5 保护照片

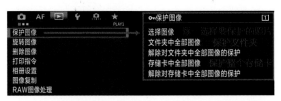

对于摄影爱好者来说，最遗憾的事并不是没有拍到最美丽的照片，而是拍到美丽的照片后由于误操作而失去它。对于优秀的作品而言，最妥当的做法就是第一时间加以保护。使用回放菜单第 1 页第 1 项【保护图像】选项，我们不仅可以保护单张照片，还可以选择保护某个文件夹内的全部照片或者保护存储卡中的全部照片。被保护的照片在回放时会出现🔑一把钥匙的图标，代表其正处于被保护的状态。对于被保护的照片来说，删除按钮将对其不起作用，

即使采用【删除存储卡上的全部图像】时，那些被保护的照片仍然会留存在存储卡当中，这无疑增加了数据的安全性。在相机上，能够删除被保护照片的唯一方法就是格式化（当然，取消保护后也可以删除），你只要在格式化操作中慎重一些，就不会出现误操作的问题。

还有一种更加快捷的设置照片保护的方式，那就是利用相机主液晶屏左侧的 RATE 按钮。RATE 按钮具有两种备选功能，一个是为照片评分，另一个是保护照片。进入设置菜单第 3 页第 5 项【RATE 按钮功能】选项中，将其设置为保护。这样只要在照片回放状态下，浏览到你满意的作品时，直接按下 RATE 按钮就可以为这幅照片增加上保护功能，而不需要进入菜单来设置。

13.2.6 版权信息

在版权意识越来越被重视的今天，即使摄影爱好者也应该有保护自己照片版权的意识。通过设置菜单第 4 页第 3 项的【版权信息】选项可以为照片增加摄影师名字等信息，以便对

自己的作品进行保护。该选项中包含拍摄者姓名和版权两个部分，都可以采用佳能的标准文本输入方式设定你需要的文本内容。

13.3 GPS 功能

如果你仅在城市中拍摄熟悉的场景或者周末去公园为家人拍照，那么对于拍摄的地点会非常熟悉，回放照片时一下就能回忆起拍摄地点。然而，如果是在一个遥远而陌生的地区拍摄，即使你的记忆力再好，那么过上一段时间也很难回忆起拍摄地点的具体位置。这时 GPS 功能能够帮助你。

※ 佳能 EOS 5D MARK III 与原厂 GPS 设备 GP-E2。

与汽车导航的 GPS 不同，为照片添加 GPS 信息只是在图片文件的描述信息（Exif）中添加一个字段，记录下这张照片拍摄时的经度、纬度、海拔数据以及拍摄方向信息，便于你今后查看和检索时使用。对于经常出门旅行摄影的爱好者来说，它具有很重要的作用。大部分数码单反相机，要想获得 GPS 信息都需要外接一个能够获得 GPS 数据的硬件设备才可以。而佳能 EOS 7D MARK II 将 GPS 模块集成在了机身上，位置就在机顶热靴前方。要知道单独购买一个佳能原厂 GPS 设备 GP-E2 的价格超过了 2000 元。

※ 佳能 EOS 7D MARK II 的 GPS 模块就集成在机顶热靴的前方，你会看到有一个明显凸起的部分。

佳能 EOS 7D MARK II 内置的 GPS 模块不仅可以获取美国 GPS 卫星的定位信号，还可以从俄罗斯格洛纳斯（Glonass）和日本的 QZSS 卫星系统获得信号。有了 GPS 功能，我们不仅可以为照片增加地理信息，还可以通过它来记录旅行路线，在地图上查看我们的拍摄位置，自动获取相机时间。

菜单解析 【GPS／数字罗盘设置】

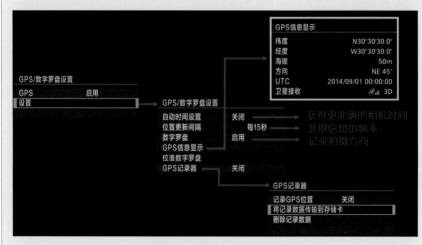

在位置和周围环境不同，接收信号所需要花费的时间也有差别。一般需要几十秒，当你看到机顶液晶屏的 GPS 标志从闪烁变为固定时，代表已经成功获得信号。为了记录整个拍摄过程走过的路程，即使关闭相机电源，GPS 设备也会不断更新数据。因此对于电力的消耗会增加，降低了拍摄的续航能力。如果你不需要使用 GPS 功能，最佳的方式就是选择关闭。

GPS 相关功能需要通过设置菜单第 2 页最后 1 项的【GPS／数字罗盘设置】选项来完成。

GPS：当你在【GPS／数字罗盘设置】选项中的第 1 项【GPS】里选择了开启这一功能后，佳能 EOS 7D MARK II 就可以接受卫星信号，获取相关地理信息数据。根据你所

设置：第二项设置功能包含了 GPS 相关的 6 项功能设置。

➤ 【GPS 信息显示】：通过第 4 项【GPS 信息显示】我们可以从主液晶屏上查看到当前位置的信息，包

括经度、纬度、海拔、方向、UTC 协调世界时间和卫星信号强弱程度。其中方向是指镜头所指的方向，在陌生地点拍摄日出时，它可以帮助我们更加准确地辨识日出的位置，提前做好拍摄准备。在方向的显示中 N 代表北、S 代表南、E 代表东、W 代表西，这与英文保持一致。如果镜头所指的方向为东北 41 度，那么就会显示 NE41°。UTC 协调世界时间是比格林威治时间更加精确的计时方法。卫星信号强弱程度上，三格全满代表信号良好。如果后边显示 3D 字样，代表此时获得的数据包含了海拔信息，如果显示 2D 则代表无法获得海拔数据。除了从【GPS 信息显示】当中查看到当前位置的 GPS 信息外，在照片回放时，我们还可以看到该张照片拍摄时添加进去的 GPS 信息。

➤ 【位置更新间隔】：GPS 模块的工作方式并非无间隔的更新数据，而是每间隔一段时间后从卫星获得一次数据。

由于在拍摄时，我们的位置会不断变化，所以更短的间隔有助于精确地获得准确的地理信息，但是也要付出更多的电力消耗。当获得 GPS 数据非常重要，拍摄过程中又经常乘车更改拍摄位置时，采用更短的间隔时间是明智的选择。

➤ 【数字罗盘】和【校准数字罗盘】：主液晶屏上显示的数字罗盘。液晶屏

下方数轴上的绿色短线位置代表现在镜头朝向东南方向 125°。

对于摄影师来说，与拍摄位置同样重要的是拍摄方向。佳能 EOS 7D MARK II 的数字罗盘功能能够让我们精确地了解当前

的拍摄方向，并将这一数据保存在照片信息当中。当按下 INFO 按钮，在主液晶屏上调出电子水平仪时，下方就会出现数字罗盘的信息显示。其显示方法为数轴的方式，显示方法与【GPS 信息显示】中一致。当你采用实时取景拍摄时，数字罗盘会以坐标系的形式出现，更加直观。另外，由于数字罗盘依靠地磁场进行工作，所以容易受到其他强磁场的干扰。为了让数字罗盘能够保持精确，我们还需要不时地进行校准。进入【校准数字罗盘】选项后，通过将相机在水平、垂直和前后三个轴向上进行大幅度旋转，就可以实现校准的作用。

➤ 【自动时间设置】：我们虽然可以通过设置菜单第 2 页的【日期/时间/区域】选项为相机输入时间，但使用内置的 GPS 模块我们可以自动获得更加精确的时间。进入第 1 项的【自动时间设置】选择自动更新，那么相机在每次获得 GPS 信号后就可以自动更新时间。此时，它会接管我们通过【日期/时间/区域】手工输入的时间。

➤ 【GPS 记录器】：通过佳能 Map Utility 软件查看到的行走轨迹。它将帮助我们记录整个拍摄过程中的行走轨迹，并在相机内存中保存一个相应的文件，文件扩展名为 .LOG。相机内存并不能用来存储照片，而是专门为保存 GPS 信息而设计的。但由于相机内存有限，所以记录 GPS 信息时，间隔时间约短，记录的频率越高，能够记录这个行走轨迹的时长就越短。每 15s 更新一次数据时，内存容量大约可以记录 2 个月的数据。

我们可以通过【GPS 记录器】中的【将记录数据传输到存储卡】选项将这一数据下载到存储卡后再导入电脑中，这样使用佳能 Map Utility 软件就可以查看到我们在拍摄过程中的行走轨迹了。

摄影兵器库：饼干头

中国古代的十八般兵刃都属于"重武器"，而武将在上战场时还会随身携带一个百宝囊，里面装有飞镖、梅花针等体积小速度快的暗器，以便在遇到强敌时出其不意，克敌制胜。如果把摄影器材比作兵器，那么其小型化的趋势几乎从未停止过。135 单反相机的诞生和流行并非由于其画质出色，而是它能够将体积与画质

做到更好的平衡。也就是说，虽然其画质不如那些画幅更大的中画幅和大画幅相机，但是135 相机更加便于携带。

然而，随着技术的发展，数码单反相机在体积和重量上的优势正在逐渐丧失，更小更轻的微单和拍照手机发展迅速。如果我们仔细分析就能看出，数码单反的重量更多来自镜头。

例如，佳能 EOS 7D MARK II 的机身重量只有 820g，而"爱死小白兔" EF 70-200mm f/2.8L IS II USM 的重量达到了 1500g，几乎是机身重量的 2 倍。可见，如果能够使用更加轻便小巧的镜头，那么单反系统的重量还可以大幅度降低，我们在外出拍摄时也就不会感觉非常疲惫了。

为了实现轻量化的目的，重量和体积比普通定焦镜头更小的饼干头进入了我们的视野。所谓饼干头就是只那些体积小巧，尤其是厚度较低的镜头。如果进行严格定义那么只有镜头的厚度小于直径的一半或 1/3 时才能称为饼干头。这类镜头多为定焦，光学结构简单，成像质量可以满足日常拍摄需求。

※ 蔡司 Tessar T×45mm f/2.8。

在胶片时代手动对焦的饼干头就已经出现，比较知名的一支要算蔡司的 Tessar T*45mm f/2.8 了。如同你在名称中看到的，绝大部分饼干头都采用了蔡司的天塞光学结构，4 片 3 组的设计使得镜头内部的反射面很少，因此可以轻松获得高解像力、高反差并且对于畸变的控制更加优秀。这支传奇镜头使用蔡司独特的 T* 镀膜，使得镜头的透光率达到 99.7%。虽然光学表现出色，但这支镜头的重量仅为 90g。

进入数码时代后，由于需要将自动对焦马达放入镜头中，所以制作出更加轻薄的饼干头成为一大挑战。我们熟悉的 USM 超声波马达，由于体积较大，无法实现饼干头的瘦身要求。在很长一段时间内，主流厂商都没有饼干头推出。直到佳能小巧的新型 STM 步进式马达推出，我们终于拥有了能够自动对焦的饼干头。

目前，在佳能的产品线中有 APS-C 画幅专用的饼干头 EF-S 24mm f/2.8 STM 镜头，可以使用在全画幅相机上的 EF 40mm f/2.8 STM 镜头，还有用于佳能微单相机的 EF-M 22mm f/2 STM 镜头。

非全幅饼干头——EF-S 24mm f/2.8 STM

对于使用佳能 EOS 7D MARK II 的影友来说，EF-S 24mm f/2.8 STM 是可以重点关注的一支镜头。在 2014 年，它是与 EOS 7D MARK II 同时发布的，也是佳能第一支 EF-S 饼干头。

拍摄参数： ◎ 光圈：f/2.8　◎ 快门：1/2000s
　　　　　　◎ 感光度：ISO400

该镜头厚度仅为 22.8mm，与一枚 5 毛钱硬币的直径相同。重量只有 125g，与 EOS 7D MARK II 机身配合在一起，总共也只有 1kg 的重量，即使全天手持拍摄也不会感到疲劳。作为一支非常适合日常挂机的镜头，近摄能力必须出色。因为日常生活中镜头会拍摄一些美食和景物的小特写，而该镜头拥有 16cm 的最近对焦距离，可以让我们靠近主体拍摄，获得极佳的锐度和背景虚化效果。视角方面，该镜头在 EOS 7D MARK II 机身上相当于 38.4mm 焦距的视角，刚好属于小

广角的范畴，不会存在 50mm 标头那样难上手的感觉。STM 马达不仅在拍摄照片方面表现出色，而且能够获得低噪声的视频拍摄效果。EF-S 24mm f/2.8 STM 可以让 EOS 7D MARK II

的实时取景拍摄更加快速流畅。目前，这支镜头价格仅为 1000 元左右，具有很高的性价比。如果在你的镜头群中有它存在，那么在不想负重出行时，就有了轻松的新选择。

全幅饼干头——EF 40mm f/2.8 STM

拍摄参数：◎ 光圈：f/2.8 ◎ 快门：1/1600s
◎ 感光度：ISO200

如果计划升级到全画幅机身或者目前就是全画幅为主力，再配合 EOS 7D MARK II 作为备机，那么 EF 40mm f/2.8 STM 镜头则是更好的选择。无论在镜头厚度、滤镜尺寸还是视角方面，EF 40mm f/2.8 STM 与 EF-S 24mm

f/2.8 STM 都非常相似，只是最近对焦距离增加到了30cm。这里值得注意的是，这两款镜头都属于电子手动

对焦镜头，也就是说虽然它们都具有手动对焦功能，但需要通过电力的支持才能实现。当相机关机或者处于休眠状态时，无法通过直接旋转手动对焦环来进行调整。此时，一定不要用力旋转，否则会对马达有损害。另外，还可以通过自动对焦菜单第 3 页的【镜头电子手动对焦】选项进行设置，选择【单次自动对焦后关闭】功能后就可以避免由于镜头体积小，手指误触碰造成的跑焦。

薯片头与机身盖镜头

※ 宾得 K-01 相机与"薯片头"DA F2.8 40mm XS。

不要以为饼干头就已经将轻薄做到了极致，在众多厂商中有几家是以机身和镜头的小巧为生存之本的。宾得 DA F2.8 40mm XS 镜头厚度只有 9.2mm，重量 52g，轻薄程度远小于佳能的这两支，因此也被影友戏称为"薯片头"。而奥林巴斯的 15mm f/8 镜头厚度 9mm，重量只有 22g。它被称为"机身盖镜头"。然而，过分的轻薄也

会带来功能和画质的缩水，奥林巴斯这款镜头的光圈只有 f/8 一挡，没有其他选择，并且只能手动对焦。

※ 奥林巴斯"机身盖镜头"15mm f/8。

13.4 自定义按钮——让你的相机成为私人订制款

运动品牌会为知名运动员设计个人专属的服装款式，而且运动鞋内部结构更是按照运动员足底的形状专门定制的，能够保证最大程度的合脚，从而让步法移动更加快速有力。对于摄影爱好者来说，相机同样需要量身定制才能符合自己的操作习惯和某项拍摄题材的要求。而机身上的自定义按钮就能够帮助我们实现这一目的。熟练掌握自定义按钮并加以运用，就会让你手中的佳能 EOS 7D MARK II 仿佛与自己手掌大小完全贴合一样，成为自己专属的创作工具。即使在外出拍摄时，很多人在用同款相机，但你仍然是独一无二的。除了个性化功能以外，效率则是更重要的一个方面。通过自定义按钮可以大幅度提升相机设置的效率，起到事半功倍的效果。

佳能 EOS 7D MARK II 机身上共有 10 个按钮可以实现自定义功能，进入自定义功能菜单第 3 页（C.Fn3）最后一项【自定义控制按钮】选项，我们能够看到非常直观的设置界面。界面中将机身上的 10 个自定义按钮和 1 个镜头上的自定义按钮排列在右侧，移动红框光标时，左侧还会出现示意图以提示该按钮的位置。

11 个自定义按钮可以被赋予的功能数量并不相同，有的按钮具有 13 种备选功能，有的仅有 2 种。11 个自定义按钮总共可以实现 36 种备选功能，但是对于这些功能来说也不是均等的。有些功能只有 1 个按钮能够实现，如果你需要使用这个功能，那么别无他选，只能使用这个按钮来实现。但有些功能甚至 6 个按钮都能够实现，这时你就具有更多的自由度，看看哪个按钮用着顺手将其赋予这个按钮即可。

如果跟说明书一样采用表格方式，将很难将自定义按钮和备选功能讲清楚。在这里将以按钮为出发点，将对于该按钮来说最有价值的备选功能作为主打进行重点介绍和推荐，而将该按钮虽然具备但并不是很有价值的备选功能进行简单介绍。

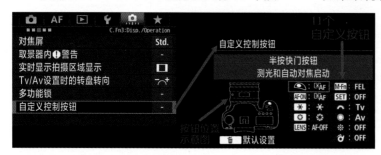

13.4.1 半按快门按钮——功能分离带来高效

半按快门按钮具备 3 种备选功能。默认值

※ 半按快门按钮的备选功能为 3 项，默认设置为第一项既测光又对焦，可以满足静态主体的拍摄需求。

是 $\boxed{\text{AF}}$（既启动测光又启动自动对焦），在拍摄静止主体时，这是最方便的拍摄方式。只需要半按快门就能够同时完成测光和对焦。但是在拍摄快速移动的主体时，需要将启动自动对焦的功能分离出去，分配给 AF-ON 按钮，从而实现更加高效的操作。这就要将半按快门按钮的功能设定为第 2 种 $\boxed{\circ}$（仅开始测光）。也就是说，此时只激活测光系统，负责计算出相应的光圈和快门，而不激活自动对焦功能。

前两个选择有一个共同特点，那就是半按快门按钮可以启动自动测光系统，你会在光学取景器中看到测光系统根据场景计算出的光圈和快门组合，但是随着相机的移动和场景的明

拍摄参数：◎ 光圈：f/8　◎ 快门：1/1000s
　　　　　◎ 感光度：ISO200

※ 将半按快门按钮时自动对焦的功能赋予 AF-ON
按钮，让拍摄这类运动主体时效率大幅度提高。

暗变化，自动测光系统会持续工作，此时光圈和快门组合也会跟着变化。即使持续保持半按快门也是如此。也就是说，在前两个选择下，半按快门只激活了测光系统，而不能锁定曝光值。如果希望在最终的画面中放入明亮的光源（例如太阳），就可以让半按快门按钮具有第3种功能★（锁定曝光）。此时可以先将光源排除在构图之外，半按快门激活并锁定曝光，然后保持半按状态不放，重新构图将光源放入画面中。注意，此时半按快门按钮无法启动自动对焦，因此在完成拍摄前，应该先按下 AF-ON 按钮进行对焦，再完全按下快门完成拍摄。

13.4.2 AF-ON 按钮——启动对焦的背后有玄机

AF-ON 按钮是重要的自定义功能按钮，它具有的备选功能多达 9 种。而且多项备选功能下还有更深一层的菜单，可以在按下 AF-ON 按钮时调出一组事先设置好的拍摄参数，从而完成拍摄状态的快速切换。

既测光又对焦

在实际拍摄中，AF-ON 按钮最大的价值就是其具备的默认功能⊡AF（同时启动自动测光和对焦）。在拍摄快速移动的主体时，采用更为高效的拇指对焦方式中，就需要剥离半按快门按钮的启动自动对焦功能，而让 AF-ON 按钮具有这一职能。

自定义按钮的复杂之处在于，你不仅可以从备选功能中选出一种赋予这个按钮，而且在某些时候，还需要对这一备选功能进行更多的详细设置。当我们将⊡AF赋予 AF-ON 按钮时，主液晶屏的左下角还会出现 INFO 详细设置的提示。这代表了此时我们可以通过按下 INFO 按钮进入下一级菜单，对这一功能进行深入调整。大部分影友都会忽略掉这一个设置，但在实战中它绝对是一个提高效率的好帮手。

※ AF-ON 按钮的备选功能为 9 项，默认设置为第一项既测光又对焦。

［菜单解析］ ⊡AF测光和自动对焦启动的详细设置菜单

这一菜单的作用是将一整套（4 项）对焦相关的重要设置事先打包在一起，并赋予 AF-ON 按钮。在拍摄过程中，一旦你按下 AF-ON 按钮并保持不放，那么这 4 项设置也同时被激活，将你刚刚在使用的设置全部覆盖。从而保证你能够迅速适应新的拍摄场景，而不必逐一切

换这些设置。从而大幅度地提高了相机操作效率。

➢ 【自动对焦启动点】：在这里选择已注册的自动对焦点后，当你按下 AF-ON 按钮后，无论你刚才使用的对焦点在什么位置，都会切换至已注册的对焦点位置上。这样就可以节约更改对焦点的时间，迅速

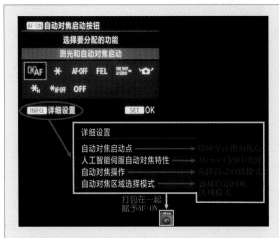

拍摄参数： ◎ 光圈：f/4 ◎ 快门：1/320s
ISO 感光度：ISO200

投入拍摄中。

> 【人工智能伺服自动对焦特性】：在这里可以直接选择自动对焦菜单第 1 页中的 case1 至 case6，选择结果将直接赋予 AF-ON 按钮。这样当你按下 AF-ON 按钮后，将直接调用相应的人工智能伺服自动对焦特性，用于运动主体的抓拍。

> 【自动对焦操作】：这里可以选择自动对焦模式。一般情况下，AF-ON 所担负的抓拍任务都与 AI SERVO 人工智能伺服自动对焦模式紧密相连。选择这一模式后，即使你正在使用 ONE SHOT 单次自动对焦模式拍摄静止主体，按下 AF-ON 按钮后也会自动切换至 AI SERVO 人工智能伺服自动对焦模式，从而节约更改设置的时间，直接投入到运动主体的抓拍当中。

> 【自动对焦区域选择模式】：在这里可以选择自动对焦区域模式，同样这一选择也会被赋予 AF-ON 按

※ 之前相机的参数都是为拍摄静态风光题材而设置的，但突然间发现了一个精彩的运动题材，那么利用 AF-ON 按钮将事先打包好的四项功能一并调出，就能够完成快速反应，立即投入抓拍中。

钮，在使用时一并激活。选择自动对焦点扩展（5 点）模式可以抓拍运动轨迹比较有规律的主体，而选择区域或大区域模式则可以更好地应对突发情况。

当然，如果你已经在拍摄运动主体的过程中，并在机身上对上述 4 项进行了很好的设置，那么当然不希望按下 AF-ON 按钮时被覆盖。此时，就可以在【自动对焦启动点】中选择已手动选择的自动对焦点，在后三项中选择维持当前设置。这样 AF-ON 按钮只发挥启动对焦和测光的任务，而不会连带着将其他设置一同应用进来。

停止自动对焦

※ 佳能 EF 200-400mm f/4L IS USM EXTENDER 1.4X 镜头前端的 4 个按钮可以起到 AF-OFF 停止自动对焦的作用。

AF-ON 按钮可以具备的第 2 种功能是 **AF-OFF** 停止自动对焦功能。显然这是一个与按钮名称相反的功能，但也有着很重要的作用。那就是在 AI SERVO 人工智能伺服自动对焦模式下，在持续不断地针对运动主体对焦拍摄时，如果有障碍物出现在主体与

相机之间，很容易对焦在障碍物上。虽然可以通过 Case2 来减少这种情况的发生，但是如果障碍物停留的时间较长，那么对焦位置肯定会被带走。当障碍物离开时，就需要重新针对主体对焦，这要花费更多时间，容易错失精彩瞬间。因此，当遇到障碍物时，职业摄影师的一个选择就是采用 AF-OFF 停止自动对焦功能，保证对焦位置不被障碍物带走。在佳能的超长焦镜头上，例如 EF 200-400mm f/4L IS USM EXTENDER 1.4X，镜筒前方的一圈上就会安排 4 个 AF-OFF 停止自动对焦按钮，方便摄影师左手按下。但是大部分镜头都没有这一按钮，此时我们可以通过机身上的自定义按钮来实现

这一功能。

13.4.3 自动曝光锁定按钮

与 AF-ON 按钮的地位相同，自动曝光锁定按钮有着非常重要的本职工作，那就是在面对高反差场景时经常用到的曝光锁定功能。同时自动曝光锁定按钮也是一个可以让我们进行自定义的按钮，它也具有 9 种备选功能。

拍摄参数：◎ 光圈：f/3.2　⊙ 快门：1/400s　⊜ 感光度：ISO200

※ 在此明暗反差强烈的场景中，首先靠近树干的明亮处，让其充满画面后进行测光，然后锁定曝光，增加曝光补偿 +1EV，再后退几步进行最终的构图就能够获得这样的画面了。如果你需要在这个角度上多尝试几种构图，那么将自动曝光锁定按钮定义为连续锁定，就会更加方便。

※ 自动曝光锁定按钮的备选功能为 9 项，默认设置为第一项自动曝光锁。

锁定曝光和持续锁定曝光

在默认状态下，自动曝光锁定按钮的职能是**★**（锁定曝光）。操作时，针对画面中的某个局部进行测光后，按一下自动曝光锁定按钮并抬起，即可将光圈和快门速度固定下来，完成曝光的锁定。自动测光系统休眠后，曝光锁定自行解除。如果你希望将曝光值用于后续一系列拍摄的照片中，则需要将**★H**（持续锁定曝光）功能赋予自动曝光锁定按钮。此时第一次按下自动曝光锁定按钮就可以将光圈和快门速度固定下来，并且在多次拍摄后，曝光锁定依然有效。直到再次按下自动曝光锁定按钮才会解除。

可以说这两项功能是自动曝光锁定的本职工作，也是该按钮最重要的核心价值。一般情况下都应该将其保留。自动曝光锁定按钮还具有其他 6 项功能，其中的两项是使用价值比较

高的。

另外，自动曝光锁定按钮同样具备既测光又对焦的备选功能，在曝光锁定不会频繁使用的场景中，我们完全可以将其设置为此功能，并事先通过 INFO 按钮进行深入设置。这样就可以给 AF-ON 按钮赋予 Case1，而自动曝光锁定按钮赋予 Case2，从而实现快速切换。

调出一组拍摄参数

在拍摄节奏很快的运动题材中，参数调整花费的时间以及对摄影师注意力的分散，容易导致错过精彩瞬间。如果将可能用到的众多拍摄参数打包，在需要时通过按下一个按钮调用出来，就可以将其作为有效的 B 方案，与相机当前的参数设置形成

一对"好搭档"。而两个"搭档"之间的切换几乎是在瞬间完成的。例如，A 方案可以是为了定格高速运动主体而设置，光圈较大、快门速度很高。而 B 方案可以是为了摇拍而设置，光圈较小、快门速度较慢。当然，A 方案也可以是针对匀速运动且方向固定的长跑运动员，而 B 方案可以是针对经常加速和腾空的跳高运动员。有了两个方案的配合，我们就可以在一块田径场内，高效的同时拍摄不同的项目了。

而负责设置方案 B 的就是自动曝光锁定按钮的备选功能 ▣（调出一组拍摄参数）。将黄色光标移动到该备选功能上，然后按下 INFO 按钮调出下一级菜单。你会看到 14 个拍摄参数，通过 SET 按钮在参数前面打钩即可将其放入打包的范围之中。14 个参数不仅包含了光圈、快门、感光度、白平衡等基本参数，也包含了 AI SERVO 人工智能伺服自动对焦模式特性参数等针对性很强的项目。每一项参数都可以通过更深一级菜单来选择具体设置。当全部完成后，

按下 MENU 按钮将这些设置保存起来。如果你选择了下方的【注册当前设置】那么所有参数都将依据相机正在使用的设置进行保存，而不是上面选择的结果，需要特别注意。

锁定曝光并停止自动对焦

当你使用 AI SERVO 人工智能伺服自动对焦模式拍摄运动主体时，对焦系统会持续不停地工作。如果主体突然静止下来，你是无法锁定对焦重新构图的，此时只有先停止自动对焦才可以。但是由于场景的变化，当主体停下来时，背景可能有明亮的光源，这会干扰测光系统，造成主体的曝光不足。这时我们可以将自动曝光锁定按钮的备选功能设置为 ✱AF-OFF（锁定曝光并停止自动对焦），这样就可以在评价测光模式下，先将光源排除在构图之外，然后按下自动曝光锁定按钮，同时停止自动对焦并锁定曝光，最后重新构图将光源放入画面当中，就可以获得理想的拍摄效果了。

13.4.4 景深预览按钮——最"正宗"的自定义按钮

景深预览按钮实际上是佳能 EOS 7D MARK II 机身上最"正宗"的自定义按钮，它的自定义功能也最多。当然，该按钮的默认值是进行景深预览，这是一个在胶片时代有着重要作用的按钮，可以避免由于景深控制的失误而浪费胶片。但发挥此功能时，按下它会造成光学取景器变暗，对于画面的判断反而不利。所以，在数码时代，普遍采用试拍加回放的方式查看景深。当然这体现出数码时代的一大优势。这样景深预览按钮就被空出来，可以执行其他重要任务。而且由于该按钮位于机身正面，右手

中指或无名指很容易触碰到它，因此非常便于操作。景深预览按钮可以肩负的有价值备选功能也更多。

自动对焦模式切换

景深预览按钮能够担负的众多功能中，有几项非常有实用价值。其中实现自动对焦模式之间的切换是建议影友使用的。将 ᴼᴺᴱ ˢᴴᴼᵀ/ᴬᴵ ˢᴱᴿⱽᴼ（自动对焦模式切换）功能赋予景深预览按钮时，它可

❋ 景深预览按钮是最"正宗"的自定义按钮，它的备选功能多达 13 项，默认设置为第一项景深预览。

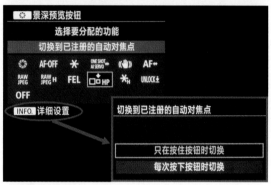

以实现 ONE SHOT 单次自动对焦和 AI SERVO 人工智能伺服自动对焦模式之间的切换。我们在拍摄运动员、儿童或鸟类时，经常会遇到主体时而快速移动时而突然静止的情况，虽然 AI SERVO 人工智能伺服自动对焦模式可以应对快速移动主体，但是当主体突然停下后，该模式无法实现锁定对焦，也就没法获得更多的构图灵活性。此时，我们可以持续按下景深预览按钮并保持不放，自动切换至 ONE SHOT 单次自动对焦模式，光学取景器中会出现提示。这样就能够半按快门锁定对焦，重新构图进行拍摄。反向操作也可以，在拍摄静止主体时，采用 ONE SHOT 单次自动对焦模式，当主体突然开始快速移动，我们按住景深预览按钮保持不放，就能够自动切换至 AI SERVO 人工智能伺服自动对焦模式，方便进行持续对焦。

切换到已注册的自动对焦点

在进行快速抓拍时，高效率的自动对焦点位置切换是成功的保证。将 ▣HP（切换到已注册的自动对焦点）功能赋予景深预览按钮后，在抓拍时就可以一键从当前自动对焦点切换至已注册的自动对焦点上。当然，在这个界面中，按下 INFO 按钮，我们还可以选择是按住景深预览按钮不放时切换（松开该按钮后切换回），还是每次按压一下景深预览按钮，就能够实现切换。显然前者可以实现对焦点在两个位置之间的快速切换，你所要付出的代价就是不要松开按住景深预览按钮的手指。

开启防抖功能

一个容易被大家忽视的有趣功能是 ▨（开启图像稳定器）功能，这个自定义功能在机身

拍摄参数： 光圈：f/5.6 快门：1/400s 感光度：ISO3200。镜头：EF 200-400mm f/4L IS USM EXTENDER 1.4X 等效焦距：672mm

※ 在使用超长焦镜头时，轻微的抖动将会造成光学取景器中画面的严重晃动，影响观察和拍摄。将防抖功能的启动赋予景深预览按钮可以在观察阶段就通过防抖系统的工作让光学取景器中的画面更加稳定，从而有利于观察和拍摄。

上只有景深按钮具备。一般情况下，只要将镜头上的防抖功能开关放在 ON 开的位置，防抖就处于待命状态。当你举起相机，半按快门（或按下 AF-ON 按钮）激活自动对焦时，防抖功能就开始启动。如果环境安静，你可以听到防抖系统工作的声音。如果你保持半按快门的状态，那么防抖系统就会一直工作。如果你从半按状态松开快门按钮，不进行拍摄，那么 2s 后防抖系统就会终止工作，恢复到待命状态。在上述过程中，防抖功能的开启来自半按快门。但是，半按快门这一操作集合了太多的功能，为了更高效地操作，我们也需要将启动防抖这一功能分离出去。这就好比 AF-ON 将自动对焦启动功能从半按快门按钮中分离出去一样。

那么时候才能体现出这种功能分离的优势呢？那就是在使用超长焦镜头时。我们使用广角、标准或普通长焦镜头时，虽然能够从光学取景器中察觉到手持拍摄的晃动，但这种晃动幅度对观察的负面影响不大。在使用 400mm 以上的超长焦镜头时，视角被收得很窄，这时你可以明显地觉察出轻微的晃动。而这种晃动在光学取景器中会被放大，长时间观看让人头晕目眩。如果你使用佳能 EOS 7D MARK II 再配合 EF 200-400mm f/4L IS USM EXTENDER 1.4X 的内置增距镜功能，那么等效焦距将延伸至 896mm，此时通过光学取景器进行观察将变得非常不舒适。因此需要防抖功能来减缓这种晃动，提升观察的舒适度。开启防抖后，视野中的景物虽然也会晃动，但幅度明显减小，而且与镜头的晃动相比有明显的滞后。这让观察的舒适度大幅度提高。此时将启动防抖功能分配给景深预览按钮或者镜头上的自动对焦停止按钮来操作会非常方便，可以解放右手食指，使其不用一直保持半按状态。一旦有了精彩瞬间，可以立即投入拍摄。

但凡事都有例外，在使用超长焦镜头时，有一种拍摄方式，当防抖功能开启时反而会阻碍对场景的观察判断，这就是摇拍。此时镜头会跟着主体的移动而不断追随，摄影师需要从光学取景器中看到主体第一时间的位置，不能有任何滞后，也不需要消除晃动。这样即使在连续自动对焦的过程中都不能启动防抖，而是在释放快门的瞬间防抖才能够发挥作用。这就是佳能超长焦镜头上普遍具备的防抖模式 3。

> **提示** ⚡
>
> 如果将开启防抖的功能分配给景深预览按钮或者镜头上的自动对焦停止按钮，那么半按快门或按下 AF-ON 按钮都不能启动防抖。因此，需要防抖和启动对焦以及拍摄三者之间进行更好的协作才可以。

解锁功能

对于职业摄影师来说，为了拍到一流的照片不仅要调动一切资源提升对出片有利的因素，更需要降低误操作的风险，将犯错误的概率降至最低。佳能 EOS 7D MARK II 机身背面，位于速控转盘下方的多功能锁就是这样一个防止误操作的装置。当我们将多功能锁推到右侧时，就能够避免主拨盘、速控转盘、多功能控制摇杆和➰自动对焦区域选择杆 4 个按钮发生误操作的情况。你也可以通过自定义功能菜单第 3 页第 5 项【多功能锁】来选择哪些按钮能够受到多功能锁的制约，在需要锁定的按钮前打钩，即可将其划入能够锁定的范围中。如果在多功能锁推到最右侧，即锁定期间使用了这些按钮，那么光学取景器内会出现 L 字母，以提示该操作不起效，该按钮目前正被锁定。这样即使将相机斜跨在身上，这些按钮与身体发生碰撞，也不会导致机身参数的变化。需要注意的是，主拨盘、速控转盘是直接被锁定的。而当相机处于默认状态，更改自动对焦点或者自动对焦区域模式时，需要先按下自

※ 将 LOCK 多功能锁推到最右端，可以防止四个重要按钮发生误操作。

动对焦点选择按钮,等于已经加了一道安全锁,所以 LOCK 多功能锁不会对这种组合键操作进行锁定。只有当你通过自定义按钮功能,设置为直接调整对焦点或直接调整自动对焦区域模式的时候才会进行锁定。

虽然 LOCK 多功能锁是一个保险的设置,但是如果需要拿起相机完成快速抓拍,这反而成为一种制约。景深预览按钮还有一个其他按钮不具备的自定义功能,就是**UNLOCK**(解锁)功能。也就是说,即使你将多功能锁推到了最右端,锁定了 4 个重要参数设置按钮。但是,在按下景深预览按钮并保持不放时,就相当于让多功能锁失效。此时,你可以操作这 4 个按钮进行正常的参数更改。这样我们就能够拿起相机抓拍并可调整参数,而放下相机时重要按钮都被锁定,不会发生误操作的情况,而这一切都是自动完成的。

切换已注册的自动对焦功能

在左上角的场景中,自行车运动员会以极快的速度突然出现在山坡上方,需要更高的追踪灵敏度,而进入丛林后,遮挡物众多,如果依然采用较高的追踪灵敏度就会让对焦点落在前景上。这两个场景之间需要快速切换,就需要使用自定义按钮的 AI SERVO 模式特性切换功能。

AI SERVO 人工智能伺服自动对焦模式是我们拍摄运动主体的重要工具,但是由于运动

主体的特点不同,只有经过特殊调配过的 AI SERVO 人工智能伺服自动对焦模式才能发挥出最高的效率,获得最佳的对焦效果。更复杂的情况是,即使在拍摄同一个运动项目,但是比赛阶段不同、运动员不同,对于 AI SERVO 人工智能伺服自动对焦模式的特性需求也不同。在比赛瞬息万变的时候,摄影师肯定没有时间去调整相关的参数,那么就可以事先将**AF**(切换已注册的自动对焦功能)赋予景深预览按钮,并通过 INFO 按钮调出菜单设置一套新的 AI SERVO 人工智能伺服自动对焦模式特性。这样在需要时,按住景深预览按钮不放,就可以激活这套新的特性,代替原来的,从而更加适应拍摄的要求。当你抬起景深预览按钮时,又会回到原来的对焦特性当中。这样就相当于同时拥有了两套可用的对焦特性。

[菜单解析] AI SERVO 人工智能伺服自动对焦特性

➤ 自动对焦区域选择模式:在这里可以从 7 种自动对焦区域模式中选择 1 种。当按下景深预览按钮后,也能够实现自动对焦区域模式的变更。例如,在正常拍摄时可以采用更加精细的自动对焦点扩展(5 点或 9 点)模式,但在这里可以设置为捕捉范围更大的区域或大区域模式。当赛场上的运动员有超乎寻常的快速移动,或者需要拍摄速度更快的足球时,就可以实现快速切换。并且不是单独的自动对焦区域模式切换,还会带着以下 5 项设置一起切换。

➤ 追踪灵敏度、加速/减速追踪、自动对焦点自动切换:这三项是自动对焦配置工具中的三大参数,分别对应着对焦点与主体的"黏性"强弱、对于主体的变速运动是否敏感、对于主体大幅度移动时的跟踪能力。

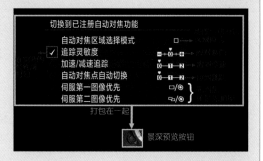

➤ 人工智能伺服第一张图像优先和人工智能伺服第二张图像优先:决定了先对焦还是先拍摄。上述内容在对焦部分中都有详细的讲解。

13.4.5 镜头上的自动对焦停止按钮

※ 摄影师左手所在的位置就是镜头上自动对焦停止按钮的位置。

在【自定义控制按钮】选项中，只有1个按钮不是在机身上的，这就是自动对焦停止按钮。它会出现在那些顶级的长焦或超长焦 EF 镜头的镜身上，例如：EF 200mm f/2L IS USM、EF 300mm f/2.8L IS II USM 以及 400mm 到 800mm 的定焦镜头。使用这些镜头时，摄影师经常采用独脚架，获得稳定性的同时还能方便地转动镜头的指向，他们经常用左手按住镜身上方，保持镜头和机身整体的稳定性。于是左手触碰到的镜身前端成为一个最佳的控制按钮位置，这就是自动对焦停止按钮所在的位置。

与机身不同的是，一般在围绕镜头前端的一圈上，同时设计4个自动对焦停止按钮，便于摄影师快速按下。

自动对焦停止按钮具有8个备选功能，同样需要从机身的菜单中设定。当然，该按钮最重要的本职工作就是 **AF-OFF**（停止自动对焦）功能，这样摄影师可以通过右手拇指按下 AF-ON 来启动自动对焦，而在拍摄中遇到障碍物时，用左手按下镜身上的自动对焦停止按钮。左右手配合起来实现自动对焦的开始与停止，操作非常顺畅。

※ 镜头上自动对焦停止按钮的备选功能为8项，默认设置为第一项停止自动对焦。

13.4.6 M-Fn 按钮——地位下降反而获得新生

※ 被解放的 M-Fn 按钮能够更好地充当自定义的角色。

M-Fn 按钮的位置非常特殊，它是距离快门最近的按钮，右手食指可以用最短的时间触碰到它。盲操作也非常容易，不会失误。在其诞生之初，主要职能就是为了快速切换自动对焦

※ 在上一代机型 EOS 7D 的上面能够看到照片格式切换按钮这一特色设计，而今我们就可以通过 EOS 7D MARK II 上的 M-Fn 按钮让这一功能复活。

区域模式，然而在佳能 EOS 7D MARK II 上，我们有了更加方便的自动对焦区域选择杆，从此 M-Fn 按钮的本职工作被削弱。但也正因如此，

※ M-Fn 按钮的备选功能为6项，默认设置为闪光曝光锁定。

它才得到了解放，可以实现更多的自定义功能。M-Fn 按钮的备选功能有6种，默认设置为 FEL 闪光曝光锁定。在使用闪光灯拍摄时，可以锁定闪光灯输出量，然后重新构图，将主体位置安排得更加合理。但如果你不经常使用闪光灯，那么其中最有价值的就是照片格式切换功能了。在上一代的佳能 EOS 7D 当中，照片格式切换

按钮还是重要的特色按钮之一。

快速切换照片格式

如果你正在使用 JPEG 格式进行拍摄，但突然发现了一个精彩场景，需要更加精细的画质来表现时，就应切换至 RAW 格式拍摄。但如果进入菜单调整不仅耗费时间，而且眼睛需要离开光学取景器。那么精彩场景就可能迅速消失。为了提高照片格式切换的效率，我们可以将 M-Fn 按钮的功能设置为 RAW/JPEG（照片格式切换）。这样当遇到类似场景时，只需右手食指稍微移动，快速轻巧地按下 M-Fn 按钮后抬起，当前的照片格式就会切换至 RAW 状态。但是，这只会在你按下 M-Fn 按钮后的第一次拍摄时起效，后续拍摄就会回到 JPEG 格式。如果你需要连续拍摄 RAW 格式，就需要将 RAW/JPEG H（持续照片格式切换）功能赋予 M-Fn 按钮，这样就可以让后续拍摄都采用 RAW 格式，直到你再次按下 M-Fn 按钮时为止。

通过这一自定义功能，同样可以从 RAW 格式快速切换至 JPEG 格式。只要将黄框光标移动到这两项功能上，就可以按下 INFO 按钮进行格式选择。而格式选择的界面与拍摄菜单第 1 页第 1 项的【图像画质】是完全一样的。

循环调整拍摄参数

佳能 EOS 7D MARK II 的重要改进之一就是通过光学取景器可以读取到众多拍摄参数，从而提升拍摄效率。但是，看到参数只是一部分，快速调整参数才是最重要的。佳能相机上重要的参数调整是通过围绕在机顶液晶屏旁边的三个按钮完成的，通过组合键才能完成操作。当摄影师眼睛不离开取景器时，右手食指很难准确找到这三个按钮。因此，快捷调整也就无从谈起。而当 M-Fn 按钮

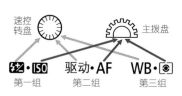

速控转盘　主拨盘

🔲·ISO　驱动·AF　WB·🔲
第一组　　第二组　　第三组

拍摄参数：◎ 光圈：f/4　◎ 快门：1/1250s
　　　　　◎ 感光度：ISO200

※ 当车手结束热身圈，停下来休息时，就需要快速从 JPEG 格式切换至 RAW 格式来拍摄静态肖像。

被赋予 🔲（循环调整拍摄参数）功能时，快捷调整成为可能。

此时，我们可以分三次按下 M-Fn 按钮，每次可以调出两个参数，分别是：闪光曝光补偿 / 感光度、驱动模式 / 自动对焦模式、白平衡 / 测光模式。三组参数出现的位置略有区别，闪光曝光补偿 / 感光度这一组会出现在光学取景器下方的黑色区域中，而其他两组会出现在取景框中。但调整方式都是相同的，当该组参数出现时，每组参数中左侧的一个可以通过速控转盘调整，而右侧的可以通过主拨盘来调整。通过这一自定义设置，M-Fn 按钮相当于替代了机顶液晶屏前方的三个按钮，实现了快捷的盲操作。

13.4.7 SET 按钮——实现菜单和回放的右手操作

　　SET 按钮是佳能机身上的重要按钮，在菜单操作中它起到"确认"的作用，使用频率非常高。但是在拍摄过程中，它却很少发挥作用。SET 按钮的位置很独特，即使眼睛不离开光学取景器，右手拇指也能够轻松地触碰到它。而且由于 SET 按钮位于圆形的速控转盘中央，所以很好定位。这就决定了在快节奏的拍摄当中，它也能够成为一个得力的帮手。SET 按钮具有 9 种备选功能，其中使用价值比较高的列举如下。

感光度调整的高效盲操作

　　其中一项重要的功能就是让 SET 按钮和主拨盘配合实现 ISO 感光度的快速调整。将 **ISO** （调整感光度）功能赋予 SET 按钮后，在拍摄过程中，右手拇指按住 SET 按钮不放，同时右手食指转动主拨盘，就可以更改 ISO 数值。这样操作比按下机顶液晶屏旁边的 **·ISO** 按钮，然后旋转主拨盘的方式更加高效，眼睛也不必离开光学取景器就能完成操作。同时，在使用

自动感光度拍摄时，采用这一操作方式还能够自动切换回手动感光度调整状态中，做到更加精确地控制。

给曝光补偿增加一道保险

　　SET 按钮的第二项重要功能是曝光补偿的调整。与让感光度调整更加快捷不同，SET 按钮对于曝光补偿的调整方式则更加保险，减小了误操作的发生。

※ SET 按钮的备选功能为 9 项，默认设置为无效。

这是由于佳能机身上，只要测光系统在工作，转动速控转盘就能够调整曝光补偿。这一操作虽然十分快捷，但是由于速控转盘面积较大，右手很容易误碰到它，从而产生曝光补偿的偏差。如果拍摄前没有仔细检查参数，则会直接影响到最终的拍摄效果上。将 **±** （调整曝光补偿）功能赋予 SET 按钮后，我们就可以通过按下 SET 按钮保持不放，同时旋转主拨盘的方式来调整曝光补偿。

SET 按钮的其他备选功能参照表

图标	名称	功能
	照片格式快捷更改	让 SET 按钮实现一键进入图像画质选择界面的功能，这样能够大幅度提高照片格式更改的效率
	照片风格快捷更改	让 SET 按钮实现一键进入照片风格调整界面
Q	回放时的放大缩小	可以在照片回放状态下，让 SET 按钮与主拨盘配合实现照片放大或缩小的功能。比起使用液晶屏左侧的放大缩小键，此时可以实现单手操作
MENU	进入主菜单	在使用沉重的长焦镜头时，左手需要托住镜身，此时可以使用右手按下 SET 按钮进入主菜单。如果配合我的菜单功能还可以直接抵达需要更改设置的选项中

	回放照片	在使用沉重的长焦镜头时，左手需要托住镜身，此时可以使用右手按下 SET 按钮进行照片回放
	闪光灯设置快捷更改	可以通过 SET 按钮快速进入内置闪光灯或外置闪光灯设置菜单，如果需要频繁在这一菜单中更改参数，此选项就提供了一条绿色通道

13.4.8 主拨盘——"出尼回佳"者的福音

与其他按钮不同，主拨盘所担负的本职工作重要性最高，在 Av 光圈优先模式下它要负责调整光圈，在 Tv 快门优先模式下它要负责调整快门速度。所以，主拨盘并不是一个真正意义上的自定义按钮。但是在 M 挡全手动模式下，它会与速控转盘分别负责快门速度和光圈的调整。在这里，我们可以通过自定义的方式，将其与速控转盘所担负的职责对调，从而满足不同摄影师的操作习惯。

选择 **Av** 可以让主转盘在 M 挡全手动曝光模式时负责调整光圈大小，而速控拨盘负责调整快门速度。与默认模式相比，对调了二者之间的作用，能够满足具有这样操作习惯的摄影师的需求。例如，"出尼回佳"（从尼康转到佳能）的影友就会习惯这一操作方式。而选择 **Tv** 可以让主拨盘在 M 挡全手动曝光模式时负责调整快门速度，这与相机默认操作一致。

※ 主拨盘的备选功能为 3 项，默认设置为 M 全手动模式下的快门速度调整。

13.4.9 速控转盘——让操作更加直接

速控转盘是佳能机身背面最明显的特征，也是佳能与尼康相机操作上的最大区别（尼康为前后双拨轮）。由于速控转盘体积大，并且外圈还有防滑凹槽，所以即使眼睛不离开光学取景器，也很容易准确地操作。这

使得速控转盘成为天生的快速操作能手。它具有 6 项备选功能，其中最有价值的功能以下内容进行介绍。

直接调整自动对焦点

其中最有价值的是快速实现对焦点的移动。将 （在水平方向直接调整自动对焦点）功能赋予它后，只要测光系统处于工作状态，就可以直接通过速控转盘在水平方向上调整对焦点，非常适合经常出现水平方向位移的运动主体。而在默认状态下，

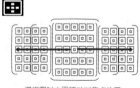

横构图时水平移动对焦点位置

※ 速控转盘的备选功能为 6 项，默认设置为 M 全手动模式下的光圈值调整。

你不仅需要先按下机身背面右上角的自动对焦点选择按钮，还要右手食指离开快门，通过旋转主拨盘来水平移动对焦点，非常不利于运动主体的抓拍。

需要注意的是，采用横构图拍摄，相机为水平姿态时，速控转盘能够在水平方向上改变当前对焦点的位置。而竖构图拍摄，相机为垂直姿态时，对焦点改变的方向会变为垂直。前者能够更好地应对运动主体的左右移动，而后者可以应对竖构图时的上下移动。在拍摄人像时，我们多采用竖构图，而人物头部以上空间的多少是构图中一个重要问题，并且根据环境和模特要经常变化。此时采用这一自定义功能就可以更加高效地应对类似场景。

而选择（在垂直方向直接调整自动对焦点）功能时，无须先按下自动对焦点选择按钮，

横构图时垂直移动对焦点位置

直接通过速控转盘就可以在横构图拍摄时实现当前对焦点在垂直方向的位置切换。如果是竖构图，

则可以实现在水平方向上的位置切换。

直接调整感光度

另外，选择**ISO**◎（直接调整感光度）功能后，只要在测光系统工作期间，就可以直接通过速控转盘来调整感光度数值，而不必通过按下机顶液晶屏旁边的**⊡·ISO**按钮，然后旋转主拨盘的方式进行，因而调整效率更高。这一自定义方法适合那些场景明暗变化较快，摄影师需要随时调整 ISO 值的拍摄场景。

※ 在明暗差异较大的环境中不断变更拍摄位置时，感光度是首先需要改变的。

速控转盘的其他两项备选功能与上面的主拨盘一致

图标	名称	功能
Av	调整光圈	可以让速控转盘在 M 挡全手动曝光模式下负责调整光圈大小，这也是相机的默认调整方式
Tv	调整快门	可以让速控转盘在 M 挡全手动曝光模式下负责调整快门速度，而主拨盘负责调整光圈大小。与默认模式相比，对调了二者之间的作用，能够满足具有这样操作习惯的摄影师的需求

13.4.10 多功能控制摇杆——简化步骤提升效率

多功能控制摇杆是佳能相机上调整自动对焦点位置的控制中枢。尤其在佳能 EOS 7D MARK II 这样具有多达 65 个自动对焦点的相机上，作用更加重要。因此，其备选功能只有 2 个。

在拍摄过程中，切换自动对焦点的操作发

生频率最高。但是每次都要先按下机身背面右上角的自动对焦点选择按钮才能使用多功能控制摇杆改变当前对焦点的位置（即为 OFF 无效

※ 多功能控制摇杆的备选功能为 2 项，默认设置为
  无效。

的作用）。为了提高这一常用操作的效率，我
们可以将多功能控制摇杆的功能定义为 ⊞（直

接选择自动对焦点）。从此，只要测光系统处
于工作状态，我们就可以直接通过多功能控制
摇杆来改变对焦点的位置，而无须按下自动对
焦点选择按钮。

在此界面中，按下 INFO 按钮，还可以设
置多功能控制摇杆中央键的功能。可以让按下
中央键时对焦点返回中心对焦点，或者让按下
中央键时对焦点移动到我们已经注册过的对焦
点位置上。

13.4.11 自动对焦区域选择杆——将简化进行到底

⌕ 自动
对焦区域选
择杆是佳
能 EOS 7D
MARK II 机
身上新增的
一个快捷装
置，可以让
我们在多达
7 种自动对

焦区域模式之间快速切换。这一设计的推出得
到了职业摄影师的广泛认可，迅速取代了 M-Fn
的功能。预计今后将成为佳能顶级高速度相机
的标准配置。为了丰富自动对焦区域选择杆的
功能，满足不同题材的拍摄需求，它也是一个
自定义按钮，具有 7 项备选功能。

简化自动对焦区域模式切换步骤

其中最有价值的一项就是快捷切换自动对
焦区域模式。在常规操作中，需要首先按下机
身背面右上角的自动对焦选择按钮，然后拨动
自动对焦区域选择杆，才能实现切换自动对焦
区域模式的目的（即为 OFF 无效的作用）。如
果给自动对焦区域选择杆赋予 ⊡⊡（直接选择自

动对焦区域
模式）功能
后，只要测
光系统处于
工作状态，
直接向右下
方拨动自动
对焦区域选
择杆就可
以调整自动

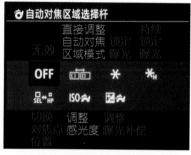

※ 自动对焦区域选择杆的备选功能
  为 7 项，默认设置为无效。

对焦区域模式，而无须先按下自动对焦点选择
按钮。

快速切换自动对焦点位置

如果拍摄中，对快速切换自动对焦区域模
式的需求并不高，而是对切换速度要求很高时，
也可以通过自动对焦区域选择杆来实现。将 ⊡⊡
（切换自动对焦点位置）功能赋予它后，只要
自动测光系统处于工作状态，向右下拨动自动
对焦区域选择杆即可在当前对焦点、中央对焦
点和已注册的对焦点三个位置之间进行快速切
换。这样无须多功能控制摇杆的参与，就能实
现高速的跨越式跳转。

自动对焦区域选择杆的其他备选功能参照表

图标	名称	功能
ISO↝	快速调整感光度	将这一功能赋予自动对焦区域选择杆后，可以实现右手单手的 ISO 感光度快捷调整。方法是用右手拇指向右下方拨动自动对焦区域选择杆，并保持不放。同时，右手食指转动主拨盘就可以调整 ISO 感光度数值
⊠↝	快速调整曝光补偿	用右手拇指向右下方拨动自动对焦区域选择杆，并保持不放。同时，右手食指转动主拨盘就可以调整曝光补偿量

13.4.12 常规静态题材自定义按钮功能分配建议

拍摄参数： ◎ 光圈：f/11　◎ 快门：1/1600s
◎ 感光度：ISO200

※ 拍摄静态主体时，自定义按钮在功能选择上以便捷为主要原则，同时要兼顾可能突然出现的运动主体，做好第二套拍摄方案的准备。

按钮	所选功能	说明
半按快门按钮	默认设置（既测光又对焦）	拍摄静态主体无须将对焦启动从半按快门中分离出去
AF-ON 按钮	单次自动对焦切换至人工智能伺服自动对焦	在拍摄静态主体时，也要做好随时切换到拍摄运动主体的准备。同时，还能够快速实现从人像摆拍到更加自然的模特行进间的拍摄
自动曝光锁定按钮	默认设置（自动曝光锁）	确保主体曝光准确，不受过暗或过亮环境的干扰
景深预览按钮	默认设置（景深预览）	确保当前景深下可以囊括所有需要展现的主体
M-Fn 按钮	切换照片格式	在使用 RAW 格式拍摄静态主体时，随时做好准备切换至 JPEG 格式以应对运动题材
SET 按钮	设置 ISO 感光度（按下 SET 同时转动主拨盘）	可以应对明暗不断变化的不同拍摄环境
主拨盘	默认设置（M 全手动模式下的快门速度调整）	保持原有操作方式

速控转盘	默认设置（M 全手动模式下的光圈值调整）	保持原有操作方式
多功能控制摇杆	直接选择自动对焦点	更加直接快速地改变对焦点位置
自动对焦区域选择杆	切换自动对焦点位置	拍摄静态主体时并不需要频繁改变自动对焦区域模式，而提升对焦点位置的切换速度可以减少模特的等待时间
镜头上的自动对焦停止按钮	默认设置（自动对焦停止）	静态主体较少用到此功能

13.4.13 常规运动题材自定义按钮功能分配建议

拍摄参数： ◎ 光圈：f/5.6 ◎ 快门：1/2500s
◎ 感光度：ISO400

※ 拍摄运动主体时，自定义按钮在功能选择上以高效为主要原则，同时要兼顾可能出现的不同运动特性，准备好第二套 case 设置方案，以备随时调用。当然，还要准备应对主体突然从运动变为静止。

按钮	所选功能	说明
半按快门按钮	只测光不对焦	拍摄运动主体时将对焦启动从半按快门中分离出去能够带来更高的拍摄效率
AF-ON 按钮	默认设置（既测光又对焦）	启动自动对焦的功能由 AF-ON 按钮负责，并且可以添加 case1 来应对大部分运动类型
自动曝光锁定按钮	既测光又对焦	可以在此添加另一套特性 case2，来应对不同运动类型。也可以添加静态题材的设置组合，来应对忽动忽静的主体
景深预览按钮	单次自动对焦切换至人工智能伺服自动对焦	在拍摄运动主体时，也要做好随时切换到拍摄静态主体的准备
M-Fn 按钮	循环	可以更加快速地设置常用参数，以适应运动主体快节奏的拍摄
SET 按钮	显示菜单	拍摄运动主体往往要使用较沉重的镜头，此时这样的选择可以让右手实现快速进入菜单的操作
主拨盘	默认设置（M 全手动模式下的快门速度调整）	保持原有操作方式
速控转盘	默认设置（M 全手动模式下的光圈值调整）	保持原有操作方式

多功能控制摇杆	直接选择自动对焦点	更加直接快速地改变对焦点位置
自动对焦区域选择杆	直接选择自动对焦区域	拍摄运动主体时经常需要频繁改变自动对焦区域模式，这一设置可以加快切换速度，提升操作效率
镜头上的自动对焦停止按钮	默认设置（自动对焦停止）	避免遮挡物体将对焦点吸引走

13.5 自定义拍摄模式——摄影师的调料栏

摄影的乐趣之一就在于拍摄题材可以包罗万象、千变万化。而不同题材之间主体的动与静、景深的浅与深、色彩的多与少、构图的繁与简等都不相同。不同题材需要使用不同的参数设置组合来应对，不是单独修改一个参数就能够变换角色的。往往在题材变换时，我们需要更改几个甚至十几个相机设置才能够适应新的拍摄要求。而更改这一系列参数的速度决定了我们角色转换的速度，为此佳能 EOS 7D MARK II 提供了 3 个自定义拍摄模式：C1、C2 和 C3，你从模式转盘上就可以看到它们。将相机拍摄功能和菜单功能打包放在一起成为一个整体，这样就可以实现迅速的切换，让我们几乎无延迟地投入下一个拍摄题材中。

如果说前面介绍的内容是在局部技术细节上小幅度提高相机操作效率的话，那么三个自定义拍摄模式对于提高效率的幅度将相当于从刀耕火种到机械化流水线生产的跨越。虽然自定义拍摄模式非常重要，但是对于它们的理解却并不容易，所以我们需要先打个比方。假设有 3 位厨师和 1 位每天在家做饭的主妇，3 位厨师分别是川菜厨师、粤菜厨师、西餐厨师。我们来看看他们都是用什么调料，除了最基本

的盐、酱油、醋、味精外，每个人还会有自己独特的调料。川菜厨师会有辣椒、花椒和豆豉；粤菜厨师会有蚝油、鱼露和虾酱；西餐厨师更加特别，甚至在基本的调料中，他只有盐，但是会有黑胡椒、黄油、罗勒、迷迭香、肉桂、肉豆蔻等异域风格的调料。除了这些调料外，每位厨师还有自己调配或腌制的独门秘方。而那位主妇经常用的就是那 4 种基本调料，很少再用其他东西。我们可以看出，由于菜系或领域不同，它们所用的调料有共同点，有不同点也有各自的私人订制。

这就如同摄影师一样，风光摄影师与体育摄影师相比，在相机中经常使用的菜单和设置有很大的不同。例如，在对焦方面，风光摄影师一般都使用单点自动对焦配合单次自动对焦模式，或者是手动对焦。而体育摄影师需要 AI SERVO 人工智能伺服自动对焦模式与多种自动对焦区域模式配合使用。在照片格式的选择上同样有差别，风光摄影师需要 RAW 格式来记录场景中丰富的过渡和细节，而体育摄影师为了高速连拍、高速存储和传送照片文件，一般都采用 JPEG 格式。

当然，他们之间的差别还有很多。而对于摄影爱好者来说，拍摄题材非常广泛，没有一个具体的专项，这也是摄影的乐趣所在。但是，当我们从拍摄风光转换到拍摄运动题材时，需要对相机进行一系列的设置更改，而变更的设置可能会多达十几项，包括照片格

式、自动对焦模式、自动对焦区域模式、驱动模式等。即使在你对相机菜单非常熟悉的情况下，更改所有的这些设置也需要花费数分钟才能完成。如果有一项功能，它可以将拍摄风光所需要的全部设置打包放在一起，另外将拍摄运动题材所需要的全部设置打包放在一起，那岂不是只需要几秒钟就可以完成切换了吗？没错，这就是自定义拍摄模式的价值所在。有了它的帮助，我们自己一个人就可以扮演川菜厨师、粤菜厨师、西餐厨师和巧手主妇 4 个角色了。

显然，自定义拍摄模式能够打包的功能选项越多，越能够适应不同题材的拍摄。那么自定义拍摄模式能够将哪些参数设置打包起来呢？首先是我们在机身上设置的常用拍摄参数，包括：

另外在打包过程中还包括了五大类菜单

（拍摄菜单、自动对焦菜单、回放菜单、设置菜单和自定义功能菜单）内的大部分功能，也就是说，这里面并不包括后面介绍的"我的菜单"。当你选择 C1、C2 或 C3 时，它们会共用 1 个我的菜单。

在拍摄菜单中，不能够被打包进来的功能往往是任何题材都用同样设置的功能选项，例如除尘数据等。你并不需要记住哪些功能选项会被记录到自定义拍摄模式中，因为你需要用到的都已经被打包进来。

拍摄模式
快门速度
光圈
ISO 感光度
自动对焦模式
自动对焦区域模式
自动对焦点的位置
驱动模式
测光模式
曝光补偿
闪光曝光补偿

13.5.1 设置自定义拍摄模式的步骤

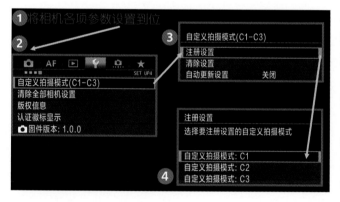

设置自定义拍摄模式的第一步是根据某一题材的拍摄需要，将相机的拍摄功能与菜单功能进行一遍有针对性地设置。注意重要的功能选项不能漏过！如果你对本书前面的内容都已经掌握，那么这个过程并不会花费太多时间。最关键的是要知道什么样的设置最适合这个题材，这需要较多的拍摄经验。此时应注意，不要先将机顶左肩的模式转盘放到 C1-C3

上，而是应该选择你希望在自定义拍摄模式中集成进来的模式。例如，针对风光题材自定义拍摄模式时，就可以在 Av 光圈优先模式下设置相机，这样将一系列设置注册到 C1 后，C1 自然也会成为 Av 光圈优先模式。同样，使用 Tv 快门优先模式为基础可以设置为适应运动题材的自定义拍摄模式。

当所有功能选项都设置完成后，进入设置菜单第 4 页第 1 项的【自定义拍摄模式 C1-C3】选项中，然后选择【注册设置】，在下一级菜单中从 C1-C3 之间选择一个存储位置，按下 set 按钮并选择确定后就能够将一系列功能选项打包放入相应的自定义拍摄模式了。此时，转动相机左肩的模式转盘到刚才保存的自定义拍摄模式上，就可以开始用这套组合开始拍摄了。如果在【自定义拍摄模式 C1-C3】

选项中的【自动更新设置】选择了启用，那么自定义拍摄模式将具有自动更新功能。例如，你在使用专门为运动题材定制的 C3 拍摄，在使用中发现中等尺寸的 RAW 格式也能够保持较高的连拍速度，而且能够获得比 JPEG 格式更加便捷的后期处理。这时你就可以进入拍摄菜单中对照片格式进行修改。修改后不必重新将其注册到 C1 中，相机自动完成这一更新。当然，如果你的设置是一套很完美的拍摄起始点，那么关闭自动更新功能可以让你在拍摄过程中进行的调整不会干扰到原有的自定义拍摄模式。

13.5.2 常规风光题材自定义拍摄模式设置列表

拍摄参数： ◎ 光圈：f/11   ⓢ 快门：1/500s
◎ 感光度：ISO200

※ 拍摄以风光为代表的静态题材时，需要整套相机设置以画质为中心，降低对速度的要求。同时，这样的设置略加修改也能够应对人像、静物、小品等题材的拍摄要求。

选项	所选项目	说明
常用拍摄参数设置		
拍摄模式	Av 光圈优先	通过控制光圈实现风光题材中的景深控制
光圈	f/8	以 f/8 作为基准点可以在大多数时候获得足够的景深，调整为 f/11 或更小的光圈也更加便捷
ISO 感光度	ISO200	如果使用三脚架拍摄可以降低至 ISO100
自动对焦模式	ONE SHOT	使用单次自动对焦即可应对静态题材
自动对焦区域模式	单点	单个对焦点位置的选择关系到前后景深比例的分配
自动对焦点的位置	中央	最好的出发点，移动到其他位置上也更近
驱动模式	单拍	使用单拍能够应对静态题材
测光模式	评价测光	对于反差不是极大的风光题材，使用评价测光配合曝光补偿即可获得良好效果
曝光补偿	0EV	根据场景实际情况进行增减，基础位置至于 0EV 上
菜单设置		
图像画质	RAW	为获得更好的画质并便于后期处理
镜头像差校正	关闭	关闭机内后期功能，使用 RAW 格式时交给后期软件负责，能够获得更好效果

自动亮度优化	关闭	关闭机内后期功能，使用 RAW 格式时交给后期软件负责，能够获得更好效果
白平衡	日光	适应大多数风光题材
色彩空间	Adobe RGB	使用 AdobeRGB 获得更广的色彩空间
照片风格	标准	以标准风格为基础，具体调整在 RAW 转换过程中完成
长时间曝光降噪	关闭	关闭机内后期功能，使用 RAW 格式时交给后期软件负责，能够获得更好效果
高 ISO 感光度降噪	关闭	关闭机内后期功能，使用 RAW 格式时交给后期软件负责，能够获得更好效果
高光色调优先	关闭	关闭机内后期功能，使用 RAW 格式时交给后期软件负责，能够获得更好效果
反光镜预升	根据情况	使用三脚架拍摄时可以开启反光镜预升功能，手持拍摄风光则需要关闭
单次自动对焦释放优先	对焦	释放快门前留给对焦系统更长的工作时间
无法进行自动对焦时的镜头驱动	停止对焦搜索	当场景中浓雾弥漫、反差较低无法进行自动对焦时，可以立即停止反复的自动对焦尝试，立即进行手动对焦
可选择的自动对焦点	21 点	较少的对焦点可以提高对焦点选择效率
高光警告	开启	及时发现高光溢出的位置
放大倍率	实际大小（从选定点）	一键放大到合焦位置查看清晰程度
自动旋转	开口	将旋转信息记录在照片数据中，并且仅在电脑上自动旋转而不在相机上自动旋转
取景器显示	隐藏	避免过多的拍摄信息干扰取景
记录 GPS 位置	开启	记录下拍摄地点的地理信息

13.5.3 常规运动题材自定义拍摄模式设置列表

拍摄参数： 💿 光圈：f/7.1　⏱ 快门：1/40s
　　　　　　 📷 感光度：ISO400

※ 慢速快门的摇拍效果能够更好地展现出速度感。

> **提示** ⚡
>
> 　可以说自定义拍摄模式凝结着一位摄影师的心血，是最符合自己操作习惯的拍摄模式。当采用设置菜单第 4 页第 2 项【清除全部相机设置】选项，将相机恢复到出厂设置时，3 个自定义拍摄模式里的设置依然会被保留下来。

拍摄参数： ◎ 光圈：f/4　◎ 快门：1/500s
　　　　　　 ◎ 感光度：ISO1600

※ 高速快门可以定格住瞬间。拍摄运动题材时，需要
　整套相机设置以速度为核心，降低对画质的要求。

选项	所选项目	说明
常用拍摄参数设置		
拍摄模式	Tv 快门优先	通过控制快门速度实现运动主体的定格或虚化
快门速度	1/40 或 1/1000	两种不同快门速度分别应对摇拍和定格瞬间动作的拍摄，可根据需要选择并根据场景实际情况调整
ISO 感光度	ISO400	在光线较弱的场景中拍摄运动主体往往需要更高的感光度
自动对焦模式	AI SERVO	使用 AI SERVO 人工智能伺服自动对焦模式才能够应对动态主体的拍摄
自动对焦区域模式	自动对焦点扩展（5 点）模式	自动对焦点扩展（5 点）模式能够应对很多运动主体，同时还能够较好掌控主体在画面中的位置。如果主体运动速度更快且缺乏规律，则需要使用区域或大区模式
自动对焦点的位置	中央	最好的出发点，移动到其他位置上也更近
驱动模式	高速连拍	使用高速连拍才能够应对运动主体，提高捕获到最精彩瞬间的概率
测光模式	评价测光	如果场景反差不大，那么使用评价测光配合曝光补偿即可获得良好效果，但是如果背景与运动主体反差很大，则需要使用点测光模式。但点测光位置是固定在中心的，所以需要牺牲构图的多样性
曝光补偿	0EV	根据场景实际情况进行增减，基础位置至于 0EV 上

菜单设置		
图像画质	大 JPEG	JPEG 格式较小的文件尺寸有助于获得更加持久的连拍耐力
图像确认	关闭	禁止自动回放，节约系统资源
镜头像差校正	开启	开启机内后期功能，有助于提升 JPEG 格式直出的画面效果
自动亮度优化	关闭	关闭部分机内后期功能，提升相机处理速度
白平衡	日光	适应大多数户外运动题材
色彩空间	sRGB	可以让 JPEG 格式照片具有更亮丽的色彩，减小灰软现象
照片风格	标准	以标准风格为基础，可以根据现场情况和题材的变换进行调整
长时间曝光降噪	关闭	关闭部分机内后期功能，提升相机处理速度
高 ISO 感光度降噪	关闭	关闭部分机内后期功能，提升相机处理速度
高光色调优先	关闭	关闭部分机内后期功能，提升相机处理速度
防闪烁拍摄	根据情况决定	采用荧光灯为光源的室内环境下拍摄运动主体时应开启
反光镜预升	关闭	运动题材需要快速反应，不能使用反光镜预升
人工智能伺服自动对焦特性	根据运动主体特点决定	从 case1 至 case6 中选择适合该运动主体移动规律的选项
人工智能伺服第一张图像优先	释放	留给对焦系统的工作时间较短，以快门释放为主，更侧重拍摄时机的把握
人工智能伺服第二张图像优先	对焦	适当降低拍摄速度，留给对焦系统更多时间来完成任务，从而提高清晰照片的成功率
无法进行自动对焦时的镜头驱动	继续对焦搜索	运动题材需要对焦系统持续不断地进行工作，即使遇到暂时的困难也不能 in 停止
可选择的自动对焦点	65 点	调动全部对焦点可以提高针对运动主体的捕捉效率
高光警告	开启	及时发现高光溢出的位置
放大倍率	实际大小（从选定点）	一键放大到合焦位置查看清晰程度
自动旋转	开旦	将旋转信息记录在照片数据中，并且仅在电脑上自动旋转而不在相机上自动旋转
取景器显示	开启	便于迅速了解当前拍摄参数
记录 GPS 位置	关闭	节约电力

13.6 我的菜单——提升菜单访问效率的关键

如果说自定义按钮大幅度提高了拍摄过程中参数的设置效率，自定义拍摄模式提高了题材变换时设置的切换效率，那么我们还需要一种工具来提高菜单访问的效率。佳能 EOS 7D MARK II 具有五大类菜单，共23页，功能选项多

※ 充分利用我的菜单可以加快功能选项寻找速度，提升效率。

达 118 个。即使对菜单比较熟悉，也很难立即找到想要的选项。何况对于初学者来说，往往需要将 23 页全部横向翻阅一遍才能找到，这会浪费较多的时间。【我的菜单】就是提高菜单访问效率的秘诀。

在佳能 EOS 7D MARK II 中，【我的菜单】实际上是与拍摄菜单、自动对焦（AF）菜单、回放菜单、设置菜单和自定义功能菜单并列的第 6 大菜单。其标志是★一颗五角星。对于一名新手来说，相机里【我的菜单】往往是一片空白。但如果你拿到资深发烧友的相机查看，就会发现【我的菜单】里同样会有好几页的功能选项。有些高手甚至不需要进入前面的 5 大菜单，只凭借【我的菜单】就可以快速完成相机设置任务。

【我的菜单】与前面五大类菜单的最大区别在于，实际上它并没有自己的功能选项，它下面的功能选项全部来自前面的五大类菜单。你可以根据所拍摄题材的特点和自己的拍摄习惯，从前面 118 个功能选项中，选出使用频率最高的集中在这里，从而实现菜单的快速访问。

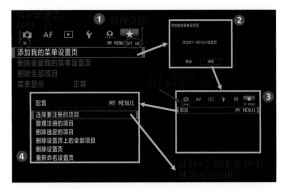

在添加这些功能选项之前，【我的菜单】里只有 1 页管理页面，它用于管理【我的菜单】的运行方式。选择其中第 1 项【添加我的菜单设置页】并确定后，就可以添加一个新的页面，这样【我的菜单】就会变为两页。与管理页面

不同的是，新增加的设置页里可能放置我们常用的功能选项。你最多可以建立 5 个设置页。每个设置页内最多可以添加 6 个功能选项，也就是说【我的菜单】最多可以容纳 30 个常用的功能。

切换至刚才建立的"我的菜单"设置页面，进入【配置】选项，使用【选择要注册的项目】后，就可以从 118 个功能选项中挑选你最常用的放到这个页面中。同时，你还可以用【配置】选项中的其他工具对这些功能选项进行排序、删除。我们还可以重新命名这个设置页，让其更容易识别。

设置好【我的菜单】里的各个功能选项，只是为快速的菜单访问打下了好的基础。你还需要确保每次按下 MENU 按钮后，第一个显示的就是【我的菜单】。在默认情况下，按下MENU 按钮后出现的菜单是你上次退出菜单时最后所在的页面，为了能够在任何时候都第一时间切换至【我的菜单】，找到这些最常用的功能选项，我们需要进入【我的菜单】管理页面的最后 1 项【菜单显示】当中。选择【从我的菜单设置页面显示】后，每次按下 MENU 按钮就会直接出现【我的菜单】，而不是你上次退出时的页面。另外，如果【我的菜单】已经能够满足你的全部设置需求，并且认为其他 5大菜单的出现会降低你的菜单访问效率时，就可以选择【只显示我的菜单设置页】。这样前面的 5 大菜单都会消失不见。

我的菜单常用功能列选建议

虽然【我的菜单】内具体放入哪些功能选项与每个人的拍摄习惯和题材有关，但是在选择时仍有一些原则可以遵循。首先，可以通过机身按钮完成快速设置的功能没必要在【我的菜单】中重复安排。那些有时会用到，但无法通过更快捷的方式调用的功能才是最合适放在【我的菜单】中的。建议列选的功能如图表所示。

项目	用途
格式化存储卡	在确保卡内没有需要保存的照片后，进行格式化操作能够有效避免因文件编号重复而导致的照片丢失
取景器显示	根据对拍摄信息掌握的急迫程度选择光学取景器内的信息显示数量
液晶屏的亮度	可根据环境亮度对主液晶屏亮度进行调整，避免出现对曝光结果的错误判断
防闪烁拍摄	在荧光灯照明的环境下拍摄运动题材时可以开启这一功能，提高连拍中可用照片的比例
反光镜预升	在使用三脚架拍摄时，开启反光镜预升可以降低机内震动，提升画质水平
删除图像	可以提高删除照片的效率
记录功能 + 存储卡 / 文件夹选择	可以更加方便地新建文件夹，实现更高效的照片管理
电池信息	能够更加充分地了解当前电池剩余电量
RATE 按钮功能	可以在保护照片和评分两种功能之间快速切换
曝光补偿 / 自动包围曝光设置	能够快速开启包围曝光
包围曝光拍摄数量	使用包围曝光时能够更快速地调整包围数量

13.7 恢复出厂设置

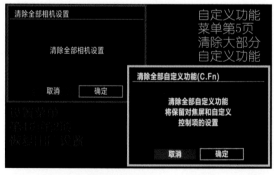

大部分家用电器都会有一个恢复出厂设置的功能，以便将所有个性化的设置清除，将产品的运行模式恢复到最初始的状态。佳能 EOS 7D MARK II 同样具有这一功能，进入设置菜单第 4 页第 2 项【清除全部相机设置】后，选择确定就可以将相机的各项拍摄功能和菜单设置恢复到出厂模式上。

这一出厂模式包括最大尺寸精细 JPEG 格式、ONE SHOT 单次自动对焦、单点自动对焦区域模式、单拍驱动模式、评价测光、自动感光度、sRGB 色彩空间、自动白平衡、标准照片风格等，你在相机中设置的曝光补偿、闪光曝光补偿、自定义白平衡和白平衡漂移、包围曝光和白平衡包围、除尘数据都将被归零或删除。也就是说，相机将恢复到以拍摄静态主体为目标的中庸设置上。但是在六大板块中，自定义功能菜单内的全部设置都不会受到【清除全部相机设置】的影响，仍会保存在相机中。这也体现了对摄影师劳动的尊重。

当你需要清除这些自定义设置时，可以进入自定义功能菜单第 5 页内那唯一的项目【清除全部自定义功能（C.Fn）】中进行操作。但即便如此，相机内的自定义按钮设置以及自定义功能菜单第 3 页（C.Fn3）【对焦屏】中的设置依然会保留。这种安排的好处在于，当摄影师希望对手中相机进行重新设置时，既可以提高效率，又可以保留符合自己拍摄习惯的自定义按钮功能。另外，在一些媒体机构，多位摄影记者共用部门的器材时，往往拿到相机后首先会将所有设置恢复出厂模式并清除前面人的自定义设置，此时如果相机更换了对焦屏，而这一处自定义设置也被清除，那么就会引起曝光的严重偏差，影响工作的进行。

摄影兵器库：摄影包——更高效率的携带器材

掌握了高效率设置相机的方法，更需要拥有高效率携带摄影器材的工具，这就是摄影包。摄影包的作用不只是容纳和携带器材，更重要的是给器材以妥帖的保护，并且在外出拍摄时可以方便快捷地取放器材。在长途跋涉时能够合理分散重量，减小摄影者的疲劳感，使摄影之旅更加轻松。所以摄影包的材料、配件、防护功能、体积和背负系统都十分重要。实用性固然是重中之重，但是在追求时尚与个性的今天，摄影包的外观设计也是不可忽视的。摄影如同绘画一样是艺术的一种表现形式，对摄影包的美观与功能性的综合要求也可以体现摄影人的艺术品位。

材料与防护性

※ 卡塔（KATA）的材料一流，防护性能出色。

我们都知道高品质的光学镜片加上金属镜身是一支优秀镜头的保证。就像镜头的品质依靠这些材料一样，摄影包的关键也在于材料。由于数码单反相机和镜头都比较沉重，需要摄影包的材料具有防撕抗拉能力。虽然很多知名品牌的摄影包也是在国内加工，但面料大部分会从海外采购，面料的等级决定了产品的品质，目前高品质的面料包括杜邦的防水 600D ripstop 和防弹布 2000D。使用这两种面料对于保证摄影包的耐用性和防水能力也有着极其重要的意义。

摄影器材都比较昂贵，内部结构相对脆弱，所以需要摄影包具有减震功能，通过变形很好地吸收来自外部环境的冲击力，从而起到保护作用。高等级的镜头金属部件相对较多，如果减震材料不过关，很容易造成精密的金属部件变形，从而造成跑焦。虽然减震材料大部分是海绵组成，但其密度和弹性却有很大差异。使用中可以发现，好的高密度海绵夹层在装入器材很长时间后，取出器材时依然能够快速恢复原状。而密度低的海绵就会出现明显的凹痕，减震性能就会很差。当然设计也起着重要的作用，严谨的设计是让放置器材的空间各个面都有海绵夹层来保护，从而尽可能减少背负时器材发生相互碰撞的潜在危害。

另外摄影包还需要具有一定防水、防潮性能。帆布不能防水，而仅仅带有简单涂层的材料被水浇上几次也就不能防水了，即使不被水浇，一段时间的使用和摩擦也会造成涂层的脱落。防水涂布尼龙目前是最好的防水面料。

在材料方面独树一帜的摄影包品牌是来自以色列的卡塔（目前已并入曼富图品牌当中），这个品牌在欧美市场知名度很高，是目前市场上技术含量最高的。卡塔的创始人早年在以色列国防军精锐部队服役。他们基于自己对各类精密军用设备的实际使用经验，为特种部队和以色列保密机构研发、生产防弹背心、携带装置等军用装备达十年之久。据说，以色列知名的情报机构——摩萨德就使用卡塔的产品。其实，摄影发烧友与特种部队对器材携带装置的要求有相似之处，那就是一流的防护性能；轻便舒适易于携带；可以抵抗恶劣气候条件；在需要时可以快速取放等。卡塔摄影包的卓越防护功能，堪称业内领先。其产品应用了独家专利 TST 热塑防护盾技术，这种三层特殊材料不仅超轻重量、防碰撞、抗震动、防尘防水，还具有独特的抗刮伤、抗静电功能。曾有媒体报道，在一次交通事故中，虽然车辆受损严重，但车中装在卡塔摄影包内的器材却完好无损，可见其防护能力的出色。另外，也不要小看抗静电功能，很多时候相机出现"死机"或报错等问题，都是由静电引起的。

一个容易忽视的细节就是拉链。由于摄影包不仅需要频繁的拉开与关闭，还需要负重。所以摄影包拉链会比其他类型的箱包拉链承受更大的负荷。这里也往往是最容易损坏的地方。一旦拉链损坏整个摄影包也会报废。被公认为最耐用的拉链品牌是 YKK，其价格也是普通拉链的十倍以上。目前，创意坦克（THINKTANK）和百诺（BERNO）摄影包均使用 YKK 的拉链。

由于采用更先进的熔接技术和镀镍工艺，YKK 拉链会比普通黑色烤漆拉链更加耐用且不易生锈。

容量与款式

摄影包能够容纳的器材数量多少是最基本的指标。对于发烧友和职业摄影师来说，为了更好地完成拍摄任务，每次外出都要携带众多器材。在镜头方面焦段基本会覆盖 14mm 至 300mm 的范围，一般是 4 ~ 5 支镜头。还会携带两台机身，一台使用长焦镜头，另一台使用广角镜头，而且，一旦在主力相机出现故障时还能够使用备机继续拍摄。因此，摄影包需要能够容纳二机四镜，其中包括佳能 EF 70-200mm f/2.8L IS II USM 这样的长焦镜头。由于这样的摄影包体积较大，一般都采用双肩设计，以减轻外出拍摄的疲劳感，两个肩膀一起承重身体可以保持平衡，也提高了户外活动的安全性。对于普通爱好者而言，这样的大容量双肩包也是必备的。在长途外出拍摄时，只有在器材上做好充足的准备，才能够在精彩场景出现时，选择最合适的器材加以表现。

对于双肩包来说，背负系统的设计水平非常重要，尤其是徒步跋山涉水或长途旅行拍摄时更能体现出摄影包背负系统的重要性。装好器材后摄影包是否能够左右平衡，背起来重心是否可以让胯部很好地承重，两个肩带会不会夹住脖子，

※ 能够容纳 1 机 1 镜的小巧摄影包。

※ 能够容纳 1 机 4 镜的双肩摄影包。

肩带的软硬厚度是否适中，三脚架放上去走路是否碍事等，这些都是不能忽视的问题，它不仅仅关系着旅行拍摄的舒适性，还直接影响着你的安全。试想一下，你在狭窄的小路上行走上山，如果摄影包装着器材不能平衡，重心远离背心，在你疲劳时一个不小心就可能出现危险。好的摄影包间隔设计使器材放好后重心很低，胯部承重，这样出门才不至于太辛苦。

但对于短途或城市内的外拍，更加轻巧便携的摄影包可以让我们轻松出行。因此，有必要再选购一款小型摄影包，满足日常使用需求。这类小型包以容纳一机两镜或一机三镜为佳，如果采用三支小定焦镜头与一个机身的组合，重量和体积也会得到很好的控制。在外拍时，定焦镜头还可以让我们的观察力和镜头感得到训练。这类摄影包多采用单肩设计，取放器材更加快速方便。在单肩包方面，充满活力的澳洲小野人和经典的白金汉都是你必须了解的知名品牌。

拿取器材的速度

在选择摄影包时，一个很容易被忽略的细节就是拿取器材的方便性。在很多人文纪实等需要抓拍的题材中，都需要快速反应，快速拍摄。一旦有所延误，就可能错过精彩瞬间。所以，很多摄影家都强调相机不离手。在实战中，有很多影友就是因为相机放在摄影包中不方便拿取，而错过了精彩场面，成为旅行中的遗憾。

在摄影包中，双肩背包虽然承重能力出色，但是却属于拿取器材最慢的一类。而单肩包在速度上就会有明显的优势。随时都能够打开拉链，拿出相机。但单肩包的劣势在于承重能力不强，所能容纳的器材有限，容易造成肩部疲劳。那么有没有一种摄影包能够将二者的优势结合在一起，又

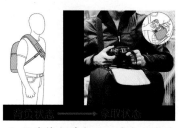

※ 斜肩挎包兼备了双肩包的容量和单肩包的方便。

规避掉它们的缺点呢？的确有，它就是斜肩挎包。从形状来看，它更接近双肩包的大小，能够容纳 1 机 3 镜以上。但它的背负系统很有特色，是一根背带斜挎在肩上。比起单肩包，它可以利用腰部和胯部来分散重量，不容易疲劳。在增加了一根与主背带呈 90° 的副背带后，即使进行较为快速地移动，摄影包也不会出现过大的晃动，仍然能够保持贴身稳妥的状态。

而斜肩挎包最大的优势在于拿取器材的速度很快。你只需要将它从后背拉到胸前，就可以打开侧面的拉链迅速取出相机。另外，在弱光环境下，旋转到胸前的摄影包还能够为肘部提供有效支撑，获得更加稳定的持机动作，从而提高清晰照片的成功率。曼富图的 PRO 30 和 AGILE 都是比较有名的斜肩挎包。

当然，对于很多职业的人文纪实摄影师来说，斜肩挎包的拿取速度也无法达到他们的要求。这时，最佳的配备就是腰包和挂在腰带上的镜头筒了。

曼富图（原以色列 KATA）大黄蜂——性能至上

2014 年知名摄影包品牌卡塔（KATA）并入曼富图旗下，卡塔（KATA）的顶级摄影包——大黄蜂也归入曼富图摄影包行列，新的大黄蜂产品编号为 MB PL-B-220。大黄蜂个头硕大，高度接近 0.5m，在充分的防护下内部还有充足的空间容纳器材，背包顶部和侧面各有一个提手，对用户使用习惯考虑非常周到，因为我们在卸下背包时提在侧面更加顺手。而

※ 归入曼富图旗下后大黄蜂摄影包以新的形象出现。

壁虎肩带由EVA弹性材料3D剪裁制成

※ 先进的背负系统让长途跋涉更加轻松。

且侧提手还可以固定放在侧面的三脚架。背包正面有一条中缝，内部设计有防护脊柱，它由坚固的弹簧不锈钢材料制成，外部包裹海绵，能够给摄影包提供纵向的结构支撑，对于从正面向包内产生的压力也能够有效递减。

另外，这款双肩包最值得称道的地方是其背负系统，我们知道双肩包容纳器材较多，背负时对肩膀的压力很大。而大黄蜂的肩带充满了技术含量。这个名为壁虎的肩带系统并非普通的尼龙面料，而是具有弹性的 EVA 橡胶制成，不仅可以起到缓冲作用减小对肩部的压力，而且肩带背面有凹凸纹理设计，保证了摄影师在翻山越岭时摄影包稳定不容易移位。可以说壁虎肩带让大黄蜂具有极佳的舒适性。胸前扣带和腰部扣带可以分散肩部的承重，更好地固定背包。大黄蜂在肩带设计上使用了透气材料，使得炎热环境下汗水可以及时蒸发。你相信吗？大黄蜂为了增强其防护性，在整个摄影包的框架上使用了

铝合金骨架。最大限度地保证了内部器材的安全，而且不会太多的增加负重。在内部容积上，大黄蜂可以容纳 2 台相机、4 支镜头（其中包括 EF 70-200mm f/2.8L IS II USM 这样的长焦镜头）、1 个闪光灯和 1 台笔记本电脑。而且容纳这些器材的区域位于摄影包底部，被覆盖在外层小型储物空间内，防护性和安全性得到更好的保证。大黄蜂的防雨套有两面，一面可以用来防雨，另一面具有银色涂层可以防晒，保护内

※ 可以容纳 2 台机身、4 支镜头，以及闪光灯和笔记本电脑。

防晒

防雨

※ 防雨外罩的双重作用。

※ 有两种三脚架的背负方式。

部器材温度不会过高。另外，还有用于固定三脚架的托兜。在背包的正面及侧面都有挂接设计，两个位置均可放置三脚架。大黄蜂的价格在 2100 元至 2400 元左右，相比其扎实的用料和精细的设计已经算非常合理。如果是在城市中拍摄，并非长途外出，需要更小巧的摄影包时，还可以考虑卡塔小黄蜂 MB PL-MB-120。

澳洲小野人（CRUMPLER）——时尚活力

如果你厌倦了黑色的机身、黑色的镜头再配上黑色的摄影包，如果你需要一股青春的活力伴随你的摄影之旅，那么澳洲小野人（CRUMPLER）这个品牌就是最佳的选择。它

将时尚元素与摄影包应有的防护性完美结合并演绎到了极致。从品牌标识你就能看出，这个澳洲原住民的形象极为有趣。它代表着无忧无虑、反叛、有点轻狂和搞怪好玩的潮流文化。

这个品牌彰显出热情与狂野，采用了大胆的草绿色、红色和咖啡色，摄影包轻巧而外形独特，颜色的对比强烈。虽然外观豪放而狂野，但不能遮掩其内在做工的扎实。宽大的肩带和舒适的防滑垫肩可以提升舒适度，摄影包的外层为抗水的 1000D 尼龙，采用杜邦公司专为其独特研究开发的 Cordura Plus 材质，其坚韧度比一般的尼龙强二倍，比多元酯强三倍，比聚丙烯强四倍，有着质轻、弹性

※ 在众多的摄影包品牌中澳洲小野人的设计和配色最为时尚。

佳、防震、防水且易于清洗的特点。

澳洲小野人的单肩摄影包被命名为"*百万美元之家"，从最小巧的可容纳1机1镜的"四百万美元之家"到可以容纳1机4镜的"八百万美元之家"。而大小适中的应该算是六百万了。六百万单肩包有多达14种颜色可以选择，这在其他品牌中是极为少见的。由于材料防护能力强，摄影包外观显得挺阔。如果你仔细观察，从它的侧面可以看出背带的设计上与包体存在一定倾斜角度。在实际使用中能明显感受到这个人体工程学的设计优势，它能够让背带保持挺直平整，减少包体在斜挎时身体对包内器材的挤压。澳洲小野人的具有独特的两种扣紧设计。表层的塑料搭扣与内层的魔术贴共同发挥作用，让防护性能出色的同时还具有一定防盗功能。摄影包内部不仅色彩艳丽，而且用料十足。隔板不仅厚实宽大而且全部为绒面设计，对娇嫩的液晶屏有最妥帖的保护。

白金汉（Billingham）——摄影包中的贵族

※白金汉造型复古，卡其色是最经典的颜色。

如果问"哪个品牌生产世界上最好的摄影包？"一定是众说纷纭，答案很多。如果问"哪个品牌生产世界上最高档的摄影包？"答案很简单，是英国的白金汉（Billingham）。白金汉

堪称摄影包中的路易威登（LV），其独具特色的造型与皮扣成了其标志。白金汉摄影包推崇的理念是：真正了解专业摄影师需要什么，并使用世界上最完美的材料以及工艺来制作它。白金汉摄影包已经远远超出了它原来瞄准的摄影市场，同时也远远地超越了大不列颠的国界，商人、旅行家、工程师等各行各业的人们在考虑用什么来携带他们贵重而脆弱的仪器设备时，通常都会选择白金汉。白金汉摄影包采用牢固的黄铜接环、顶级的皮革和最高质量的带有防水夹层"StormBlock"的帆布，使其能够耐久如新。老一代摄影发烧友都有"黄铜情结"，黄铜材料在传统摄影器材中有着至高无上的地位，最经典的德系镜头都采用黄铜镀铬的材料，而不是现在镜头的镁铝合金。所以当时对于镜头在磕碰或摩擦之后出现的问题叫作"露铜"。

而在现代，你只能从白金汉身上依旧发现黄铜的身影。白金汉在生产的过程中还保持着精确的品质控制，在每一个细微之处，例如接缝与针脚

※ 白金汉的搭扣设计极具特色。

甚至是脚钉的背面都极为精细，做工堪称完美。白金汉的摄影包都是全手工制作的，甚至包括黄铜的金属部件。一个摄影包中需要手工单独缝制的部位多达上千处。工匠们用的是锥子、针、穿线器、蜂蜡等手工工具。尽管现在的白金汉包有不少部位以缝纫机加工，但是有许多机器难以做到的部位仍然使用手工缝制。人们几乎在二手市场上找不到白金汉摄影包，因为拥有它的人们都不愿意离开它。卡其色白金汉是最经典的颜色，与徕卡相机搭配在一起，是最能够彰显摄影师品味与地位的组合。如果你去摄影器材城会发现有很多国内小厂生产的"山寨版"白金汉，虽然很多产品外形与真正的白金汉近似，但无论是从用料、做工还是对器材的保护都无法与正品白金汉相比。

白金汉 207

白金汉共有 5 个系列，其中以数字命名的 5 系列是历史最悠久的产品。从 1979 年就开始生产，也是最经典的白金汉样式。7 系列设计更加独特波浪状扣带成为其标志性设计。Hadley 属于偏重商务的系列，无论是外出拍摄还是上下班都可以使用。另外还有简约的 L2 系列和紧凑型的 fStop 系列。

相对于偏重商务和日常使用的 Hadley 系列来说，7 系列更加厚实，防护性能更好。根据容量的不同，7 系列包含 107、207、307 和 307L 四款。其中 207 的大小适中，便于携带即使装满器材也不会对肩部造成太大压力。白金汉 207 从其自重 1.85kg 就可以看出用料十足。拉开 207 的拉链后，开口处两侧可以完全竖起来，让入口空间变宽，对于快速取放十分有利。207 内部空间宽敞，虽然可以容纳 1 机 4 镜，但是为了发挥单肩摄影包便于携带的优势，最佳容量是 1 机 2 镜再加一支闪光灯。207 底部的减震海绵厚度达到 2cm，防护性能出色。黄铜与真皮的运用，保持了一贯的英伦风格。由于白金汉的品位和内涵，注定了其价格不会低。但对于一位有着极佳品味的摄影师而言，白金汉是不可或缺的。

摄影兵器库：不可小视的相机背带

※ 很多人使用相机腕带来解决对颈部的压力，但这种配件无法应对较为沉重的长焦镜头。

在一次外出拍摄中，我在崎岖的山路中发现了一位中年女性摄影爱好者，她的脖子上挎了两台专业单反相机，镜头分别是 70-200mm 和 24-70mm。我初步算了一下，两套相机的重量接近 5kg。虽然早起上山拍日出可以呼吸到新鲜空气，对身体健康有益。但她这一趟拍摄对于颈椎的压力却不小。其实，很多爱好者都会感觉到在长时间外拍过程中，颈部和手臂的疲劳非常明显。这就是由于传统相机背带对颈部的压力造成的。虽然有很多人都使用腕带，但那

※ 通过速道相机背带，器材的重量更多通过肩部来承担，从而避免了对颈椎的压力。

种方式只能够应付轻便小巧的定焦镜头。当使用"爱死小白兔"这类镜头时，单靠腕力也是不能够轻松的长时间拍摄的。

一款创新设计的相机背带解决了上述问题，它就是来自美国的速道（carry speed）。速道是一种斜挎式功能性背带，它改变了传统的相机携带习惯，采用了新颖的斜挎方式，可以将相机和镜头的重量分散开，让肩部和胯部成为承重点，减小对颈部的压力。由于采用了更合理的人体工程学设计，它使得我们在长时间拍摄中，对体能的消耗更小，有助于将更多精力投入到拍摄当中。同时，速道背带还能够解放双手，让更换镜头或操作备用机更加轻松。

速道背带所带来的第二大优势在于拍摄速度。我们在外出拍摄时经常会在拍摄状态与器材携带状态之间切换。当精彩场景出现，需要进入拍摄状态时，能够在第一时间快速抓取相机。速道背带就能够实现这样的快速切换，只需要右手拿起相机，就能够迅速投入拍摄。在拍摄时，背带与身体呈现稳定的三角形，可以起到稳定作用。比起双手悬空托举相机来说，可以让相机更稳定、画面更加清晰。当拍摄结束恢复到携带状态时，放下相机就可以让它停留在摄影师的右侧胯部，这样双手便可以完全解放出来，不用再长时间保持托举状态。在行进过程中，相机都不会影响自由行动，也不会产生疲劳。

传统相机背带很窄，而速道拥有宽大的肩垫，分散了重量，缓解了对肩部的压力。新一代速道背带还采用了莱卡纤维面料，厚度达到

14mm，不仅舒适还更加经久耐用。背带与肩膀接触的一面还采用了凸凹设计，增加空气流动，透气性极好。

在使用相机背带携带器材的过程中，安全性也非常重要，只有良好的设计才能保证相机不会脱落坠地。速道背带上的锁扣使用了军用级别的美国多耐福锁扣，与传统的两点式卡口相比，它的三点式卡口设计可以实现更好的安全性保护，避免器材脱落。只有同时按下三处锁定按钮才能打开，这样就避免了误操作带来的风险。另外，还有辅助安全扣可以与相机肩部连接起来，进一步提升了安全性。

由于速道的巧妙设计和使用的一流材料与做工，令其可以承受 15kg 的器材。在压力测试中，无论多么剧烈的运动都不会导致器材脱落。

速道背带与相机的连接是通过一个快装板完成的。如果三脚架的快装板一样，我们需要将其与相机底部的三脚架接孔相连。但这引发了一个问题，就是当你使用相机背带，又需要将相机安装在三脚架上时，往往需要取下背带的快装板，换上三脚架的快装板。这无疑为快节奏的拍摄制造了麻烦。速道背带为了解决这一问题，通过精心的设计，使其快装板能够与市面上绝大部分三脚架匹配。这样就无须更换，直接可以安装在三脚架上，提高了效率。快装板的材质采用合金材料，与常见的云台快装板一致。在底板表面还设置了软橡胶垫，用来保护相机底部不被快装板磨坏。

在实际拍摄中，相机的灵活性丝毫没有受到背带的约束，可以做任何角度的转动，这要归功于块状板后面的球头。它是一个类似球型云台的结构，可以让连接的两端灵活转动。速道独特的滑动式弹锁球头使得相机与背带的连

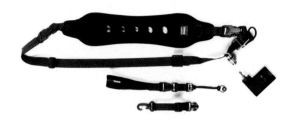

接拆卸非常方便快捷，而且坚固耐用。

悍马 FS-PRO

速道相机背带分为悍马 FS-PRO 和轻风侠 fs-slim、极限派 XTREME 等不同款型。悍马 FS-PRO 这一型号可以在使用长焦镜头时，在相机底部快装板和镜头脚架接环处安装两个固定位置，从而分摊重量，避免头重脚轻的现象发生。如果是普通变焦镜头或小巧的定焦镜头

使用轻风侠 fs-slim 即可，但其肩带不会有顶级产品那么宽大。如果外拍时有比较大的运动量，又经常遇到突变的天气，极限派 XTREME 的防水硅胶肩垫材料可以更好地应对。由于，长焦镜头在拍摄时几乎是必备的，因此可以向下兼容的悍马加强版 FS-PRO 是我们的首选。

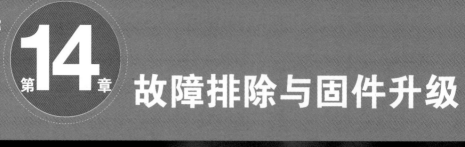

CHAPTER 第**14**章 故障排除与固件升级

拍摄参数: 光圈: f/2.8　快门: 1/2000s　感光度: ISO400

- 你知道职业摄影师为什么出门要带两台甚至更多的相机吗？
- 相机中哪些部件最为脆弱，发生问题的概率最高呢？
- 你知道吗？相机也会"死机"，怎么解决这一问题呢？
- 有一种方法能够让我们手中的相机不断"进化"，这是什么呢？
- 你相信吗？灯塔上竟然有与镜头中近似的透镜，这块透镜不仅可以让灯塔的光线传播得更远还能够让灯塔"瘦身"，同时它也能够让长焦镜头的体积更加小巧，这是什么透镜呢？

数码单反相机和镜头是精密的光学电子设备，虽然大部分情况下都能够良好的运作，但偶尔也会出现问题或故障。尤其是在我们使用方法不得当，或者对其保护不佳时更容易发生。了解一些常见的故障排除方法，有利于我们在户外拍摄遇到问题时能够探知问题的根源，并及时做出应对，而不至于慌了手脚，错失了拍摄机会。

14.1 除尘

很多影友一提到数码单反相机的优势就会不由自主地想到"可更换镜头"。的确，丰富的镜头群让单反相机可以出色的拍摄不同题材。然而"可更换镜头"并不等于"随时随地都可更换镜头"，在一些风沙较大、污染较为严重的环境下，空气中飘浮着肉眼无法看到的细微颗粒，而它们都带有静电，在你更换镜头时，很容易被吸附到相机内部。一旦灰尘颗粒落在了感光元件上，将会给成像带来极大的损害。

严格来说，来自外界的灰尘附着在感光元件上并非相机故障，而是环境恶劣或频繁更换

镜头所致。2007 年以前的数码单反相机大部分都不具备自动除尘功能，一旦出现问题只能送到厂商的售后服务部门解决，非常麻烦。但如今的数码单反相机已经具备了很完善的除尘功能，可以减少我们的后顾之忧。

> **提示** ⚡
>
> 很多摄影家外出拍摄，都会同时使用两部机身，分别挂上不同焦段的镜头，这样就能够尽量避免在恶劣环境中更换镜头了。

14.1.1 灰尘造成的危害

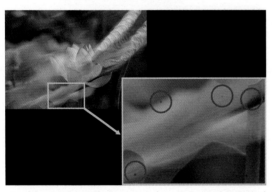

※ 在照片下方偏亮部的区域中 4 颗灰尘的影像格外明显，严重破坏了照片的视觉效果。

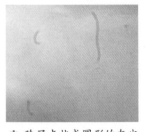

※ 除了点状或圆形的灰尘外，有些灰尘还呈现出纤维状痕迹。但无论形状如何，所有灰尘并非以清晰的影像出现在画面中，而是有点类似前景焦外的模糊感。

我们首先看看这个让摄影师十分头疼的灰尘颗粒会对照片造成怎样的危害。在环境污染较大的户外频繁更换镜头时，容易导致灰尘颗粒进入相机内部，感光元件表面落上灰尘后，拍摄的一系列照片都会在同一位置出现一个形状不规则的黑点。如果黑点位于照片中的暗部或者与细节和色块丰富的区域重叠，就很难被立即发现。但是，

当黑点位于天空这样大面积同一颜色的区域或亮部时，就会非常醒目。这时你可以连续拍摄几张照片，如果每张照片的同一区域都出现了这个黑点，就说明相机已经进灰，并附着在感光元件上。黑点并不是一个清晰的实影，而是类似于前景焦外边缘模糊的物体。在采用大光圈拍摄时黑点较为模糊，光圈越小黑点会越清晰。并且在逆光拍摄时它也会更加明显。如果进入机身的不是灰尘颗粒而是空气中飘浮的纤维，还容易导致画面中出现弯曲的黑色线条，更加影响照片效果。

14.1.2 意想不到的灰尘来源

※ 镜头后盖与机身卡口盖随意摆放时很容易进灰，这些灰尘会极有可能成为进入机身的隐患。

在更换镜头时我们应该先对环境进行判断，风沙大污染严重的时候一定不要更换镜头。尤其是在沙漠地区，风沙的威力更是你无法预料的。

造成威胁外，很多相机出现灰尘问题是由于机身盖和镜头后盖内积存的灰尘。当这两种盖不用的时候，我们往往将它们随意的放入摄影包或者衣服口袋中，这时

※ 将这两个盖子相互扣在一起，有效避免了灰尘的进入。

如果非常迫切需要更换镜头，最好在车内完成。即使在良好的环境中更换镜头，第一要确保关机，避免相机内部仍然有吸引灰尘的静电；其次，要保证相机卡口朝向下方，这样不会让自由落体的灰尘进入相机。更换镜头的过程需要尽快完成，时间越长隐患越大。

让你意料不到的是，除了空气中的灰尘会

很多灰尘附着上去，一旦你将它们扣在机身或镜头上，灰尘就会搬家，最终导致附着在感光元件上。所以，在不使用机身盖和镜头后盖时，最好将它们拧在一起，让内部密闭，这样就万无一失了。

14.1.3 使用自动除尘把好第一道关

※ 由于草原上风沙较大，在清晨开始拍摄第一次换镜头后就出现了明显的脏点颗粒。

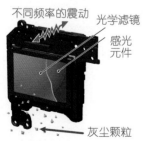

※ 相机除尘的方式。

佳能 EOS 7D MARK II 的自动除尘能力源自感光元件前面的低通滤镜，当启动除尘功能时，相机会以超声波的频率抖动低通滤镜，将其上附着的灰尘颗粒抖掉，并收集在感光元件底部的黏性材料表面，从而避免被二次污染。

当你在外拍过程中，突然发

※ 虽然过了十几分钟，拍摄了一些照片后才发现脏点现象，但使用机内的立即除尘功能在现场就解决了问题，恢复了良好的画质。

现了灰尘附着现象，需要进行立即清洁。方法是进入设置菜单第 3 页的【清洁感应器】选项中，选择第二项的立即清洁命令，此时相机显示屏会首先变黑，然后提示正在清洁图像传感器，切记不要进行任何操作。并且将相机放在

稳定的平面上，让感光元件所在平面与地面保持垂直，才能获得最佳清洁效果。清洁完毕后，可以再拍摄一张照片，看看是否已经将灰尘抖落掉。如果灰尘颗粒体积较小，附着时的静电吸附力不强，那么自动除尘系统还是能够高效

除尘的，但并不是 100% 有效。如果第一次清洁没有起到效果，那么多次使用清洁命令一般也不会看到更多改变。此时就需要考虑进行人工除尘操作了。

菜单解析 设置菜单第 3 页第 3 项【清洁感应器】

清洁感应器
自动清洁
立即清洁
手动清洁

【清洁感应器】选项中第一行的【自动清洁】功能可以让相机在启动和关闭时进行自动清洁。这样可以最大限度地避免灰尘附着。

此时我们要注意的是，不能够频繁开关相机。由于相机进入休眠状态时会极为省电，因此没有必要每拍摄完一个场景，在转场时就关闭相机电源。频繁的开关机会导致频繁的启动除尘，而除尘会耗费更多的电量，并且在你没有更换镜头时，也起不到任何除尘作用。

另外，在启动相机时除尘会耗费几秒钟时间，如果经常需要开机进行抓拍，应该选择关闭自动清洁功能，从而节约开机时间，迅速投入拍摄中。

14.1.4 手动除尘应对顽固颗粒

仍然回到刚才立即清洁的场景中，当发现立即清洁无效时，就需要采用手动的方法进行除尘。所谓手动除尘就是使用气吹等工具，直接清洁感光元件。你需要让相机打开快门帘和反光镜，能够看到感光元件才可以。这里需要明确的是，手动除尘具有一定风险，存在着划伤感光元件的可能，因此要谨慎。在自己没有十足把握时，最好交给专业的售后服务部门来处理。

实战：手动除尘

> **检查剩余电量。** 在进行手动除尘时，首先要确保电池有足够的电量。这是因为手动除尘过程是在开机条件下进行的，没有电量无法保证反光镜和快门帘始终处于开启的状态。当电池电量较低时，手动清洁功能无法启动。这是为了防止半途电力中断，落下的反光镜和快门帘与清洁工具发生碰撞，对相机造成损害。另外，如果清洁过程较长，也可能中途出现

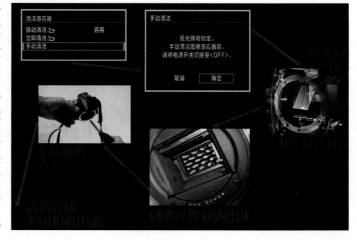

电量不足的问题，此时相机会发出警告提示音，我们应该立即停止手动除尘操作。

➢ **事先了解灰尘位置。** 在进行手动除尘前，还应该清楚灰尘所在的位置，这样可以有目的的重点清洁。由于真实场景是在感光元件上呈现倒影，并左右相反。所以，如果照片顶部有灰尘形成的脏点，则需要重点清洁感光元件的下部。如果照片左侧有脏点，则需要重点清洁感光元件的右侧。

➢ **环境要求。** 当你为电池充满电后，将其装入相机内，在保持相机关闭的状态下，取下镜头，然后开机。整个操作应该在室内完成，并且保证环境干净，没有明显的空气流动。这样可以防止在除尘操作过程中出现二次污染。

➢ **进入手动清洁状态。** 进入【清洁感应器】选项中的最后一项【手动清洁】，主液晶显示屏会出现提示文字，将黄框光标移动到下方的确定处，并按下 SET 键，相机就会自动升起反光镜并打开快门帘。这样相机中最核心的部件——感光元件就会暴露在我们面前。在灯光的辅助下，就比较容易看到感光元件上附着的灰尘。

➢ **清洁。** 在清洁时需要格外注意，不能使用清洁刷与感光元件发生直接接触，那样有可能对感光元件表面造成损害，只能采用气吹进行清洁。

➢ **完成。** 清洁完毕后关闭相机电源即可结束整个过程。

14.1.5 除尘数据——高效后期除尘方式

如果附着的灰尘非常顽固，自动除尘无法完成任务，你自己也不便进行人工除尘，在送交售后服务之前又需要继续拍摄，那么还有一个临时解决方案。那就是让相机记录下灰尘的位置，然后交给后期软件来执行去除画面上黑点的任务。

实战：利用除尘数据后期除尘

➢ **开启除尘数据功能。** 首先进入拍摄菜单第 3 页第 5 项的【除尘数据】选项中，将红框光标移动到确定上，并按下 set 按钮。此时，相机会自动进行一次除尘操作，然后再开始拍摄除尘参照图，搜集到的数据将成为你后面拍摄的所有照片的后期除尘参考，但无法应用于之前拍摄的有灰尘颗粒的照片。

➢ **拍摄白纸。** 自动除尘完成后，主液晶屏上会出现提示，此时你需要对距离镜头 20cm 至 30cm 远的纯白色明亮物体进行

拍摄。你需要将镜头的对焦模式拨杆切换至 M 手动对焦状态，并将手动对焦环转动

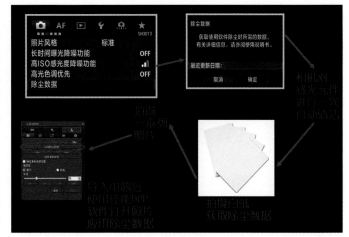

至无限远的位置上。使用 50mm 焦距以上的镜头拍摄，需要让白纸充满整个画面，不能在边缘位置留出缝隙。另外，还需要使用 Av 光圈优先模式，并将光圈设置在 f/22 的小光圈上。

> **自动搜集除尘数据。** 拍摄完成后，相机会自动比对拍到的照片上灰尘颗粒所在的位置和形状并将其转换成数据保存至后续拍摄的每一张照片中。但拍摄的这张白纸照片并不会保存。成功获得除尘数据后，相机主液晶屏会出现成功的提示。然后就可以进行一系列的拍摄。

> **使用 DPP 软件进行后期除尘。** 拍摄完成后，将带有除尘数据的照片导入电脑，使用佳能 DPP 软件打开。进入【除尘／复制印章工具调色板】，单击【应用除尘数据按钮】即可自动完成除尘操作。

提示 ⚡

虽然很多软件都可以采用手动方式去除照片中的黑点，但是采用除尘数据可以一次处理数量众多的照片，效率远高于逐一手动修复。另外，由于在一段时间后，在重力作用下，灰尘的位置会出现轻微变化，所以最好在一系列重要的拍摄前，重新获取最新的除尘数据，才能获得理想的效果。

摄影兵器库：严谨的摄影师都有一台备用机

职业摄影师在执行某项拍摄任务时，都不会只携带一台相机。一旦主力相机出现附着灰尘等问题，备机就会派上用场，继续完成任务。而且，对他们来说，主力相机的数量也并非一台。例如，美国《国家地理》杂志的知名摄影师麦克·山下，在拍摄某一专题时，就会携带两台全画幅相机，一台上安装 16-35mm 的广角镜头，另一台则安装 70-200mm 的长焦镜头。这样就可以减少更换镜头的时间，不错过任何拍摄机会。而备机的选择上是同款的全画幅相机。这样可以适应个人的操作习惯，能够快速上手。对于普通爱好者而言，备机同样是必不可少的。虽然作品并不能直接变成商业用途，但是在辛苦的长途跋涉后，等到了难得一见的壮观风景，一旦唯一携带的相机出现故障造成无法拍摄，将会是多么遗憾的事情啊！

那么，如何选择备用机，又有哪些知名机型值得我们去考虑呢？

7DM2 与 5DM3 搭配——动静皆宜

高像素
高画质型

多面手
画质与速度
均衡

高速度型

EOS 5DS

EOS 5D MARK III
组合1速度加均衡

EOS 1DX
➕ 组合2
速度强化

EOS 5DSR

➕ 组合3
速度加画质

EOS 7D MARK II

很多影友都认为佳能 EOS 7D MARK II 适合作为备机，但实际上，备机的选择要根据自己的拍摄题材来决定。如果你的拍摄目标是运动题材，那么显然速度更快的 EOS 7D MARK II 是高性价比主力机型的不二选择。而为了在拍摄运动主体的间歇，穿插拍摄一些大场景和高画质的细节画面，则可以选择"多面手"EOS 5D MARK III 作为备用机。两台相机搭配，各自发挥自己的特长。这无疑是一种很高效的组合方式。

另外，在镜头选择上，如果运动主体距离拍摄位置较远，可以在 EOS 7D MARK II 上安装"大白兔"EF 100-400mm f/4.5-5.6L IS II USM 等超长焦镜头，便于捕捉主体的局部特写。其等效焦距可以达到 160 ~ 600mm。而在 EOS 5D MARK III 上则可以安装 EF 24-70mm f/2.8L II USM 或 EF 16-35mm f/2.8L II USM 这样的标准变焦或者广角镜头，这样既可以利用 APS-C 画幅"赚"得长焦，又可以利用全画幅赢得广角，一举两得。无论主体是远还是近，都可以无间隙地进行拍摄。"多面手"EOS 5D MARK III 也具有 6 张 /s 的连拍能力，这样作为替补，也可以保证不错过最精彩的瞬间。如果你的拍摄题材非常多样，在一次旅行当中可能拍摄风光、人文、运动等多种类型的照片，EOS 7D MARK II 与 EOS 5D MARK III 的组合可以实现动静交错的拍摄，高效地完成任务。

主力与备机之间的通用性也非常重要，EOS 7D MARK II 与 EOS 5D MARK III 之间在重要的附件例如电池、存储卡和充电器等都可以通用，两者均使用 1800 毫安的 LP-E6 电池。同时，两台相机在按键布局上也具有一致性，有利于更换相机后仍然保持操作习惯，并且可以获得较高的拍摄效率。

当然，如果拍摄题材全部以鸟类和运动为主，而极少拍摄风光、人文类型，则可以使用更顶级的速度机型佳能 EOS 1DX 作为主力，而 EOS 7D MARK II 作为备用机。这一组合的特色将更加鲜明，二者都具有惊人的速度和准确性，EOS 1DX 的机身性能更加耐用和可靠，而 EOS 7D MARK II 的技术更加先进，还具有"天生"的 1.6 倍增距镜，可以让现有镜头获得更好的远距离拍摄能力，且不必因光圈的降低而牺牲对焦点数量。

7DM2 与 5DS 搭配——为快拍机搭配一台高像素机

如果说前面两种选择算是速度与均衡的搭配或者单一强化速度的选择，那么将 EOS 7D MARK II 与 EOS 5DS/5DSR 搭配起来能够起到互补的作用。我们在第 2 章中提到，EOS 7D MARK II 是以面积稍小的 APS-C 画幅实现了数据采集量的减小，从而让我们可以用较低的价格获得近似 EOS 1DX 的高速度。而如果将 EOS 7D MARK II 相机感光元件的像素密度保持不变，面积扩展为全画幅时，我们就刚好得到了 EOS 5DS/5DSR 惊人的 5060 万像素感光元件。

与速度型相机不同的是，EOS 5DS/5DSR 主打高像素和高画质，其 5060 万像素创造了当今数码单反相机像素的最高纪录，在画质表现上可以与感光元件面积更大的中画幅相机媲美（如宾得 645Z）。EOS 5DS/5DSR 擅长精细刻画，能够将景物细节复杂、色彩过渡多样的场景表现得淋漓尽致。即使将照片中的一个

局部裁切出来还会具有很高的像素，能够用来进行较大幅面的输出打印。EOS 5DSR 更是取消了感光元件前的低通滤镜，从而能够榨取出相机最后一份锐度表现，获得 20% 左右的锐度提升，画质达到更加出色的境界。这可以说是 EOS 7D MARK II 难以完成的任务。

但是，EOS 5DS/5DSR 同样无法实现 EOS 7D MARK II 的速度表现，其最高连拍速度只能达到 5 张 /s。另外，高像素机型另一大问题是即使最轻微的震动也会造成照片的模糊，当你对照片进行 100% 原大查看时最为明显。佳能为了解决这一问题，在 EOS 5DS/5DSR 内不仅具有震动更小的反光镜和快门组件，而且在反光镜预升功能下，还可以采用快门延迟释放来进一步减小震动的发生。当你将 EOS 5DS/5DSR 与 EOS 7D MARK II 组合在一起时，将获得真正的位于两个极端上的终极组合，那就是终极的画质和终极的速度。相比之

下，使用一台 EOS 5D MARK III 虽然具有一定的均衡性，但它终究无法实现两个终极组合所具有能力。

索尼 A7 系列全画幅微单——时尚与高画质兼备

※ 索尼全画幅微单 A7 系列可以成为备机的最佳选择。

第三种选择是以备机轻便性为首要目标。在长途外拍时，主力机加镜头已经非常沉重，在车辆无法通行的山路，只能靠自己背负这些重量。

拍摄参数：	🎥 机身：索尼 A7RII	📷 镜头：蔡司 Sonnar
	T* FE 55mm f/1.8 ZA	⭕ 光圈：f/11
	⏱ 快门：1/160s	🔲 感光度：ISO100

※ 与具有卓越光学性能的蔡司镜头配合，使用索尼 A7 系列微单可以获得优异的画质。

此时，很多爱好者都希望备机足够轻便小巧，画质也能够接近主力机。同时，在城市中还可以不带主力相机，只拿备机轻松出行。近年来流行的微单相机是充当轻便备机的首选。它不仅体积小重量轻，而且感光元件面积远大于普通卡片机，画质也能够得到保证。在微单领域中，索尼的 A7 系列是备受关注的明星机型。其中 A7RII 是顶级的产品，它具有 4240 万像素背照式感光元件。法国 DxO 的感光元件评测中，A7RII 得分高达 98 分，力压尼康 D810，在当今所有单反和微单相机中拔得头筹。其中动态范围达到 13.9EVs。

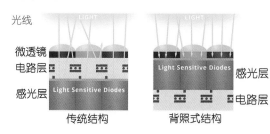

背照式感光元件也体现了索尼在这一领域的领先，它改进了感光元件的外观结构。传统的结构中，在微透镜和感光层之间存在电路层，影响了感光性能。而背照式结构将微透镜下面这两层的位置进行了对调，感光层在上，电路层在下。这样就可以避免光线通过时遭受损失，

提高了低光照下的画质。这是感光元件结构上的一个重要里程碑，在 A7RII 上也是这项技术第一次运用在全画幅感光元件上。

对于超过 4000 万像素的相机来说，相当于将原来 1000 万像素级别的照片放大了数倍进行查看，拍摄时的任何抖动都会被放大。因此，很多专家建议高像素相机在使用时应该提高安全快门 3 挡，并尽量使用三脚架拍摄。而轻便的微单如果使用三脚架就牺牲了其优势。为了解决这一问题，A7RII 具备了机身五轴防抖能力，通过感光元件的移动，不仅能够抵减迟滞和水平方向上的抖动，还能够应对俯仰、摇摆和轴向旋转抖动。从而将手持拍摄晃动对于画质的损害降到最低程度。另外，比起佳能的镜头防抖，机身防抖的优势在于即使搭配不具备防抖功能的老镜头，也可以获得防抖效果，提高手持拍摄的成功率。

自动对焦速度一直是微单的短

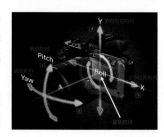

板，而 A7RII 具备了 399 个相位差对焦点和 25 个反差式对焦点，不仅把对焦点覆盖范围大幅度增加，还提升了大约 40% 的对焦反应速度。使得微单相机在对焦上的性能提升了一大步。除此以外，索尼 A7RII 不仅能够拍摄 4K 视频，快门寿命更是高达惊人的 50 万次。

在 A7 系列当中，我们还可以选择像素稍低、性能均衡的 A7II，还有弱光拍摄能力非常突出的 A7SII，它具有 ISO409600 的惊人高感光度，在微弱的光线下都可以自如拍摄。索尼 A7 系列还可以使用蔡司全画幅 E 卡口镜头，光学质量绝对不在佳能 EF 镜头之下。

微单相机没有光学取景器，需要通过 EVF 即电子取景器来观察外界。EVF 并不是机身背面的大液晶屏，而是与单反相机上位置相同的取景窗口，但它里面并不是通过五棱镜反射出来的实际光线，而是一块小巧而精密的液晶屏。EVF 可以保证在光线强烈的环境下获得良好的取景效果。其像素高达 236 万，相当于普通单反主液晶屏像素的 2.6 倍，且像素密度更高。因此可以呈现出一流的显示效果和精度。与单反的光学取景器（OVF）相比，EVF 的最大优势在于所见即所得，也就是你从 EVF 里观察到的画面就是你最终拍摄的结果。正常情况下 EVF 的响应速度很快，难以察觉到延迟的发生。只有在弱光或低温环境下，延迟才会稍显明显。

索尼 A7 系列的主液晶屏可以翻转，最大可向上折叠与机身平面呈 90°角，向下呈 45°角。有了这一功能眼睛可以离开取景器进行更自由的视点变换。无论将相机放在地面上采用低视点拍摄还是将相机举过头顶采用高视点拍摄，都能够更加方便取景观察。这种变化视点的拍摄方式是在拍摄常规题材时获得不同寻常画面效果的重要技巧。而且对需要隐蔽抓拍的人文场景来说可翻转的液晶屏更加有实战意义。

A7 系列在机身中引入了 WiFi/NFC 无线传输模块，我在拍摄照片后会第一时间将照片传到手机中，操作起来非常简单。

※ 峰值对焦成为手动对焦的好帮手。

索尼 A7 系列还具备很多特色功能，例如多帧降噪功能可以通过连续拍摄多张照片，然后通过机内处理的方式将其合成为一张，使照片噪点降低，让手持拍摄夜景成为可能。还有全景扫描功能，可以在机内自动实现全景接片。

由于 A7 系列拥有超短的法兰距，几乎可以通过转接环将各品牌镜头安装在上面使用，这其中也包括了佳能 EF 镜头。虽然此时转接的镜头只能采用手动对焦，但通过机身具备的峰值对焦功能（在接近合焦位置时，画面主体的边缘出现彩色颗粒，当继续调整对焦环实现准确合焦时，颗粒数量会达到最大以提示合焦完成），我们还是可以非常轻松地完成手动对焦操作。

适马 DP Quattro——不可更换镜头的个性化选择

当你痴迷于单反丰富的镜头群时，潮流却在不断变换。如今，不可更换镜头相机大有流行的趋势，成为影友关注的热点和新的备机选择。与传统的卡片相机不同，新时代的不可更换镜头相机不是针对普通家庭用户，而是针对了更加发烧的摄影爱好者。这类相机采用较大感光元件，使用定焦镜头并且不可更换镜头的设计，以获取镜头与机身之间的最佳配合度，从而获得极佳的画质。其中，最有特点的相机要数适马（Sigma）的 DP Quattro 系列了。DP Quattro 系列包括了 4 台相机，分别如下。

> DP0 Quattro 的定焦镜头焦距 14mm，焦距转换系数一样为 1.5，等效焦距 21mm，属于广角；

> DP1 Quattro 的定焦镜头焦距 19mm，等效焦距 28mm 属于小广角；

> DP2 Quattro 的定焦镜头焦距 30mm，等效焦距 45mm，属于标准视角；

> DP3 Quattro 的定焦镜头焦距 50mm，等效 75mm，属于中长焦距。

拍摄参数：🔘 机身：适马 dp2 Quattro　◎ 光圈：f/2.8
⏱ 快门：1/100s　　　　　　 ▣ 感光度：ISO 200
✴ 曝光补偿：-1EV　　　　　 🔀 白平衡：日光

※ 从官方样片可以看出，dp2 Quattro 所拍摄的照片色彩表现不同凡响，一幅简单的树叶特写仍然表现出了惊人的细节、厚重而沉稳的色彩风格、油润感十足仿佛德系镜头所展现的效果。

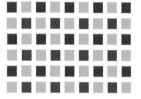

※ 传统的 CMOS 感光元件为拜耳矩阵型 RGB 排列方式，在同一个平面上接收色彩信息。

也就是说，如果你想凑齐这四个焦段，就要购买四台相机，而不是单反的一台相机加四个镜头。适马用这种换机器才能换焦距的独特方式来实现对画质的精益求精。这一思路甚至是其他厂商想都不敢想的。

适马之所以有如此的信心，源自于 DP Quattro 系列机身内的独特感光元件。包括佳能、尼康和索尼在内的所有相机厂商，使用的感光元件均为拜耳矩阵 CMOS 感光元件。这是一种类似马赛克的结构，感光元件上的每一个像素都是 R（红）、G（绿）、G（绿）、B（蓝）四个部分组成的一个 2×2 的正方形单

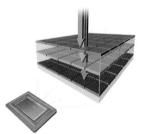

※ 而适马所采用的 Foveon X3 感光元件将 RGB 分成三层，分别记录场景的色彩信息。目前，佳能和索尼都在开展分层结构的研究，可以预见这种结构将成为未来感光元件的发展趋势。

元。照片当中每一个像素的色彩是通过计算得出的。这种感光元件的弊端是由于高频率重复循环的阵列，会导致高频信号干扰，在画面上出现彩色的高频率条纹——摩尔纹。解决这个问题，就要在传感器前面加上一块低通滤镜，阻隔高频信号，从而解决摩尔纹问题，但是低通滤镜会影响图像的清晰度。这也是为什么佳能 EOS 5DSR 要去掉低通滤镜的原因。而适马 DP Quattro 系列采用的感光元件与它们都不同，它是通过 3 个不同的层来记录照片中的红绿蓝三原色，之后再通过机内处理器合成，最后得到照片。这种传感器的好处是能还原最真实的色彩和极其精细的细节，相比于拜耳矩阵感光元件来说，颜色是真实获得的并不是计算得出的。适马采用的这种特殊结构感光元件的名称是 Foveon X3。由于微观结构的特殊，DP Quattro 系列的画质能够达到全画幅单反相机的水平，甚至超越部分入门级全画幅相机。

适马 DP 有了与众不同的 X3 感光元件和精密的不可更换定焦镜头，这两项的强强组合，获得了不同凡响的画质表现。其锐度之高完全可以达到逐根数眉毛的地步，而这样的锐度表现一般都是高端的数码中画幅相机才能够具备

拍摄参数: ⓘ 机身: dp2 Quattro　◎ 光圈: f/13
　　　　　 ⓢ 快门: 1/200s　　 ▦ 感光度: ISO 100
　　　　　 ✳ 曝光补偿: 0EV　　 ⑧ 白平衡: 自动

※ 画面中存在细小物体时最能看出镜头的锐度,在
　这幅官方样片中鸟儿头冠上的绒毛和身上羽毛的
　细节被展现得淋漓尽致,体现出了不可更换镜头
　的优势。

的。色彩还原更是 DP 的强项,照片中的色彩

真实自然,与人眼所看到的环境色彩非常一致。色彩之间的过渡流畅,细节表现丰富。造型奇特也是适马 DP 的一大亮点,长条带拐弯的机身绝对与众不同。但不要以为适马纯粹为了吸引眼球,这样的设计是为了尽量让机身电池仓远离感光元件所在的区域,从而防止电池在使用中产生的热量传递到感光元件处,增加画面噪点。因此,尽可能地把机身在横向维度上拉得很长。这么多的特色叠加在一起,也就难怪有那么多影友为了体验这不同一般的特色而愿意花费每台近 7000 元的费用购买相机了。其实,完全不必一次买齐全部四款,你可以选择自己喜欢的焦段购置一台进行体验,然后再规划下一步。如果对适马的画质非常喜欢,还可以收入广角和长焦这两个焦段,基本可以适应日常的拍摄需求。

佳能 EOS M3 微单——忠实粉丝的身份证

※ 佳能 EOS M3 同样具有焦平面
　相位差自动对焦系统,保证了
　其出色的合焦速度。

2009 年以后,微单相机开始进入人们的视野,那轻巧便携的机身和优秀的画质立刻吸引了无数爱好者目光。在佳能传统单反用户对原厂微单期待了多年后,2012 年佳能终于推出了 EOS M 微单相机,至今该系列已经发展到了第三代。EOS M3 具有与 EOS 7D MARK Ⅱ 同样尺寸的 APS-C 画幅感光元件,像素甚至更高,达到了 2400 万像素。而它却具有非常小巧的体积,在使用饼干头时完全可以放进口袋。面积足够大的感光元件也保证了 EOS M3 在 ISO3200 时画面噪点都在可接受范围内。EOS M3 机身上具有拍摄模式和曝光补偿双波轮设计,可以像专业单反一样实现快速

拍摄参数: ◎ 光圈: f/8　　 ⓢ 快门: 1/125s
　　　　　 ▦ 感光度: ISO400

※ 大尺寸的感光元件决定了佳能 EOS M3 具有出色
　的画质,虽然无法达到全画幅相机的精细水平,
　但作为备机已经非常出色。

的曝光控制。微单相机最大的弊端往往在于自动对焦速度较慢,而 EOS M3 上使用了焦平面相位差自动对焦系统,可以借助近似单反相机上相位差检测自动对焦的方式快速计算出当前位置与合焦位置之间的偏差,从而迅速完成大

致合焦,然后可以结合反差式自动对焦的优势,进行精度更高的细微调整,从而实现完美合焦。这种对焦方式与 EOS 7D MARK II 在使用液晶屏实时取景时的工作原理一样,所以具有很出色的表现。

为了让 EOS M 微单相机具有更小巧的体积,佳能不仅取消了机身中的反光镜,而且采用了尺寸较小的 EF-M 卡口,并推出了专用的 EF-M 镜头,目前 EF-M 镜头已经推出了 4 款,焦距覆盖 11mm 至 200mm,等效焦距为 18mm 至 320mm。其中,EF-M 22mm f/2 STM 是一支饼干头,重量只有 105g,是发挥 EOS M3 机身轻巧优势的最佳搭配。它与机身组合在一起时,总重量

也不到 500g,比小三元 EF 24-105mm f/4L IS USM 单个镜头还要轻。EF-M 22mm f/2 STM 相当于 35mm 视角,并具有较大光圈和非常出色的画质。

虽然,当你采用 EOS M3 作为佳能 EOS 7D MARK II 备用机时,EF-M 镜头无法使用在单反机身上,但你所携带的 EF 镜头却可以通过原厂转接环用在 EOS M3 机身上。由于镜头和机身都采用原厂的,所以转接后自动对焦、自动曝光和防抖依然可以使用,不会出现使用索尼 A7 系列时转接后的不便。同时,EOS M3 和 EOS 7D MARK II 感光元件面积相同,因此使用相同镜头时视角保持不变,这也有利于我们在更换相机后,无障碍地投入继续拍摄。

佳能 PowerShot G1 X Mark II——低调内敛的选择

※ G 系列的革新之作——G1X MARK II。

让我们将时光倒转至 2000 年,那时正处于胶片向数码过渡的阶段,虽然便携式数码相机开始普及,但是数码单反相机并没有进入大众的视野。当时,职业摄影师还普遍采用胶片单反拍摄。在这一年,佳能数码相机的旗舰产品 PowerShot G1 问世,当时这款仅有 334 万像素和不可更换镜头的相机售价在 1 万元以上,是名副其实的顶级数码相机。从 G1 开始在十多年的时间内,G 系列一直是佳能便携数码相机的旗舰。该系列具有 1/1.7 英寸的感光元件,其面积大于当时普通的便携式数码相机,所以具有更好的画质表现。同时 G 系列还具有专业的操控和丰富的手动功能,

拍摄参数: ◎ 光圈: f/4　◎ 快门: 1/40s
◎ 感光度: ISO800

※ 虽然具有口袋机的体积,但是 G1X MARK II 在弱光环境下依然具有较低的噪点水平。

这是拍出个性化作品必不可少的。直到 2006 年数码单反开始逐渐普及后,G 系列仍然是很多职业摄影师和发烧友选择备机的第一候选人。直到 2013 年,佳能发布了 PowerShot G16 为止,G 系列在十多年中成为一棵常青树,共发布了 12 款,成为一代传奇。

※ 2000 年佳能推出的 PowerShot G1 不仅开创了 G 系列的先河，而且成为数码相机中不多的经典之一。

但现今的影像市场与当年出现了翻天覆地的变化，不仅数码单反成为主角，而且画质出色轻巧便携的微单成为潮流。在大众领域，具有强大拍摄功能的手机更是取代了便携数码相机的位置。G 系列的生存空间被大大压缩，在这种情况下，佳能于 2012 年对 G 系列进行了革新，推出了感光元件面积更大的 G1X（1.5 英寸）。这是一款面向新时代加强版的 G 系列排头兵，它的感光元件面积甚至大于奥林巴斯和松下的微单，其配备的高品质镜头光学表现也超过了微单的套头。2014 年新 G 系列升级到了 G1X MARK II，其镜头等效焦距为 24mm ～ 120mm，是非常实用的小三元标准变焦范围。广角端最大光圈达到了 f/2.0，非常明亮。由于采用了像素间距更高的感光元件，其高感光度表现非常优秀，在 ISO1600 下也没有明显噪点。

前面介绍过的微单相机虽然体积小巧、功能强大，但是只有在使用体积同样小巧的饼干镜头时才是完美的。一旦使用更大体积的镜头，机身整体的轻巧性会被破坏。而 G1X MARK II 则不存在这一问题，只要在关机状态，体积就会非常小巧。如果你对于备机的体积有严格的要求，追求在优秀画质基础上的极致轻巧，同时又有原厂情结，那么 PowerShot G1X MARK II 是最佳的选择。

14.2 常见错误提示

对于第一次使用佳能数码单反相机的影友来说，可能对相机发出的以下错误提示并不熟悉。这些提示并不代表相机发生了故障，而是告诉用户某些配件或设置需要更换调整。例如，存储卡空间已满、电池电力已经完全消耗等。

你需要知道这些相机提示，以便做出相应处理，才能够保证拍摄的顺利进行。在现实生活中，真的有初学者发现无法按下相机快门，将相机送至售后服务中心，之后才了解"故障"原因是存储卡已满。

相机内无存储卡

错误提示：机顶液晶屏上本来应该显示剩余拍摄张数的括号内没有数字显示。

很多影友经常会忘记插入存储卡就带着相机外出拍摄，开机后会发现按不下快门。如果你仔细观察，当相机内没有存储

卡时，机顶液晶屏上本来应该显示剩余拍摄张数的括号内没有数字显示，而且按下照片回放按钮后主液晶屏会提示相机内没有存储卡。

如果进入拍摄菜单第 1 页第 4 项【未装存储卡释放快门】选项中，开启了这一功能，那么即使没装存储卡也可以按下快门，但照片只是以演示模式展示在液晶屏上，却无法被记录下来。所以，在出门前应该对存储卡、电池、滤镜等附件进行仔细的检查，以免遗漏重要附件。

存储卡无法使用

错误提示符：Err 02、Err 70

当使用了佳能 EOS 7D MARK II 机身不支持的存储卡，或者存储卡质量低劣以及损坏时，相机主液晶屏上会出现 Err 02 字样。这一故障有可能在开机时就出现，也有可能在拍摄中尤其是连拍后出现。建议大家购买品牌信誉度好质量过硬的正品行货存储卡，否则就可能出现这一故障。

提示 ⚡

佳能官方并没有对于存储卡的品牌进行推荐，但包括闪迪（Sandisk）、雷克沙（Lexar）东芝和金士顿在内的知名品牌的产品一般不会出现类似故障。

另外，只有经过相机格式化后的存储卡才会有更好的兼容性。如果存储卡是全新的，或者是经过电脑格式化的，在装入相机后就容易出现不兼容现象，此时相机也会用 Err 02 来提示存储卡未格式化。我们需要用到设置菜单第 1 页第 5 项的【格式化存储卡】功能对其进行格式化。

相机在完成拍摄后，将照片数据进行处理并保存的过程中也可能出现差错，如果机身内部缓存或者向存储卡中写入数据时出现故障，就会出现 Err 70 的错误提示符。此外，使用老版本的 EOS MSG 软件查看相机快门次数，也容易导致 Err 70 的出现。

存储卡被写保护

错误提示符：Card 2 Err

不可写入照片状态　　可写入照片状态

SD 卡具有写保护功能，在 SD 卡一侧具有

一个黄色塑料拨杆，向下拨动后就会禁止数据写入，以保护其中的数据不被删除。虽然卡内数据还能够被读取，但是，使用这样的存储卡后，相机就无法向其写入照片数据，因此会显示错误提示。机顶液晶屏会出现 Card 2 Err 字样，并不停闪烁。此时需要关机后，取出 SD 卡将黄色拨杆推回到可写入位置。

存储卡已满

提示符：Full 1 或 Full 2

拍摄照片数量较多，又没有及时将照片导入电脑进行保存，会出现存储卡空间被写满的

情况。此时，即使电源充足也无法按下快门继续拍摄。出现存储卡已满的情况，相机会在机顶液晶屏上以"FULL"加数字并不断闪烁的形

式提示我们需要更换存储卡了。数字 1 代表已满的是 CF 卡，数字 2 代表已满的是 SD 卡。同时，机顶液晶屏上用于显示剩余拍摄张数的括号内的数字变为 0。相机背面的主液晶屏也会发出文字提示。

当佳能 EOS 7D MARK II 机身插入两张存储卡并在设置菜单第 1 页第 1 项的【记录功能 + 存储卡 / 文件夹选择】选项中了【自动切换存储卡】后，只有两张存储卡都被写满数据才会出现提示。选择【标准】后，当主力存储卡被写满数据，相机不会向另一张存储卡内继续存储照片，而是直接发出存储卡已满的提示。当选择【分别记录】或【记录到多个媒体】时，如果一张存储卡已满，即使另一张仍有存储空间也会出现的提示，并且无法继续拍摄。

有的初学者甚至将相机送到售后服务中心后才知道按不下快门的原因是存储卡已满。为了避免闹出这样的笑话，我们拍摄时需要随时留意剩余拍摄张数，并且关注相机的提示，不要误以为是相机故障无法拍摄。另外，还要养成出门前检查剩余拍摄张数的习惯，在每次拍摄后及时整理照片，清空存储卡的习惯也非常重要。同时，记得出门时多带几张高速大容量存储卡，以备不时之需。

电量耗尽

错误提示符：

电量耗尽与存储卡写满同样是我们在外拍时经常遇到的问题。使用中频繁回放照片、经常使用连拍、实时取景功能和机顶闪光灯等都会让电力消耗加快。当电池电量即将耗尽时，机顶液晶屏上会出现电池图标并持续闪烁，以提醒我们电力即将终结。如果此时仍继续拍摄，很可能在几十张后就会强制关机。

因此，每次外出拍摄前，应该养成检查剩余电量，并将备用电池充满的好习惯。除此以外，使用手柄多增加一块电池会大幅度增加拍摄续航能力。此外，手柄还可以让我们采用 6 节 5 号电池供电，从而拓展了选择范围。

机身与镜头数据传递故障

错误提示符：Err 01

卡口上的电子触点

佳能相机最大的特点在于全电子化的卡口，机身与镜头之间的所有数据传输都依靠电子触点，而没有传统的机械式信息传递。自动对焦数据、电磁光圈驱动、测光数据、照片 EXIF 信息等，都依赖于这条信息通道。一旦数据传递出现故障，拍摄将无法进行。

如果长时间不用，或者相机所处环境湿度过大就容易造成卡口和镜头上的电子触点发生氧化，导致电信号不能自由传递。相机主液晶屏上会出现 Err 01 的错误提示。这时应该取下镜头，用镜头专用清洁纸轻轻擦拭金属触点，让灰尘和氧化层脱落，恢复信号传递，再装上镜头重试。

在使用超长焦镜头时，由于镜头重量大，对于卡口来说负荷更加严重。长时间使用后容易

出现镜头与机身的连接松动，因而报错。为了避免这种现象应该使用托架，将机身与镜头更好地固定和衔接。

数据正在处理中

错误提示符：buSY

在使用长时间曝光降噪、多重曝光、HDR功能或持续进行高速连拍时，在拍摄后相机会用较长的时间进行数据处理和存储。此时，由于图像处理芯片处于忙碌状态，我们无法对相机进行任何操作，当然也无法继续拍摄。此时机顶液晶屏会显示 buSY 字样并持续闪烁，速控转盘右下方的数据处理指示灯也会一直亮起，以提醒我们。这时最好的方法就是等待，并且不能关闭相机电源，直到 buSY 字样消失。

※ 数据处理指示灯亮起时请不要关闭相机电源。

电池无法充电

充电指示灯

在给电池充电时，充电器的橙色指示灯会不断闪烁，随着电池电量的增加闪烁频率也从每秒闪烁 1 次提高到每秒闪烁 3 次。当电池全部充满后，指示灯会变为绿色，并一直亮起以提示充电完成。但在极个别情况下，当你刚刚将电力耗尽的电池装入充电器时，指示灯就快速闪烁，其频率还远高于每秒 3 次。这就代表充电器或电池有问题，二者之间的通信出现故障。此时是无法向电池充电的。我们应该将电池取下，检查金属触点是否有氧化现象，如果存在氧化用软布轻轻擦拭。重新将电池固定在充电器中，查看故障是否依然存在，一般情况下只要是原厂电池都能够恢复正常。

相机无法开机

在各别情况下，即使将电源开关拨至 ON 处相机也没有反应。此时，你需要检查的地方是：电池舱盖是否关闭紧密；存储卡舱盖是否关闭；电池舱内的电池与机身接触是否紧密。

由于副厂电池的工艺精度不高，容易存在偏差，有些时候即使你安装到位，并且电池舱盖正常关闭，电池的金属触点也会与机身没有紧密相连，从而产生没有电力供应的情况。

14.3 硬件故障——哪些部件容易损坏

以上错误提示发生时，并非相机真正发生了故障，而下面的问题才是真正需要我们警惕的。相机机身上的某些硬件设备是故障发生率比较高的地方，使用时我们需要加以注意。

一旦硬件设备出现故障，相机主液晶屏会出现 Err 的错误提示并有相应数字表示故障发生的位置。

CF 卡针脚

你能够看到 CF 卡上密密麻麻的小孔，而看不到的是相机上 CF 存储卡插槽内同样密集的 CF 卡针脚。将 CF 卡插入槽中，针脚和卡上的小孔一一对应，准确接入后才能够正常读写数据。如果在操作过程中出现 CF 卡插入方向不对或过于用力，很容易造成相机内那些极细的针脚发生弯曲。一旦出现类似问题，相机就会出现 Err CF 的提示，无法再继续使用 CF 卡拍摄，只能送售后服务进行拆机维修了。

针脚形状与相机内的CF卡触点近似

快门组件

数码单反相机的快门组件由机械与电子两部分组成，我们知道所有机械部件都存在磨损，因而有寿命问题。在长时间高强度使用后，容易产生故障。当快门组件出现故障时，相机会出现 Err 30 的错误提示符。除了快门寿命外，如果有外界的异物从镜头卡口调入机内，一旦卡在快门组件的齿轮中，就会造成快门组件的损坏。因此，应该仔细检查镜头后组和后盖是否有容易脱落的塑料颗粒。在更换镜头时，卡口也应该尽量向下，以免有物体落入。

镜头内光圈组件

除了相机本身，镜头发生故障后机身也会显示错误提示，代码为 Err 60。光圈组件就是镜头内的重要部件。光圈与快门组件对于曝光有着重要影响。快门组件出现问题时经常会无法按下快门，而光圈组件出现问题后相机依然可以拍摄，但照片会出现严重过曝或欠曝现象。这种情况就有可能发生在光圈组件的排线上，也需要送到售后服务部门进行维修。

反光镜

反光镜

数码单反相机作为精密的光学电子仪器，对于气温、气压、湿度等环境条件会有比较敏感的反应。过低的温度、急剧变化的海拔带来了气压改变以及高温高湿都会对机身和镜头造成影响。如果从寒冷干燥的户外，进入温度湿度较高的室内，那么相机内部很容易出现凝结的露水。这就会造成内部机械部件和电子线路的故障，出现此类故障后会出现 Err 20 的错误提示符。

其中，反光镜是相机内部具有机械结构的

部件，比起纯电子类器件来说，容易在长时间高强度使用或发生碰撞时出现损坏。反光镜组件出现损坏时不仅会有 Err 20 提示，而且按下快门后听不到反光镜升降时应有的声音。如果是反光镜一直处于抬起状态，则光学取景器内会一片黑暗。此时，只能送到售后服务部门，一般情况下会拆开相机更换全部反光镜组件。

电源板

由于副厂电池价格较便宜，成为很多影友的选择。但是有些副厂电池质量较差，容易带来电源方面的故障，甚至会连带造成相机内部电源板的损坏。此时，相机会出现 Err 40 的错误代码。所以在电池的选择上还是以原厂电池为佳。另外，更换镜头、存储卡、快门线等外部设备时，要养成在关机状态下操作的好习惯，这也能够在一定程度上避免 Err 40 的出现。

内置闪光灯

在机顶热靴上使用了外置闪光灯后，由于外力碰撞可能会出现热靴上的弹簧片没复位，此时即使拆卸调外置闪光灯后，机顶内置闪光灯也不弹起。机身主液晶屏就会出现 Err 05 的错误提示符。使用曲别针来回拨动并按压几下热靴左右两侧滑轨下的弹簧片，一般内置闪光灯就能够弹出。另外，内置闪光灯底座上存在异物，或连接杆生锈也可能导致这一故障的发生。

最怕遇到的 Err 99

如果说前面的错误代码都与某一类具体的故障类型相对应，那么错误代码 Err 99 则是一个综合性的问题，也就是其他未知错误。出现 Err 99 时，故障发生的位置可能是前面提到的容易损坏的部件，也有可能是其他问题导致的。这也是影友最怕遇到的一种情况，我们只能建议送到售后服务部门进行解决。

14.4 软件或电子控制部分故障

※ 佳能 EOS 7D MARK II 的全镁合金机身在一定程度上可以屏蔽电磁干扰，避免死机现象。

现在的单反相机更多依赖电子信息进行传递和各项功能控制，在电子信号传输过程中，容易受到外界电磁干扰。所以，高等级机身一般在机身各面都采用镁合金材料，一方面为了更加坚固耐用，另一方面也是为了屏蔽电磁干扰。如果机身有一面没有采用镁合金材料，就容易因电磁干扰进入机身留下隐患。另外，即使采用了全部镁合金机身，由于内部存在众多的电子部件，之间也会出现电磁干扰。在佳能 1D 系列的顶级机身上，还会在各主要部件之间用金属材料进行隔离，防止电磁信号相互干扰。所以 1D 系列机身体积大而且重量沉，这样设计的目的就是将内部电磁干扰降到最低水平，保证具有极高的可靠性。然而这样的设计显然不会用在其他等级的机身上。所以，在各别情况下就会出现电子控制部分的故障，此时机身显示的错误代码为 Err 50。

开关机除尘是大多数影友采用的方式，但在极个别情况下也会出现 Err 06 的错误提示符，代表开机除尘故障。出现这一错误的原因，大多数时候是因为使用 USB 线将相机和电脑连接进行数据传输时，没有关闭相机电源或者相机正处于待机省电状态，从而造成相机工作异常。

Err 06 属于软件类故障，一般采用我们后面介绍的取出电池的方法就能够解决。

另外，相机在遇到较强的静电、电磁干扰时或者机身与镜头数据交换错误时，会产生类似电脑"死机"的现象，虽然出现死机的概率相对比较低，一旦发生，操作任何按钮相机都没有反应，其中也包括电源开关。此时，只有取下电池这个唯一方法。另外，副厂镜头与机身的数据交换没有原厂镜头那么顺畅，很多影友都是在使用副厂镜头时出现了死机问题。及时升级相机固件也会有所帮助。

实战经验 软件类故障自救小妙招数

如今的数码单反相机可以说是一台电脑，当然它是运作在光学器件（主要集中在镜头中）的基础上。电脑在运行时就可能出现死机等故障，单反相机在遇到电磁干扰或过热等情况也会出现类似故障。与机械故障不同的是，电子设备故障可以通过重新启动的方式得到解决。

因此，一旦相机发生错误提示，可以自己采取重启的方式尝试解决。具体操作是先关机，然后打开电池仓取出电池，等待 20 ~ 30 秒后再装上电池开机。很多时候这一方法都会见效，当然如果是硬件类故障就只能送去售后服务部门检修了。

14.5 固件升级——相机功能的自我完善

当某些故障出现时，固件升级往往能够起到解决问题的作用。它在相机性能升级方面扮演了重要角色。在胶片单反时代，新产品的上市速度远没有现在快。而且当年在新款相机发布前，厂商普遍都会先生产一部分样机，并且提供给签约摄影师用来测试评估很长时间。测试后会将发现的问题汇总，反馈至设计部门改进，这样才能够生产出批量上市的款型。而数码时代，技术进步的速度如同闪电一般，相差 2 ~ 3 年的相机就会有天差地别的表现。这也迫使新品推出的速度越来越快，新机型的生命周期变短。那种长时间测试加改进的方法也无法适应新时代的需求，因此固件成为数码相机自我升级的重要工具，它可以让新机型先上市，然后厂家再根据反馈意见对产品进行完善和升级。

14.5.1 相机固件的作用

很多人都认为数码相机只是把胶片相机中的胶片换成感光元件而已，只需要拿起来用即可。有些人认为数码相机的功能在买来的时候就已经固定了，今后不会发生任何变化。其实，当今的数码单反相机已经不再是传统意义上的相机了，它的电子化程度之高甚至可以认为它是一台计算机。由硬件和软件共同构成的数码单反相机已完全不同于传统的胶片相机，它不仅功能更强，而且具有可升级和可扩展的能力，这也要归功于相机固件。

所谓相机固件是指固化在相机芯片中的微型操作系统，我们平常操作的菜单就是这个操作系统的界面，这非常类似手机上的苹果或安卓系统。相机厂商会在必要的时候发布升级程序，以便提升相机性能和兼容性，并且修正存在的错误和问题。例如，厂商推出了新款镜头，一般会在升级的固件中加入对新镜头的支持，使得相机与镜头之间信息传递更加有效。连续自动对焦过程中，精确和先进的算法是重要的保证，升级固件时往往也会改进这类算法，以提升对焦性能。这些都是实实在在的对相机性

能的提升，因此影友需要关注固件升级情况，并及时升级。

通过设置菜单第 4 页最后 1 项的【固件版本】选项可以查看相机当前的固件版本。佳能 EOS 7D MARK II 刚刚上市时的固件版本是 1.0.0，此时你可以将最新固件版本号与手中相机进行对比，如果相机的固件版本号落后，则需要升级。

14.5.2 佳能 EOS 7D MARK II 的两次固件升级

佳能 EOS 7D MARK II 是在 2014 年 11 月上市，2015 年 5 月发布了第一次固件升级，版本号为 1.0.4。

这次固件升级所带来的改变主要包括以下内容。

➢ 修复了使用"爱死小白兔"EF 70-200mm f/2.8L IS II USM 镜头时，焦距在 100mm 左右位置不能自动对焦的故障。

➢ 修复了当相机使用人工伺候自动对焦时，即使开启防闪烁功能，画面依然没有改善的情况。

➢ 修复了照片风格不能存储在自定义 C1，C2，C3 里的现象。

➢ 修复了相机在实时取景模式下，拍摄第一张照片不能正确记录时间和日期的问题。

➢ 修复了相机开启自动亮度优化校准后，JPG 图片噪点增加的问题。

所有 5 项改进对于 EOS 7D MARK II 都非常重要。其中，EOS 7D MARK II 与"爱死小白兔"EF 70-200mm f/2.8L IS II USM 是一对完美搭档，它们能够将机身的高速度与顶级镜头的一流画质完美结合，在运动主体的拍摄中获得一流的画面。此次固件升级，让这对搭档配合得更加协调一致。

2015 年 9 月 10 日佳能发布了第二次固件升级，版本号为 1.0.5。

这次固件升级所带来的改变主要包括：

➢ 改进了第一代大三元广角镜头 EF 16-35mm f/2.8L USM 镜头或顶级非全画幅镜头 EF-S 17-55mm f/2.8 IS USM 在 EOS 7D MARK II 机身上的自动对焦精确性。

➢ 修复了在极少数情况下会出现的"周边光量校正"（即机内进行的暗角处理）应用不一致的现象。

➢ 改进了在进行 EF 镜头固件更新时，相机主液晶屏上显示的进度条在更新完成后仍停止在 100% 的问题。

➢ 在 GPS 模块中的"添加到图像的地理标签信息"及"记录数据"两项功能，修复了与闰秒有关的处理错误。（所谓闰秒就是由于地球自转放缓，科学家们给钟表额外增加 1 秒钟的时间。这也是全球迎来史上第 26 次闰秒，具体发生在格林威治时间 2015 年 6 月 30 日午夜。）

➢ 修复了在极少数情况下，拍摄时会发生的"Err 70"错误提示符或快门无法松开的问题。

这次固件升级不仅提高了 EOS 7D MARK II 机身与两款镜头组合时的自动对焦精度，而且使得 GPS 中的时间更加精确。可见，升级固件对于提升相机性能，修复原本存在的问题具有重要作用。因此影友应该关注厂商发布的固件信息，一旦有升级固件发布要第一时间更新。

14.5.3 固件升级操作步骤

➢ 首先进入设置菜单第 4 页的【固件版本】选项，确认自己相机上的固件版本是否已经落后。

➢ 然后从佳能官方网站下载厂商提供的最新版本固件。

※ 在浏览器中输入 www.canon.com.cn，进入佳能中国官方网站。将鼠标移动到"服务与支持"后，从下拉菜单中选择"下载与支持"并单击进入。

※ 单击"固件升级查看及下载"后面的按钮。

※ 在搜索栏中选择相机型号，单击搜索按钮。

※ 根据自己电脑的操作系统选择 windows 或 Mac OS。，然后单击下载。

※ 在弹出的页面最下方，"我已阅读并领会上述信息，希望下载指定软件"前进行勾选，然后单击"点击这里"即可完成固件下载。

※ 以 2015 年 5 月发布的佳能 EOS 7D MARK II 固件为例，该固件文件名为 eos7d2-v104-win，属于压缩文件。下载后双击即可解压缩，运行并生成一个同名的文件夹。文件夹中包含了 7D200104.FIR 文件就是固件升级文件。update-procedure-pdf 文件夹内则是固件升级的说明文档。

➢ 通过读卡器连接空白 CF 卡，先对其进行格式化，再将 7D200104.FIR 文件拷贝到 CF 卡根目录下（注意不能拷贝固件所在的文件夹，而要将文件本身放在根目录下）。

➢ 检查相机电池剩余电量，保证电量的充足。

➢ 将 CF 卡插入相机中，打开相机，按下 MENU 键进入设置菜单第 4 页的【固件版本】选项下，此刻就会显示版本升级选项，确认后即可开始升级固件。

固件升级一般需要几十秒的时间，请耐心等待。在极低的概率下，相机可能在固件升级的过程中出现死机现象或者固件升级失败，这时容易导致相机软件系统故障，需要将相机送至维修中心检查。

除了机身固件以外，还可以在固件升级菜单中看到镜头固件。镜头固件升级频率较低，一般爱好者并不会关注。而且从佳能官网可以自行下载安装的只有两款镜头的固件，

一款是饼干头 EF 40mm f/2.8 STM，固件升级后改进了原来对镜头正面施加压力自动对焦功系统会失灵的问题。另一款是 EF-S 55-250mm f/4-5.6 IS STM，固件升级后改进它在 EOS M3 微单相机上的自动对焦速度。另外，佳能的几款超长焦镜头，328、428、540 和 640，也存在镜头固件升级问题。固件升级后会提升自动对焦性能。但无法通过下载固件自行升级，必须拿到客户服务中心。

摄影兵器库：长焦与超长焦镜头

❋ 1993 年佳能推出的 EF 1200mm f/5.6L USM 创造了最长焦距的记录。该镜头最近对焦距离达到 14m，重量超过 16kg。这支镜头的生产量仅有 20 余支，目前二手市场上的售价超过百万元。

固件升级在很多时候都是为了机身与镜头能够更好地通信，在所有镜头中，长焦和超长焦镜头与机身之间的沟通更为关键。

一般情况下，从 85mm 至 135mm 焦段的镜头被称为中长焦镜头，而能够达到 200mm 才是真正的长焦镜头。目前，佳能在产的镜头中最长的焦距可以达到 800mm（EF 800mm f/5.6L IS USM），也被称为超长焦镜头。它经常出现在奥运会和世界杯等重大体育赛事上，是体育摄影师不可缺少的利器。但是普通爱好者常用的长焦镜头多为 200mm 到 400mm 这个范围内。

通常情况下，长焦镜头体积较大，尤其镜身的长度会远长于广角和标准镜头。重量之大也给携带造成很大不便。但在拍摄时，长焦镜头具有不可替代的作用，是爱好者必备的焦段。

长焦镜头助你为画面做"减法"

很多摄影家都提出过"摄影是减法"的原则，也就是指如果想拍出好作品就要突出画面当中的主体，尽量减少干扰主体表现的其他因素。可以说，这是一条提高拍摄水平的重要方法，要实现这一原则不仅需要一双善于观察发现和提炼的慧眼，更需要一支长焦镜头作为"武器"。因为，相对于广角镜头来讲，长焦镜头具有更小的视角，能够将主体周围的干扰排除在画面之外，实现简洁而醒目的表达。

神奇效果源自压缩的空间

使用长焦镜头拍照时，照片中主体与背景之间的距离看上去比实际的距离要短，主体和背景紧紧贴在一起。画面中少了广角镜头带

拍摄参数：◎ 光圈：f/5.6　◎ 快门：1/1250s
◎ 感光度：ISO400　◎ 焦距：200mm

※ 采用长焦镜头可以从这个香炉中截取出最具代表
性的局部，让观者的视线更加集中在你需要重点
表达的光影效果上。

拍摄参数：◎ 光圈：f/5.6　◎ 快门：1/1600s
◎ 感光度：ISO200　◎ 焦距：160mm

※ 在长焦镜头的作用下，两个颜色不同但形状相似
的古建筑局部被压缩在了一起，其实它们之间有
数十米远。

来的纵深和空间感，增加了一种静寂感，这就
是长焦镜头带来的压缩距离功能。利用这一特
性，我们能把本来已经拥挤的空间变得更拥
挤，带来更壮观和夸张的视觉体验。这也是摄
影师经常采用的一种表达手法。

更美的焦外由长焦创造

　　焦距是影响画面景深的重要因素，在光圈
和拍摄距离不变的情况下，随着焦距的增加画
面中的景深也就是清晰的部分会变短。在使用
长焦镜头并采用较大光圈拍摄时（如 f2.8 或
f4）我们很容易将焦点以外的景物虚化，呈现
出如奶油化开般的美丽焦外成像效果。在外景
人像拍摄中，这是最常用的一种拍摄手法。

长焦镜头中的变焦与定焦

　　长焦镜头大致可以分为两种，一类
是 70-200mm、70-300mm 的变焦镜
头，另一类就是 200mm、300mm 甚至
400mm 以上的定焦镜头。在使用定焦
镜头拍摄时，取景构图的改变都需要拍
摄者前后移动位置才能实现，如果使用
焦距较短的定焦镜头，比如，35mm 或
85mm 定焦，镜头较轻便移动起来不困

拍摄参数：◎ 光圈：f/3.2　◎ 快门：1/400s
◎ 感光度：ISO400　◎ 焦距：300mm

※ 在长焦镜头加大光圈的双重作用下，背景中的树
叶和亮部被虚化成不同色彩的柔和渐变，更好地
衬托出主体。

※ 顶级的长焦变焦镜头 ——
佳能 EF 200-400mm f/4L IS
USM EXTENDER 1.4X，在
拍摄远距离主体时依然保有
很高的灵活性。

※ 长焦定焦镜头 EF 400mm
f/2.8L IS II USM，更多
针对那些对画质要求苛
刻的专业摄影师。

难。而且拍摄人像时摄影师与模特的距离较近，交流沟通方便。但如果使用 300mm 以上的定焦长焦镜头拍摄时，就会造成很大的不便，拍摄者构图取景时要拿着沉重的器材进行更大范围的移动。拍摄人像时，摄影师与模特距离很远造

成交流困难，给拍摄带来不便。实际上，定焦长焦镜头很多都是为了拍摄体育题材或者拍摄鸟类等野生动物的特殊用途镜头。普通爱好者购买长焦镜头时还应以 70-200mm、70-300mm 这种变焦镜头为主，会在使用中带来很大方便。

佳能用户的终极梦想——EF 70-200mm f/2.8L IS II USM

EF 70-200mm f/2.8L IS II USM 是佳能大三元中价格最高的一支镜头，也是佳能 EF 镜头阵容里中长焦段的主力镜头。更有很多影友称其为佳能用户的"终极梦想"，可见其地位之高。对于大多数影友来说，70-200mm 是个必备焦段。在

※ "爱死小白兔"EF 70-200mm f/2.8L IS II USM 不仅是所有 70-200mm 焦段镜头中顶级的一支，而且在整个 EF 镜头群中也是具有重要意义的标杆镜头。

拍摄参数：◎ 光圈：f/2.8　◎ 快门：1/1600s
◎ 感光度：ISO400　◎ 摄影师：林东

※ "爱死小白兔"具有出色的画质，同时在远距离抓拍时不会打扰主体人物，从而获得更加自然的表情。

人像题材中，凭借长焦距和大光圈可以轻松营造出虚化的背景，拍摄出唯美的风格。在风光题材中，它可以实现前景与背景的透视压缩，让它们叠加在一起，形成鲜明的对比。这也是一种经典的拍摄手法。以普遍的观点来看，变焦镜头的画质始终会弱于定焦镜头。而由于 70-200mm 焦段的特殊性，其光学设计非常成熟，高品质的变焦镜头所带来的画质完全不输给定焦。同时，凭借着其易用的特点，让这一焦段范围内，除了 85mm 以外几乎没有了其他定焦镜头的生存空间（如 100mm、135mm、180mm 和 200mm 定焦）。

所以，70-200mm 这一焦段也是佳能重点打造的领域之一。根据最大光圈恒定在 f/2.8 还是 f/4，以及是否搭配防抖功能，佳能推出了 4 款镜头。在摄影器材中，一般只有备受关注的

知名镜头才会有自己的昵称，而这 4 款都有自己的昵称。它们就是大名鼎鼎的"小白"系列。

➤ "爱死小白兔" EF 70-200mm f/2.8L IS II USM：这是 4 款 70-200mm 中的顶级镜头，昵称中的"爱死"是佳能防抖功能 IS 的谐音，"小白"的名字来源于其白色的镜身，

	带有IS防抖功能	没有IS防抖功能	
	爱死小白兔 EF 70-200mm f/2.8L IS II USM	小白 EF 70-200mm f/2.8L USM	恒定光圈 f/2.8
	爱死小小白 EF 70-200mm f/4L IS USM	小小白 EF 70-200mm f/4L USM	恒定光圈 f/4

而"兔"表明这是第二代产品。

> "小白"EF 70-200mm f/2.8L USM：这其实是 4 款 70-200mm 镜头中发布最早的"老大哥"，于 1995 年发布。光圈恒定 f/2.8，但是没有搭配防抖功能。

> "爱死小小白"EF 70-200mm f/4L IS USM：这是 70-200mm 中的高性能便携款，由于镜头光圈恒定 f/4，孔径稍小，所以被称为"小小白"。在外观上它的直径也确实细了一圈。

> "小小白"EF 70-200mm f/4L USM：这是 4 款镜头中的基本款，光圈恒定 f/4 且不具备防抖功能。

对于当今这个时代的镜头来说，防抖功能几乎是必备的，所以 4 款镜头中影响力最大的还要算"爱死小白兔"EF 70-200mm f/2.8L IS II USM 和"爱死小小白"EF 70-200mm f/4L IS USM 了。

EF 70-200mm f/2.8L IS II USM 是一款标杆性产品，在影友日常外拍中，它可以胜任很多的拍摄任务。它不仅可以带来一流的画质，而且可以使用更简洁的构图，为画面做减法，获得主题醒目的作品。其用途之广泛，使用频率之高往往会超出大三元中其他两支，因此对其的投资更显值得。

"爱死小白兔"的核心魅力在于 200mm 端全开光圈带来的浅景深效果，那种视觉冲击力会让第一次使用的影友难以忘怀。在 200mm 端即使全开光圈依然非常锐利，因此可以让摄影师更加放心地使用长焦与大光圈的组合拍摄浅景深人像。除了 200mm 端外，全焦段中最大光圈时锐度都非常不错，甚至很多影友都是采用全焦段使用 f/2.8 拍摄。如果稍微收缩一挡光圈到 f/4，那么锐度将非常出众。"爱死小白兔"不仅焦内锐利，而且焦外过渡自然，毫无生硬感。它还具有出色的抗眩光能力，在拍摄日出日落等风光场景、婚礼现场杂乱的灯光场景、各种镜面和水面反光场景，展会和活动现场的逆光照明场景时等都会应对自如。一流的画质让很多坚定的手动定焦镜头发烧友都改变了自己的看法。

"爱死小白兔"之所以有如此出色的画质，与其扎实的用料密不可分。它拥有 1 枚佳能引以为豪的萤石镜片，这是最有效的控制色散的光学材料。要知道在整个 EF 镜头阵容中，拥有萤石镜片的只不过十余款，而且其中大部分都是价格在数万元的超长定焦。另外，镜头中还包含了多达 5 枚 UD（超低色散）镜片，这在 EF 镜头中是绝无仅有的，而且其中 2 枚都是大口径 UD 镜片。"爱死小白兔"用料的豪华程度甚至超过了很多价格更高的镜头。

"爱死小白兔"做工优良，粗壮的金属镜身不仅保证了超强的耐用度和防护性能，而且手感相当扎实厚重，完全没有轻飘的感觉。但如果外出长时间拍摄，对于臂力还是有一定的考验。为了解决这一问题，可以采用速道（Carry Speed）FS-PRO 相机背带，在相机底部三脚架连接处和"爱死小白兔"的脚架环上各连接一个固定环，然后采用斜背方式，将重量分散到肩部，将大大缓解手臂和颈部的压力，实现更加轻松的外拍。

"爱死小白兔"还具有出色的易用性。虽然很多 EF 镜头都使用了高等级的环形 USM 马达，但使用"爱死小白兔"进行远距离抓拍时，合焦不仅非常迅速，而且很安静，如果不是在极为安静的室内，你几乎不会注意到驱动马达的声音。这一表现要超出很多其他同样配置的镜头。防抖功能让弱光下拍摄的清晰度提升到了一个新境界，安全快门可以降低 4 挡都能够保证画面的清晰。在实际使用中发现，如果配合较高的感光度，如 ISO1600，即使在太阳完全落山后，快门降到 1/50s 也能够手持采用 200mm 端拍摄出清晰的画面。另外，"爱死小白兔"的最近对焦距离为 1.2m，而其他品牌中同类型镜头的最近对焦距离均在 1.4m 左右。这说明"爱死小白兔"具有更好的近距离拍摄能力，在拍摄牡丹、郁金香等花卉题材时，它具有比微距镜头更好的表现。

对于佳能 EOS 7D MARK II 用户来说，"爱死小白兔"是一个完美的搭档。除了等效焦距的延长外，在 f/2.8 光圈下可以发挥出 EOS 7D MARK II 中央对焦点的双十字能力，获得速度更快更加精准的对焦效果。你甚至可以只采用这个点进行运动主体的抓拍，然后通过后期裁切

获得更丰富的构图类型。目前，比较可信的电商价格基本在 1.2 万元左右。相对于价格变化幅度较大的机身来说，镜头尤其是"爱死小白兔"这样的高品质镜头保值能力较强。因此，不必期待其价格有跳水的可能。对于的影友来说，真正拥有并在拍摄中发挥其特点，才是重要的。

轻便高画质——EF 70-200mm f/4L IS USM

※ "爱死小小白" EF 70-200mm f/4L IS USM 重量只有 760g，轻巧便携再加上出色的画质使其成为很多需要机动拍摄的题材的首选。

有很多影友都认为"爱死小小白" EF 70-200mm f/4L IS USM 是光圈缩水版的"爱死小白兔"，二者之间是替代关系。然而事实并非如此，它们二者具有不同的应用场合，完全

可以同时出现在我们的镜头储备库中。对于"爱死小白兔"来说，大光圈当然是其优势，但达到 1490g 的重量使得手持拍摄非常辛苦。在外拍过程中，很容易出现疲劳而降低拍摄热情和创作欲望。另外，如果是风光题材，那么经常使用小光圈，其优势也难以充分发挥。而"爱死小小白"的重量只有 760g，是前者的一半，全天手持拍摄也不会累。在需要长途跋涉的拍摄中，也不会给背负带来过大的负担。它同样具有 1 枚萤石镜片和 2 枚 UD 镜片，使得其画质甚至超过了老一代的"小白"，完全能够满

拍摄参数： ◎ 光圈：f/11 ◎ 快门：6s
◎ 感光度：ISO100

※ 在旅行摄影中，"爱死小小白"不会给你的摄影包增加过多的重量。在风光题材中，小光圈的使用使得它与"爱死小白兔"几乎没有差别。

足大部分影友的需求。因此，"爱死小小白"完全可以成为旅行摄影中的长焦选择，而"爱死小白兔"则是拍摄环境可控，无须过多负重时拍摄人像的最佳选择。

"爱死小小白"目前的价格不到 7000 元，与"爱死小白兔"具有较大的价格差，性价比更加突出。

旅行多面手——"胖白" EF 70-300mm f/4-5.6L IS USM

对于一款镜头来说，画质虽然重要，但很多时候易用性也不可忽视，尤其是在艰苦拍摄环境下，需要长途跋涉时，如果镜头能够拥有更小巧的体积和更轻的重量将会给拍摄过程带来便利。要知道过大的负重也会让你的拍摄热情迅速减退。大部分影友一提到长焦镜头

就会想起 70-200mm 这个焦段，然而"爱死小白兔"EF 70-200mm f/2.8L IS II USM 重量达到 1.5kg，而"爱死小小白"EF 70-200mm f/4L IS USM 虽然重量轻，但长度仍然达到 172mm。为了装下这样长的镜头总需要一个较大的摄影包，这也使得出行负担加重。而且在

拍摄参数：◎ 光圈：f/8 ◎ 快门：1/125s
◎ 感光度：ISO200

※ 在旅行途中，很多时候由于条件限制没有充足的时间寻找最理想的机位。此时"胖白"EF 70-300mm f/4-5.6L IS USM 就可以帮助你在远距离获得精彩的照片。

旅行过程中，更长的焦段会带来更多的收获。如果你只能在船上或车上远距离拍摄，那么200mm 长焦端确实不够用，而如果为此再带上一支 EF 300mm f/4L IS USM 又会增加携带的负担。因此，在旅行摄影中，70-300mm 这个焦段的实用性更高。但有趣的是，长期以来70-200mm 焦段是长焦镜头的主力，是高品质的象征。而 70-300mm 焦段则没有能够达到 L级水准的高品质镜头，它一直扮演着入门机身上初学者廉价的长焦角色。

直到 2011 年，EF 70-300mm f/4-5.6L IS USM 的推出才改变了这一现状，它是一款集画质与便携性于一身的 L 级镜头。它的重量仅有1kg，不会给出行带来过重的负担。在 70mm端的长度只有 143mm，非常短小，容易收

纳。同时，它还拥有 L 级镜头出色的画质和做工。该镜头中使用了 2 枚 UD 镜片，可以有效减小长焦镜头拍摄时容易出现的色散问题。相当于4 级快门速度的防抖效果，使得

※ "胖白"EF 70-300mm f/4-5.6L IS USM 具有更大的焦距范围、更小巧的体积，在旅行摄影中可以充当多种角色，从而大大简化你的出行器材装备。

其弱光手持拍摄能力极强，在持机动作稳定的前提下，甚至可以在几十分之一秒的快门速度下利用 300mm 端拍到清晰的画面。这样就能降低旅行过程中使用三脚架的频率。这支镜头在外观上具有白镜红圈的典型特征，虽然滤镜口径只有 67mm，但镜身上最粗的位置直径达到 89mm，甚至超过了"爱死小白兔"EF 70-200mm f/2.8L IS II USM。因此呈现出明显的"短粗"体型，被影友们称为"胖白"。

从"胖白"开始，氟镀膜技术被广泛应用于新款 L 级镜头上。它是一种能够防止油渍和灰尘附着的涂层，被用于前组镜片和最后 1 组镜片表面。这样如果你不小心用手指触碰到了镜片表面，也可以用镜头布轻松擦掉上面的油脂。

"胖白"的价格在 8000 元左右，对于那些将摄影与旅行结合在一起的影友来说，是非常好的选择。

向 400mm 迈进——"大白兔"EF 100-400mm f/4.5-5.6L IS II USM

一般情况下，普通摄影爱好者手中的最长焦段也就是在 200mm 到 300mm 的级别上。我们可以粗略地认为焦距达到 300mm 的为长焦镜头，而超过 300mm 的就可以称为超长焦镜头。在有些题材上，例如野生动物、鸟类、体育运动等，300mm 仍然捉襟见肘难以满足需

要。当然，并不是所有人都热衷于这些比较特殊的题材。但是有两类影友最喜欢拍摄的常见题材，也需要用到超长焦镜头。第一个就是荷花，与普通花卉摄影需要使用微距镜头不同，荷花大多生长在池塘或湖中。那些姿态优美、色泽漂亮的花朵往往距离岸边较远。此时普通

※ "大白兔" EF 100-400mm f/4.5-5.6L IS II USM 拥有多项新技术，让我们的视野更远。同时它也是一个多面手，在体育、野生鸟类和风光等多项题材中都有用武之地。

长焦镜头难以拍到荷花的特写，你只有进一步将焦距提升才可以扩大创作的自由度。第二个就是风光，严格来说，风光题材可以使用任何焦段来拍摄。但是如果拍摄目的地是极为广阔的草原、戈壁、沙漠，那么只有超长焦镜头才能够在远距离拍摄到山峰或林地的特写。如果你要用广角镜头拍摄这个主题，可能需要开上一天车才能抵达目的地附近。因此，有些摄影家甚至说，400mm在此时也就能够当作标准镜头使用。

可见，将镜头的焦距延伸至 400mm 甚至更长是非常有必要的。在佳能原厂镜头群中，能够达到 400mm 以上的定焦镜头都要 5 万元起步，使得普通爱好者的选择范围变得很窄。而佳能在 2014 年年底推出的 EF 100-400mm f/4.5-5.6L IS II USM 则成为具有原厂情结的影友最好的选择（很多人在 400mm 以上的焦段会选择价格更低的副厂镜头）。这支不到 1.5 万元的变焦镜头虽然牺牲了最大光圈，但可以实现焦距的延伸，满足我们的拍摄需求。

它的上一代是 1998 年上市的 EF 100-400mm f/4.5-5.6L IS USM，这支镜头凭借着较好的画质表现、平易近人的价格，成为普及率最高的 EF 超长焦镜头之一，也被影友们亲切地称为"大白"。但是随着时间的推移，高像素机身成为对镜头光学素质的最大考验，很多 EF 镜头都要面临升级的问题。而且上一代"大白"推出时，还处在胶片时代，因此它采用了当时更常见的推拉式变焦。推拉式变焦的好处是变焦操作可以不影响摄影师左手转动对焦环进行手动对焦。

新一代 EF 100-400mm f/4.5-5.6L IS II USM 镜头有个好听的名字——"大白兔"，它不仅采用了旋转变焦的方式，而且佳能运用了多项新技术来打造这支亲民级的超长焦镜头。首先是 ASC 空气球形镀膜技术第一次被运用，它是在传统多层镀膜的上方增加了一个空气层，空气被包裹在直径 10 纳米的球型结构中。这个空气层具有极低的折射率，对于接近垂直角度入射的光线具有极佳的抗反射效果，从而大幅度降低了眩光和鬼影发生。另外，这支镜头中还拥有一枚昂贵的萤石镜片和一枚直径超大的超级 UD 镜片，可谓用料十足，也因此具有出众的色散控制能力。相比上一代镜头中使用的早期防抖技术，"大白兔"的防抖系统能够发挥更大的作用，起到 4 级快门速度的防抖效果。同时，防抖功能选项也增加到了 3 种。除了传统上适合拍摄静止主体的模式 1，适合进行摇

拍摄参数： ◎ 光圈：f/5.6　　⬜ 快门：1/250s　　⬜ 感光度：ISO800

※ 场景越广阔就需要越长的焦段来完成特写拍摄任务，"大白兔"EF 100-400mm f/4.5-5.6L IS II USM 就是这类场景中最佳的选择。

拍的模式 2，还新增了更适合拍摄运动主体的模式 3。在这一防抖模式下，即使半按快门或者按下 AF-ON 按钮启动自动对焦时，防抖系统仍然处于关闭状态，只有当按下快门的一瞬间才开启防抖功能。这样的好处就是在快节奏的体育摄影中，当需要快速移动镜头的时候，避免一直处于开启状态的防抖功能造成图像延迟，从而有利于快速抓拍。

另外，最近对焦距离是很多影友在挑选镜头时容易忽视的一个参数，"大白兔"的最近对焦距离从上一代的 1.8m，大幅度缩短为 0.98m，并且具有 0.31 倍放大倍率。这样"大白兔"就具有了更出色的特写拍摄能力，你在拍摄花卉和静物等题材时，主体在画面中能够占据更大比例。

由于超长焦镜头被用于风光摄影的频率很高，因此让滤镜操作更加方便也是很重要的。例如，在使用 CPL 偏振镜时，摄影师需要旋转滤镜到达某一角度才能获得最好效果。而传统

遮光罩阻碍了这一操作。在"大白兔"的遮光罩上设计有一个小窗口，旋转 CPL 偏振镜时可以打开。设计非常人性化。

"大白兔"的脚架环设计也很有特色。一般超长焦镜头为了安装在三脚架上能够保持重心的平稳都需要单独设计脚架环。这样支点就会在镜头后部，保持镜头与机身的前后平衡。而传统脚架环的拆装较为麻烦，你只能将其从三脚架上卸下后才能拆装。而"大白兔"的脚架环经过特殊设计，可以通过旋钮将脚架环的上下分离。这样在快节奏的抓拍中，就可以实现手持拍摄与稳固在三脚架上拍摄两种状态的快速切换了。

从这些介绍中你可以看出，"大白兔"的升级不仅在于画质更在于操作便利性上，对于使用佳能 EOS 7D MARK II 的影友来说，"大白兔"是拍摄运动题材时一个绝佳搭档，它能够让机身的高速能力得到更充分的发挥和展现。

新技术为超长焦镜头瘦身——"新大绿" EF 400mm f/4 DO IS II USM

拍摄参数: 光圈: f/5.6　快门: 1/1600s　感光度: ISO500　摄影师: 王文光

在镜头一章中我们了解到，使用望远型光学结构可以让长焦镜头的体积更加小巧，外出拍摄时的负担更轻。萤石镜片的使用可以减少镜头内部的镜片总数，新的镜筒材料可以在保持坚固耐用的前提下降低重量。虽然经过一系

列的革新，标杆产品新 428 的重量已经从 6kg 降到了 3.5kg 左右，大大减轻了摄影师的负重。但是对于那些处于野外拍摄环境，经常需要变换机位同时还要手持拍摄的摄影师而言，新 428 的重量还是难以接受。为了让超长焦镜头进一步瘦身，仅靠上面的技术是远远不够的。

在我们介绍过的所有镜头中，光线通过光学镜片时都是发生折射（当然也有少量光线在镜片表面发生反射），然而有一种透镜可以让光线通过时发生衍射（衍射是指光线在穿过障碍物边缘时，有部分光线会

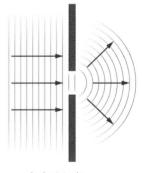

※ 光线的衍射。

偏离直线传播方向，绕过障碍物进入其背面，使光线分布不再均匀。当我们使用很小的光圈拍摄时就容易发生衍射现象从而降低了画质，这种现象在光学上被认为是有害的。但是，如果巧妙利用衍射现象，就能够更加自由地控制光的传播方向）这就是菲涅尔透镜。

※ 菲涅尔透镜让灯塔的光线能够在更远的距离上传播。

※ 菲涅尔透镜的表面呈现出无数个同心圆，因此也称为螺纹透镜。

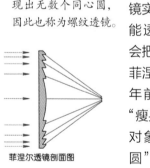

菲涅尔透镜剖面图

※ 菲涅尔透镜可以起到凸透镜的作用，将平行光线汇聚于一点。

※ 佳能第二代绿圈镜头 EF 400mm f/4 DO IS II USM。

然而，菲涅尔透镜并不是新技术，早在 1823 年就由法国物理学家菲涅尔发明出来。在当年这一透镜被用于灯塔上，灯塔顶部的发光设备正是依靠菲涅尔透镜才令光线照射得更远，让船只可以更容易地看到。如果使用传统凸透镜实现相同的效果，可能透镜本身的重量就会把灯塔压垮。看来，菲涅尔透镜在接近 200 年前就在为光学系统"瘦身"了。它的"瘦身"对象自然是"肚子滚圆"重量最大的凸透镜了，菲涅尔透镜去掉了凸透镜中光线直线传播的部分，只保留了发生折射的曲面，这样就实现了大幅度减轻重量的目的。从表面上看，

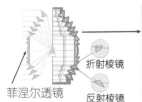

1909年安装在夏威夷欧胡岛灯塔上的菲涅尔透镜

※ 200 年前，菲涅尔透镜就已经发明，并被应用于灯塔的光学透镜上。

菲涅尔透镜是一片有无数个同心圆纹理的玻璃透镜，虽然轻薄却能达到凸透镜的效果。

佳能的技术创新能力和实力在所有光学厂商中绝对位居前列。2001 年佳能成为首个利用菲涅尔透镜来降低超长焦镜头重量并提升光学表现的厂商，推出了 EF 400mm f/4 DO IS USM 镜头。镜头名称中的 DO 即代表了多层衍射光学镜片。由于该镜头采用了醒目的绿圈标志，因此也被影友称为"大绿"。而同样使用这一技术的 EF 70-300mm f/4.5-5.6 DO IS USM 则被称为"小绿"。其实这并不是绿圈第一次出现在佳能镜头上。早在 1969 年萤石镜片第一次问世时，那支 FL-F 300mm f/5.6 镜头就使用了绿圈。可见，绿圈总被赋予高瞻远瞩的创新型技术的含义。

然而佳能并不是简单地使用了单层菲涅尔镜片，而是开发了一种面对面摆放的双层菲涅尔透镜，并配合多层镀膜技术，这样镜头内就不会产生多余的衍射光，而是将从外部射入的不同波长的光线全部转化为参与成像的光线，从而提高画质。这就是佳能引以为豪的 DO 多层衍射光学镜片。另外为了应对变焦镜头中入射光线角度随着焦距改变而变化的问题，还设计了三层衍射结构用在"小绿"上。

DO 多层衍射

※ "小绿"EF 70-300mm f/4.5-5.6 DO IS USM 虽然是第一代具有 DO 镜片的镜头，但是它使用了三层衍射结构的镜片。

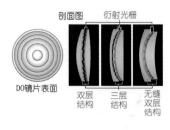

剖面图　衍射光栅

DO镜片表面

双层结构　三层结构　无缝双层结构

光学镜片需要精密加工，镜片中的衍射光栅厚度只有微米级别，光栅之间的距离不等，从几毫米逐渐减小至十几微米。为了保证衍射光栅的间隔、厚度和位置精确，在加工过程中的测量精度甚至比微米还要小。为此佳能不仅需要依靠原来在加工非球面镜上积累的精密加工技术，还开发了更加精密的3D超高精准微构建技术，从而使得DO多层衍射光学镜片的出现成为可能。

凭借DO镜片，超长焦镜头的长度可以缩短30%，重量也可以减轻30%。2014年佳能发布的新一代"大绿"EF 400mm f/4 DO IS II USM重量仅为2kg，几乎只有新428的一半。这使得野外拍摄的负担大大减轻，摄影师更换机位追逐拍摄目标的机动性更高，甚至长时间手持拍摄都成为可能。

DO多层衍射光学镜片带来的好处还不仅是瘦身，对于降低色散提升画质也有很大的贡献。由于衍射镜片产生的色散与传统折射镜片刚好相反，这样同时使用一枚衍射镜片和一枚折射镜片就可以互相校正各自的色散问题，从而将其彻底消除。因此从原理上说，DO多层衍射光学镜片的效果甚至强于萤石镜片。

但是任何一项新技术的发展和应用都不是一帆风顺的，在"大绿"和"小绿"上市后一个问题就出现了。那就是由于DO镜片运用的是光线衍射原理，因此当场景中存在强烈的点光源，光线从镜头边缘斜向进入镜头时，就容易产生环状的彩色眩光。这使得两支镜头以及绿圈形象在影友中的口碑并没有立即建立起来。随着技术的发展，佳能的DO多层衍射光学镜片技术也在不断进步，在新"大绿"上佳能就使用了第三代无缝双层衍射技术，不仅衍射光栅采用了新的材料，而且抽去了两层光栅之间的空气层，提高了衍射效率，减小了点光源周围的环状彩色眩光。另外，在光学设计上将DO多层衍射光学镜片从镜头前端移动到了内部，从而减小其接触到画面以外不必要光线的概率。为了让新"大绿"更上一个台阶，佳能还第一次在超长焦镜头上使用1枚大口径精密研磨非球面镜片，用来校正球面像差和彗差，使得其光学性能更加出色。这一切的努力正在让绿圈镜头迎来新的发展契机，在对镜头轻便性要求越来越高的今天，绿圈镜头也许会迎来光明的未来。

目前这支镜头的价格在4.8万元左右，比新428价格低2万元左右。对于需要手持拍摄和高机动性的拍摄题材来说，新"大绿"是更好的选择。

超长焦中的标杆——EF 400mm f/2.8L IS II USM

f/2.8这个光圈与众不同，在大三元镜头中光圈恒定f/2.8，在普通等级的定焦镜头中光圈也是f/2.8。这一光圈值被认为是真正大光圈的开端，一般情况下只有常见焦段下的高等级定焦镜头才能做到比f/2.8更大。随着镜头焦距的增加，制造出f/2.8的镜头难度也不断增加，不仅是光学结构和材料的限制，最大的"瓶颈"来自体积和重量。为了获得f/2.8的通光量，镜头体积（包括长度和口径）都会大幅度增加。在非科研领域，我们能够见到焦距最长的f/2.8镜头就是400mm。从400mm再往上，光圈就会下降到f/4和f/5.6了。对于佳能EOS

拍摄参数: ◎ 光圈: f/2.8　◎ 快门: 1/1600s　◎ 感光度: ISO3200　◎ 摄影师: 王文光

7D MARK II 用户来说，428 能够发挥中央对焦点的双十字作用，而焦距就不行了。从这个意义上说，EF 400mm f/2.8L IS II USM 镜头就具有特殊的地位。

　　在 2007 年前，体育摄影记者手中的标准配置是焦距 300mm 最大光圈为 f/2.8 的镜头（影友将其简称为 328），即使在奥运会和世界杯足球赛的场边也是如此。但是随着大众对于图片质量要求的提高，越来越多的媒体希望图片中的运动员更加醒目突出，比赛激烈对抗的瞬间画面更加有张力。这样 300mm 就难以达到要求。随后焦距 400mm 最大光圈为 f/2.8 的镜头（影友将其简称为 428）逐渐成为体育摄影记者手中的标配。400mm 焦距不仅是体育摄影师的标准配置，对于打鸟爱好者来说这也是起步焦段。

　　佳能最早的 428 镜头诞生于 1991 年，当时的镜身使用铝合金材料，重量高达 6kg。上一代的 428 镜头是 1999 年佳能发布的 EF 400mm f/2.8L IS USM，它使用了当时还比较少见的防抖技术，配备了 1 枚萤石镜片和 2 枚 UD 镜片。虽然光学素质一流，但是重量也达到了 5.5kg，对于摄影师的体力是严峻的考验。2010 年，佳能发布了 EF 400mm f/2.8L IS II USM 镜头，这也是当今最顶级的 400mm 定焦镜头。新 428 镜头以"瘦身减脂"同时保持一流光学表现为目标，将重量较大的 2 枚 UD 玻璃镜片换成 1 枚大型萤石镜片，这样新 428 就包含了 2 枚大型萤石镜片，其复消色差能力更强，光学性能得到进一步提高。上一代 428 的第一组镜片可以看作平镜，它不参与成像，只起到保护内部镜片的作用。新 428 上取消了这种会增加重量的设计，使用了氟镀膜技术防止镜头前组和后组镜片附着灰尘与油污。虽然现在越来越多的镜头具有氟镀膜，但是在 2010 年这绝对是最新的技术。可见 428 对于佳能来说也是标杆性产品，是新技术和顶级材料被最先使用的地方。新 428 在镜身材料上也进一步提升，镜桶采用了更轻的镁合金材料，镜头内部使用了钛合金。钛合金重量更轻，但强度和韧性远胜于钢铁，被用于航天飞机的制造。正是由于这一系列的改进，使得新 428 的重量降到了 3.5kg，"瘦身"幅度达到 30%。这使得长时间拍摄过程中，摄影师的体力付出更少，可以将更多的精力投入拍摄环节中。从此，3.5kg 的重量也成为新时代超长焦的镜头的标准"体重"。

在新 428 上，镜头内第 12 片镜片上使用 SWC 亚波长结构镀膜来减小光线在镜头内部的反射，从而降低眩光和鬼影的出现。这样新 428 的逆光拍摄能力也得到大幅度提高。同时，新一代防抖技术的使用可以获得相当于 4 级快门的防抖效果。防抖单元在工作过程中是不断晃动的，新 428 中防抖单元与镜桶之间的摩擦明显减小，这也延长了防抖系统的使用寿命。新 428 有 3 种防抖模式，模式 1 针对垂直和水平两个方向上的抖动进行修正，适合日常普通题材的拍摄。模式 2 仅对垂直方向的抖动进行修正，而水平方向的抖动并不修正。这是为了方便摄影师采用摇拍（追随拍摄）的手法拍摄运动主体。此时，镜头跟随主体的移动而转动，不修正水平方向的抖动能够让背景的动态模糊效果更好。前两种防抖模式我们都可以在常规 EF 镜头上看到，此时当你半按快门或按下 AF-ON 按钮启动自动对焦时，防抖系统都会立即开始工作，当你放开按钮 2s 左右防抖系统才会停止。这种工作方式在常见的广角镜头、标准镜头和普通长焦镜头中都没有问题。但是超长焦镜头视角非常狭窄，新 428 的视角只有 6 度 10 分，防抖系统一旦工作，摄影师快速

转动镜头追踪前面横向飞驰而过的赛车时，从光学取景器中看到的画面就会漂移，这不仅影响摄影师的观察还会产生滞后现象，延误拍摄时机。模式 3 就是为那些使用新 428 拍摄高速运动主体的摄影师准备的。在模式 3 下，当启动自动对焦时，防抖系统只进行计算，防抖单元仍然同其他镜片组一样固定于光轴上，并不启动。这就让移动镜头追踪主体时的观察不受影响，只有当摄影师完全按下快门的瞬间，防抖系统才根据刚才的计算结果发出指令，防抖单元开始工作并让最终的照片获得同样的稳定效果。

新 428 还有一些特点是在普通镜头上无法看到的。其中之一就是镜头前方一圈的黑色橡胶环上有 4 个自动对焦停止按钮，它可以让摄影师在 AI SERVO 人工智能伺服自动对焦模式下通过按下镜身上任意一个自动对焦停止按钮来终止持续不断的连续对焦，然后通过手工旋转对焦环来修正对焦距离，让最清晰的位置落在摄影师最希望表现的地方。之所以要设计 4 个按钮，是因为摄影师会经常切换横竖构图，镜头也会跟着机身一起变换角度。在橡胶环一周安排 4 个按钮就可以保证任何角度都能够轻松按到。而这些按钮被设计在镜头前方，也是因为使用此类超长焦镜头时，摄影师都会使用独脚架，而为了获得更好的前后稳定效果，都会伸出左臂搭在镜头上方，这样左手所在的最自然位置就是镜头靠前的部位。按钮设计在此处可以让手指移动最短的距离就能够触碰到。

佳能超长焦镜头上另外一个特殊装置就是位于自动对焦停止按钮后方，边缘形状如齿轮的播放环（也称为对焦预设调出环）。这是一个超长焦镜头独有的对焦效率提升装置。在使用新 428 拍摄运动项目时，除了针对场上的运动员

对焦拍摄外，摄影师还经常需要将对焦位置切换到那些经常出现精彩场景的区域，如足球比赛的球门前。当你的拍摄机位固定时，就可以通过对焦预设功能让镜头记录下这一对焦距离信息，并将其保存在镜头的微处理器中。操作方法是将镜头上的 FOCUS PRESET 焦点预设功能拨杆拨到 ON 位置，然后半按快门针对目标区域对焦获得对焦距离信息。然后按下 SET 按钮将这一信息记录到镜头当中。这样在拍摄过程中，通过转动播放环就能够在一瞬间切换到事先设定好的对焦距离上，从而提高了拍摄效率。

新 428 同样考虑到了视频拍摄，在对焦模式选项中除了传统的 AF 和 MF 外，还增加了 PF 即电动变焦模式。在拍摄视频过程中依然需要手动对焦，但仅用手转动对焦环很难做到平滑和均匀的对焦。使用 PF 模式后，就可以通过旋转镜头上的播放环给镜头传递信息，镜头将这一信息转换为电子信号传递给对焦系统实现更加平滑顺畅的对焦。同时 PF 模式下还能够根据播放环的旋转速度识别出快慢两种速率，在视频拍摄过程中实现两个主人公之间虚实变化的不同切换速度效果。

可以说新 428 体现了佳能镜头制造技术的最高水准，从天花板一样的 MTF 曲线就能够看出其画质的一流水准，即使在强手如林的佳能超长焦阵容中，新 428 也处于领先的位置。目前这支镜头的价格在 6.5 万元左右，对于那些热爱运动和鸟类摄影的爱好者，这是一支必备的镜头。

EF 500mm f/4L IS II USM

在拍摄野生动物和鸟类时，焦距越长就能在越远的距离上拍到主体比例更大的画面。因此，500mm 镜头会比 400mm 更有优势。相比新 428，新 540 虽然最大光圈小了一挡，但是对于拍摄鸟类来说，镜头焦距本身就很长，使用大光圈容易造成景深过小，甚至无法覆盖一只鸟的全身。因此，提高感光度来获得更高的快门速度是最佳方法。

拍鸟有两种方法，一种是蹲守，此时不需要频繁移动，所以在使用脚架的情况下，使用新 428 这样重量在 3.5kg 的镜头也没问题。

但是有些鸟类需要采用游击的方式拍摄，要频繁改变机位，此时只有 2kg 重的新"大绿"能发挥机动性强的特点。但如果你希望在更远的距离拍摄，同时一支镜头既适合蹲守又能够游击，那么就只有新 540 了。也正是由于最大光圈为 f/4，才使得这支 500mm 的超长焦镜头保持了良好的身材。其重量只有 3kg 多一点，比新 428 和 640 都要轻。

新 540 保持了当今佳能超长焦镜头的一贯设计风格。使用 2 枚大尺寸萤石镜片，而不再采用 UD 镜片。在第 12 片光学镜片上采用了 SWC 亚波长镀膜结构，以减小眩光和鬼影的出现。新 540 同样具有能够顶到天花板的 MTF 曲线，与新 428 不相上下。拥有相当于 4 级快门速度的防抖效果，和 3 种防抖模式。前后镜片组采用能够防止灰尘和油渍附着的氟镀膜技术。自动对焦停止按钮、对焦预设以及 PF 电动变焦模式一样不少。新 540 也是个多面手，不仅可以拍摄远距离主体，其最近对焦距离为 3.7m，放大倍率达到 0.15 倍，甚至可以接上近摄镜获得近似微距的效果。

打鸟利器

——EF 600mm f/4L IS II USM

在拍摄鸟类题材时，如果说 400mm 和 500mm 还经常捉襟见肘的话，那么公认的最佳拍鸟利器就是 600mm 镜头了。新 640 镜头不仅可以拍到鸟类更加极致的特写画面，还能够达到羽毛根根清晰可辨的程度。新 640 的设计也与上面几款超长焦镜头保持了一致的风格，2 枚大尺寸的萤石镜片、SWC 亚波长镀膜、防尘防油渍的氟镀膜等。它同样具有出色的 MTF 曲线，重量接近 4kg，除了 EF 800mm f/5.6L IS USM 外是超长焦镜头中最重的一款。当然这个重量也是瘦身之后才达到的，上一代 640 的重量达到了 5.5kg。新 640 除了能够在远距离拍摄到鸟类的特写画面，还能够在体育摄影中拍摄到运动员的面部特写或者赛场内的

拍摄参数：	◎ 光圈：4	◎ 快门：1/1250s
	感光度：ISO1250	摄影师：王文光

局部画面，获得与 400mm 镜头截然不同的视觉效果。

创造多项 EF 镜头之最——EF 200-400mm f/4L IS USM EXTENDER 1.4X

虽然数码摄影时代是变焦镜头的时代，我们已经熟悉了广角变焦镜头、标准变焦镜头和长焦变焦镜头，它们也确实给拍摄带来了方便，大小三元镜头更是有着出色的画质。但是在超长焦镜头领域，2014 年以前都是定焦镜头的天下。这是因为在这个焦段上，如果希望达到定焦镜头的画质水平，那么变焦镜头的体积和重量很可能会达到摄影师无法负担的程度。当时，使用超长焦镜头的摄影师普遍配备 400mm 定焦镜头，当主体距离更远时摄影师会拆下镜头安装增距镜。当主体靠得比较近时，摄影师会用安装了 70-200mm 镜头的备机拍摄。无论是安装增距镜还是更换相机，都会降低拍摄效率，加大了错过精彩瞬间的可能。那么能否有一款变焦镜头可以让摄影师以 400mm 为中间点，长焦端可接近 600mm，而广角端可短至 200mm，让摄影师

拍摄参数: ◎ 光圈: f/20　◎ 快门: 1/60s　◙ 感光度: ISO100　◎ 摄影师: 王文光

能够轻松应对主体远近程度变化幅度较大的题材呢?

　　佳能提出了一个新的解决方案,那就是通过一款内置增距镜的超长焦变焦镜头来实现更高效的拍摄,而且这款变焦镜头的画质要不输于定焦镜头。

※ 内置增距镜的手动切换装置,并配有防止误操作的锁定结构。

这 就 是 EF 200-400mm f/4L IS USM EXTENDER 1.4X 镜头。我们知道,镜头的很多光学设计都源自 20 世纪初德国蔡司和莱卡的光学专家,很多经典的设计沿用至今。但自胶片时代起,就没有

出现过任何一款内置增倍镜的镜头。可见,这是一个全新的领域,自然这款新镜头也有许多与众不同之处。EF 200-400mm f/4L IS USM EXTENDER 1.4X 实际上是两支变焦镜头的组合体,在常规状态下它是由 20 组 25 片结构组成的 200-400mm 镜头,而手动拨到 1.4X 模式时,会有一组新的镜片插入到原有的光学结构中,镜头将增加至 24 组 33 片并变为 280-560mm 镜头。而后者这样复杂的光学结构也达到了 EF 镜头之最。

　　与许多超大光圈或超长焦镜头一样,在设计过程中遇到的最大难题是如何快速驱动体积大、重量沉的镜片组前后移动来实现自动对焦。在 EF 200-400mm f/4L IS USM EXTENDER 1.4X 需要驱动的是第二镜片组—— 一块直径很大的萤石镜片,重量超过 200g。为了实现这一目标采用了全新的机械系统,整个镜头的零件也超过了 900 个,达到其他超长焦定焦镜头的

两倍之多，而且这也再次创造了 EF 镜头之最。

除了硬件方面的与众不同，这支镜头在软件方面与普通 EF 镜头也有很大差别。其实，每一支 EF 镜头内部都有一个存储器，用来保存驱动对焦系统启动和停止的相关数据。由于每支镜头的光学结构不同，负责对焦镜片组的特点不同，这些数据也会有所差异，但仅通过 1 套数据就可以完成任务。而 EF 200-400mm f/4L IS USM EXTENDER 1.4X 镜头存在内置增距镜，光学结构会在开启增距镜时发生变化，因此就要准备两套数据。另外，摄影师还可以再为这款镜头配备外置增距镜，数据量又会大幅度增加。这就要求镜头与机身之间数据传输方式进行相应改进。

如此与众不同的一支镜头在实战中表现出了优异的性能，不仅可以让摄影师在 200mm-560mm 之间快速切换而且画质出色，迅速成为体育、野生动物等题材的首选镜头。

认证

在设置菜单第 4 页第 4 项【认证徽标显示】菜单显示了佳能 EOS 7DMARK II 支持的三种认证。所谓认证就是某一国家或地区为了保护消费者利益，确保产品在电气安全、防护等级和环保要求上达标而实施的产品合格评定制度。例如，我们日常使用的家电都要具有国家 3C 认证。在本菜单中显示的三个认证分别为：加拿大 ICES-3 认证、日本 VCCI 认证和澳大利亚及新西兰的 C-TICK 认证。它们与拍摄功能无关，并不需要特别关注。

原厂后期处理软件
——佳能 DPP

- 不要因为畏惧后期而放弃拍摄 RAW 格式照片，有一种方法仅需要 1 分钟就能够让 RAW 格式与 JPEG 格式一样在电脑文件夹内即可看到预览效果。

- 比起大名鼎鼎的 Phtoshop 来说，DPP 这个名字知名度太低了，但它却具备 Phtoshop 没有的优势，这是什么呢？

拍摄参数：◎光圈：f/4 ◎快门：1/2s ◎感光度：ISO3200 ◎摄影师：林东

在胶片时代，后期均在暗房中完成的。由于设备和技术的门槛较高，普通摄影爱好者很难亲自参与到其中，也就无法真正控制照片产生的完整流程。在数码时代，后期处理的门槛大幅度降低，我们在电脑中可以轻松实现各种后期处理，让照片效果更加完美。后期处理软件不仅可以弥补前期拍摄中由于各种条件限制而无法实现的效果，还能够为摄影师带来更大的自由度，凭借自己的创造性思维对照片可以进行天马行空的加工。甚至有人说，数码摄影时代如果一张照片没有经过后期，那基本就没法拿出来见人了。

后期处理软件是我们进行后期创作的工具，其重要性不亚于相机本身。在后期处理软件中，可以分为第三方软件和原厂软件两大类。目前，最流行的第三方软件就是大名鼎鼎的 Photoshop，它是由 Adobe 公司推出的图形处理软件，具有强大的功能。Photoshop 的插件 Camera RAW 更是处理 RAW 格式照片的有力工具。而原厂软件是指佳能公司自己推出的后期处理软件，其中知名度最高、功能最强大的是 Digital Photo Professional 软件（简称 DPP）。

由于各厂商的 RAW 格式编码方式并不相同，只有厂商自己才能够掌握核心的编码技术，因此原厂软件在后期处理当中具有很大的优势，主要表现在对 RAW 格式的基本处理上。经过原厂软件的简单处理，照片就能够获得更好的色彩、更低的噪点、更优的锐度、更丰富的层次和细节。这也是后期处理流程中最为重要的一个环节，只有将 RAW 这个素材和原料进行了很好的加工，才能够利用 Photoshop 等第三方软件进行更深入的处理，获得更有创意的特效。所以，最佳的后期处理流程是采用原厂软件对 RAW 格式进行基本处理，完成后导出为 TIFF 格式再进入 Photoshop 进行再加工。

15.1 简便查看 CR2 文件

通过前面的学习，我们了解到 CR2 格式是发挥相机全部潜力的基础。而大部分初学者不愿意拍摄 CR2 格式的一个重要原因就是它不方便查看。查看普通 JPEG 格式照片时，只需在电脑中打开照片所在文件夹就可以看到缩略图，非常便于管理。而 CR2 格式照片却无法直接显示。当然，使用佳能 DPP 等软件可以实现对 CR2 格式照片的预览和打开，但这些方法仍然不能够在操作系统下实现快速预览。

拍摄 CR2 格式是开启后期这扇大门的前提条件，我们不能因为浏览不方便就放弃进入一个精彩的视界。所以，在后期处理这一章的开始，我们并不讲解具体软件的使用，而是给出一个方便浏览 CR2 格式文件的简便方法。那就是在电脑中安装佳能官方的 Canon RAW

Codec 插件。有了它就可以让 CR2 格式照片与 JPEG 一样在文件夹中方便的预览了。

通过 http://support-cn.canon-asia.com/contents/CN/ZH/0200255009.html 这个网址能够从佳能官方网站上免费获得 Canon RAW Codec 插件。安装这一插件后，在 Windows

※ 安装 Canon RAW Codec 插件后，CR2 照片也能够在文件夹下出现缩略图，让预览和管理更加便捷。

Vista/7/8.1 操作系统下，可以直接预览 CR2 格式照片。需要格外注意的是，该插件仅支持上述操作系统的 32 位版本，在 64 位版本下，依然无法看到预览效果。安装后可以显示佳能 EOS 7D MARK II 及之前推出的大部分数码单反相机所拍摄的 CR2 格式照片。

在佳能 EOS 7D MARK II 的包装盒中有 3 张光盘，相机使用说明书光盘、软件使用说明书光盘和软件光盘，其中软件光盘就包含了多

个佳能官方软件安装文件。在介绍佳能 DPP 软件之前，我们还需要了解附赠光盘中的其他软件，这些简便的小工具能够帮助我们高效地完成特定任务。

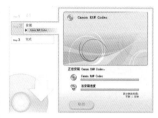

※ Canon RAW Codec 的安装界面。

15.2 EOS Utility 2——相机与电脑之间的桥梁

在购买了佳能 EOS 7D MARK II 相机后，包装当中会附赠三张光盘。其中白色的一张是

 使用说明书光盘

 软件光盘 ✔

软件使用说明书光盘

软件光盘，包含了佳能 8 款官方软件。将该光盘插入光驱后，根据界面提示进行安装。安装完成后，这些软件全部会集中在操作系统左下角程序启动栏的 Canon Utilities 栏目中。

如果说数码摄影的前后期是一个完整流程中不同的环节，那么 EOS Utility 软件就是这两个环节最重要的衔接。它能够将相机与电脑二者进行有机的结合，让前后期实现无缝连接。EOS Utility2 的最基础功能是将相机中的照片导入到电脑里，当使用 USB 数据线将机身与电脑相连后，启动 EOS Utility 2 软件选择【开始图像下载】功能即可。当然，如果希望有选择的导入照片，可以使用【允许选择和下载图像】功能，在界面中逐一勾选你需要导入电脑的照片。如果照片导入电脑后你通常立即对 RAW 格式照片进行处理，那么可以在 EOS Utility 3

软件的【首选项】中的【链接软件】界面中选择 Digital Photo

Professional 软件，但如果你希望先对导入的照片进行分类管理，便于今后快速检索，那么选择 ImageBrowser EX 软件。

除了基础的照片导入电脑功能外，EOS Utility 3 软件更重要的功能是实现通过电脑遥控相机进行拍摄。这在很多商业静物摄影中被广泛采

用，我们通过电脑可以对相机的多项参数进行设置，而且拍摄完成的照片立即就可以进入后期处理环节，从而加快了整个流程的速度。使用 EOS Utility 2 软件中的【相机设置/遥控拍摄】功能就会弹出一个新的界面，在这里我们可以通过电脑调整相机的照片格式、照片风格、白平衡、白平衡漂移，而且设置界面都与相机上的操作程序非常近似，很容易上手。我们甚至可以在软件界面中更改"我的菜单"中快速访问的功能选项，修改日期时间甚至升级固件。

完成一系列设置后，开启实时取景拍摄功能就可以在电脑屏幕上看到原来显示在相机主液晶屏上的实时取景画面。更可以在软件界面中通过鼠标更改拍摄模式、光圈、快门和感光

度这些最基础的拍摄参数。在对焦过程中，为了获得最佳的准确性，还可以将对焦局部进行放大显示，以便更好地判断合焦的准确性。而且对焦的调整也同样可以采用软件中的按钮进行微调。

在使用微距镜头进行室内的商品静物拍摄时，由于景深过浅无法达到主体全部都清晰的要求。但是，采用普通镜头又无法获得微距才能够展现出的画质。此时，EOS Utility 2 软件的遥控拍摄能力就非常重要了。我们可以针对主体前后纵深的不同位置，使用微距镜头拍摄多张对焦位置不同的照片，然后使用 Photoshop 的堆叠功能将焦点位置不同的照片进行合成，从而获得一张景深超大的微距照片。如果你不采用遥控拍摄，即使将相机固定在三脚架上，手指触碰对焦环或按下快门的轻微力量，都会让多张照片合成时出现偏差。

15.3 ImageBrowser EX——照片管理好帮手

在佳能官方的 8 款软件中，ImageBrowser EX 是最容易被忽视的软件，但它却有着非常实用的功能，可以帮助我们实现高效的照片管理。该软件界面非常简洁，中间的核心区域是照片预览区，通过软件右下角的工具可以调整预览方式，既可以采用缩略图预览，也可以进行单张观看。而左侧一列的竖视图区上方为 ImageBrowser EX软件能够管理的照片资源库。这里面文件夹内包含的照片都已被该软件管理起来，可以按照你的检索条件进行快速筛选，实现方便的检索和分类管理。上方的工具栏可以实现基础的检索，而右侧的附件信息区域可以满足你对照片更加苛刻的分类需求。

通过 ImageBrowser EX 软件中的【首选项】按钮将照片所在文件夹导入后就会出现在软件左上角的文件夹栏目中，这样该文件夹中的所有照片就成为能够被 ImageBrowser EX 软件管理的照片资源库的一份子了。

在 ImageBrowser EX 软件的使用中，一个难点就在于照片的导入。佳能将该软件与 EOS Utility 软件进行了无缝衔接，也就是说当你将相机通过 USB 线与电脑相连后，使用 EOS Utility 软件将照片导入电脑后，就会自动启动 ImageBrowser EX 软件进行下一步的分类和管理。如果你采用这种方式，当然非常顺畅。但如果你每次都将存储卡取出，自己将照片考入电脑的硬盘中，那么就需要进入 ImageBrowser EX 软件右上角齿轮图标的【首选项】功能，将硬盘中存放照片的文件夹手工导入到软件中，才能够使用后续的一系列管理功能。

一般情况下，我们最常用的照片管理方式均以拍摄日期为核心。大部分影友将照片导入

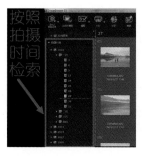

电脑时，都会采用拍摄日期加拍摄活动名称的方式来命名文件夹。然而，这种照片管理方式非常含混，不容易实现快速检索。例如，当你需要找到某一天拍摄的照片时，可能需要将一年的照片文件夹名称都看过一遍才能找到目标。而且你很难准确地将当天拍摄的所有照片放入单一的文件夹中。而在 ImageBrowser EX 中，想要找到某一时间拍摄的照片简直易如反掌。只要单击左侧树视图部分【拍摄日期】选项，软件就会自动读取照片 EXIF 文件中的信息，将照片以年、月、日划分妥当。这样能够大幅度提升以拍摄日期为条件的照片检索速度。只要你选择了某一个时间，无论符合这一条件的照片存放在多少个文件夹内，都会自动的在照片预览区显示出来。

除了以拍摄时间为检索依据外，有些时候我们还需要更多的分类依据。例如，当你准备参加一个人文题材的摄影比赛时，为了选出最满意的片子，首先需要调出自己拍过的所有人文题材的照片进行查看。如果事先对照片按照题材进行过分类，那么将会非常方便。ImageBrowser EX 中的分组功能就可以实现这一目标。首先，在【组】选项中新建不同题材的分组，例如，人文、风光、人像、花卉、静物、昆虫等，然后从右侧的照片预览区域当中用鼠标拖动符合相应题材的照片，放入到该组当中即可。注意，此时并非将照片从硬盘上原有的文件夹中移动位置，只是通过这种方法给照片增加了新的分组数据，便于今后检索而已。因此，不会造成照片存储的混乱。

除了大的题材分组外，我们还以利用【标记】选项对照片进行更细致的分类，便于今后检索。例如，可以在风光题材中添加日出日落、草原、沙漠、海洋、森林等多个标签，为人文题材添加尼泊尔苦行僧、吴哥窟僧侣等，这样就能够更快捷地找到相关照片。

如果有进一步细分照片的需求，还可以采用手工输入关键字的方式在照片属性中添加标签和注释，例如为所有以红色为主色调的照片添加"红色"字样的标签；为合影和多人照片添加人数标签；还可以通过注释添加多重曝光、HDR、长时间曝光等该照片运用相关拍摄技法的关键词。这些关键词都可以为检索带来极大的便利。只是标签和注释必须手工逐一添加，而无法使用拖拽的方式快速完成。

【智能分组】选项可以将拍摄日期、组、标记、标签、分级、文件类型这6大检索条件进行混合，只有同时满足的才会被筛选出来。【智能分组】功能允许我们最多同时设定3个检索条件。例如，设置拍摄日期在2014年1月1日以后、分组为人文、分级为5星这三个检索条件，就能够快速找到我们过去2年以来拍摄过的最满意的人文题材作品，然后再从中选择适合参加比赛的就非常方便了。

另外，ImageBrowser EX软件还很好地体现了佳能原厂软件前后期衔接顺畅的特点。你在机身上对于照片的评分，会同步带入到这一软件中。使用右上角的【按分级筛选】工具，能够非常方便地选出不同评分级别的照片。如果你在相机上已经完成了评分，那么会给此时的照片管理带来更高的效率。如果没有评分，还可以在软件界面右侧附加信息中重新评分。在【按分级筛选】工具的左侧，可以按照文件类型来筛选，包括RAW格式、JPEG格式、视频文件等。

ImageBrowser EX软件以照片管理为核心功能，但它同时也是一个重要的枢纽。当你在这个软件中需要处理RAW格式照片时，它会自动调用更为专业的DPP软件；当你需要拼接全景照片时，它会自动调用PhotoStitch软件；当你需要编辑视频文件时，它会自动调用

MovieEdit Task软件。所以，ImageBrowser EX软件具有重要的地位。

按照片分级进行筛选

除了上述这两个软件以外，佳能附赠的软件当中还包括以下几种。

➤ Map Utiliy：当你使用了佳能EOS 7D MARK II自带的GPS功能时，Map Utiliy软件中显示的地图上可以展现出你拍摄过程中行走的路线，以及每张照片拍摄的位置。

➤ PhotoStitch：用于拼接若干张照片，形成更具视觉冲击力的全景图片。

➤ EOS Lens Registration Tool：通过这个软件可以向相机中添加你手中镜头的像差校正数据，从而自动实现更加精确的像差修正，直接获得画质更好的照片。

➤ Picture Style Editor：通过这个软件你可以自己设计出多种多样的照片风格，并保存到相机当中，进一步提升JPEG格式直出的效果。

➤ EOS Web Service Registration Tool：通过佳能官方的Image Gateway网络相册，可以让照片实现快速的发布和分享。

15.4 佳能 DPP——原汤化原食

DPP的全称是Digital Photo Professional，它是佳能原厂系列软件的核心，功能最为强大，其地位相当于原厂中的Photoshop。DPP的核心功能在于照片的修饰和调整。最新的DPP软件版本为4。新版本软件中不仅照片浏览速度得到明显提升，而且对于RAW格式照片高光区域的恢复更加出色。所以建议大家将DPP软件进行升级，通过佳能官方网站就能够下载最新版本的DPP软件。

在浏览器中输入网址http://www.canon.com.cn/进入佳能官方网站，选择服务与支持栏目中的下载与支持选项。在产品类型中单击数码相机图标，在下一级页面中会出现4个产品型号选择表单。从上至下分别选择：数码相机/镜头/配件、EOS数码

单反相机、EOS 7D MARK Ⅱ 和驱动程序和软件。在第四项表单选择完成后，自动会弹出与 EOS 7D MARK Ⅱ 相机的软件。进入第二页就会看到 "Digital Photo Professional 4.2.32" 软件的名称，根据你电脑的操作系统类型，可以选择 Windows 版本或者 Mac OS 版本。单击该软件名称后就会进入下载页面，在 "我已阅读并领会上述信息，希望下载指定的软件" 前的方框内打钩，即可下载。当然下载前还需要输入你的 EOS 7D MARK Ⅱ 机身上的序列号，从机身底部就可以找到 12 位数字的序列号。

佳能 DPP4 软件界面中央是照片预览区，你选择了一个自己的照片文件夹后，里面的照片将以缩略图的方式在这里呈现。通过下方的按钮可以控制缩略图的显示形式。DPP4 同样

具备一些照片评分等管理功能，但这并不是重点。其核心的照片处理能力来自于工具调色板。通过软件左上方菜单栏中【查看】-【工具调色板】命令就可以将其调出。工具调色板包含了 8 个重要工具，可以说只有真正掌握了它们，才算掌握了 DPP 的核心。下面我们对这 8 个工具逐一进行介绍。

15.4.1 图像镜头校正工具——DPP 的核心优势

DPP 作为原厂软件最大的优势在于能够通过佳能自己才掌握的 RAW 格式核心编码方式对照片进行更加精准的调整和导出，更准确地说就是提升照片的画质表现。从 2013 年起，DPP 中的一项重要功能浮出水片，这就是 "数码镜头优化" 功能，它也是最能体现 DPP 优势的功能。

在前面的章节中我们介绍了很多会造成照片画质下降的因素。

➢ 全开光圈会导致镜头中光学镜片的边缘部分也参与成像，从而导致画质水平的下降。

➢ 在拍摄风光题材时，为了获得更大的景深而使用非常小的光圈，这会导致衍射现象的发生。同样会降低画质，主要表现为景物锐度的下降。

➢ 光线通过镜头中的光学镜片时出现的色散。

➢ 球面镜导致的光线汇聚位置偏差。

➢ 感光元件前的一系列滤镜也会导致画质下降。其中低通滤镜能够消除场景中密集纹理导致的摩尔纹，但同时也会损失画面锐度。（尼康和索尼已经率先取消了低通滤

镜，并采用机内算法来解决摩尔纹问题。而佳能目前只在 EOS 5DSR 上尝试了取消低通滤镜效果，并没有真正去掉这块滤镜）

我们知道在镜头的光学设计中会大量使用数学方法，通过函数和计算公式来精确控制光线的传送路径。而上述这些降低画质的负面因素同样符合某种计算公式，可以被测量出来。而无论是镜头中的光学镜片、低通滤镜还是最终的感光元件，都是由佳能自己设计制造的，因此这些产生负面影响的计算公式能够通过一手数据轻松获得。同样采用数学方法，在 DPP 软件中内置一个逆函数，就可以将上述负面因素进行有效校正，从而大幅度的提升画质，几乎可以让照片恢复到这些副作用发生之前的成像水平，这就是 "数码镜头优化" 功能。因此，DPP 可以实现很多 Photoshop 无法实现的复杂像差校正。

"数码镜头优化" 功能的出现对于摄影师来说具有非常重要的价值。有了它，在弱光环境下或者需要减小景深时，我们不必过分担心画质的下降，可以放心地使用镜头最大光圈拍

摄。而在需要获得更大的景深范围时，我们更是可以无顾忌地使用超小光圈，而不必担心锐度的下降。摆脱了光圈范围的束缚后，拍摄也更加自由，对于高感光度的依赖也会降低。

使用数码镜头优化功能的第一步是下载镜头数据，以佳能 EF 24-105mm f/4L IS USM 为例，该镜头数据为 51M。下载后会自动安装，这样镜头数据后的字样就会显示"是"，【数码镜头优化】选项也不会再成为灰色，从而能够被使用。

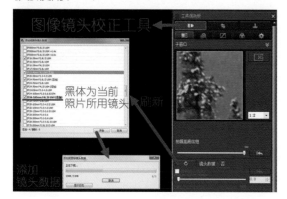

使用数码镜头优化功能的前提是要采用 RAW 格式拍摄，不仅 JPEG 格式无法使用这一功能，就连小尺寸的 M-RAW 和 S-RAW 都不能发挥它的功能。使用 DPP4 将 RAW 格式照片打开后，进入工具调色板的第一项工具——图像镜头校正中，你会发现数码镜头优化字体为浅灰色，处于不可用的状态。这是因为 DPP4

拍摄参数：◎ 光圈：f/11　◎ 快门：1/125s
◎ 感光度：ISO100

※ 在进行数码镜头优化前后从这幅照片中间截取局部进行对比。

软件还没有获得镜头像差校正数据。单击数码镜头优化上方的刷新按钮，即可弹出【添加或删除镜头数据】对话框。在这里你可以将手中全部的 EF 镜头数据一次下载。DPP4 软件会自动识别出当前照片出自哪款镜头，并在对话框中将该款镜头的名字以加黑的字体表示出来。每支镜头的

※ 经过数码镜头优化的简单操作后，画质提升非常明显。

像差校正数据在数十 MB 左右，下载完成后，数码镜头优化功能就可以使用了。在该功能前的小方框内单击鼠标左键，打钩后软件就会自动根据镜头数据对照片进行处理，在 100% 放大的情况下你会看到比较明显的画质提升。还可以通过下方的滑块来调整数码镜头优化功能的施加强度，向右拖动滑块时对于像差校正的能力会更强。

在镜头一章中我们了解到，拍摄距离的不同会导致不同程度的像差。为此，很多镜头还采用了浮动镜片组来调整拍摄距离较近时容易产生的像差。DPP4 软件在图像镜头校正工具的子窗口栏目下方就是【拍摄距离信息】功能，它会通过滑块的方式显示我们当前这张照片拍摄时的对焦距离。这也是为了给后续一系列的

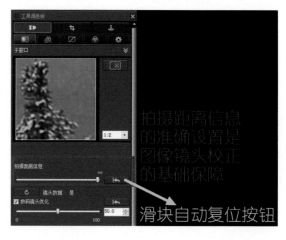

像差校正提供基础数据。一般情况下，EF 镜头都能够自动获得拍摄距离信息，并记录在照片中。DPP4 软件能够准确读取该数据。但当软件无法正确读取到这一信息时，就需要我们根据当时拍摄的场景，回忆出大致的拍摄距离，然后通过滑块进行手工设置。

数码镜头优化功能综合了对各类像差的校正，大部分情况下仅仅使用它就能够一次性解决问题，提升画质。但是，在图像镜头校正工具中，也给我们提供了单独的 4 类像差校正功能。【周边光亮校正】针对暗角问题而设置，使用滑块可以调整去除暗角的力度。向右最高可以达到 120，但是如果靠近画面边缘部分有高光区域，例如明亮的云朵。那么过强的去除暗角功能会让高光更容易溢出。所以，该滑块并非越向右越好，而应该适可而止。

【色像差】功能就是一个很好的例子，当你使用了【数码镜头优化】功能后，就无法使用【色像差】功能，也就是说二者无法同时发挥作用。比起综合性的【数码镜头优化】来说，如果你希望手动精细调整色散问题，那么【色像差】功能就是更好的选择。我们不仅可以通过滑块来控制色像差调整力度，还可以分别对 R（红色）和 B（蓝色）色差进行调整。你可以根据逆光物体轮廓边缘上形成的紫边或蓝边，应用不同的调整方法。除了常见的紫边或蓝边现象外，色散问题还会令画面边缘区域的色彩

错开，形成扩散条纹现象。其更容易出现在高光区域的边缘部位，但这已经不是单一的紫边问题，而是出现多种颜色混合的边缘。此时就需要用到【色像差】功能中的色彩模糊工具来解决。

【失真】功能用来解决广角镜头容易出现桶形畸变和长焦镜头容易出现枕形畸变。对于广角镜头拍摄的照片，进行调整后你会明显地看到画面中心比原来凹陷进去，而四周会鼓起。对于长焦镜头拍摄的照片，你会看到画面中心鼓起，而四周凹陷。这就是软件对于畸变的调整作用。当然，你可以利用滑块对畸变调整力度进行控制，以适度保留一些畸变效果，获得足够的视觉冲击力。这些调整方式对于普通镜头都非常有效，但是对于视觉效果独特的鱼眼镜头来说，DPP4 软件还提供了额外的 4 种失真校正功能，你可以从下拉菜单中进行选择。

【清晰度】功能既可以帮助我们在需要表现主体细节时增加清晰度，也可以让低反差场景或者皮肤更加柔和。该功能具有两种调整模式，你可在下拉选项中进行选择。第一种清晰度模式非常简便，它只有 1 个强度滑块。通过它可以调整照片中所有轮廓位置的反差，从而调整照片的清晰度。滑块向右移动清晰度将会有明显提升。而第二种非锐化滤镜模式则可以更加精细地调整清晰度。它具有三个滑块，强度滑块可以改变轮廓边缘的反差，反差增大时轮廓也就越清晰。但是过高的反差也会降低画面中的细节。精细度滑块就能够解决这一问题，向左移动该滑块时，可以保留更多的细节。而临界值相当于一个门槛，如果向右滑动将提高门槛，从而在画面中被当作轮廓边缘而进行强化的区域较少，照片看上去会更加柔和。向左滑动将降低门槛，更多的部分被当作轮廓得到强化。过低的门槛会出现细节的损失和画质的下降。

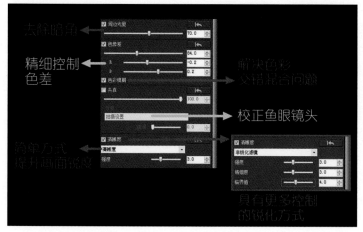

15.4.2 裁切／角度调节工具——二次构图离不开

在后期处理流程中，对画面中各类像差进行校正后，我们就可以进入二次构图的阶段了。很多影友都认为拍摄时的构图才是最重要的，通过后期裁切的方式仅仅是修正构图而已。但实际上，很多知名摄影家都非常重视二次构图。由于拍摄时的诸多条件限制，我们无法在第一时间获得满意的构图，例如，拍摄节奏飞快来不及思考，场景转瞬即逝只能先拍下来再进行构图考虑，由于镜头焦距不足无法获得更紧凑的画面等。二次构图是提升作品魅力的关键步骤，很多摄影师会非常认真地对待这一环节，甚至在多种构图间不停地比较和拿捏。而完成二次构图的平台就是DPP软件中的裁切／角度调节工具。

拖拽住该区域的边角就可以扩大或缩小矩形的面积，将光标移动到区域内还可整体平移这个裁切区域。如果你认为这种手工移动的方式不够精确，那么在裁切／角度调节工具的界面中还可以通过横轴、纵轴以像素为单位上下或左右移动裁切区域。在宽度和高度中也可以选择裁切区域宽度和高度的像素。

在构图当中让地平线保持水平、让建筑物和树木保持垂直是最基本的构图要求。然而很多时候手持拍摄都无法做到非常精确的横平竖直，这时【角度】选项就可以帮助我们进行弥补。向右拖动滑块后画面将顺时针旋转，向左拖动滑块后画面将逆时针旋转，两端最大旋转角度都是45°。你可以在上方的窗口中点击上下箭头，以0.01度为单位进行更加精细的调节。但是在大角度旋转后，照片的边缘区域会被裁切掉。

在二次构图时，忽略干扰性的视觉元素，将注意力集中在裁切区域内是非常重要的，有时候甚至决定了二次构图的成败。为了让裁切区域更加醒目，我们可以在【显示边框】选项前打钩，然后向右拖动暗度滑块，这样裁切区域以外的部分就会变得更暗，不会干扰我们的判断。如果裁切区域内有地平线或垂直线在构图中优先考虑，还可以在【显示网格】选项前打钩，并通过【网格间距】滑块来调整裁切区域内网格的细密程度，帮助我们进行判断。如果你裁切的区域只占据了整个画面很小的一部分，那么为了能够在电脑显示屏正中间的位置观看裁切区域还可以通过按下居中显示按钮来实现。

裁切／角度调节工具位于图像镜头校正工具旁边，界面相对简单。在【裁切宽高比】功能中，我们可以从下拉选项中选择多达11种长宽比例。如果你希望保持照片默认的宽高比，那么可以选择3:2，当然在相机拍摄菜单第5页【长宽比】选项中的其他三种比例这里也都包括。如果对这里提供的宽高比都不满意还可以使用自定义宽高比或不固定来进行更加自由地裁切，当然此时如果希望保持照片原有宽高比例就会困难一些。选择好裁切宽高比后，将鼠标移动到画面中，按住左键保持不放从左上至右下移动鼠标，就能够裁切出一块矩形区域。

15.4.3 除尘 / 复制印章工具——后期除尘也不晚

在故障排除一章中我们介绍过，可以通过拍摄一张白纸获得除尘数据，然后使用 DPP 软件更加高效地完成后期除尘。这一操作就是在除尘 / 复制图章工具中完成的。单击这一工具的图标后，需要等待片刻，以便让软件对照片进行刷新。如果照片在拍摄中应用了除尘数据，那么此时就可以单击界面中的【应用除尘数据】选项来自动完成后期除尘。

虽然这是一种高效的自动除尘方式，但如果除尘数据中没有包括全部灰尘颗粒的位置信息，你仍然会看到画面中的脏点。此时就需要进行手工的后期除尘。首先，将照片放大至100% 原大，然后找到灰尘脏点所在的位置，观察脏点的类型。有些灰尘颗粒形成的是黑色脏点，它的亮度会低于周围区域，而有些灰尘会形成明亮的脏点。根据具体类型在工具界面中选择【明】或【暗】，然后光标的形状将会变为圆圈，通过半径滑块来调整圆圈的直径，使其刚好能够覆盖住脏点所在的区域。然后单击鼠标左键即可自动完成该位置的除尘操作。

在这一工具中还集成了复制印章工具，它可以用来复制照片中的某一个区域，然后应用到你希望覆盖的地方，这样就能够去除那些干扰视觉效果的电线、垃圾等。操作时同样需要先将画面放大，然后单击工具界面中的【选择复制来源】按钮，此时就可以选择你用哪个区域的画面来覆盖那些不想要的部分。如果覆盖电线，你可能就需要复制它旁边的天空，如果覆盖地面上的垃圾，你就需要复制旁边的地面。在复制理想区域的过程中，光标会变为 + 加号。如果要使用一个理想区域覆盖大面积的目标，就需要勾选【确定复制来源位置】。但是更加精确的方法是根据需要多次选择最适合的理想区域，这样会让最终的画面更加自然。当理想区域采集完成后，就可以进行覆盖了。此时，光标会变为圆圈形状，同样通过半径滑块来调整圆圈的直径，较小的直径能够更精细地完成任务。同时，还可以选择刷子或铅笔，前者会让覆盖操作具有过渡柔和的边缘，而铅笔工具的边缘会更加锋利。

15.4.4 基本图像调整工具——一切可以重来

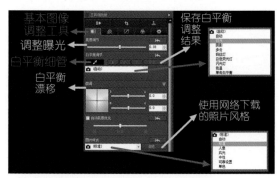

如果说工具调色板中第一行的三个工具都是为后期处理做准备的话，那么从第二行的工具起我们才真正进入照片的精细调整环节。第二行第一个是基本图像调整工具，这也是能够充分显示 RAW 格式优势的地方，它可以调整 RAW 格式照片的曝光、重置白平衡、自动亮度优化、照片风格、动态范围和清晰度等众多参数。但如果你使用 JPEG 格式拍摄，那么这里只能使用调整自动亮度优化和清晰度，而其他参数都会被固定下来。

首先是【亮度调节】，即改变照片的曝光。很多情况下，虽然我们在拍摄时使用了适合的测光模式，采用了一定的曝光补偿，但由于场景千变万化并且拍摄时间紧张，所以无法让所有照片在拍摄的第一时间就获得最准确的曝光。而 RAW 格式的一个好处就是在后期修改曝光时有较大的调整余地。在【亮度调节】功能中，通过滑块可以在 ±3EV 之间进行修正，最小调整幅度达到 0.01EV。但需要注意的是，如果拍摄时严重曝光不足，而此处使用滑块大幅度地向右移动增加曝光，也会给画面增加难看的噪点，尤其在提亮幅度超过 +2EV 时比较明显。所以，曝光调整幅度应该尽量缩小。

如果你对 RAW 格式照片的白平衡不满意，可以使用这个工具对其进行修改。在【白平衡调节】功能中，通过下拉选项可以给照片重新选择更准确的白平衡。这里包含了相机上能够选择的全部预设白平衡类型，另外在选择了【色温】后，还可以通过下方的滑块来调整开尔文值，范围是从 2000K 至 10000K。而且在这里调整白平衡还有一个相机上没有的功能，那就是白平衡吸管。打开照片后，你需要首先回忆画面中的哪个部分在当时应该是白色或中灰区域。如果白平衡不正确，那么该区域的白色或中灰就会夹杂其他颜色。此时，用鼠标左键单击吸管按钮，将光标移动到画面里该区域上单击鼠标左键，就能够快速方便地重新设定白平衡。该区域将被恢复成中灰的 RGB 值。这也是 DPP 软件调整白平衡的最大优势。

另外，虽然 RAW 格式的白平衡可以在 DPP 软件中被轻松修改，但是如果需要修改的照片数量众多，那么逐一调整的方式效率显然比较低。为了将统一的白平衡设置应用于一系列的照片上，我们还可以使用【白平衡调节】中的【记录】功能。首先完整一张照片的白平衡调整，然后单击【记录】按钮，在弹出的对话框中选择确定，就可以将该白平衡设置保存。DPP 软件提供了 3 个保存位置，这样再打开一幅同样光源环境下拍摄的照片，只需单击保存位置相应编号的按钮即可完成白平衡调整工作。

另外，如果希望在其他电脑上使用这一设置，还可以在【记录】对话框中选择保存，将白平衡设置保存为 .dw4 的文件。

【白平衡调节】下方的【微调】功能与相机上的白平衡漂移一致，这里我们可以在 A 琥珀色至 B 蓝色之间进行色温的微调，调整幅度为 ±10 级，每级相当于 5M（迈尔德）。如果照片色调偏冷，可移动光标向蓝色对面的琥珀色方向移动，这样就能够增加画面的暖色调。反之则可以校正色调偏暖。也可以在 G 绿色至 M 洋红之间进行色彩补偿调整，调整幅度同样为 ±10 级。GM 轴可以用来修正人造光源环境下的偏色现象。向洋红方向移动滑块可以修正白色荧光灯偏绿的特性。向绿色方向移动滑块，可以修正白炽灯下偏橙红的特性。

【自动亮度优化】是佳能机身当中一项通过机内后期来改善明暗反差的功能，它可以让处于逆光环境中的人物面部亮度提升，还可以让平淡的雾霾天气时拍摄的画面反差得到提升。但是在前期拍摄时，这一功能只能够作用于 JPEG 格式照片上。如果你使用了 RAW 格式拍摄，可以在 DPP 软件中使用这一功能。但从本质上说，【自动亮度优化】仅是一种方便的自动反差调整功能。如果你不希望在 DPP 中采用复杂的方式调整反差，可以在【自动亮度优化】功能中通过弱、标准和强三挡简单的选择来实现快速调整。

【图片样式】功能实际上就是照片风格，对于 RAW 格式照片来说，DPP 也能够在后期对其进行重置。在下拉选项中我们可以选择机身上全部的 7 种照片风格，还可以通过浏览按钮载入多种自定义照片风格，帮助我们扩大选择余地。载入的照片风格既可以是你从网上下载的小山壮二或王启文的经典风格，也可以是你使用 Picture Style Editor 软件自己设计的个性化风格。在工具调色板中，【图片样式】功能与下面的伽马调整以及清晰度都关联在一起。当你改变【图片样式】中的选项时，后续的滑块也会相应变化。

拍摄参数：◎ 光圈：f/11 ◎ 快门：1/500s
感光度：ISO100

※ 在这样的高反差场景中，左侧被一团云雾遮挡着的太阳周边非常容易出现大面积的高光溢出。运用【伽马调整】中右侧的 2EV 空间，就能够有效减小溢出区域的面积，提升视觉效果。

【伽马调整】是非常重要的一项工具。在它的界面中你会看到当前照片的直方图，同时直方图的上方有动态范围的标记。以数字表示出的范围从 +4EV 至 -10EV，跨度达到 14EV。然而你仔细观察就会发现，在标记为 4.0 的位置右侧，仍然存在 2EV 的空间，能够让我们恢复照片中的高光区域细节。这就是【伽马调整】最重要的一项功能。在直方图上还有三条竖线，最右侧竖线的位置代表了高光区域的边界，最左侧的竖线代表了暗部区域的边界，而中间的竖线代表了中灰区域的位置。如果你在拍摄 RAW 格式时采用了向右曝光的方式，那么此时用鼠标向右拖动代表高光边界的竖线就能够让照片中的亮部细节得到更好的还原。如果你在下方的【移动中点以匹配】前打钩，那么代表中间调位置的竖线也会跟着一起向右移动。中间调是整个照片的基准点，当它的曝光位置提高时，画面整体就会曝光不足。

此时，再向左拖动中间调竖线，恢复到 0EV 的位置，就能获得动态范围更大且曝光合适的照片了。在操作过程中，如果对当前伽马调整的效果不满意，可以使用上方图片样式旁的自动复位按钮找回初始状态。

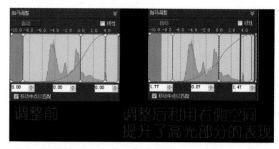

※ 伽马调整的重要作用在于扩展了高光部分的表现。

【高级】功能中可以对照片的对比度、阴影、高光、色调以及颜色饱和度分别进行调整。【对比度】也就是画面的反差，它是一张照片最基本的特征，也是摄影师表达情感、传递思想最重要的工具。无论前期还是后期都要对反差进行精确的把控。一般情况下，RAW 格式照片"灰软"，画面反差低。我们可以利用向右移动滑块来提升反差。此时照片的视觉冲击力会更强。但如果照片需要表现人物柔美的皮肤质感或者是浓雾天气中的朦胧感，那么降低对比度则可以强化这种感受。【阴影】代表了画面中的暗部区域，由于相机动态范围的限制，暗部区域中的细节很难得到直接的表现。为了获得更加丰富的细节，向右移动滑块可以增加暗部细节，提升影像表现力。【高光】代表了画面中的亮部区域，向左移动滑块可以恢复亮部细节。【色调】也就是色相，它是色彩的首要特征，是区别各种不同色彩的最准确的标准。当向负向调整时，红色偏紫，蓝色偏绿，绿色偏蓝。从色环中看就是色相顺时针转动。当向正向调整时，红色偏橙，绿色偏蓝，蓝色偏紫。从色环中看就是色相逆时针转动。这一参数可以改变肤色的表现。向左移动滑块可以使肤色更加红润，向右移动滑块可以使肤色显得更黄。【颜色饱和度】颜色饱和度是指一个颜色从本色到灰色的渐变过程，当饱和度最高时该颜色不含灰色，色彩艳丽丰富，当饱和度降低时，灰色逐渐增加，从而更加灰暗且缺乏生气。在所有这些参数当中，【阴影】和【高光】两项会跟随伽马调整联动改变。

在摄影当中，自然界的大部分色彩都没有纯色相一样具有最大的饱和度，而是从饱和度较低直至完全没有色彩饱和度的灰色。因此，我们的眼睛总会被偶尔出现的高饱和度纯色所吸引，并产生拍摄的冲动。当我们在阴天的散射光条件下拍摄，景物的色彩会更加饱和，而在正午的直射光下正好相反。

在后期处理当中，色彩的饱和度是我们需要重点控制的一项。当拍摄了美丽的花朵、迷人的火烧云以及身穿艳丽民族服装的少数民族

少女时，由于 RAW 格式照片数据采集量大，画面往往会显得"灰软"，色彩缺乏吸引力。此时，我们就需要向右移动滑块来提升照片色彩的饱和度。在调整饱和度时需要注意的是，并非色彩的饱和度越高越好。过于艳丽的色彩会带来视觉疲劳，而且让照片不耐看。有些题材其实更适合低饱和度，例如表达忧郁情绪的人像作品、大雾等低反差情况下的风光作品等。

值得注意的是，当我们在【图片样式】中选择单色后，【色调】和【颜色饱和度】两个选项会被【过滤效果】和【调色效果】所代替，它们能够实现更加丰富的单色照片效果。

最后一项【清晰度】功能与图像镜头校正工具中完全一样。

15.4.5 调整图像细节工具——降噪最佳选择

使用 DPP 软件的降噪功能可以获得比机内降噪更好的效果。在使用前，首先需要将照片放大，移动到暗部，这样能够清楚地发现噪点。进入调整图像细节工具，在【减噪】功能中你会看到两个滑块，分别对应着亮度噪点和彩色噪点。

一般情况下需要首先调整的是下面的彩色噪点，消除它之后亮度噪点就会更加明显，也更容易降低。向右移动滑块过多会使照片丢失细节，照片变得模糊。尤其是【减少亮度杂讯】使用过多会更严重地损害画面细节和锐度，这是我们不想看到的。因此需要根据预览效果中看到的降噪结果进行适度调整。大部分时候，【减少亮度杂讯】应该更低，大约在 2 ~ 3 左

右，而【减少色度杂讯】可以升到 10 左右。结合下方的【清晰度】功能可以同步恢复丢失的细节。

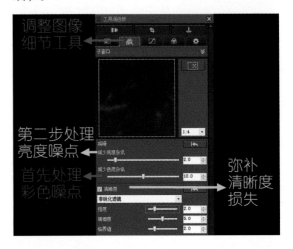

15.4.6 调整图像色调曲线工具——延续传统操作方式

调整图像色调曲线工具是各类图像处理软件普遍采用的核心调整方式，因此 DPP 也进行了保留。可以说在该工具中可以实现的功能与

基本图像调整工具有重叠的地方，例如调整亮度、对比度和自动亮度优化等。但是，对于那些用惯了 Photoshop 的影友来说，这里的曲线

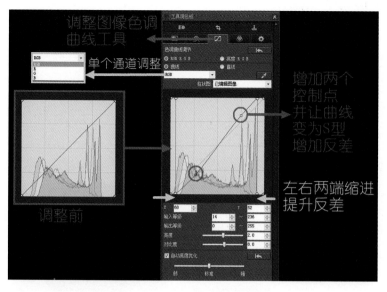

调整图像色调曲线工具

单个通道调整

增加两个控制点并让曲线变为S型增加反差

左右两端缩进提升反差

调整前

调曲线中最亮的高光边界。针对低反差照片，可以向左移动该滑块，重新设定高光区域的边界，让该点右侧的区域变为一片死白。通过这种方式可以提高照片的对比度。其控制精细程度要高于基本图像调整中的对比度调整功能。这种调整方式实际上改变的是【输入等级】，在直方图下方的界面中会看到【输入等级】后的数字出现相应改变。如果在直方图中将左上角的小三角向下拉，而将左下角的小三角向上推，则会改变【输出等级】。它可以限制照片的亮度范围，降低对比度，获得类似褪色效果的画面。

　　另外，我们还可以用鼠标左键单击直方图上从左下到右上的对角线，单击后将添加一个控制点，该点就对应了照片中相应的亮度区域。当我们将该点的位置向上提时，照片中相应区域的亮度也会提升；如果将该点位置向下拉动，那么对应区域的亮度就会下降。通过这种方式，我们可以针对画面某个亮度区域进行单独的明暗反差调整。如果你在接近高光的位置添加一个点并向上提升，同时在接近暗部的区域添加一个点并向下拉动，那么在直方图上就会出现一个S形曲线。它的作用是让画面中明亮的区域更亮，而较暗的区域更暗，因此会让照片的对比度提升，反差加大。如果两处的拉动方向均相反，制造出反S形曲线，那么画面的对比度就会降低。

调整后

调整前

调整方式才是他们熟悉的操作。色调曲线工具不仅可以调整照片的暗部、中间调和亮部，让画面具有更理想的明暗对比，还能够调整色彩平衡，功能非常强大。

　　在图像色调曲线工具界面中，最醒目的就是中间的直方图，这是我们进行曲线调整的控制中心。直方图的左下角有一个白色小三角，这就是暗部滑块。它起到决定暗部边界的作用。如果画面反差较低，直方图主要集中在中央区域，那么用鼠标向右侧移动暗部滑块，DPP就会将暗部滑块停留的地方设置为色调曲线的0，也就是纯黑色的边界。在这个边界左侧，所有照片中对应的像素都会成为黑色。同样，直方图右下角的小三角为亮部滑块，它负责定义色

　　此时添加的点与直方图左下和右上两点之间都以曲线连接，这会让反差进一步提升。如果希望获得更加柔和的过渡，可以选择直方图上面的【直线】。另外选择【亮度RGB】调整主要针对画面明暗反差进行处理，而不会影响色彩平衡。而【RGB RGB】则是以调整色彩平衡为目标。当然，二者都可以在下拉选项

中分别针对 R（红）、G（绿）、B（蓝）3 个颜色通道进行调整。将 R（红）曲线上拉则红色加强，下拉则蓝色加强；将 G（绿）曲线上拉则绿色加强，下拉则洋红色加强。将 B（蓝）曲线上拉则蓝色加强，下拉则黄色加强。色调曲线就是利用这种平衡来对图像色调或亮度等进行调节。

15.4.7 调节图像色彩工具——照片调色板

调节图像色彩工具是 DPP 软件控制照片色彩效果的中枢，它可以对全部的色彩三要素（明度、饱和度和色相）进行调整。色彩在画面中具有举足轻重的作用，对于任何一个希望拍出优秀作品的影友来说，都应该了解一些基本的色彩原理。

橘黄、柠檬黄、钴蓝、群青、翠绿等。色相是色彩的最主要特征，从光学意义上讲，色相差别是由不同颜色反射的光波波长的长短不同而产生的。同一类颜色，也能分为几种色相，如绿色可以分为草绿、海绿、橄榄绿等，橙色则可以分为铜色、珊瑚色、金色等。

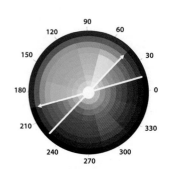

对于摄影爱好者而言，理解了色相的概念就可以运用色相环中不同位置的色彩在画面中进行组合与搭配，色相环中邻近的色相组合在一起会让画面更加协调，色相环中距离越远的色相组合在一起越容易形成鲜明的对比。在调节图像色彩工具中，色相以 H 表示。

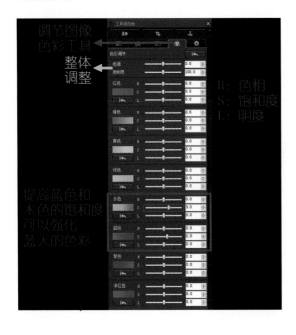

饱和度

颜色的纯度用饱和度来定义。色彩的饱和度是指一个颜色从本色到灰色的渐变过程，当其饱和度最高时该颜色不含灰色，色彩艳丽丰富，当其饱和度降低时，灰色逐渐增加，从而更加灰暗且缺乏生气。

色相

普通人对于色彩的认知非常主观，对于同一色彩不同人会有不同的表述方法。例如，拍摄郁金香时，即使同一株花朵，有的影友会认为花是粉红色的，有的则认为是紫红色的。为了帮助我们正确的区分不同颜色，就需要色相这一更加科学的定义。色相是色彩的首要特征，是区别各种不同色彩的最准确的标准。色相通俗地讲就是各类色彩的相貌称谓，如玫瑰红、

在摄影当中，自然界的大部分色彩都没有纯色相一样具有最大的饱和度，而是从饱和度较低直至完全没有色彩饱和度的灰色。因此，我们的眼睛总会被偶尔出现的高饱和度纯色所吸引，并产生拍摄的冲动。当我们在阴天的散射光条件下拍摄，景物的色彩会更加饱和，而

在正午的直射光下正好相反。在调节图像色彩工具中，饱和度以 S 表示。

明度

明度是指色彩的明暗度，在某种颜色中加入一定量的白色或黑色时，色彩的明度会发生改变。当加入白色时，颜色变浅，加入黑色时，颜色变暗。例如，深黄、中黄、淡黄、柠檬黄等黄颜色在明度上有差异，紫红、深红、玫瑰红、大红、朱红、橘红等红颜色在明度上也不尽相同。色彩的明度决定了其传递出来的轻与重的视觉感受。明度越低视觉重量越重，明度越高视觉重量越轻。在调节图像色彩工具中，明度以 L 表示。

调节图像色彩工具不仅可以对画面整体的色相和饱和度进行调整，还能够针对 8 种不同的颜色分别对三要素进行调整。虽然界面中的滑块操作非常简单，但在实际操作中，当你需要强化照片中的某种颜色时，最重要的是分辨出它是由哪些颜色组成的。例如，对于风光题材来说，蓝天白云和绿草与树木是永恒的视觉元素。如果强化蓝天的色彩，并不是单独调整蓝色的饱和度，而是需要同时增加水色的饱和度。而强化绿草与树木时，需要同时增加绿色和黄色的饱和度。

15.4.8 配置基本图像设置工具

工具调色板中的最后一项是配置基本图像设置工具，它与色彩管理密切相关。在调整色彩的过程中有一个重要问题，那就是你通过显示器看到的色彩与输出打印后的照片色彩之间存在差异。我们在拍摄 RAW 格式时，普遍会采用色彩范围更大的 Adobe RGB 色彩空间，而普通显示器只支持较小的 sRGB 色彩空间，因此对于一部分色彩来说，我们是无法通过显示器看到其真实面貌的。在 sRGB 显示器下，这些色彩被四舍五入的方式归到了相近似的颜色范围中。因此，如果希望真正获得 Adobe RGB 色彩空间的优势，就需要一台宽色域显示器。这时，你就可以在配置基本图像设置工具内将工作色彩空间设置为 Adobe RGB。如果使用普通显示器，那么选择 sRGB 色彩空间即可。

附录 1

不可不知的器材历史——佳能相机与镜头回顾

- 你知道吗？佳能的创始人与卡尔·蔡司一样也是学徒出身，那么他又怀揣着怎样的理想呢？
- 你相信吗？如今在单反市场上角逐的对手——佳能与尼康，竟然存在多年的合作关系，佳能相机配上尼克尔镜头，你见过吗？
- 你知道今天佳能引以为傲的大光圈镜头和坚固耐用的顶级机身是源自哪里吗？
- 你知道在单反时代，佳能是如何奋起直追，又如何成为行业翘楚的吗？

作为一名使用佳能相机的摄影爱好者，如果对于佳能相机与镜头产品发展的历史脉络有一定了解，就会发现自己手中的器材并非简单的一件商品，而是经过了长期的历史发展，不断完善和演化的摄影器材。你甚至会觉得器材是有生命的，因为它随着人类的技术进步在一同发展。在与其他影友的交流中你会发现，历史上的经典相机和镜头是那些资深发烧友最感兴趣的话题，有时候那些具有厚重历史感，能够让人引发无限回忆

※ 佳能数码单反相机和 EF 镜头的阵容庞大，是当今产品线最全，销量最大的一个摄影器材品牌。

的手动镜头有着更大的魅力。当然，在了解这一器材历史发展的过程中还会有很多摄影知识融会在其中，这更是我们需要学习的地方。

创立初期与辉煌的旁轴时代

所有的故事源自 1933 年，一位充满创业热情的年轻人吉田五郎在东京创建了精机光学研究所，这就是佳能公司的前身。当时世界上主流的摄影器材是 135mm 旁轴和双镜头反光相机，这两种相机的核心专利技术都掌握在德国人手中。光学巨人徕卡的 Leica II 型旁轴相机

和蔡司的 Contax I 型旁轴相机代表了当时的最高技术水准。

这里还要穿插介绍一下旁轴相机。自 1839 年法国政府购买了达盖尔的银版摄影术专利，并将其公之于众，代表了摄影术的诞生。自此之后，虽然摄影术不断发展，但设备仍然是大

※ 在佳能诞生之前，摄影器材的霸主地位是属于徕卡的，它开创了135mm旁轴相机的先河，让摄影更加普及。

※ 我们今天全画幅数码单反相机中感光元件的尺寸来源于1913年奥斯卡·巴纳克的一个选择。

型沉重的木质相机和大幅面的底片，拍摄时也离不开三脚架。直到1913年，徕卡的工程师奥斯卡·巴纳克制作出了第一台小巧便携式135mm相机，摄影才真正开始普及和流行起来。之所以称为135mm相机，是因为这台相机采用的胶片是当时比较流行的电影摄影机上的135mm胶片。其底片的尺寸为36mmX24mm，也就是今天我们手中全画幅数码单反相机中感光元件的尺寸。这就是135mm旁轴相机的诞生，旁轴相机的取景方式和单反相机不同，它不是通过镜头取景，而是通过独立的取景器完成取景，取景器位于镜头光轴旁边，因此而得名。由于两个光路不同，观察到的场景与最终拍摄到的画面会存在一定视差。旁轴相机同样可以根据拍摄题材的不同更换镜头。

当时135mm画幅的单反相机还没有诞生，除了大画幅和中画幅相机以外，便携相机的主流是徕卡和蔡司的旁轴相机。它虽然与135mm胶片单反相机的画幅相同，但结构和工作原理有很大区别。虽然在1936年世界上第一台135mm单反相机就诞生了，但是很多技术并不成熟，旁轴相机仍然在很长一段时间内占据主流。

吉田五郎所面对的就是称霸世界的德国旁轴相机，当时徕卡相机在日本的售价非常高，相当于中等收入阶层半年的工资。与卡尔·蔡司一样，吉田五郎也是一名学徒，他在一家修

理电影摄影机和放映机的公司中刻苦钻研这些设备的机械结构。就像很多年轻人一样，他相信自己也能够制造出像徕卡一样出色

※ 吉田五郎试制的观音旁轴相机。

的相机，成为日本第一。于是在1933年开始创业，并在第二年就成功地制造出了第一批试验机型，身为佛教徒的吉田五郎将这款相机命名为"Kwanon"即观音，从这个名字我们就能看出当今佳能Canon的源头。当时Kwanon相机配备了一支50mm f/3.5的旁轴镜头，这一焦距的镜头也是当时旁轴相机的标准套机镜头。吉田五郎将这款镜头命名为"Kasyapa"，是释迦牟尼的弟子大迦叶的梵文名。虽然这款相机源于对徕卡和蔡司产品的研究，但是由于专利权的限制，在很多设计上都没有与德国相机完全一致。这也是日本第一款135mm相机，开创了历史。

※ Hansa Canon 相机使用了尼克尔 50mm f/3.5 镜头。

虽然创业需要热情和信仰，但是要成功经营一个企业则需要更多的智慧和策略。1934年底，吉田五郎离开了精机光学研究所，由他的妹夫内田三郎继续经营。当时虽然试验机型观音相机制造成功，但是距离能够上市销售的商品还有一定的距离。对于旁轴相机来说，核心部件是镜头和联动测距装置（联动测距是旁轴相机的核心技术，其原理类似于我们前面介绍的相位差对焦，它能够让手动对焦完成时取景

器中的主体从两个影像重合成一个，从而判断出合焦准确）的制作需要有深厚的光学技术积累，而对于一家刚刚成立的公司显然无法做到。因此，在 1935 年佳能推出第一款真正量产的 135mm 相机 Hansa Canon 时，采用了尼康的尼克尔 50mm f/3.5 镜头和联动测距装置（尼康于 1917 年成立，当时名称为日本光学工业株式会社，具有国有企业背景。在建立初期并不生产相机机身，而是将方向定在了光学玻璃、镜头和望远镜等设备上，这也是两家企业合作的基础）。Hansa Canon 也是佳能真正走上相机之路的开端。此时相机的名称已经从带有宗教意义的"Kwanon"改为发音近似的 Canon，后者在英文中带有标准、规范和盛典的意思，并在 1935 年注册成为商标。而第一款相机名称中 Hansa 则是经销商的名字，这也是当时不知名的佳能为了赢得销售渠道而采用的方法。

随着一系列旁轴相机的推出，佳能获得了不错的口碑和市场销售业绩。为了提升公司的核心竞争力，1939 年佳能研发出了自己的第一款镜头，同样为 50mm f/3.5 规格，并为镜头产品线取名 Serenar（类似尼康的镜头产品线称为 Nikkor）。当时销售的旁轴相机套机镜头几乎全部是 50mm 标准镜头，但是你可以选择不同光圈的标头，从 f/2 到 f/4.5，后来最大光圈逐渐发展至 f/1.4 和 f/1.2，光圈越大价格越高，两个极端的价格相差接近 1 倍。看到这里你就会理解为什么高手都说摄影源于 50mm 标准镜头了吧！它的确是当时摄影人接触的第一支镜头。当然，并非仅有一支 50mm 可选，当时常用的焦段还有 35mm、100mm 和 135mm。镜头群最

※ 佳能早期的旁轴相机 J II 配备了自产的 Serenar 5cm f/3.5 镜头，这也是今天 EF 镜头的开端。

成规模的要算蔡司，它的 12 款镜头能够覆盖 28mm 至 500mm 的焦段。

1942 年，产科大夫出身的御手洗毅担任佳能社长，正是这位颇具管理天赋的企业家将佳能带到了如今世界 500 强的地位。他认为在自然资源紧缺的日本，只有出口技术密集型产品才是发展之道，并且提出要想与德国相机一较高下，日本光学企业必须联合起来，在世界范围形成日本相机高品质的口碑。二战以后，佳能继续生产旁轴相机，在客户中有不少美军官兵，他们对相机名为 canon，镜头名为 Serenar，而生产企业又用了另一个名称表示不满，这么多名字很容易让人记混。于是在 1947 年 9 月，御手洗毅将公司名称正式更改为佳能照相机株式会社，并且相机与镜头都使用同一个名称 canon。这与很多日系厂商一样，最知名的产品名称最终成了公司的名字。

此时，一直没有自己机身的尼康也开始生产旁轴相机，于是两家公司的合作到此为止，并形成了竞争关系，一直持续到了今天。

1951 年佳能融资成功，建立了高效率的现代化生产基地。1952 年一款对于佳能非常重要的旁轴相机上市，这就是世界上第一款带闪光同步接口的旁轴相机 Canon IV Sb，它能够实现 1/125s 的闪光同步速度，对于新闻摄影意义非同寻常。同时还推出了 Serenar 50mm f/1.5 大光圈标准镜头，从此佳能在国际上确立了一流相机制造商的地位。

当时，除了佳能以外，还有尼康、美能达、奥林巴斯等众多厂商都在生产旁轴相机，市场一片繁荣，而所有这一切都源于对德国两大光学巨人的学习。当

※ Canon IV Sb 相机是一个重要的里程碑。

※ 徕卡 M3 让日本相机工业追上德国的目标成为泡影，从某方面说，它也促成了今天单反相机的繁荣。

时，由于战争原因，旁轴相机的专利技术不再成为约束，并且徕卡相机所用卡口标准——L39 螺口并没有专利（所谓螺口就是卡口为螺纹的方式，安装镜头时需要向拧瓶盖一样旋转镜头才能将其安装上去，这与今天的卡口极不相同），因此世界上所有光学企业都可以生产，当时佳能旁轴相机采用的就是 L39 螺口。然而，1954 年一件影响力一直波及今天的事情发生了，那就是在德国科隆举办的第四届国际摄影器材展上，徕卡发布了全新的旁轴相机 M3。划时代的 M3 不仅工艺精湛，各项指标全面超过日系旁轴，而且徕卡为了确保自己的竞争优势，将 L39 螺口改为了插刀式的 M 卡口（插刀式卡口是将镜头与机身卡口对准位置后，将镜头插入卡座，顺时针旋转 30° 就能够将镜头安装完成，相比螺口能够加快镜头安装速度，提高拍摄效率）。更重要的是，M 卡口有 27 年的专利保护时效，也就是说任何其他厂商都不能使用相同规格的卡口。这一事件彻底改变了摄影器材发展的格局，在此之前作为一个摄影爱好者，虽然购买了一个品牌的机身，但是由于卡口通用，可以在所有品牌之间挑选自己喜欢的、性价比高的或者光学质量出众的镜头来使用。而徕卡在 1954 年的举动，使得这一黄金时代离我们远去。从此以后，当你选择了一个品牌的机身后，由于卡口的限制，能够选择的镜头被大大减少，基本就只有原厂镜头这一个区间。

这一事件还对日系相机制造企业带来很大打击，一直以超越徕卡为目标的日系厂商发现，由于 M3 的上市让他们距离自己的目标更远了，于是只能将目光投放到技术刚刚趋于成熟的单反相机领域，规避与徕卡在旁轴相机方面的正面交锋。然而，塞翁失马焉知非福，正是 M3 获得的巨大成功，让徕卡的双眼被蒙蔽，没有看到未来的世界属于单反相机，而限制了自己前进的脚步。

胶片单反时代——两次技术革新与两次改卡口

单反相机取代旁轴不仅是由于取景时没有视差，旁轴相机在取景和最终拍摄时的光路不同，会导致取景时摄影师看不到真正的景深和明暗，从而缺少了对画面的判断依据。另外，虽然我们前面介绍的旁轴相机可以更换镜头，

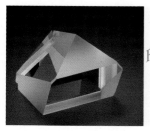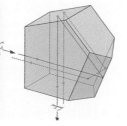

※ 五棱镜是单反相机发展成熟的重要标志。

但大部分入门级旁轴相机是固定镜头的，题材适应面大大缩小。而单反相机能够支持更丰富的镜头群，尤其是长焦镜头这个旁轴的短板上，单反相机有出色的表现。而由于旁轴相机结构的限制，长焦镜头很难超过 135mm 焦距，此时通过取景器观察时，构图框已经非常狭小。

单反相机技术成熟的两大关键要素是反光镜自动复位和眼平正像取景。早期的单反相机不具备反光镜自动复位功能，在拍摄一张照片后，取景器会持续处于黑暗状态，必须采用手动方式将反光镜落下才能再次拍摄。直到快速自动复位反光镜出现这一问题才真正得到解决。而这一技术在今天被发展到了极致，佳能 EOS

1DX 相机可以实现每秒 12 张的高速连拍，就得益于放光镜的快速开合。另外，早期单反相机使用腰平取景方式（即相机放在摄影师腰部或胸前，摄影师需要低着头从相机顶部的取景窗进行观察取景），取景器中画面与真实场景对比在左右方向上相反，拍摄时十分别扭。直到 1949 年，东德蔡司研发出了五棱镜，这一问题才得到解决。五棱镜至今仍然在单反相机的机顶部位占据很大空间，是必不可少的重要部件。

但是最早在 35mm 单反相机领域取得突破的日系厂商却是宾得，而佳能和尼康作为旁轴领域的领军企业并没有立即转型，而是继续提升自己的旁轴相机，力求与徕卡相抗衡。1960 年佳能最后一代旁轴

※ 50mm f/0.95 在人类光学历史上留下了重要的一笔，从此佳能也奠定了依靠超大光圈镜头确立品牌地位的策略。

相机 canon7 配备了号称"比眼睛还明亮"的 50mm f/0.95 镜头，震惊了世界。从此，推出超大光圈镜头确立自己的品牌优势地位也成为佳能的重要策略，如今你所看到的 EF 50mm f/1.2L USM 和 EF 85mm f/1.2L II USM 也正是这一策略的产物。直到 1968 年，canon7 的改款型号 canon7sZ 停产标志着从 1933 年 "Kwanon" 相机开始，佳能持续了 34 年的 35mm 旁轴相机生产落幕。据不完全统计，佳能可换镜头旁轴相机累计生产超过 50 万台，让佳能这一品牌走向了世界。

然而，佳能在单反领域的开始并不顺利，1959 年佳能推出了第一款胶片单反相机 Canonflex。这款相机使用了新开发的 R 卡口，这也是佳能单反相机历史上的第一个卡口类型。

R 卡口让单反相机实现了自动光圈，也就是说在取景时采用镜头最大光圈，以保证取景器的明亮。而在按下快门瞬间光圈自动收缩至摄影师设置的挡位上，拍摄结束后光圈又自动恢

※ Canonflex 是佳能第一部单反相机，采用了 R 卡口。

复到最大光圈位置。而在此之前，很多德系相机虽然采用全开光圈取景，但是拍摄前摄影师必须记得推动镜头上的光圈收缩拨杆，收缩光圈到设定的值后再进行拍摄。这无疑让拍摄过程烦琐，效率下降。而 R 卡口带来的自动光圈功能简化了这一步骤。R 卡口还有一个特征即直径较大，当时尼康 F 卡口也刚刚诞生，但其直径仅为 44mm，相当于胶片对角线的长度。而佳能 R 卡口直径达到了 48mm，使得制作大光圈镜头更加方便。这不仅是 R 卡口的亮点，而且这种大直径设计也一直被保留下来，佳能 EF 卡口直径达到了 54mm，是所有厂商中最大的。

当然，在 R 卡口之后，佳能又推出了 FL 卡口、FD 卡口，直到我们今天手中的 EF 卡口，在主流厂商中，佳能更换卡口的次数最多，要知道每一次更换卡口都会让老用户手中的镜头作废，无法在新机型上使用，这要面临很大风险。相比之下，尼康从 1959 年推出第一台单反相机——尼康 F 时就采用的 F 卡口一直沿用到了今天。之所以出现连续更换卡口的局面，是由于佳能要让相机适应自动化的潮流，而第一次潮流就发生在 1962 年，这次技术潮流的方向是收缩光圈 TTL 测光。

早期的相机无论旁轴还是单反都不具备自动测光功能，那些有经验的摄影师根据环境亮度和反差就能够判断出用多少光圈和快门来拍摄（当时胶片的感光度为固定数值，因此摄影师不必过多考虑这一要素）。当然也有一些方

※ 悬挂了外置测光表的
Canonflex。

非TTL测光
的测量位置位于机身外

光线
射入方向

TTL测光
的测量位置
位于机身内

法能够帮助摄影师进行曝光的辅助判断，例如我们前面介绍过的阳光 16 法则。但是，由于拍摄场景千变万化，即使再有经验的摄影师也会出现曝光失误。包围曝光在一定程度上能够提高获得准确曝光照片的成功率，另外还有一个要素就是黑白胶片对于曝光失误具有一定的宽容度，而且在后期冲洗时也可以进行一定程度的校正。但是随着 20 世纪 40 年代彩色胶片逐渐开始普及后，对于曝光准确性的要求开始提高。因为曝光的失误会让色彩还原产生较大偏差。同时，由于照相机开始在西方国家普及，普通家庭用户也需要一种使用更加简便的相机，这些因素都造成了对于相机自动测光功能的迫切需求。

当时的一个解决方案就是外置硒光电管测光表，佳能 Canonflex 单反相机上就有悬挂外置测光表的滑槽。虽然外置测光表可以提供曝光判断依据，但是摄影师还需要根据测光表的读数自行手动设定光圈和快门。光圈调整通过旋转镜头上的光圈环来实现，而快门则需要旋转机身顶部的快门速度转盘。也就是说测光结果并不能与相机的光圈和快门联动起来。更大的一个问题在于，外置测光表的准确性不高，无法根

※ 拓普康 Topcon RE Super 成为第一款 TTL 测光的单反相机。

据镜头焦距的不同而进行调整。于是，一种将测光表至于相机内部，测量从镜头进入光线的测光方式诞生了，这就是 TTL 测光（TTL 即为通过镜头的意思）。这种方式的最大优势在于无论镜头焦距如何，测量的光线都与镜头视角相互匹配，准确性更高。

当时日系厂商中东京光学生产的拓普康 Topcon RE Super 相机成为第一款 TTL 测光的单反相机。宾得推出的 SP 相机更是将当时较为先进的 Cds 硫化镉光敏电阻置于了相机内部的五棱镜顶端，测光结果比安装在反光镜下方的拓普康 RE Super 更加准确。宾得的这种 TTL 测光方式属于收缩光圈 TTL 测光，也就是说在拍摄时首先全开光圈进行对焦和构图，全开光圈的目的是保证取景器明亮，便于对焦操作。完成第一步操作后，需要将机身上的测光开关向上推动，让光圈收缩至拍照设定的大小然后进行测光。宾得 SP 可以通过取景器中的指示灯显示正常曝光还是过曝或欠曝，而后摄影师可以对快门进行调整。

收缩光圈 TTL 测光绝对是当时单反相机发展的趋势，任何无法实现这一功能的相机将会被淘汰。而佳能刚刚推出的 Canonflex 单反相机由于 R 卡口设

※ 佳能 FX 使用了 FL 卡口，
这也是佳能在胶片单反
时代的第一次改口。

计的局限，难以实现这一功能，于是被迫第一次更改卡口。1964 年，佳能推出了新一代单反相机 FX，使用了全新的 FL 卡口。FL 卡口最大的改进就在于为收缩光圈 TTL 测光做好了准备。由于之前的镜头无法在新机型上使用，佳能生产了一系列 FL 卡口镜头，其中包括了 FL 19mm f/3.5 这样的超广角镜头。

但有趣的是 FX 相机并不具备收缩光圈 TTL 测光功能，到了 1965 年佳能第一款具备

※ 佳能 PELLIX 在 1965 年就已经采用半透镜技术，令人叹服。

这一功能的相机 PELLIX 终于问世，而此次佳能创新的采用了一块半透式固定反光镜。我们知道，反光镜对于单反来说是一个重要部件，一般单反相机都采用可以快速回弹的反光镜，而 PELLIX 相机的反光镜在拍摄时固定不动，它会将从镜头射入光线的 2/3 透过去，照射到胶片上成为最终的影像，而其他 1/3 的光线则反射到机顶五棱镜中用于取景和测光。由于拍摄时反光镜不会升起，因此从光学取景器射入的光线可能反向进入机身，影响成像质量。佳能还第一次使用了光学取景器目镜遮光片，这一设计也被沿用至今。现在每一台 EOS 相机的背带上都有这个塑料小方块。半透式固定反光镜还有一大问题就是会造成取景器亮度下降，并且最终曝光时的实际光圈会比设定值小 1/3，为此佳能特意为 PELLIX 相机搭配了 58mm f/1.2 和 50mm f/1.4 这样的大光圈镜头作为套头。不得不佩服佳能的创新精神，半透式固定反光镜还能够解决单反相机高速连拍能力被传统反光镜限制的问题，因此这一技术也被应用到了后来佳能 EOS 相机的高速连拍机型上。到了 2010 年，索尼更是将半透式固定反光镜用于其单电相机中。

但是佳能的这一技术创新并不能被当时的市场广泛接受。于是在 1966 年，佳能发布了具有传统快速回弹式反光镜并具备收缩光圈 TTL 测光功能的单反相机 FT。在 FT 上佳能还开创性地实现

※ 佳能 FT 相机是其赶上单反技术发展步伐的标志。

了中央重点平均测光。FT 相机的五棱镜下方配置了一块 45 度的半镀银区域，面积约占整个画面的 12%，光线通过它时发生反射，进入到一块单独的 CdS 硫化镉光敏电阻测光元件中。这一技术让 FT 具备了更加精确的测光能力，相比其他竞争对手的全画面平均测光要先进很多。佳能 FT 相机是一个重要标志，虽然在单反时代初期佳能由于分心在旁轴领域而稍显落后，但是此时已经迎头赶上，加入了第一集团的队伍当中。

佳能在 FL 卡口镜头上还第一次运用了高等级的萤石镜片，以降低色散。在此之前，虽然各厂商都知道萤石的低色散特性，但是没有一家能够真正将其应用于光学镜片的制作中。但是佳能成功开发出人工结晶的萤石材料，使得它被用于镜头中成为可能。在 FL 卡口镜头中，1969 年发布的 FL 300mm f/5.6 和 FL 500mm f/5.6 两支长焦镜头都使用了萤石镜片。凭借萤石镜片优异的性能，佳能长焦镜头的品质和知名度上升到了新的层次，直到今天体育场边摄影记者的白炮群也是基于那时的技术创新。至今，这一材料仍然是佳能 EF 镜头最高等级的象征。

就在佳能单反相机即将迎来转机的时候，单反相机的第二次技术革新到来了，这就是全开光圈 TTL 测光。1966 年，美能达推出了 SR-T101 单反相机，具备了全开光圈 TTL 测光功能，这就是我们今天使用的数码单反相机的测光方式。在拍摄前，使用镜头的最大光圈进行对焦和构图的同时也能够完成测光，而不必收缩光圈后再测光。这样取景时就不会受到设定光圈的影响，取景器更加明亮，操作也更加便捷。

※ FL 卡口的长焦镜头成为萤石镜片的开端。

※ 美能达 SR-T101 的全开光圈 TTL 测光成为我们今天所采用的测光方式。

全开光圈 TTL 测光时的光圈与最终拍摄时使用的光圈不同，因此就必须让相机了解当前镜头最大光圈和设定光圈之间的差值，然后相机才能够根据内置测光系统的计算结果推算出设定光圈下需要的快门速度。例如，镜头最大光圈为 f/2.8，全开光圈测光时快门速度为 1/125s，但是摄影师拍摄时需要使用的光圈是 f/4，相机根据这些信息就能够计算出拍摄瞬间，光圈收缩至 f/4 时，快门速度为 1/60s，从而实现同样准确的曝光（光圈缩小一挡，快门则相应放慢一挡）。在电子信息时代，机身与镜头之间的信息交换轻而易举，但是，在机械时代，要让机身掌握镜头最大光圈值和拍摄时的设定光圈值却不是一件容易的事。

这种信息交换技术的专利就掌握在东京光学的拓普康相机手中，它是通过机械式触点的方式，在安装镜头时就让机身了解镜头最大光圈值的。为此美能达支付了专利费用，将这一技术应用在了自己的机身上，这一更加自动的功能获得了市场的认可。相比之下，所有收缩光圈 TTL 测光的相机又落在了后面。

面对这次技术变革，佳能并没有按照同样的方式进行简单的快速跟进，而是痛定思痛，一方面思考未来单反相机的发展潮流，另一方面改进卡口设计，希望让下一代产品更具前瞻性而不是处于上市就落后的地步。正因面临挫折时的冷静和不气馁的精神，让佳能单反迎来了曙光。在考虑让下一代相机具备全开光圈 TTL 测光的同时，佳能也将目标瞄准了当时单反相机领域的最高水准——尼康大 F 相机。尼康大 F 是 1959 年发布的尼康第一代单反相机。在当时，由于不同领域的摄影记者对于相机的

功能有着不同的需求。体育记者需要能够高速卷片的相机，新闻记者需要能够实现高速闪光同步的相机等。一个机型难以适应所有的需求。尼康大 F 就采用了非常先进的设计理念，机身采用了模块化设计。取景器、对焦屏及马达等机身上的很多部件都可以拆下来自行更换，以满足不同的拍摄需求。在十多年间，尼康大 F 就是顶级的专业单反相机的代名词。而这次佳能为自己设定的就是这样一个看上去高不可攀的目标。

1971 年，佳能专业级单反相机 F1 诞生，这不仅是一部扭转竞争劣势的重要产品而且奠定了佳能顶级单反机身的风格和

※ 从佳能 F1 开始，佳能顶级机身坚固耐用的特点就被确定下来一直延续到今天。

特色，F1 的很多影子我们都能够从今天的 EOS 1DX 上看到。如同大家料想的一样，这次佳能又更改了卡口，新的卡口名称为 FD。在 FD 卡口设计之初，其目标就不仅限于追上当时最新技术的步伐，而是要让这一卡口在未来十年内都保持领先地位。佳能对于未来自动曝光单反相机趋势的准确预测，让 FD 卡口获得了巨大成功，一举扭转了之前的不利局面。

FD 卡口在以往自动光圈拨杆的基础上又增加了一个光圈值信号拨杆，你从 FD 镜头尾端就能看到这种双拨杆结构。另外，FD 卡口还具有镜头

拨杆1

拨杆2

※ 与佳能 F1 一起诞生的还有 FD 卡口以及 FD 镜头。图中的佳能 FD 35-70mm f/4 镜头尾端具有双拨杆，用来实现机身和镜头之间的信息传递。

最大光圈信号触点和 AE 自动曝光切换触点。FD 卡口不仅实现了全开光圈 TTL 测光，而且它还将快门速度优先曝光模式也一并进行了考虑。要知道当时大部分厂商也只能做到光圈优先自动曝光。因为光圈优先相对容易实现，而快门优先则需要机身对光圈的控制更加精确。

除了卡口的变化外，F1 的性能也非常强大。在开发阶段对于 F1 的研发投入相当于原来十部相机的人力和财力。同时在策略上也与众不同，一般厂商都会针对竞争对手的弱点强化自己的产品优势，而自信满满的佳能做出了比以结实耐用著称的尼康大 F 更加结实耐用的相机。佳能 F1 能够在 -30 ℃ 和 60 ℃ 的环境下使用，极端的温度和气候下都能

够正常工作。快门结构上使用了超薄钛金属横走式帘幕快门，快门寿命达到 10 万次，开创了历史先河。佳能 F1 也被称为相机中的重型坦克。同时，F1 的功能可扩展性十分出色，包括镜头及滤镜的附件总数达到了 180 种。这使得其在专业摄影师群体中声名鹊起，佳能顶级单反相机从此确立了地位。自此，佳能顶级机身不仅采用 1 为命名编号，而且坚固耐用的特色被一直保持到了今天。

俗话说好马配好鞍，对于 F1 所搭配的镜头佳能也没有含糊，推出了佳能第一支量产的包含非球面镜片的镜头 FD 55mm f/1.2 SSC，其中 SSC 代表了该镜头还运用了多层镀膜工艺。

佳能的预期目标果然实现了，就连占据单反相机霸主地位的尼康大 F 也不得不推出第二

※ 佳能 AE-1 宣告了电子化时代的来临。

代机型 F2 来应对佳能的挑战。

由于 FD 卡口具有前瞻性的技术基础，佳能在 AE 自动曝光的道路上快速前行。1976 年，佳能推出了 AE-1 单反相机，开创了电子化的新时代。AE-1 成为第一台内置 CPU 芯片并能够实现快门优先的单反相机。从此，佳能相机中除了光学和机械结构以外，融入了更多电子和计算机技术。1978 年推出的 A-1 甚至具备了 5 种自动曝光模式，包括：快门优先、光圈优先、程序自动曝光、收缩光圈自动曝光及闪光灯自动曝光。其中前三项在我们今天的相机上都能看到。A-1 搭载的微型计算机实现了数码化控制方式，能够高效完成从测光到控制的整个过程，因此任何初学者都容易使用，佳能 A 系列受到了市场的热烈欢迎，相机产量超过 800 万台，从 1976 年到 1984 年，在长达 8 年的时间内佳能单反相机的销量始终居于榜首。佳能 A 系列的成功也明确了单反相机的发展方向，那就是电子化和自动化。

FD 卡口相机的成功使得 FD 镜头数量迅速增加，在 10 年之中数量达到了近 70 款。焦距从 17mm 一直覆盖到了 800mm，除了定焦镜头外佳能还推出了 7 支变焦镜头。然而却有一个问题一直困扰着 FD 卡口镜头，那就是安装和拆卸的不方便。当时的 FD 卡口镜头安装到相机卡口上需要通过镜头后部的外环进行锁定，操作较为麻烦，而且没有安装成功的提示音，如果忘记锁定则容易造成镜头滑落。为此，1981 年新一代卡口——NEW FD 诞生，从此 NEW FD 卡口镜头就采用了我们今天的安装方式，不仅快速简便而且安装完成后会发生"咔嗒"的响声，代表镜头安装妥当。

配备 NEW FD 卡口的相机就是佳能新一代顶级单反 NEW F1。NEW F1 将坚固耐用的特色发挥到了淋漓尽致的程度，机顶和底板全部由黄铜制造，采用先进的激光焊接技术，并配合橡胶密封条。相机甚至可以在 95% 湿度的环境下正常拍摄。快门升级为电子机械混合式钛

※ 佳能 NEW F1 将顶级单反的性能推上了新的高度。

金属快门，寿命十万次以上。NEW F1 的坚固程度几乎达到了军用级别，具有超一流的可靠性和广泛的适应能力。1984 年，为了迎接洛杉矶奥运会，佳能推出了 NEW F-1 的高速马达驱动版，其连拍速度达到惊人的14张/s，即使今天的 EOS 1DX 也只能与其打个平手。

NEW FD 卡口镜头同样接近70款，我们熟知的 L 级红圈镜头此时开始出现，数量多达16支。同时，方便易用的变焦镜头数量进一步增加。FD 与 NEW FD 两代佳能单反系统确立了佳能顶级摄影器材制造商的地位，创造了一个辉煌的时代，并且让佳能可以更加充满自信地迎接任何变革和挑战。至今仍有摄影发烧友对 FD 和 NEW FD 镜头的成像特点念念不忘，他们使用索尼微单相机转接这些镜头使用，其成像特点和色彩表现在数码时代绝对独树一帜。

自动对焦时代——EOS 的诞生

※ 美能达 α7000 成为第一台量产的自动对焦单反相机。

1986 年，单反相机的第三次技术革新到来了，而这次技术革命比前两次更加猛烈，这就是自动对焦时代的来临。当年美能达推出了第一款能够自动对焦的单反相机 α7000。它不仅具有相位差检测对焦系统，而且机身内置马达，通过卡口上的连接杆驱动镜头内部镜片组产生移动而进行对焦。虽然佳能在 NEW FD 卡口基础上进行了技术升级，在 T80 相机上也实现了自动对焦，但是性能却远不及竞争对手。佳能再次决定以更具前瞻性的方式设计新的卡口来适应自动对焦时代的需求。有了前面的技术积累，佳能在此次技术革新中真正抓住了机遇，实现了对竞争对手的全面超越，让领先优势一直保持到了今天，这就是划时代的全电子卡口 EOS。

EOS 这三个字母是 Electro Optical System 这三个单词的首字母，意思是电子光学系统。而缩写 EOS 更是希腊神话中的黎明女神，佳能希望用这个名字开创新的时代。而这个时代就是相机电子化时代。新一代卡口被命名为 EF 卡口，这就是我们今天佳能数码单反相机的卡口标准。可以说佳能在开发 EF 卡口时，没有将目光局限在自动对焦的实现上，而是着眼于机身与镜头通过电子化方式进行信息交换。在佳能的宣传中，EF 卡口不再是为了将来 10 年而设计，而是面向未来。的确，从诞生到现在，佳能一直处于单反相机技术的最前沿，其地位无人能及。

※ 进入自动对焦时代，佳能通过新的卡口获得了持久的竞争优势。

但在当时，由 FD 和 NEW FD 构建起的庞大用户群，如果采用全新的卡口，所有积累将荡然无存。这不仅需要远见卓识更需要勇气和魄力，佳能在当时意识到，以 FD 卡口为基础，再如何进行技术升级，也无法更好地适应自动对焦时代。于是完全放弃 FD 系统建立新的 EOS 系统，这一做法也被称为"断臂之举"。

EOS 系统最大特色就是在卡口上取消了所

※ 佳 能 EF 50mm f/1.0 是自动对焦时代镜头所能实现的最大光圈纪录。

※ EF 200mm f/1.8L 镜头和其硕大的遮光罩。

有的机械传动装置，取而代之的是 8 个电子触点，成为一个完全的电子化卡口。机身与镜头之间的光圈信息传递、对焦驱动信号以及电力供应等都通过这些电子触点完成。相比之下，尼康 F 卡口虽然物理尺寸没有变化，可以照顾到老用户的利益，但是时至今日仍然在迈向完全电子化的过程中，用了近 30 年也没有完全达到 EF 卡口的自动化程度。佳能根据数次卡口革新的经验，在 EF 卡口的物理尺寸上选择了更大的 54mm 内径，这使得制造大光圈镜头更加容易。果然，在 EOS 系统发布不久，佳能就推出了 EF 50mm f/1.0 和 EF 200mm f/1.8L 这两支传奇镜头，在自动对焦时代无人能达到如此大的光圈。

EF 卡口只是 EOS 系统的核心之一，佳能另外三项秘密武器是高精度的自动对焦感应器、控制芯片以及镜头中内置的超声波马达。与美能达和尼康的做法不同，佳能将对焦驱动马达置于镜头中，使得长焦镜头的自动对焦更加安

静和迅速。这一专利技术也在未来十多年中处于领先地位。从 2000 年以后，其他厂商才开始效仿这种方式，将驱动马达置于镜头内部。另外佳能的 EF 镜头均使用电磁光圈结构，具有电磁光圈的镜头使用马达驱动光圈叶片，驱动指令来自机身发出的电子脉冲信号，与传统结构相比电磁光圈的控制精度更高，由于没有卡口的机械拨杆震动，调节光圈过程更加安静，当然也更有利于镜头体积的小型化。另外，在实时取景中，电磁光圈可以让主液晶屏上的显示效果与最终照片保持同步。这也是佳能全电子化 EF 卡口的优势之一。尼康在 2015 年初，才开始在部分长焦镜头上推广电磁光圈装置，所以我们真的不得不佩服佳能在创建 EOS 系统时的高瞻远瞩。

1989 年，EOS 系统的第一代顶级机型 EOS 1 上市。1992 年，具有眼控自动对焦功能的 EOS 5QD 上市，摄影师只要从光学取景器中凝视 5 个对焦点中的 1 个，相机就能够自动选择此对焦点进行对焦，堪称神奇。从此 5 这个数字也具有了特别的意义，今天佳能相机中全画幅的主力 EOS 5D MARK III 就是这一系列的延续。

在回顾了数码时代之前的佳能相机和镜头发展历史后你会发现，我们今天手中的相机是经过了几十年时间的沉淀，凝聚了无数技术人员的努力，不断演化发展而最终出现的。它不仅是我们手中拍摄完美照片的利器，而且它凝聚了历史，并且在未来还会不断发展和变化。

附录 2

选购二手镜头

镜头是单反摄影的核心，也是拍摄到优秀照片的有力工具。为了应对各种不同的拍摄题材，摄影爱好者往往需要搭建起焦段完整的镜头群。一般情况下，从 16mm 至 200mm 是最基础的配置，如果你拍摄的题材更加广泛，可能还需要更广的广角焦段和更长的长焦焦段。即使全部购买变焦镜头，为了具有一流的画质也需要至少三支，另外，如果你对微距题材感兴趣，可能还要增加一支微距镜头。如果更加看重画质，而使用定焦镜头的组合，那么镜头数量可能达到 6 ~ 8 支。这是一笔不小的花费，如果采用一部分购买新镜头，一部分购买二手镜头的方式，将会为你节约不少开支。当然，对于佳能用户来说，主要二手选择对象依然是 EF 镜头，老款的 FD 卡口镜头即使通过转接环使用，并采用手动对焦依然不能在无限远处合焦。所以，除非是接在短法兰距的索尼微单上使用，否则 FD 卡口的老镜头并不在考虑范围内。

但购买二手镜头时一定要把自己的眼睛擦

❋ 虽然当今 EF 镜头的阵容庞大，品种丰富，但是如果你希望体验老款 EF 镜头的手感与韵味，那么只有进入二手市场才可以买到。例如图片中这支被奉为一代传奇的 EF 200mm f/1.8L 就早已停产。不过去淘一支品相不错，价格划算的二手镜头，也是在拍摄照片之余，摄影的另一种乐趣。你甚至可以从淘二手货的过程中学到不少器材知识，结识很多朋友。

亮，精挑细选，千万不要放过任何瑕疵，因为二手镜头可能隐藏着一些问题，直接影响到镜头将来的使用寿命和照片的质量。在选购时我们需要注意的事项下面进行介绍。

对计划购买的二手镜头要有所了解

我们在购买新镜头时都会先查询相关资料，掌握其主要特点，观看官方样片后结合自己的实际需求做出购买决定。对于二手镜头，这个步骤仍然不能少。你应该先针对计划购入的二手镜头做一些功课，研究其生产年代、光学结构、用料和工艺特点以及该款型镜头容易出现的问题。例如，有的镜头某组镜片容易起雾或发霉，有的镜头对焦模式切换拨杆容易断裂等。掌握了这些信息就会在选购二手镜头时做到心中有数，带着目标去发现问题，避免被有瑕疵的镜头蒙蔽。

检查镜头品相

镜头的品相是根据其外观的新旧程度和使用痕迹来判断镜头工作状态的综合指标。一般网上交易时，卖家都会宣称自己的镜头是 99 成新或 98 成新，95 成新及以下的很少。其实，

※ 品相是对一支二手镜头的综合评价。

很多镜头使用痕迹明显，远远达不到这个品相。所以，在选购二手镜头过程中，见货交易非常重要，不要被网上的介绍和图片所欺骗。如果镜头出厂时间较长，但长期以来使用较少，并且没有外观的损伤和过度使用痕迹，那么就可以初步判断其品相不错，然后继续深入到镜头的一些细节之处继续查看。

检查光圈叶片

光圈是镜头中的重要部件，对于准确曝光有着重要作用。选购二手镜头时，一定要仔细检查光圈叶片。有的二手镜头由于长时间使用，光圈叶片磨损严重。有的由于保存不善，叶片之间会出现粘连或生锈的情况。检查时应该用手拨动镜头后组的光圈联动拨杆，让光圈来回开合，并用手电照射光圈叶片，仔细检查其运作是否流畅。

※ 查看光圈叶片的工作状况。

检查镜片的通透度

镜头中的光学镜片是我们检查的重点，首先应该拆掉镜头前后盖，让光线穿过镜头，检查全部镜片组的通透程度。我们知道镜头中除了单独的镜片以外，还有用于校正色差和其他像差的镜片组。2～3枚镜片通过光学黏合剂连接在了一起，但是这种黏合剂是有寿命的，时间过长有可能出现开裂和变色的情况。容易导致光路改变或镜片变色，这是检查镜片通透度时需要重点查看的地方。

※ 用强光手电从背面照射，可以仔细观察整个镜片组的通透程度。

检查镜片是否存在霉菌

霉菌是镜片的大敌，如果在湿度高的环境中长时间存放镜头或者镜头被雨水淋湿过而没有及时处理，很可能导致霉菌在镜片上滋生。

除了前组和后组镜片外，由于镜头内部并非完全密封的真空区域，内部镜片组也可能出现发霉现象。霉菌会以空气中的水分和镜片表面镀膜为养分，生长较为迅速。霉菌会在镜片上呈现出丝网状或放射状，有的甚至是雾状斑纹。无论哪种形状的霉菌，都会对成像质量造成严重损害。

不要以为南方的影友才会遇到霉菌滋生的问题，在北方地区如果使用和存放不当，同样会出现霉菌问题。另外，当室内外温差巨大、湿度高时，也很容易在镜片表面积存过多的水雾，出现滋生霉菌的隐患。

※ 霉菌会不断滋生，最终毁掉整个镜片。

检查镜片镀膜是否存在划痕

镜片镀膜对于降低眩光和鬼影有着重要作用，但是精密的镀膜却比较脆弱，即使非常小心并且清洁得当，长期而频繁地擦拭镜头也会造成镀膜的损伤。检查时要将镜头前后组侧对

光源，查看镀膜是否有划痕或损伤。

检查镜头内部是否进灰严重

老式镜头的防尘处理往往没有现代镜头做得精密，长期使用后，推拉变焦镜头很容易出现镜筒进灰的现象。使用手电照射可以发现镜头内部的灰尘聚集情况。轻微的灰尘不会对成

像造成严重影响，但是如果灰尘过多则无法继续使用。

检查镜头是否存在硬伤

镜头是精密的光学仪器，一旦出现严重的磕碰或坠落将会造成严重的后果。这种损害对于成像质量和继续使用的影响比前面讲述的问题更加严重。我们可以从镜头的外观上发现蛛

丝马迹，如果镜身上有明显的凹痕或掉漆现象，就要引起警惕了。

检查镜头是否有拆开检修的痕迹

镜头的外伤相对容易发现，而有些内伤则无法通过肉眼直观地判断。此时，镜头是否被拆开检修过就成为一条重要的指标。镜头是价格较高的光学设备，一般影友在镜头出现问题时都会送到官方或第三方去修理，而修理就一定会出现痕迹。一般通过仔细检查镜头后组的螺丝可以获得线索，如果螺丝上有明显划痕则说明镜头被拆开过，其存在质量问题的风险就

更高。

另外，拆开镜头再组装的操作本身也会对镜头的光学精密程度造成损害。现代的镜头制造技术非常复杂，在制造完成后会经过精密的检测和调整来保证光学质量，装配质量是镜头素质的重要指标。如果在使用过程中因出现的一些问题被拆开过，是很难还原为最初状态的，进而影响镜头的光学表现。

带上相机实拍检测最重要

从整体到细节的所有检验步骤都要依靠高质量的照片为最终的检验标准。所以，在选购二手镜头时，一定要带上相机并且最好带上笔记本电脑。现场将镜头装在相机上进行多种场

景的实拍，包括对焦在无限远、对焦在近距离，拍摄逆光高反差、低反差和弱光场景。并在电脑上将照片放到原大进行仔细检查，这才是判断镜头质量的最终标准。

二手镜头交易方式

目前，通过网络进行二手镜头交易存在一定风险，我们无法直接看到镜头本身，无法在付款之前仔细检查镜头的成色和质量。更好的方式是通过网络联系，然后同城见面交易。这样可以与卖家当面交流，实地验货，避免了很多不必要的麻烦。目前，国内比较知名的网上二手摄影器材交易平台是蜂鸟网的二手交易频道，大家可以去浏览一番，看看是否有自己中意，品相和价格又不错的二手精品。另外，摄影器材城中还有不少专门经营二手镜头的商铺，也是能够找到心仪镜头的地方。

附录 3

融入摄影大家庭

对于大部分摄影爱好者来说，在追求优秀作品同时，还可以广交天下影友，共同交流摄影的乐趣也是很重要的方面。在外出拍摄时你会发现，由于共同的爱好，把人与人之间的距离拉近了，隔阂消失了。对于技术和器材的探讨成为大家感兴趣的话题，即使完全陌生的影友之间也很容易建立起信任感。这就是摄影带来的好处。曾经有一位摄影爱好者在参加平遥摄影节时，看到古城里聚焦着手拿单反的爱好者，他们纷纷参与各类摄影展览和讲座活动，于是感慨道仿佛进了"解放区"。那么，在我们已经掌握了一定的基础知识和拍摄技巧后，去哪里发表作品，去哪里寻找组织呢？

去哪里发布作品

在当今发达的网络时代，通过摄影论坛发布自己的作品是最快捷便利的方式。简单注册一个账号后，就可以将自己的作品上传，与其他影友展开交流相互学习。对于某个技术问题发起的讨论更是可以让我们学到很多知识。在选择摄影论坛时，可以考虑那些人气旺、高手多、初学者同样也比较多的网站。这样在发布作品时，帖子被浏览和回复的次数会更高。高手会留下更深刻的指导和见解。而同样是初学的影友也可以相互激励，共同进步。目前，国内的摄影论坛分为两大类，一类是专业的摄影网站，其论坛中基本都是摄影爱好者。论坛会分为人像、风光、旅行、纪实、器材等子论坛。整个论坛的讨论和交流更专注于摄影。另外一类是数码类综合网站。在这些网站中还会包括手机、电脑等其他电子设备的信息和子论坛，摄影只是作为其中一部分而存在。相对人群比较分散。所以，建议大家还是从专业摄影网站的论坛开始，发布自己的作品。这样可以获得更大的收获。对于所有爱好者来说，自己发布的作品获得较高的点击量和好评，是最大的奖赏，也是促进我们不断提高作品水平的动力之一。

目前，国内知名的专业摄影网站包括列表如下。

网站名称	网址	特色
蜂鸟网	www.fengniao.com	国内影响力最大的摄影网站,人像论坛和二手器材交易是特色
色影无忌	ww.xitek.com	对于摄影器材讨论最为深入的网站,汇集众多器材高手和专家
佳友在线	www.photofans.cn	中老年爱好者众多,论坛气氛良好
POCO	photo.poco.cn	年轻摄影爱好者集中的地方,可以建立自己的作品专区

※ 在这些网站中,除了通过论坛发表作品和进行交流外,还可以看到摄影相关的新闻、名家专访和作品,以及各类精彩的小教程。

如何找到组织参加活动

一个人出去拍摄总会有种寂寞感,而且无法通过沟通交流在实践中相互学习而提高。实践中的学习对于摄影来说又是提高最快的方式。因此,找到一个摄影爱好者的组织或小团体,参加进去,结交朋友,一起开始外出创作吧!无论是约上模特的人像外拍,还是一起去郊外采风,一个组织高效的团体都会让我们的拍摄实践变得顺畅。你可以从上面介绍的摄影网站中发现这样的组织与活动,各论坛中都有"活动"版块,每周都会发布最新的活动通知,一般都会限定人数并收取少量费用。你需要快速决定并且尽早报名,才能参与进去。另外,你购买器材时的经销商很可能会定期组织活动,将消费者聚集起来提供免费讲座和新款相机试用。因为,摄影不是只买了机身或套机就可以的,在镜头扩展和配件上会产生持续性的消费,商家也希望锁定目标群体,为进一步的销售打下基础。但无论经销商的初衷如何,能够为我们提供拍摄和学习的机会,当然不能错过了。

购买本书的读者都是佳能用户,而在这个领域最权威的活动莫过于佳能官方举办的大篷车活动了。它是一个全国巡回活动,包含了摄影知识讲座、试拍体验、相机清洁等内容。你可以随时关注,看看大篷车什么时候开到你所在的城市。

去哪里学习摄影课程

刚刚接触摄影时,你会发现拍摄的热情很高,随着知识的积累和不断实践,片子的水平突飞猛进。但是,经过一段时间后,仿佛遇到了瓶颈,很难再提高了。此时,除了需要更多的耐心和不断的积累外,创新自己的学习方式也是一个突破瓶颈的方法。一般在初学时影友都以自学为主,而在瓶颈突破期则需要参加一些课程,通过名师的讲解获得更多的进阶知识。目前,摄影培训班越来越多,但大部分都是针对婚纱影楼和商业摄影的职业培训,面向摄影爱好者的培训相对较少。在这个领域中,北京中艺影像学校的教学质量得到业界好评。虽然,该校也有部分课程是针对商业摄影而建立,但还有很多课程适合爱好者参加,例如:风光摄影、数码后期和色彩管理等课程。数码影像与摄影器材专家钱元凯先生、清华美院教授冯建国老师和知名摄影家史林平先生都在该校任教。能够亲自聆听大师的讲解,并且按照学校一样的学习节奏进行按部就班学习,对你的摄影水平提高绝对有很大帮助。另外,还可以关注知名摄影家、摄影媒体和厂商的博客、微博和微信,你经常会发现一些免费的讲座和课程可以参加,这也是难得的机会,一定要把握住。

参观摄影展

很多摄影发烧友都会发现，经过多年的钻研后，无论是拍摄技术还是器材使用都已经非常熟练，而自己的作品却徘徊不前。此时，增加自己对摄影作品的鉴赏能力才是提高的关键。由于长期的拍摄实践，这类影友会形成固化的拍摄模式和思维模式，难以突破。只有增加自己看作品的数量与质量，并认真分析从中总结，才能领悟到书本无法教授的内容。除了经常在网络上浏览职业摄影师的优秀作品外，参加摄影节或摄影展更是能够集中看到佳作的机会。

国内知名的摄影展包括：每年9月的山西平遥摄影节，在那里可以看到国际国内名家的专题展览，很多将摄影与艺术结合紧密的创意作品会激发你的想象力。每年8月的大理国际影会，不仅可以看到众多流派的摄影展，还有机会拍摄苍山洱海的美丽风光。另外，各地类似北京"798"一样的艺术区都会不定期举办摄影展，虽然展出规模不如上面两个，但有些规格还非常之高，从中也会有所收获。

收藏摄影画册

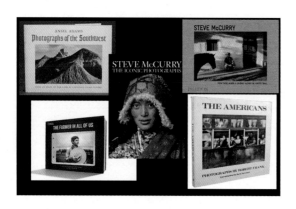

在熟练掌握相机操作，充分理解各项基本原理，并且对构图和用光有了一定认识后，摄影技术类图书就不是你所需要的了。此时，收藏精美的摄影画册是一个很好的提升途径。通过欣赏国内外摄影名家的画册，可以帮助你更快地提高对摄影的认识，让欣赏水平和拍摄思路等方面上升到更高层次。书架上一排精美的画册，也是主人摄影品味和艺术修养的最好体现。甚至有些摄影爱好者最终发展为摄影画册收藏爱好者，可见一本好的画册其魅力是无穷的。

参加旅行摄影团

如果你是一位风光或人文题材的摄影爱好者，苦于没有机会跟名师学习，又不愿意跟着普通旅行团匆匆的走马观花，错过难得的风景，那么旅行摄影团将是最好的选择。每个影友都希望得到名师的手把手指点，希望了解名师作品背后的故事，希望窥视到名家拍摄风光的私家机位，参与摄影团就可以满足所有的这些愿望。目前，国内各摄影媒体都在组织此类活动，行程全部以摄影创作为核心，指导老师经验丰富，不仅会提供现场讲解而且每天都会对作品进行点评。其中，色影无忌网的"无忌游"频道就有众多经典线路可以选择。相信每一次的出发都会带着希望，而每一次旅途归来都意味着你的优秀作品又增加了。

参加摄影比赛

如果你对自己的作品非常有信心，想检验一下自己的摄影水平，那么就可以参加一些摄影比赛。这可以成为激励自己不断提高摄影水平的动力之一。首先，可以通过各类网络媒体、微博、微信、摄影类杂志和报纸搜集你感兴趣的比赛信息。国际国内各类摄影比赛非常多，比较知名的包括美国《国家地理》杂志全球摄影大赛、佳能感动典藏摄影大赛、索尼世界摄影大赛等，这些比赛普通爱好者都可以参加，只要提交的作品符合比赛规则即可。

另外，各类媒体、厂商、协会和各知名景区都会组织级别不等的摄影比赛，可以说如果你想参赛，那么一年到头有数不尽的赛事可以参加。一开始可以参加规模较小的比赛，容易积累经验和增强信心。当然，参加摄影比赛也要摆正心态。获奖会让人兴奋，信心大增，对于摄影的兴趣也会更加持久，可以激励自己学习更深入的技术。但即使不能获奖也不要灰心。参赛可以看出自己的水平和差距。另外，在影赛中获奖也是一门专项技术，并不是全部考验你的摄影技术本身。很多时候思路的巧妙能够起到关键作用。因为，评委在大量的美丽照片中很容易产生视觉疲劳，如果你的作品没有特色，无法从同类作品中脱颖而出，那么很容易被埋没掉。所以，如果你有兴趣可以钻研一下摄影比赛获奖之道。

赛前仔细分析比赛主题和要求，根据主题选择自己的参赛作品是非常关键的一步。虽然大家都认为画面素质过硬、光影效果出色的作品更优秀，但是在选片时也不能一味掉进同一标准的陷阱，在选片上注重差异化和片子的特色也非常重要，有时甚至要依靠特色才能脱颖而出，仅仅美丽是远远不够的。独特的片子需要拍摄时的好运气，需要你自己的独特思路，设置需要独家的机位等。如果时间充裕，最好能够根据比赛主题重新构思，进行单独的创作。从原有的片子中很难找到满意的参赛作品。另外，仔细分析历届获奖作品也非常重要，从中能够得到不少启发，这也是参赛可以让我们得到提高的关键所在。

你还需要知道的是世界最权威的摄影赛事是：美国普利策新闻摄影奖、世界新闻摄影比赛（荷赛）以及哈苏国际摄影奖。虽然这样高级别的比赛并不是普通影友可以参加的，但即使欣赏获奖作品也会让我们受益匪浅。

将自己打造成一位职业摄影师

对于高水平摄影发烧友来说，无论是技术还是审美会非常接近职业摄影师，如果经过多年的努力你达到了这一层次，希望跨过门槛成为职业摄影师，那么最需要的就是提升自己的知名度，在业内形成良好的口碑。利用好现在的各种媒体，通过博客、微博、微信不断发布作品，进行互动，是提高知名度的最快捷方式。一旦你积累起了足够的人气，那么各类商业拍摄任务会纷至沓来。通过摄影实现收入也就变为可能。但是，你要记住，一旦将摄影从爱好变成了职业，那么它给你带来的乐趣就会逐渐减小。商业摄影中向客户的要求妥协成为不得不去面对的事情，而你自己的创造力会受到限制。此时，你会发现仅仅把摄影当作爱好是一件非常美妙的事。

试着把自己的照片变成钱

很多影友在摄影器材上投入巨大，虽然不一定要通过摄影把这些投入赚回来，但是很多人心中总还会有这样一个期待，那就是将自己的照片变成钱。现在这一愿望是可以实现的，通过图片库我们可以将图片销售出去，实现收入。知名的图片库包括：华盖创意、全景等。通过在线注册后可以上传作品，一旦实现销售就会按照分成比例获得图片使用费。但是，就

如同参加摄影比赛一样，在图片库销售好的照片也与你日常喜欢的类型不同，很多在顺光下叙述性强而艺术性弱的作品反而销售较好。还有一些你不会去拍摄的办公题材和日常用品会成为销售较好的类型。因此，如果有意愿通过图片库销售实现收入的话，就需要仔细研究图片销售的特点，调整自己的拍摄重点。

附录 4

你不可不知的摄影名家

在学习并掌握了摄影基础知识和相机操作之后，你已经练就了一身基本功，但是要想拍出更好的作品，除了不断地实践和总结以外，还有一条提升自己摄影水平的途径，那就是向摄影名家学习，多看多分析他们的作品，从中

汲取营养。我们不仅可以从这些作品中提升审美水平，还可以学习摄影名家拍摄时的思考、构图和瞬间的把握，分析作品背后运用的技术。只要多学习多积累，你的拍摄思路、技术和成果就会得到突飞猛进的提高。

国际摄影大师与名言

以下这 10 位摄影大师是摄影爱好者不可不知的，他们都在世界摄影史上留下了浓墨重彩的一笔，学习他们的作品一定会让你受益匪浅。

安塞尔·亚当斯（Ansel Adams）：风光摄影大师，他创建的区域曝光理论影响了无数摄影师。代表作品《月升》。

名言：我们不只是用相机拍照。我们带到摄影中去的是所有我们读过的书，看过的电影，听过的音乐，爱过的人。

亨利·卡蒂埃·布勒松（Henri Cartier-Bresson）：人文摄影大师，决定性瞬间理论的

创立者。代表作《巴黎圣拉札尔火车站背后》、《男孩》。

名言：世界上没有任何事情没有其决定性的一瞬间。

多萝西娅·兰格（Dorothea Lange）：纪实摄影大师，代表作《移居的母亲》。

名言：照相机是一个教具，教给人们在没有相机时如何看世界。

罗伯特·卡帕（Robert Capa）：战地摄影大师，代表作《登陆日，奥马哈海滩》。

名言：如果你拍得不够好，是因为你靠得不够近。

爱德华·韦斯顿（Edward Weston）：艺术摄影大师、摄影界中的毕加索。代表作《青椒》、《鹦鹉螺》。

名言：任何事物，不论出于什么原因，只要感动了我，我就拍摄它。我不是专门去物色那些不寻常的题材，而是要把寻常的题材变成不寻常的作品。

尤素福·卡什（Yousuf Karsh）：肖像摄影大师，摄影界中的伦勃朗。代表作《丘吉尔》。

名言：人物内在的思想、精神和灵魂，有时会在一瞬之间通过他的眼睛、双手和体态显露出来。这就是需要紧紧抓住的、稍纵即逝的最重要的瞬间。

马克·吕布（Marc Riboud）：纪实摄影大师，代表作《埃菲尔铁塔上的油漆工》、《枪炮与鲜花》、《琉璃厂大街》。

名言：如果我渐渐丧失了对生活的欣赏力，那我的照片也会随之黯淡，因为拍照就是去深刻地品味人生，品味每个百分之一秒的瞬间。

罗伯特·弗兰克（Robert Frank）：纪实摄影大师，代表作《美国人》。

名言：比照片表面的东西更重要的在于，一瞬间将某个事物捕捉并将其以更自由的形式加以表现。

艾略特·厄韦特（Elliott Erwitt）：幽默纪实摄影大师、摄影界中的卓别林。代表作《狗》。

名言：对我来说，摄影是种观察的艺术，是从寻常的地方找到趣味的事物……我认为摄影与你所要拍摄的物件没有太大的关系，重要的是你用什么角度去观察。

安妮·莱博维茨（Annie Leibovitz）：人像摄影大师，代表作《列侬和大野洋子》。

名言：若说我还有其他秘诀，那就是我从不害怕重来。

美国《国家地理》摄影师

美国《国家地理》杂志是带有艺术性的报道摄影的典范，该杂志的摄影师具有无与伦比的用图片讲故事的能力。

史蒂夫·麦凯瑞（Steve McCurry）：代表作《阿富汗少女》。

威廉·阿尔伯特·阿拉德（William Albert Allard）：代表作《美国肖像》。

麦克·山下（Michael Yamashita）：代表作《马克·波罗》。

乔迪·科布（Jodi Cobb）：代表作《艺伎》。

罗伯特·克拉克（Robert Clark）：代表作《达尔文错了吗？》。

詹姆斯·L.斯坦菲尔德（James L. Stanfield）：代表作《贝多因人》。

中国知名摄影家

除了能够看到国内知名摄影家的作品外，如果你有机会聆听这些大师的讲座，一定会更加受益匪浅。

李少白：风光摄影家，代表作《看不见的故宫》。

王福春：纪实摄影家，代表作《火车上的中国人》。

陈长芬：艺术摄影家，代表作《长城》。

解海龙：纪实摄影家，代表作《希望工程大眼睛》。

于云天：风光摄影家，代表作《九歌》。

李英杰：著名摄影家，四月影会发起人之一，代表作《稻子与稗子》。

附录 5

佳能 EF 镜头昵称

镜头是摄影发烧友的最爱，对于心仪已久的镜头，在没有入手时往往朝思暮想，在入手后更是爱不释手。很多影友还会为镜头起外号，一个朗朗上口诙谐幽默的外号是对于镜头特点的最好诠释，很多经典镜头外号流传极广。如果你不了解这些镜头昵称，很容易暴露新手身份哦！

镜头昵称	型号
小痰盂	EF 50mm f/1.8 II
大眼睛	EF 85mm f/1.2L II USM
新百微	EF 100mm f/2.8L IS Macro USM
小白	EF 70-200mm f/2.8L USM
小小白	EF 70-200mm f/4 L USM
爱死小白	EF 70-200mm f/2.8 L IS USM
爱死小小白	EF 70-200mm f/4L IS USM
爱死小白兔	EF 70-200mm f/2.8 L IS II USM
胖白	EF 70-300mm f/4-5.6L IS USM
新大白	EF 100-400mm f/4.5-5.6L IS II USM
空气切割机	EF 200mm f/2L IS USM
老黑	EF 80-200mm f/2.8 L
黑夫人	EF 28-80mm f/2.8L
新大绿	EF 400mm f/4 DO IS II USM
小绿 / 绿豆	EF 70-300mm f/4.5-5.6 DO IS USM
加农炮	EF 1200mm f/5.6L USM
霸王枪	EF 400mm f/2.8L IS II USM

类别昵称	
大三元	EF 16-35mm f/2.8L II USM
	EF 24-70mm f/2.8L II USM
	EF 70-200mm f/2.8L IS II USM
小三元	EF 17-40mm f/4L USM
	EF 16-35mm f/4L IS USM
	EF 24-70mm f/4L IS USM
	EF 24-105mm f/4L IS USM
	EF 70-200mm f/4L IS USM

※ 类别昵称是佳能 EF 镜头中存在明显层级的产品的整体称谓，在书中已经用了不少篇幅介绍，读者也会非常清楚。

对于很多长焦镜头来说，镜头的外号会以简练的数字表示，虽然失去了文字昵称的趣味，但是非常明了。在标号中一般采用三位数字，第一个数字代表焦距，第二、三个数字代表最大光圈。

数字简称	镜头型号
220	EF 200mm f/2L IS USM
340	EF 300mm f/4L IS USM
328	EF 300mm f/2.8L IS II USM
428	EF 400mm f/2.8L IS II USM
540	EF 500mm f/4L IS II USM
640	EF 600mm f/4L IS II USM

索引 1

机身按钮及标志

机身正面

序号	名称	所在页
1	EF 镜头安装标志	P292
2	EF-S 镜头安装标志	P292
3	内置麦克风	P419
4	镜头释放按钮	P293
5	镜头固定销	P293
6	电子触点	P515
7	反光镜	P517
8	镜头卡口	P50
9	景深预览按钮	P175
10	手柄	P109
11	遥控感应器	P95
12	自拍指示灯	P95

机身右侧

序号	名称	所在页
13	USB3.0 接口	P34
14	HDMI 接口	P449
15	快门线接口	P237
16	PC 接口	P432
17	耳机接口	P420
18	外接麦克风输入接口	P420
19	机顶闪光灯弹起按钮	P437

机身左侧

序号	名称	所在页
20	存储卡插槽盖	P89
21	SD 卡	P88
22	CF 卡	P86
23	CF 卡弹出按钮	P86

机身顶部

序号	名称	所在页		序号	名称	所在页
24	GPS 模块	P464		34	机顶液晶屏	P9
25	内置闪光灯	P437		35	焦平面标记	P124
26	白平衡 / 测光模式选择按钮	P336、212		36	屈光度调整旋钮	P141
27	驱动模式 / 自动对焦模式选择按钮	P76、58		37	外接闪光灯同步触点	P439
28	M-Fn 按钮	P476		38	热靴	P439
29	快门	P59		39	相机电源开关	P516
30	主拨盘	P7		40	背带环 2	P497
31	曝光补偿 / 感光度选择按钮	P193、245		41	模式转盘	P237
32	机顶液晶屏照明按钮	P450		42	模式转盘锁释放按钮	P237
33	背带环 1	P497		43	当前模式对应标志	P237

机身底部

序号	名称	所在页
44	三脚架接孔	P407
45	电池仓盖	P453
46	电池弹出按钮	P453

机身背面

序号	名称	所在页	序号	名称	所在页
47	光学取景器目镜	P19	60	速控转盘	P7
48	眼罩	P19	61	数据处理指示灯	P81
49	视频拍摄标志	P418	62	多功能锁	P251
50	实时取景拍摄标志	P397	63	设置按钮	P10
51	视频拍摄 / 实时取景切换旋钮	P397	64	环境光线感应器	P252
52	开始 / 停止按钮	P397	65	主液晶屏	P252
53	AF-ON 按钮	P63	66	扬声器	P59
54	曝光锁定按钮	P240	67	删除按钮	P444
55	自动对焦点选择按钮	P8	68	照片回放按钮	P13
56	自动对焦区域模式选择杆	P74	69	索引 / 放大 / 缩小按钮	P10
57	多功能控制摇杆	P7	70	RATE 评分按钮	P462
58	速控按钮	P14	71	创意图像 / 对比回放按钮	P386
59	触摸盘	P420	72	菜单按钮	P12
			73	INFO 信息按钮	P452

索引 2

相机菜单功能

▶回放菜单第 3 页

功能选项	所在页
高光警告	P258
显示自动对焦点	P136
回放网格线	P448
显示柱状图	P356
短片播放计时	P424
放大倍率（约）	P136
经由 HDMI 控制	P449

设置菜单第 1 页

功能选项	所在页
记录功能 + 存储卡 / 文件夹选择	P460
文件编号	P460
文件名	P458
自动旋转	P449
格式化存储卡	P445
Eye-Fi 设置	P93

设置菜单第 2 页

功能选项	所在页
自动关闭电源	P453
液晶屏的亮度	P252
日期 / 时间 / 区域	P465
语言	P13
取景器显示	P447
GPS/ 数字罗盘设置	P464

设置菜单第 3 页

功能选项	所在页
视频制式	P415
电池信息	P453
清洁感应器	P503
使用 INFO 按钮显示的内容	P452

RATE 按钮功能	P462
HDMI 帧频	P425

设置菜单第 4 页

功能选项	所在页
自定义拍摄模式（C1-C3）	P484
清楚全部相机设置	P491
版权信息	P463
认证徽标显示	P537
固件版本	P519

自定义功能菜单第 1 页

功能选项	所在页
曝光等级增量	P164
ISO 感光度设置增量	P196
包围曝光自动取消	P285
包围曝光顺序	P282
包围曝光拍摄数量	P282
安全偏移	P231
对新光圈维持相同曝光	P235

自定义功能菜单第 2 页

功能选项	所在页
快门速度范围设置	P184
光圈范围设置	P165
连拍速度	P83

自定义功能菜单第 3 页

功能选项	所在页
对焦屏	P142
取景器内警告	P452
实时显示拍摄区域显示	P403
Tv/Av 设置时的转盘转向	P233
多功能锁	P251

索引 3

镜头

索引 4

摄影兵器库

摄影师访谈

摄影师：曹丰英　采访：尹毅

——您对爱好者参加摄影比赛怎么看？

曹丰英：对于参加摄影比赛要有平和的心态，既不是完全排斥，也不是所有拍摄都围绕着比赛而展开。在比赛中获奖或者得到摄影名家的认可都会大幅度提升拍摄的自信心，对自己的努力和付出给予肯定会让后边的摄影学习有更足的动力。

——您认为爱好者，尤其是摄影的初学者是否应该多参与一些摄影团体呢？

曹丰英：很多初学者往往独自外出拍摄，这对学习和进步都是不利的。我个人认为摄影也是是一种社会活动，作为爱好者而非职业摄影师，不一定非要参加正规的培训，通过听讲座、参加外拍活动以及同资深影友交流都可以提升自己的摄影水平。同时拍摄不再是一件孤独的事，你会发现身边有很多志同道合的朋友，在相互切磋和交换知识的情况下，你将会愉快而轻松地获得进步。所以我是要鼓励大家参与到摄影团体中去的。

参加的活动类型可以多种多样。有些媒体、器材销售商和生产商不仅组织活动，还会聘请指导老师和模特，根据不同的专题组织方会聘请具有不同特长的老师，现场辅助指导能够让我们快速提升拍摄水平，并且在拍摄活动后还能够对参与者的作品进行相应的点评。通过这样的活动，不仅可以提高拍摄技术，还能够教会你逐渐使用摄影的"语言"来组织画面，同时也提高了审美。我参加的北京摄影爱好者协会就是这样一个团体，相信全国各地每个城市中都有类似的团体。只要你参与其中就会有所收获。

——关于技术优先还是审美优先的问题，您怎么看呢？

曹丰英：虽然摄影基础知识和拍摄的基本功非常重要，但是对于很多中老年朋友来说，兴趣才是最好的老师，它能够推动你克服路上的一切困难。所以有些时候大可以跟着感觉走，让照片表现出你的思想、你的情感。外出拍摄时你可以从每一个影友身上发现闪光点，从他们身上学到有价值的技术。

※ "北京七日"摄影大赛中老年组三等奖《老外逛胡同》 摄影师：曹丰英。

拍摄参数： ◎ 光圈：f/6.3　 ⓣ 快门：1/250s　 ▣ 感光度：ISO100　 ✴ 曝光补偿：-2EV

——如何拍出自己的特色？

曹丰英：每个人都会有不同的审美取向以及自己的人生经历，这都会体现在你的摄影作品中。我虽然也喜欢拍风光和花卉等题材，但其实我最感兴趣和最热衷的是人文题材。在拍摄壮美的风光时，我也总希望环境中有人物出现，当地的人也是当地的景，他们的穿着、样貌、生活具有不同的地域特色。因此摄影给我们提供了一个广阔的舞台。你可以在作品中充分地表达自己，从中融入情感以及思想。

拍摄参数：光圈：f/5.6 快门：1/125s
感光度：ISO100 曝光补偿：-2/3EV

拍摄参数：光圈：f/8 快门：1/125s
感光度：ISO100 曝光补偿：-2/3EV